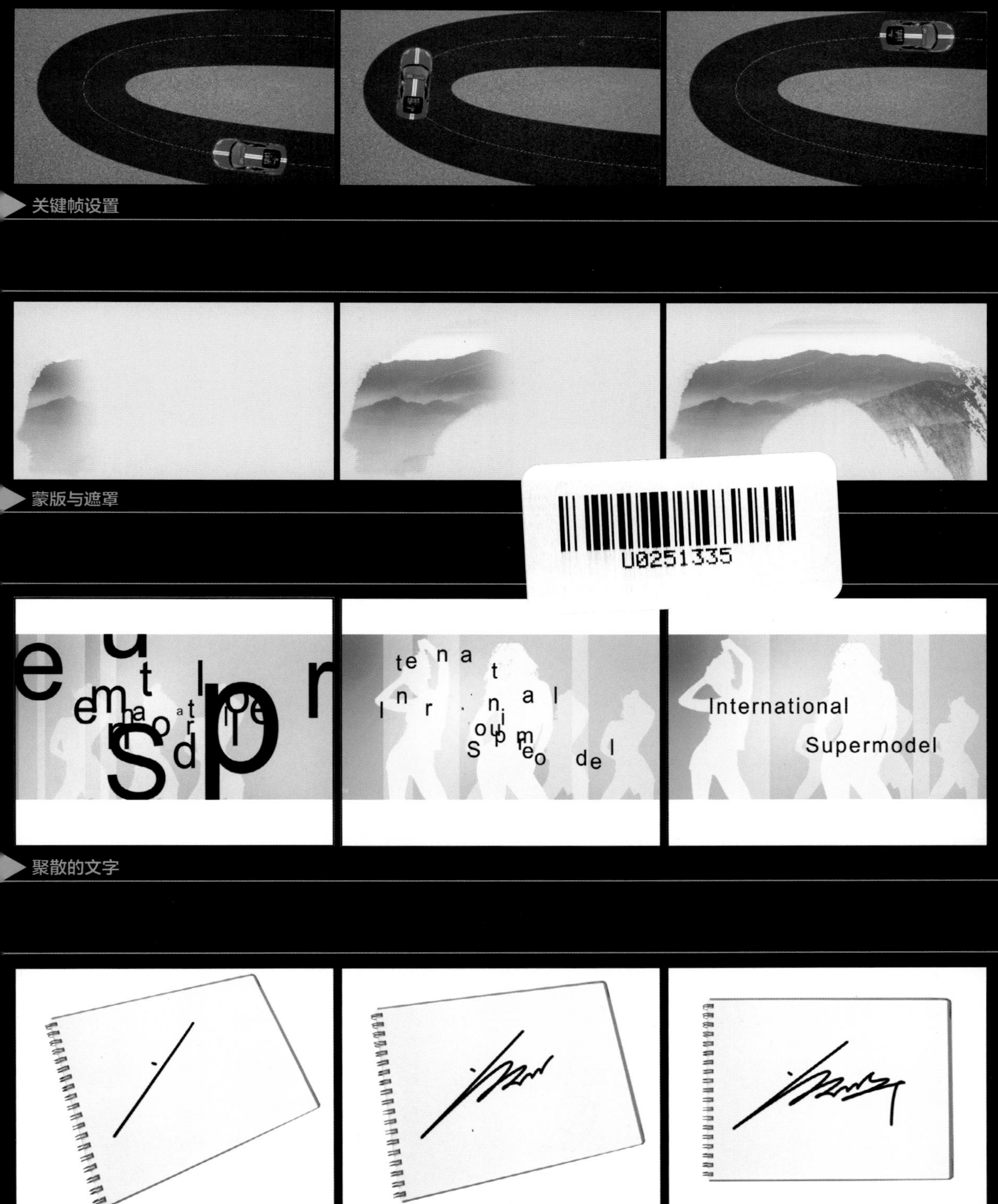
关键帧设置
蒙版与遮罩
U0251335
International
Supermodel
聚散的文字
签名动画

手写字

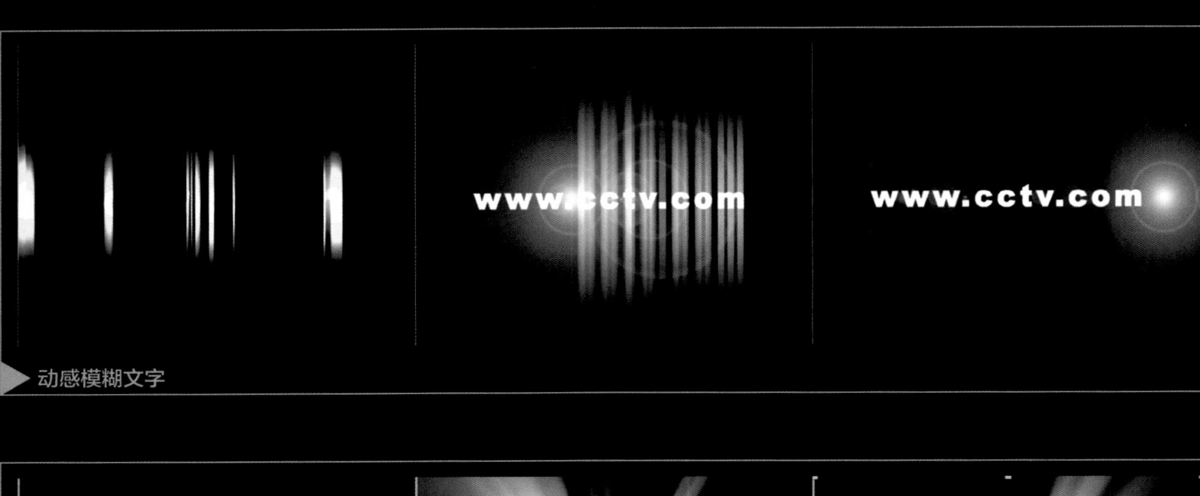

动感模糊文字

飞舞的文字

积雪文字

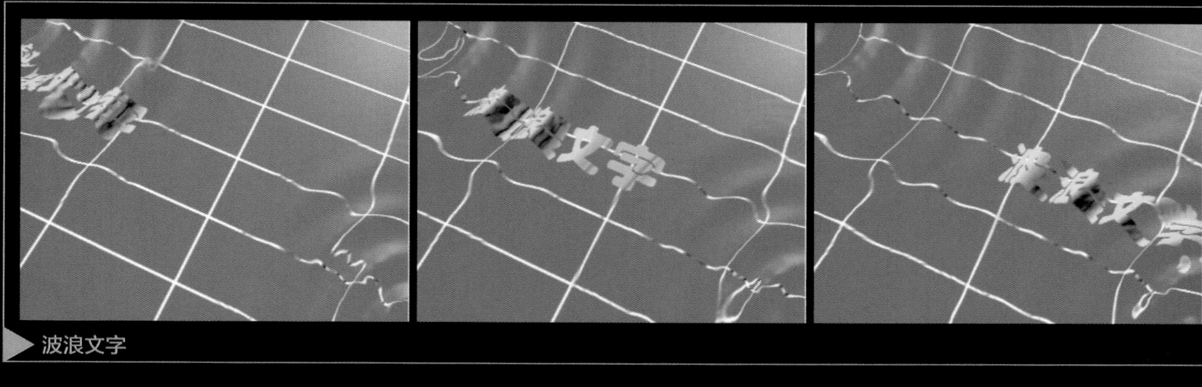

波浪文字

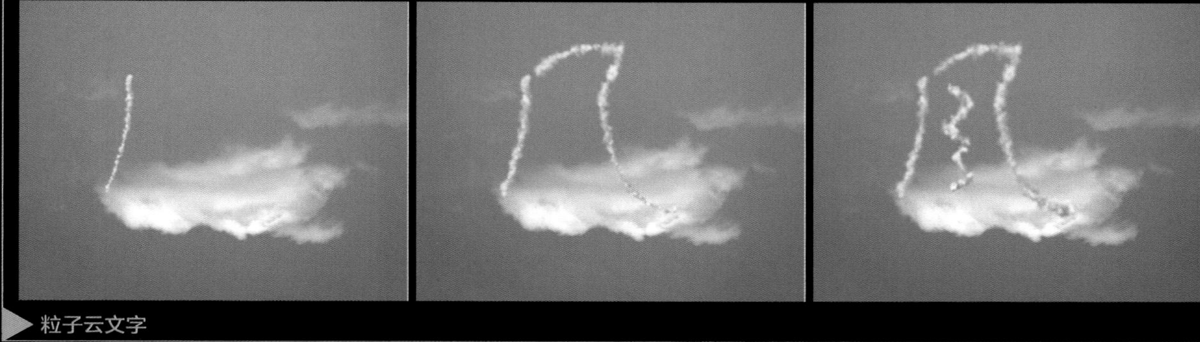

粒子云文字

运动模糊文字

水底文字

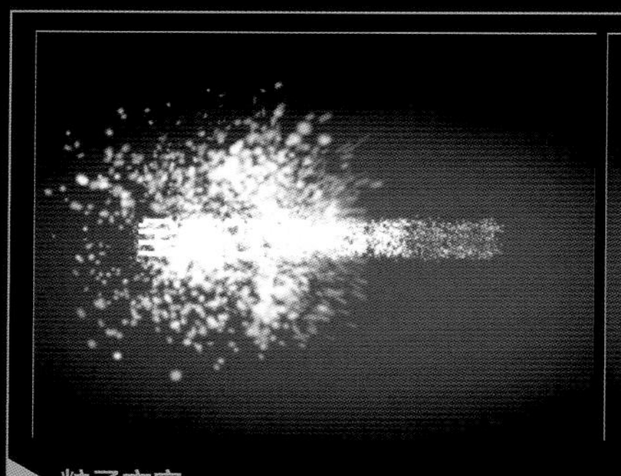

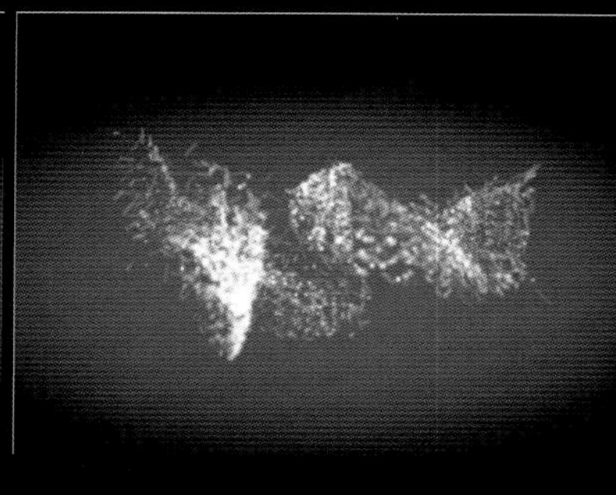

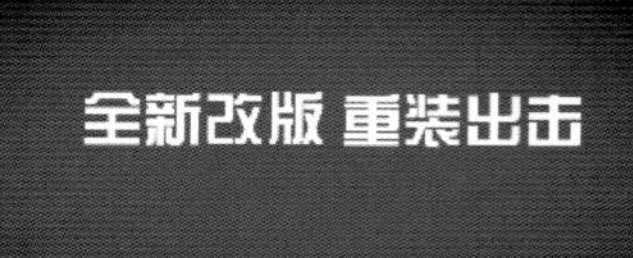

粒子文字

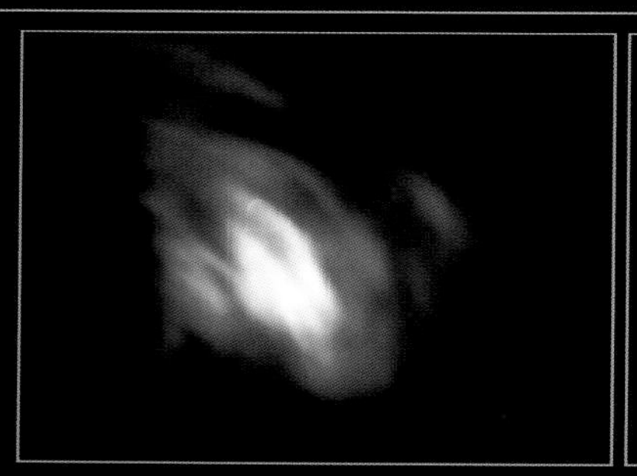

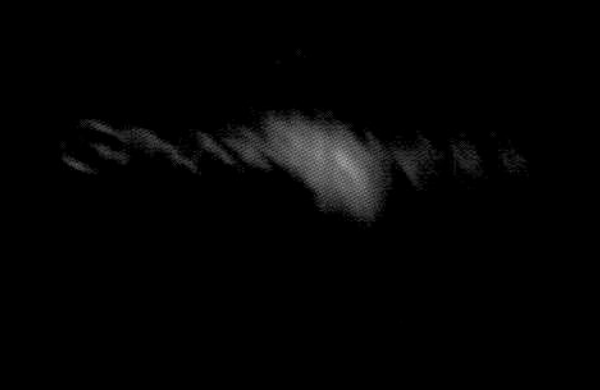

Ghostliness

幽灵文字

三维文字动画

随机线条

随机点

动态背景

动感线条

透视光芒

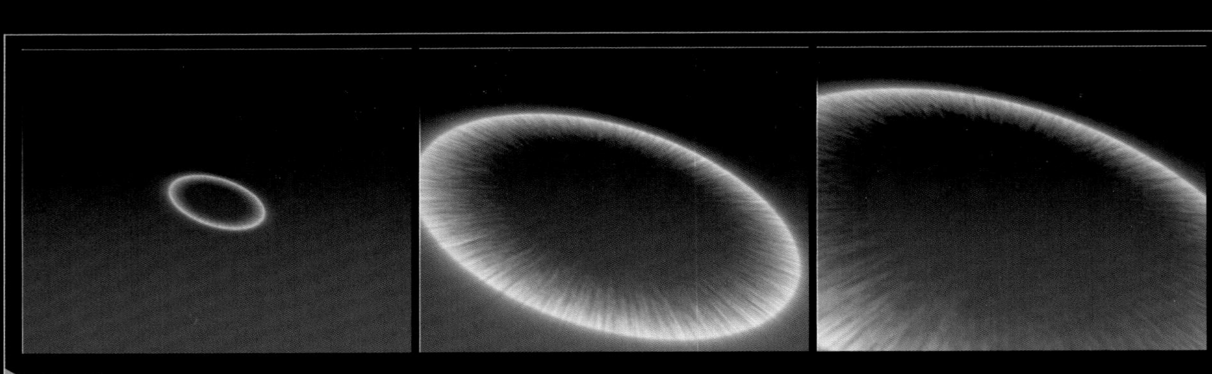

冲击波

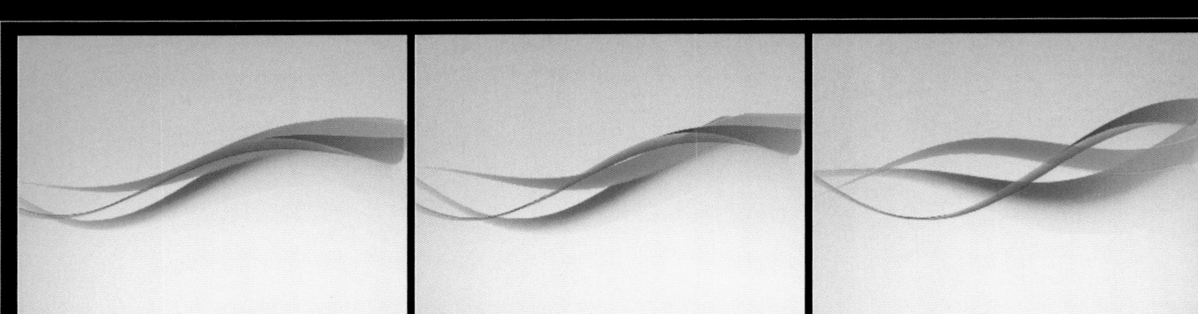

飞舞的飘带

图形动画

旋转的扇页

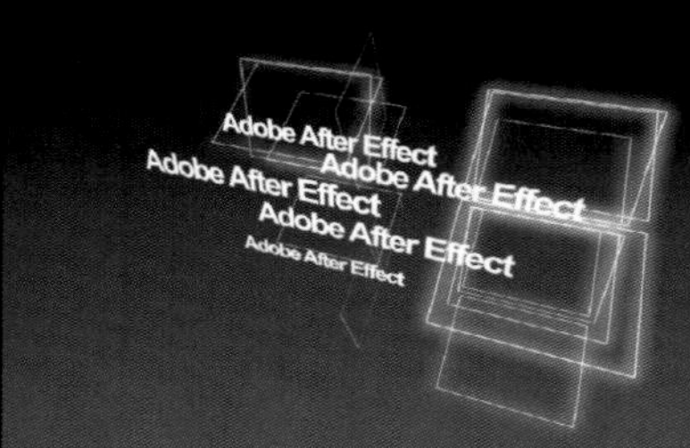

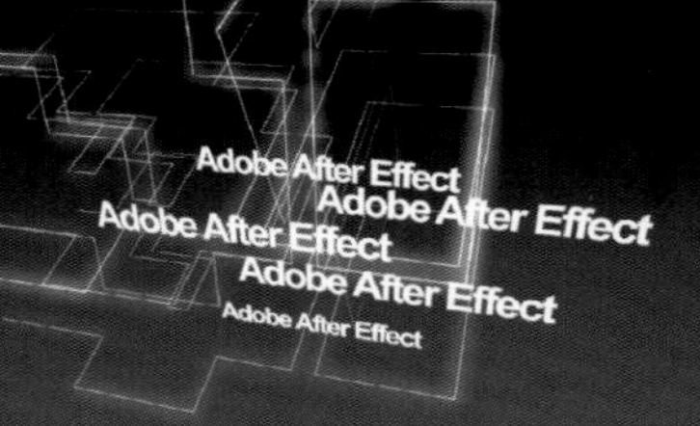

线框空间

树叶飘零

旋转魔方

水墨效果

降噪

雪景

文字上色

单色保留

逆光修复

气泡

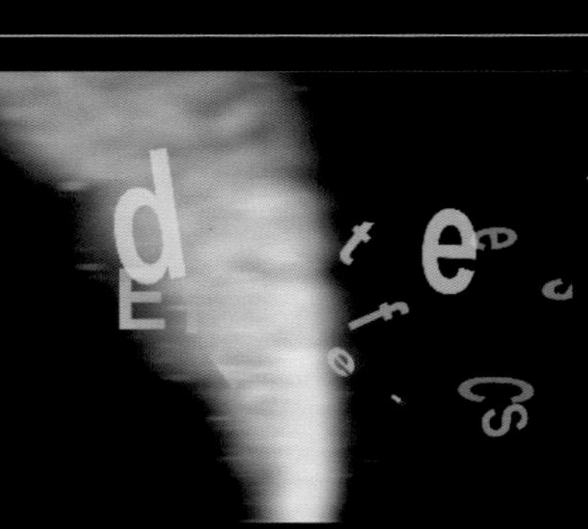

风卷文字

生长动画

抠像效果

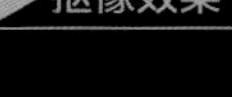

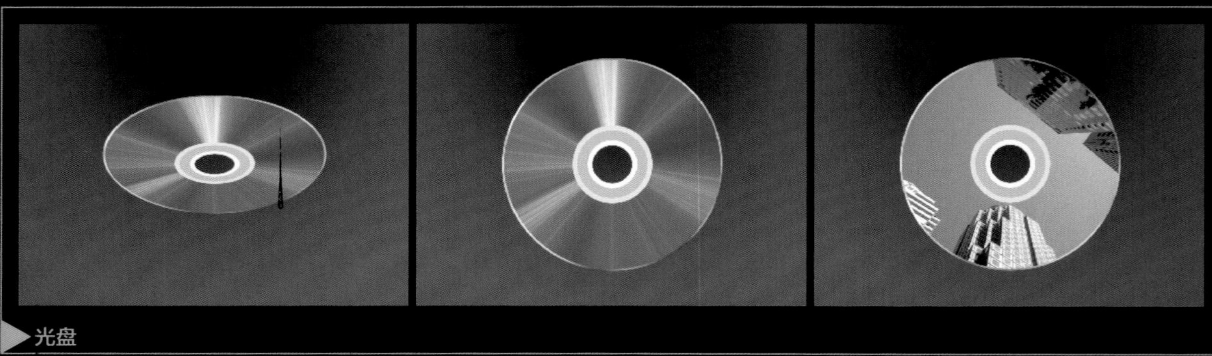

光盘

飞舞光线

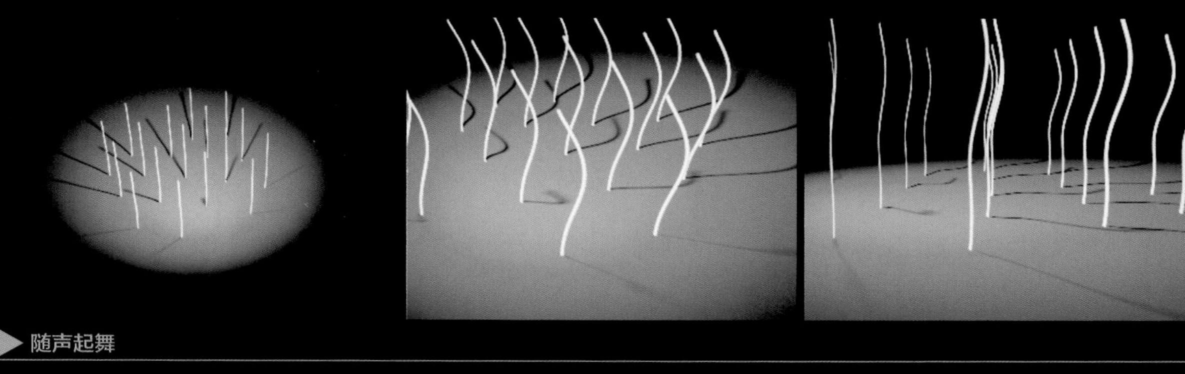

随声起舞

精彩预告

飞舞的彩带

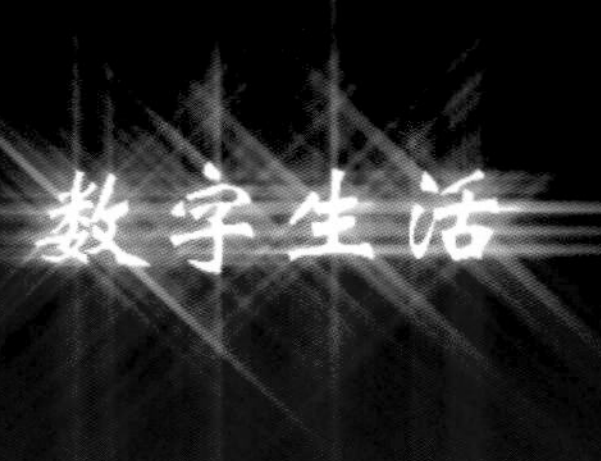

精彩白闪

彩色光芒

滑竿动画

立体图片

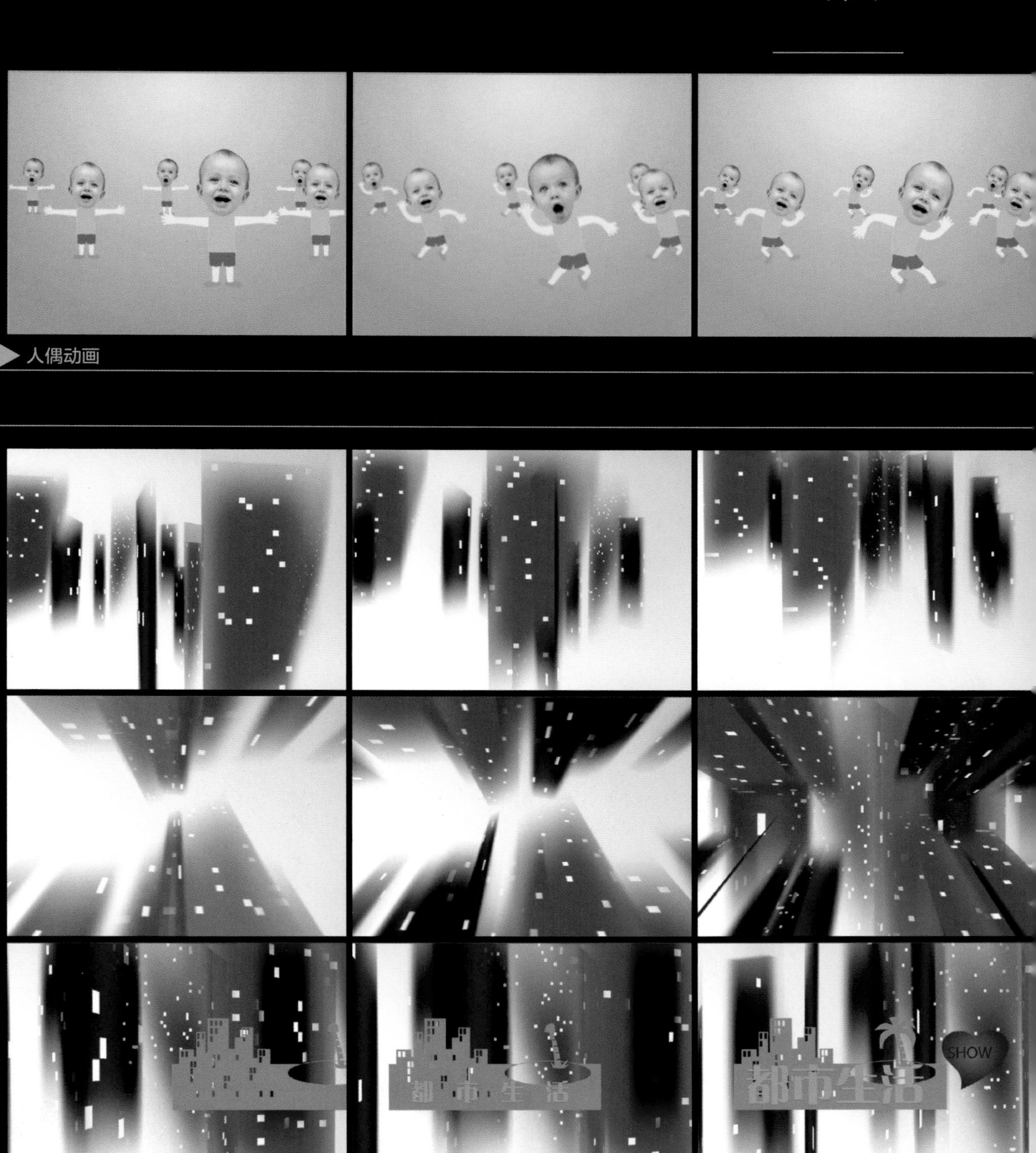

人偶动画

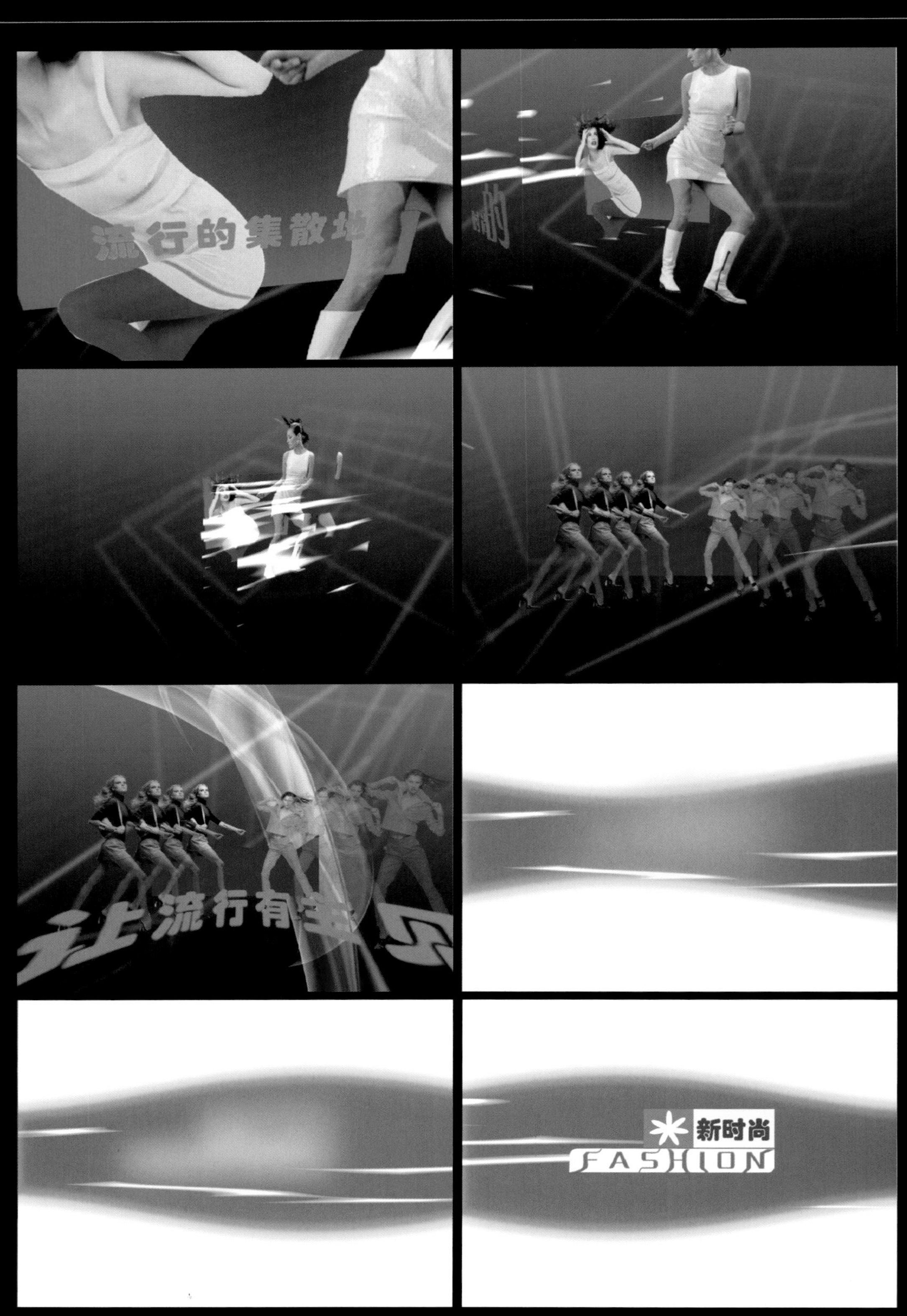

新时尚

逛街

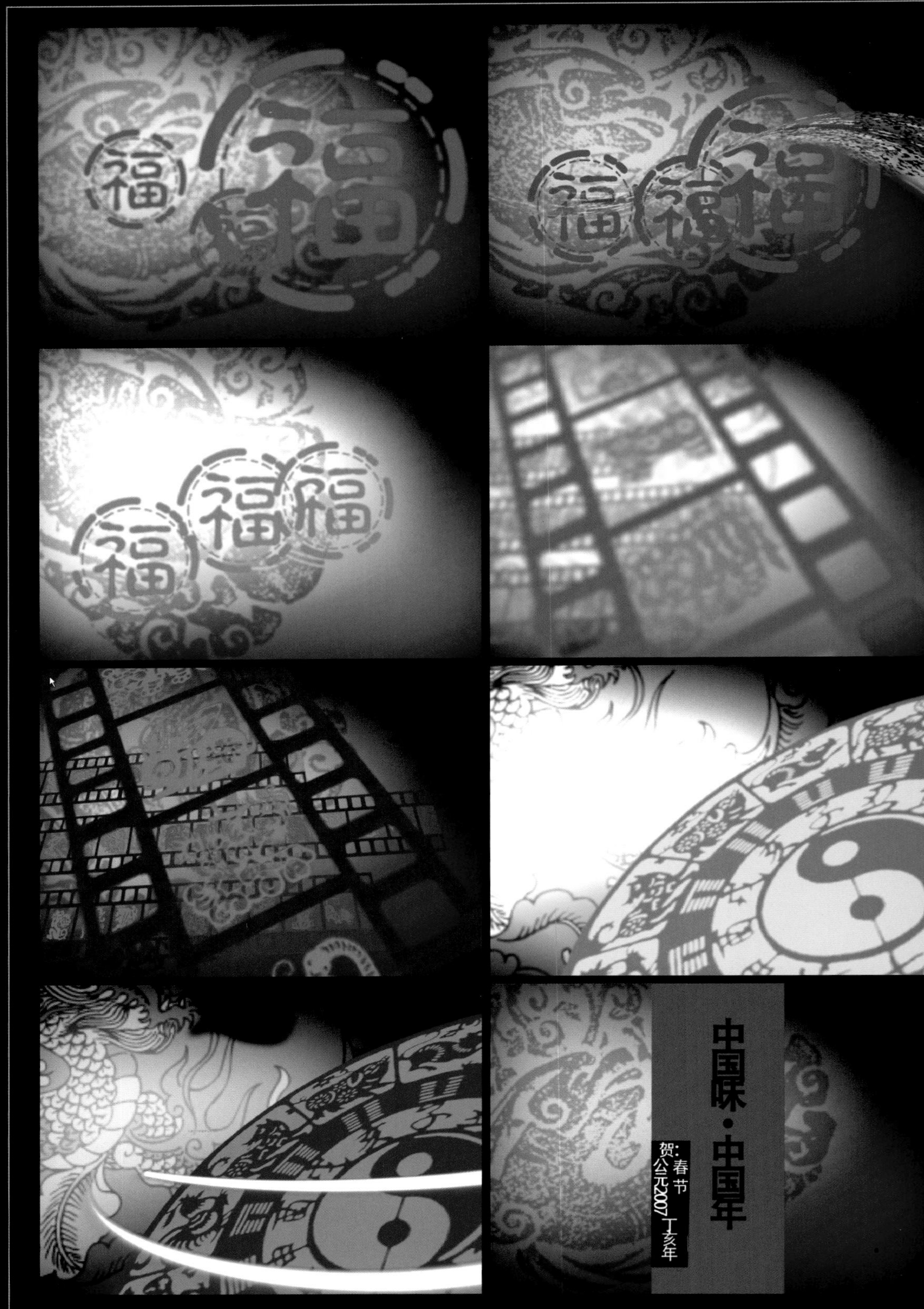

▶ 中国味·中国年

After Effects CC 影视后期特效制作完美风暴

新视角文化行 编著

人民邮电出版社
北京

图书在版编目（CIP）数据

典藏．After Effects CC影视后期特效制作完美风暴/
新视角文化行编著．-- 2版．-- 北京 ：人民邮电出版社，
2014.10 （2019.7重印）
ISBN 978-7-115-35738-0

Ⅰ．①典… Ⅱ．①新… Ⅲ．①图象处理软件 Ⅳ．
①TP391.41

中国版本图书馆CIP数据核字(2014)第166949号

内 容 提 要

After Effects是影视后期制作领域具有霸主地位的软件，深受影视后期合成与特效制作人员的喜爱。本书由工作在第一线的影视后期制作人员编写，采用完全剖析实战案例的方式针对After Effects CC的应用进行了全面讲解。全书分为8章，内容分别为基础操作、文字效果、动态元素、三维空间、色彩、仿真与抠像、精彩应用和综合案例等，包含了66个精彩实例。另外为了方便读者，本书附带了2张DVD教学光盘，包含实例的项目文件、素材文件、最终渲染输出文件和长达400分钟的多媒体教学视频。

本书内容系统、案例丰富、讲解通俗易懂，不仅适合影视后期合成爱好者和相关制作人员作为学习用书，也适合相关专业人员作为培训教材或教学参考用书。

◆ 编　　著　新视角文化行
责任编辑　杨　璐
责任印制　程彦红
◆ 人民邮电出版社出版发行　　北京市丰台区成寿寺路 11 号
邮编　100164　　电子邮件　315@ptpress.com.cn
网址　http://www.ptpress.com.cn
临西县阅读时光印刷有限公司印刷
◆ 开本：787 × 1092　1/16
印张：23　　彩插：8
字数：727 千字　　2014 年 10 月第 2 版
印数：15 501 – 17 100 册　　2019 年 7 月河北第 7 次印刷

定价：88.00 元（附 2DVD）

读者服务热线：(010)81055410　印装质量热线：(010)81055316
反盗版热线：(010)81055315

前言

PREFACE

本书是《典藏——After Effects影视后期特效制作完美风暴》（CS5版本）一书的升级修订版。自上一版上市以来，我们收到了广大读者的来信，有提问题的，也有提建议的，有批评的，也有赞美的，在此我们对大家表示最真诚的感谢，谢谢大家的支持和厚爱。

本书使用的软件版本为当前最新的After Effects CC。这个多语言版本的软件中，Adobe官方首次针对国内市场推出了简体中文版本的After Effects，本书即使用简体中文版After Effects CC来进行教学讲解。对于国内的广大读者来说，这意味着学习和使用After Effects将更加容易，使用的人群将更加广泛。

本书作为“典藏”系列的又一力作，同样具有以下鲜明的特点。

1. 源于实践，回归实战。本书每一个案例都来源于商业设计，对实际工作有很强的指导性，稍加变通，均可为读者所用。

2. 语言通俗易懂，学习轻松高效。本书由具有多年教学和设计经验的专家完成，语言贴近读者的学习习惯。

3. 图文并茂，制作精细。本书对插图进行了必要的标注处理，便于读者更好地学习。

4. 案例丰富，讲解循序渐进。本书通过66个技术性和应用性都很强的案例，循序渐进地讲解了影视后期特效制作的各种方法和技巧。

5. 超大容量光盘，便于学习。本书配有两张海量信息的DVD光盘，包含案例的源文件、素材文件、最终输出文件，以及案例的多媒体语音视频教学文件，它将为读者的学习扫清障碍。

读者在学习本书时，可以一边看书，一边观看多媒体教学文件，在学习每个案例时，可以在计算机上调用相关的文件进行实战学习。

本书由新视角文化行总策划，由制作公司和影视广告制作教学的一线专业人员编写而成，在成书的过程中，得到了程明才、杜昌国、曹培军、陈华、贾银龙、李琴、马冬梅、马兰、李欣、刘永志、马晓丽、邵彦林、苏丽蓉、孙晶、吴承国、邢艳玲、许秀芝、张波、张霞、张智霖、张子艳、赵凤兰等人的大力帮助和支持，在此表示感谢。

由于作者编写水平有限，书中难免有错误和疏漏之处，恳请广大读者批评、指正。

新视角文化行

2014年4月

目录

CONTENTS

第1章 基础操作

第2章 文字效果

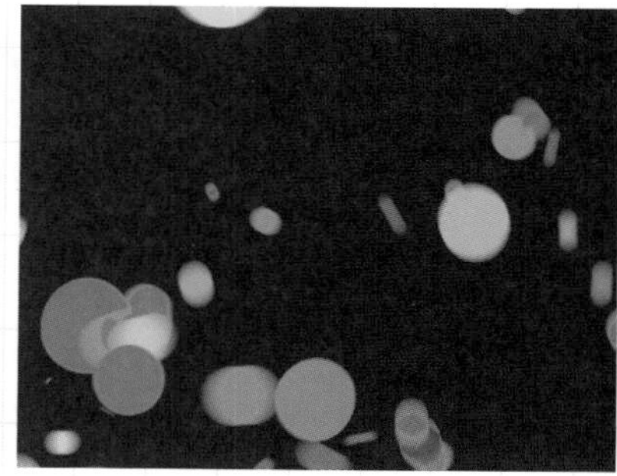
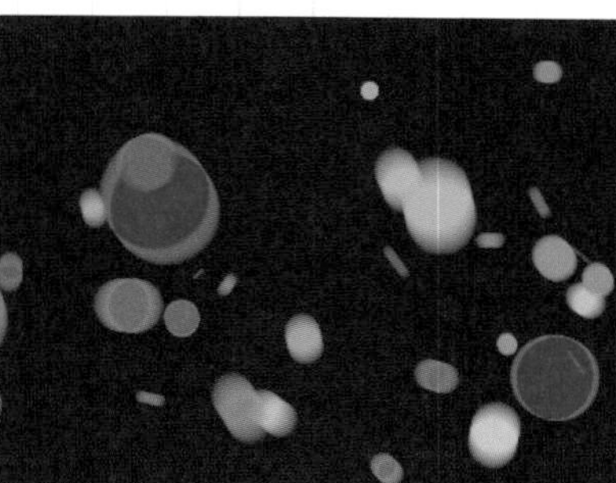
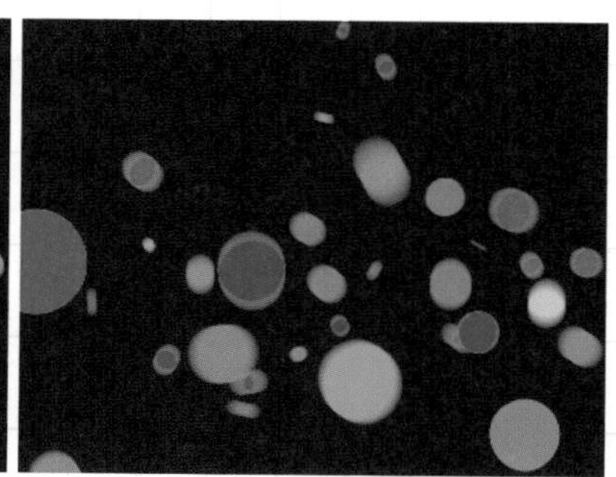

第3章 动态元素

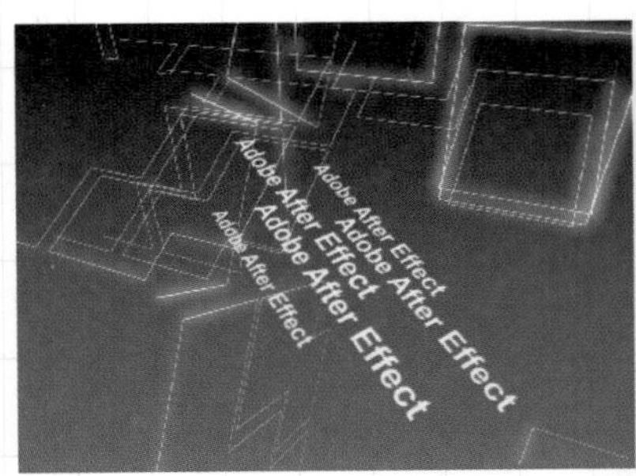

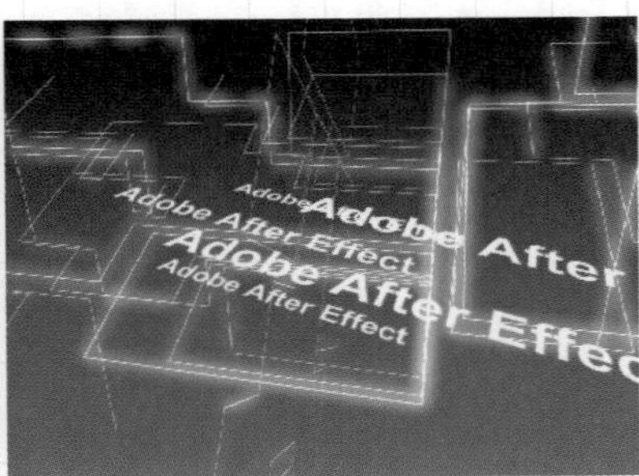

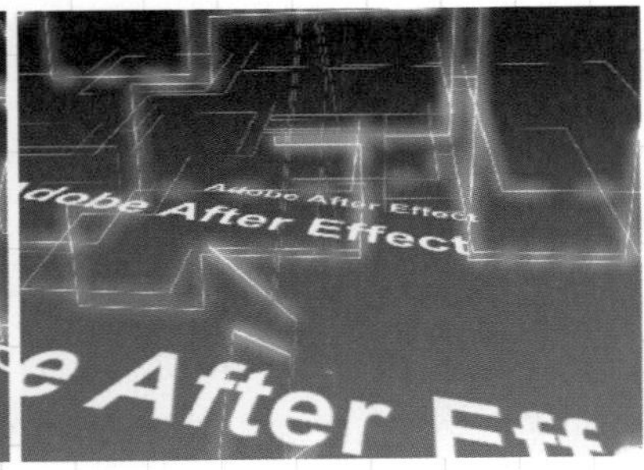

第 4 章 三维空间

第5章 色彩

第6章 仿真与抠像

第7章 精彩应用

第 8 章 综合案例

第 1 章 基础操作

1.1 软件的初始设置

实例概述

After Effects在使用前需要进行参数预设，这里将针对国内电视制作的需要对After Effects进行相关的几个重要初始设置。

1. 项目设置

1 打开After Effects，系统会自动新建一个项目。默认状态下After Effects根据美国电视的NTSC制式进行初始化，而我国使用的是PAL制式，所以在国内使用的时候需要进行重新设置。

2 选择菜单命令“文件”/“项目设置”，在弹出的项目设置窗口中，在“时间显示样式”下的“时间码”下设置“默认基准”为25，如图1-1所示。

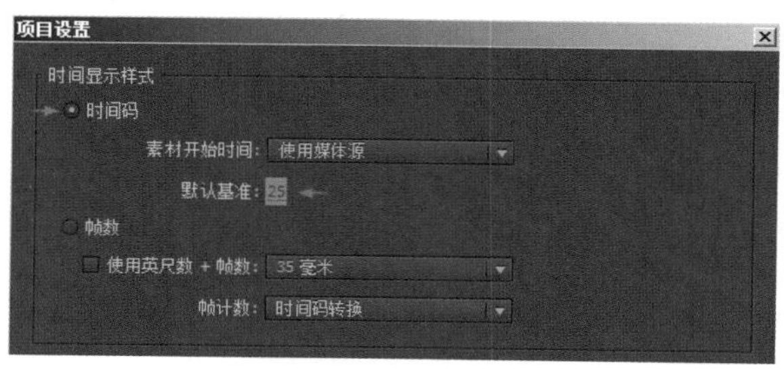

图1-1　设置时间码默认基准

> 提示
> 时间码的基准即时基，表示每秒含有的帧数，将它调整为25，即为每秒25帧。“帧数”是以帧的模式显示。“使用英尺数+帧数”一般用于胶片格式，一英尺半长的胶片放映时长为1秒，通常电影胶片为每秒24帧，PAL和SECAM制式的视频为每秒25帧，NTSC制式的视频为每秒30帧。

3 在“项目设置”中可以看到还有一项“颜色设置”，如图1-2所示，其下的“深度”选择为“每通道8位”。一般在PC机上使用时，8位的色彩深度已经可以满足要求，当有更高的画面要求的时候，可以选择16位或32位的色彩深度。在16位色彩深度的项目下，可导入16位的图像进行高品质的影像处理。这对于处理电影胶片和高清晰度电视是非常重要的。当图像在16位色的项目中导入8位色图像进行一些特效处理时，会导致一些细节的损失，系统会在其特效控制窗口中显示警告提示。

图1-2　项目设置窗口中的颜色设置

2. 首选项设置

1 选择菜单命令“编辑”/“首选项”下的“常规”，设置“撤销次数”的数量，这将影响以后操作中按快捷键Ctrl+Z可恢复的级别，根据所设置的数量，最高可以恢复到99级之前的操作，如图1-3所示。

图1-3　设置撤销次数

2 选择菜单命令“编辑”/“首选项”下的“导入”，将“序列素材”导入时每秒的帧数由默认的“30帧/秒”改为“25帧/秒”，即以后导入序列素材时每秒将以25帧静态图片的帧速率来处理，如图1-4所示。

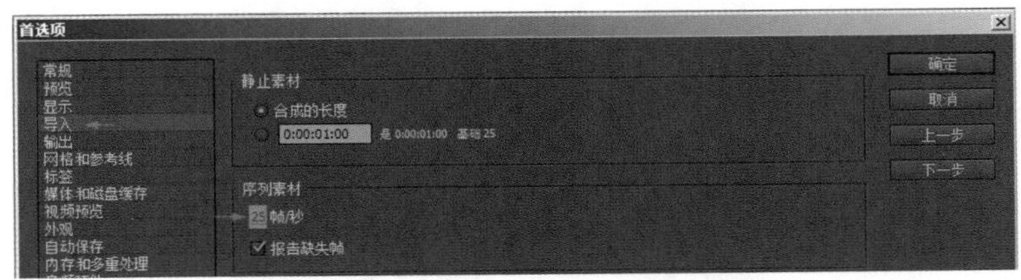

图1-4　输入选项设置

3 选择菜单命令“编辑”/“首选项”下的“自动保存”，设置在以后的制作过程中，After Effects可以按时自动保存指定数量的历史版本，这对于重要的制作来说是一个保险设置，如图1-5所示。

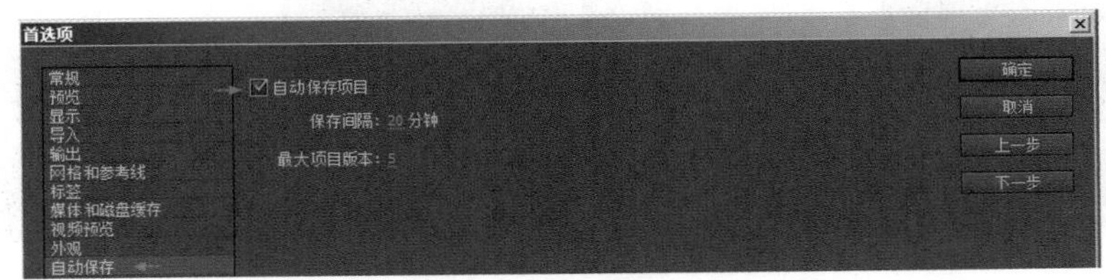

图1-5　自动保存设置

3. 合成项目设置

1 选择菜单命令“合成/新建合成”（新建合成），在“合成名称”选项中可以设置合成的名字。例如，按照标清电视标准设置“基本”下的“预设”为PAL D1/DV，“宽度”为720，“高度”为576，“像素长宽比”为D1/DV PAL（1.09），“帧速率”为25帧/秒。“开始时间码”为（0:00:00:00），“持续时间”可以根据影片的需要进行设置，如图1-6所示。

2 同样根据影片的不同，可以自由更改设置，也可以将自定义的设置保存起来，以备重复使用。如果对设置好的合成项目不满意，也可以对其进行修改。选择菜单命令“合成”/“合成设置”，即可对合成项目进行相应的修改。例如，可以在“预设”后选择HDTV 1080 25，使用高清电视的合成设置，如图1-7所示。

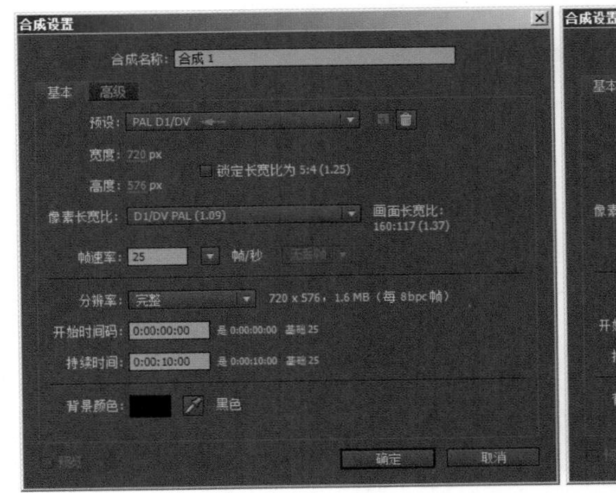

图1-6　新建合成窗口

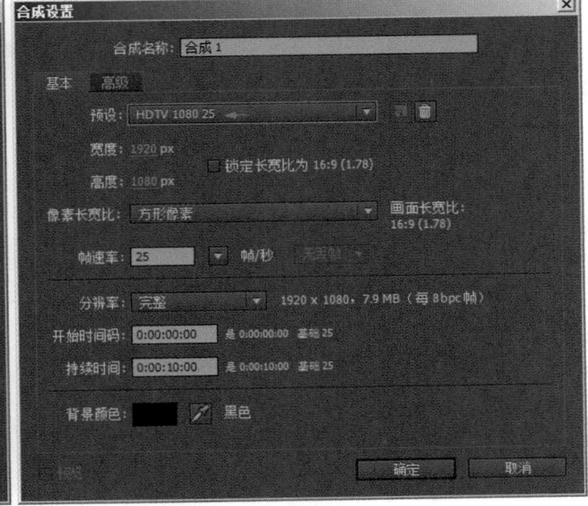

图1-7　合成设置

3 这样就完成了After Effects软件的初始设置。一般软件安装完成后，第一次运行After Effects都要对上面的选项进行设置，这样才能保证制作出来的视频文件符合电视台的播出标准。

1.2 多元素合成

技术要点	在标清预设的合成中进行各种格式文件的叠加	制作时间	5分钟
项目路径	\chap01\多元素合成.aep	制作难度	★★

实例概述

本例系统地介绍了After Effects常用的各种文件格式的导入方式，以及素材的管理和替换。本例将通过制作一个媒体播放器来介绍After Effects的一些基础功能，实例如图1-8所示。

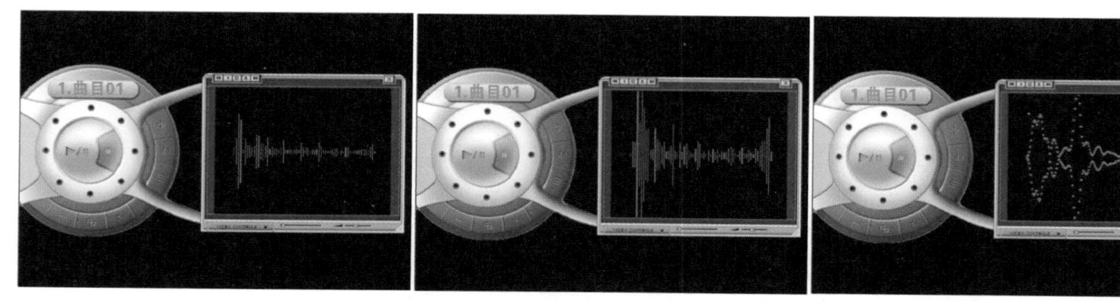

图1-8　实例效果

制作步骤

1. 文件导入

1 启动After Effects软件，选择菜单命令“合成/新建合成”（快捷键Ctrl+N），新建一个合成，命名为“媒体播放器”，“预设”使用PAL制式（PAL D1/DV），“持续时间”为4秒，如图1-9所示。

2 选择菜单命令“文件”/“保存”（快捷键Ctrl+S），保存项目文件，命名为“多元素合成”。

3 选择菜单命令“文件”/“导入”/“文件”或直接在项目面板的空白处双击，打开“导入文件”窗口，在“图像素材”下的“音符一”文件夹中选择序列文件的首个文件“音符一_00000.tga”，勾选“Targa序列”选项，系统将以序列文件方式导入素材。单击“导入”按钮，导入这个Tga序列文件，如图1-10所示。

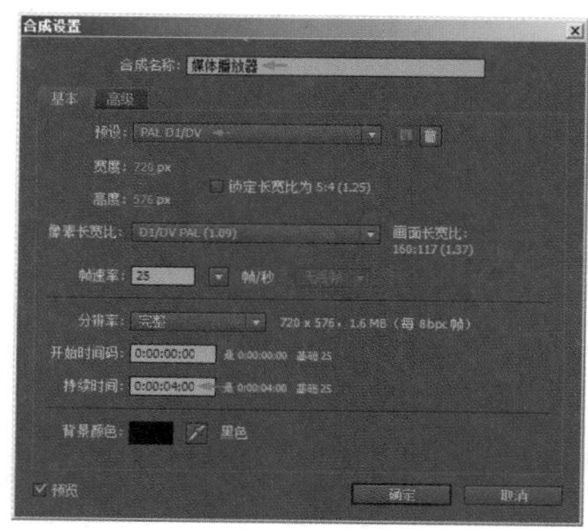

图1-9　新建项目合成

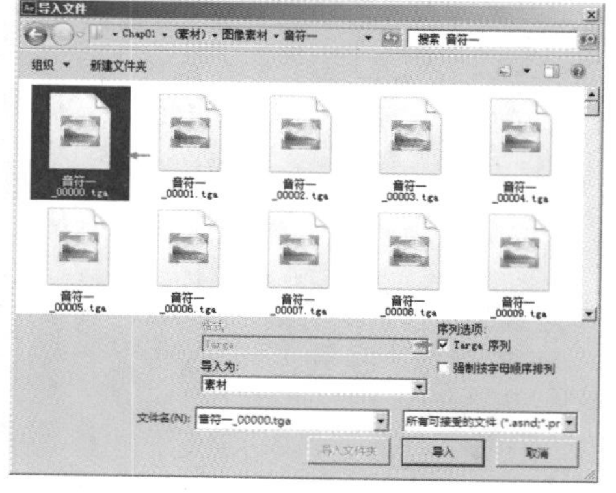

图1-10　导入序列文件

4 这时会弹出“解释素材”窗口，可以在Alpha栏中对素材的Alpha通道进行设置。在After Effects中导入带有Alpha通道的文件时，After Effects会自动识别该通道。如果Alpha通道未标记类型，将弹出解释素材窗口，提示选择通道的类型。一般情况下，单击“猜测”按钮即可，如图1-11所示。

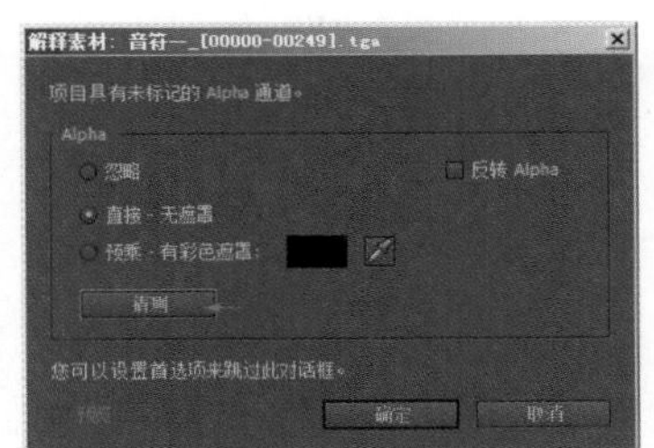

图1-11 设置文件的Alpha通道

提示

“忽略”为忽略透明信息。“直接”通道将素材的透明信息保存在独立的Alpha通道中，它也被称作“无遮罩”通道。“预乘”通道在高标准、高精度颜色要求的电影中能产生较好的效果，但它只是在少数程序中才能产生。“预乘”通道保存Alpha通道中的透明度信息，它也保存可见的RGB通道中的相同信息，因为是以相同的背景色被修改的，所以“预乘”也被叫作“有彩色遮罩”通道，它的优点是有广泛的兼容性，大多数的软件都能够产生这种Alpha通道。

5 按照同样的方法，打开“图像素材”下的“音符二”文件夹，选择序列文件的首个文件“音符二_00000.tga”，勾选“Targa序列”选项，系统将以序列文件方式导入素材，单击“打开”按钮，导入这个Tga序列文件。

6 下面要导入播放器的图形文件，直接在项目面板的空白处双击，打开“导入文件”窗口，在查找范围窗口中选择“图像素材”文件夹下的“播放器”文件夹，选择“播放器.psd”，设置“导入为”为“素材”。单击“打开”按钮；在弹出的导入选项中设置“导入种类”为“合成”方式导入，那么导入的“播放器.psd”就会以一个合成的方式导入到当前的方案，如图1-12所示。

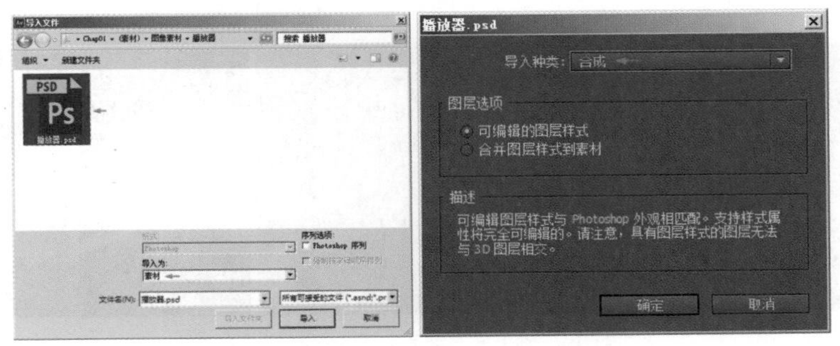

图1-12 导入psd文件

7 下面要导入背景文件和音频文件，直接在项目面板的空白处双击，打开“导入文件”窗口，选择“视频素材”文件夹，选择“星空.mov”，单击“打开”按钮。继续导入音频文件，在项目面板的空白处双击，打开“导入文件”窗口，选择“音频素材”文件夹，选择“音乐片段.MP3”，单击“打开”按钮。这样全部文件就导入到项目面板中了。

2. 文件整理

1 观察项目面板，发现文件类型太多，非常乱，不易管理。那么就要对文件进行分类放置。在After Effects软件中可以在项目面板中建立文件夹来管理素材。

2 根据导入的文件类型，单击项目面板下方的文件夹图标，系统在项目面板中建立一个新的文件夹，将其重命名为“视频素材”，再依次建立“输出”、“图像素材”和“音频素材”文件夹，选择将要进行分类的文件，按照类型分别拖动到刚建立的文件夹中。将“星空.mov”拖动到“视频素材”文件夹，“音乐片段.MP3”拖动到“音频素材”文件夹，“音符一_[00000-00249].tga”、“音符二_[00000-00249].tga”、“播放器”合成、“播放器 个图层”文件夹拖放到“图像素材”文件夹，将“媒体播放器”合成拖放到“输出”文件夹，如图1-13所示。

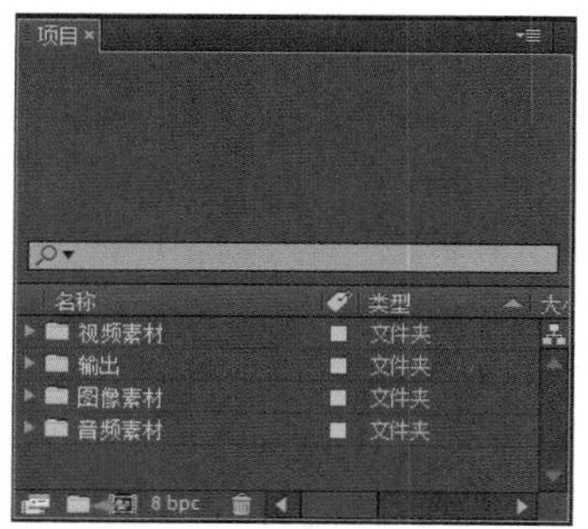

图1-13　素材管理

提示

在项目面板中建立的文件夹只存在于该项目中，并不在磁盘上建立目录。如果要进行方案打包，那么在项目面板中建立文件夹，就会相应地在打包路径的“（素材）”文件夹下建立一个相同的文件夹。After Effects允许在文件夹中继续嵌套文件夹。如在项目面板中建立一个名为“视频素材”的文件夹，还可以继续在“视频素材”文件夹下建立子文件夹，依次类推。这样就更加方便地管理文件，使素材可以非常方便地找到，节省了时间，提高了效率。

3. 制作播放器

1 接下来制作播放器，选择工具栏中的选择并移动工具，展开项目面板中的“视频素材”文件夹，选择“星空.mov”，将其拖放到“媒体播放器”的时间线上。

2 使用同样的方法，分别拖曳“播放器”、“音符一_[00000-00249].tga”、“音乐片段.MP3”到时间线中。在时间线窗口中，调整它们的上下层顺序。选中“播放器”层，按P键展开其“位置”，设置为（330，288）。选中“音符一_[00000-00249].tga”层，按P键展开其“位置”，设置为（520，288），如图1-14所示。

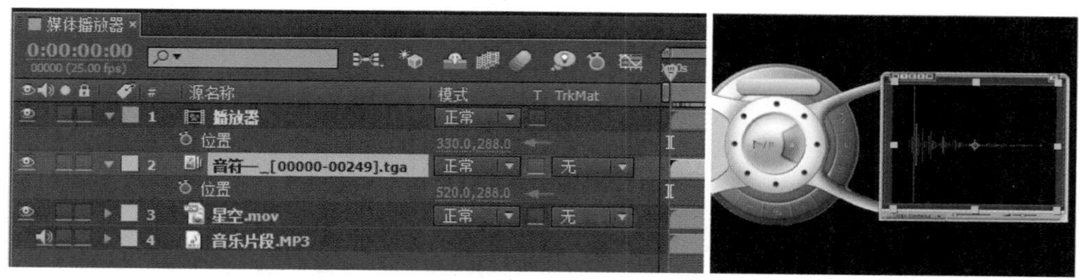

图1-14　拖放文件到时间线合成中并设置

3 使用文字工具为播放器设置一个曲目。选择工具栏文字工具，在视图上单击，或选择菜单命令“图层”/“新建”/“文本”，新建一个文字层。输入“1. 曲目01”，在Character（文字属性）窗口中设置字体为方正大黑简体，文字尺寸为34像素，文字颜色的RGB为（0，156，255）。将文字移至播放器图像上部的黄色条块中，如图1-15所示。

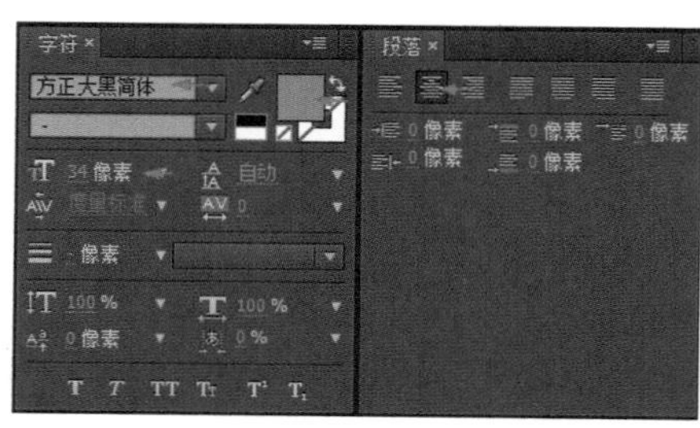

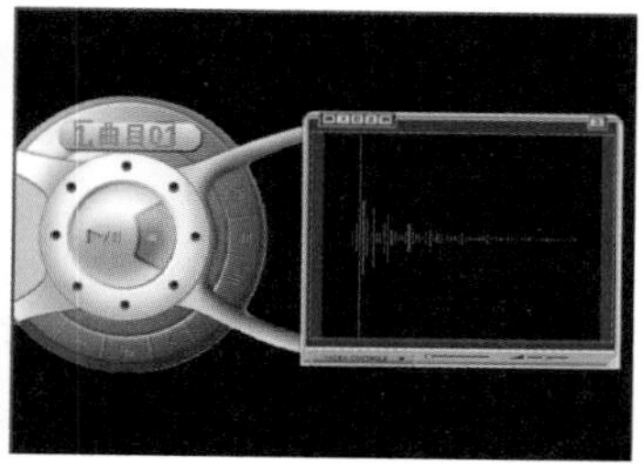

图1-15　创建文字层

4. 素材替换

目前对播放器中跳动的音符不是很满意，想再制作一个播放器，将音符换成其他的类型。通常需要按照前面的制作步骤，重新制作一遍。After Effects为此提供了一个非常方便的功能，就是素材替换功能。它可以很简单地将一个素材替换为另一个素材，并保持原有素材的属性不变。

1 在项目面板中展开“输出”文件夹，选择“媒体播放器”合成，选择菜单命令“编辑”/“重复”或直接按快捷键Ctrl+D，将“媒体播放器”合成复制，产生一个新的“媒体播放器2”合成，与“媒体播放器”有同样的内容，如图1-16所示。

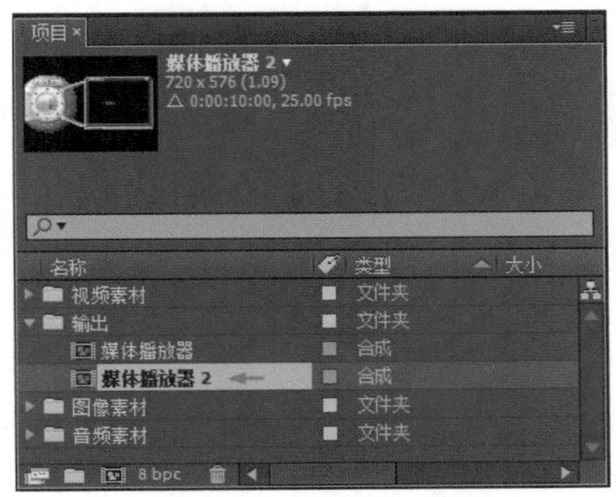

图1-16 复制合成

2 双击打开“媒体播放器2”的时间线窗口，先选择“音符一_[00000-00249].tga”层，然后在项目面板中选择前面导入的“音符二_[00000-00249].tga”，按住键盘上Alt键的同时，将“音符二_[00000-00249].tga”拖至时间线窗口的“音符一_[00000-00249].tga”层上，这样就完成了文件的替换。这样替换的好处在于保存了两个方案，以备随时调整，如图1-17所示。

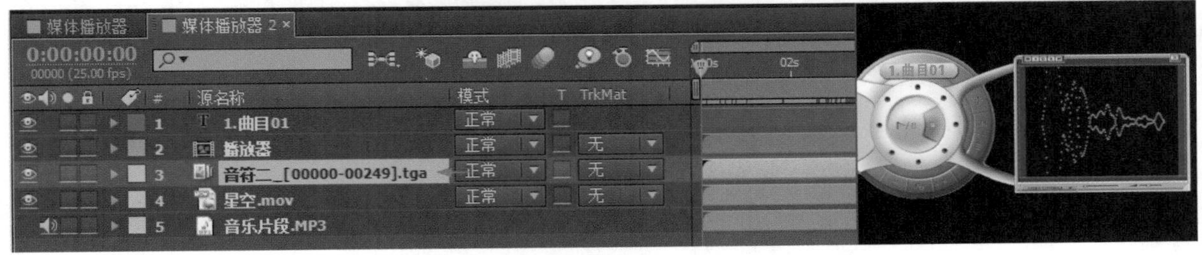

图1-17 素材替换

3 按小键盘上的0键预览最终效果动画。

技术回顾

本例主要介绍了After Effects软件几种常用文件格式的导入方法，以及素材的管理和替换。

举一反三

在本练习中除了需要导入多个带Alpha通道的素材，还增加了TIF序列文件格式的导入，其方法与导入TGA格式相同，导入完成后，将这些素材合成到一个时间线中。具体参数可以参考练习的项目文件，效果如图1-18所示。

图1-18　实例效果

1.3 关键帧设置

技术要点	在小高清预设的合成中设置动画关键帧	制作时间	5分钟
项目路径	\chap02\关键帧设置.aep	制作难度	★★

实例概述

本例首先是将所需要的素材导入到项目面板，调整好位置后，插入关键帧设置动画。最后，根据场景需要调整关键帧的运动曲线，效果如图1-19所示。

图1-19　实例效果

制作步骤

1. 文件导入

1 启动After Effects软件，选择菜单命令“合成/新建合成”（快捷键Ctrl+N），新建一个“合成 1”，“预设”使用HDV/HDTV 720 25，“持续时间”为10秒，保存项目文件为“关键帧设置”。

2 选择菜单命令“文件”/“导入”/“文件”或直接在项目面板的空白处双击，打开“导入文件”窗口，选择“汽车.png”和“公路.jpg”，导入项目面板中。

2. 插入关键帧

1 分别将刚导入的“汽车.png”和“公路.jpg”拖放到时间线窗口中，展开“汽车.png”层的“变换”选项，设置“缩放”为（70%，70%），“位置”为（940，600）。这样汽车模型就被移动到公路右下角的开始位置，也可以直接使用工具栏的选择并移动工具，拖动汽车模型到公路的开始位置。发现车头和公路的方向不一致，对汽车模型的方向进行调整。设置“旋转”选项为10°，同样也可以直接使用工具栏的旋转工具，调整汽车模型的方向。

2 制作汽车沿公路行驶的动画。首先将时间滑块移动到0帧位置，选择“汽车.png”层并展开“变换”选项，打开“位置”选项前面的码表，为位置选项插入一个关键帧，这样就确定了汽车的起点在公路的开始位置，如图

1-20所示。

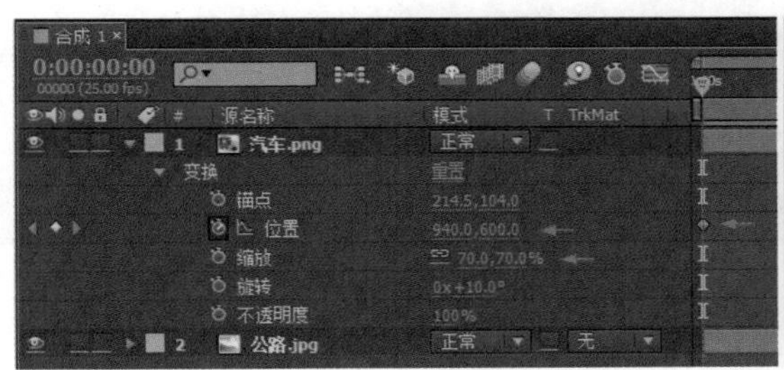

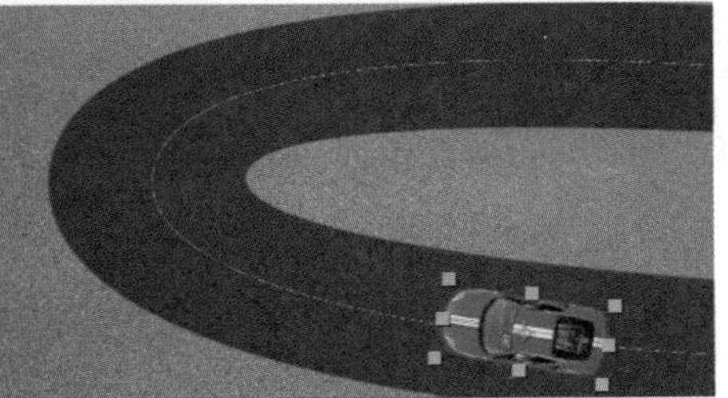

图1-20　设置汽车开始位置关键帧

3 将时间滑块移动到2秒12帧位置，设置“位置”选项为（300，300），选中“位置”名称，用鼠标调整显示出来的路径锚点，将运动路径调整为曲线，这样汽车就从0帧开始移动，到2秒12帧时移动到转弯处，如图1-21所示。

4 将时间滑块移动到4秒24帧位置，设置“位置”选项为（1000，100），这样汽车就跑到结束位置了。

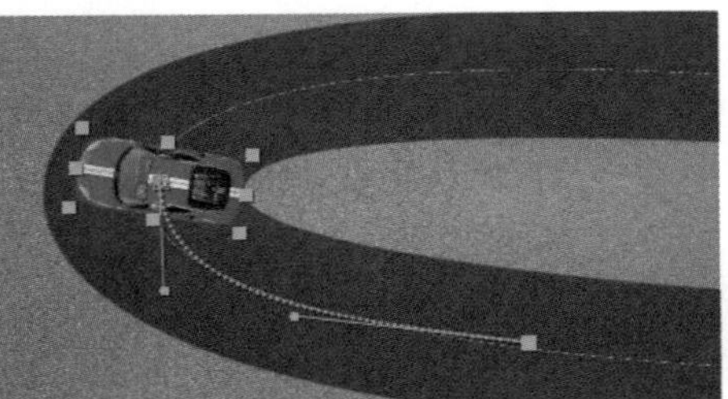

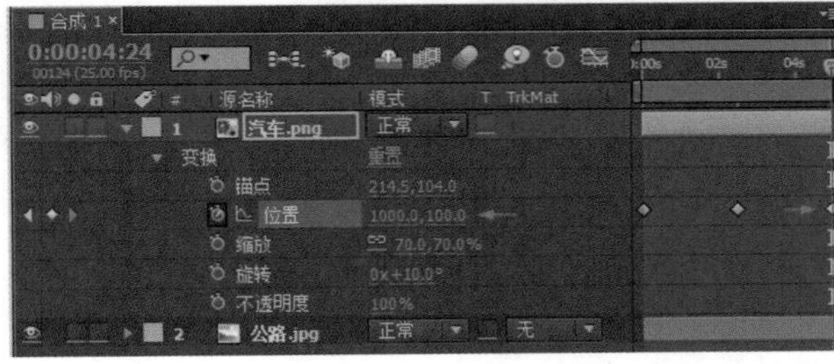

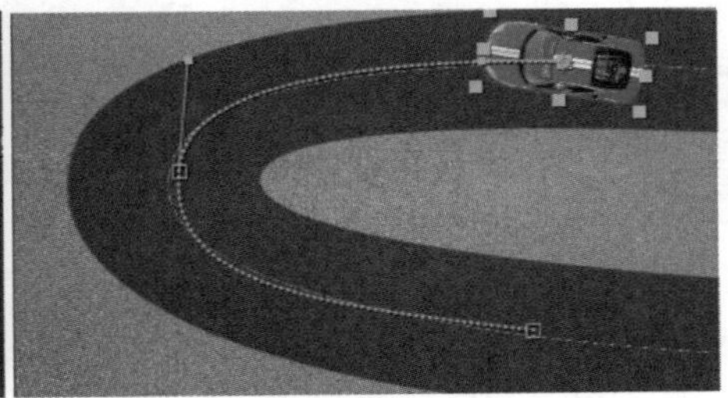

图1-21　制作汽车运动动画

提示

After Effects在通常状态下可以对层或者其他对象的变换、遮罩、效果、时间等进行关键帧设置。系统对层的设置是应用于整个持续时间的。如果需要对层的某个属性进行动画关键帧设置，则需要打开该选项前面的码表。当码表被打开时图表改变，表示关键帧码表处于工作状态；如果关闭其属性的关键帧码表，则系统会删除该属性上的全部关键帧。所谓的关键帧，即在不同的时间点对对象属性进行变化，变化的过程将由不同的时间点记录下来。

5 这样就完成了汽车沿着公路行驶的动画，按小键盘上的0键观看效果，发现汽车头部方向不对，并没有跟随汽车一起转弯，所以动画并没有制作完成。这里After Effects系统为此提供了一个非常方便的“自动方向”工具，在制作沿路径运动动画的过程中，使用“自动方向”工具，可以使层的旋转自动跟踪路径，这对具有方向性的旋转非常重要。

6 选择“汽车.png”层，再选择菜单命令“图层”/“变换”/“自动定向”，在弹出的“自动方向”窗口中设置为“沿路径定向”，单击“确定”按钮，然后在图层的“变换”下将“旋转”设置为180°，校正初始方向，如图1-22所示。

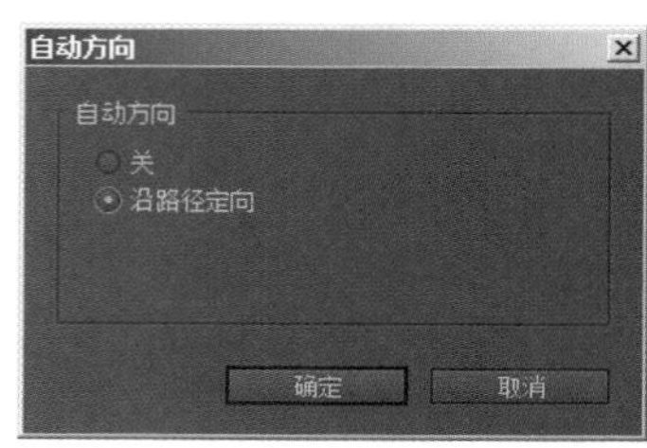

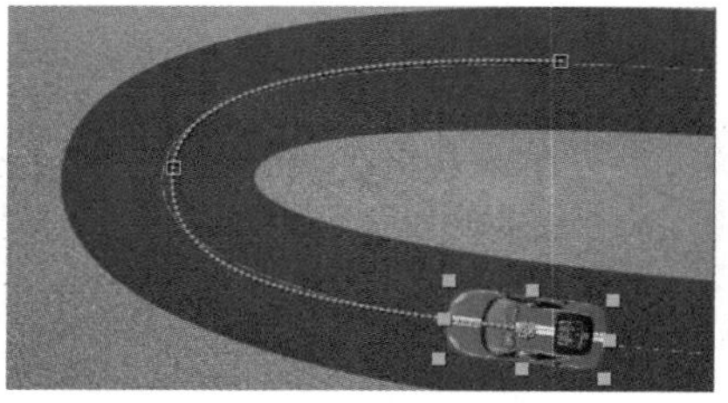
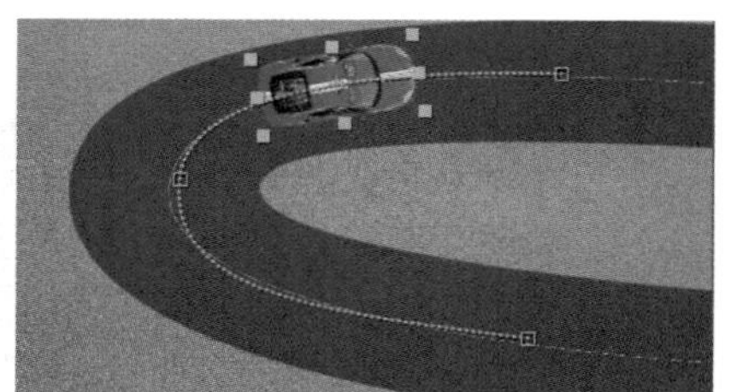

图1-22　改变汽车运动方向

7 按小键盘上的0键预览最终效果动画，这样就完成了汽车沿公路行驶的动画。

技术回顾

本例主要介绍了如何插入关键帧，并制作路径关键帧动画，以及修正制作动画时物体方向出错的问题。

举一反三

本练习通过对关键帧的设置，制作一个两辆车在公路上超车的动画。在制作超车动画时，应当注意不要让两辆车发生“追尾事故”，车速由关键帧控制，调整两个关键帧之间的距离，达到调整车速的目的。具体参数可以参考练习的工程方案，如图1-23所示。

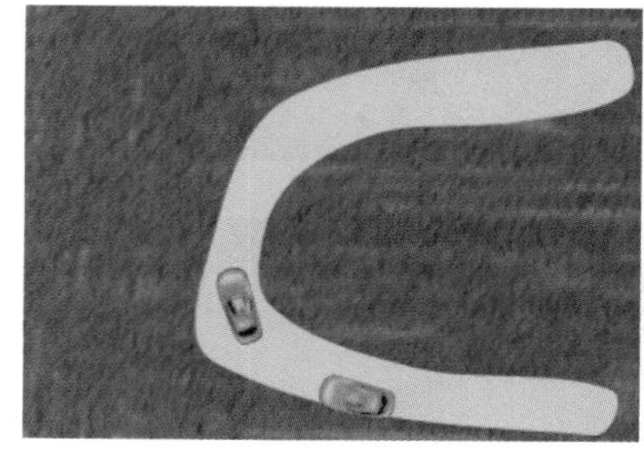
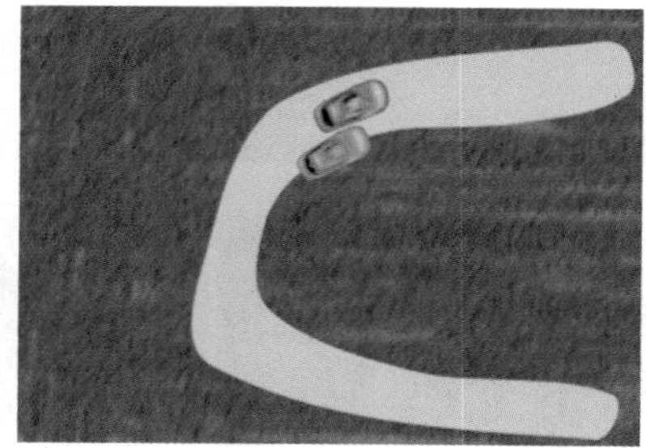
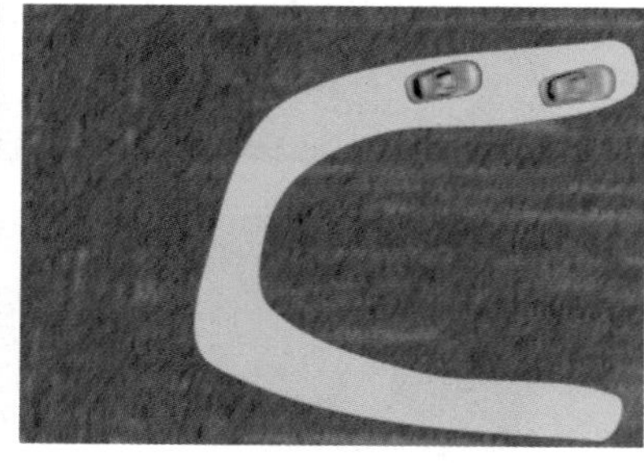

图1-23　实例效果

1.4 蒙版与遮罩

技术要点	在高清预设的合成中制作动态遮罩、添加蒙版	制作时间	5分钟
项目路径	\chap03\蒙版与遮罩.aep	制作难度	★★

实例概述

本例首先将所需要的素材导入项目面板中，使用“蒙版”工具绘制一个遮罩，并设置遮罩动画。最后，使用蒙版工具制作最终效果，如图1-24所示。

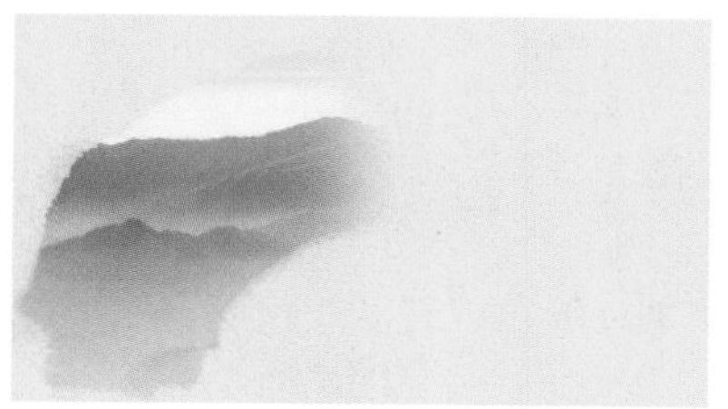
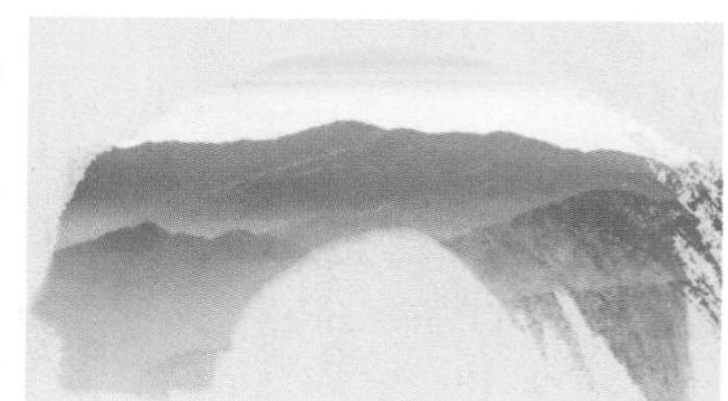

图1-24　实例效果

制作步骤

1. 文件导入

1 启动After Effects软件，选择菜单命令“合成/新建合成”（快捷键Ctrl+N），新建一个命名为“蒙版”的合成，“预设”使用HDTV 1080 25，“持续时间”为3秒。保存项目文件为“蒙版与遮罩”。

2 按快捷键Ctrl+I导入文件，选择“笔刷.tga”和“风景.jpg”，导入到项目面板。在导入“笔刷.tga”文件时，因为带有Alpha通道，在弹出“解释素材”对话框时，单击“猜测”按钮，自动选择Alpha选项。这样就完成了素材的导入。

2. 制作动态遮罩

1 选择菜单命令“图层”/“新建”/“纯色”，新建一个“纯色”层，单击“大小”选项下方的“制作合成大小”按钮，选择“颜色”下的色块，设置“纯色”层的RGB为（255，233，148），以“纯色”层为合成背景层，如图1-25所示。

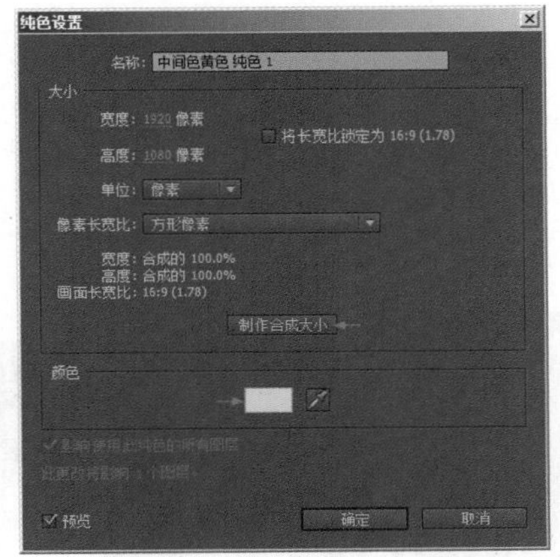

图1-25 创建“纯色”层

2 在项目面板中选择导入的“风景.jpg”和“笔刷.tga”，分别拖放到时间线中，如图1-26所示。

图1-26 拖放文件到时间线中

3 选择“笔刷.tga”层，选择工具栏上的钢笔工具，绘制一个遮罩，将“笔刷.tga”的黑色图像包含在内，如图1-27所示。

图1-27 绘制一个蒙版

4 接下来制作遮罩从上到下划出的动画。将时间滑块移动到17帧位置，展开“蒙版”下面的“蒙版 1”，打开“蒙版路径”前面的码表，插入一个关键帧；将时间滑块移动到0帧位置，使用工具栏的选择工具，选中蒙版路径上的锚点，将其移动到屏幕左侧，使黑色部分全部消失，如图1-28所示。

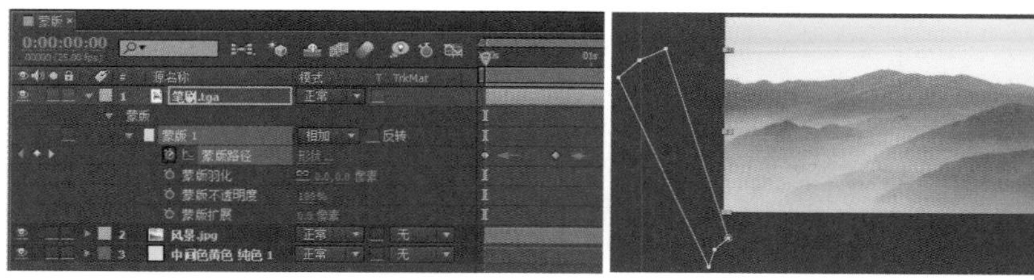

图1-28 设置“蒙版”动画

提示

有多种方法可以一次选择多个“蒙版”控制点，在工具栏中选中工具，在Composition窗口中单击“蒙版”层，显示“蒙版”上的所有控制点，用鼠标可以框选所要选择的控制点。也可以按住Shift键在“蒙版”上依次选择控制点，可根据个人喜好的方式来进行选择操作。

5 对边缘进行羽化处理。展开“蒙版”选项下的“蒙版 1”，设置“蒙版羽化”为（200，200）像素，如图1-29所示。

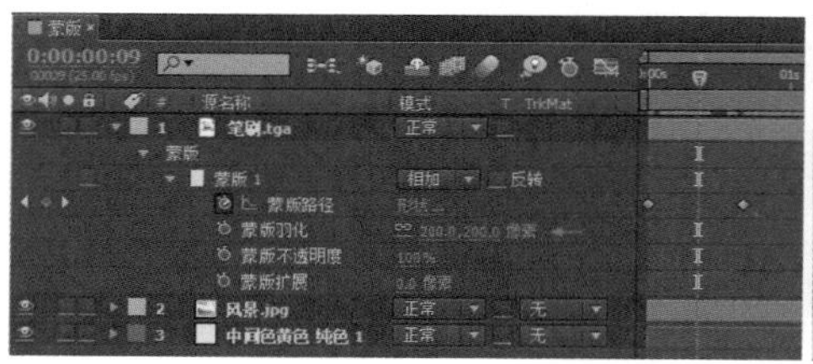

图1-29 设置“蒙版”羽化效果

3. 设置蒙版

1 After Effects可以把当前层上方层的图像或影片作为透明用的遮罩。素材层将其上方的层作为轨道蒙版层，自己变为填充层。通过轨道蒙版层的Alpha通道就可以显示出背景。选择“风景.jpg”层，在“轨道遮罩”栏中设为Alpha遮罩“笔刷.tga”，如图1-30所示。

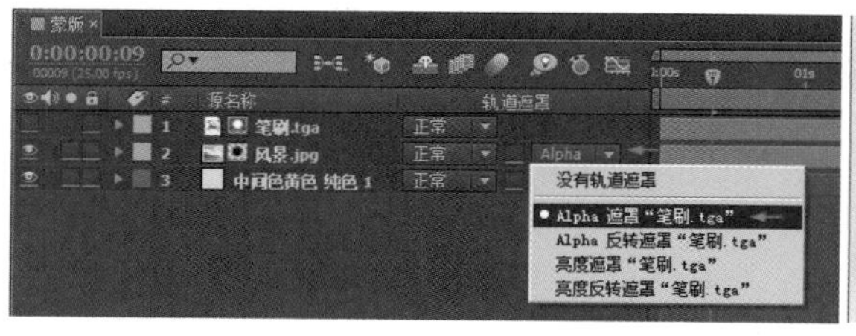

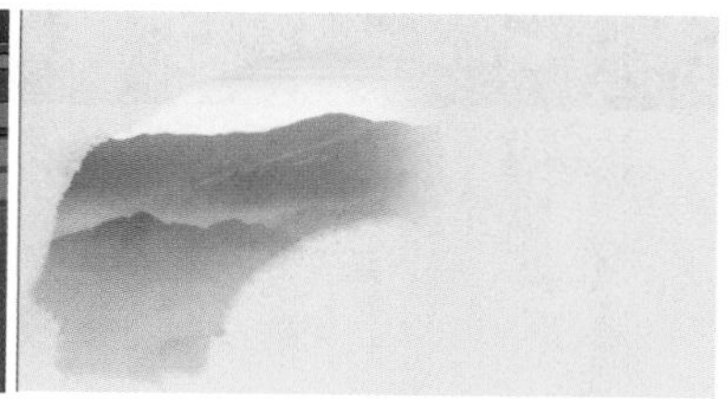

图1-30 设置图层的轨道蒙版方式

提示

“没有轨道遮罩”表示不使用轨道遮罩层，不产生透明度，上面的层被当做普通层。“Alpha遮罩”：使用遮罩层的Alpha通道，当Alpha通道的像素值为100%时不透明。“Alpha反转遮罩”：使用遮罩层的反转Alpha通道，当Alpha通道的像素值为0%时不透明。“亮度遮罩”：使用蒙版层的亮度值，当像素的亮度值为100%时不透明。“亮度反转遮罩”：使用蒙版层的反转亮度值，当像素的亮度值为0%时不透明。

2 按小键盘上的0键预览最终效果动画。

技术回顾

本例主要介绍了“蒙版”的绘制，“蒙版”动画的制作及轨道蒙版的应用。本例的难点在于如何选择“蒙版”控制点。

举一反三

利用前面介绍的方法，制作其他类型的“蒙版”动画，具体参数可以参考练习的工程方案，效果如图1-31所示。

图1-31 实例效果

1.5 软件联用

技术要点	After Effects CC和Premiere Pro CC结合使用

实例概述

本例利用Premiere Pro CC采集视频，再将After Effects CC制作好的片段导入Premiere Pro CC中进行最后的制作。

制作步骤

1. 动态链接

迄今为止，在很多后期制作软件之间共享媒体资源时，要将其导入另一软件之前都需事先在一个软件中进行渲染。这一过程无疑是效率低下及浪费时间的。如果用户希望在原来的软件之中做一些改动，则又不得不重新渲染一次。同一资源的不同渲染版本极大地消耗了硬盘空间，这在一定程度上也对文件管理造成了麻烦。

Adobe提供了一种叫作“动态链接”的功能，用户可以选择这样一种工作流程：在After Effects和Premiere Pro新建或已经存在的文件之间创建动态链接，而不必渲染。创建动态链接就像导入其他类型的资源一样简单，动态链接的合成会以统一的图标和标签颜色显示，从而帮助用户方便地识别它们。

在After Effects中对动态链接的合成所做的改动，会立即出现在Adobe Premiere Pro的链接文件中，所以用户不必渲染该合成，甚至不用事先保存所做的修改。

当链接到一个After Effects合成时，它出现在目标作品的项目面板中，这时可以像使用任何其他资源一样使用链接的合成。当在目标作品的时间线上插入一个链接的合成时，在时间线面板中就会出现一个链接的剪辑，它可以作为项目面板链接合成的简单参考。当在目标作品中回放作品时，After Effects会逐帧渲染链接的合成。

2. After Effects与Premiere Pro结合使用

Premiere Pro软件可用于捕获、导入、编辑电影和视频，而After Effects则用于为电影、电视、DVD及Web创作运动画面和视觉特效。用户可以在After Effects和Premiere Pro这两个软件之间轻松地交换制作结果。可以将Adobe Premiere Pro项目导入After Effects中，也可以将After Effects项目输出为Adobe Premiere Pro项目。

1 如果系统中安装了Adobe Premiere Pro CC，则可以从After Effects CC中启动Premiere Pro CC。选择菜单命令"文件"/"Adobe 动态链接"/"新建Premiere Pro序列"，这时系统会启动Adobe Premiere Pro CC软件，弹出对话框，提示新建Premiere Pro CC的项目文件和序列，同时在After Effects的项目面板中新增一个即将在Premiere Pro CC中进行制作的项目链接，如图1-32所示。

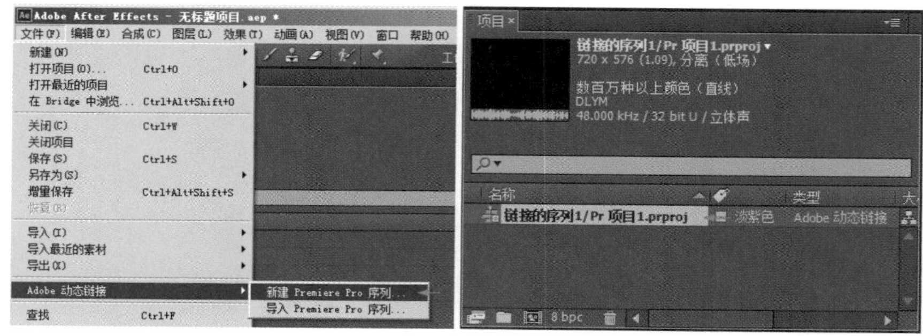

图1-32 使用动态链接新建Premiere Pro序列

2 还可以使用动态链接将After Effects合成输出到Adobe Premiere Pro CC，而不必先渲染它们。在Adobe Premiere Pro CC软件中，选择菜单命令"文件"/"Adobe 动态链接"/"导入After Effects合成图像"，如图1-33所示。

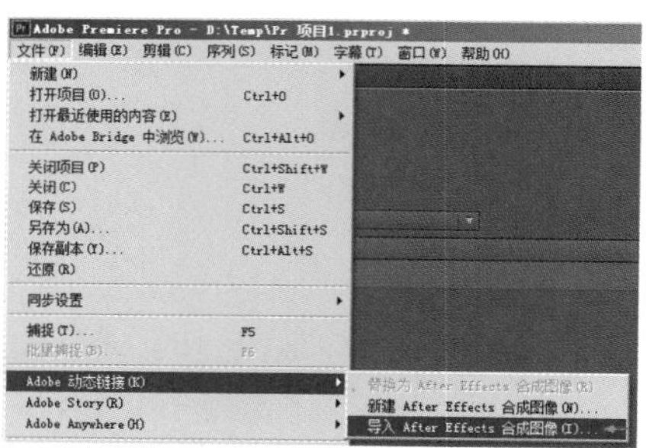

图1-33 选择导入After Effects合成

3 打开"导入After Effects合成"对话框，在左边的"项目"文件栏中选择需要导入的After Effects项目文件。等待数秒后，在右边的"合成"栏中选择需要导入的合成，单击"确定"按钮，如图1-34所示。

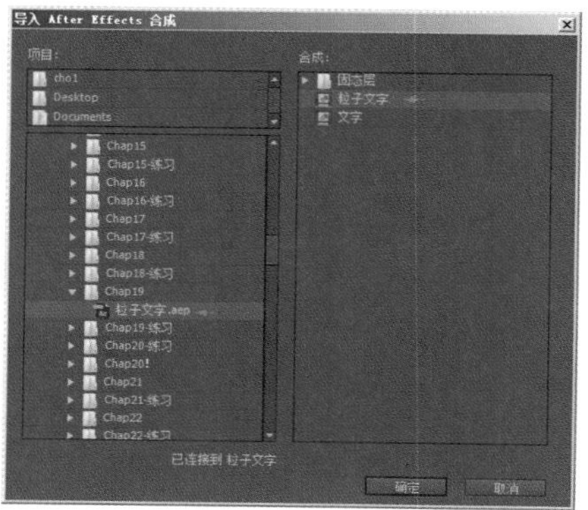

图1-34 选择After Effects合成

4 这时在Adobe Premiere Pro CC软件的项目面板中，就会出现刚刚导入的Adobe After Effects CC的合成。如果在Adobe After Effects CC中对导入的文件进行修改，那么在Adobe Premiere Pro CC中也会随之更新。这样就避免了在Adobe After Effects CC中输出的麻烦，可以直接在Adobe Premiere Pro CC中一次合成，给修改提供了方便，如图1-35所示。

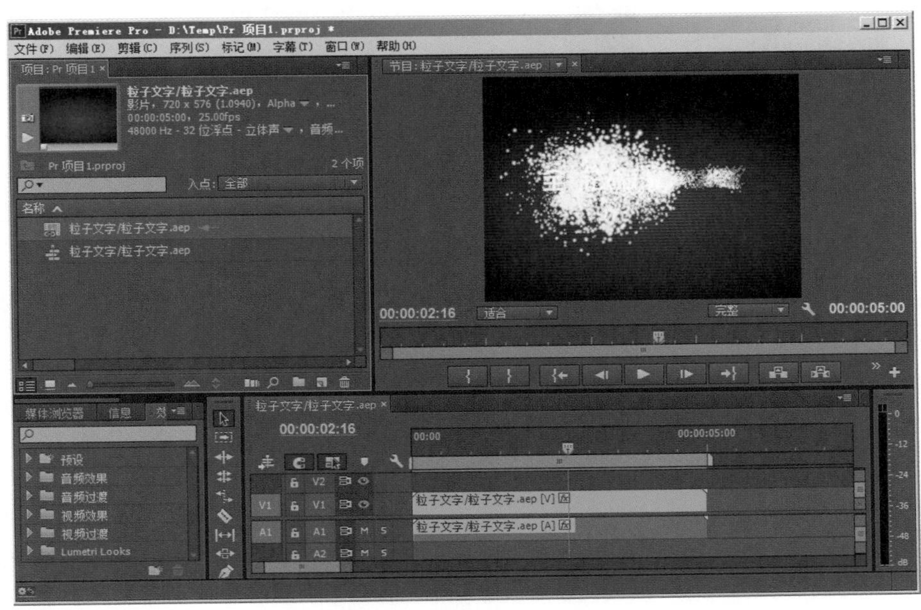

图1-35　导入After Effects合成

技术回顾

本例主要介绍了After Effects与Premiere Pro CC结合使用的方法，使用“Adobe 动态链接”来提高软件结合使用时的效率。

1.6 渲染输出

介绍渲染输出的各种设置。

实例概述

本例主要介绍After Effects的几种预览方式，以及文件输出的各种设置和常用的几种输出格式。

制作步骤

1. 预览影片

标准预览：预览合成中的所有内容，该方式在当前一切设置下预览影片内容。根据预览内容的数据量大小，预览速度也会发生变化。当合成数据量非常大的时候，预览会低于实际速度进行播放，当数据量小的时候，预览速度等于实际速度播放。

手动预览：通过拖动时间指示器手动预览合成内容。手动预览的快慢取决于拖动工具的速度。当合成数据量大的时候，使用手动预览会发生跳帧现象。

RAM预览：内存预览以合成的帧速率或系统允许的最大帧速率播放视频和音频。内存预览只能在指定的工作区域内进行，这是常用的预览方式。可以在“预览”面板中进行内存预览控制。

2. 影片渲染设置

1 选择需要渲染输出的合成，选择菜单命令“合成”/“添加到渲染队列”，在弹出的“渲染队列”面板中进行渲染和输出设置，如图1-36所示。

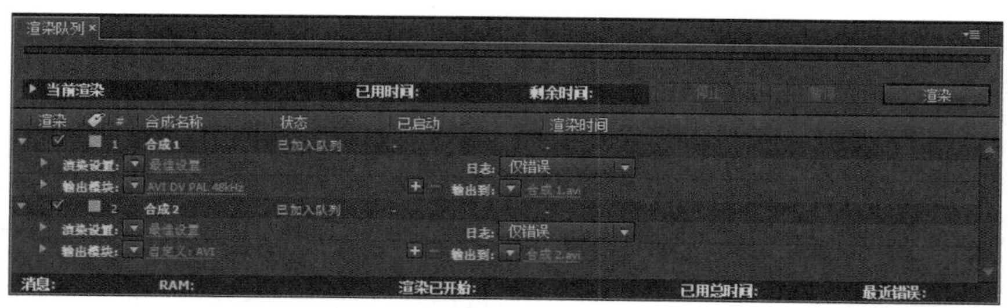

图1-36 渲染队列窗口

2 在渲染影片前，需要对其渲染和输出设置进行调节，以满足最终影片输出要求。After Effects为影片设置了一些基本模块，以供使用。单击“渲染设置”右边的“最佳设置”，在弹出的“渲染设置”窗口中，可以对渲染相关选项进行自定义设置。

3 单击“输出模块”，可以对文件的输出格式、文件的压缩方式、文件的渲染尺寸及影片的音频等进行设置。

4 各项设置完成后单击“渲染”按钮，进行最终输出。

3. 输出单帧

1 在合成时间线中选择合成中的一帧。

2 选择菜单命令“合成”/“帧另存为”/“文件”，在弹出的存储窗口中指定渲染文件的存储路径与文件名。

3 在弹出的“渲染队列”面板中对合成的渲染和输出选项进行设置。单击“渲染”按钮，开始渲染。

技术回顾

本例主要介绍了After Effects几种预览方式，以及动态影片输出的相关设置和单帧图像的输出方法。

第 2 章 文字效果

2.1 屏幕打字效果

技术要点	“动画文本”中动画预设的引用	制作时间	5分钟
项目路径	\chap04\屏幕打字效果.aep	制作难度	★★

实例概述

本例先建立所需要的文字，应用“动画文本”中的动画预设，产生文字逐个打印到屏幕上的效果；然后导入手机素材，并重新制作手机屏幕；最后将打字动画合成到手机屏幕中，效果如图2-1所示。

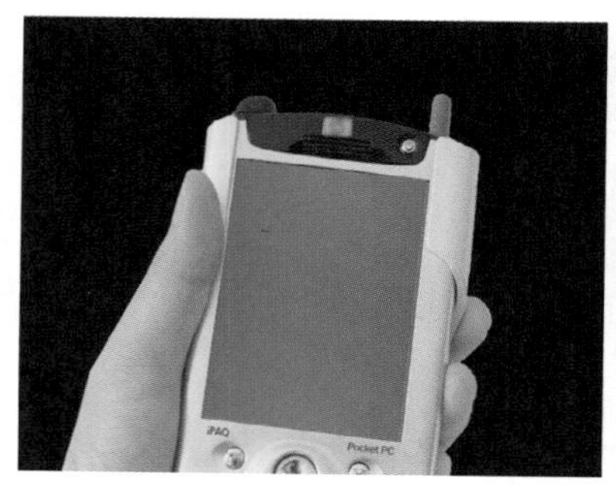
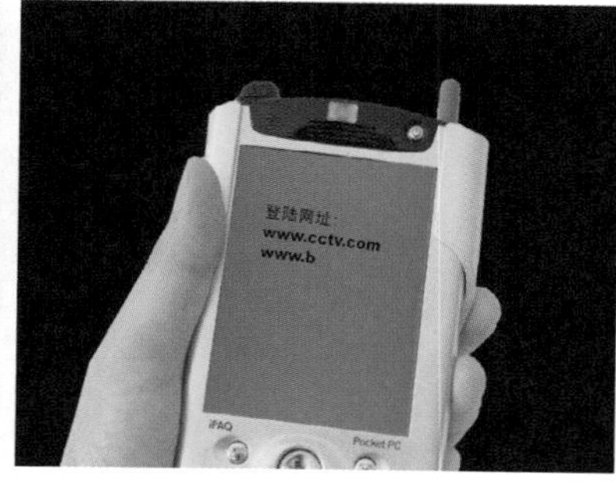

图2-1　实例效果

制作步骤

1. 建立“打字动画”合成

1 启动After Effects软件，选择菜单命令“合成”/“新建合成”（快捷键Ctrl+N），新建一个命名为“打字动画”的合成，“预设”使用PAL D1/DV预设，“持续时间”为6秒，将合成的背景颜色设为白色。保存项目文件为“屏幕打字”。

2 选择菜单命令“图层”/“新建”/“文本”，新建文字层，在屏幕中输入文字“登录网址：www.cctv.com www.btv.com.cn”，并按主键盘上的Enter键将其分为3行，再按小键盘上的Enter键完成文字输入。在“字符”面板中，将文字设为黑色，尺寸都设为60像素，中文字体为黑体，英文字体为Arial Black。在“段落”面板中将文字的对齐方式设为向左对齐，将文字居中放置，如图2-2所示。

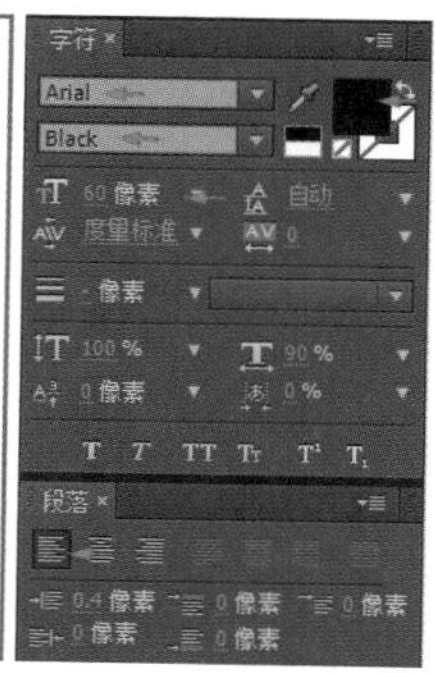

图2-2　创建文字层及修改文字参数

2. 添加打字动画

1 选中文字层，确认当前时间滑块位于第0帧位置。选择菜单命令“动画”/“将动画预设应用于”，选择Presets/Text/Multi-Line文件夹下的Word Processor.ffx，单击“打开”按钮，对文字层应用动画预设。也可以通过另一种方式来选择动画预设：选择菜单命令“窗口/效果和预设”，打开“效果和预设”窗口，展开“动画预设”/Text/Multi-Line，选择Word Processor，将其拖至时间轴的文字层上，即可应用动画预设。应用动画预设后，按小键盘上的0键，可以看到已产生文字逐个打出的动画。当然，如果已知预设的名称或名称中的部分字母，也可以在“效果和预设”窗口上方的搜索栏中输入名称，进行查询，如图2-3所示。

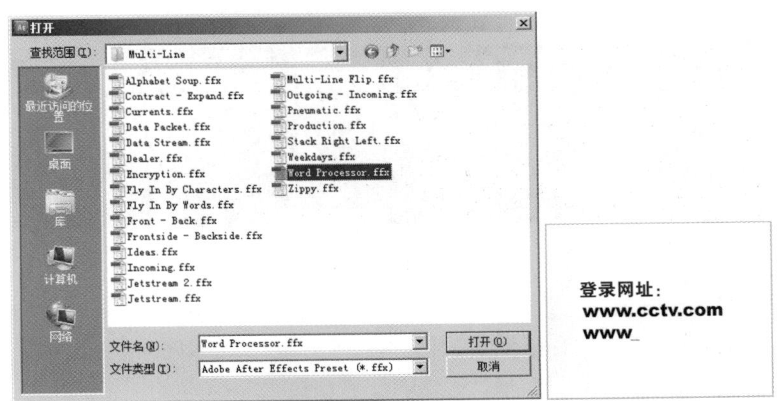

图2-3 制作文字动画

提示

由于After Effects操作界面的窗口和面板较多，在操作过程中除了有“项目”面板、合成图像显示窗口和时间轴面板3个最主要的窗口之外，还有“工具”面板、“信息”面板、“预览”面板、“字符”面板等。如果同时打开过多的面板，屏幕会显得过于拥挤，利用打开或关闭面板显示的快捷键，可以合理使用屏幕空间。这些快捷键可以在菜单Windows下得到，如快捷键Ctrl+1开关“工具”面板、快捷键Ctrl+2开关“信息”面板、快捷键Ctrl+5开关“效果和预设”面板、快捷键Ctrl+6开关“字符”面板等。如果屏幕窗口或面板过于混乱或显示不正常，可以选择菜单命令“窗口”/“工作区”下的“重置”选项，将当前布局恢复到默认的界面状态。

2 由于当前预设默认的动画较快，可以对其进行适当的调整。在时间轴面板中选择文字层，按U键显示其动画设置项，可以看到动画预设使用了4个表达式和一个自定义的Type_on关键帧动画。

3 将“键入”下“滑块”的第1个关键帧移至第1秒位置处。修改第2个关键帧数值，使其以较小的数值来显示全部文字，这里设为32。将第2个关键帧移至第4秒位置处，如图2-4所示。

图2-4 修改动画关键帧

4 按小键盘上的0键，可以看到已产生文字从第1秒时开始逐个显示，至第4秒时显示完整。可以看到第1秒前有光标闪烁，而第4秒后则没有光标闪烁，如果想在第4秒以后光标仍然闪烁，需要进一步设置关键帧动画。

3. 设置动画光标

1 选中文字层，在文字的最后添加一个字母，如*号，同时检查最后一个关键帧，让其数值能显示出*号之前所有文字而又隐藏*号，这里测试出为31。此时按小键盘上的0键可以看到文字逐个显示，至第4秒时显示完整，结束后仍有光标闪烁，如图2-5所示。

登录网址：
www.cctv.com
www.btv.com.cn_

登录网址：
www.cctv.com
www.btv.com.cn*

图2-5　制作动画光标

2 打字的过程一般不是从头到尾匀速进行的，可以进一步调整打字进程的节奏，这里调整文字显示完汉字后，稍作停顿再继续显示字母。从左向右移动时间滑块，直到显示出“登录网址：”而未显示字母的位置处，单击左侧的关键帧按钮，添加一个关键帧。选择这个关键帧，按快捷键Ctrl+C复制，移至第2秒12帧位置处，按快捷键Ctrl+V粘贴关键帧。这样汉字和字母之间便有了一个短暂的停顿，可以按小键盘上的0键预览，如图2-6所示。

图2-6　调整动画速度

4. 设置手机图片

1 选择菜单命令“合成”/“新建合成”（快捷键Ctrl+N），新建一个命名为“屏幕打字”的合成，“预设”使用PAL D1/DV预设，“持续时间”为6秒。

2 在“项目”面板的空白处双击，打开“导入文件”窗口，选择“手机.tga”文件，将其导入，并拖至“屏幕打字”的时间轴中。

3 手机素材中的手机屏幕需要重新制作，这里先绘制遮罩将其抠除。选择工具面板中的钢笔工具，沿手机屏幕的形状添加一个封闭遮罩，并将“蒙版”的“反转”勾选，可以打开预览窗口的方格透明背景，观察效果，如图2-7所示。

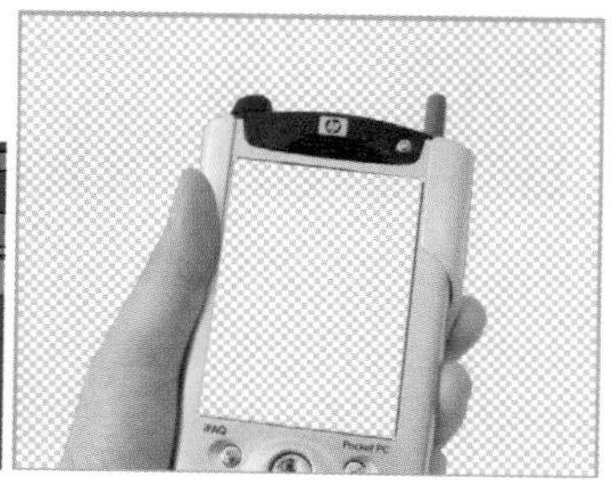

图2-7　绘制“蒙版”

4 选择菜单命令“图层”/“新建”/“纯色”（快捷键Ctrl+Y），新建一个“纯色”层，命名为“屏幕”，并设置颜色为蓝色：RGB（0，0，255）。

5 选中“屏幕”层，选择菜单命令“效果”/“圆形”，进行如下设置：“中心”为（0，288），“半径”为400，“羽化外侧边缘”为500，“颜色”为RGB（0，200，255），“混合模式”为“滤色”。

6 选中效果“圆形”，按快捷键Ctrl+D复制出一份，修改“中心”为（720，288），其他参数不变，如图2-8所示。

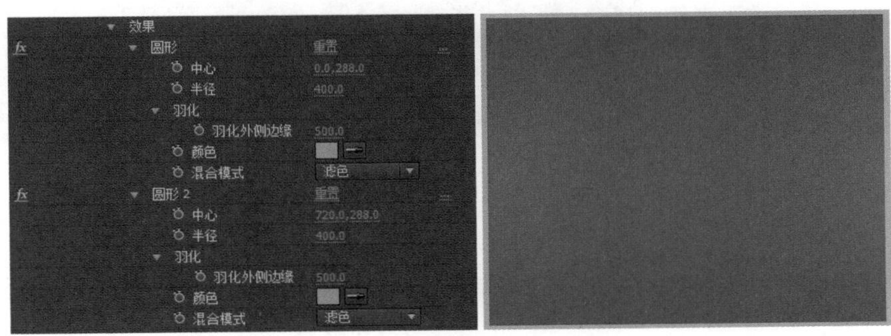

图2-8 设置环形效果属性

7 选择“屏幕”层，将其“缩放”设为55%，“旋转”设为96°，移动至覆盖手机屏幕的位置；然后将“屏幕”层移至“手机.tga”层的下方，如图2-9所示。

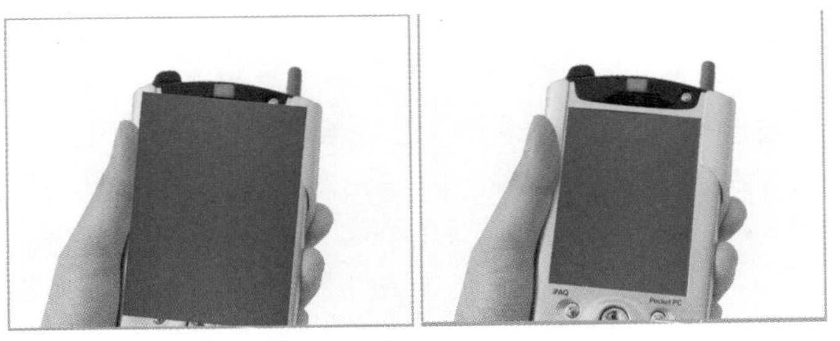

图2-9 设置“屏幕”层的位置

5. 合成屏幕打字

1 在“项目”面板中将“打字动画”拖至时间轴中最上层，将“缩放”设为（35，35%），“旋转”设为6°，“位置”设为（368，292），即缩小、旋转到与手机一致的角度并移至手机屏幕合适位置，如图2-10所示。

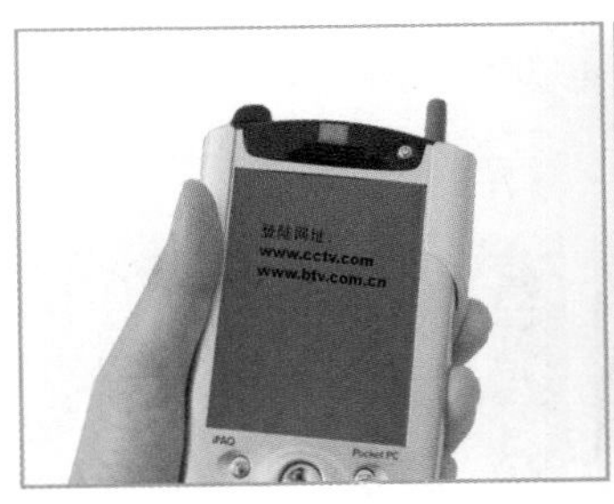

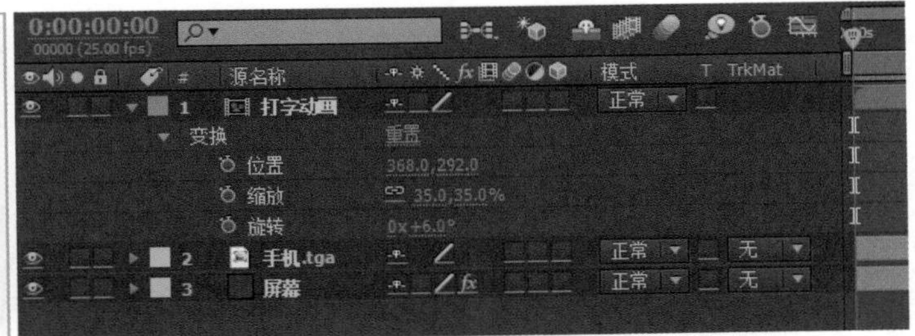

图2-10 设置文字层的位置

2 在“项目”面板中，将“屏幕打字”拖至新建合成按钮上，新建一个合成，在“项目”面板中按Enter键，将新建的合成重命名为“屏幕打字效果end”，双击打开其时间轴面板，对“屏幕打字”层进行适当的缩放和旋转动画设置。设置如下：展开其“变换”选项，时间为第4秒时单击“位置”、“缩放”、“旋转”前面的码表，记录关键帧；时间滑块移至第5秒时将“缩放”设为（300，300%）、“旋转”设为-6°，“位置”设为（318，288），如图2-11所示。

图2-11 制作“屏幕打字”层动画

3 按小键盘上的0键预览最终动画效果。

提示

预览时，打开图层的标志可以得到更好的渲染质量。另外如果机器的配置不是很高，在合成素材的层较多或效果较复杂而引起计算量较大时，则生成预览的速度会比较慢或生成长度较短。这时可以将合成预览窗口的显示质量降低，如将“完整”降至“二分之一”或“三分之一”，就会以低质量显示来加快或加长预览。此外可以渲染输出一个小尺寸的文件来检验结果。

技术回顾

本例中最主要的技术应用是制作文字的打印出字方式，这是利用“动画文本”的文字动画功能完成的。“动画文本”是一个功能强大的文字动画模块，可以制作出丰富的文字动画，简单的用法是先建立文字，然后在时间轴中展开其“文本”，在“动画”选项中选择相应的动画预设，设置文字整体或个体动画，如选择“位置”设置位移动画、选择“旋转”设置旋转动画、选择“倾斜”设置倾斜角度动画等。由于可供设置的动画项太多，组合后的动画效果也千变万化。After Effects本身自带的“动画文本”动画预设中就有很多不错的动画，有些拿过来更改其中的文字，基本上就可以使用了，如本例中的效果。有些可以拿过来作为动画参考，对其进行适当的修改，如本书的下一个实例。另外多参考动画预设中的动画效果，查看其动画参数设置也是学习制作“动画文本”文字动画的好方法。

举一反三

根据上面介绍的方法，制作一个屏幕打字动画以后，暂停几帧，然后再以屏幕打字的效果，使文字消失。这里只需要调整“键入”的“滑块”属性就可以完成。具体参数可以参考练习的工程方案，如图2-12所示。

图2-12 实例效果

2.2 聚散的文字

技术要点	“动画文本”中的动画设计和预设的修改设置	制作时间	8分钟
项目路径	\chap05\聚散的文字.aep	制作难度	★★★

实例概述

本例主要由3个部分组成，第一部分是被打乱的主题文字的字母由远及近飞出屏幕；第二部分是散乱的字母飞回原来的位置，组成主题文字；第三部分是显示模特动态背景，效果如图2-13所示。

图2-13 实例效果

制作步骤

1. 建立“飞出”合成

1 启动After Effects软件，选择菜单命令“合成”/“新建合成”（快捷键Ctrl+N），新建一个命名为“飞出”的合成，“预设”使用PAL D1/DV预设，“持续时间”为5秒，背景颜色设为淡紫色，RGB为（250，150，255）。保存项目文件为“聚散的文字”。

2 这里要制作一个由Supermodel International单词分散出来的字母，由远及近飞出屏幕的动画，字母在飞出的过程中要有一定的空间透视感，而不要让人有简单缩放的感觉。可以将这些字母分为三至四屏，划分出三至四个大小不一的层次，制作由远及近运动的移动动画，这里将Supermodel International分为Super、modelInte和rnational 3个部分进行制作。选择菜单命令“图层”/“新建”/“文本”，新建文字层，在屏幕中输入字母Super。文字尺寸为200，字体为Arial，颜色为黑色，如图2-14所示。

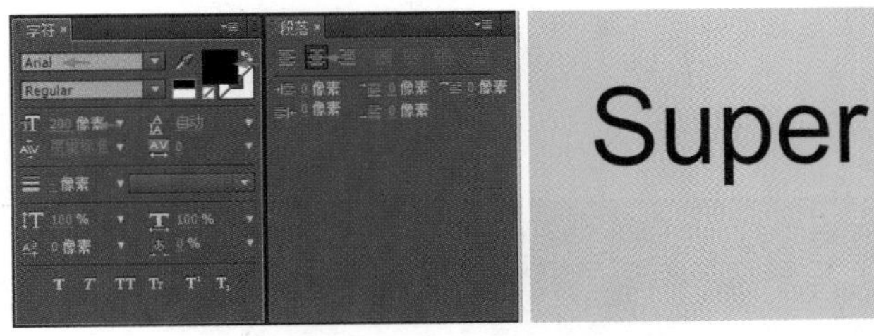

图2-14 创建文字层

3 选择菜单命令“图层”/“新建”/“纯色”，新建一个白色的“纯色”层，命名为“遮幅”。选中“遮幅”层，选择菜单命令“图层”/“蒙版”/“新建蒙版”，添加一个遮罩。再选择菜单命令“图层”/“蒙版”/“蒙版形状”，打开“蒙版形状”窗口，修改其中的数值，将“顶部”改为100像素，“底部”改为476像素。

4 在时间轴中勾选“遮幅”层“蒙版”后面的“反转”选项。这样得到一个距离上下各有100像素的白色遮幅，如图2-15所示。

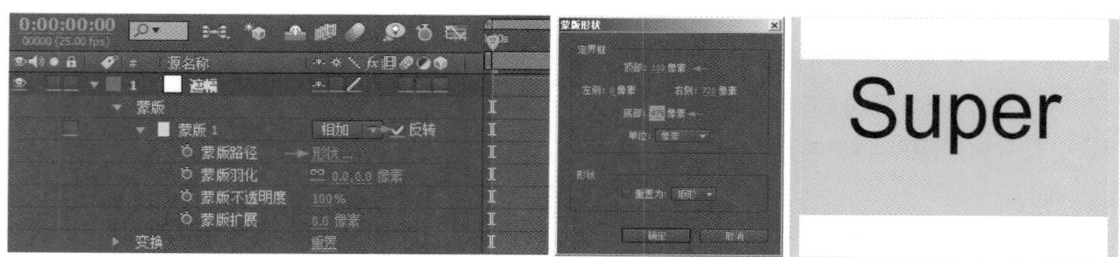

图2-15　反转"遮幅"层的"蒙版"选项

提示
遮幅是由于尺寸不一的视频在适应屏幕时，宽度的比例过大使屏幕上下留有黑边而导致的，现在由于包装的需要，遮幅效果也常被采用，而且不局限在黑色和白色或固定大小，有合适的效果就可以。

2. 设置飞出文字动画

1 打开文字层的三维开关，在工具面板中选择工具，在文字层上绘制一个四边形路径"蒙版 1"，然后在时间轴中展开文字层"文本"下的"路径选项"，进行适当的设置：将"路径"选择为"蒙版 1"，"反转路径"设为"开"，"垂直于路径"设为"关"，"强制对齐"设为"开"，"首字边距"设为230。这样将字母沿四边形路径打散，并且分别单个调整几个字母的尺寸，使其参差不齐，这里将两个字母的尺寸调大，将u和e设为300像素，如图2-16所示。

图2-16　制作路径文字

2 制作好一屏打散的字母后，以相同的方式建立第二屏打散的字母。这里采用复制修改的方法，节省制作时间。选择Super文字层，按快捷键Ctrl+D复制出一新文字层，全选新文字层中的文字，输入modelInte，按S键将其"缩放"设为原来的50%，修改"首字边距"为100。文字的尺寸都为200像素，再将几个字母的尺寸调大，使其参差不齐，这里修改原来的200像素为300像素。将modelInte文字层移至底层，可以暂时关闭一下Super文字层的显示，以查看效果，如图2-17所示。

图2-17　复制新的文字层并修改相关参数

3 以相同的方式建立第三屏打散的字母。选择Super文字层，按快捷键Ctrl+D复制出一新文字层，全选新文字层中的文字，输入rnational，按S键将其“缩放”设置为原来的25%，修改First Margin为100。文字的尺寸都为200，再将几个字母的尺寸调大，使其参差不齐，这里修改原来的200为300。将rnational文字层移至底层，可以暂时关闭一下Super文字层和modelInte文字层的显示，以查看效果，如图2-18所示。

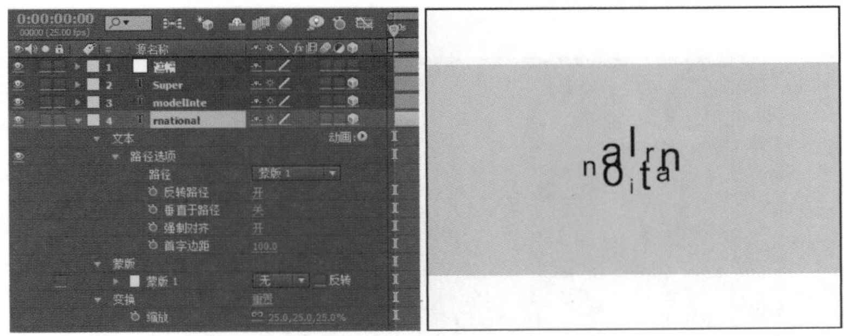

图2-18 复制新的文字层并修改相关参数

4 按P键展开3个文字层的“位置”选项，将时间滑块移至第0帧位置，单击“位置”前面的码表，设置关键帧，第0帧时“位置”均为（360，288，0）。将时间滑块移至第1秒5帧位置，添加关键帧，设置Super层的“位置”为（360，288，-1000），使文字向近处刚好飞出屏幕。将时间滑块移至第1秒15帧位置，添加关键帧，设置modelInte层的“位置”为（360，288，-1000），使文字向近处刚好飞出屏幕。将时间滑块移至第2秒位置，添加关键帧，设置rnational层的“位置”为（360，288，-1065），使文字向近处刚好飞出屏幕，如图2-19所示。

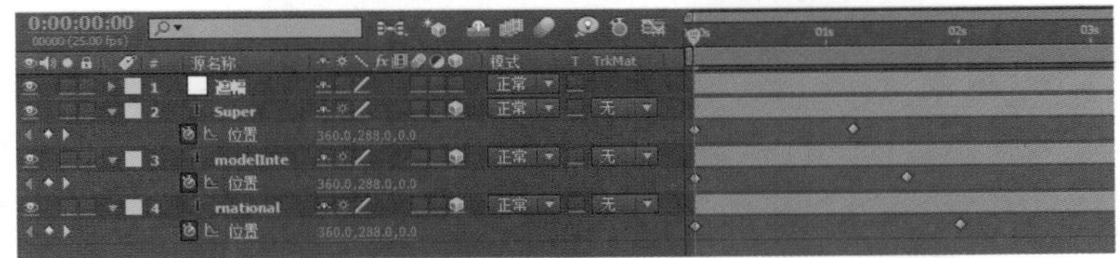

图2-19 设置文字动画关键帧

5 按小键盘上的0键可以预览打散的字母由远及近飞向屏幕的动画效果，在飞近的同时，透视空间也有所变化，如图2-20所示。

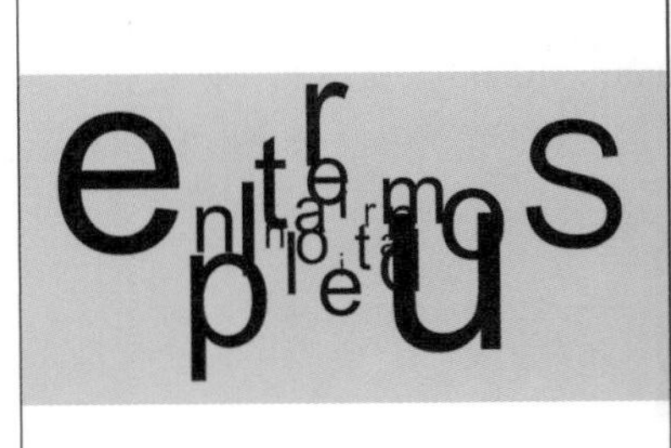

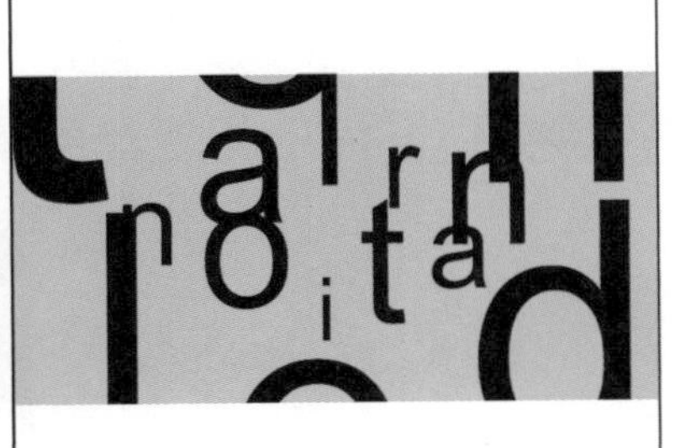

图2-20 预览文字动画

提示

在进行图层的参数设置时，可以充分利用快捷键来提高操作效果。“变换”选项下的几个设置项在制作过程中通常都是通过快捷键来打开的，这几个快捷键分别是 “锚点”（A键），“位置”（P键），“缩放”（S键），“旋转”（R键），“不透明度”（T键）。如果同时打开其中的几个，需配合Shift键，要关闭则再按一次快捷键即可。

3. 建立“飞入”合成

1 选择菜单命令“合成”/“新建合成”（快捷键Ctrl+N），新建一个命名为“飞入”的合成，“预设”使用PAL D1/DV预设，“持续时间”为5秒。

2 选择菜单命令“图层”/“新建”/“文本”，新建文字层，在屏幕中输入字母International。文字尺寸为50像素，字体为Arial，颜色为黑色，如图2-21所示。

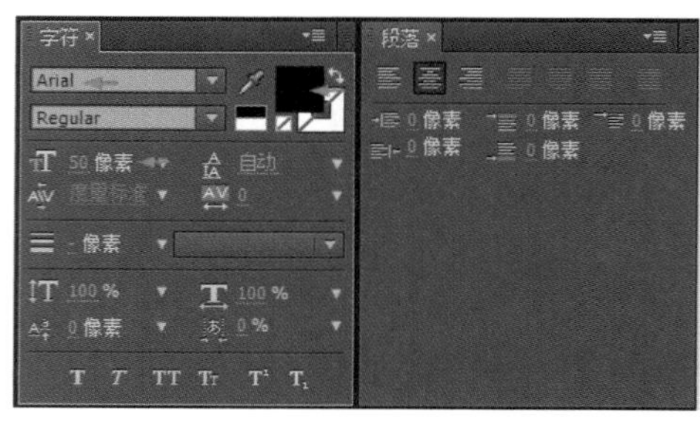

图2-21 创建文字层

3 先选中文字层，并确认当前时间滑块位于第0帧位置。选择菜单命令“窗口/效果和预设”（快捷键Ctrl+5），打开“效果和预设”窗口，展开“动画预设”/Text/Multi-Line，选择其下的Alphabet Soup，将其拖至时间轴的文字层上，应用这个动画预设，如图2-22所示。

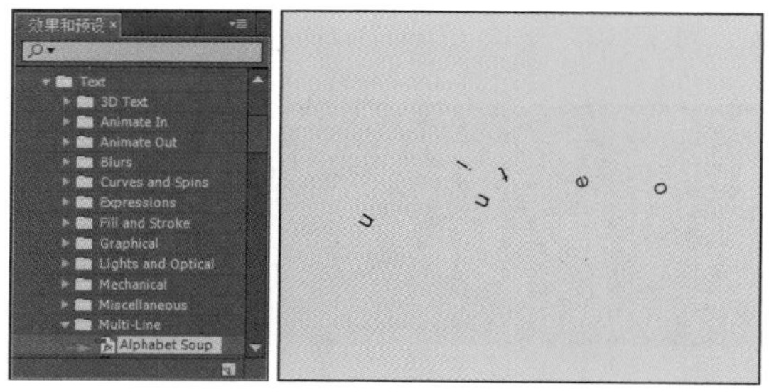

图2-22 应用文字动画预设

4 文字的动画预设还不是最终所要的效果，还需要进一步调整。选择文字层，快速按两次U键展开其有数值变化的参数项。这里先删除或关闭“动画—随机缩放”项，不需要此项动画。预览动画，发现字母有角度旋转，可以将“摆动选择器—（按字符）”下的“旋转”恢复为0°。文字开始纵向散开的距离不大，而且聚合时速度较快，可以将“动画—位置”/“旋转”/“不透明度”下的“位置”修改为（1000，-1000）。此外将“摆动选择器—（按字符）”下的“摇摆”/“秒”修改为0，使其不产生震动，并将第1个关键帧移至第0帧处，如图2-23所示。

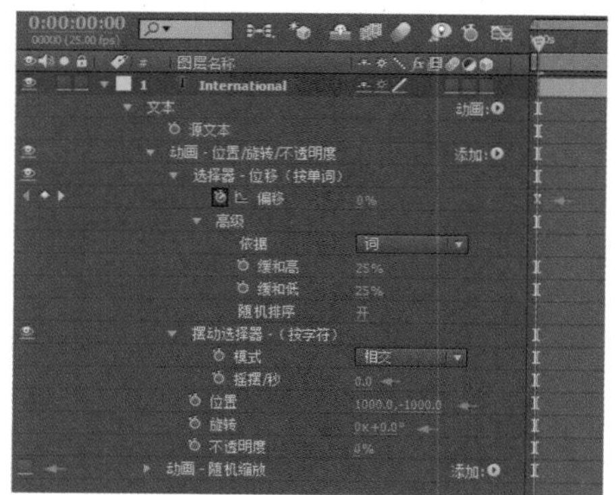

图2-23 修改预设动画

5 预览文字动画效果，如图2-24所示。

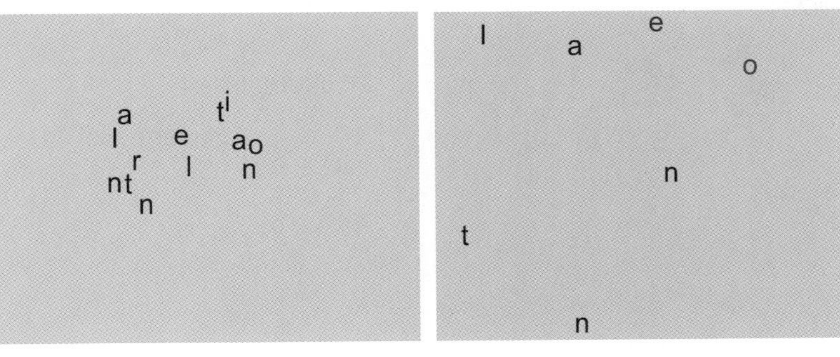

图2-24 预览动画效果

> **提示** 有些效果的参数设置项较多，其中有些需要调整设置选项或数值，有些使用其默认设置即可，制作时在众多的参数设置项中往往需要对部分已做设置的选项进行调试，这时可以使用相应的快捷键来优化这些参数设置项的显示。选中操作图层，按U键可只显示设置了动画关键帧的参数项，大大节省了参数项的屏幕占用空间；按UU键（快速按两次U键）则显示所有数值有变动的参数项，要关闭则再按一次快捷键即可。

6 制作完International的动画，Supermodel的文字动画就好做了。选择International文字层，按快捷键Ctrl+D复制出一新文字层，将新文字层中的文字修改为Supermodel，其他不变，这样新的Supermodel文字层与International文字层一样，也具有了文字由分散到聚合的动画效果。

4. 调整文字飞入动画

1 将International文字和Supermodel文字移至合适的位置。这里International文字的“位置”为（270，260）；Supermodel文字的“位置”为（450，350）。

2 再添加一个缩放动画。选中两个文字层，按S键展开其“缩放”项，将时间滑块移至第0帧的位置，将“缩放”设为200%；将时间滑块移至第3秒的位置，将“缩放”设为100%。

3 因为文字层已有的文本动画关键帧为贝赛尔曲线关键帧，这里将“缩放”也调整为贝赛尔曲线关键帧。单击打开时间轴上部的图形编辑器切换按钮，打开关键帧曲线图，调整关键帧曲线手柄，如图2-25所示。

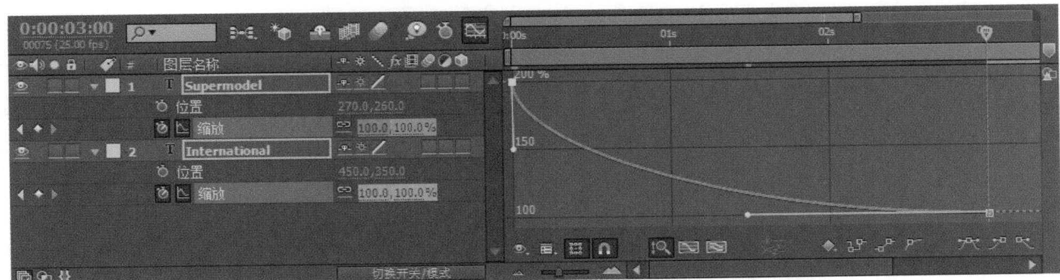

图2-25 调整动画曲线

4 预览文字动画，如图2-26所示。

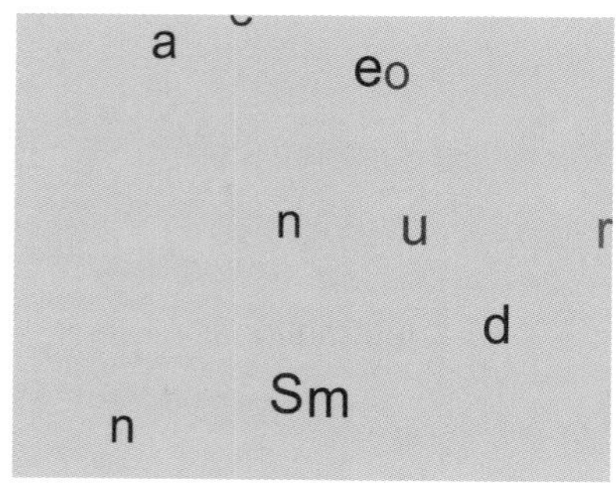

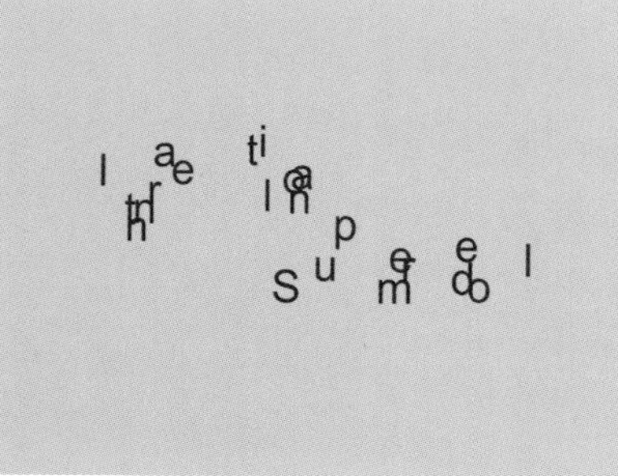
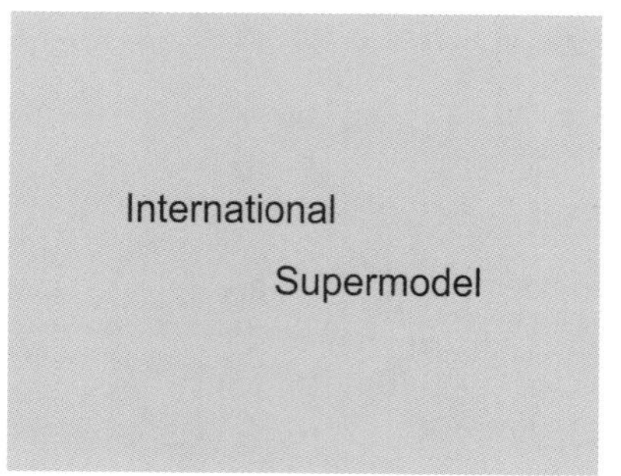

图2-26　预览动画效果

5. 建立“聚散的文字end”合成

1 选择菜单命令“合成”/“新建合成”（快捷键Ctrl+N），新建一个合成，命名为“聚散的文字end”，“预设”使用PAL制式（PAL D1/DV，720×576），“持续时间”为5秒。

2 双击“项目”面板的空白处，打开“导入文件”窗口，导入“动态模特”项目文件。

3 从“项目”面板中将合成“飞出”、“飞入”和“动态模特”拖至时间轴中，将“飞入”的入点移至第1秒位置，按T键展开其“不透明度”，当时间为第1秒时，设置“不透明度”为0%；当时间为第2秒时，设置“不透明度”为100%，如图2-27所示。

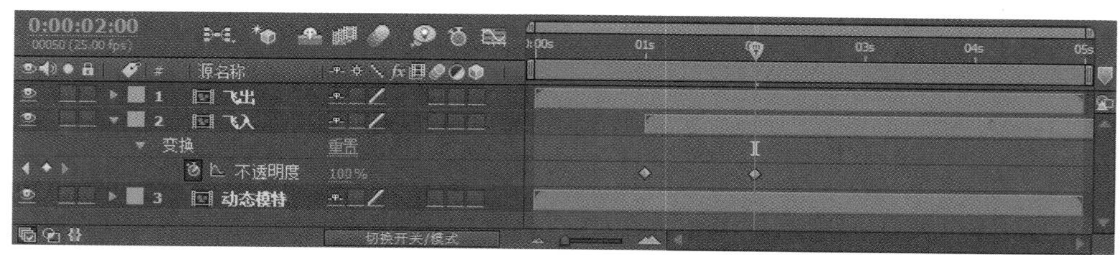

图2-27　设各层的不透明关键帧

4 按小键盘上的0键预览最终效果动画。

技术回顾

本例中用“动画文本”制作了两部分的文字动画，第一部分文字动画采用了将文字打散，分成三屏文字，制作纵深方向运动的动画方式；第二部分文字动画采用了“动画预设”/Text/Multi—Line中的动画预设Alphabet Soup。第一部分需要自己按常规制作一步一步地设计制作；第二部分则是借用现成的预设，不过很多情况下不是拿来用就可以，还需要对其加以修改以符合整体需要。由此可见“动画文本”中的众多参数设置还需要多了解多练习，对于“动画预设”/Text所提供的动画预设效果，往往看上去花哨，用起来却不一定很好，这时不要被动地去接受现成的效果，最重要的是要擅于修改和调整。

举一反三

根据上面介绍的方法，制作一个在文字飞出的时候，让每个文字沿着路径产生位移的动画。这里只需要通过关键帧来进行设置，将每个文字层的“路径选项”展开，为“末字边距”添加关键帧，这样就可以完成预定的动画效果。具体参数可以参考练习的工程方案，效果如图2-28所示。

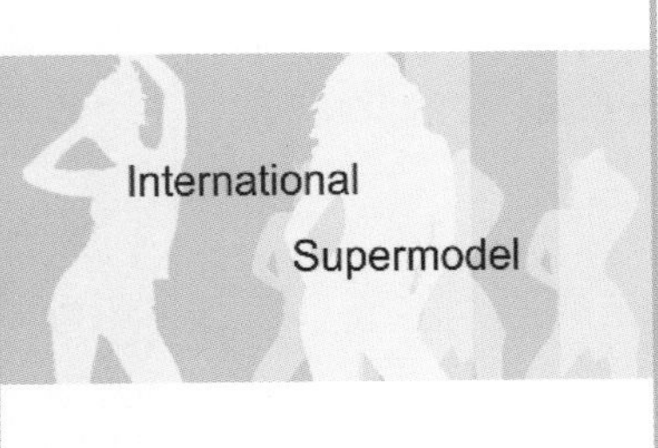

图2-28 实例效果

2.3 签名动画

技术要点	自由路径的建立和描边的动画	制作时间	5分钟
项目路径	\chap06\签名文字.aep	制作难度	★★

实例概述

本例是一个按笔划的书写进度写出一个签名文字的动画，制作起来比较容易，尤其是签名的笔画多为连笔，且笔画宽度大多一致，动画会比较流畅。实例中的最终签名效果显示在纸上，如图2-29所示。

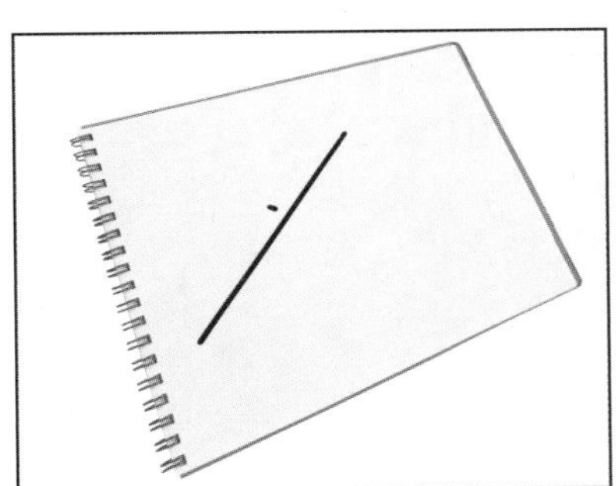

图2-29 实例效果

制作步骤

1. 建立“签名文字”合成

1 启动After Effects软件，选择菜单命令“合成”/“新建合成”（快捷键Ctrl+N），新建一个命名为“签名文字”的合成，“预设”使用PAL D1/DV预设，“持续时间”为5秒，将背景颜色设为白色。保存项目文件为“签名动画”。

2 按快捷键Ctrl+I导入“签名.jpg”文件。

3 选择菜单命令“图层”/“新建”/“纯色”（快捷键Ctrl+Y），新建一个名为“签名”的“纯色”层。

4 暂时关闭“纯色”层的显示，在工具面板中选择钢笔工具，按“签名.jpg”图层中的签名文字，在“纯色”层上绘制钢笔路径。先绘制“蒙版 1”，作为签名中的第一笔，这是一个短的线段笔划，如图2-30所示。

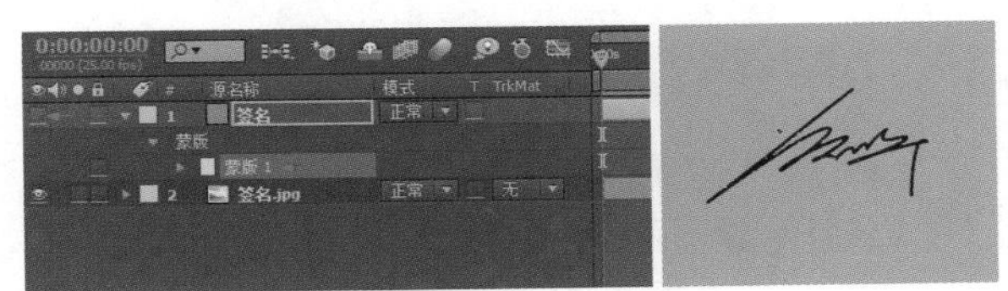

图2-30 绘制“蒙版 1”

5 再绘制“蒙版 2”，作为签名中的其他笔画，这是一个连笔，可以先按笔划的走向绘制路径，绘制完后再使用工具调整点的位置，用工具调整曲线的手柄，使路径曲线与原始签名重叠。完成后可打开“纯色”层显示查看结果，如图2-31所示。

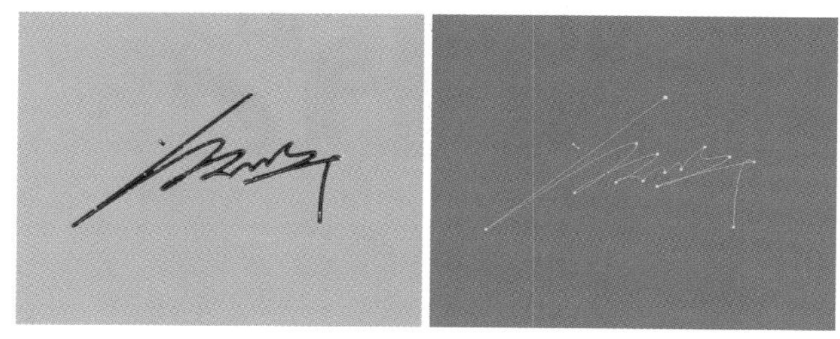

图2-31 绘制“蒙版 2”

在绘制不规则的曲线路径时，大多需要调整路径上点两边的曲线手柄，使其具有合适的弯曲度。不同的调整需要不同的工具，在钢笔工具上按住鼠标左键不放，会显示出另外3个钢笔调整工具，分别为 添加锚点、 删除锚点及曲线调整工具。钢笔工具可以建立封闭或开放的路径，用来创建“贝赛尔曲线”。添加锚点工具用来增加路径上的节点。删除锚点工具用来删除路径上的节点。曲线调整工具用来拉伸出点的曲线手柄，或调整手柄改变曲线的曲率。此外选择工具也可以选择或移动曲线、节点或曲线手柄。

2. 设置签名动画

1 选中“签名”\“纯色”层，选择菜单命令“效果”/“生成”/“描边”，添加一个路径描边效果，对其进行适当的设置：“路径”选择为“蒙版 1”，“颜色”设为黑色，“画笔大小”设为5，“绘画样式”选择为“在透明背景上”，即只显示描边效果，将“纯色”层透明化。可以关闭“签名.jpg”图层的显示，以观察效果。

2 同样，再为“蒙版 2”添加描边效果。可以选择已设置好的效果“描边”，按快捷键Ctrl+D复制出一个新的效果“描边 2”，修改“路径”为“蒙版 2”，“绘画样式”选择为“在原始图像上”，即“描边”效果在已有的图像上，如图2-32所示。

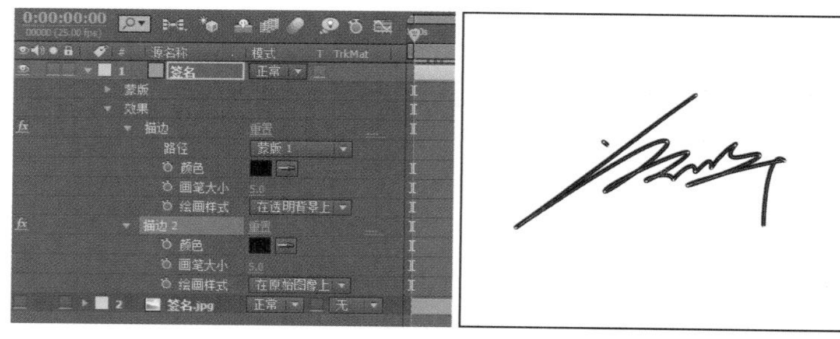

图2-32 为“蒙版”添加描边效果

3 将时间滑块移至第0帧位置，单击打开“描边”下“结束”前面的码表，添加关键帧，第0帧时均为0%，第10帧时为100%。再单击打开“描边 2”下“结束”前面的码表，添加关键帧，第1秒时为0%，第4秒为100%，如图2-33所示。

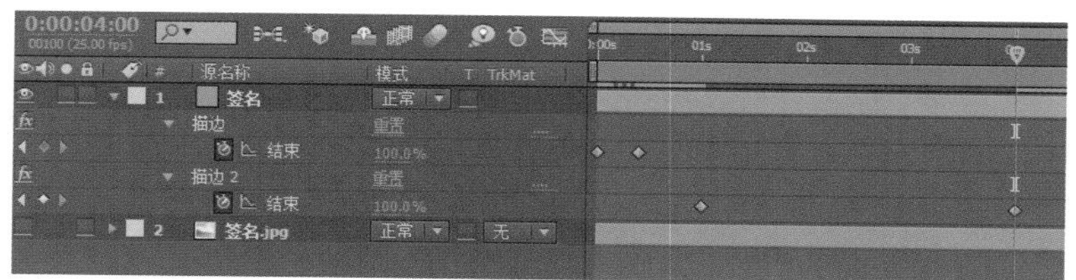

图2-33 设置描边动画

4 可以预览签名动画效果，如图2-34所示。

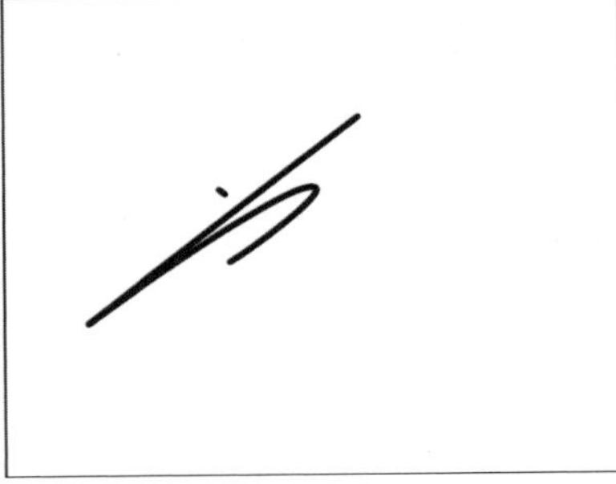

图2-34　预览描边动画

5 预览时会发现“蒙版 2”中描边效果的描边进程时间分配不太恰当，前面部分较慢，中间部分较快。可以添加两个关键帧来调整描边进程中的速度。在“结束”约为21%处，添加一个关键帧，然后将这个关键帧移至第1秒05帧处；在“结束”约为59%处，添加一个关键帧，然后将这个关键帧移至第2秒处。

3. 建立“签名end”合成

1 启动After Effects软件，选择菜单命令“合成”/“新建合成”（快捷键Ctrl+N），新建一个命名为“签名end”的合成，“预设”使用PAL D1/DV预设，“持续时间”为5秒，将背景颜色设为白色。

2 按快捷键Ctrl+I导入“纸张.tga”。将“签名文字”和“纸张.tga”拖至“签名end”合成的时间轴中，单击打开这两层的三维图层开关。

3 选择菜单命令“图层”/“新建”/“摄像机”，添加一个20“毫米”的“摄像机 1”，将时间滑块移至第0帧位置，单击打开其“目标点”、“位置”和“z轴旋转”前面的码表，对其进行动画关键帧设置。“目标点”在第0帧时为（250，360，0），在第4秒为（360，288，0）。“位置”在第0帧时为（100，500，-500），在第4秒为（360，288，-550）。“z轴旋转”在第0帧时为（0，30.0°），在第4秒为（0，0.0°），如图2-35所示。

图2-35　设置摄像机动画

4 按小键盘上的0键预览，即可得到本实例的最终效果。

技术回顾

本例先导入现有的签名文字图片，用路径工具按签名笔划建立签名文字形状的路径曲线，然后添加路径描边工具，设置签名书写动画。最重要的就是调整好路径曲线和设置描边动画。

举一反三

使用“蒙版”工具，在一个“纯色”层上绘制一个飞机轮廓，然后使用本例中介绍的方法，制作飞机的描边动画。本例的难点在于飞机轮廓的绘制，由于线条中直线较多，可以参考一个飞机的模型进行绘制。具体参数可以参考练习的工程方案，效果如图2-36所示。

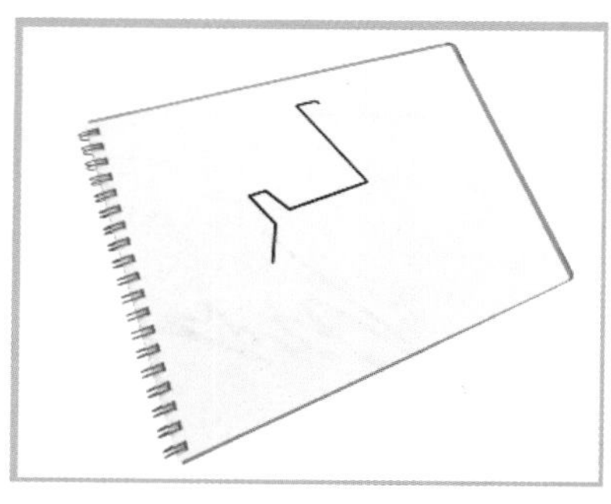

图2-36　实例效果

2.4 手写字

技术要点	"画笔"工具的应用	制作时间	5分钟
项目路径	\chap07\手写字.aep	制作难度	★★

实例概述

本例先利用手写的文字做参考，将复杂的笔画使用"蒙版"工具分离出来，再使用"画笔"工具提供的画笔，沿书写路径手写出文字并设置动画及动画速率，效果如图2-37所示。

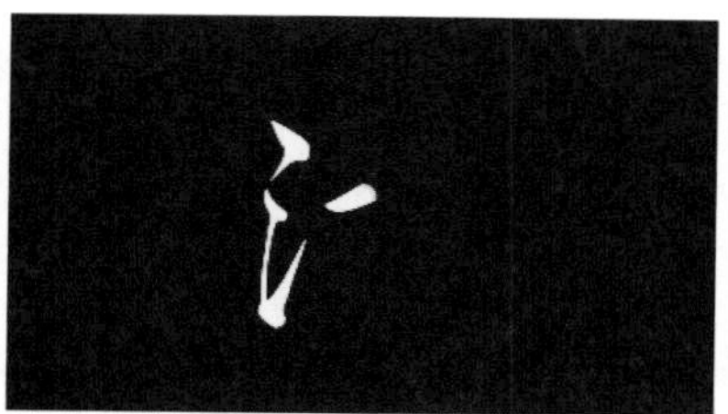

图2-37　实例效果

制作步骤

1. 拆解文字

1 启动After Effects软件，选择菜单命令"合成"/"新建合成"（快捷键Ctrl+N），新建一个命名为"手写字"的合成，"预设"使用PAL D1/DV预设，"持续时间"为5秒，将背景颜色设为白色。保存项目文件为"手写字"。

2 按快捷键Ctrl+I导入"法.psd"文件，将其拖至"手写字"合成的时间轴中。

3 观看"法"字，按手写顺序可以拆分为无交叉的两部分，在时间轴中选中"法.psd"层，按快捷键Ctrl+D创建一个副本，然后重新命名为"法1"和"法2"，在"法1"层中使用"蒙版"工具分离出第1部分，在"法2"层中使用"蒙版"工具分离出第2部分，如图2-38所示。

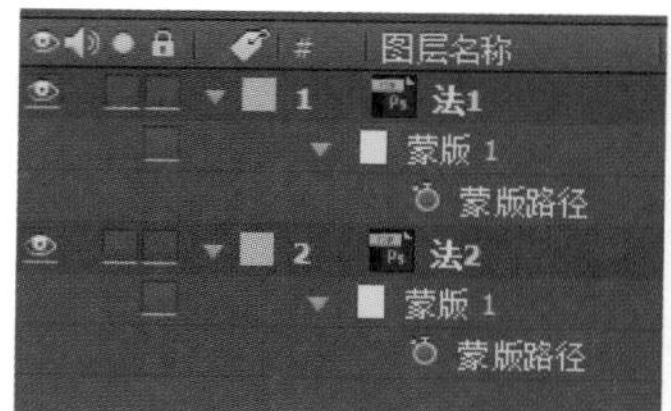

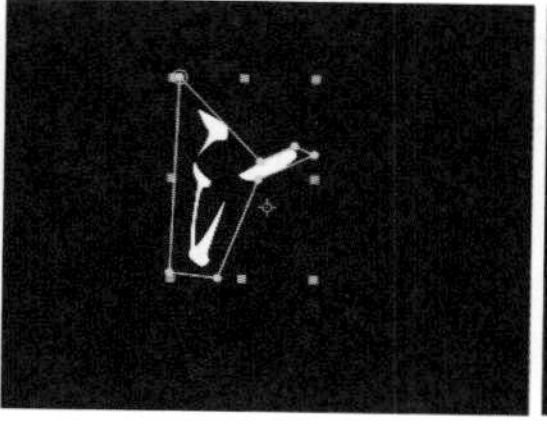
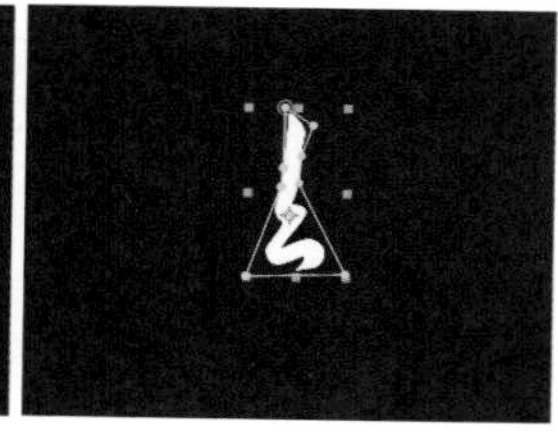

图2-38　分析文字层

4 选中“法1”层，按快捷键Ctrl+D创建一个副本，将上层重命名为“法1Matte”。同样为“法2”层创建副本并将上层命名为“法2Matte”，如图2-39所示。

图2-39　创建副本

2. 手写动画

1 双击“法1Matte”层，打开其“图层”窗口，在工具栏中选择工具，在“画笔”窗口中设置“直径”为35，“硬度”为100%，然后按文字的手写顺序给文字“描红”，如图2-40所示。

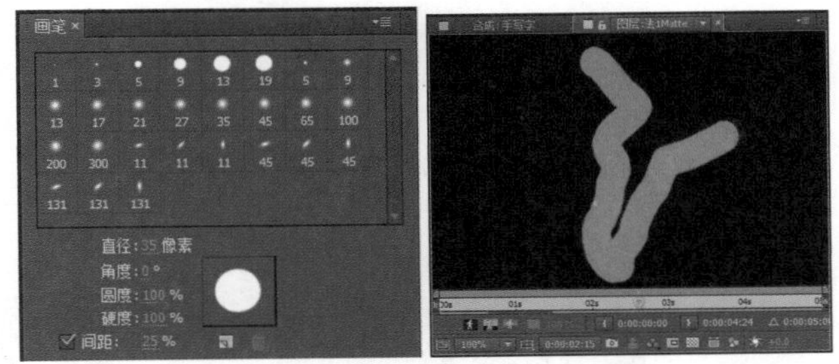

图2-40　描绘文字

2 在时间轴中将“在透明背景上绘画”设为“开”，设置第0帧时“结束”为0%，第1秒12帧时为100%，如图2-41所示。

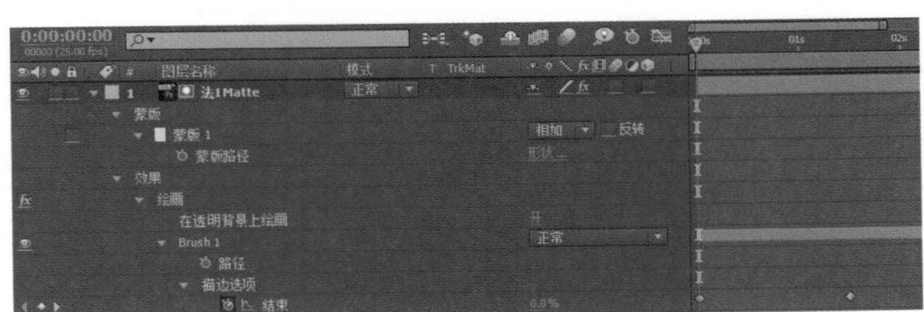

图2-41　设置关键帧

3 将“法1”层的TrkMat栏设为“Alpha遮罩”，暂时关闭文字第二部分图像的显示，可以预览文字部分的手写动画，如图2-42所示。

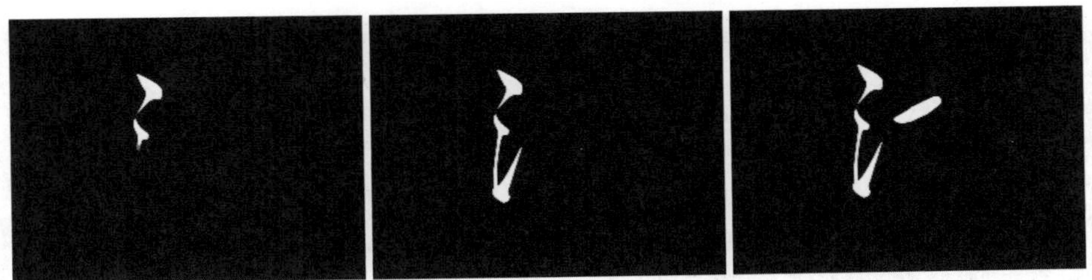

图2-42　设置轨道蒙版

4 用同样的方法为文字的第二部分制作描写动画，设置其下的“结束”值在第1秒20帧时为0%，第3秒时为100%，然后设置轨道蒙版，制作出手写动画效果，如图2-43所示。

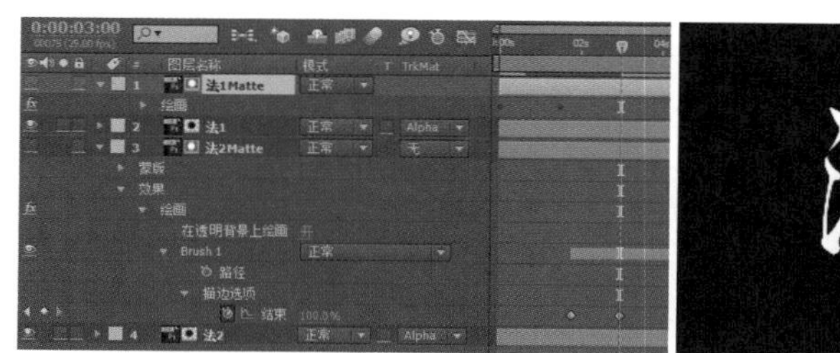

图2-43　绘制第4笔的动画

技术回顾

本例中先导入现有的文字图片，用“蒙版”工具将各个笔画分离开，然后使用“画笔”工具制作手写动画，并调整相应的播放速度。

举一反三

使用“画笔”工具制作文字的手写动画，具体参数可以参考练习的工程方案，效果如图2-44所示。

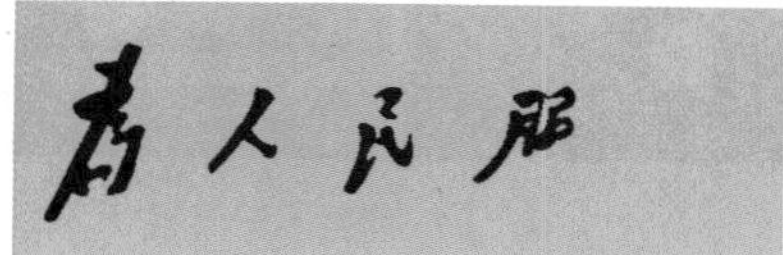

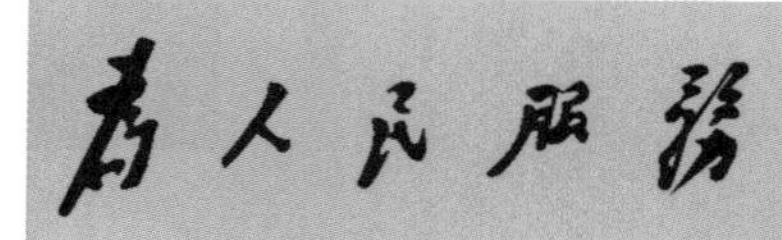

图2-44　实例效果

2.5 动感模糊文字

技术要点	“卡片擦除”过渡效果和模糊的彩色光效	制作时间	10分钟
项目路径	\chap08\动感模糊文字.aep	制作难度	★★★

实例概述

本例中被纵向分成若干块的文字，带着纵向模糊光效左右穿梭，并逐渐聚集，停留到合适的位置组成主题文字，同时光效在长度和强度上产生变化，在文字动画逐渐停下时，点光从左向右从文字上划过，点光所到之处，模糊光效被收起消失，显示最终清晰的主题文字，如图2-45所示。

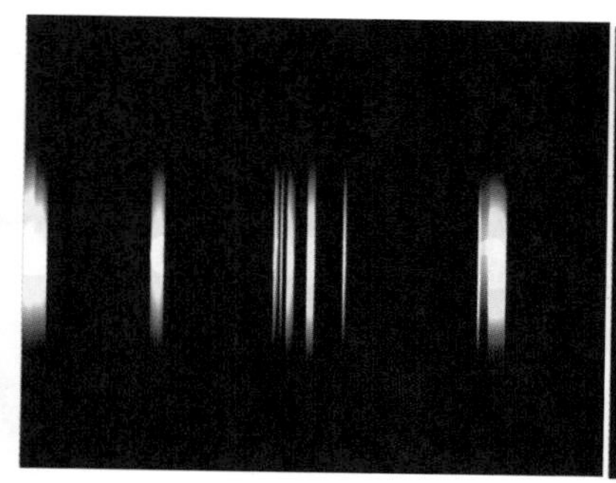

图2-45　实例效果

制作步骤

1. 建立"动感模糊文字"合成

1 启动After Effects软件，选择菜单命令"合成"/"新建合成"（快捷键Ctrl+N），新建一个命名为"动感模糊文字"的合成，"预设"使用PAL D1/DV预设，"持续时间"为3秒。保存项目文件为"动感模糊文字"。

2 选择菜单命令"图层"/"新建"/"文本"，新建文字层，输入"www.cctv.com"，在"字符"面板中，将文字设为白色，尺寸设为60像素，字体为Arial Black，字间距为100，在"段落"面板中将文字的对齐方式设为居中，如图2-64所示。将文字在屏幕中居中放置，这里"位置"为（360，300），如图2-46所示。

图2-46　创建文字层

3 选中文字层，选择菜单命令"效果"/"过渡"/"卡片擦除"，添加一个"卡片擦除"过渡效果，对其进行适当的设置。"背面图层"为当前文字层，"行数"为1，"列数"为30，"翻转轴"为Y；然后将时间滑块移至第0帧位置，单击打开"过渡完成"前面的码表，设置动画关键帧，第0帧为0%，第2秒为100%。预览动画效果，文字被纵向切分为多段，并由左至右像骨牌一样翻过，如图2-47所示。

图2-47　为文字层添加"卡片擦除"效果

> 提示
>
> "过渡"效果就镜头与镜头之间的切换方式，即相邻的两个镜头是如何连接的，硬切方式是指从一个镜头直接转换到另一个镜头，而过渡则是两个镜头之间有短暂的转换方式，如前一画面淡出，后一画面淡入，或前一画面被后一画面挤出等方式，两个镜头之间常常需要有部分重叠，过渡就设置在重叠部分的时间段中。在非线性编辑软件的应用中，这往往被称为"转场特技"，有固定的方式或有小范围的自定义变化，而在After Effects的"过渡"效果中，过渡的变化远远不限于两个镜头之间的转场特技那么简单，而是可以设置出更丰富的画面变化效果。

4 以上动画还不是最终所需要的效果，还需要继续设置相关动画。将时间滑块移至第0帧位置，分别单击打开"摄像机位置"选项下的"*y*轴旋转"和"Z位置"，"位置抖动"下的"X 抖动量"和"Z 抖动量"前面的码表，设置动画关键帧。"*y*轴旋转"在第0帧为110.0°，第2秒为0.0°；"Z位置"在第0帧为1，第2秒为2；"X 抖动量"在第0帧为0.5，第2秒为0；"Z 抖动量"在第0帧为10，第2秒为0，如图2-48所示。

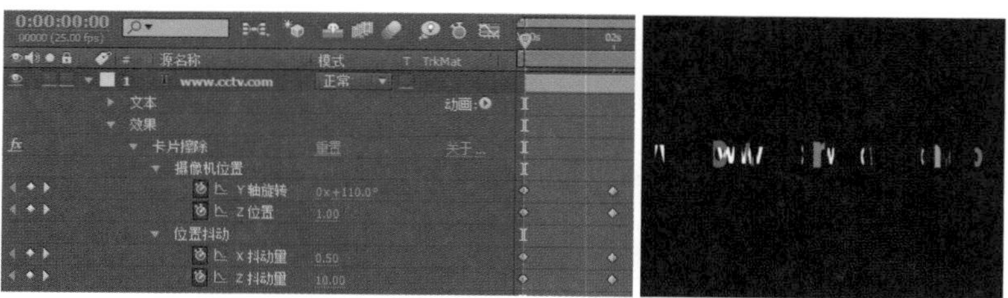

图2-48 设置“卡片擦除”动画关键帧

2. 制作文字光芒

1 选择文字层，按快捷键Ctrl+D复制一份，重新命名为“CCTV光芒”，将其图层叠加的“模式”设为“相加”。

2 选择菜单命令“效果”/“模糊和锐化”/“定向模糊”，添加一个纵向的模糊效果，将“模糊长度”设为50，如图2-49所示。

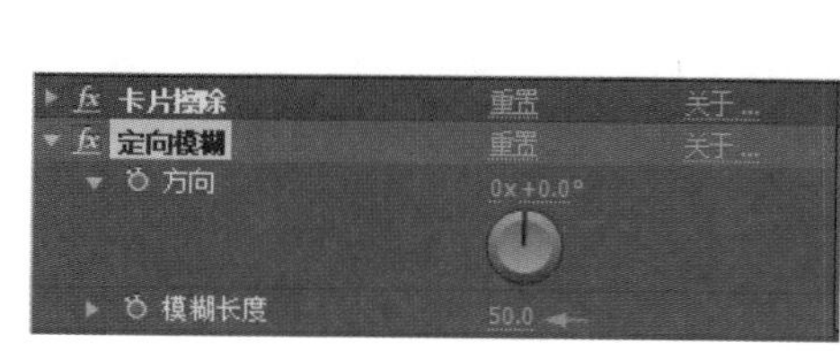

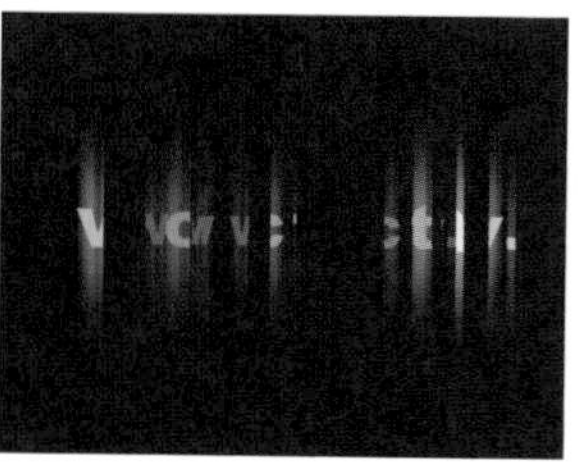

图2-49 为“CCTV光芒”层添加模糊效果

3 选择菜单命令“效果”/“颜色校正”/“色阶”，添加一个“色阶”效果，调整其Alpha通道的亮度，将“通道”选择为Alpha，将“Alpha输入白色”设为50，如图2-50所示。

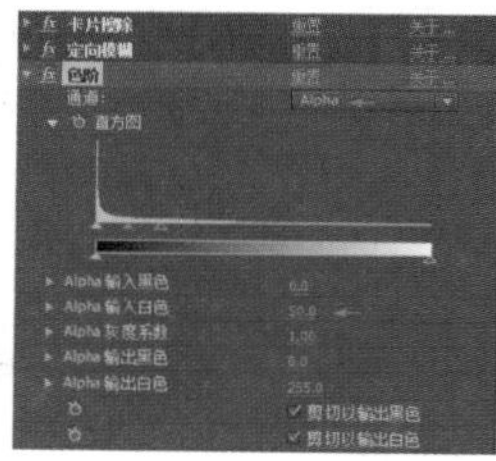

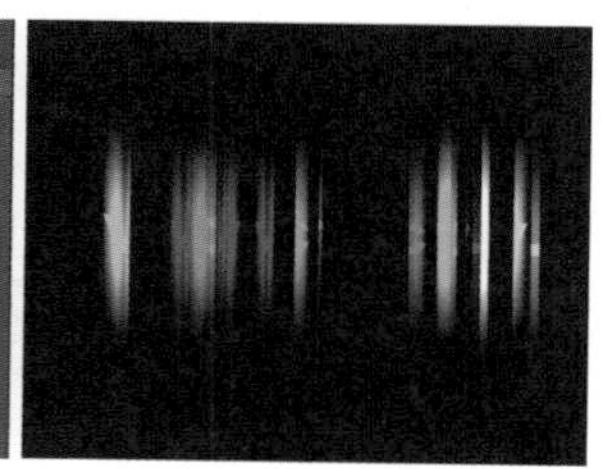

图2-50 为“CCTV光芒”层添加“色阶”效果

4 选择菜单命令“效果”/“颜色校正”/“色光”，为黑白的模糊图像添加彩色效果。将“输入相位”下的“获取相位，自”选择为Alpha，将“输出循环”下的“使用预设调板”选择为“火焰”，取消勾选“修改”下“修改Alpha”前面的小方框，如图2-51所示。

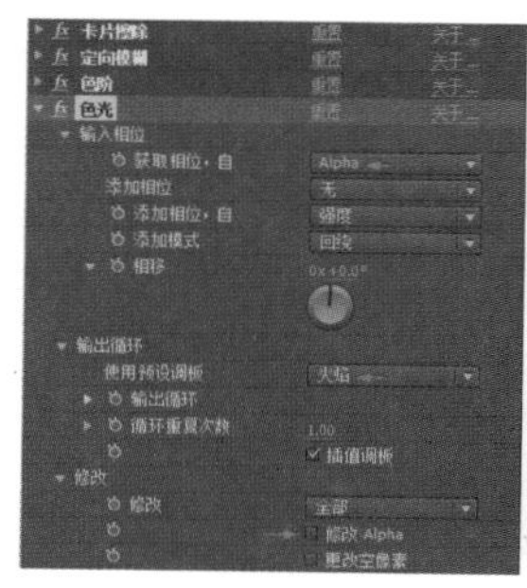

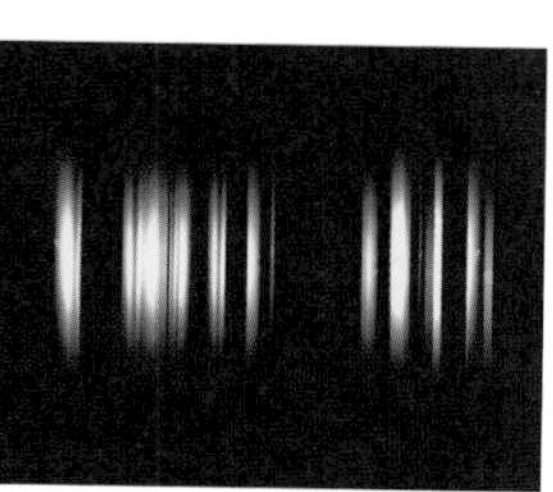

图2-51 为“CCTV光芒”层添加颜色

5 设置好彩色光效，再对文字模糊的长度设置动画关键帧。将时间滑块移至第0帧位置，单击打开“定向模糊”下“模糊长度”前面的码表，添加关键帧，第0帧时为50，第1秒时为100，第2秒时为100，第2秒5帧时为150，第2秒24帧时为0，如图2-52所示。

图2-52 设置“CCTV光芒”层模糊关键帧

提示

这里在一个图层上添加了4种不同的效果，在调整效果设置时，值得留意的是效果的添加次序，不同的次序会有不同的效果。在调整图像色彩时往往会在一个图层上添加更多的效果。转场特技虽然简单，但可以设置出丰富的画面变化效果。

3. 制作点光动画

1 选择菜单命令“图层”/“新建”/“纯色”，新建一个黑色的“纯色”层，命名为“点光”。将其图层的叠加方式设为“相加”，并将其入点移至第2秒位置。

2 选择菜单命令“效果”/“生成”/“镜头光晕”，添加一个点光。单击打开“光晕中心”前面的码表，设置动画关键帧，第2秒时为（0，288），第2秒20帧时为（720，288），并在此处按快捷键Ctrl+]设置出点。这样点光由左向右从文字上划过，如图2-53所示。

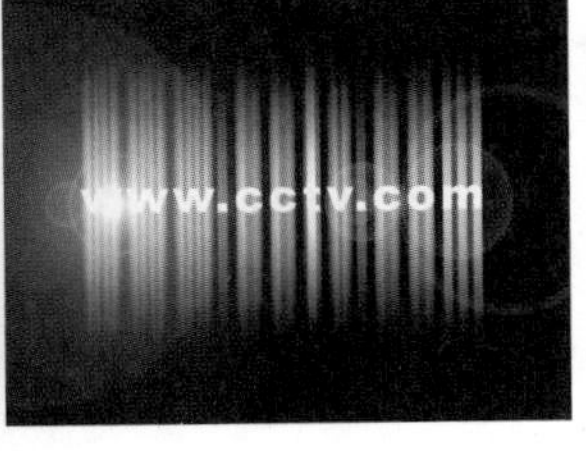

图2-53 设置镜头光晕划过动画

提示

“镜头光晕”效果可以模仿摄像机的镜头光晕效果。“镜头类型”可以设置镜头的类型，也可以使用此项选择镜头的聚焦类型。“光晕中心”可以设定闪光点的位置。“光晕亮度”可以设置光源亮度。“与原始图像混合”可以控制效果与图像的融合程度。

3 选择菜单命令“图层”/“新建”/“纯色”，新建一个“纯色”层，命名为“遮罩”。将时间滑块移至第2秒位置，按P键展开其“位置”，单击打开其前面的码表，设置关键帧，第2秒时为（360，288）；第2秒20帧时为（1080，288）。将其下层的“CCTV光芒”图层的TrkMat设为“Alpha遮罩”。这样点光由左向右从字上划过时，纵向模糊光也一同被收起，如图2-54所示。

图2-54 设置“CCTV光芒”的“蒙版”动画

4 按小键盘上的0键预览，即可得到本实例的最终效果动画。

技术回顾

本例中的技术重点主要有两部分，一部分是采用了“效果”/“过渡”/“卡片擦除”滤镜，制作文字被纵向分隔并向左穿梭的动画，另一部分是将文字模糊并设置彩色的光效。比较复杂的是“卡片擦除”的参数设置。

举一反三

根据上面对“卡片擦除”效果参数的介绍，来尝试改变光的出入方式。这里需要调整光在各轴向上的位置关键帧。具体参数可以参考练习的工程方案，效果如图2-55所示。

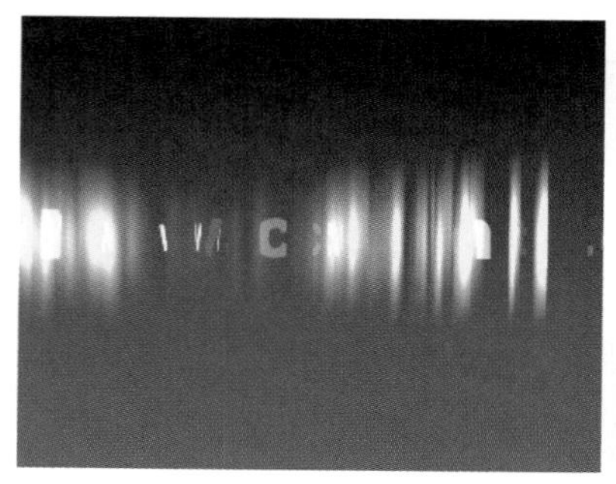
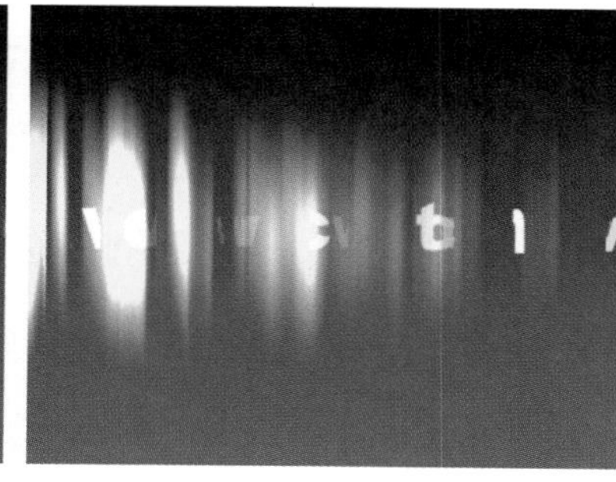
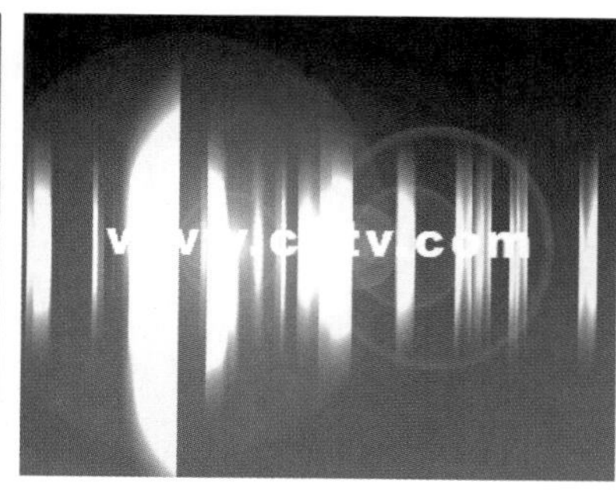

图2-55 实例效果

2.6 爆炸文字

技术要点	利用“碎片”滤镜将文字炸开	制作时间	5分钟
项目路径	\chap09\爆炸文字.aep	制作难度	★★

实例概述

本例先建立所需要的文字，再建立一个渐变层和一个文字参考层，然后再利用“碎片”滤镜将文字炸开，最后为突出效果，使用“镜头光晕”命令创建一个光晕，效果如图2-56所示。

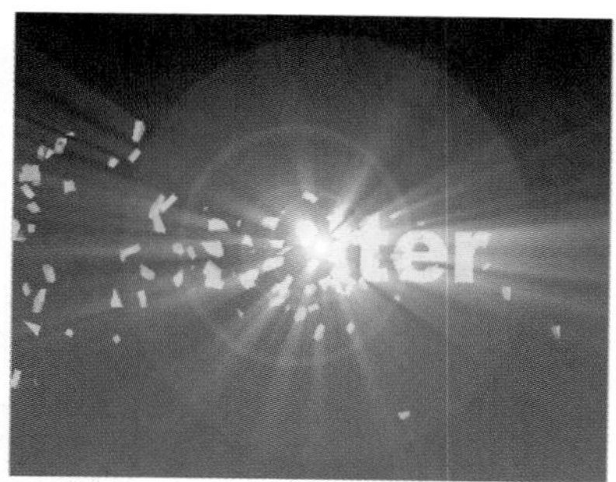
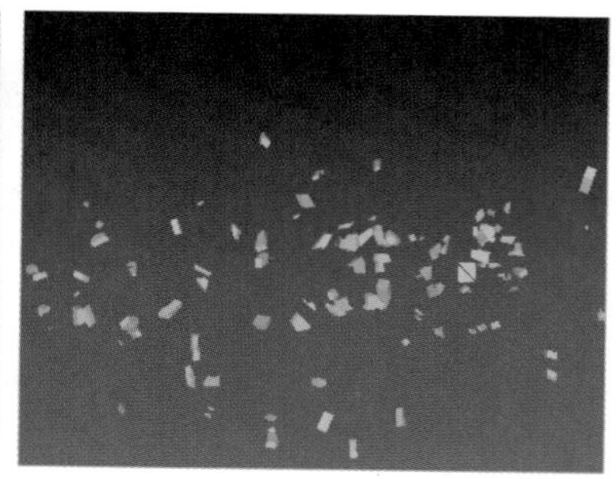

图2-56 实例效果

制作步骤

1. 建立“文字”合成

1 启动After Effects软件，选择菜单命令“合成”/“新建合成”（快捷键Ctrl+N），新建一个命名为“文字”

的合成，“预设”使用PAL D1/DV预设，“持续时间”为5秒。保存项目文件为“爆炸文字”。

2 选择菜单命令“图层”/“新建”/“文本”，新建文字层，输入“Shatter”，在“字符”面板中，将文字的颜色设为RGB（255，200，0），尺寸设为120像素，字体为Arial Black，在“段落”面板中将文字的对齐方式设为居中并将文字的“位置”值设为（360，330），如图2-57所示。

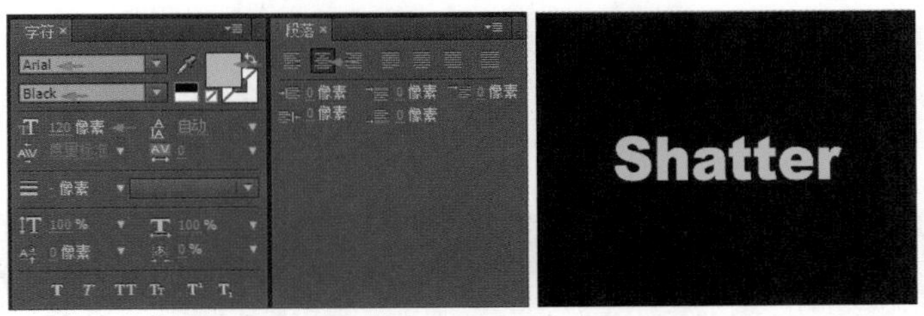

图2-57　创建文字层并进行相关设置

2. 建立“渐变参考”

1 选择菜单命令“合成”/“新建合成”（快捷键Ctrl+N），新建一个命名为“参考层”的合成，“预设”使用PAL D1/DV预设，“持续时间”为5秒。

2 选择菜单命令“图层”/“新建”/“纯色”，新建一个白色的“纯色”层，命名为“渐变”。选中“渐变”层，选择菜单命令“效果”/“生成”/“梯度渐变”，添加一个渐变效果，对其进行适当的设置：将“渐变起点”设置为（0.0，288.0），将“渐变终点”设置为（720.0，288.0），如图2-58所示。

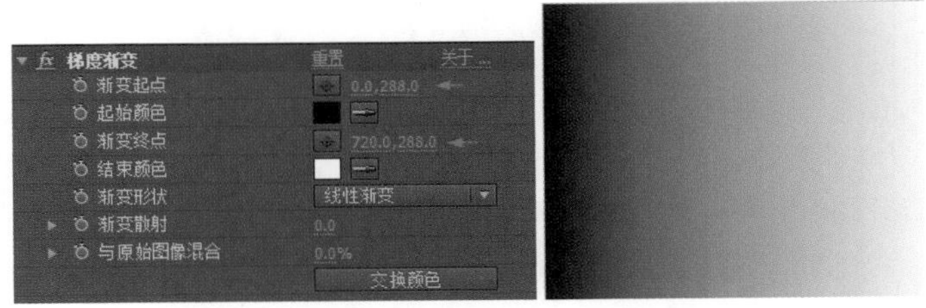

图2-58　为“纯色”层添加一个渐变效果

3. 制作爆炸效果

1 选择菜单命令“合成”/“新建合成”（快捷键Ctrl+N），新建一个合成，命名为“爆炸”，“预设”使用PAL D1/DV，“持续时间”为5秒。

2 选择菜单命令“图层”/“新建”/“纯色”，新建一个黑色的“纯色”层，命名为“背景”。选中“背景”层，选择菜单命令“效果”/“生成”/“梯度渐变”，添加一个渐变效果，将“结束颜色”设置为RGB（100，0，0），如图2-59所示。

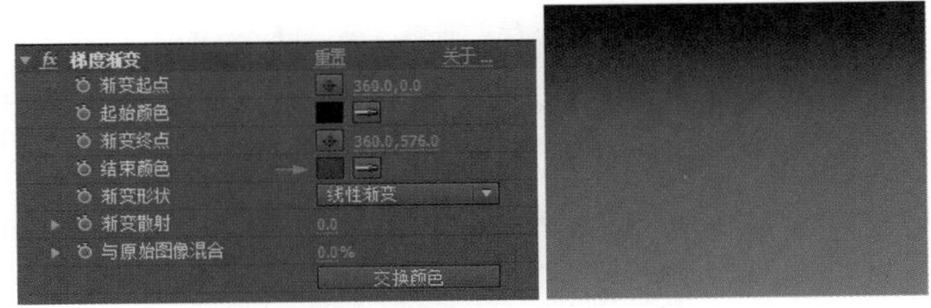

图2-59　为“纯色”层添加一个渐变效果

3 在“项目”面板中，分别将“渐变参考”、“文字”依次拖放到“爆炸”的时间轴中，并关闭“渐变参考”的显示，如图2-60所示。

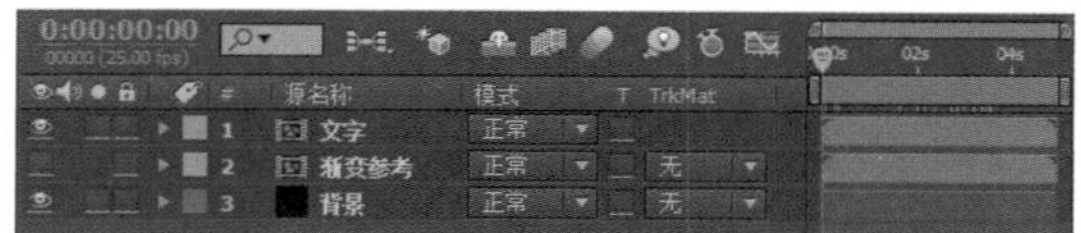

图2-60　添加素材到合成中

4 选择“文字”图层，执行菜单命令“效果”/“模拟”/“碎片”，添加一个爆炸效果，将“视图”设置为“已渲染”，展开“形状”选项，将“图案”设置为“玻璃”，将“重复”设置为50.00，展开“渐变”选项，将“渐变图层”设置为“渐变参考”，“反转渐变”为“开”，如图2-61所示。

图2-61　为“文字”层添加一个爆炸效果

提示

“碎片”效果可以对图像进行爆炸处理，使其产生爆炸飞散的效果，可以控制爆炸的位置、力量和半径等参数。系统提供了多种真实的碎片效果，甚至可以自定义爆炸后产生碎片的形状。爆炸后最终效果必须在“已渲染”模式下才能显示。

5 将时间滑块移到0帧位置，分别打开“作用力 1”下的“位置”，“渐变”下的“碎片阈值”，单击“物理学”下的“重力”和“重力方向”前面的码表，设置动画关键帧“位置”在第0帧为（115.0，285.0），在第2秒为（540.0，285.0），“碎片阈值”在第0帧为0.00%，第2秒为100.00%，“重力”在第0帧为0.00，第2秒为5.00，“重力方向”在第0帧为（1，0.0），第2秒为（0，180），如图2-62所示。

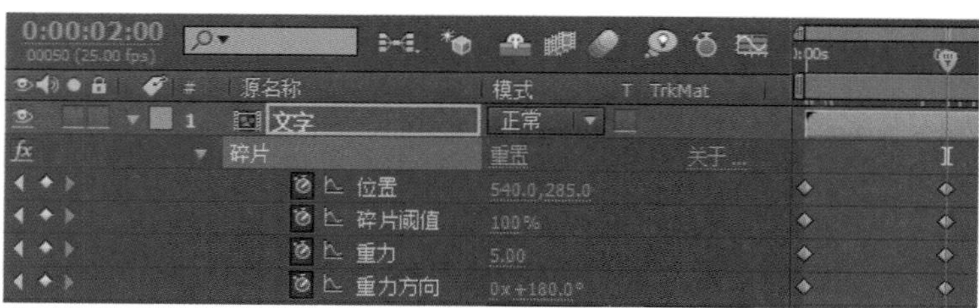

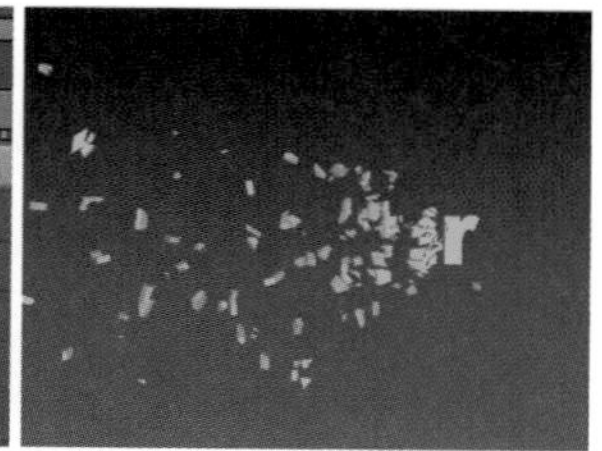

图2-62　设置爆炸效果关键帧

4. 添加光效

1 为增强爆炸的效果，需要为爆炸的碎片增加一个光效。确定“文字”层在激活状态，选择菜单命令“效果”/Trapcode/Shine（发光），添加一个发光效果。展开Pre-process，设置Use Mask为On，将Ray Length设置为5.5，Boost Light设置为1.5，展开Colorize，将Colorize设置为None，Transfer Mode设置为Add模式，如图2-63所示。

提示

Shine是Trapcode公司发布的After Effects插件，Shine也是一个专门用于制作放射性光芒的插件。在Shine菜单栏的Pre-Process（预处理）下可以设置Shine的遮罩，Source Point可以设置光芒的中心点。Ray Length为射线的长度。在Shimmer（光束）下可以调整光芒中心亮度以外的光束效果。Boost Light为光芒的亮度。Colorize可以设置光芒的颜色。Transfer Mode可以设置光芒与发光物体的融合模式。

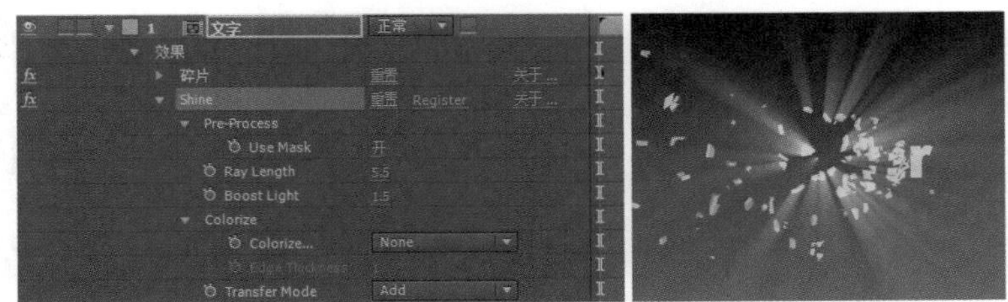

图2-63 为爆炸层添加一个光效

2 设置发光动画，将时间滑块移到10帧位置，展开Pre-process选项，打开Mask Radius和Source Point前面的码表，设置动画关键帧。Mask Radius在第10帧为0，第1秒15帧时为250，Source Point在第10帧为（145，290），第1秒15帧时为（360，268），如图2-64所示。

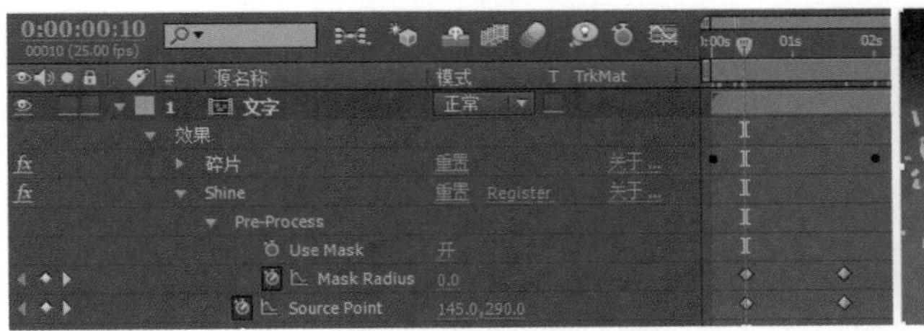

图2-64 设置光效关键帧

3 为了将爆炸做得更逼真，还需要再添加一个光晕效果，跟随文字一起爆炸。选择菜单命令“图层”/“新建”/“纯色”，新建一个黑色的“纯色”层，命名为“光晕”。选中“光晕”层，在时间轴面板中将叠加模式改为ADD模式，选择菜单命令“效果”/“生成”/“镜头光晕”，添加一个“镜头光晕”效果，将时间滑块移到10帧位置，打开Flare Center前的码表，“光晕中心”在第10帧为（160，290），第1秒15帧时为（545，290）。由于10帧前和1秒15帧的光晕都是多余的，只需要分别在第10帧和1秒15帧处按快捷键Ctrl+Shift+D就可以把多余的部分分离开，再分别选择，按Delete键删除即可，效果如图2-65所示。

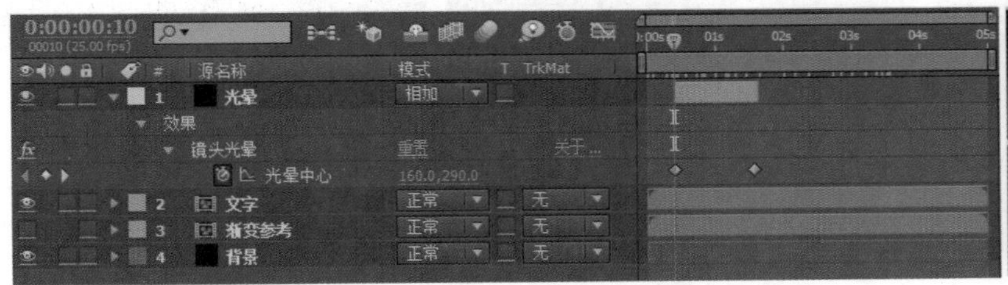

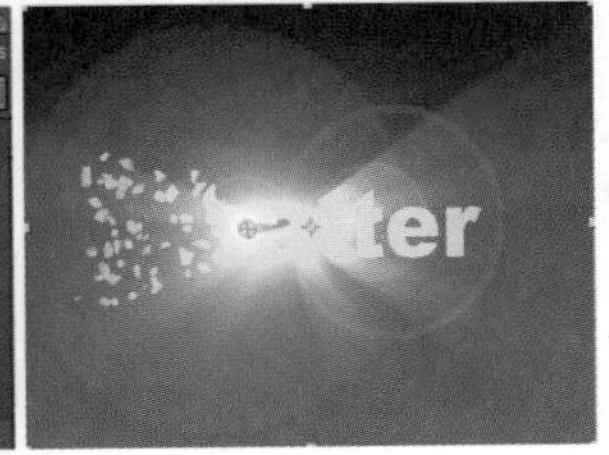

图2-65 设置镜头眩光位移动画

4 按小键盘上的0键预览，即可得到本实例的最终效果。

技术回顾

本例先建立好需要做爆炸效果的文字层，然后再制作一个爆炸的参考层，最后通过自带的爆炸滤镜制作出爆炸效果。为了配合爆炸效果，又使用了一个外挂滤镜制作碎片光效，使用一个自带滤镜制作光晕。最终完成整个动画。

举一反三

根据上面介绍的方法，制作一个发光颜色和爆炸碎片不一样的效果。具体参数可以参考练习的工程方案，如图2-66所示。

图2-66 实例效果

2.7 粒子汇集文字

技术要点	利用CC Pixel Polly滤镜制作粒子	制作时间	5分钟
项目路径	\chap10\粒子汇集文字.aep	制作难度	★★

实例概述

本例先建立所需要的文字，然后利用外挂插件CC Pixel Polly粒子系统制作出粒子发散动画，再利用倒放功能完成汇集动画，如图2-67所示。

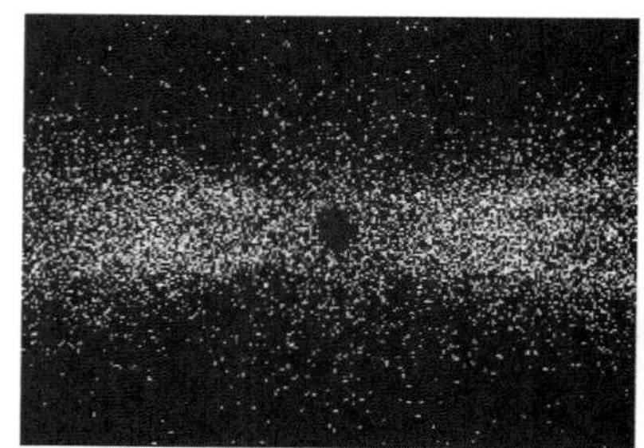

图2-67 实例效果

制作步骤

1. 制作粒子发散动画

1 启动After Effects软件，选择菜单命令“合成”/“新建合成”（快捷键Ctrl+N），新建一个命名为“粒子发散”的合成，“预设”使用PAL D1/DV预设，“持续时间”为3秒。保存项目文件为“粒子汇集文字”。

2 选择菜单命令“图层”/“新建”/“文本”，新建文字层，输入“ADOBE”，在“字符”面板中，将文字的颜色设为白色，尺寸设为120像素，字体为Arial Black，在“段落”面板中将文字的对齐方式设为居中，并在时间轴中将文字的“位置”值设为（360，330），如图2-68所示。

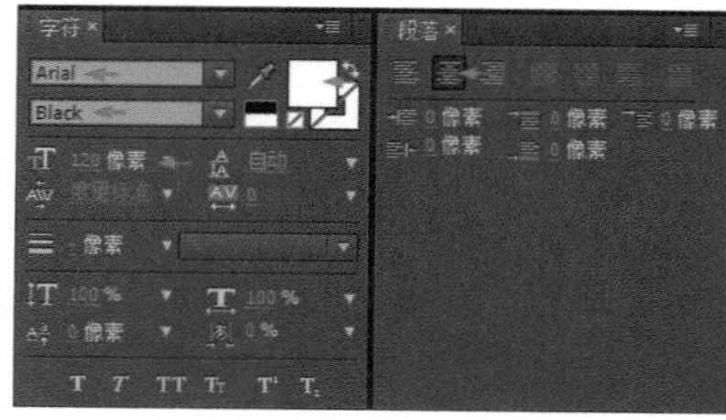

图2-68 创建文字层

3 激活文字层，选择菜单命令“效果”/“模拟”/CC Pixel Polly，设置Grid Spacing为1，Speed Randomness为100%。将时间滑块移到0帧位置，打开Force和Gravity前面的码表，设置动画关键帧。第0帧时Force为100，Gravity为0；第2秒24帧时Force为-0.6，Gravity为1，如图2-69所示。

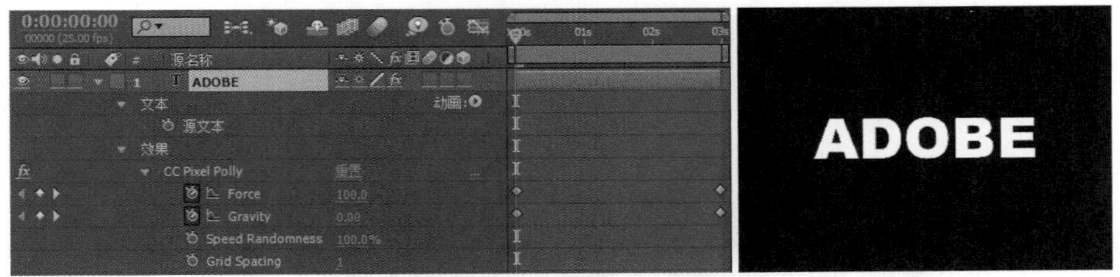

图2-69 为文字层添加CC Pixel Polly效果

4 激活文字层，选择菜单命令“效果”/“风格化”/“发光”，设置“发光半径”为110.0，“发光强度”为1.5，“发光颜色”为“A&B 颜色”，“颜色 A”的RGB为（220，170，0），“颜色 B”的RGB为（120，0，0），如图2-70所示。

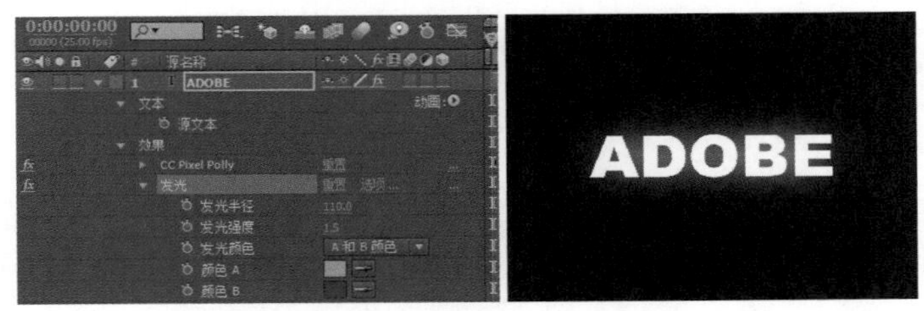

图2-70 为文字层添加发光效果

2. 制作粒子汇集动画

1 选择菜单命令“合成”/“新建合成”（快捷键Ctrl+N），新建一个合成，命名为“粒子汇集”，“预设”使用PAL D1/DV，“持续时间”为5秒。

2 选择菜单命令“图层”/“新建”/“纯色”，新建一个“纯色”层，命名为“背景”。选择菜单命令“效果”/“生成”/“梯度渐变”，设置“渐变起点”为（360，288），“起始颜色”的RGB为（170，0，0），“渐变终点”为（720，576），“结束颜色”的RGB为（20，0，0），“渐变形状”设为“径向渐变”，如图2-71所示。

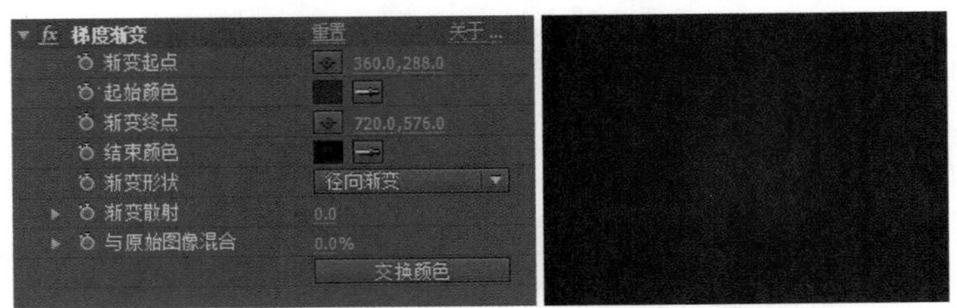

图2-71 为背景层添加渐变效果

3 在“项目”面板中把“粒子发散”拖到“粒子汇集”时间轴中，选择菜单命令“图层”/“时间”/“时间反向图层”，设为倒放的效果，如图2-72所示。

图2-72　设置“粒子发散”倒放效果

4 从“粒子发散”时间轴中复制ADOBE文字层，粘贴到“粒子汇集”时间轴中并删除或关闭其CC Pixel Polly效果，将出点移至第3秒处，如图2-73所示。

图2-73　复制文字

5 按小键盘上的0键预览，即可得到本实例的最终动画效果。

技术回顾

本例中通过CC Pixel Polly粒子外挂插件，完成粒子的发散动画，再使用倒放功能，完成整个动画。

举一反三

为发射的粒子添加一个Shine（发光）效果，增强发光的效果，并将发光色改为暖色。具体参数可以参考练习的工程方案，如图2-74所示。

图2-74　实例效果

2.8 透视场景文字

技术要点	利用After Effects的三维空间制作摄像机动画	制作时间	10分钟
项目路径	\chap11\透视场景文字.aep	制作难度	★★★

实例概述

本例先建立所需要的“纯色”层作为底版，然后将其放置在After Effects的三维空间中，并在相应的位置放置文字，接着在场景中建立一些灯光，使这些文字更有空间感，最后建立摄像机，制作摄像机的游离动画，如图2-75所示。

图2-75　实例效果

制作步骤

1. 制作透视场景

1 启动After Effects软件，选择菜单命令“合成”/“新建合成”（快捷键Ctrl+N），新建一个命名为“透视场景”的合成，“预设”使用PAL D1/DV预设，“持续时间”为7秒。保存项目文件为“透视场景文字”。

2 选择菜单命令“图层”/“新建”/“纯色”，新建“纯色”层，命名为“底版”，设置“大小”下的“宽度”为2500，“高度”为2500，“颜色”的RGB值为（170，170，170），如图2-76所示。

3 选择菜单命令“图层”/“新建”/“摄像机”，新建一个摄像机，设置“预设”为35“毫米”，并勾选“启用景深”。

4 打开“底版”层的三维开关，并展开“变换”选项，将“位置”设置为（360.0，288.0，30.0），“x轴旋转”设置为（0，87.0°），展开“材质选项”，将“投影”设置为“开”，如图2-77所示。

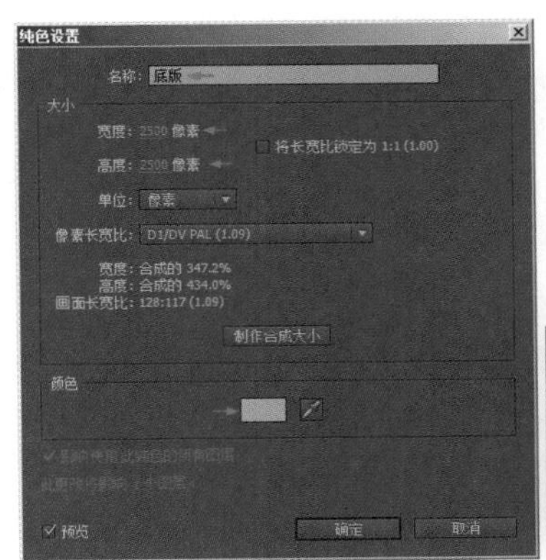

图2-76　创建“底版”层

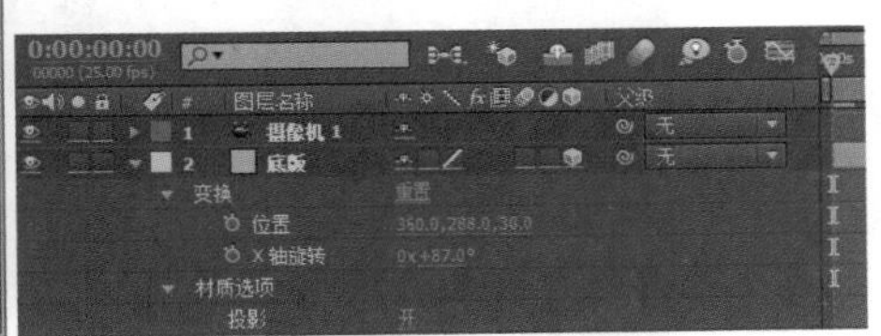

图2-77　设置“底版”层的位置

5 要让视图有一些透视的感觉，需要对摄像机进行一些调整。展开“变换”选项，将“目标点”设置为（65.0，1335.0，830.0），“位置”设置为（450.0，250.0，480.0），“x轴旋转”为（0，50.0°）“y轴旋转”为（0，20.0°），如图2-78所示。

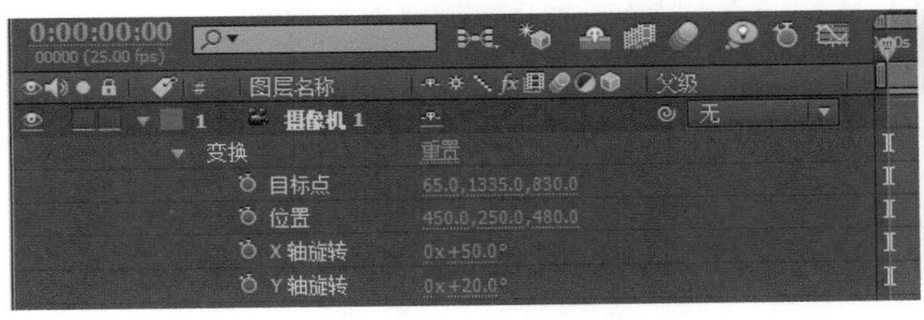

图2-78　调整摄像机在空间的位置

6 选择菜单命令“图层”/“新建”/“文本”，新建一个文字层，输入“您最想说的是 WHAT”，在“字符”面板中，将文字的颜色设为白色，将光标移动到“是”后，按Enter键将英文换行。在“段落”面板中将文字的对齐方式设为居中，选择刚输入的中文，将大小设置为30，字体为方正小标宋繁体。再选择英文，将大小设置为25，字体设为Arial Black。

提示

在调整摄像机时，开始需要使用工具栏中的选择工具、旋转工具等其他工具，配合多视图进行调整。调整好位置后，可以通过展开“变换”选项，对摄像机进行微调，以达到满意效果。同时还要注意，在调整的时候查看其他视图的位置是否正确。

7 打开文字层的三维开关，并展开“变换”选项，将“位置”设置为（325.0，295.0，720.0），展开“材质选项”，将“投影”设置为开，如图2-79所示。

图2-79 设置文字层在空间的位置

2. 制作空间文字

1 选择菜单命令“图层”/“新建”/“灯光”，新建一个灯光层“灯光 1”，设置“灯光类型”为“聚光”，“强度”为400%，“锥形角度”为150，“颜色”为RGB（170.0，170.0，170.0），勾选“投影”，设置“阴影深度”为100%，“阴影扩散”为100像素。展开“变换”选项，设置“目标点”为（376.5，340.2，800.0），“位置”为（316.5，226.6，523.7），效果如图2-80所示。

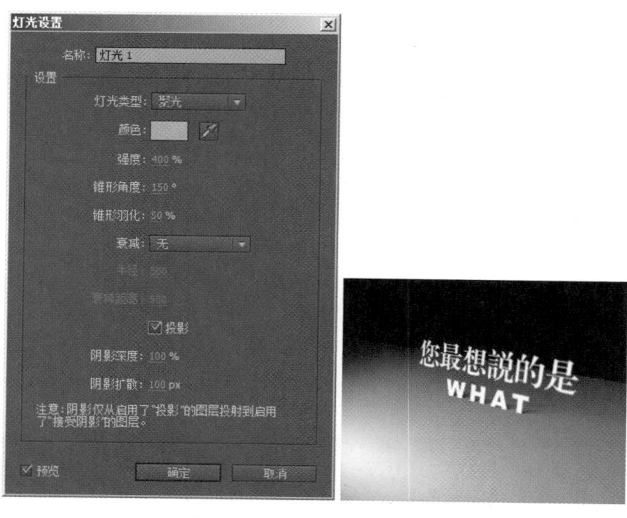

图2-80 为场景添加一盏灯光

2 选择菜单命令“图层”/“新建”/“灯光”，新建一个灯光层“灯光 2”，设置“灯光类型”为“点”光灯，“强度”为350%，“颜色”为RGB（170.0，170.0，170.0），勾选“投影”，设置“阴影深度”为100%，“阴影扩散”为0像素。展开“变换”选项，设置“位置”为（473.5，223.9，342.4），效果如图2-81所示。

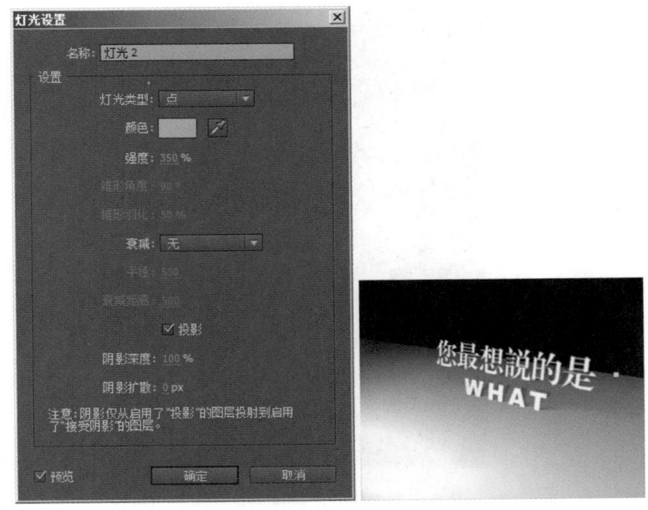

图2-81　为场景再添加一盏灯光

3 选择文字层，按快捷键Ctrl+D复制一层，选择中文文字，将文字改为“我们最想说的是”，展开“变换”选项，将“位置”设置为（770.0，260.0，585.0），“*y*轴旋转”设置为（0，-75°）。

4 选择文字层，按快捷键Ctrl+D复制一层，选择中文文字，改为“他们最想说的是”，展开“变换”选项，将“位置”设置为（1160.0，250.0，-55.0），“*y*轴旋转”设置为（0，-75°）。

5 选择文字层，按快捷键Ctrl+D复制一层，选择中文文字，改为“百姓话题”，选择英文字母，改为THESE，展开“变换”选项，将“位置”设置为（1250.0，225.0，-725.0），“*y*轴旋转”设置为（0，-75°）。

3. 制作摄像机动画

1 选择“灯光 1”，在“父级”栏中，设置为“摄像机 1”。选择“灯光 2”，在“父级”栏中设置为“摄像机 1”。这样，在下面要制作摄像机动画时，前面建立的两盏灯光就可以跟随摄像机移动，如图2-82所示。

2 将时间滑块移到0帧位置，选择“摄像机 1”，展开“变换”选项，打开“目标点”和“位置”前的码表，设置动画关键帧，在第0帧位置设置“目标点”和“位置”分别为（65.0，1335.0，830.0）和（450.0，250.0，480.0）；在第15帧位置插入关键帧，“目标点”和“位置”的数值不变；在第1秒20帧位置设置“目标点”和“位置”分别为（470.0，1320.0，460.0）和（1065.0，195.0，480.0）；在第2秒15帧位置插入关键帧，“目标点”和“位置”的数值不变；在第3秒15帧位置设置“目标点”和“位置”分别为（680.0，1340.0，-310.0）和（1435.0，225.0，-85.0）；在第4秒15帧位置插入关键帧，“目标点”和“位置”的数值不变；在第5秒15帧位置设置“目标点”和“位置”分别为（625.0，1340.0，-960.0）和（1380.0，225.0，-730.0），如图2-83所示。

图2-82　设置摄像机层与灯光层的父子关系

图2-83　设置摄像机的运动关键帧

3 将时间滑块移到5秒位置，选择菜单命令“图层”/“新建”/“灯光”；新建一个灯光层“灯光 3”，设置“灯光类型”为“聚光”，“强度”为500%，“颜色”为RGB（170.0，170.0，170.0），勾选“投影”，如图2-84所示。展开“变换”选项，设置“目标点”为（1335.0，225.0，-735.0），“位置”为（1500.0，170.0，-720.0）。

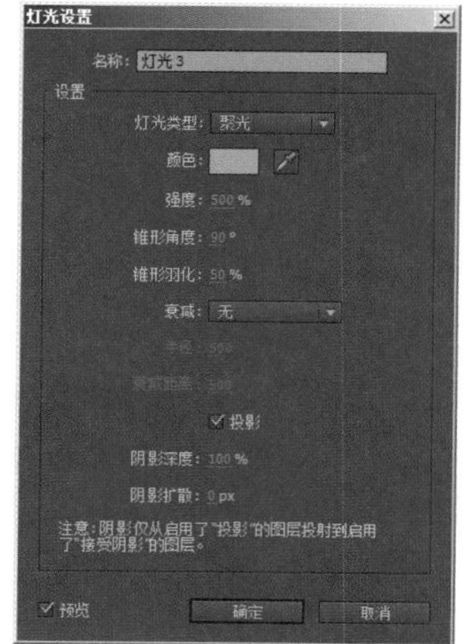

图2-84　为场景添加最后一盏灯光并设置相关属性

4 按小键盘上的0键预览，即可得到本实例的最终效果。

技术回顾

本例中通过After Effects的三维空间功能，让摄像机在三维空间运动，利用灯光表现After Effects真实的阴影。

举一反三

根据前面介绍的制作方法，制作一个其他颜色的场景，将灯光的颜色改为蓝色。具体参数可以参考练习的工程方案，如图2-85所示。

图2-85　实例效果

2.9 飞舞的文字

技术要点	利用After Effects的粒子系统制作文字动画	制作时间	5分钟
项目路径	\chap12\飞舞的文字.aep	制作难度	★★

实例概述

本例先建立所需要的文字层，利用虚拟层制作文字的翻转动画，然后制作一个参考层，最后通过粒子系统完成文字的飞舞动画，效果如图2-86所示。

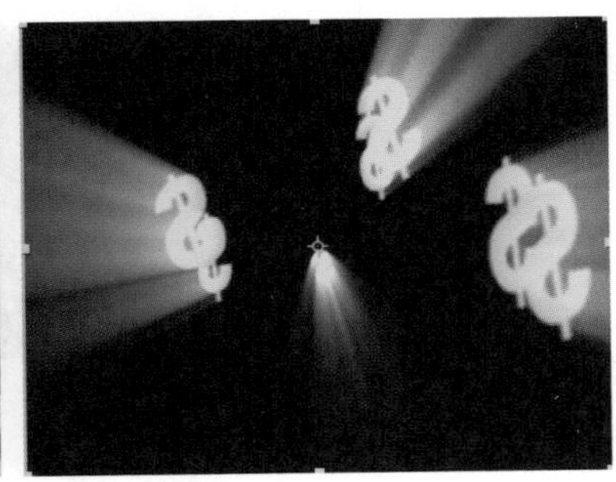

图2-86 实例效果

制作步骤

1. 制作翻转文字

1 启动After Effects软件，选择菜单命令“合成”/“新建合成”（快捷键Ctrl+N），新建一个命名为“文字”的合成，“预设”使用PAL D1/DV预设，“持续时间”为5秒。保存项目文件为“飞舞的文字”。

2 选择菜单命令“图层”/“新建”/“文本”，新建文字层，输入“$”，在“字符”面板中，将文字的颜色设为RGB（240，150，20），尺寸设为70像素，字体为Arial Black，“位置”值设为（360，288）。

3 选择菜单命令“图层”/“新建”/“空对象”，新建一个“空 1”层。分别打开文字层和“空 1”层的三维开关，并在文字层的“父级”栏中选择“空 1”层，如图2-87所示。

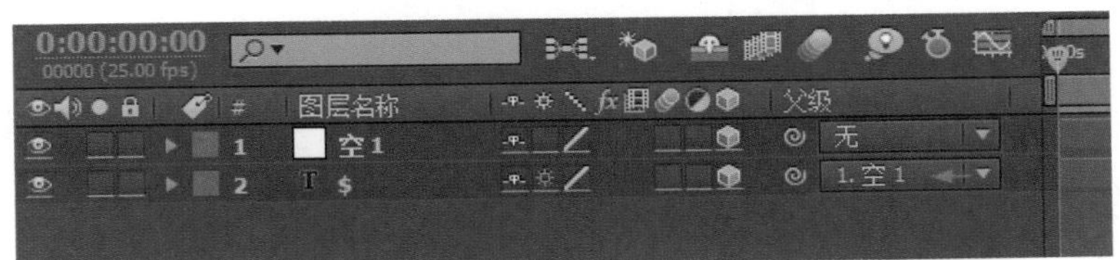

图2-87 创建虚拟层

4 将时间滑块移到0帧位置，选择虚拟层，分别打开“*x*轴旋转”、“*y*轴旋转”和“*z*轴旋转”前面的码表，插入关键帧，再将时间滑块移到4秒24帧的位置，将“*x*轴旋转”设置为（2x，0.0°），“*y*轴旋转”设置为（2x，0.0°），“*z*轴旋转”设置为（2x，0.0°），如图2-88所示。

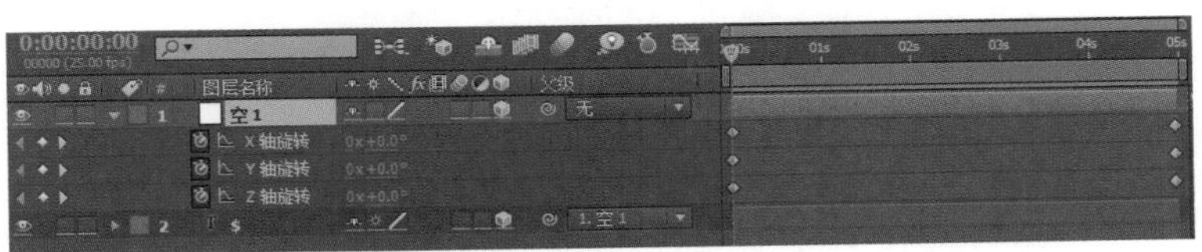

图2-88 设置虚拟层动画

2. 制作参考层

1 启动After Effects软件，选择菜单命令“合成”/“新建合成”（快捷键Ctrl+N），新建一个命名为“参考层”的合成，“预设”使用PAL D1/DV预设，“持续时间”为5秒。

2 选择菜单命令“图层”/“新建”/“纯色”，新建“纯色”层，然后选中“纯色”层，选择菜单命令“效果”/“生成”/“梯度渐变”，设置“渐变起点”为（360.0，288.0），“渐变形状”为“径向渐变”，如图2-89所示。

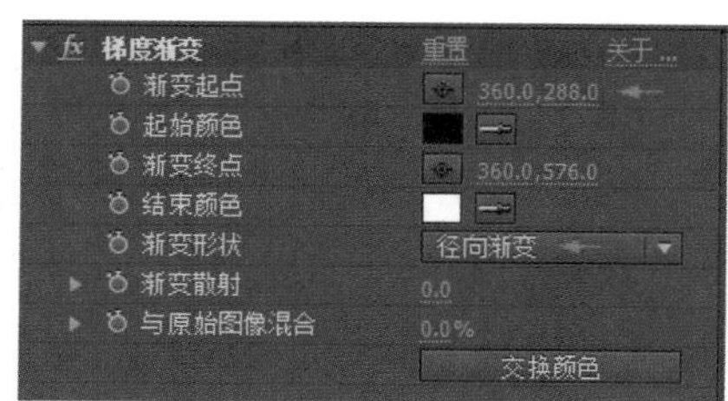

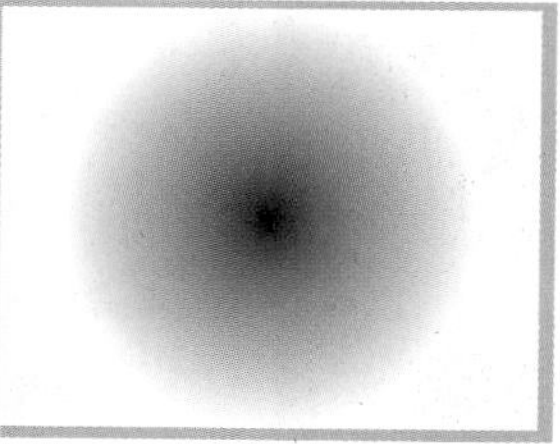

图2-89　为“纯色”层添加渐变效果

3. 制作飞舞的文字

1 启动After Effects软件，选择菜单命令“合成”/“新建合成”（快捷键Ctrl+N），新建一个命名为“飞舞的文字”的合成，“预设”使用PAL D1/DV预设，“持续时间”为5秒。

2 在“项目”面板中，分别将“文字”和“参考层”拖到“飞舞的文字”时间轴中。

3 选择菜单命令“图层”/“新建”/“纯色”，新建“纯色”层。

4 选择菜单命令“效果”/“模拟”/“粒子运动场”，为“纯色”层添加一个粒子效果。展开“发射”选项，设置“圆筒半径”为50.00，“每秒粒子数”为10.00，“随机扩散方向”为360.00，“速率”为200.00；展开“图层映射”选项，设置“使用图层”为“文字”层，“时间偏移类型”为“相对随机”，“最大随机时间”为1.00。展开“永久属性映射器”选项，设置“使用图层作为映射”为“参考层”，设置“将红色映射为”为“缩放”，“最小值”为0.50，“最大值”为3.50，“将绿色映射为”为“缩放”，“最小值”为0.50，“最大值”为3.50，“将蓝色映射为”为“缩放”，“最小值”为0.50，“最大值”为3.50，如图2-90所示。

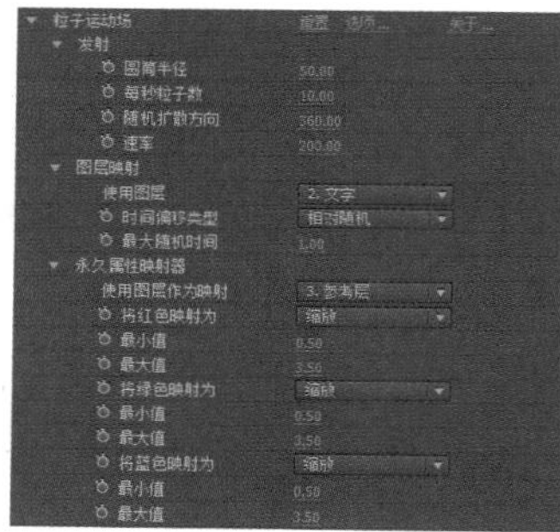

图2-90　设置粒子属性

5 选择菜单命令“效果”/Trapcode/Shine（发光），为粒子层添加一个发光效果，将Boost Light设置为2.0，展开Colorize选项，设置Colorize为None，Transfer Mode为Add，如图2-91所示。

图2-91　为粒子添加光效

6 按小键盘上的0键预览，即可得到本实例的最终效果。

技术回顾

本例中主要介绍如何使用虚拟层控制其他层运动，如何通过After Effects的粒子系统完成文字的飞舞动画及Shine的简单应用。本例中的效果一般用于LOGO的动画制作，如果只是单纯的文字动画，制作这样的效果，就不用这样复杂，只需要为一个“纯色”层添加一个“粒子运动场”效果，然后在效果的“选项”中输入需要制作的文字，对参数进行适当调整，再添加一个发光效果就可以。

举一反三

根据上面介绍的方法，制作一个粒子从其他方向发射的动画效果。可以通过改变粒子发射器的位置和重力，改变粒子发射的方向。具体参数可以参考练习的工程方案，如图2-92所示。

图2-92 实例效果

2.10 积雪文字

技术要点	利用CC Snow效果制作积雪	制作时间	5分钟
项目路径	\chap13\ 积雪文字.aep	制作难度	★★

实例概述

本例先建立两个文字层，利用两个文字层的运动制作一个蒙版，以制作积雪的效果，最后使用CC Snow插件制作飘落的雪花，如图2-93所示。

图2-93 实例效果

制作步骤

1. 制作积雪

1 启动After Effects软件，选择菜单命令“合成”/“新建合成”（快捷键Ctrl+N），新建一个命名为“文字1”的合成，“预设”使用PAL D1/DV预设，“持续时间”为5秒。保存项目文件为“积雪文字”。

2 选择菜单命令“图层”/“新建”/“文本”，新建文字层，输入“雪”，在“字符”面板中，将文字的颜色设为白色，尺寸设为250像素，字体设为方正隶书。

3 展开“变换”选项，将时间滑块移到0帧位置，打开“缩放”前的码表，并断开其约束比例，将时间滑块移到3秒位置，设置“缩放”为（100.0，95.0%），如图2-94所示。

4 选择菜单命令“合成”/“新建合成”（快捷键Ctrl+N），新建一个命名为“文字2”的合成，“预设”使用PAL D1/DV预设，“持续时间”为5秒。

5 选择菜单命令“图层”/“新建”/“文本”，新建文字层，输入“雪”，在“字符”面板中，将文字的颜色设为白色，尺寸设为250像素，字体为方正隶书。展开“变换”选项，将时间滑块移到0帧位置，打开“缩放”前的码表，并断开其约束比例，将时间滑块移到3秒位置，设置“缩放”为（100.0，105.0%）。

6 选择菜单命令“合成”/“新建合成”（快捷键Ctrl+N），新建一个命名为“积雪”的合成，“预设”使用PAL D1/DV预设，“持续时间”为5秒。

7 在“项目”面板中，将“文字1”、“文字2”分别拖放到“积雪”时间轴中；选择“文字2”，在“轨道遮罩”栏中设置为亮度反转遮罩“文字1”，如图2-95所示。

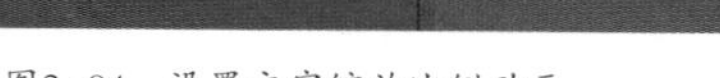

图2-94 设置文字缩放比例动画

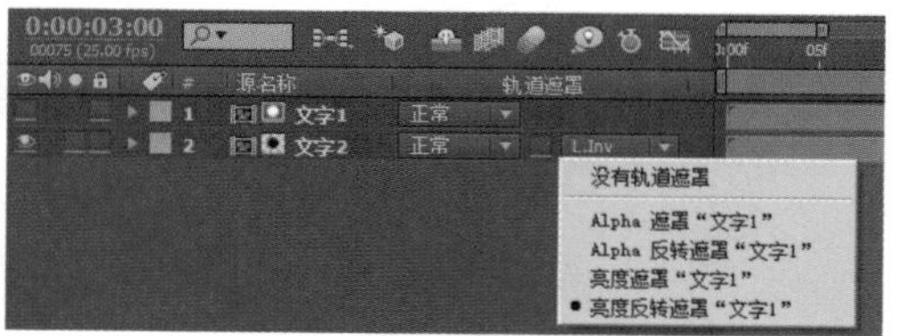

图2-95 设置文字层的蒙版模式

2. 制作飞舞的雪花

1 选择菜单命令“合成”/“新建合成”（快捷键Ctrl+N），新建一个命名为“积雪字”的合成，“预设”使用PAL D1/DV预设，“持续时间”为5秒。

2 按快捷键Ctrl+I导入“雪景.bmp”文件。

3 选择菜单命令“图层”/“新建”/“纯色”（快捷键Ctrl+Y），新建“纯色”层，“颜色”为白色。

4 选择菜单命令“效果”/Final “效果”/CC Snowfall（下雪），为建立的“纯色”层添加一个下雪效果。设置Size为8，Speed为300，Wind为100，Composite With Original为“关”，如图2-96所示。

图2-96 制作下雪的效果

3. 制作积雪字

1 选择菜单命令“图层”/“新建”/“文本”，新建文字层，输入“雪”，在“字符”面板中，将文字的颜色设置为RGB（65，200，255），尺寸设为250像素，字体为方正隶书，将文字的“位置”值设为（346，422），如图2-97所示。

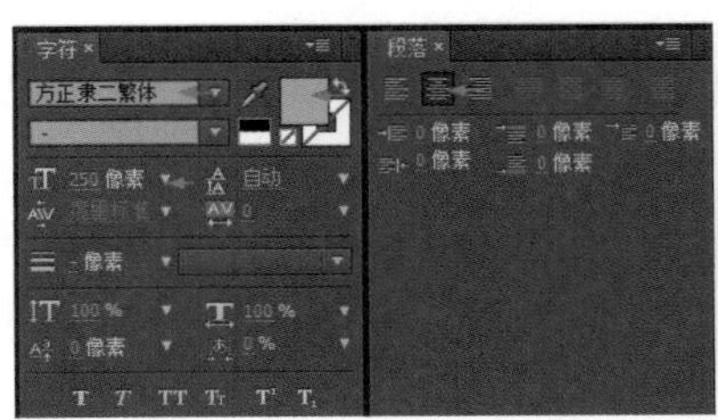

图2-97 创建文字层

2 在“项目”面板中，将“积雪”拖放到当前时间轴中，与文字“雪”设置一样的位置。选择菜单命令“效果”/“风格化”/“毛边”，设置“边界”为3.00，“边缘锐度”为0.5，“演化”为90°。选择菜单命令“效果”/“风格化”/“发光”，设置“发光强度”为1.5。选择菜单命令“效果”/“透视”/“斜面Alpha”，设置“边缘厚度”为5.00，“灯光角度”为30.0°，“灯光强度”为0.40，如图2-98所示。

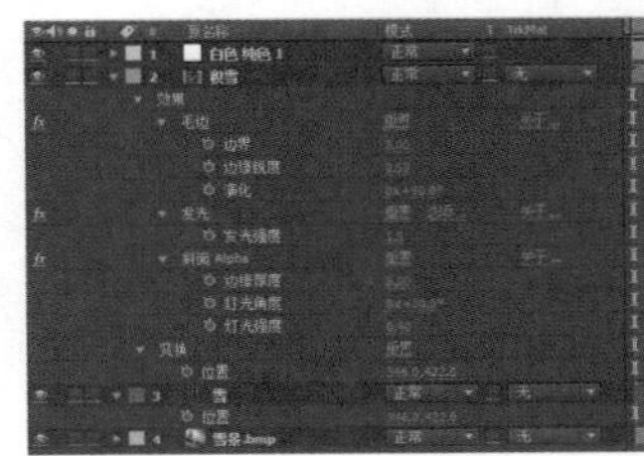

图2-98 制作积雪效果

提示 “毛边”效果可以在图像中创建腐蚀边缘的效果。“发光”效果可以根据图像中的亮度区域产生，也可以根据图像的Alpha通道产生。当“发光”由图像的Alpha通道产生时，它只在图像边缘的不透明区域与透明区域之间产生一个明亮的发光效果。通过“发光”制作的影片，可以使图像色调变得明亮，这样也可以达到美化影片的效果。“斜面Alpha”效果可以在图像的Alpha通道区域产生一个边缘厚度的外观。

3 按小键盘上的0键预览，即可得到本实例的最终效果。

技术回顾

本例主要介绍层与层之间的相对运动，以制作一些特殊的效果，还介绍了利用外挂插件制作飞舞雪花效果的方法。

举一反三

按照本节介绍的方法，制作一个“冬”字的积雪效果。具体参数可以参考练习的工程方案，效果如图2-99所示。

图2-99 实例效果

2.11 波浪文字

技术要点	利用After Effects的仿真系统制作波浪文字的效果	制作时间	8分钟
项目路径	\chap14\波浪文字.aep	制作难度	★★★

实例概述

本例先建立文字层和网格层，然后利用仿真系统的水世界建立水波纹层，最后使用仿真系统的焦散制作逼真水波效果，如图2-100所示。

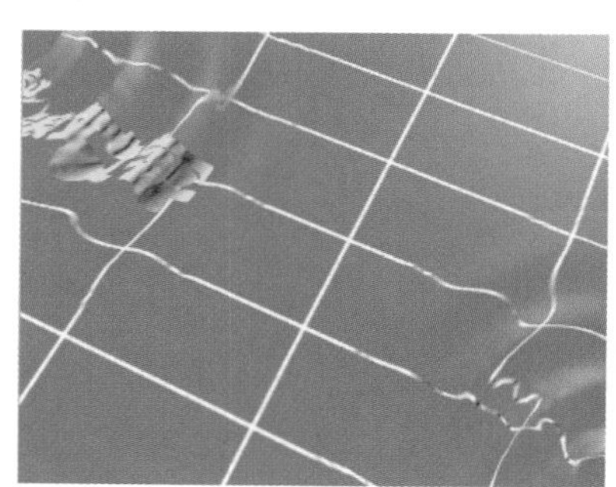
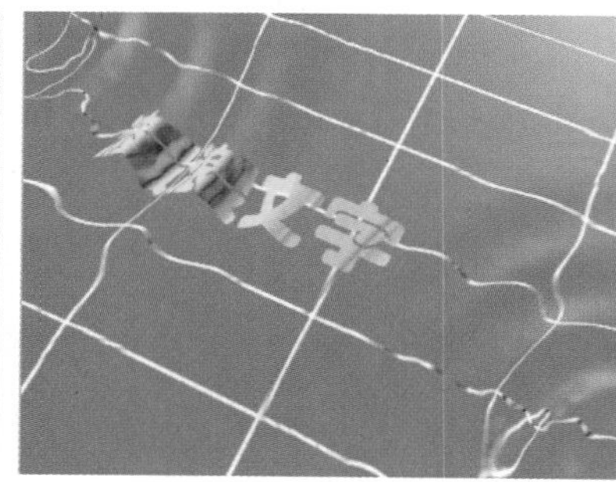
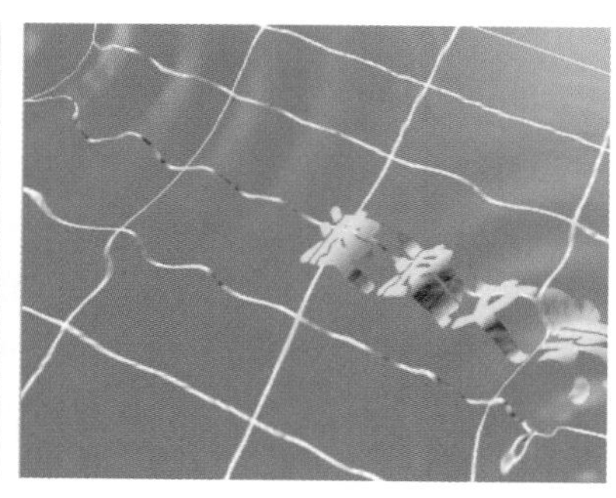

图2-100 实例效果

制作步骤

1. 制作文字层

1 启动After Effects软件，选择菜单命令“合成”/“新建合成”（快捷键Ctrl+N），新建一个命名为“文字”的合成，“预设”使用PAL D1/DV预设，“持续时间”为5秒。保存项目文件为“波浪文字”。

2 选择菜单命令“图层”/“新建”/“纯色”（快捷键Ctrl+Y），新建一个“纯色”层，选中“纯色”层，选择菜单命令“效果”/“生成”/“网格”，为“纯色”层添加一个网格效果，设置“锚点”为（0.0，0.0），“边角”为（175.0，95.0），如图2-101所示。

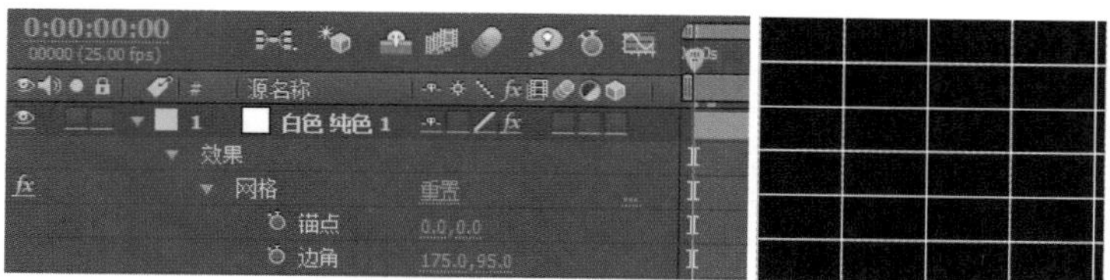

图2-101 为“纯色”层添加网格效果

3 选择菜单命令“图层”/“新建”/“文本”，新建文字层，输入“波浪文字”，在“字符”面板中，将文字的颜色设为RGB（255，145，0），尺寸设为80像素，字体为方正琥珀，如图2-102所示。

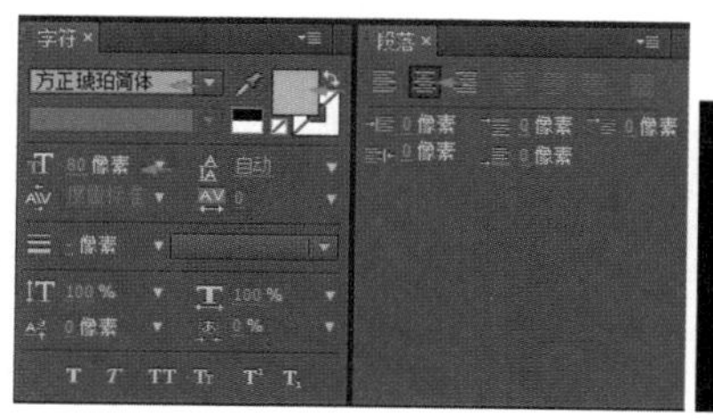

图2-102 创建文字层

4 展开“变换”选项，将时间滑块移到0帧位置，打开“位置”前的码表，设置“位置”为（-200，330），将时间滑块移到5秒位置，设置“位置”为（950，330），如图2-103所示。

图2-103 设置文字的位移动画

5 选择菜单命令“合成”/“新建合成”（快捷键Ctrl+N），新建一个命名为“旋转文字”的合成，“预设”使用PAL D1/DV预设，“持续时间”为5秒。

6 将“文字”拖放到时间轴合成中，展开“变换”选项，设置“位置”为（400.0，250.0），“缩放”为（135.0，135.0%），“旋转”为25°，如图2-104所示。

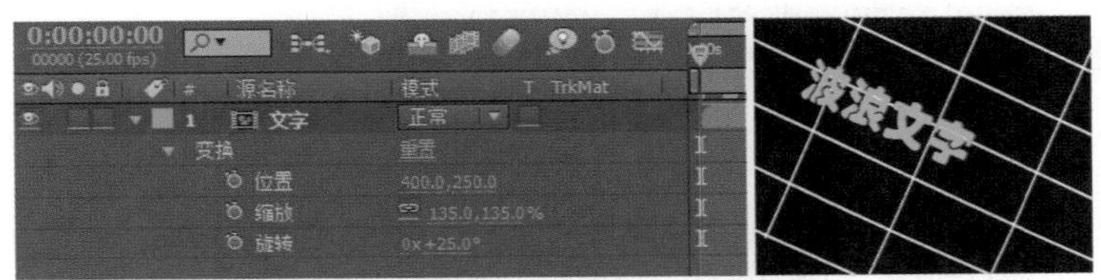

图2-104 设置文字层在合成中的位置

2. 制作水波层

1 选择菜单命令“合成”/“新建合成”（快捷键Ctrl+N），新建一个命名为“水波”的合成，“预设”使用PAL D1/DV预设，“持续时间”为5秒。

2 选择菜单命令“图层”/“新建”/“纯色”（快捷键Ctrl+Y），新建一个“纯色”层。选中“纯色”层，选择菜单命令“效果”/“模拟”/“波形环境”，为“纯色”层添加一个水波效果，设置“视图”为“高度地图”。展开“高度映射控制”选项，设置“对比度”为0.150。展开“模拟”选项，设置“波形速度”为0.300，“预滚动（秒）”为2.000。展开“创建程序 1”选项，设置“位置”为（0.0，0.0），“高度/长度”为1.000。展开“创建程序 2”选项，设置“位置”为（720.0，580.0），“高度/长度”为0.100，“宽度”为0.100，“振幅”为1.000，如图2-105所示。

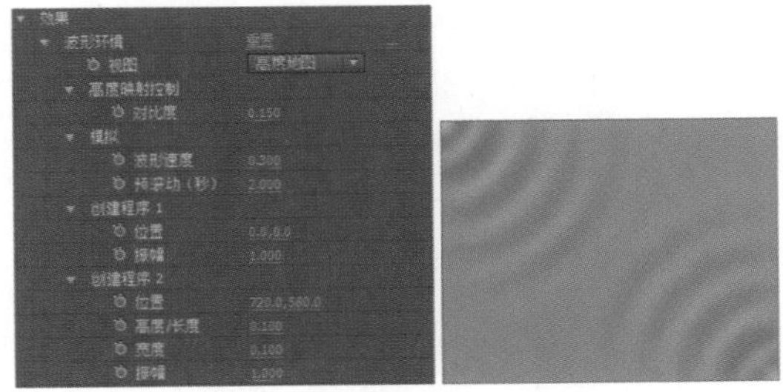

图2-105 制作水波效果

3. 制作波浪文字

1 选择菜单命令“合成”/“新建合成”（快捷键Ctrl+N），新建一个命名为“波浪文字”的合成，“预设”使用PAL D1/DV预设，“持续时间”为5秒。

2 选择菜单命令“图层”/“新建”/“纯色”（快捷键Ctrl+Y），新建一个“纯色”层，设置“颜色”的RGB为（70，90，170）。

3 分别将“水波”和“旋转文字”拖放到“波浪文字”时间轴中，并关闭其显示，如图2-106所示。

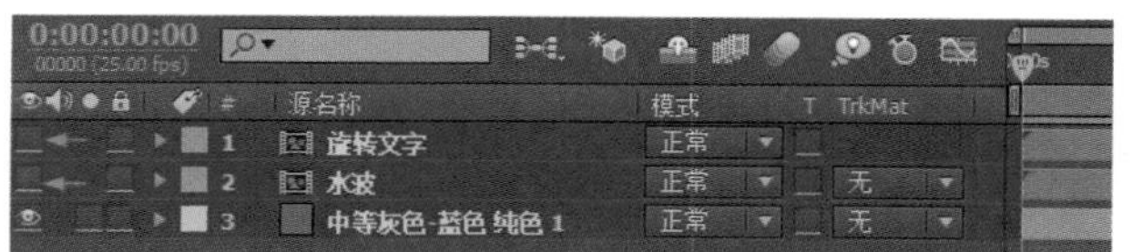

图2-106 拖动合成到当前时间轴中

4 选择菜单命令“图层”/“新建”/“纯色”（快捷键Ctrl+Y），新建一个“纯色”层。选中“纯色”层，选择菜单命令“效果”/“模拟”/“焦散”，为“纯色”层添加一个焦散效果。展开“底部”选项，设置“底部”为“旋转文字”层，“重复模式”为“一次”。展开“水”选项，设置“水面”为“水波”层，“波形高度”为0.300，“平滑”为8.000，“水深度”为0.500，“折射率”为1.200，“表面不透明度”为0.000，“焦散强度”为0.400。展开“灯光”选项，设置“灯光类型”为“点光源”，“灯光强度”为2.00，“灯光高度”为2.000。展开“材质”选项，设置“镜面反射”为0.200，“高光锐度”为5.00，如图2-107所示。

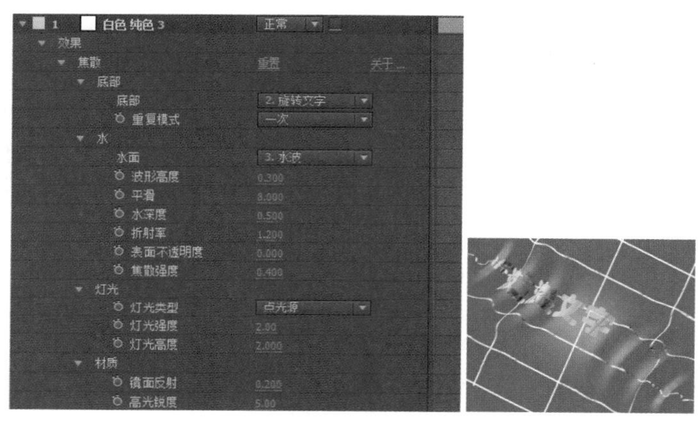

图2-107 为“纯色”层添加焦散效果

5 按小键盘上的0键预览，即可观察到本实例的最终效果。

提示

“波形环境”效果用于创造液体波纹效果。系统从效果点发射波纹，并与周围环境相互影响，用户可以设置波纹的方向、力量、速度、大小。“波形环境”产生一幅灰度位移图。可以配合“焦散”效果产生更加真实的水波纹效果。“焦散”效果可以模拟水中的折射和反射的自然效果。一般在“底部”的下拉列表中设置水底层的图像，在默认情况下，系统指定当前层为水下图像，在“水”的下拉列表中，可以指定一个参考层为水波纹层。在“天空”的下拉列表中，可以指定一个水波层为天空反射层。在“灯光”的下拉列表中，可以设置效果中的灯光参数。“材质”可以设置场景中的材质属性。

技术回顾

本例主要介绍如何使用仿真效果里的两个重要插件，即“波形环境”和“焦散”来制作波纹效果。

举一反三

根据本节介绍的方法，制作一个水底游动的文字效果。这里需要调整的是缩放参数并对底层进行缩放处理，以及对波纹发射器的位置进行设置。具体参数可以参考练习的工程方案，效果如图2-108所示。

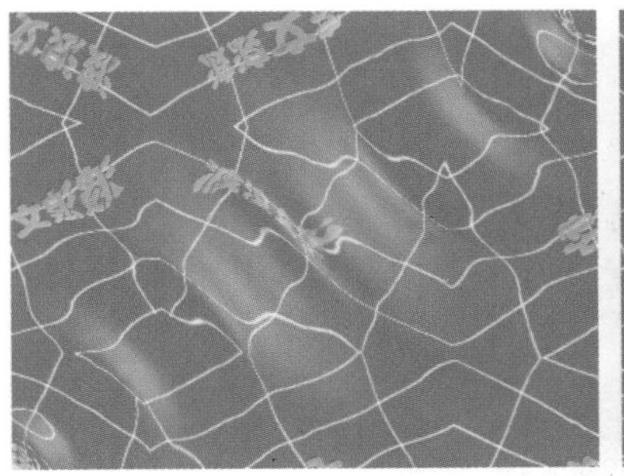
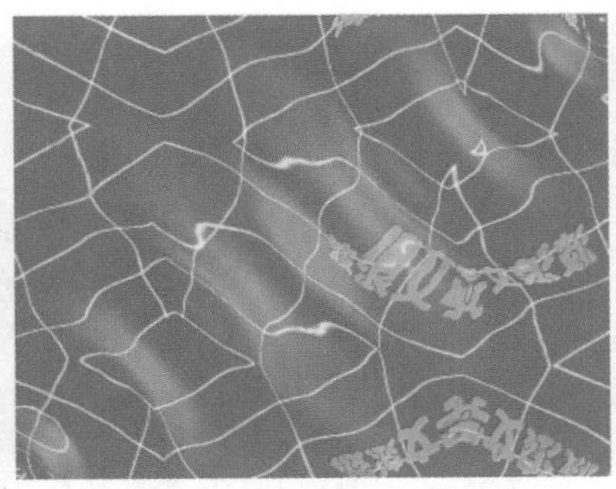
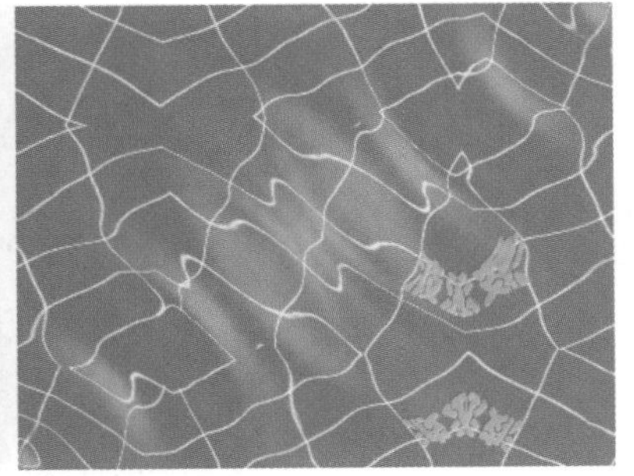

图2-108　实例效果

2.12 粒子云文字

技术要点	利用After Effects的粒子外挂插件制作文字	制作时间	8分钟
项目路径	\chap15\粒子云文字.aep	制作难度	★★★

实例概述

本例先制作一个文字参考层，然后利用Trapcode公司的Particular粒子系统制作粒子云动画，效果如图2-109所示。

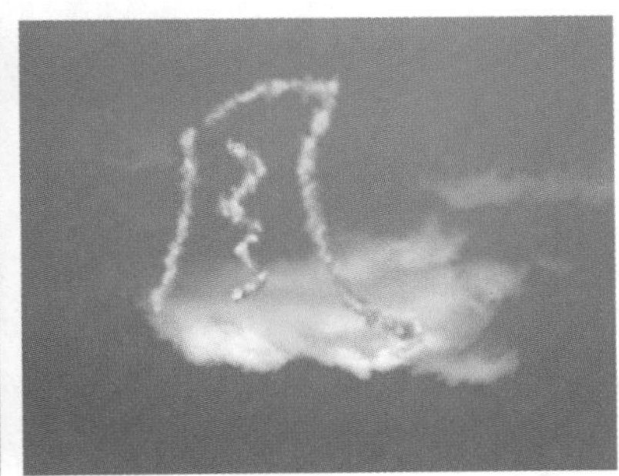

图2-109　实例效果

制作步骤

1 启动After Effects软件，选择菜单命令“合成”/“新建合成”（快捷键Ctrl+N），新建一个命名为“粒子云文字”的合成，“预设”使用PAL D1/DV预设，“持续时间”为5秒。保存项目文件为“粒子云文字”。

2 选择菜单命令“图层”/“新建”/“文本”，新建文字层，输入“风”，在“字符”面板中，将文字的颜色设为红色，尺寸设为608像素，字体为方正黄草，“位置”设置为（364.0，292.0）。

3 选择菜单命令“图层”/“新建”/“纯色”（快捷键Ctrl+Y），新建一个“纯色”层。选中“纯色”层，选择菜单命令“效果”/Trapcode/Particular，为“纯色”层添加一个粒子效果。展开Emitter选项，在第0帧时打开Position XY前面的码表，为其设置初步的动画效果，在第0帧时将粒子放在画面的左上角，在第4秒时放在画面的右下角，然后对粒子的参数进行调整，如图2-110所示。

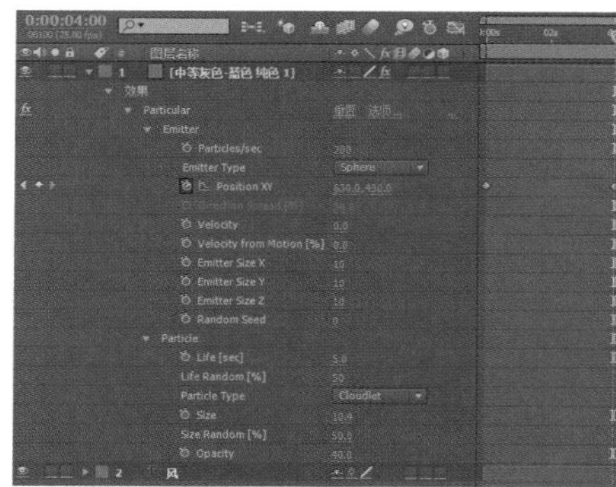
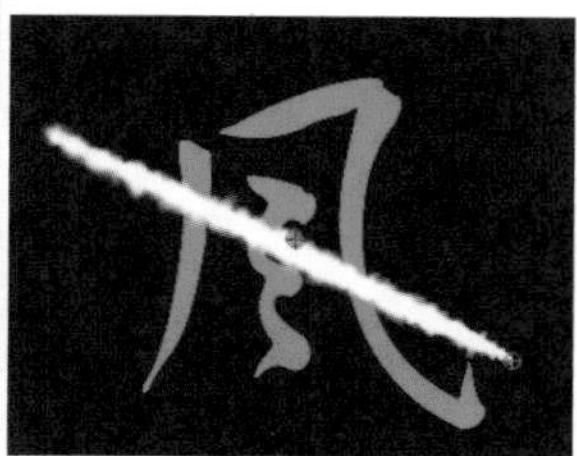

图2-110　添加粒子效果

4 初步设置好粒子效果之后，可以调整粒子按文字笔划的路径运动，取消初步为Position XY设置的两个关键帧，重新设置手写路径关键帧。单击选中Position XY后，在合成画面中会显示其定位点，根据笔划顺序，将定位点移动到“风”字的起笔位置。将时间滑块移至0帧位置，打开Position XY前的码表，插入动画关键帧，这时Position XY值为（238.0，178.0），如图2-111所示。

图2-111　设置粒子的开始点

提示

下面给出的各关键帧的数值，全是作者给出的参考值，并不是本例使用的绝对值。在制作过程中，一般先按照文字的笔划，逐步往下书写，暂时不必管多出的部分，在下面的步骤中将逐一去除。

5 按照书法的习惯，一气呵成将“风”字写完。将时间滑块移动到4帧位置，插入动画关键帧，这时Position XY值为（232.0，312.0）。将时间滑块移动到9帧位置，插入动画关键帧，这时Position XY值为（178.0，476.0）。将时间滑块移动到11帧位置，插入动画关键帧，这时Position XY值为（270.0，160.0）。将时间滑块移动到15帧位置，插入动画关键帧，这时Position XY值为（464.0，102.0）。1秒1帧位置Position XY值为（478.0，440.0）。1秒08帧位置Position XY值为（584.0，514.0）。1秒12帧位置Position XY值为（582.0，476.0）。1秒14帧位置Position XY值为（308.0，212.0）。1秒18帧位置Position XY值为（354.0，242.0）。1秒22帧位置Position XY值为（300.0，308.0）。2秒位置Position XY值为（350.0，340.0）。2秒03帧位置Position XY值为（318.0，378.0）。2秒06帧位置Position XY值为（354.0，424.0）。2秒9帧位置Position XY值为（314.0，452.0），如图2-112所示。

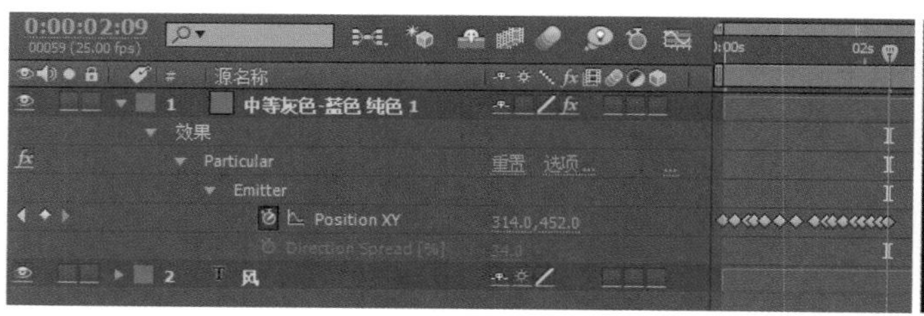
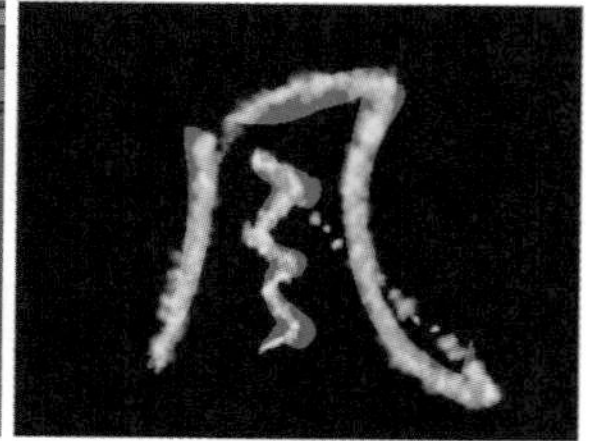

图2-112　设置动画关键帧

6 现在去除多余部分的粒子云，有粒子云的时候设置Particles/sec为200，没有粒子云的时候为0。将时间滑块移动到0帧位置，打开Particles/sec前面的码表，设置Particles/sec为200。拖动时间滑块到该笔划结束的位置，也就是第9帧的位置，设置Particles/sec为0。继续设置第11帧时Particles/sec为200，第1秒12帧时为0，第1秒14帧时为200，第2秒9帧时为0。全选Particles/sec的关键帧，单击鼠标右键，选择 “切换定格关键帧” 选项，将关键帧全设为定格关键帧，如图2-113所示。

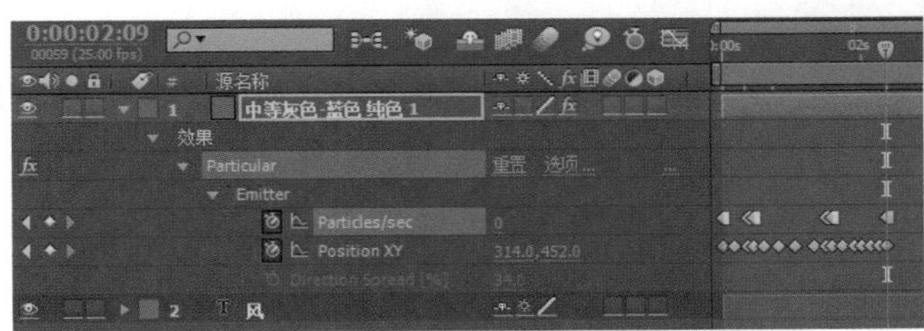

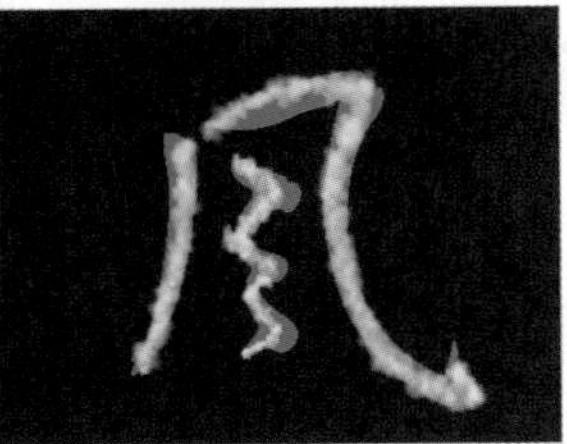

图2-113 设置Particles/sec动画关键帧

7 关闭文字层的显示，在“项目”面板的空白处双击，打开“导入文件”窗口，选择 “天空.bmp” 将其导入，并拖至“粒子云文字”的时间轴中，适当调整粒子云的位置和大小。

8 按小键盘上的0键预览，即可观察本实例的最终效果。

技术回顾

本例主要介绍如何使用粒子插件绘制文字，以及如何利用关键帧视图调整关键帧曲线，同时还介绍了在制作手写字时创建参考层的小技巧。

举一反三

利用粒子插件制作出一个较为复杂的文字或图形。具体参数可以参考练习的工程方案，效果如图2-114所示。

图2-114 实例效果

2.13 运动模糊文字

技术要点	利用After Effects自身的文字动画功能制作运动模糊文字效果	制作时间	5分钟
项目路径	\chap16\运动模糊文字.aep	制作难度	★★

实例概述

本例先制作一个背景层，然后再建立一个文字层，利用After Effects自带的文字动画功能制作运动模糊，最后利用“镜头光晕”滤镜制作一个划过的光效，效果如图2-115所示。

图2-115　实例效果

制作步骤

1. 制作文字层

1 启动After Effects软件，选择菜单命令“合成”/“新建合成”（快捷键Ctrl+N），新建一个命名为“模糊文字”的合成，“预设”使用PAL D1/DV预设，“持续时间”为5秒。保存项目文件为“运动模糊文字”。

2 选择菜单命令“图层”/“新建”/“纯色”（快捷键Ctrl+Y），新建一个“纯色”层，“颜色”为RGB（12，42，64）。

3 选择菜单命令“图层”/“新建”/“文本”，新建文字层，输入AFTER EFFECTS，在“字符”面板中，将文字的颜色设为白色，尺寸设为60像素，字体为Arial Black，“位置”为（360.0，288.0），如图2-116所示。

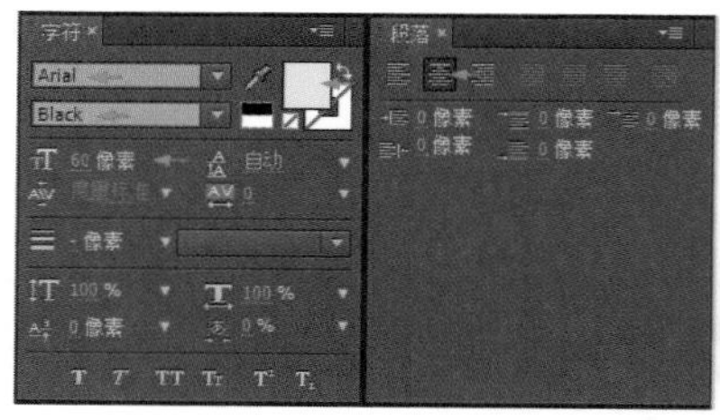

图2-116　创建文字层

2. 制作文字动画

1 展开“文本”选项，单击“动画”后的按钮，在弹出的选项中选择“缩放”。这时会添加一个“动画制作工具 1”选项，单击“动画制作工具 1”选项右侧“添加”后面的按钮，在弹出的窗口中选择“不透明度”，再次单击“添加”后面的按钮，添加一个“模糊”选项。

2 展开“文本”下的“更多选项”，设置“锚点分组”为“行”，“分组对齐”为（0.0，-50.0%）。展开“动画制作工具 1”/“范围选择器 1”选项，设置“缩放”为（300.0，300.0%），“模糊”为（150.0，150.0），展开“高级”选项，设置“形状”为“上斜坡”，设置“缓和低”为100%。

3 将时间滑块移动到0帧位置，分别打开“文本”/“动画制作工具 1”/“范围选择器 1”下，“偏移”前面的码表，以及“变换”下，“缩放”前的码表，设置“偏移”在0帧位置为100%，1秒10帧位置为-100%。展开文字的“变换”选项，设置“缩放”在0帧位置为（127.0，127.0%），2秒15帧位置为（70.0，70.0%）。在“模式”栏中，将文字层的叠加模式设置为“相加”模式，如图2-117所示。

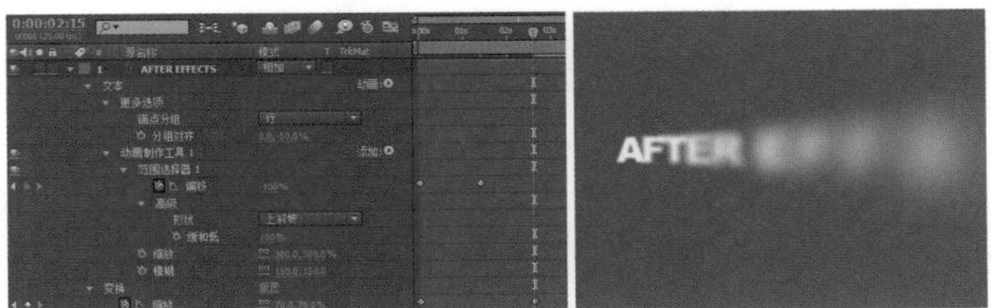

图2-117 制作模糊动画关键帧

3. 制作划光动画

1 选择菜单命令“图层”/“新建”/“纯色”（快捷键Ctrl+Y），新建一个“纯色”层，“颜色”为黑色。选中“纯色”层，选择菜单命令“效果”/“生成”/“镜头光晕”，设置“镜头光晕”为“105 毫米定焦”，“与原始图像混合”为0%。

2 将时间滑块移动到0帧位置，打开“光晕中心”前面的秒表，设置“光晕中心”在0帧位置为（-200.0，250.0），1秒8帧位置为（825.0，250.0），将时间滑块移动到1秒位置，打开“变换”下“不透明度”前面的秒表，设置“不透明度”在1秒位置为100%，2秒位置为0%，并在“模式”栏中，将叠加模式设置为“相加”模式，如图2-118所示。

图2-118 制作镜头光斑层的动画

3 按小键盘上的0键预览，即可得到本实例的最终效果。

技术回顾

本例中主要介绍如何利用After Effects自带的文字动画功能制作动画，以及“镜头光晕”插件的简单应用。

举一反三

利用本例介绍的动画功能，制作一个以其他方式运动的模糊文字动画。具体参数可以参考练习的工程方案，效果如图2-119所示。

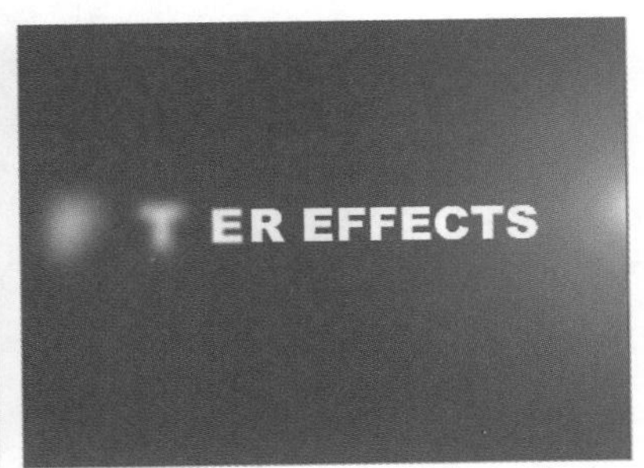

图2-119 实例效果

2.14 水底文字

技术要点	利用After Effects自身的置换滤镜制作文字	制作时间	5分钟
项目路径	\chap17\水底文字.aep	制作难度	★★

实例概述

本例先导入一段视频序列，制作成参考层，然后创建文字，利用AE自身的置换滤镜制作文字在水底随着水波漂动的动画，效果如图2-120所示。

图2-120 实例效果

制作步骤

1. 制作参考层

1 启动After Effects软件，选择菜单命令“合成”/“新建合成”（快捷键Ctrl+N），新建一个命名为“参考”的合成，“预设”使用PAL D1/DV预设，“持续时间”为3秒。保存项目文件为“水底文字”。

2 在“项目”面板的空白处双击，打开“导入文件”窗口，选择water_00000.tga文件，勾选“Targa 序列”选项，将其导入，并拖至“参考”的时间轴中。

3 选择菜单命令“效果”/“颜色校正”/“色相/饱和度”，设置“主饱和度”为-100。选择菜单命令“效果”/“颜色校正”/“色阶”，设置“输入黑色”为165.0，“输入白色”为190.0。选择菜单命令“效果”/“模糊和锐化”/“快速模糊”，设置“模糊度”为6，勾选“重复边缘像素”选项，如图2-121所示。

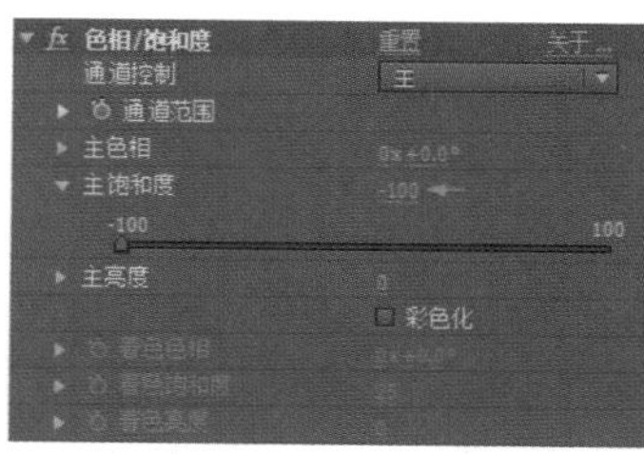

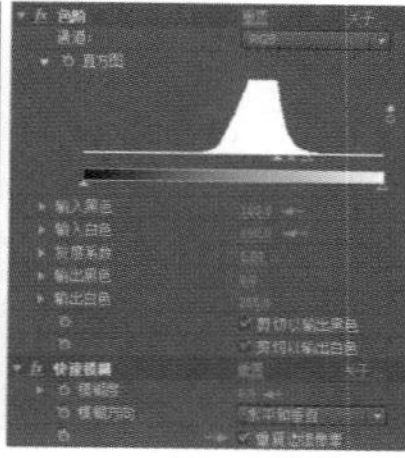
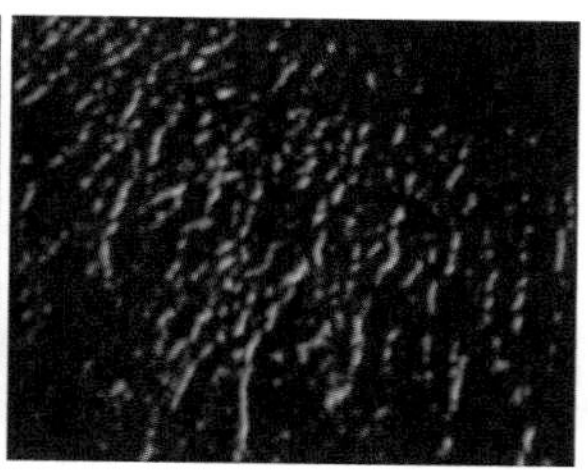

图2-121 调整素材

4 选择菜单命令“图层”/“新建”/“纯色”（快捷键Ctrl+Y），新建一个“纯色”层，设置“颜色”为RGB（128，128，128），在时间轴“模式”栏中，将“纯色”层改为“相加”模式。

2. 制作水底文字

1 选择菜单命令“合成”/“新建合成”（快捷键Ctrl+N），新建一个命名为“水底文字”的合成，“预设”使用PAL D1/DV预设，“持续时间”为3秒。

2 在“项目”面板中选择导入的water_[00000-00074].tga文件和“参考”，分别拖至时间轴面板，并关闭“参考”层的显示。

3 选择菜单命令“图层”/“新建”/“文本”，新建文字层，输入Adobe After Effects，将光标移动到Adobe后面，按下Enter键，将After Effects换到下一行。在“字符”面板中，将文字的颜色设为白色，尺寸设为70像素，字体为Arial Black，在“段落”面板设置对齐方式为居中对齐。

4 打开文字层的三维开关，展开“变换”选项，设置“位置”为（335.0，250.0，10.0），“缩放”为（140.0，140.0，140.0），“方向”为（340.0°，10.0°，35.0°），“不透明度”为25%，如图2-122所示。

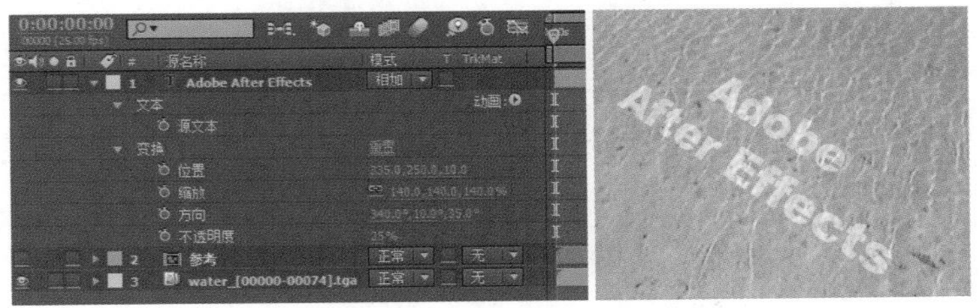

图2-122　设置素材属性

5 选择菜单命令“效果”/“扭曲”/“置换图”，为文字层添加一个置换贴图效果，设置“置换图层”为“参考”，“最大水平置换”为20.0，“最大垂直置换”为20.0，“置换图特性”为“伸缩对应图以适合”，勾选“像素回绕”，取消“扩展输出”选项的选择，如图2-123所示。

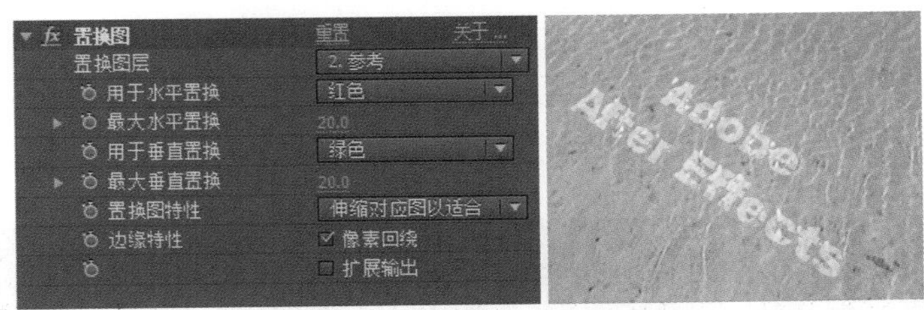

图2-123　设置置换贴图效果

6 按小键盘0键预览，即可观察本实例的最终效果。

提示

“置换图”效果可以以指定的层作为位移层，参考其像素颜色值，以水平和垂直的像素为基准变形层，这种由位移图产生的变形特技效果可能变化非常大，其变化完成依赖于位移层及设置选项，可以使用任何层作为位移图。After Effects将置换图的层放在要变形的层上，并指定哪个颜色通道基于水平和垂直位置，并以像素为单位指定最大位移量。对应指定的通道，置换图中每个像素的颜色值用于计算图像中对应像素的位移。颜色值的范围为0～255，它将转换为-1～1，控制的最大位移量乘以转换值得到位移量，颜色值为0时，产生最大的负值位移（-1×最大位移量），255的颜色值产生最大的正值位移量，颜色值为128时，无位移，对于其他颜色值，以像素为单位，依据下述公式计算出位移量。位移量=最大位移量2（（颜色值-128）/256）。

技术回顾

本例主要介绍如何利用AE自带的“置换图”工具制作动画，并着重介绍了参考层的制作和应用。

举一反三

根据本节介绍的方法，制作一个水底移动的文字位移效果。具体参数可以参考练习的工程方案，效果如图2-124所示。

图2-124　实例效果

2.15 光球文字

技术要点	利用CC效果制作激光文字	制作时间	5分钟
项目路径	\chap18\光球文字.aep	制作难度	★★

实例概述

本例先建立文字层，使用“蒙版”工具制作一个文字动画，然后将文字复制两层，利用刚复制的两层制作文字的发光动画，最终完成整个动画，效果如图2-125所示。

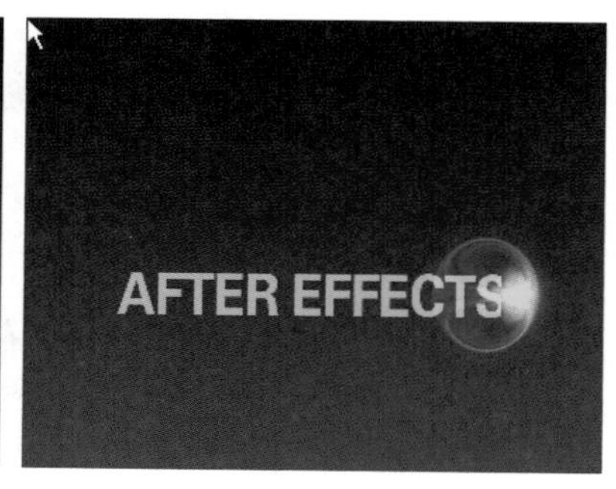

图2-125　实例效果

制作步骤

1. 制作文字层

1 启动After Effects软件，选择菜单命令“合成”/“新建合成”（快捷键Ctrl+N），新建一个命名为“光球文字”的合成，“预设”使用PAL D1/DV预设，“持续时间”为2秒。保存项目文件为“光球文字”。

2 选择菜单命令“图层”/“新建”/“纯色”（快捷键Ctrl+Y），新建一个“纯色”层，选中“纯色”层，选择菜单命令“效果”/“生成”/“梯度渐变”，为“纯色”层添加一个渐变效果，设置“结束颜色”的RGB为（130，10，10）。

3 选择菜单命令“图层”/“新建”/“文本”，新建文字层，输入AFTER EFFECTS，在“字符”面板中，将文字的颜色设为RGB（255，180，0），尺寸设为72像素，字间距为-30，字体为方正综艺，展开“变换”选项，设置“位置”为（118.0，378.0）。

4 在文字层上绘制一个“蒙版”，如图2-126所示。

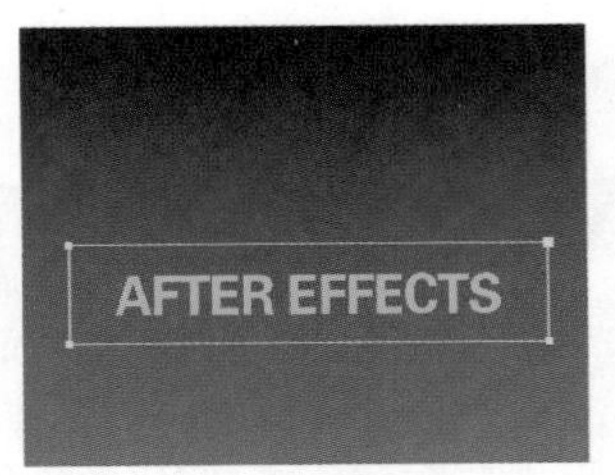

图2-126 在文字层上绘制一个“蒙版”

5 将时间滑块移动到1秒24帧位置，展开“蒙版”下的“蒙版 1”选项，打开“蒙版路径”前面的码表，插入关键帧，将时间滑块移动到0帧位置，使用工具栏工具，选择右边的两个点并移动到左边位置，即文字从左向右逐渐显示出来，如图2-127所示。

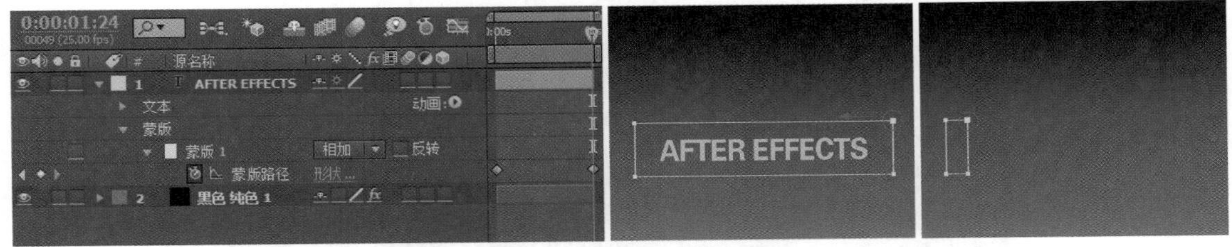

图2-127 设置“蒙版”动画关键帧1

2. 制作光球层

1 选择文字层，按快捷键Ctrl+D，将文字复制一层，并按下Enter键，重新命名为“高光”。将时间滑块移动到1秒24帧位置，展开“蒙版”下的“蒙版 1”选项，移动左边的两个点到右边位置，即“高光”层的“蒙版”只显示出单个文字的宽度，从左向右移动，如图2-128所示。

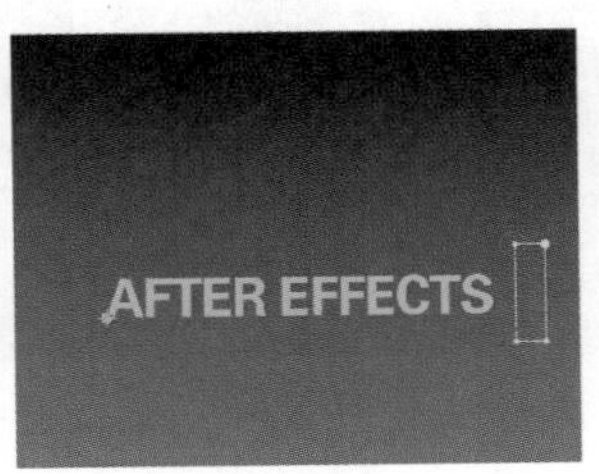

图2-128 设置“蒙版”动画关键帧2

2 选择菜单命令“效果”/Trapcode/Starglow，为“高光”层添加一个Starglow效果，将“预设”选择为Warm Star，将Input Channel选择为Alpha通道，并将“高光”层的“模式”设为“相加”方式，如图2-129所示。

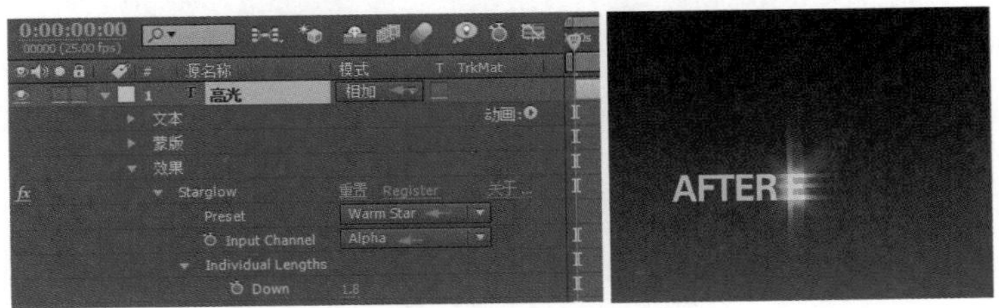

图2-129 制作Starglow发光效果

3 选择菜单命令“效果”/“扭曲”/“光学补偿”，设置“视场”为130，“反转镜头扭曲”为“开”，“FOV方向”为“对角”，“最佳像素（反转无效）”为“开”。在第0帧时打开“视图中心”的码表，设置坐标值为（250，350），第1秒24帧时为（760，350），如图2-130所示。

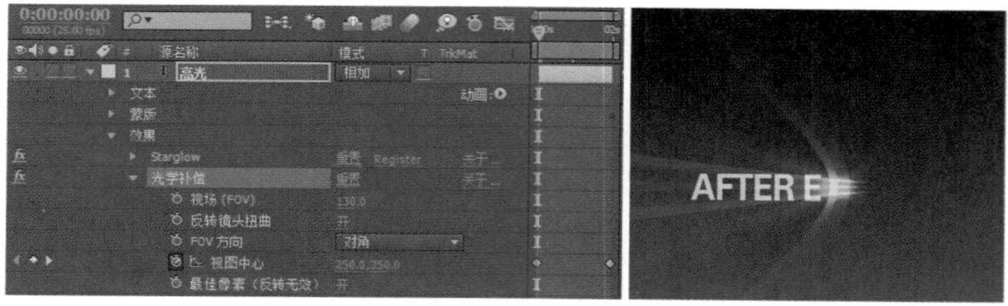

图2-130　设置光学补偿

4 选择“光学补偿”，按快捷键Ctrl+D创建一个副本“光学补偿 2”，修改其“视图中心”的位置点到“蒙版”的中心处，第0帧时设置为（90，350），第1秒24帧时为（640，350），如图2-131所示。

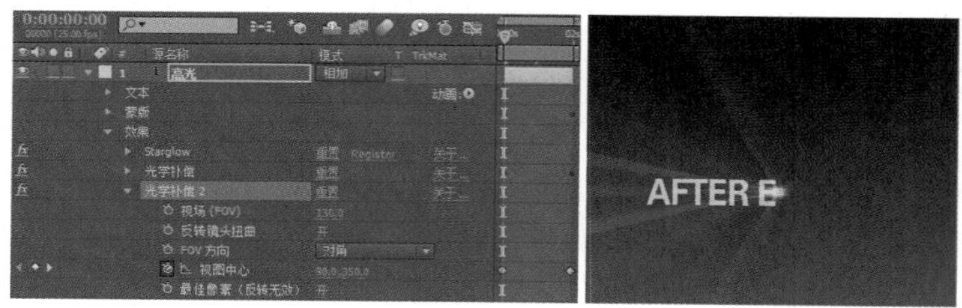

图2-131　创建副本

5 选择菜单命令“效果”/“扭曲”/CC Lens，将Size设为15，在第0帧时打开Center的码表，设置其值为（78，350），第1秒24帧时为（640，350），如图2-132所示。

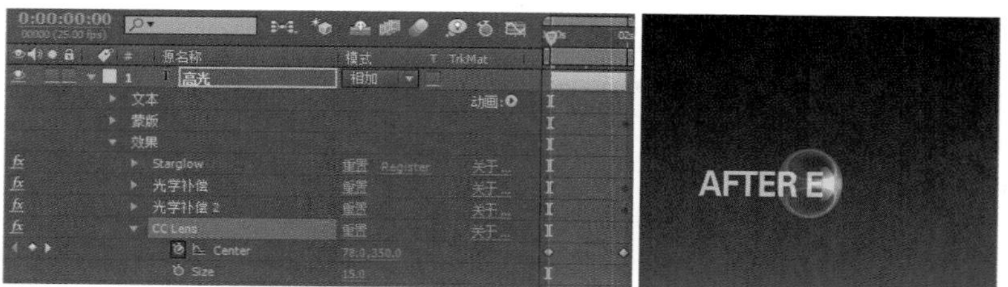

图2-132　设置CC　Lens效果

6 选择菜单命令“效果”/“风格化”/“发光”，设置“发光阈值”为20%，“发光半径”为30，“发光强度”为3，如图2-133所示。

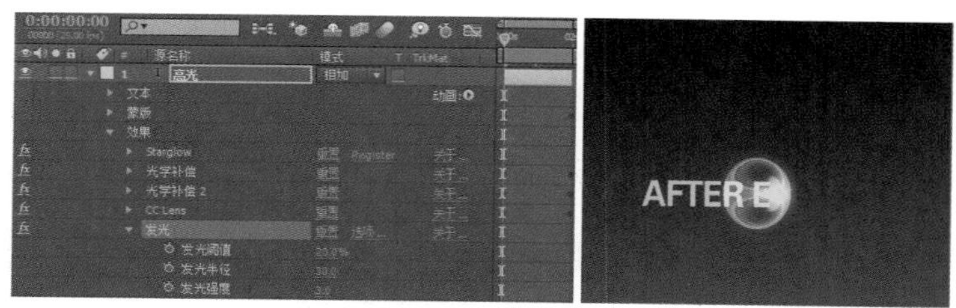

图2-133　设置发光效果

7 按小键盘上的0键预览，即可观察本实例的最终效果。

技术回顾

本例主要介绍了"蒙版"动画的制作，以及CC系列效果的应用。

举一反三

通过本节的学习制作一个其他颜色的激光文字效果。这里通过更改文字的颜色改变高光层的色彩，通过改变Starglow中的发光色彩，改变整体激光的颜色。具体参数可以参考练习的工程方案，效果如图2-134所示。

图2-134 实例效果

2.16 粒子文字

技术要点	利用Particular插件制作粒子文字	制作时间	15分钟
项目路径	\chap19\粒子文字.aep	制作难度	★★★★

实例概述

本例先建立文字层，文字层作为参考层，然后利用Particular插件制作粒子，变成文字的效果，接着再一次利用Particular插件制作一个粒子划过的动画，推出文字，完成的效果如图2-135所示。

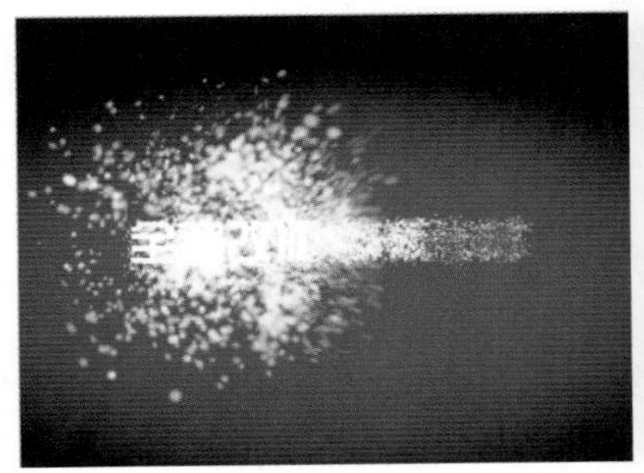

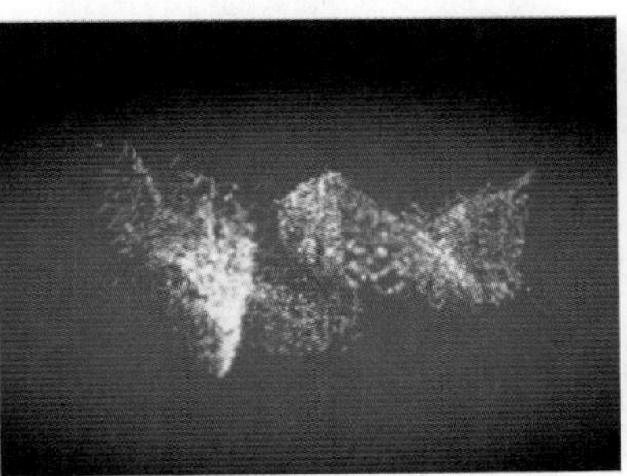

图2-135 实例效果

制作步骤

1. 制作文字层

1 启动After Effects软件，选择菜单命令"合成"/"新建合成"（快捷键Ctrl+N），新建一个命名为"文字"的合成，"预设"使用PAL D1/DV预设，"持续时间"为5秒。保存项目文件为"粒子文字"。

2 选择菜单命令"图层"/"新建"/"文本"，新建文字层，输入"全新改版 重装出击"，在"字符"面板中，将文字的颜色设为白色，尺寸设为60像素，字体为方正综艺，在"段落"面板中，设置对齐方式为居中对齐。

3 选择菜单命令“合成”/“新建合成”（快捷键Ctrl+N），新建一个命名为“粒子文字”的合成，“预设”使用PAL D1/DV预设，“持续时间”为5秒。

4 选择菜单命令“图层”/“新建”/“纯色”（快捷键Ctrl+Y），新建一个“纯色”层，设置“缩放”为（200.0，100.0%）。选中“纯色”层，选择菜单命令“效果”/“生成”/“梯度渐变”，为“纯色”层添加一个渐变效果，设置“渐变起点”为（360.0，340.0），“起始颜色”的RGB为（0，15，150），“渐变终点”为（600.0，480.0），“结束颜色”为黑色，“渐变形状”为“径向渐变”。

5 选择菜单命令“效果”/“生成”/Grid（网格），为渐变层添加一个网格效果，设置“锚点”为（0.0，0.0），“边角”为（720.0，8.0），“边界”为3.0，“混合模式”为“叠加”，如图2-136所示。

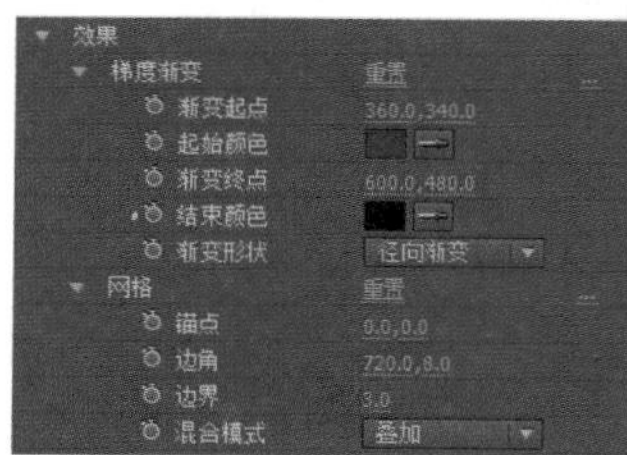

图2-136　制作渐变和网格效果

2. 制作粒子A

1 在“项目”面板中将“文字”拖放到“粒子文字”时间轴中，按下Enter键，将文字层重新命名为“文字参考”，关闭“文字参考”层的显示，并打开三维开关。

2 选择菜单命令“图层”/“新建”/“纯色”（快捷键Ctrl+Y），新建一个“纯色”层，命名为“粒子A”。选中“纯色”层，选择菜单命令“效果”/Trapcode/Particular（粒子），并设置参数，如图2-137所示。

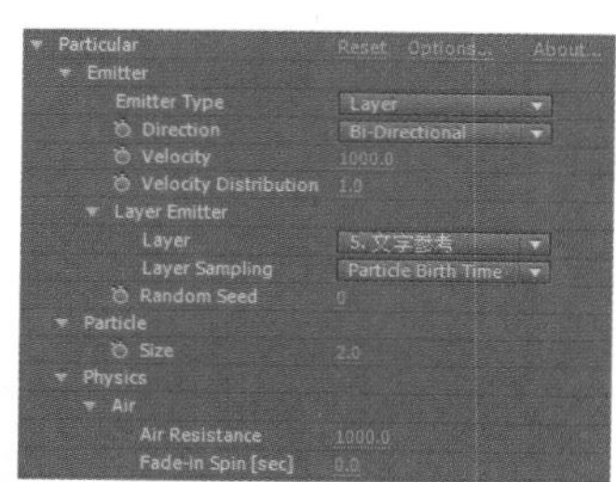

图2-137　设置粒子效果

3 将时间滑块移动到0帧位置，分别打开Emitter下Particles/sec前面的码表，打开Physics/Air下Spin Amplitude前的码表，打开Turbulence Field下Affect Size和Affect Position前面的码表。设置Particles/sec在0帧位置为200000，Spin Amplitude为50.0，Affect Size为50.0，Affect Position为1000.0。将时间滑块移动到1秒处，设置Particles/sec为0，Spin Amplitude为20.0，Affect Size为20.0，Affect Position为500.0。将时间滑块移动到3秒位置，设置Spin Amplitude为10.0，Affect Size为5.0，Affect Position为5.0，如图2-138所示。

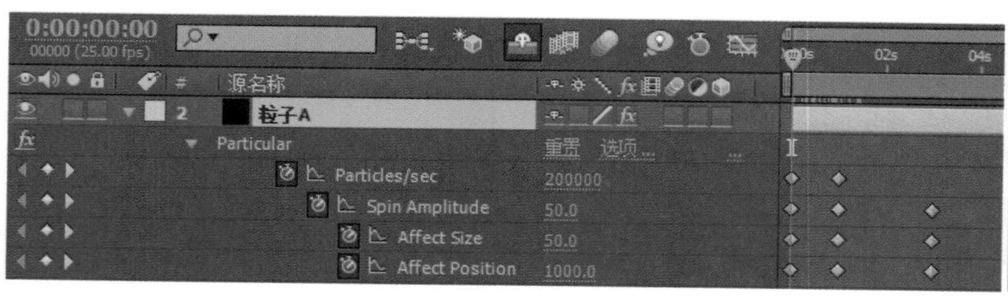

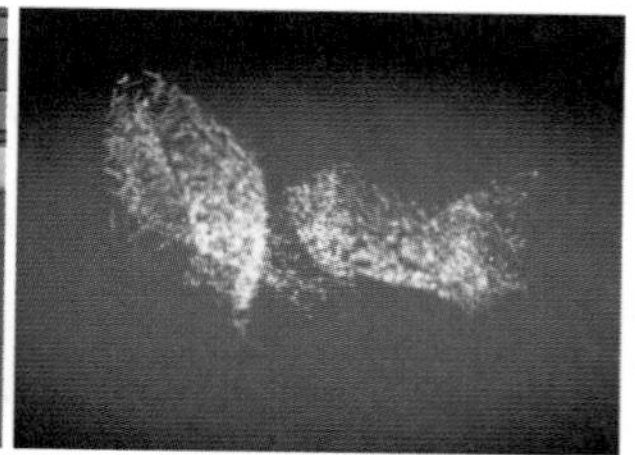

图2-138　设置粒子动画关键帧

4 在“项目”面板中将“文字”拖放到“粒子文字”时间轴中，并移动到2秒位置。观看粒子动画，文字需要在两秒时间内从左到右划出。下面利用“蒙版”的移动来制作这个动画。

5 在文字层上绘制一个“蒙版”。将时间滑块移动到2秒位置，展开“蒙版”下的“蒙版 1”选项，打开“蒙版路径”前面的码表，插入关键帧，将时间滑块移动到0帧位置，选择左边的两个点并移动到右边位置，如图2-139所示。

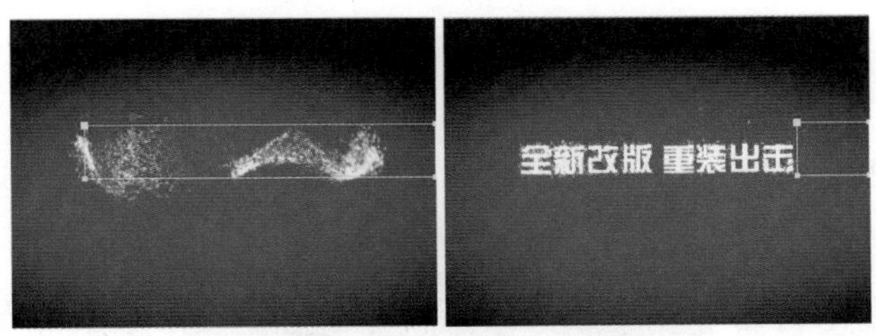

图2-139　制作“蒙版”动画

3. 制作粒子B

1 选择菜单命令“图层”/“新建”/“纯色”（快捷键Ctrl+Y），新建一个名称为“粒子B”的“纯色”层，并将“纯色”层的开始时间移动到两秒位置。选中“纯色”层，选择菜单命令“效果”/Trapcode/Particular（粒子），展开Emitter选项，设置Emitter Type为Sphere，Velocity为500.0，Velocity Random[%]为100.0。展开Particle选项，设置Life[sec]为1.0，展开Physics选项，设置Gravity为-100.0。展开Air选项，设置Air Resistance为5.0，Spin Amplitude为50.0，Spin Frequency为2.0，Time Before Spin[sec]为0.2，Wind X为100.0。展开Turbulence Field选项，设置Affect Size为20.0，Affect Position为50.0，Time Before Affect[sec]为0.2，Move with Wind[%]为0.0。展开Motion Blur选项，设置Motion Blur为On，如图2-140所示。

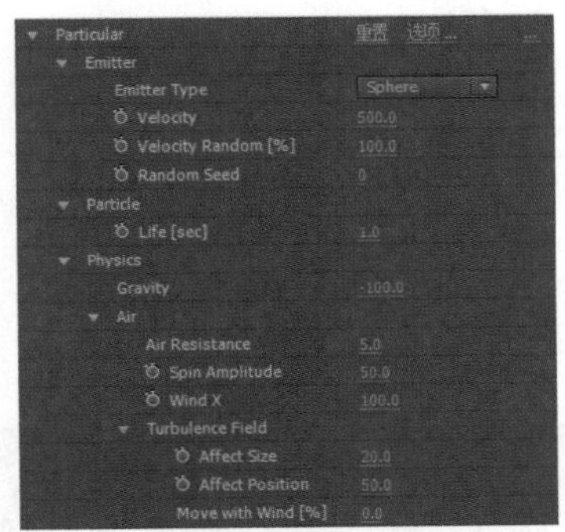

图2-140　设置粒子参数

2 将时间滑块移动到2秒位置，分别打开Emitter下的Particles/sec和Position XY前面的码表，在2秒位置，设置Particles/sec为10000，Position XY为（120.0，280.0）。在3秒位置，设置Particles/sec为0，Position XY为（600.0，280.0），如图2-141所示。

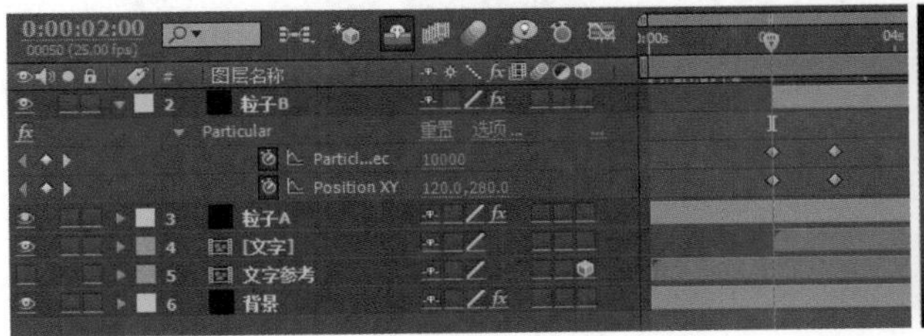

图2-141　设置粒子动画关键帧

3 按小键盘上的0键预览，即可观察本实例的最终效果。

技术回顾

本例详细介绍了Particular的具体应用，重点介绍了Particular粒子的两种制作手法，通过设置不同的粒子发射器类型和数值，表现了完全不同的绚丽效果。

举一反三

通过本节的介绍，读者应该对Particular粒子有了一个简单的认识，这里需要通过修改“粒子A”的各项参数，创建一个新的粒子。具体参数可以参考练习的工程方案，效果如图2-142所示。

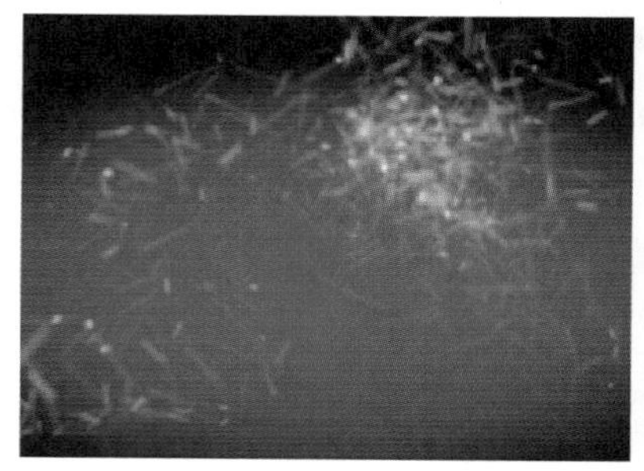
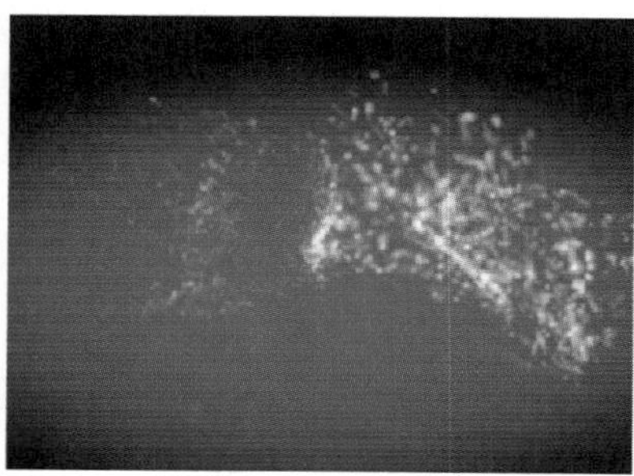
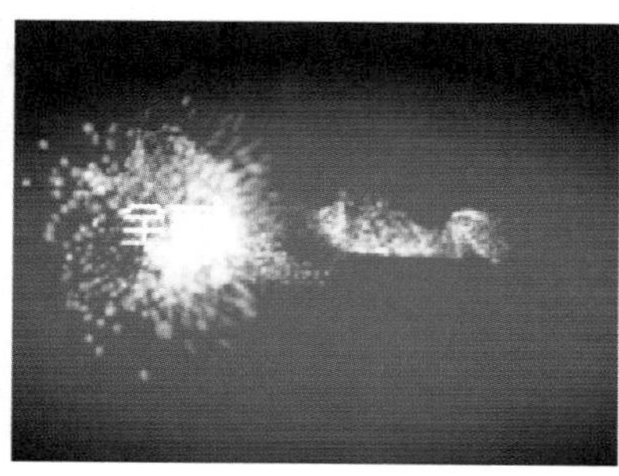

图2-142 实例效果

2.17 幽灵文字

技术要点	利用“残影”和模糊效果制作幽灵文字效果	制作时间	10分钟
项目路径	\chap20\幽灵文字.aep	制作难度	★★★

实例概述

本例在After Effects中使用文字动画结合“残影”和模糊效果，制作出幽灵般的文字动画效果。先建立文字层，设置文字动画效果，然后添加“残影”效果产生幻影，并将其模糊，最后再调节色彩，如图2-143所示。

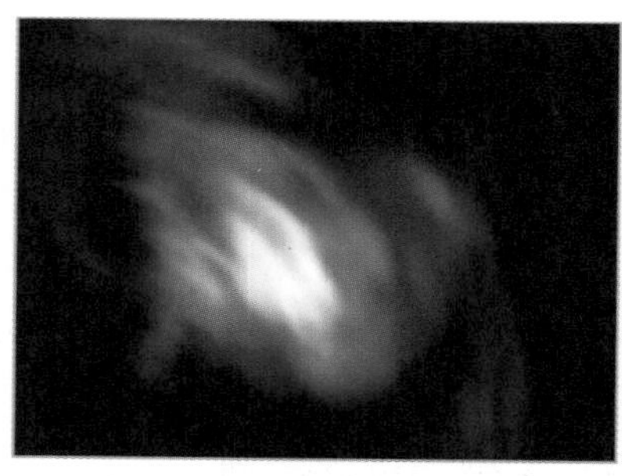
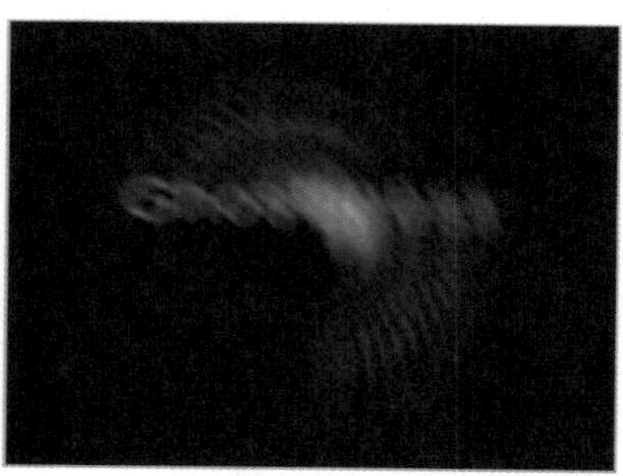

图2-143 实例效果

制作步骤

1. 建立文字

1 启动After Effects软件，选择菜单命令“合成”/“新建合成”（快捷键Ctrl+N），新建一个命名为“Ghost”的合成，“预设”使用PAL D1/DV预设，“持续时间”为5秒。保存项目文件为“幽灵文字”。

2 选择菜单命令“图层”/“新建”/“纯色”（快捷键Ctrl+Y），新建一个名为“背景”的黑色“纯色”层。

3 选择菜单命令“图层”/“新建”/“文本”，新建一个文字层，输入文字Ghostliness，按小键盘上的Enter键完成输入。在“段落”面板中将文字居中，在“字符”面板中将文字的字体选择为Arial，将文字大小设为72像素，将文字拉宽120，向上偏移30像素，加粗文字，最后将文字的颜色设为灰色RGB（157，157，157），如图2-144所示。

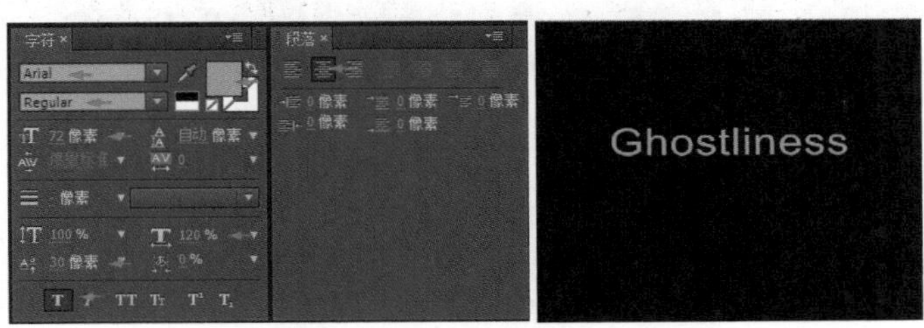

图2-144　创建文字

2. 设置文字动画

1 在时间轴中展开文字层下的“文本”项，在其右侧的“动画”后面单击按钮，从弹出的菜单中选择“全部变换属性”，这样将变换属性全部添加到“动画制作工具 1”下，如图2-145所示。

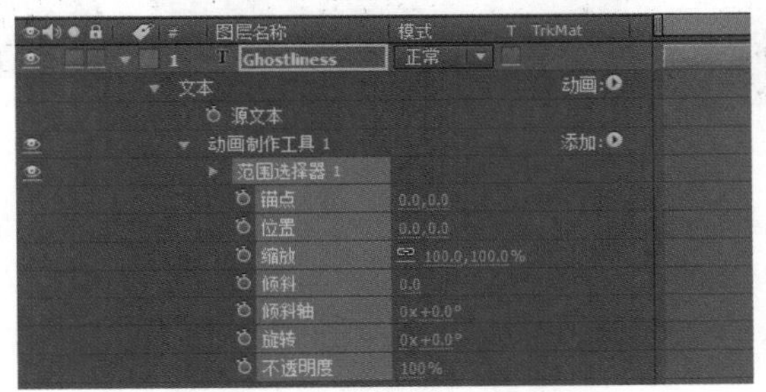

图3-145　添加文字动画

2 将时间滑块移至第0帧处，单击打开“动画制作工具 1”变换属性中“位置”、“缩放”、“倾斜”、“倾斜轴”、“旋转”前面的码表，记录关键帧数值，第0帧时，分别设置“位置”为（275，260），“缩放”为（1000，1000%），“倾斜”为70，“倾斜轴”为180°，“旋转”为180°，如图2-146所示。

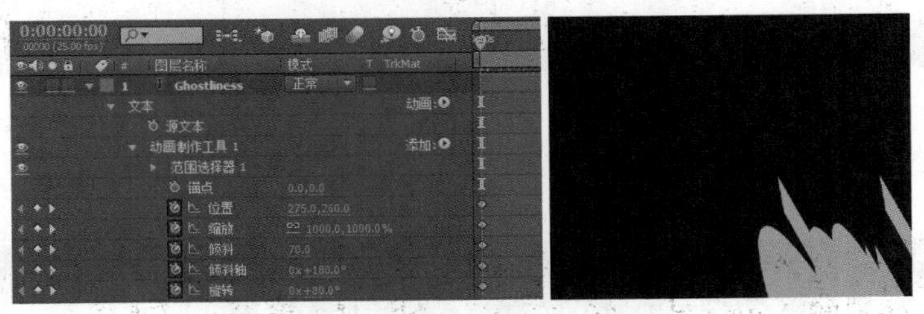

图2-146　设置文字动画关键帧1

3 将时间滑块移至第4秒处，选中“动画制作工具 1”变换属性中的“位置”、“缩放”、“倾斜”、“倾斜轴”、“旋转”，在其上单击鼠标右键，在弹出的列表中选择“重置”，这样这些属性的数值都恢复为原始默认的数值，“位置”为（0，0），“缩放”为（100，100%），“倾斜”为0，“倾斜轴”为0°，“旋转”为0°，如图2-147所示。

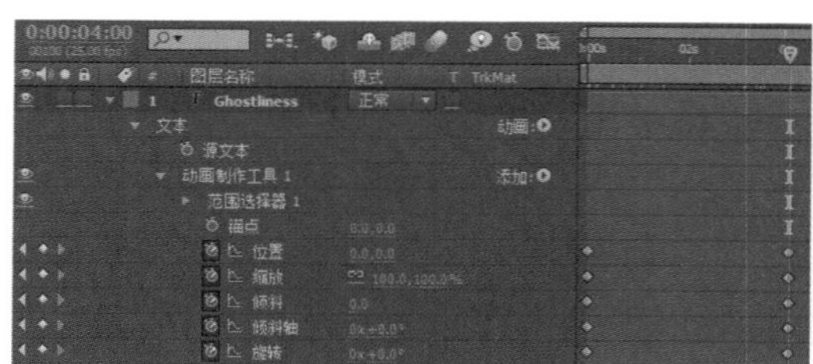

图2-147　设置文字动画关键帧2

4 在“动画制作工具 1”右侧的“添加”后面单击按钮，在弹出的菜单中选择“选择器”/摆动，在“动画制作工具 1”下添加一个“摆动选择器 1”。

5 将时间滑块移至第0帧处，单击打开“时间相位”和“空间相位”前面的码表，使用原始默认的数值，此时均为0°。将时间滑块移至第2秒处，设置“时间相位”和“空间相位”分别为（1，0.0°）。将时间滑块移至第4秒处，设置“时间相位”和“空间相位”均为0°。展开“文本”下的“更多选项”，将“字符间混合”改为“相加”，此时的文字相互重叠，重叠部分的亮度会相加，变得更亮，如图2-148所示。

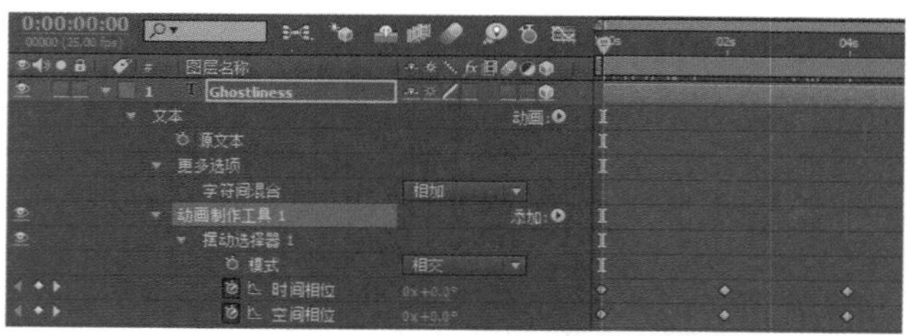

图2-148　设置文字动画关键帧3

6 将文字层的三维开关打开，并按R键展开其旋转属性参数，准备对其设置旋转动画。将时间滑块移至第0帧，单击打开“*x*轴旋转”、“*y*轴旋转”和“*z*轴旋转”前面的码表，记录关键帧，第0帧时“*x*轴旋转”为75°，“*y*轴旋转”为75°，“*z*轴旋转”为0°。第2秒时“*x*轴旋转”为-75°，“*y*轴旋转”为-75°，“*z*轴旋转”为（1，0.0°）。第4秒时“*x*轴旋转”为0°，“*y*轴旋转”为0°，“*z*轴旋转”为0°，如图2-149所示。

图2-149　设置文字动画关键帧4

7 预览这一步的动画效果，如图2-150所示。

图2-150　预览效果

3. 设置文字效果

1 选中文字层，选择菜单命令“效果”/“时间”/“残影”，设置“残影时间（秒）”为-0.05，“残影数量”为10，“衰减”为0.8，“残影运算符”为“相加”，如图2-151所示。

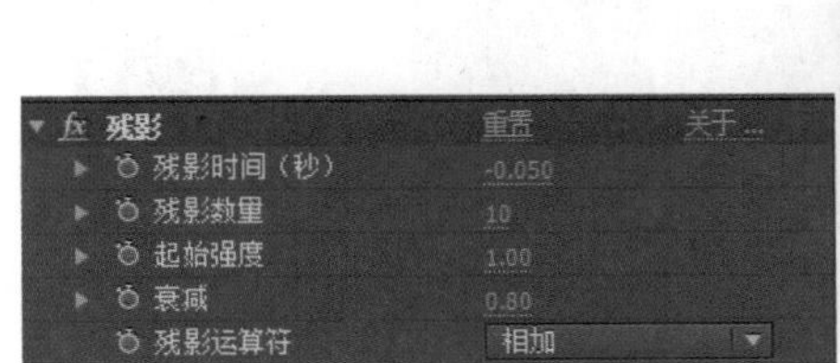

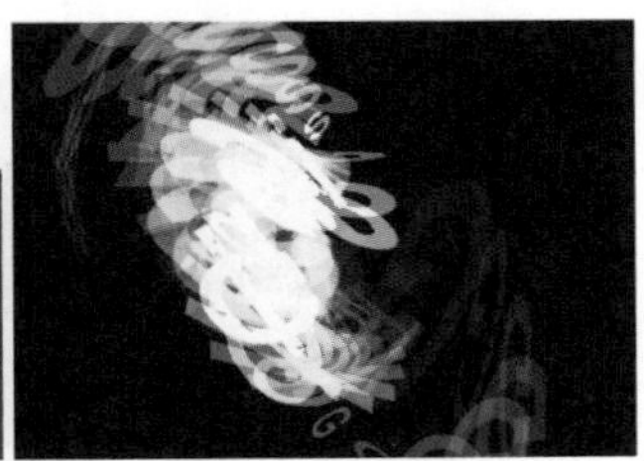

图2-151 添加残影效果

2 选中文字层，选择菜单命令“效果”/“模糊和锐化”/“快速模糊”，设置“模糊度”为5，如图2-152所示。

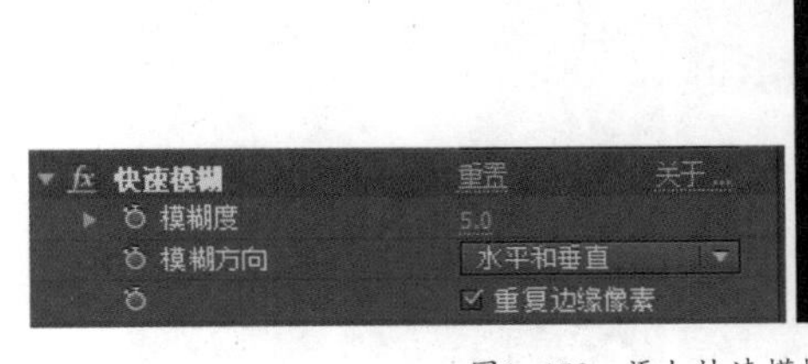

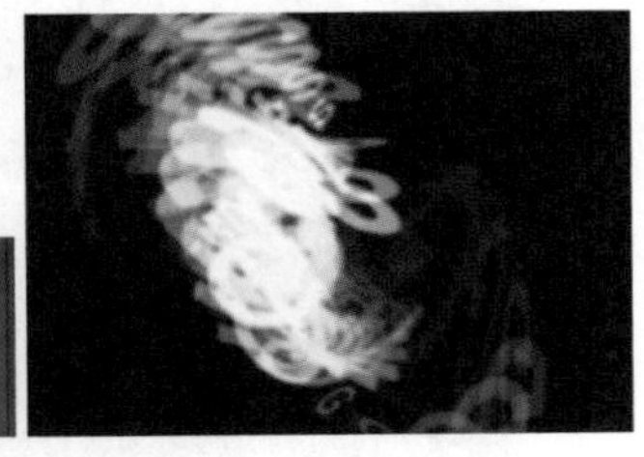

图2-152 添加快速模糊效果

3 选中文字层，选择菜单命令“效果”/“模糊和锐化”/CC Radial Blur，为其添加一个CC Radial Blur效果，设置Amount为5，Quality为50，Center为（0，576），如图2-153所示。

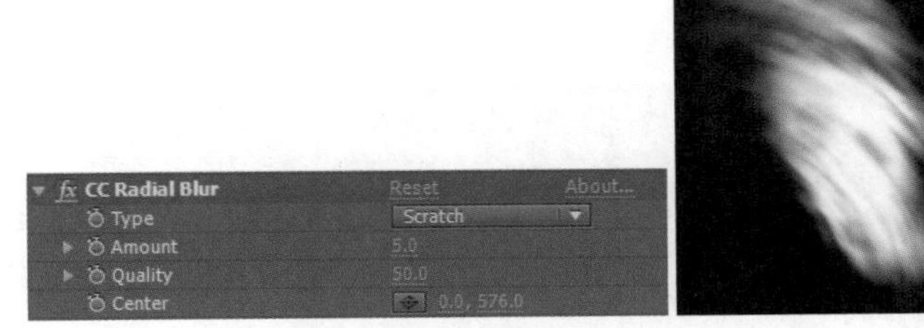

图2-153 添加CC Radial Blur效果

4 选中文字层，选择菜单命令“效果”/“风格化”/“发光”，为其添加一个“发光”效果，设置“发光阈值”为25%，如图2-154所示。

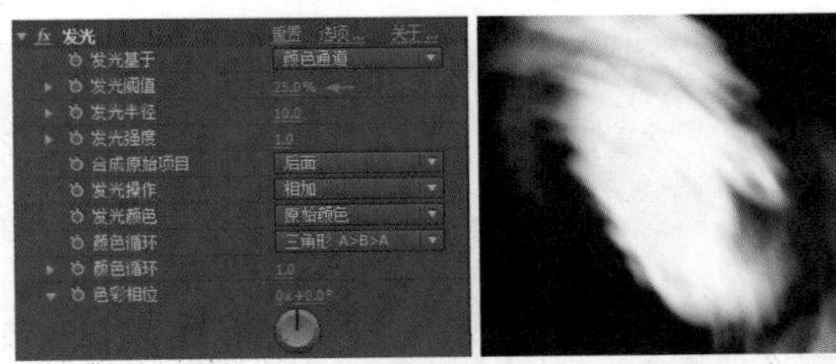

图2-154 添加发光效果

5 选择菜单命令“图层”/“新建”/“调整图层”，新建一个调节层，位于时间轴的顶层。

6 选中调节层，选择菜单命令“效果”/“颜色校正”/CC Toner，为其添加一个CCToner效果，设置Highlights

为白色，Midtones为蓝色RGB（30，80，150），Shadows为黑色，如图2-155所示。

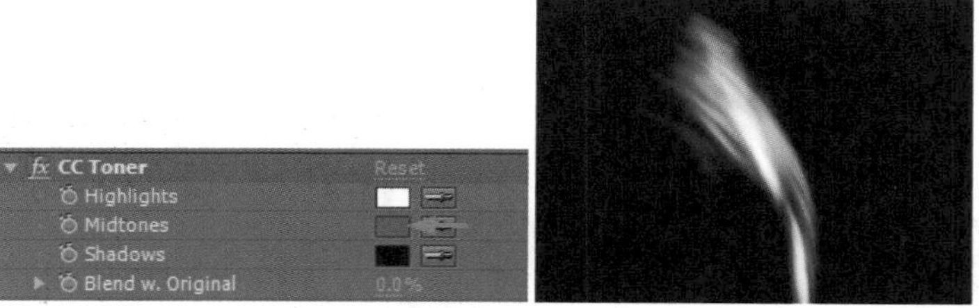

图2-155　创建调节层并添加调色效果

7 选中调节层，选择菜单命令“效果”/“颜色校正”/“色阶”，将画面的效果提亮一些，这里设置“输入白色”为176，如图2-156所示。

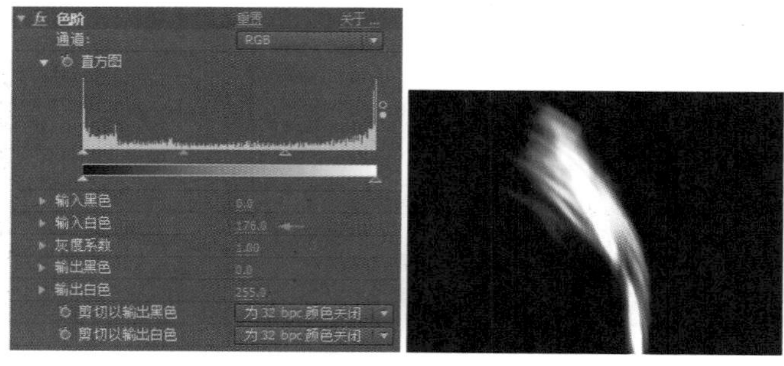

图2-156　添加色阶效果

8 选中文字层，将时间滑块移至第3秒，单击打开“快速模糊”下“模糊度”前的码表，当前数值为5，同时打开CC Radial Blur下Amount前面的码表，当前数值为5，再打开“发光”下“发光强度”前面的码表，当前数值为1。将时间滑块移至第4秒，将模糊度、Amount和发光强度均设为0，如图2-157所示。

图2-157　设置效果关键帧

9 这两个关键帧的效果如图2-158所示。

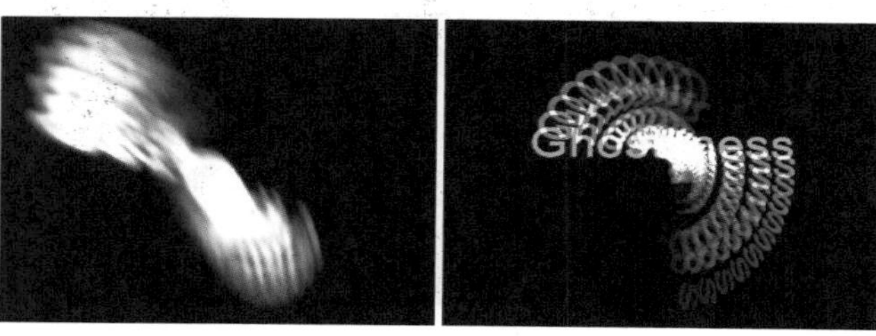

图2-158　关键帧效果

10 按小键盘上的0键预览，即可观察本实例的最终效果。

技术回顾

本例中的动画效果，首先充分发挥文字动画的强大功能，设置适当的文字动画，然后为运动中的文字添加拖尾效果，产生运动过程中的残影效果，再添加模糊效果制作出幽灵般的幻影，最后添加调节层调节整体的色调。

举一反三

使用本节中所介绍的方法，制作其他方式的文字效果，可以设置其他类型的动画和色调。具体参数可以参考练习的项目文件，效果如图2-159所示。

图2-159 实例效果

2.18 三维文字动画

技术要点	"动画文本"中的三维文字动画	制作时间	10分钟
项目路径	\chap21\三维文字动画.aep	制作难度	★★★

实例概述

"动画文本"是After Effects中的一项重要的文字动画模块，其中的"启用逐字3D化"功能，可以制作字符在三维空间中运动的动画效果。本例就在三维场景中建立文字并设置其三维空间的动画效果，如图2-160所示。

图2-160 实例效果

制作步骤

1. 建立三维场景

1 启动After Effects软件，选择菜单命令"合成"/"新建合成"（快捷键Ctrl+N），新建一个合成，"预设"使用PAL D1/DV预设，"持续时间"为2秒。保存项目文件为"三维文字动画"。

2 选择菜单命令“图层”/“新建”/“纯色”（快捷键Ctrl+Y），新建一个“纯色”层，将颜色设为RGB（10，100，75）。

3 选择菜单命令“图层”/“新建”/“文本”，新建文字层，在屏幕中输入文字Adobe，按小键盘上的Enter键完成文字输入。在“字符”面板中，将文字的尺寸设为60像素，字体为Arial Black，文字的颜色为RGB（255，155，0），字间距设为160，在“段落”面板中将文字的对齐方式设为居中对齐，文字在屏幕中居中放置，如图2-161所示。

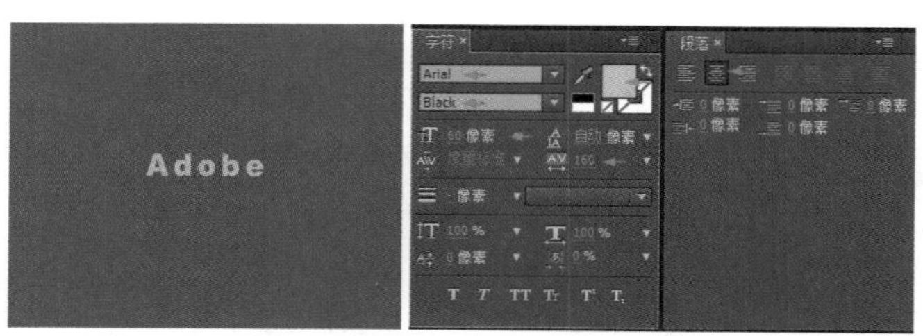

图2-161　创建文字

4 选择菜单命令“图层”/“新建”/“摄像机”，新建一个摄像机，设置“预设”为28毫米。

5 在时间轴中将文字层和“纯色”层的三维图层开关打开，并对“纯色”层进行相应的设置，设置其“缩放”为（300，300，300%），“方向”为（270°，0°，0°），这样将“纯色”层放大三倍，并旋转为水平的平面。将视图方式换为自定义的摄像机视图，观察透视效果，如图2-162示。

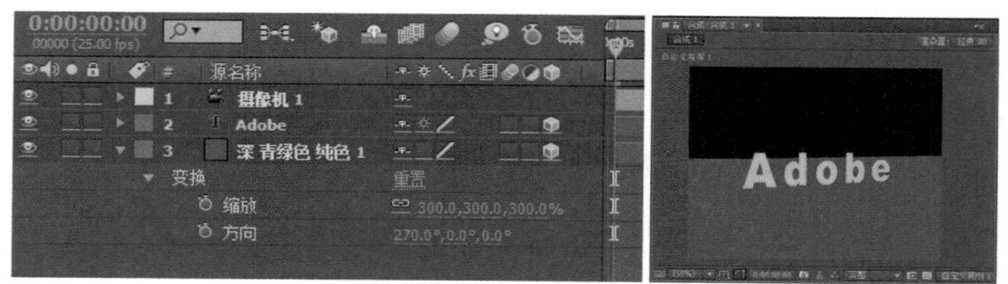

图2-162　设置图层并观察场景

2. 设置文字动画

1 选择Adobe文字层，在其“文本”右侧的“动画”后面单击按钮，从弹出的菜单中选择“启用逐字3D化”命令，这样原来的三维图层标志发生了相应变化，如图2-163所示。

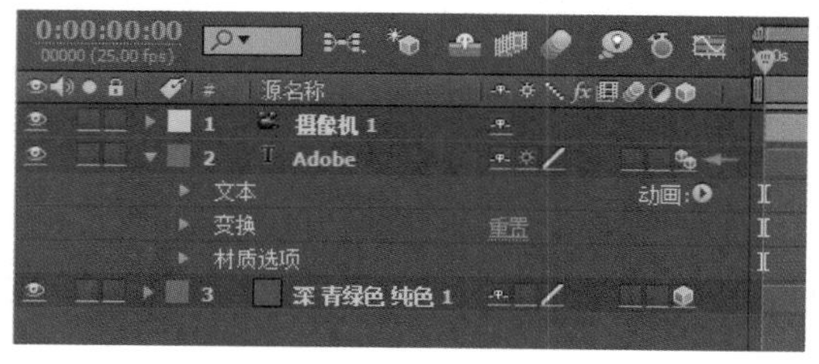

图2-163　启用逐字3D化

提示

原来的文字动画层可以转换为常规的三维图层，不过文字层中的文字都在一个平面上。使用“启用逐字3D化”命令之后，三维图层标志发生了相应的变化，文字层中的单个字符也可以在三维空间中变换，而不局限于一个平面之中。

2 在Adobe文字层“文本”右侧的“动画”后面单击按钮，在弹出的菜单中选择“旋转”命令，为其添加一个“动画制作工具 1”，在其下将“*x*轴旋转”设为-90°，“*y*轴旋转”设为90°，“*z*轴旋转”设为90°，如图2-164所示。

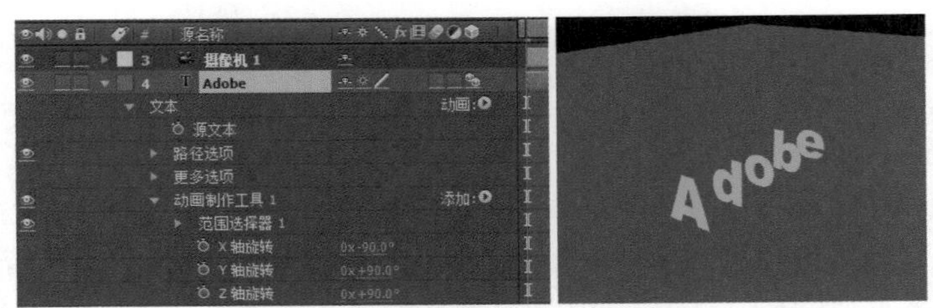

图2-164 设置文字1

3 在Adobe文字层“文本”右侧的“动画”后面再次单击按钮，选择菜单中的“旋转”命令，为其添加一个“动画制作工具 2”，在其下将“*y*轴旋转”设为-90°，如图2-165所示。

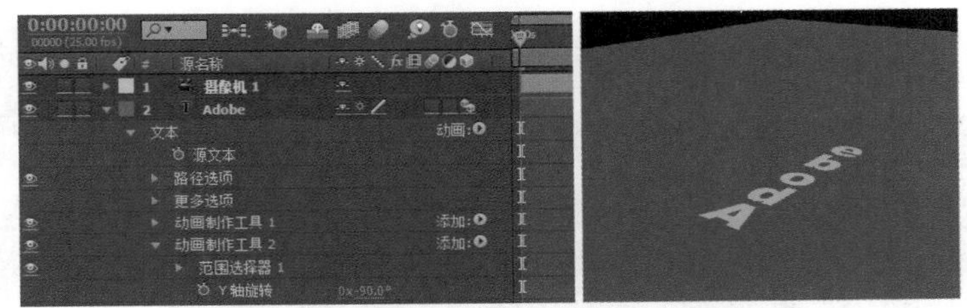

图2-165 设置文字2

4 为文字设置一个依次旋转倒下的动画。将时间滑块移至第0帧处，在“动画制作工具 2”的“范围选择器 1”下，单击打开“偏移”前的码表，记录动画关键帧，将“偏移”设为-100。将时间滑块移至第12帧处，将“偏移”设为0，如图2-166所示。

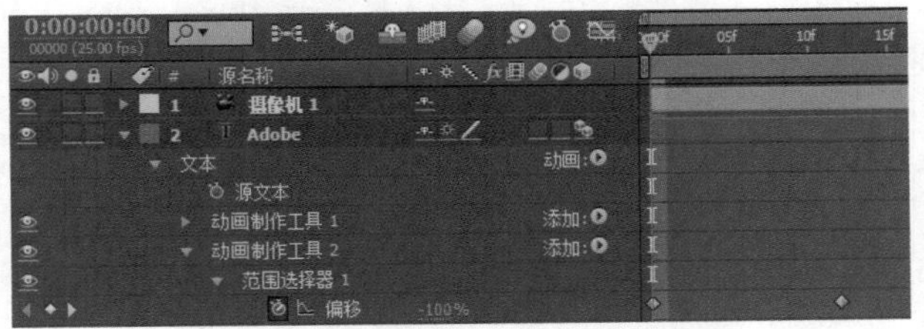

图2-166 设置文字动画关键帧

5 预览动画效果，如图2-167所示。

图2-167 预览文字旋转倒下的动画

3. 复制文字动画

1 选择Adobe文字层，按快捷键Ctrl+D两次，复制两层，并将其中两层的位置进行移动调整，将其“位置”的z轴向分别设为60和-60，如图2-168所示。

图2-168　复制文字

2 选择第二个文字，将其修改为After，选择第三个文字，将其修改为Effects。这样这三行文字都具有相同的动画，如图2-169所示。

图2-169　修改文字

3 预览文字动画，如图2-170所示。

图2-170　预览文字动画

4 这里将三行文字动画的时间错开，使其从第一行至最后一行依次倒下。选中这三行文字层，按U键展开其设置了关键帧动画的参数项，然后将第二行文字的两个关键帧向后移，分别为第10帧和第22帧。将第三行文字的两个关键帧也后移，分别为第20帧和1秒10帧，如图2-171所示。

图2-171　调整关键帧的时间位置

5 查看动画效果，如图2-172所示。

图2-172 预览文字动画

4. 添加灯光及阴影效果

1 选择菜单命令“图层”/“新建”/“灯光”，新建一个灯光“灯光 1”，将“灯光选项”设为“聚光”，将“投影”设为“开”，将其“位置”设为（120，0，180）。

2 此时的场景较暗，选择菜单命令“图层”/“新建”/“灯光”，再新建一个灯光“灯光 2”，将“灯光选项”设为“环境”，将“强度”设为30%，这样场景会适当加亮，如图2-173所示。

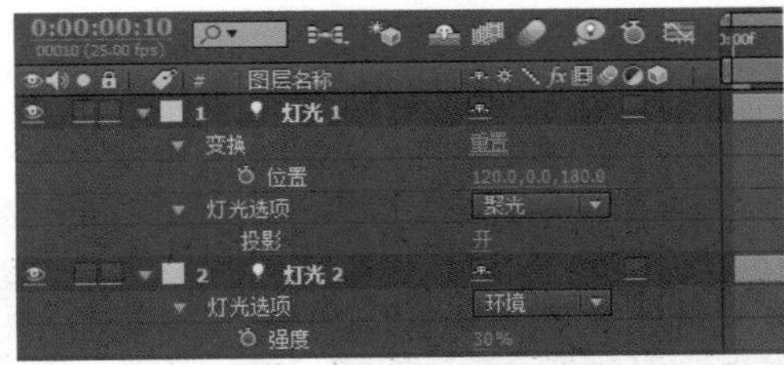

图2-173 创建第二个灯光

3 此时的灯光照射在文字上并没有投影，选择三个文字层，展开其“材质选项”，将“投影”设为“开”，如图2-174所示。

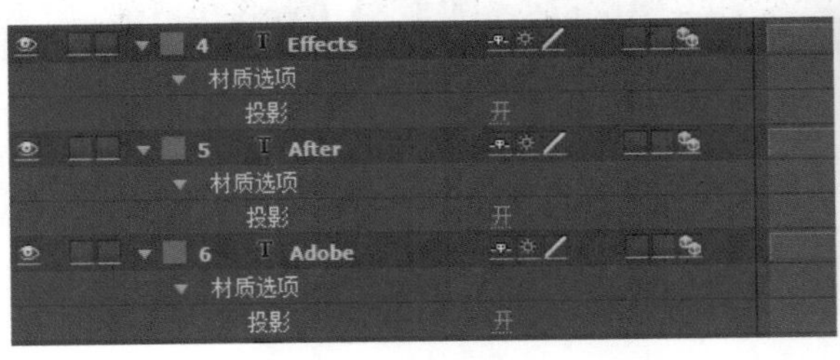

图2-174 设置文字层的投影

> 提示 要使文字在平面上产生投影，需要在灯光及文字层中勾选“投影”，在接收投影的平面层中勾选“接受阴影”，三者缺一不可。

5. 设置摄像机动画

1 将视图方式设为“活动摄像机”方式，使用当前的摄像机来观察场景。选择摄像机层，将时间滑块移至第0帧，单击打开其“变换”下“目标点”和“位置”前面的码表，记录动画关键帧。在第0帧时设置“目标点”

为（275，255，0），“位置”为（150，200，-30）。在第1秒24帧时设置“目标点”为（360，288，0），“位置”为（200，200，-200），如图2-175所示。

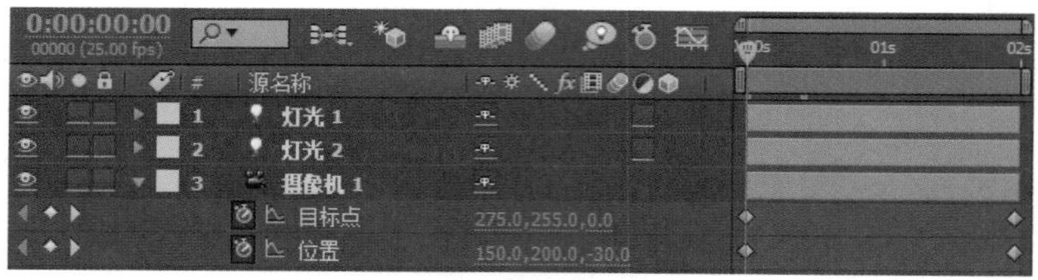

图2-175　设置摄像机动画关键帧

2 按小键盘上的0键预览，即可观察本实例的最终效果。

技术回顾

本例中先创建三维场景，然后建立文字行，对文字行应用“启用逐字3D化”，再添加两个“旋转”的文本动画，其中这两个“旋转”的文本动画中各个方向的旋转需要正确地进行设置，这样才能得到正确的文字由直立到依次旋转倒下的效果。完成这个动画效果后再设置灯光和阴影，复制文字行，设置摄像机动画即可。

举一反三

根据上面介绍的方法，制作一个类似的文字动画，具体参数可以参考练习中的项目文件，如图2-176所示。

图2-176　实例效果

第 3 章 动态元素

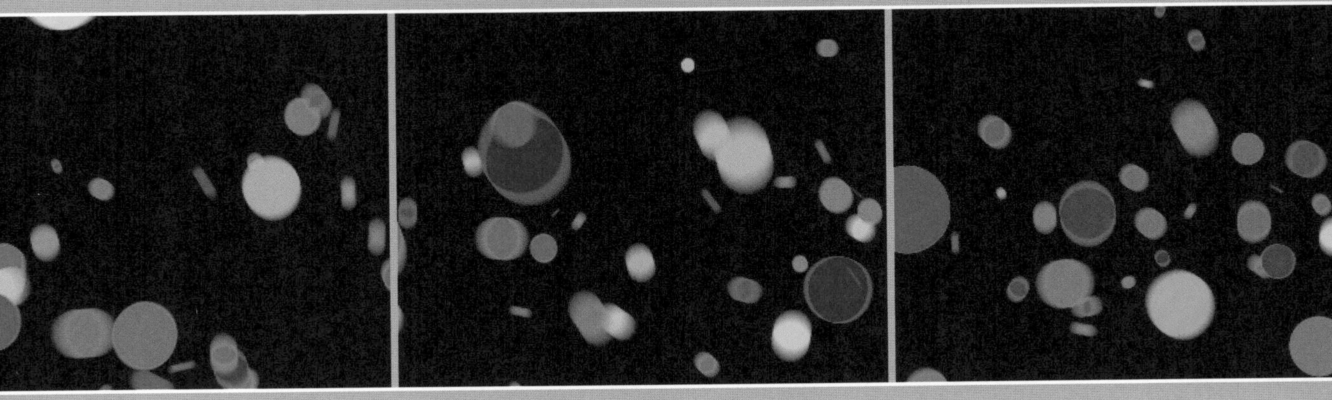

3.1 随机线条

技术要点	利用“粒子运动场”和“分形杂色”制作随机移动的线条	制作时间	15分钟
项目路径	\chap22\随机线条.aep	制作难度	★★★

实例概述

本例使用两种方法制作随机线条。第一种方法先是建立一个简单的背景，然后建立一个“纯色”层，添加“粒子运动场”粒子效果，随机产生移动的小粒子，然后再添加“变换”效果将小粒子拉伸成条状，最后添加一个“快速模糊”将条状粒子虚化，完成最终效果。第二种方法，先建立一个“纯色”层，然后在该层上添加一个“分形杂色”效果，将杂色调整成线条，利用杂色的随机运动，得到线条的运动效果，如图3-1所示。

图3-1　实例效果

制作步骤

1. 第一种方法

1 启动After Effects软件，选择菜单命令“合成”/“新建合成”（快捷键Ctrl+N），新建一个命名为“随机线条1”的合成，“预设”使用PAL D1/DV预置，“持续时间”为10秒。保存项目文件为“随机线条”。

2 选择菜单命令“图层”/“新建”/“纯色”（快捷键Ctrl+Y），新建一个“纯色”层。选中“纯色”层，选择菜单命令“效果”/“生成”/“梯度渐变”，为“纯色”层添加一个渐变效果，设置“结束颜色”的RGB为（130，10，10），如图3-2所示。

3 选择菜单命令“图层”/“新建”/“纯色”（快捷键Ctrl+Y），新建一个“纯色”层，设置其“宽度”为720，“高度”为3000，如图3-3所示。

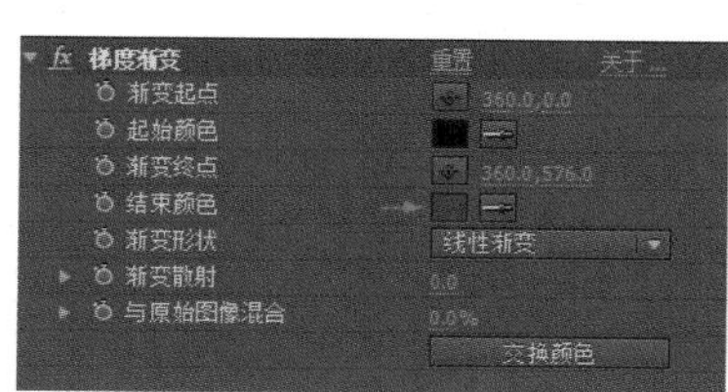

图3-2　添加渐变效果

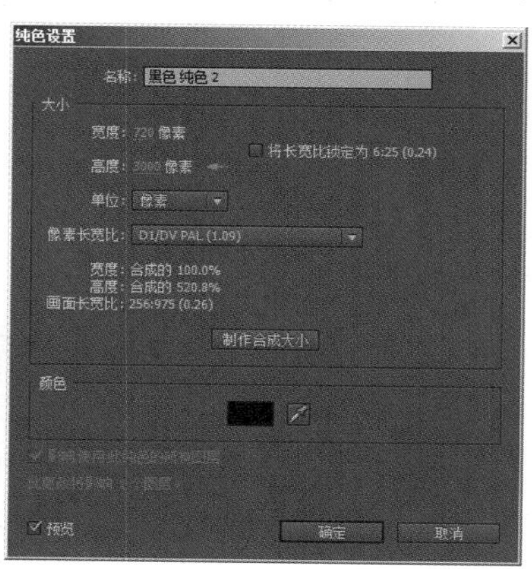

图3-3　创建“纯色”层

4 选中“纯色”层，选择菜单命令“效果”/“模拟”/“粒子运动场”（粒子游乐场），为“纯色”层添加一个粒子效果。展开“发射”选项，设置“位置”为（400.0，1400.0），“圆筒半径”为1200.00，“每秒粒子数”为125.00，“方向”为（0，-90.0°），“随机扩散方向”为360.00，“速率”为0.00，“随机扩散速率”为800.00，“颜色”为白色，“粒子半径”为7.00。展开“重力”选项，设置“力”为0.10，“方向”为（0，-90.0°），如图3-4所示。

图3-4 添加粒子效果

5 选择菜单命令“效果”/“扭曲”/“变换”，为粒子层添加一个变换效果，“缩放宽度”为2200.0，如图3-5所示。

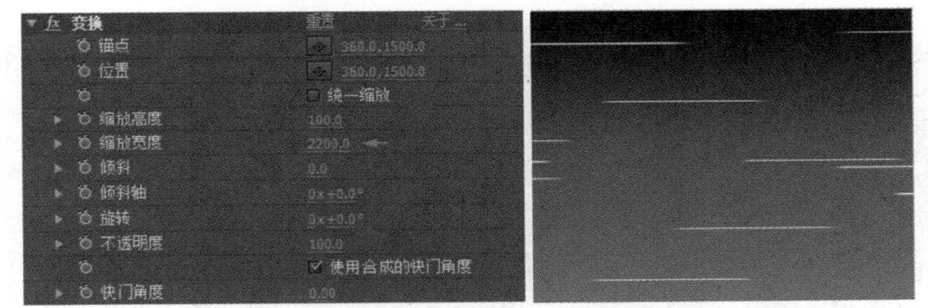

图3-5 添加变换效果

6 选择菜单命令“效果”/“模糊和锐化”/“快速模糊”，设置“模糊度”为470.0，“模糊方向”为“水平”，如图3-6所示。

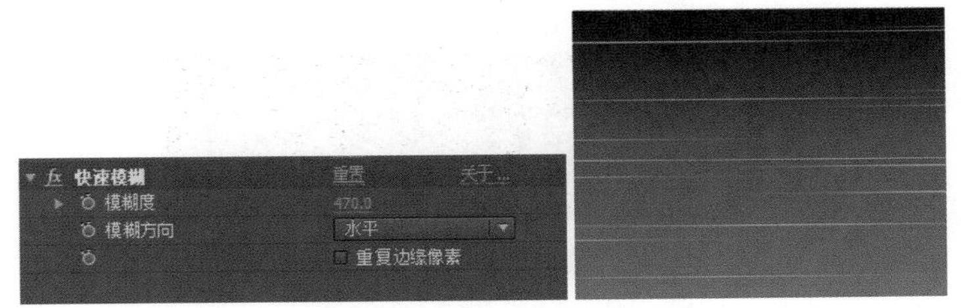

图3-6 制作粒子模糊效果

提示

“变换”特效可以在层上产生一个二维的变形效果，与时间轴下的“变换”类似，但有的时候，起到的效果完全不一样，在后面的章节我们将详细介绍。“变换”特效比在时间轴中的“变换”选项（图层的基本选项）要多出几个功能，增加了“倾斜”选项，可以控制物体的倾斜程度。“倾斜轴”可以设置物体倾斜的轴向。“使用合成的快门角度”可以设置运动模糊时使用合成图像的快门角度，关闭它则使用“快门角度”来控制，“快门角度”可以设置运动模糊的量。

7 在时间轴面板中展开粒子层的“变换”选项，设置“缩放”为（100.0，20.0%），如图3-7所示。

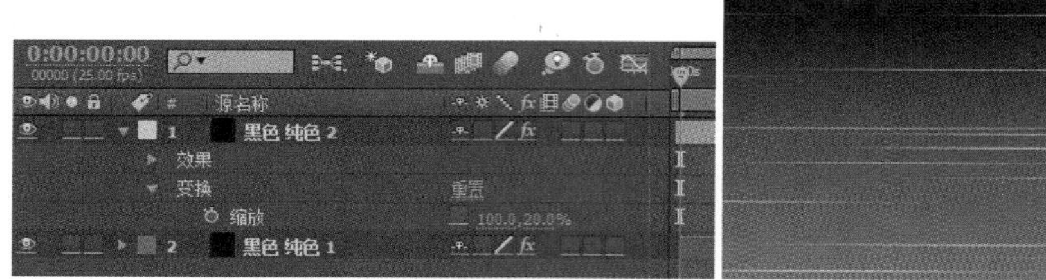

图3-7 设置“缩放”值

8 按小键盘上的0键预览，即可得到本实例的最终效果。

2. 第二种方法

1 选择菜单命令“合成”/“新建合成”（快捷键Ctrl+N），新建一个命名为“随机线条2”的合成，“预设”使用PAL D1/DV预置，“持续时间”为5秒。

2 选择菜单命令“图层”/“新建”/“纯色”（快捷键Ctrl+Y），新建一个“纯色”层。选中“纯色”层，选择菜单命令“效果”/“杂色和颗粒”/“分形杂色”，为“纯色”层添加一个分形杂色效果。设置“杂色类型”为“块”，“复杂度”为2.0，展开“变换”选项，设置“统一缩放”为“关”，“缩放高度”为10000.0，“偏移（湍流）”为（360.0，0.0），如图3-8所示。

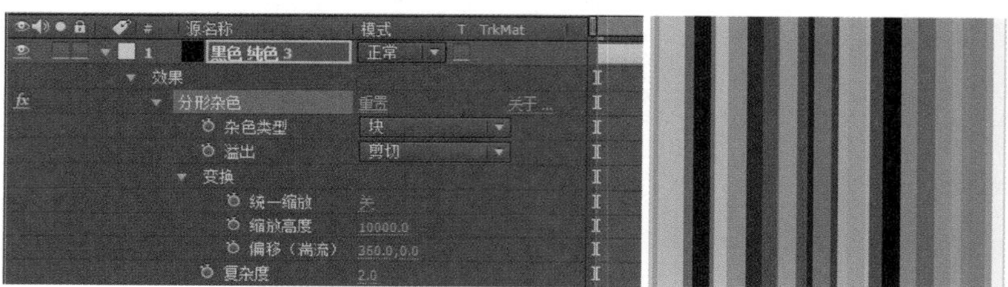

图3-8 设置杂色效果

3 将时间滑块移动到0帧位置，打开“演化”前面的码表，设置“演化”在0帧位置为（0，0.0），5秒位置为（5，0.0）；在时间轴的“模式”中栏将“纯色”层的叠加模式改为“叠加”，如图3-9所示。

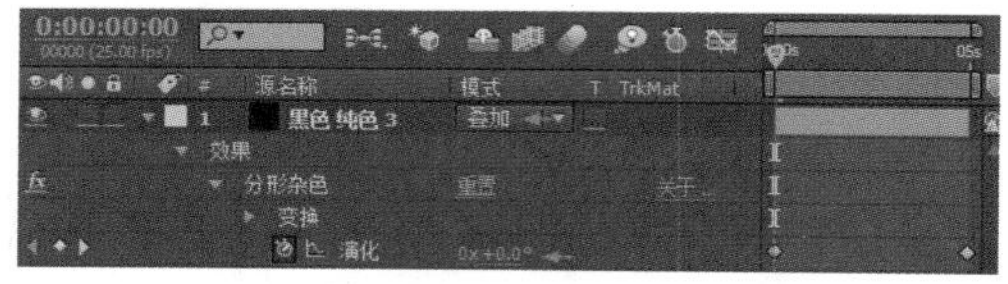

图3-9 设置杂色的随机变化关键帧

4 在“项目”面板中双击空白处，打开“导入文件”窗口，导入SKY.BMP文件；然后将导入的SKY.BMP文件拖放到时间轴轨道上，并移动到最下层，如图3-10所示。

图3-10 导入图片

5 按小键盘上的0键预览，即可得到本实例的最终效果。

提示

"分形杂色"特效可以为影片产生一个分形的杂色效果，一般在影片中使用该效果可以模拟一些真实的烟雾、云层或一些无规律的物体运动效果。在"分形杂色"下可以设置分形的方式。"杂色类型"可以设置杂色的类型；在"变换"选项下可以设置杂色的变化效果，可以通过非均衡缩放，产生多种随机效果。这种方法是制作小元素的法宝。"叠加"模式将根据底色的颜色，将当前层的像素进行相乘或覆盖。使用该模式可以将当前层变亮或变暗。该模式对于中间色调影响较明显，对于高亮度区域和暗调区域影响不大。

技术回顾

本例主要介绍了两种制作随机线条的方法，使用"粒子运动场"粒子系统，通过"变换"变形将粒子放大成随机线条的方法，以及通过使用"分形杂色"滤镜制作线条随机运动的方法，其中前者一般用来制作横向穿梭的细线条，而后者一般用来制作纵向左右晃动的条带。

举一反三

通过改变"分形杂色"的变形效果，制作一个随机方格的运动效果。具体参数可以参考练习的工程方案，效果如图3-11所示。

图3-11　实例效果

3.2 随机点

技术要点	利用软件自带的文字动画效果制作	制作时间	5分钟
项目路径	\chap23\随机点.aep	制作难度	★★

实例概述

本例首先使用文字工具，在文本框中输入一排点，然后使用软件自带的文字动画效果制作点的大小、位置及色彩的动画，效果如图3-12所示。

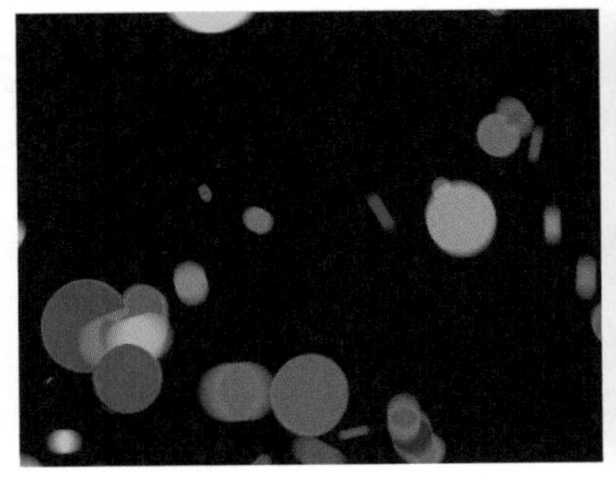
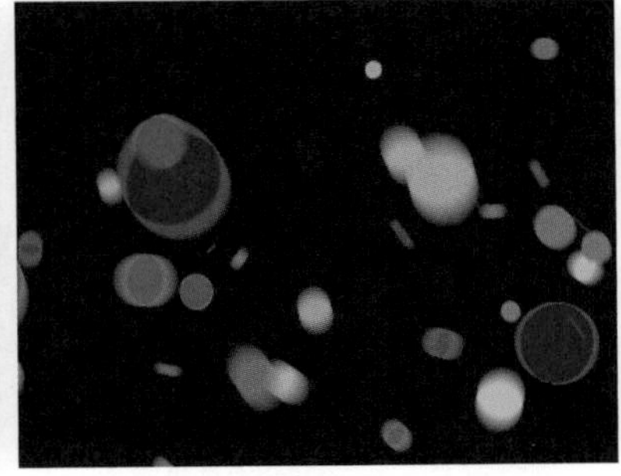
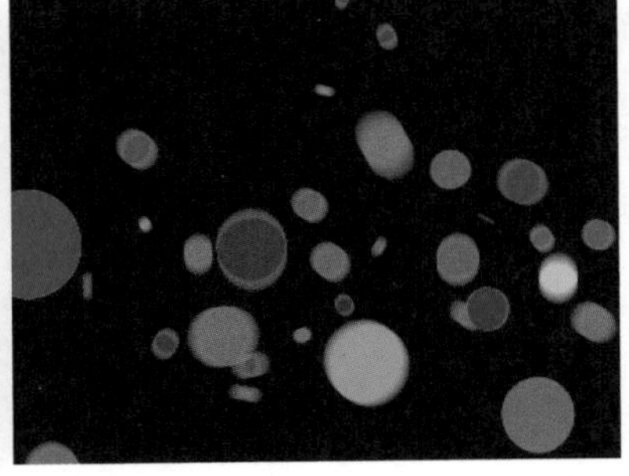

图3-12　实例效果

制作步骤

1. 建立点层

1 启动After Effects软件，选择菜单命令“合成”/“新建合成”（快捷键Ctrl+N），新建一个命名为“随机点”的合成，“预设”使用PAL D1/DV预置，“持续时间”为5秒。保存项目文件为“随机点”。

2 选择菜单命令“图层”/“新建”/“文本”（文字），新建一个文字层，输入50个点，也就是按键盘50次句号键。在“字符”面板中，将文字设为红色，尺寸设为80“像素”，字体设为Times，文字的间距为30，在“段落”面板中将文字的对齐方式设为居中，将文字在屏幕中居中放置，如图3-13所示。

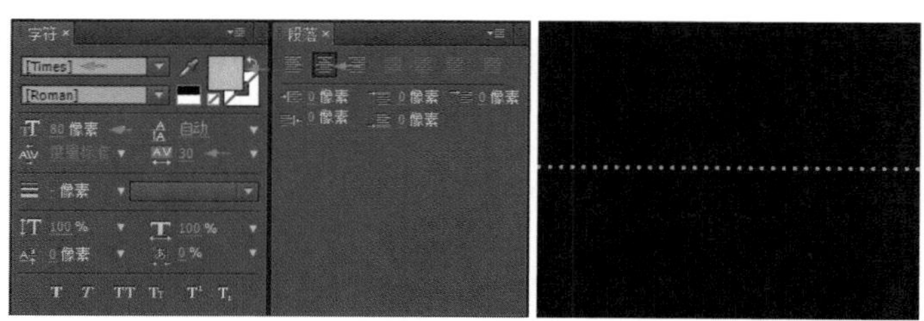

图3-13 创建点层

2. 制作点的位移动画

1 单击“动画”选项右边的三角按钮，在弹出的窗口中选择“位置”选项，这时“文本”选项下就会产生一个“动画制作工具 1”，下面将使用“动画制作工具 1”来制作点的位移动画。

2 展开“动画制作工具 1”选项，设置“位置”选项为（400.0，400.0）。单击“添加”右边的三角按钮，在弹出的窗口中选择“选择器”下面的“摆动 ”选项，这时“动画制作工具 1”下又会增加一个“摆动选择器 1”选项。

3 展开“摆动选择器 1”选项，设置“模式”为“相交”，“摇动/秒”为1.0，如图3-14所示。

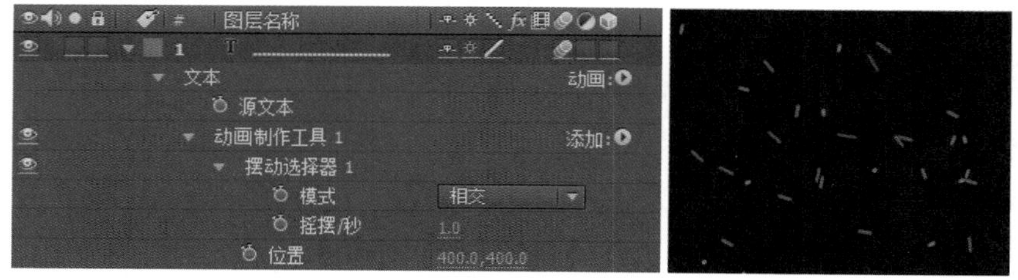

图3-14 设置“摆动选择器 1”选项

3. 制作点的缩放动画

1 单击“动画”选项右边的三角按钮，在弹出的窗口中选择“缩放”选项，这时“文本”选项下就会产生一个“动画制作工具 2”，下面将使用“动画制作工具 2”来制作点的缩放动画。

2 展开“动画制作工具 2”选项，设置“缩放”为（2000.0，2000.0）。单击“添加”右边的三角按钮，在弹出的窗口中选择“选择器”下面的“摆动 ”选项，这时“动画制作工具 2”下又会增加一个“摆动选择器 1”选项。

3 展开“动画制作工具 2”的“摆动选择器 1”选项，设置“模式”为“相交”，“摇动/秒”为0.0，“锁定维度”为“开”，如图3-15所示。

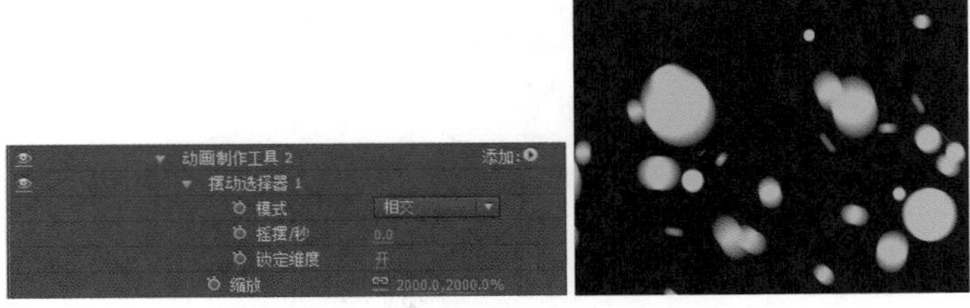

图3-15 设置“动画制作工具 2”的“摆动选择器 1”选项

4. 制作点的色彩动画

1 单击“动画”选项右边的三角按钮，在弹出的窗口中选择“填充颜色”下的“色相”选项，这时“文本”选项下就会产生一个“动画制作工具 3”，下面使用“动画制作工具 3”来制作点的色彩位移动画。

2 展开“动画制作工具 3”选项，设置“填充色相”为（1，0.0°）。单击“添加”右边的三角按钮，在弹出的窗口中选择“选择器”下面的“摆动”选项，这时“动画制作工具 3”下又会增加一个“摆动选择器 1”选项。

3 展开“摆动选择器 1”选项，设置“模式”为“相交”，如图3-16所示。

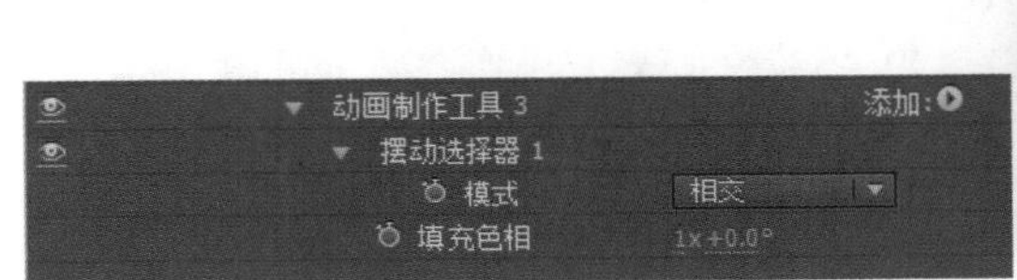

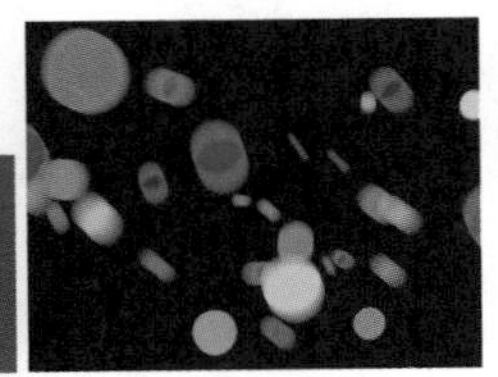

图3-16 设置颜色动画

4 按小键盘上的0键预览，即可得到本实例的最终效果。

技术回顾

本例主要介绍了软件自带的文字动画效果，分别对文字的位移、缩放及色彩进行设置，并巧妙地运用了符号“。”，通过调整它的各个属性来得到最终效果。

举一反三

通过本节的介绍，基本了解了随机点的制作过程，现在需要制作一个随机移动的彩色方格动画，只要在输入文字的时候将点替换成方格就可以了，可以使用智能ABC输入方格，在ABC输入法状态下，输入V1，然后向下翻动，就可以找到需要的方格，不过还要注意更换一下字体。具体参数可以参考练习的工程方案，效果如图3-17所示。

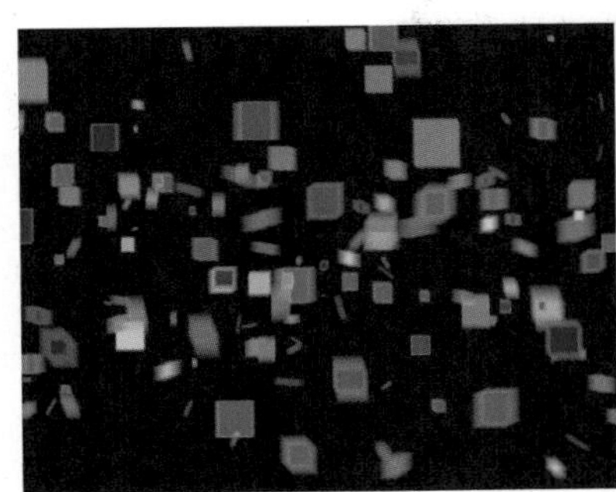

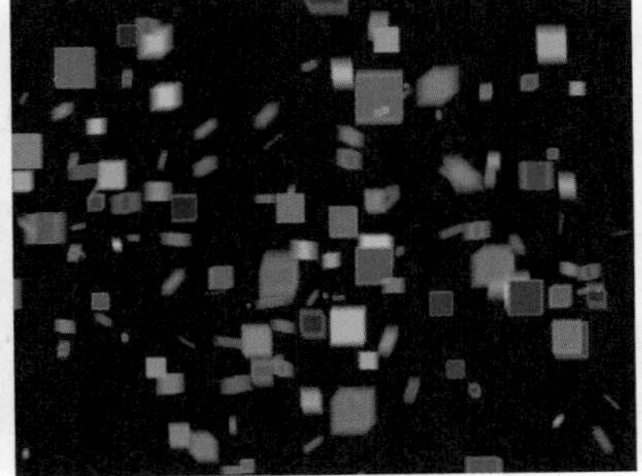

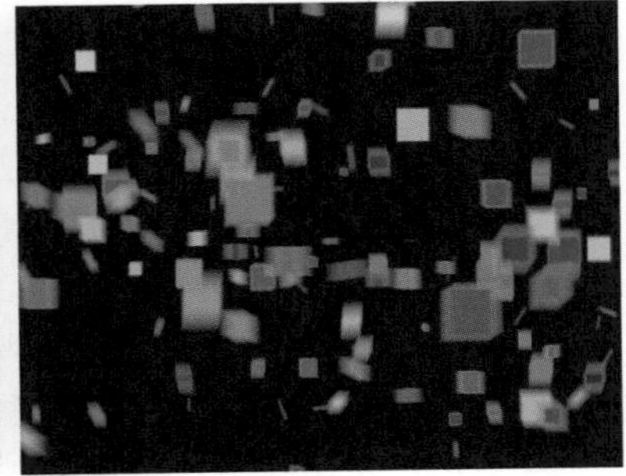

图3-17 实例效果

3.3 动态模糊背景

技术要点	利用多种滤镜制作动态背景	制作时间	5分钟
项目路径	\chap24\动态背景.aep	制作难度	★★

实例概述

本例首先导入一段视频，对视频进行拉伸处理，然后添加“快速模糊”、“色调”、“亮度和对比度”滤镜对其进行设置，最后将处理好的视频制作成位移动画，效果如图3-18所示。

图3-18 实例效果

制作步骤

1. 拉伸视频

1 启动After Effects软件，选择菜单命令“合成”/“新建合成”（快捷键Ctrl+N），新建一个命名为“动态背景”的合成，“预设”使用PAL D1/DV预置，“持续时间”为10秒。保存项目文件为“动态背景”。

2 按快捷键Ctrl+I导入SK123T.mov文件，然后将导入的SK123T.mov拖放到时间轴轨道上，展开“变换”选项，设置“缩放”为（6440.0，350.0），如图3-19所示。

图3-19 导入素材并设置素材缩放比例

2. 色彩处理

1 选择菜单命令“效果”/“模糊和锐化”/“快速模糊”，为视频添加一个模糊效果，设置“模糊度”为10.0。

2 选择菜单命令“效果”/“颜色校正”/“色调”，为视频添加一个色彩效果，设置“将黑色映射到”的RGB为（90，170，250），“将白色映射到”的RGB为（160，200，240），“着色数量”为40.0%。

3 选择菜单命令“效果”/“颜色校正”/“亮度和对比度”，适当调整一下亮度和对比度，设置“亮度”为-25.0，“对比度”为30.0，如图3-20所示。

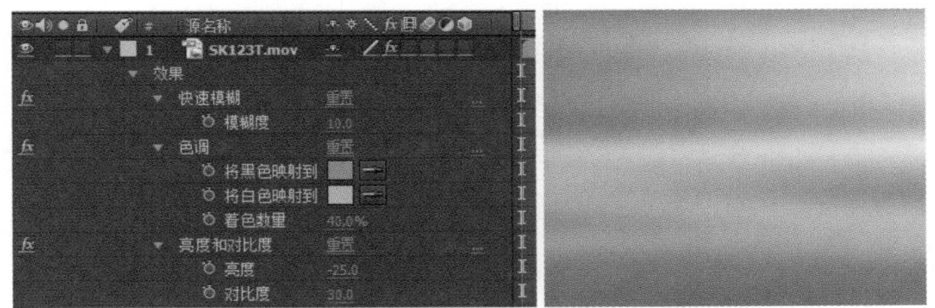

图3-20　改变素材效果

提示

"快速模糊"滤镜可以制作场景的模糊效果。"色调"选项可以修改图像的颜色信息，亮度值在两种颜色之间，对每个像素确定一种混合效果。"将黑色映射到"表示图像中的黑色像素被映射为该项所指定的颜色。"将白色映射到"表示图像中的白色像素被映射为该项所指定的颜色。"着色数量"选项可以控制色彩化的强度。"亮度和对比度"选项可以调整图像上的亮度和对比度。

3. 制作背景动画

1 制作背景的位移动画，展开"变换"选项，将时间滑块移动到0帧位置，打开"位置"前面的码表，设置0帧位置为（3500.0，290.0），第10秒位置为（3200.0，290.0），如图3-21所示。

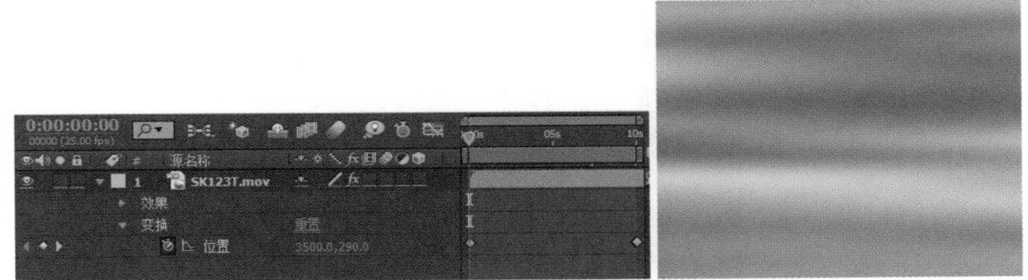

图3-21　制作背景动画

2 按小键盘上的0键预览，即可得到本实例的最终效果。

技术回顾

本例主要介绍了一种制作动态背景的简单方法，同时也是比较实用的一种方法。先将视频拉长，使用"快速模糊"滤镜将视频模糊处理，再通过"色调"处理色彩，调整成需要的色彩，然后使用"亮度和对比度"，对亮度和对比度进行调整，最后通过设置位置关键帧让背景运动起来。

举一反三

通过本节的介绍，再制作一个其他类型的动态背景。通过添加"曲线"效果，将背景的轮廓变得更加明显，再使用"四色渐变"调整背景的颜色。具体参数可以参考练习的工程方案，效果如图3-22所示。

图3-22　实例效果

3.4 动感线条

技术要点	利用软件的三维空间使线条在空间中运动	制作时间	10分钟
项目路径	\chap25\空间线条.aep	制作难度	★★

实例概述

本例首先使用“分形杂色”滤镜制作一个线条运动的动画，然后将其拖放到新的合成中并打开其三维开关，复制若干个，再分别调整它们在三维空间的位置，效果如图3-23所示。

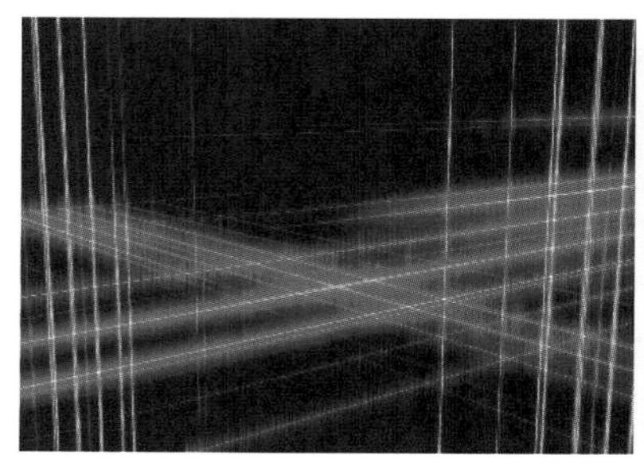 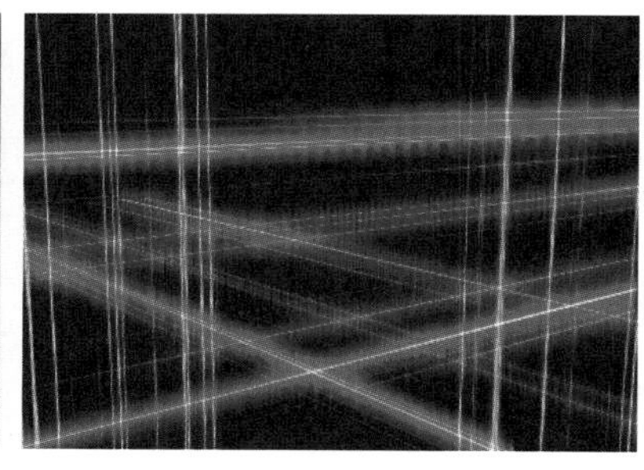 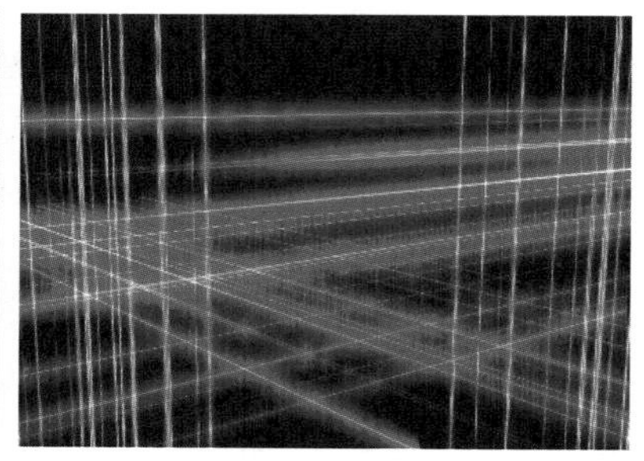

图3-23　实例效果

制作步骤

1. 制作随机线条

1 启动After Effects软件，选择菜单命令“合成”/“新建合成”（快捷键Ctrl+N），新建一个命名为“线条”的合成，“预设”先使用PAL D1/DV预置，然后修改“宽度”为1280，“高度”为480，“持续时间”为10秒。保存项目文件为“空间线条”，如图3-24所示。

2 选择菜单命令“图层”/“新建”/“纯色”（快捷键Ctrl+Y），新建一个“纯色”层，单击“制作合成大小”按钮，自动将“纯色”层的大小设置成合成的大小，即1280×480，如图3-25所示。

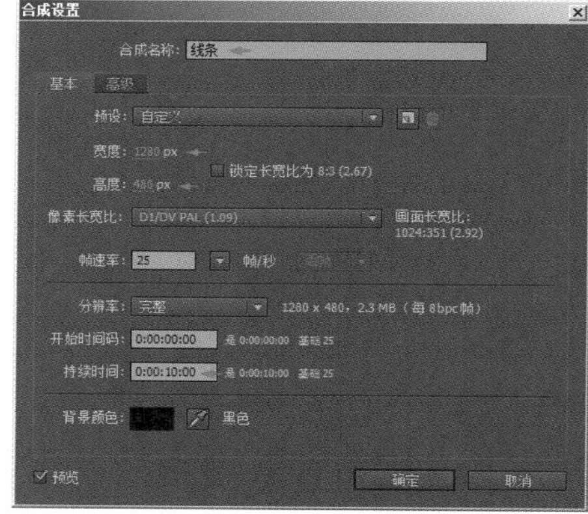

图3-24　建立合成

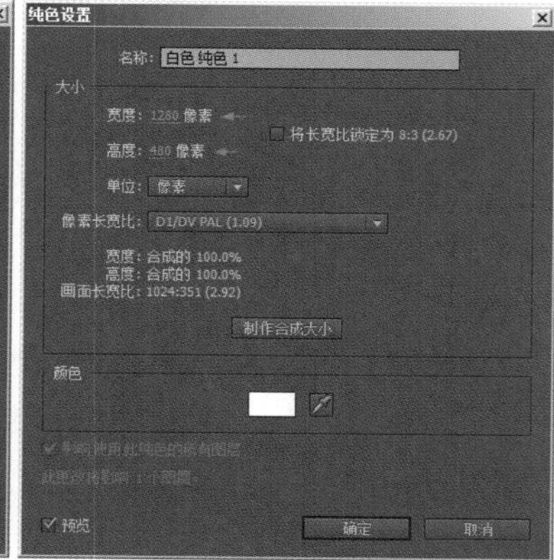

图3-25　建立“纯色”层

3 选择菜单命令“效果”/“杂色和颗粒”/“分形杂色”，为“纯色”层添加一个分形杂色效果。设置“溢出”为“反绕”，展开“变换”选项，设置“统一缩放”为“关”，“缩放宽度”为10000.0，“缩放高度”为5.0，“复杂度”为4.0。将时间滑块移动到0帧位置，打开“演化”前面的码表，设置“演化”在0帧位置为（0，0.0），10秒位置为（7，0.0），如图3-26所示。

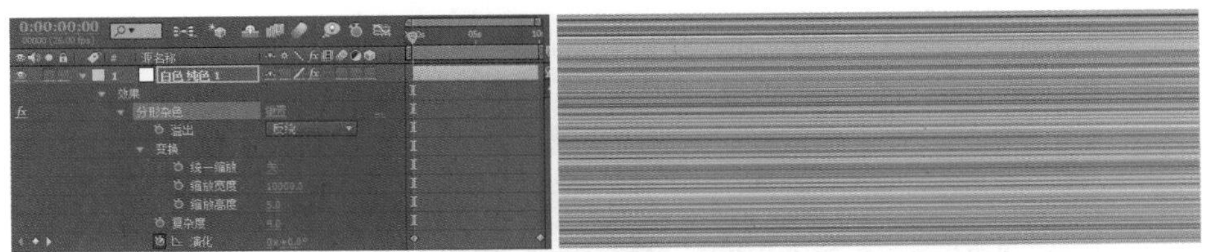

图3-26 为“纯色”层添加分形杂色效果

4 选择菜单命令“效果”/“颜色校正”/“色阶”，将线条的色阶进行适度调整，设置“输入黑色”为180.0，如图3-27所示。

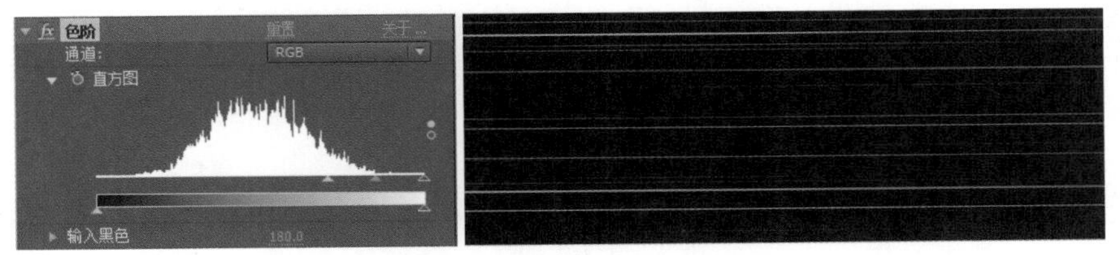

图3-27 为杂色层添加色阶效果

5 为增强线条的效果，需要为线条添加一个发光效果。选择菜单命令“效果”/“风格化”/“发光”，设置“发光阈值”为20.0%，“发光强度”为2.0，“发光颜色”为“A和B颜色”，设置“颜色A”的RGB为（130，150，255），“颜色B”的RGB为（0，0，230），如图3-28所示。

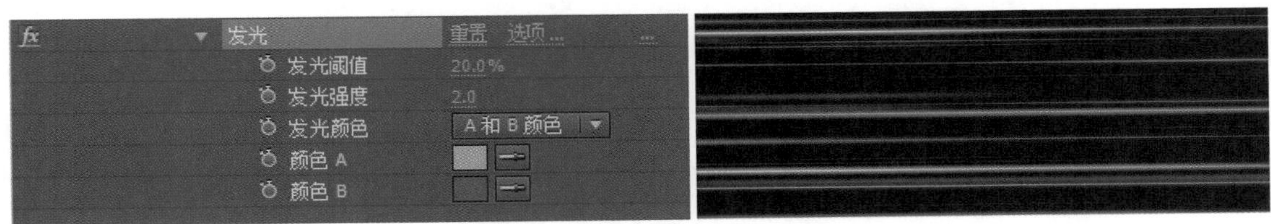

图3-28 为线条添加发光效果

2. 制作空间线条

1 选择菜单命令“合成”/“新建合成”（快捷键Ctrl+N），新建一个命名为“空间线条”的合成，“预设”使用PAL D1/DV预置，“持续时间”为10秒。

2 选择菜单命令“图层”/“新建”/“摄像机”，新建一个摄像机层，设置“预设”为50毫米。

3 将“线条”拖放到“空间线条”合成中，打开“线条”合成的三维开关，将“模式”设为“相加”，并按快捷键Ctrl+D3次，创建3个副本。

4 选择第二层的“线条”合成，展开“变换”选项，设置“位置”为（640.0，390.0，210.0），“方向”为（0.0°，0.0°，180.0°）。

5 选择第三层的“线条”合成，展开“变换”选项，设置“位置”为（360.0，360.0，210.0），“方向”为（270.0°，0.0°，90.0°）。

6 选择第四层的“线条”合成，展开“变换”选项，设置“位置”为（490.0，290.0，-270.0），“方向”为（0.0°，0.0°，270.0°）。

7 选择第五层的“线条”合成，展开“变换”选项，设置“位置”为（90.0，290.0，0.0），“方向”为（0.0°，90.0°，270.0°）。

8 选择摄像机层，展开“变换”选项，设置“位置”为（-190.0，120.0，-750.0），这样就完成了线条的空间效果，如图3-29所示。

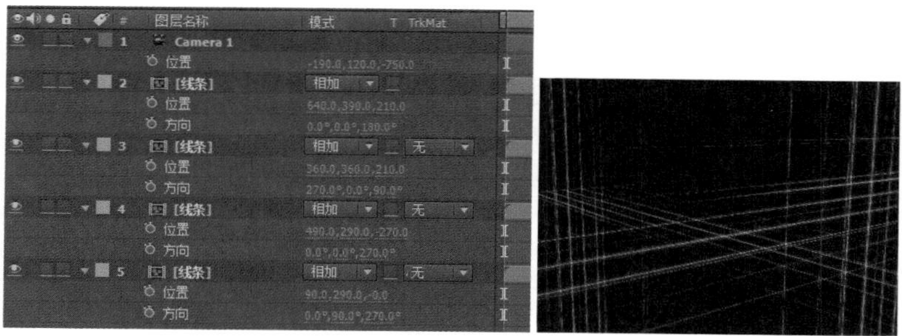

图3-29　设置各层在空间中的位置

提示

通常在调节各个层的位置和摄像机位置的时候，先使用工具栏中的选择并移动工具和旋转工具，再配合各个视图进行调整，然后再使用输入数值的方法进行细微调整。

3.制作线条发光效果

1 选择菜单命令“图层”/“新建”/“调整图层”，增加一个调节层，将调节层移至顶层。

提示

现在我们看到了线条在空间的效果，但显得单薄，这样就需要为线条添加一个发光效果，但线条分为4层，一般需要分别为每一层添加发光效果，可又显得有些繁琐。系统为我们提供了一个调节层工具，调节层可以将自身的属性应用到调节层以下的所有层，在本例中如果对调节层添加一个发光效果，那么这个发光效果将会应用到其他4个线条层上，这样就不用为每一层添加同样的效果了。

2 选择菜单命令“效果”/“风格化”/“发光”，为调节层添加一个发光效果，设置“发光阈值”为20.0%，“发光半径”为30.0，“发光强度”为10.0，“发光颜色”为“A和B颜色”，设置“颜色A”的RGB为（130，150，255），“颜色B”的RGB为（0，0，230），“发光维度”为“垂直”，如图3-30所示。

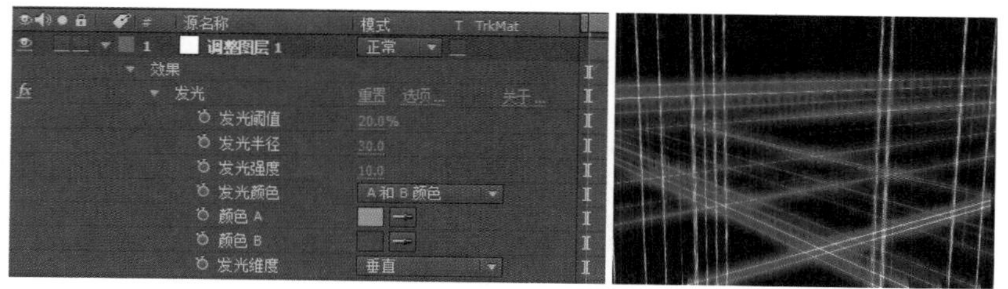

图3-30　为调节层添加发光效果

3 按小键盘上的0键预览，即可得到本实例的最终效果。

技术回顾

本例主要介绍如何使用“分形杂色”制作线条，再使用“发光”增强场景效果，以及三维空间和“调整图层”的应用。

举一反三

利用调节层的功能，制作一个其他颜色的空间线条效果。具体参数可以参考练习的工程方案，效果如图3-31所示。

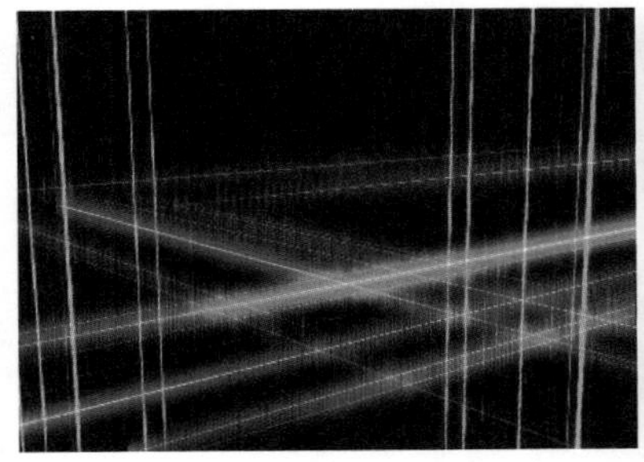
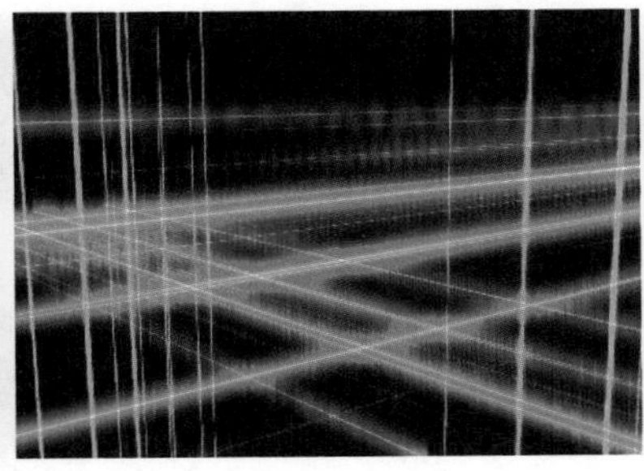
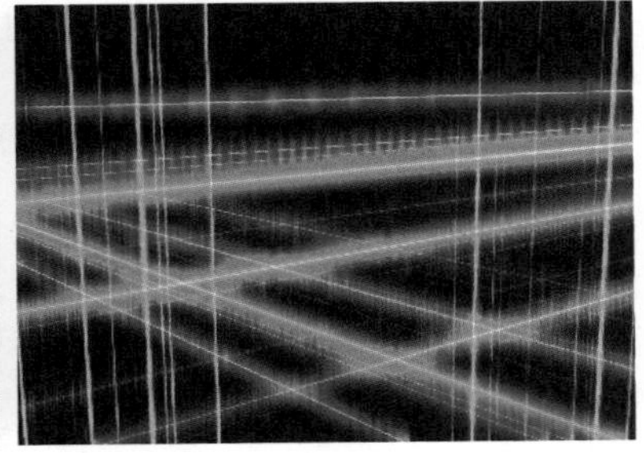

图3-31　实例效果

3.5 透视光芒

技术要点	利用“单元格图案”制作透视光芒	制作时间	5分钟
项目路径	\chap26\透视光芒.aep	制作难度	★★

实例概述

本例首先建立一个“纯色”层，然后在“纯色”层上添加“单元格图案”等效果，然后将“纯色”层拉长，调整位置，使其在三维空间有透视感，最后再制作运动效果，如图3-32所示。

图3-32　实例效果

制作步骤

1. 制作背景层

1 启动After Effects软件，选择菜单命令“合成”/“新建合成”（快捷键Ctrl+N），新建一个命名为“透视光芒”的合成，“预设”使用PAL D1/DV预置，“持续时间”为10秒。保存项目文件为“透视光芒”。

2 选择菜单命令“图层”/“新建”/“纯色”（快捷键Ctrl+Y），新建一个“纯色”层，命名为“背景”，选中“纯色”层，选择菜单命令“效果”/“生成”/“梯度渐变”，为“纯色”层添加一个渐变效果，设置“结束颜色”的RGB为（125，5，5），如图3-33所示。

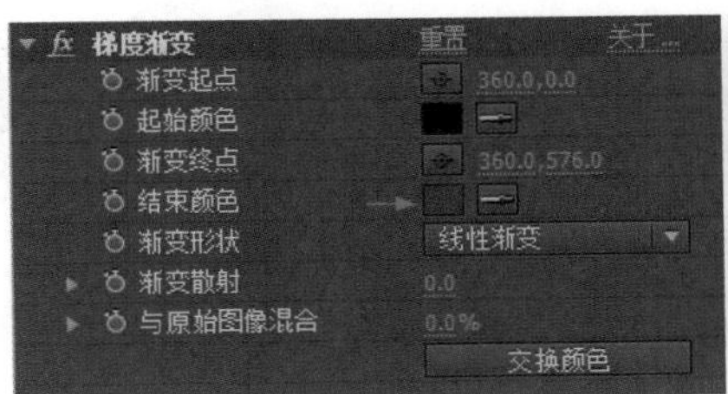

图3-33　为“纯色”层添加渐变效果

3 选择菜单命令“图层”/“新建”/“纯色”（快捷键Ctrl+Y），新建一个“纯色”层，命名为“光芒”，选中“纯色”层，选择菜单命令“效果”/“生成”/“单元格图案”，设置“单元格图案”为“印板”，“分散”为0.00，“大小”为30.0。将时间滑块移动到0帧位置，打开“演化”选项前面的码表，设置“演化”在0帧位置为（0，0.0），10秒位置为（7，0.0），如图3-34所示。

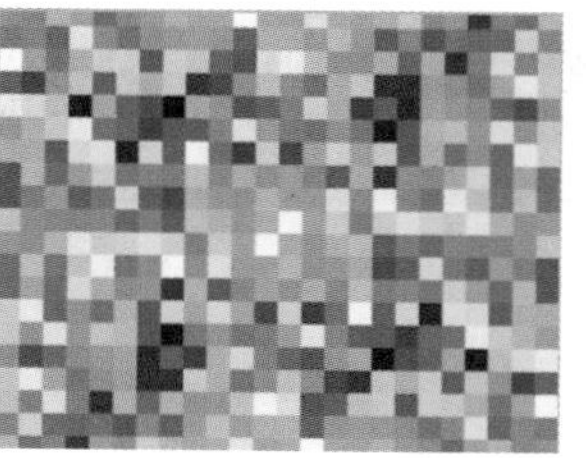

图3-34 制作网格效果

4 选择菜单命令“效果”/“颜色校正”/“亮度和对比度”，为“纯色”层添加一个“亮度和对比度”调节滤镜，设置“亮度”为-40，“对比度”为100.0。

提示

本例首先使用“单元格图案”滤镜制作一个网格随机移动的效果，然后使用“亮度和对比度”滤镜将多余的网格部分过滤掉，这样只剩下一部分网格，再使用“快速模糊”工具，制作一个网格边缘模糊效果，最后为网格添加一个发光效果。

5 选择菜单命令“效果”/“模糊和锐化”/“快速模糊”，为网格层添加模糊效果，设置“模糊度”为12。

6 为增强效果，为网格层添加一个发光效果。选择菜单命令“效果”/“风格化”/“发光”，设置“发光强度”为5.0，“发光颜色”为“A和B颜色”，“颜色A”的RGB为（0，234，255），“颜色B”的RGB为（10，0，255），如图3-35所示。

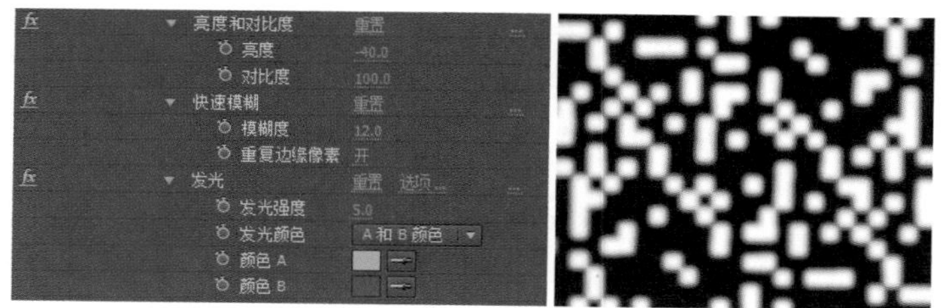

图3-35 为网格层添加一个发光效果

7 打开层的三维开关，在“模式”栏中设置为“相加”模式。选择工具栏中的矩形工具，在“纯色”层上绘制一个“蒙版”，展开“蒙版”下的“蒙版 1”选项，设置“蒙版羽化”为（100.0，100.0），“蒙版扩展”为200.0像素，如图3-36所示。

图3-36 设置“蒙版 1”选项

> **提示**
> “蒙版路径”可以约束“蒙版”的外形。“蒙版羽化”可以控制“蒙版”边缘的羽化效果，改变“蒙版”边缘的软硬度。“蒙版不透明度”可以控制“蒙版”内图像的不透明度，只影响“蒙版”区域以内的图像，而不影响以外的图像。“蒙版扩展”可以控制“蒙版”的扩展和收缩，正值时“蒙版”向外扩展，负值时“蒙版”向内收缩。

2. 制作透视效果

1 选择菜单命令“图层”/“新建”/“摄像机”，为场景建立一个摄像机，设置“预设”为15毫米。

2 选择“光芒”层，展开“变换”选项，设置“位置”为（360.0，296.0，-207.0），“缩放”为（2000.0，100.0，100.0），“方向”为（0.0°，0.0°，90.0°），“*y*轴旋转”为（0，75.0°）。将时间滑块移动到0帧位置，打开“锚点”前面的码表，设置“锚点”在0帧位置为（-20.0，320，-10.0），10秒位置为（672.0，320.0，-10.0）。将时间滑块移动到9秒位置，打开“不透明度”前面的码表，设置“不透明度”在9秒位置为100%，10秒位置为0%，如图3-37所示。

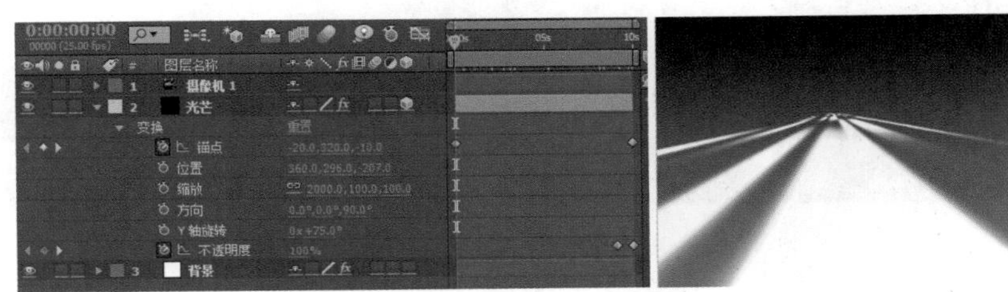

图3-37　制作光芒层的位移动画

3 按小键盘上的0键预览，即可得到本实例的最终效果。

技术回顾

本例主要介绍利用“单元格图案”制作方块，通过缩放使方块拉伸成条状，同时制作光芒，再通过三维空间实现光芒的透视效果。

举一反三

通过本节对光芒层的介绍，利用“边角定位”工具，将光芒层在空间中重新定位，制作一个新的透视光芒。具体参数可以参考练习的工程方案，效果如图3-38所示。

图3-38　实例效果

3.6 飞舞的色块

技术要点	利用“卡片擦除”滤镜制作色块运动动画	制作时间	15分钟
项目路径	\chap27\飞舞的色块.aep	制作难度	★★★★

实例概述

本例首先建立一个黄色“纯色”层，然后在“纯色”层上添加“卡片擦除”效果并设置动画，同样建立其他颜色的“纯色”层，在“纯色”层上添加“卡片擦除”效果，最后将它们合成在一起，效果如图3-39所示。

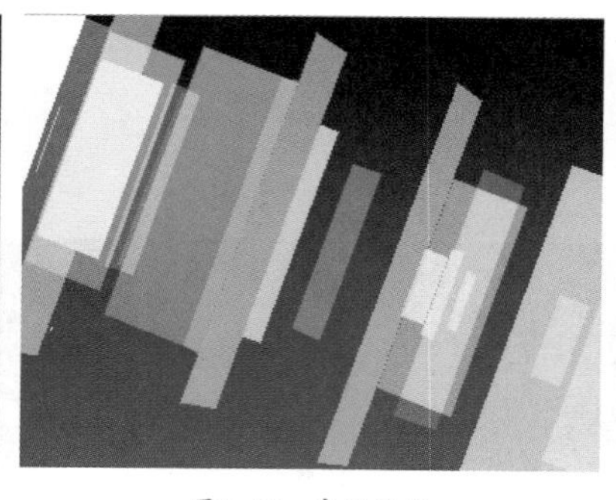
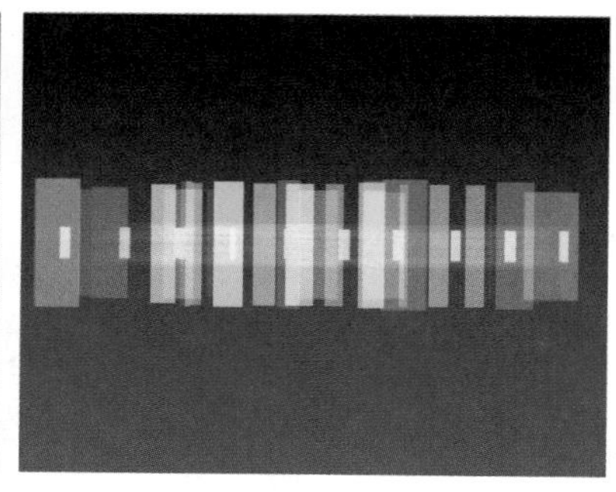

图3-39　实例效果

制作步骤

1. 制作划像动画

1 启动After Effects软件，选择菜单命令“合成”/“新建合成”（快捷键Ctrl+N），新建一个命名为“卡片1”的合成，“预设”使用PAL D1/DV预置，“持续时间”为5秒。保存项目文件为“飞舞的色块”。

2 选择菜单命令“图层”/“新建”/“纯色”（快捷键Ctrl+Y），新建一个黄色的“纯色”层，RGB为（255，255，0）。

3 选择菜单命令“效果”/“过渡”/“卡片擦除”，为“纯色”层添加一个卡片划像效果。设置“行数”为1，“翻转轴”为*y*，“翻转方向”为“正向”，“翻转顺序”为“从左到右”。展开“材质”选项，设置“镜面反射”为2.00，如图3-40所示。

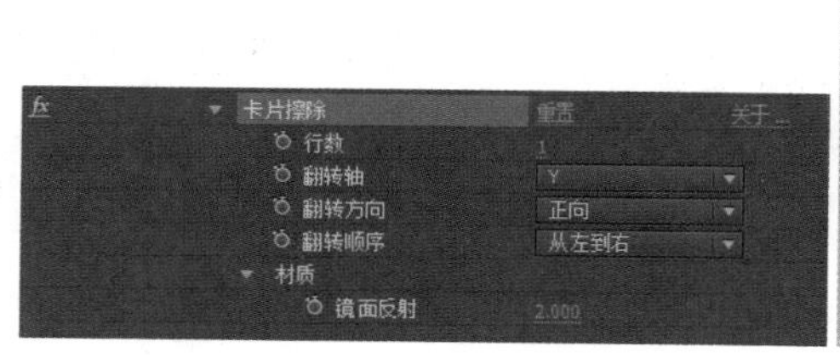

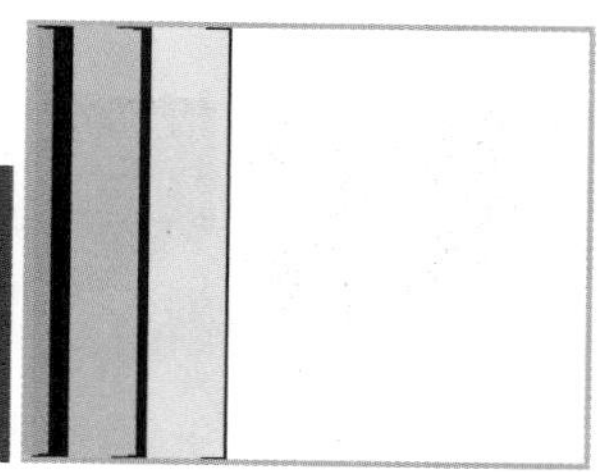

图3-40　设置卡片划像

4 将时间滑块移动到2秒位置，打开“过渡完成”和“过渡宽度”前面的码表，在2秒位置设置“过渡完成”为0%，“过渡宽度”为50%；在4秒位置设置“过渡完成”为100%，“过渡宽度”为100%。选择“过渡完成”选项，单击时间轴上方的按钮，打开曲线编辑视图，对曲线进行调整，使动画显得更加平滑；同样选择“过渡宽度”，打开曲线编辑视图，对其曲线进行调整，如图3-41所示。

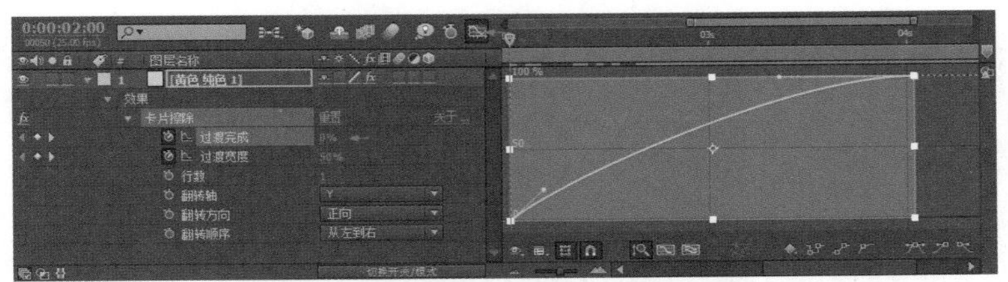

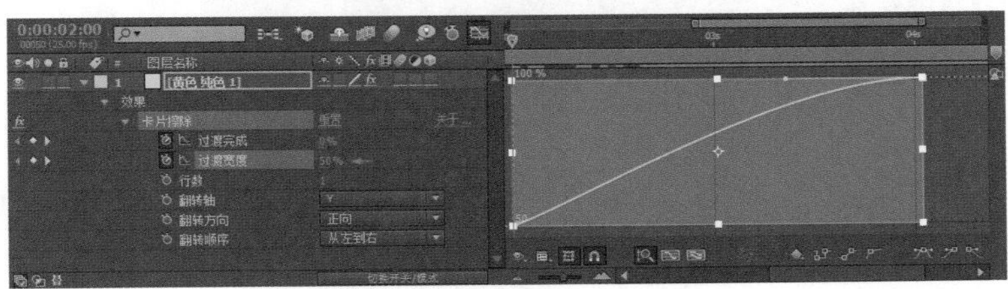

图3-41 调整动画速率

5 将时间滑块移动到3秒位置，打开“随机时间”前面的码表，在3秒位置设置“随机时间”为1.00，4秒位置“随机时间”为0.00，展开“材质”选项，设置“镜面反射”为2.00，如图3-42所示。

图3-42 设置“随机时间”关键帧

6 将时间滑块移动到0帧位置，展开“摄像机位置”选项，打开“y轴旋转”、“z轴旋转”和“Z 位置”前面的码表，在0帧位置，设置“y轴旋转”为（0，-30.0°），“z轴旋转”为（0，-60.0°），“Z 位置”为-3.00；将时间滑块移动到3秒位置，设置“y轴旋转”为（0，0.0°），“z轴旋转”为（0，0.0°）；3秒15帧位置 “Z 位置”为6.20。依次选择，单击时间轴上方的按钮，打开曲线编辑视图，对其曲线进行调整，如图3-43所示。

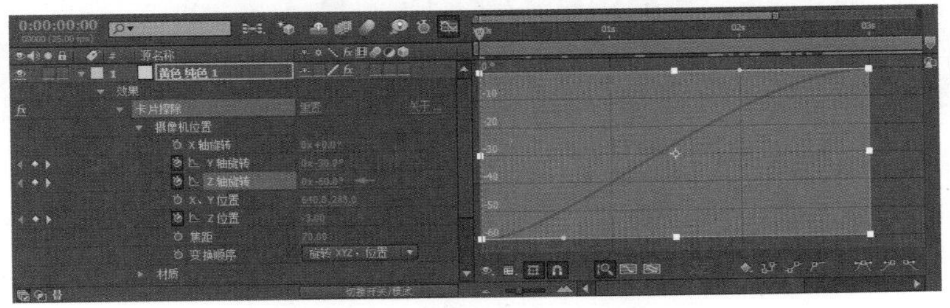

图3-43 设置卡片层摄像机的位置选项

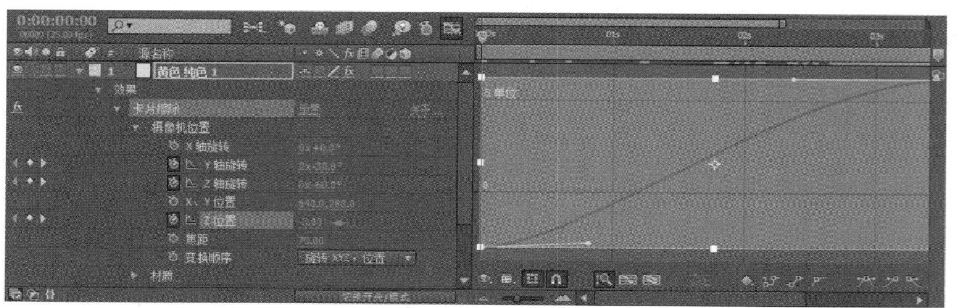

图3-43　设置卡片层摄像机的位置选项（续）

7 将时间滑块移动到0帧位置，展开“位置抖动”选项，打开“X 抖动量”和“Z 抖动量”选项前面的码表，设置“X 抖动量”在0帧位置为5.00，“Z 抖动量”为25.00；在3秒位置“X 抖动量”为0.00，“Z 抖动量”为1.00。依次选择，单击时间轴上方的按钮，打开曲线编辑视图，对其曲线进行调整，如图3-44所示。

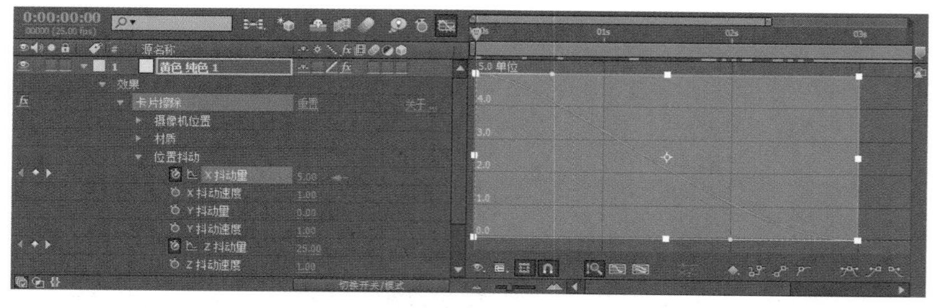

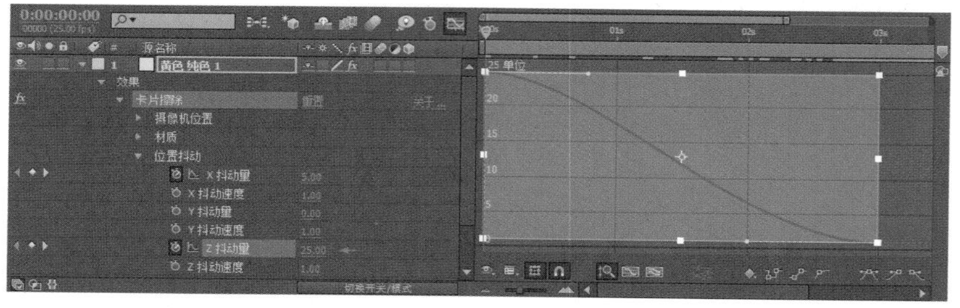

图3-44　设置“位置抖动”选项关键帧

8 将时间滑块移动到0帧位置，展开“旋转抖动”选项，打开“Y 旋转抖动量”选项前面的码表，设置“Y 旋转抖动量”在0帧位置为360.00，4秒位置为0.00。选择“Y 旋转抖动量”选项，单击时间轴上方的按钮，打开曲线编辑视图，对其曲线进行调整，如图3-45所示。

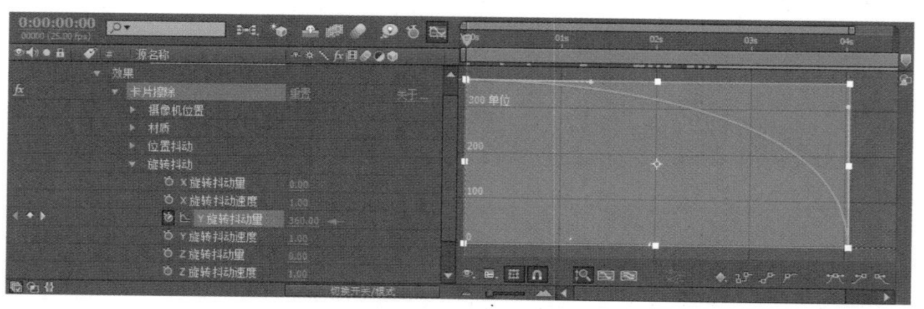

图3-45　设置“旋转抖动”选项关键帧

9 将时间滑块移动到3秒位置，展开“变换”选项前面的码表，在3秒位置设置“不透明度”为100%，4秒位置为0%。这样黄色色块将会在3秒位置开始淡出，4秒位置消失。

10 这样完成了第一个色块的卡片动画，效果如图3-46所示。

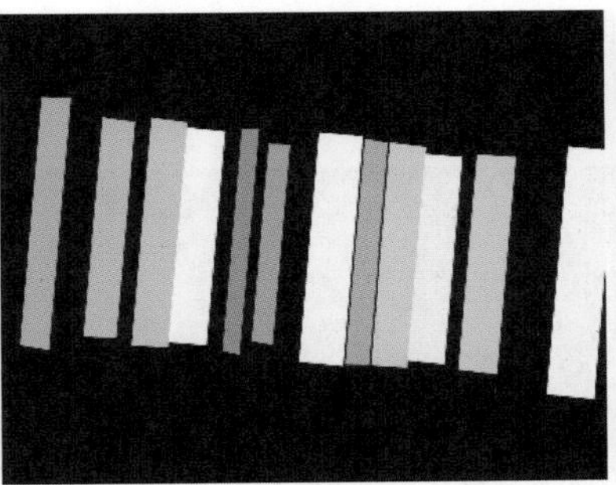

图3-46　黄色卡片动画效果

2. 制作其他色块动画

1 选择菜单命令“合成”/“新建合成”（快捷键Ctrl+N），新建一个合成，命名为“卡片2”，“预设”使用PAL制式（PAL D1/DV，720×576），“持续时间”为5秒。

2 选择菜单命令“图层”/“新建”/“纯色”，新建一个“纯色”层，设置“大小”下的“宽度”为2000，“高度”为576，单击“颜色”下的色块，设置为绿色，RGB为（0，255，0）。

3 选择菜单命令“效果”/“过渡”/“卡片擦除”，为“纯色”层添加一个卡片划像效果，设置“过渡完成”为0%，“行数”为1，“翻转轴”为*y*，“翻转方向”为“正向”，“翻转顺序”为“从左到右”，“随机植入”为4；展开“灯光”选项，设置“灯光位置”为（640.0，-1440.0），“环境光”为0.50；展开“材质”选项，设置“漫反射”为0.40，“镜面反射”为2.00。

4 将时间滑块移动到2秒位置，打开“过渡宽度”前面的码表，在2秒位置设置“过渡宽度”为50%，4秒位置“过渡宽度”为100%；将时间滑块移动到3秒位置，打开“随机时间”前面的码表，在3秒位置设置“随机时间”为1.00，4秒位置为0.00；选择“过渡宽度”选项，单击时间轴上方的按钮，打开曲线编辑视图，对曲线进行调整，使动画显得更加平滑；同样选择“随机时间”，对其曲线进行调整，如图3-47所示。

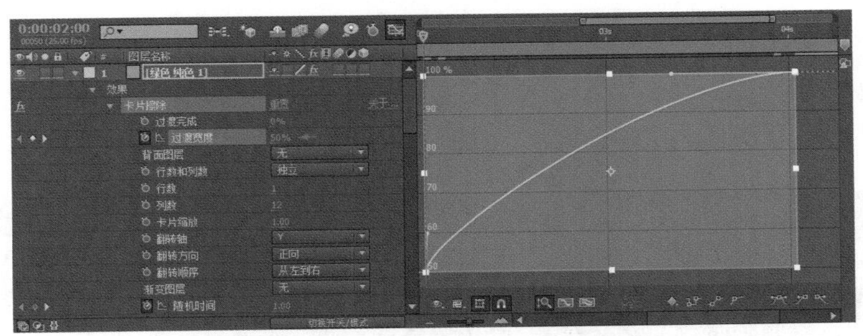

图3-47　调整动画速率

5 将时间滑块移动到0帧位置，展开“摄像机位置”选项，打开“*y*轴旋转”。“*z*轴旋转”和“Z 位置”前面的码表，在0帧位置，设置“*y*轴旋转”为（0，30.0°），“*z*轴旋转”为（0，-60.0°），“Z 位置”为-3.00；

将时间滑块移动到3秒位置，设置“y轴旋转”为（0，0.0°），“z轴旋转”为（0，0.0°）；在3秒15帧位置“Z位置”为6.20。依次选择，单击时间轴上方的按钮，打开曲线编辑视图，对其曲线进行调整，如图3-48所示。

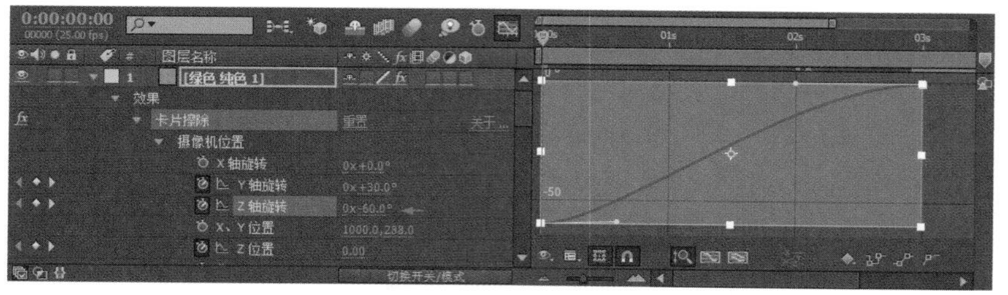

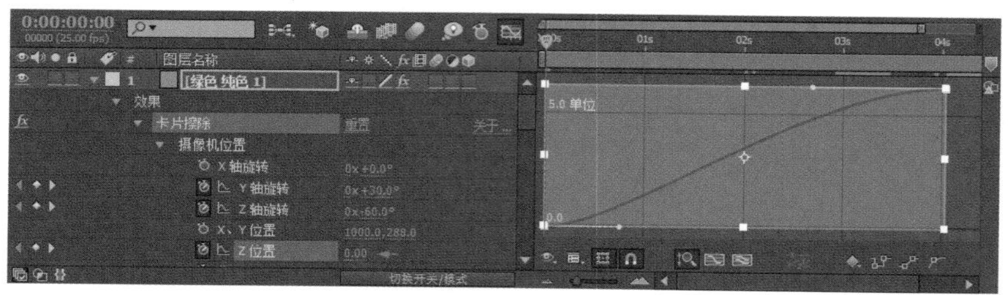

图3-48 设置卡片层摄像机的位置选项

6 将时间滑块移动到0帧位置，展开“位置抖动”选项，打开“Z 抖动量”前面的码表，在0帧位置设置“Z 抖动量”为20.00，3秒位置为1.00，选择“Z 抖动量”，单击时间轴上方的按钮，打开曲线编辑视图，对其曲线进行调整，如图3-49所示。

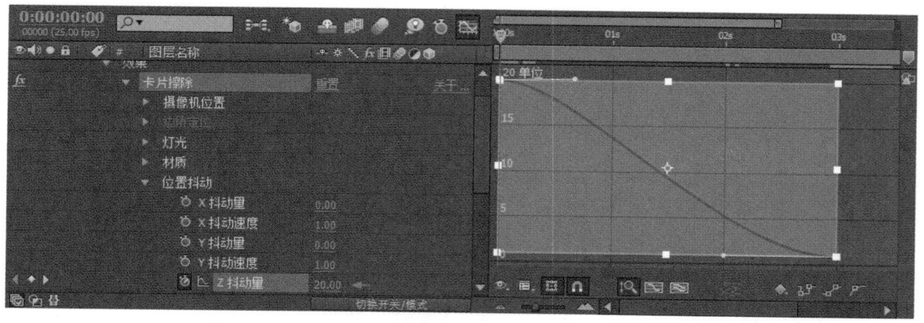

图3-49 设置“位置抖动”选项关键帧

7 将时间滑块移动到0帧位置，展开“旋转抖动”选项，打开“Y 旋转抖动量”前面的码表，在0帧位置设置“Y 旋转抖动量”为360.00，4秒位置为150.00，选择“Y 旋转抖动量”，单击时间轴上方的按钮，对其曲线进行调整，如图3-50所示。

8 将时间滑块移动到3秒位置，展开“变换”选项前面的码表，在3秒位置设置“不透明度”为100%，4秒位置为0%。这样绿色色块将会在3秒位置开始淡出，4秒位置消失，如图3-51所示。

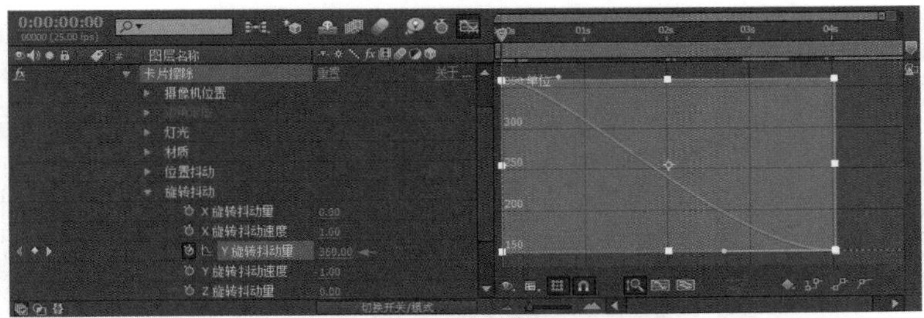

图3-50　设置“旋转抖动”选项关键帧

图3-51　绿色卡片运动效果

这样就完成了绿色色块的动画，下面将使用类似的方法再制作两个色块运动动画。因为方法类似，下面就做一个简单的介绍。

1 新建一个合成，命名为“卡片3”，“预设”使用PAL制式（PAL D1/DV，720×576），“持续时间”为5秒。选择菜单命令“图层”/“新建”/“纯色”，新建一个“纯色”层，设置Size下的“宽度”为3000，“高度”为576，单击“颜色”下的色块，设置为红色，RGB为（255，0，0）。

2 选择菜单命令“效果”/“过渡”/“卡片擦除”，为“纯色”层添加一个卡片划像效果，设置“行数”为1，“列数”为15，“卡片缩放”为0.70，“翻转轴”为*y*，“翻转方向”为“正向”，“翻转顺序”为“从左到右”，“随机植入”为200；展开“灯光”选项，设置“灯光位置”为（1500.0，-720.0），“环境光”为0.50；展开“材质”选项，设置“漫反射”为0.40，“镜面反射”为2.00。

3 将时间滑块移动到2秒位置，打开“过渡完成”和“过渡宽度”前面的码表，在2秒位置设置“过渡完成”为0%，“过渡宽度”为50%，3秒位置“过渡完成”为100%，4秒位置“过渡宽度”为100%；将时间滑块移动到3秒位置，打开“随机时间”前面的码表，在3秒位置设置“随机时间”为1.00，4秒位置为0.00。单击时间轴上方的按钮，打开曲线编辑视图，对其曲线进行调整。

4 将时间滑块移动到0帧位置，展开“摄像机位置”选项，打开“*y*轴旋转”，“*z*轴旋转”和“Z 位置”前面的码表，在0帧位置，设置“*y*轴旋转”为（0，30.0°），“*z*轴旋转”（0，-60.0°），“Z 位置”为-2.00；将时间滑块移动到3秒位置，设置“*y*轴旋转”为（0，0.0°），“*z*轴旋转”为（0，0.0°）；3秒15帧位置“Z 位置”为6.20。单击时间轴上方的按钮，打开曲线编辑视图，对其曲线进行调整。

5 将时间滑块移动到0帧位置，展开“位置抖动”选项，打开“Z 抖动量”前面的码表，在0帧位置设置“Z 抖动量”为20.00，3秒位置为1.00。单击时间轴上方的按钮，打开曲线编辑视图，对其曲线进行调整。

6 将时间滑块移动到0帧位置，展开“旋转抖动”选项，打开“Y 旋转抖动量”前面的码表，在0帧位置设置“Y 旋转抖动量”为360.00，4秒位置150.00。单击时间轴上方的按钮，打开曲线编辑视图，对其曲线进行调整。

7 将时间滑块移动到3秒位置，展开“变换”选项前面的码表，在3秒位置设置“不透明度”为100%，4秒位置为0%。这样红色色块将会在3秒位置开始淡出，4秒位置消失。这样就将红色色块制作完成，效果如图3-52所示。

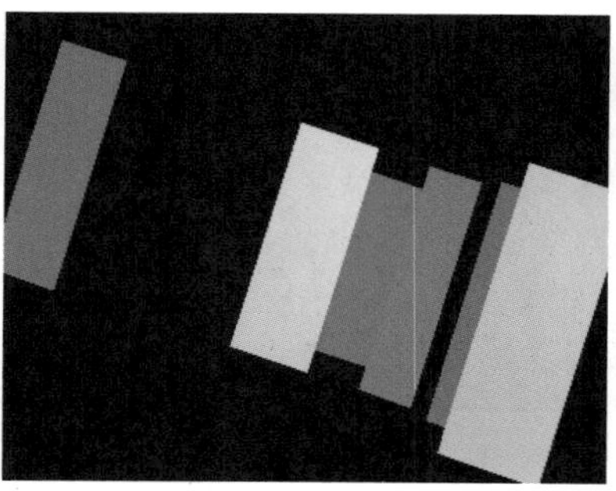
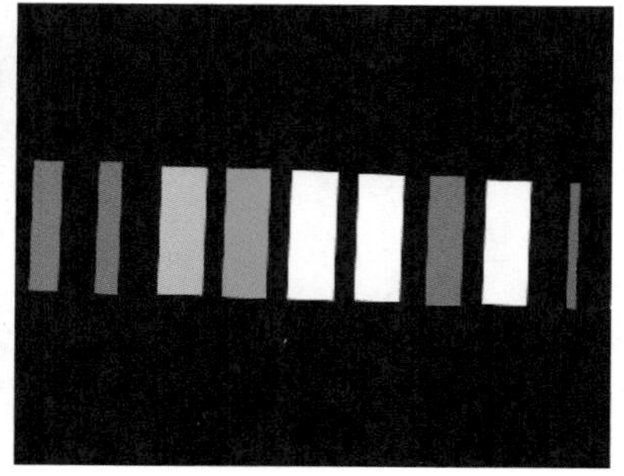

图3-52　红色卡片运动效果

8 新建一个合成，命名为“卡片4”，“预设”使用PAL制式（PAL D1/DV，720×576），“持续时间”为5秒。选择菜单命令“图层”/“新建”/“纯色”，新建一个“纯色”层，设置Size下的“宽度”为720，“高度”为576，单击“颜色”下的色块，设置为黄色，RGB为（255，255，0）。

9 选择菜单命令“效果”/“过渡”/“卡片擦除”，为“纯色”层添加一个卡片划像效果，“行数”为1，“列数”为20，“卡片缩放”为0.20，“翻转轴”为*y*，“翻转方向”为“正向”，“翻转顺序”为“从左到右”，“随机植入”为30；展开“灯光”选项，设置“灯光强度”为5.00，“灯光位置”为（6400.0，-960.0），“灯光深度”为0.50，“环境光”为0.20；展开“材质”选项，设置“漫反射”为0.40，“镜面反射”为2.00，“高光锐度”高光为40.00。

10 将时间滑块移动到2秒位置，打开“过渡完成”和“过渡宽度”前面的码表，在2秒位置设置“过渡完成”为0%，“过渡宽度”为50%，3秒位置“过渡完成”为100%，4秒位置“过渡宽度”为100%；将时间滑块移动到3秒位置，打开“随机时间”前面的码表，在3秒位置设置“随机时间”为1.00，4秒位置为0.00。单击时间轴上方的按钮，打开曲线编辑视图，对其曲线进行调整。

11 将时间滑块移动到0帧位置，展开“摄像机位置”选项，打开“*y*轴旋转”，“*z*轴旋转”和“Z 位置”前面的码表，在0帧位置，设置“*y*轴旋转”为（0，30.0°），“*z*轴旋转”（0，-60.0°），“Z 位置”为-2.00；将时间滑块移动到3秒位置，设置“*y*轴旋转”为（0，0.0°），“*z*轴旋转”为（0，0.0°）；3秒15帧位置“Z 位置”为6.20。单击时间轴上方的按钮，打开曲线编辑视图，对其曲线进行调整。

12 将时间滑块移动到0帧位置，展开“位置抖动”选项，打开“X 抖动量”和“Z 抖动量”前面的码表，在0帧位置设置“X 抖动量”为5.00，“Z 抖动量”为20.00，在3秒位置“X 抖动量”为0.00，“Z 抖动量”为1.00。单击时间轴上方的按钮，打开曲线编辑视图，对其曲线进行调整。

13 将时间滑块移动到0帧位置，展开“旋转抖动”选项，打开“Y 旋转抖动量”前面的码表，在0帧位置设置“Y 旋转抖动量”为360.00，4秒位置为150.00。单击时间轴上方的按钮，打开曲线编辑视图，对其曲线进行调整。

14 将时间滑块移动到3秒位置，展开“变换”选项前面的码表，在3秒位置设置“不透明度”为100%，4秒位置为0%。这样黄色色块将会在3秒位置开始淡出，4秒位置消失。这样就完成了最后一个色块的设置，效果如图3-53示。

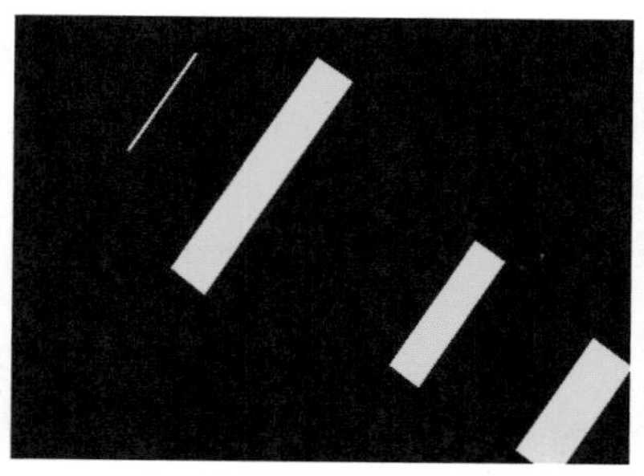
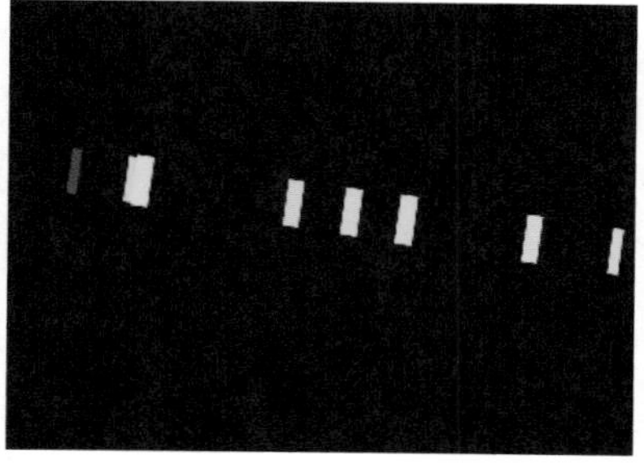

图3-53　黄色卡片运动效果

3. 制作文字层

1 启动After Effects软件，选择菜单命令“合成”/“新建合成”（快捷键Ctrl+N），新建一个命名为“文字”的合成，“预设”使用PAL D1/DV预置，“持续时间”为5秒。

2 选择菜单命令“图层”/“新建”/“文本”，新建文字层，输入AFTER EFFECTS，在“字符”面板中，将文字设为白色，尺寸设为60“像素”，字体为Arial Bold，将文字在屏幕中居中放置，如图3-54所示。

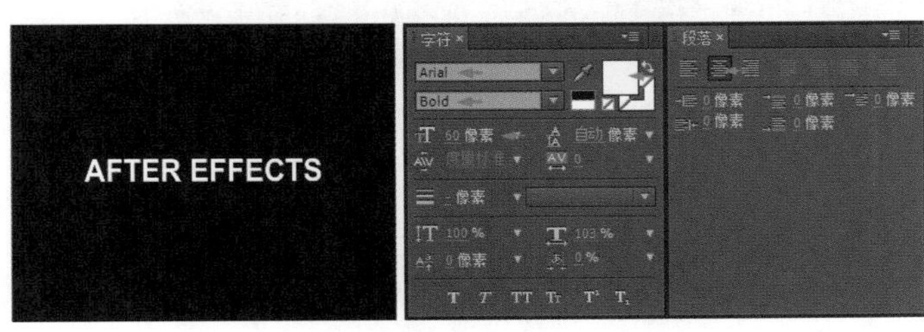

图3-54 建立文字

3 选择菜单命令“效果”/“模糊和锐化”/“快速模糊”，为文字添加一个模糊效果。设置“模糊方向”为“水平”，将时间滑块移动到3秒位置，打开“模糊度”前面的码表，在3秒位置设置“模糊度”为200.0，3秒15帧位置为0。

4 展开“变换”选项，将时间滑块移动到3秒位置，打开“不透明度”前面的码表，在3秒位置设置“不透明度”为0%，4秒10帧位置为100%，如图3-55所示。

图3-55 设置模糊及不透明关键帧

4. 最终合成

1 启动After Effects软件，选择菜单命令“合成”/“新建合成”（快捷键Ctrl+N），新建一个命名为“最终效果”的合成，“预设”使用PAL D1/DV预置，“持续时间”为5秒。

2 选择菜单命令“图层”/“新建”/“纯色”（快捷键Ctrl+Y），新建一个“背景”纯色层。选中“纯色”层，选择菜单命令“效果”/“生成”/“梯度渐变”，设置“结束颜色”的RGB为（100，10，10），如图3-56所示。

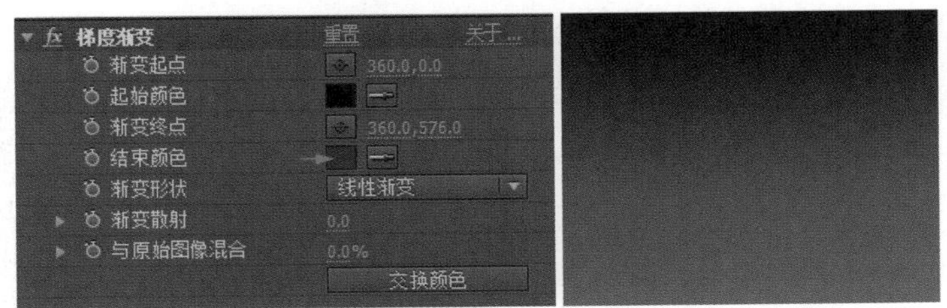

图3-56 为“纯色”层制作渐变效果

3 在“项目”面板中将“文字”、“卡片1”、“卡片2”、“卡片3”和“卡片4”合成依次拖放到“最终效果”合成中，并在“模式”栏中将叠加模式改为“相加”，如图3-57所示。

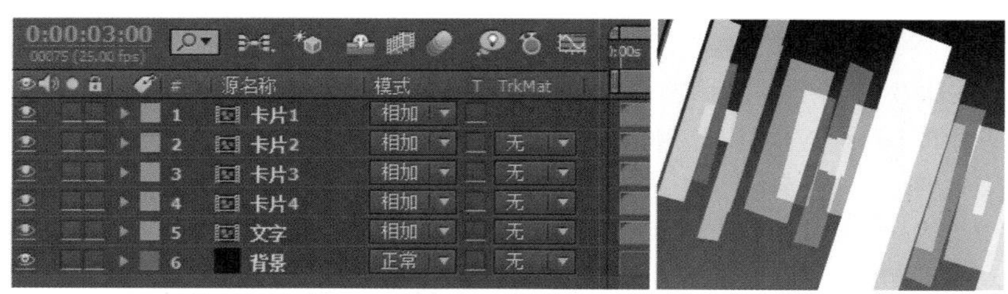

图3-57 更改模式

4 按小键盘上的0键预览，即可得到本实例的最终效果动画。

技术回顾

本例主要介绍“卡片擦除”效果的应用，通过给几个不同色彩的“纯色”层添加“卡片擦除”效果，实现各种色块飞舞的效果。

举一反三

在本例的练习中，使用调节层工具配合“变换”效果，制作卡片的缩小动画，在这里需要注意的是，需要将所有的卡片分别单独创建一个项目合成，然后才可以利用调节层工具制作卡片缩小动画，最后合成到背景层及文字层上。具体参数可以参考练习的工程方案，效果如图3-58所示。

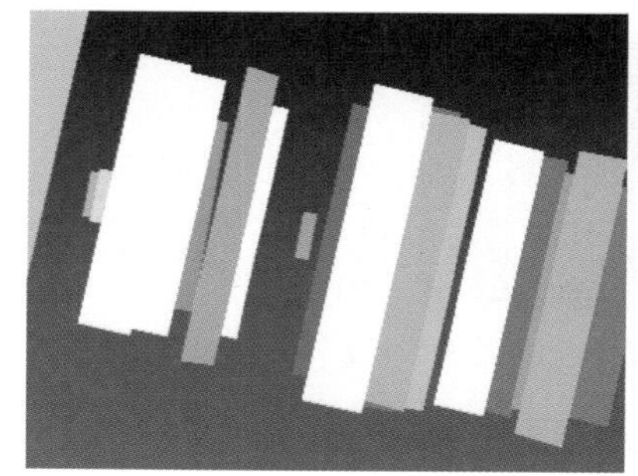

图3-58 实例效果

3.7 冲击波

技术要点	利用“毛边”制作冲击波	制作时间	10分钟
项目路径	\chap28\冲击波.aep	制作难度	★★★

实例概述

本例首先建立一个黑色“纯色”层和一个白色“纯色”层，然后在“纯色”层绘制圆形“蒙版”，白色的“蒙版”比黑色的大一些，接着在黑色“纯色”层上添加“毛边”，使黑色边缘产生很多小点，最后添加一个Shine效果，使之产生冲击波效果，如图3-59所示。

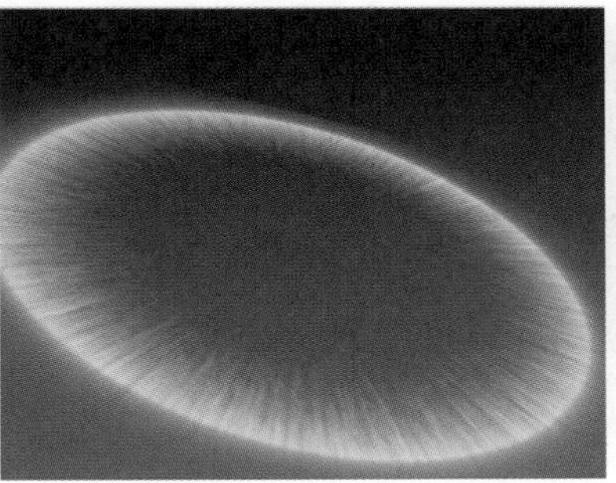
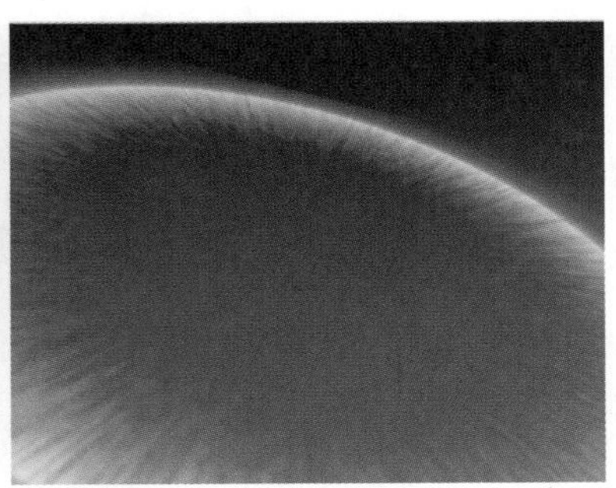

图3-59 实例效果

制作步骤

1. 制作“蒙版”层

1 启动After Effects软件，选择菜单命令“合成”/“新建合成”（快捷键Ctrl+N），新建一个命名为“蒙版”的合成，“预设”使用PAL D1/DV预置，“持续时间”为2秒。保存项目文件为“冲击波”。

2 选择菜单命令“图层”/“新建”/“纯色”（快捷键Ctrl+Y），新建一个白色“纯色”层。选择工具栏中的椭圆形“蒙版”工具，按住Shift键在“纯色”层上绘制一个“蒙版”，如图3-60所示。

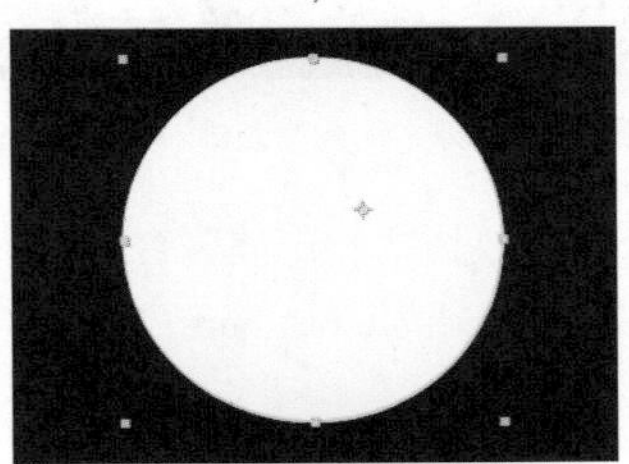

图3-60 绘制圆形“蒙版”

3 选择“纯色”层，按快捷键Ctrl+D创建一个副本，然后按快捷键Ctrl+Shift+Y，打开副本的“纯色设置”对话框，将副本颜色改为黑色。

4 展开黑色“纯色”层“蒙版”下的“蒙版 1”选项，设置“蒙版扩展”为-20.0像素，这样“蒙版”就会向内收缩20个像素，如图3-61所示。

图3-61 设置黑色“纯色”层

5 选择黑色“纯色”层，选择菜单命令“效果”/“风格化”/“毛边”，为黑色“纯色”层添加一个粗糙边缘效果，设置“边界”为220.00，“边界锐度”为10.00，“缩放”为10.0，“复杂度”为10；将时间滑块移动到0帧位置，打开“演化”前面的码表，设置“演化”在0帧位置为（0，0.0），2秒位置为（-5，0.0），如图3-62所示。

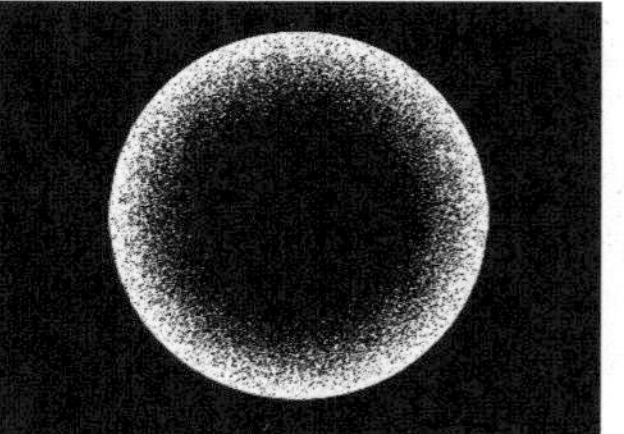

图3-62　为“纯色”层添加“毛边”效果

2. 制作冲击波

1 启动After Effects软件，选择菜单命令“合成”/“新建合成”（快捷键Ctrl+N），新建一个命名为“冲击波”的合成，“预设”使用PAL D1/DV预置，“持续时间”为2秒。

2 选择菜单命令“图层”/“新建”/“纯色”（快捷键Ctrl+Y），新建一个“背景”“纯色”层。选中“纯色”层，选择菜单命令“效果”/“生成”/“梯度渐变”，设置“结束颜色”的RGB为（100，10，10），如图3-63所示。

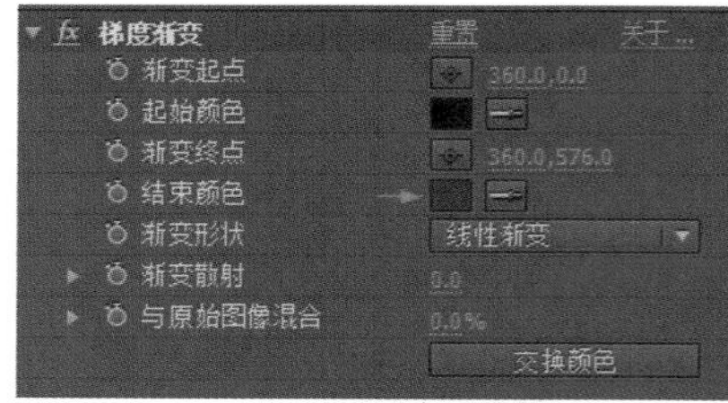

图3-63　为“纯色”层添加渐变效果

3 在“项目”面板中，将“蒙版”合成拖放到“冲击波”合成下，选择菜单命令“效果”/Trapcode/Shine，为“蒙版”合成添加一个发光效果。设置Ray Length为0.6，Boost Light为1.0，展开Colorize，设置Colorize为Fire（火焰色彩），如图3-64所示。

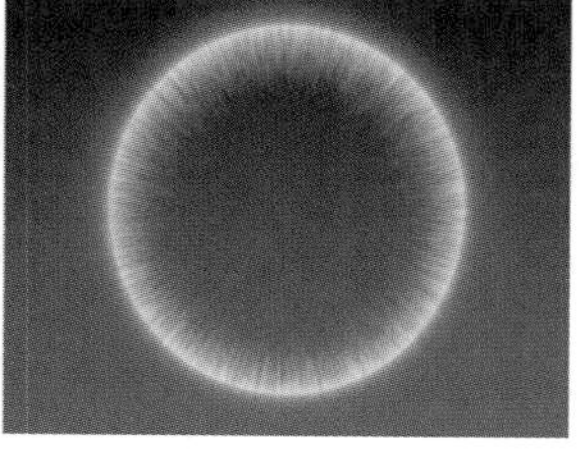

图3-64　为“蒙版”合成添加发光效果

4 打开“蒙版”层的三维开关，展开“变换”选项，设置“*x*轴旋转”为（0，-61.0°），“*y*轴旋转”为（0，-14.0°）；将时间滑块移动到0帧位置，打开“缩放”前面的码表，设置“缩放”在0帧为（0.0，0.0，100.0%），2秒位置为（300.0，300.0，100.0）；将时间滑块移动到1秒15帧位置，打开“不透明度”前面的码表，设置1秒15帧为100%，2秒时为0%，如图3-65所示。

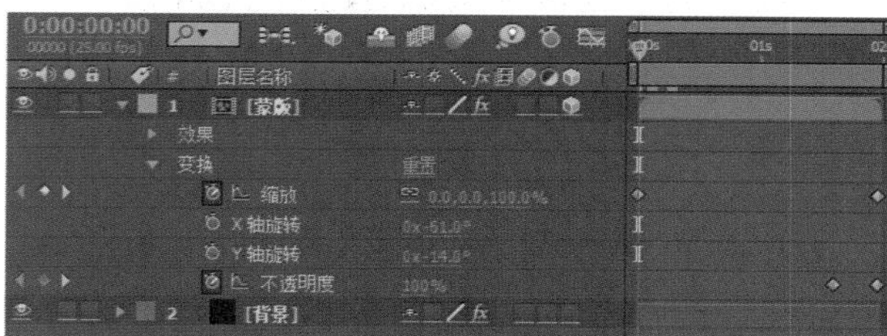

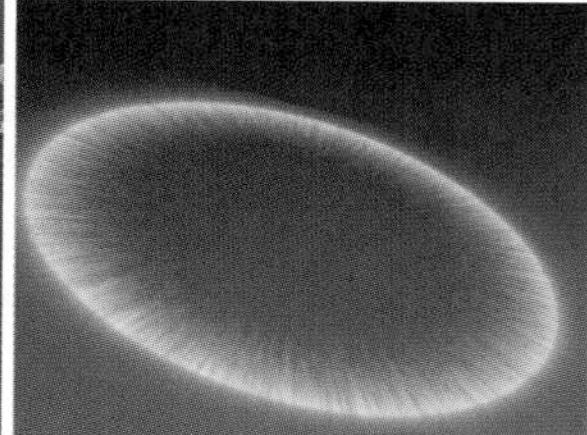

图3-65　设置冲击波中空间的位置

5 按小键盘上的0键预览，即可得到本实例的最终效果。

技术回顾

本例主要介绍“蒙版”的简单应用和“毛边”效果的初步应用，以及Shine光效插件在本例的出色表现。

举一反三

在场景中制作多个冲击波，并分别设置它们在空间中的位置。具体参数可以参考练习的工程方案，效果如图3-66所示。

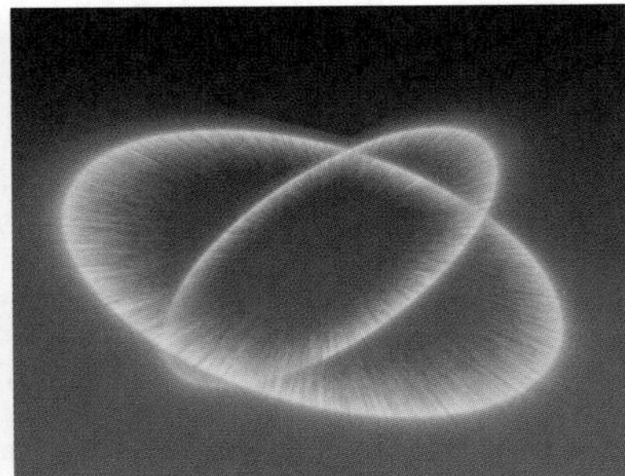
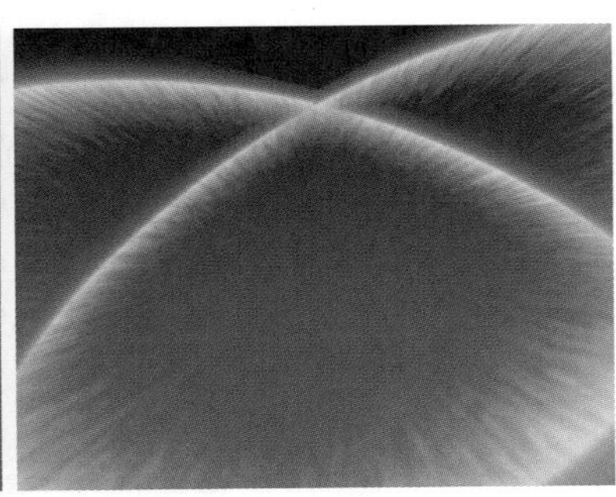

图3-66 实例效果

3.8 飞舞的飘带

技术要点	利用“纯色”层制作飘带	制作时间	8分钟
项目路径	\chap29\飞舞的飘带.aep	制作难度	★★★

实例概述

本例首先建立背景层，然后建立一个“纯色”层，在“纯色”层上添加“贝塞尔曲线变形”效果，使“纯色”层弯曲成飘带形状，再添加一个“波形变形”效果，制作成飘带的飘动动画，效果如图3-67所示。

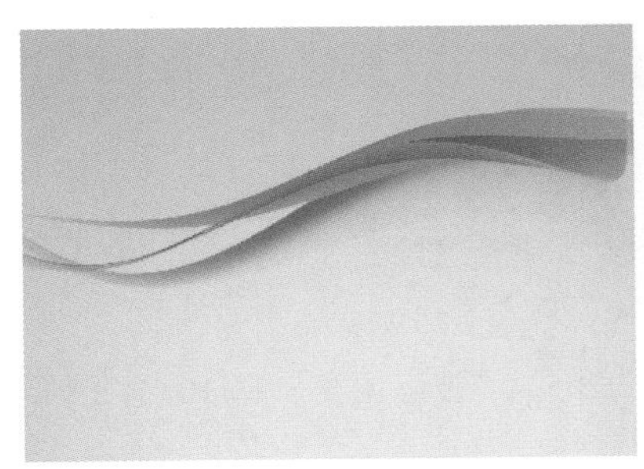
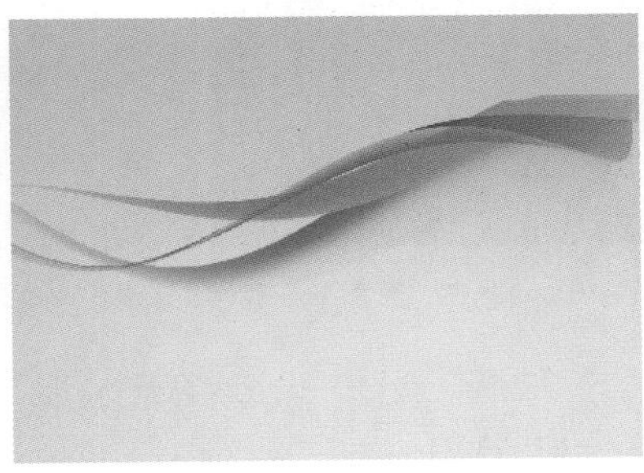
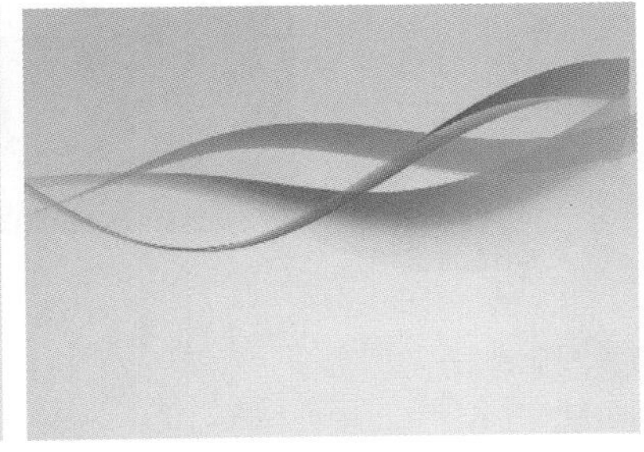

图3-67 实例效果

制作步骤

1. 制作背景层

1 启动After Effects软件，选择菜单命令“合成”/“新建合成”（快捷键Ctrl+N），新建一个命名为“飘带”的合成，“预设”使用PAL D1/DV预置，“持续时间”为5秒。保存项目文件为“飞舞的飘带”。

2 选择菜单命令“图层”/“新建”/“纯色”（快捷键Ctrl+Y），新建一个“纯色”层，设置RGB为（238，135，255）。

3 选择菜单命令“图层”/“新建”/“纯色”（快捷键Ctrl+Y），再新建一个“纯色”层，设置RGB为（242，255，135）。选择工具栏中的椭圆形“蒙版”工具，在“纯色”层上绘制一个椭圆形遮罩，展开“蒙版”/“蒙版1”选项，设置“蒙版羽化”（遮罩羽化）为（400.0，400.0），如图3-68所示。

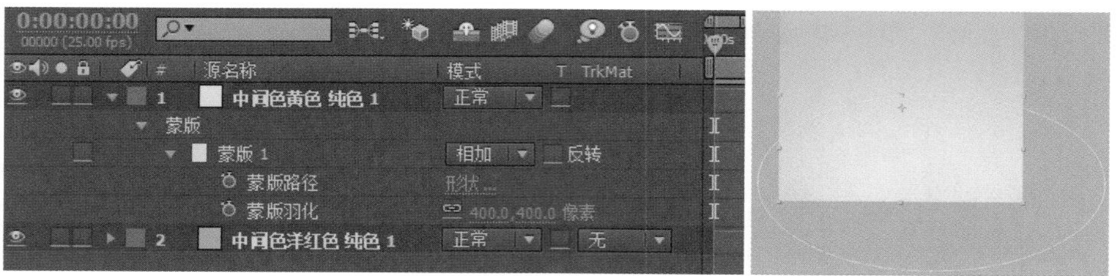

图3-68　在“纯色”层上绘制“蒙版”

2. 制作红色飘带

1 选择菜单命令“图层”/“新建”/“纯色”（快捷键Ctrl+Y），新建一个“纯色”层，设置为红色。展开“变换”选项，设置“缩放”为（100.0，25.0%）。

2 选择工具栏中的矩形“蒙版”工具，在红色“纯色”层上绘制一个矩形的遮罩，展开“蒙版”下的“蒙版1”选项，设置“蒙版羽化”为（400.0，400.0），“蒙版扩展”为-150，如图3-69所示。

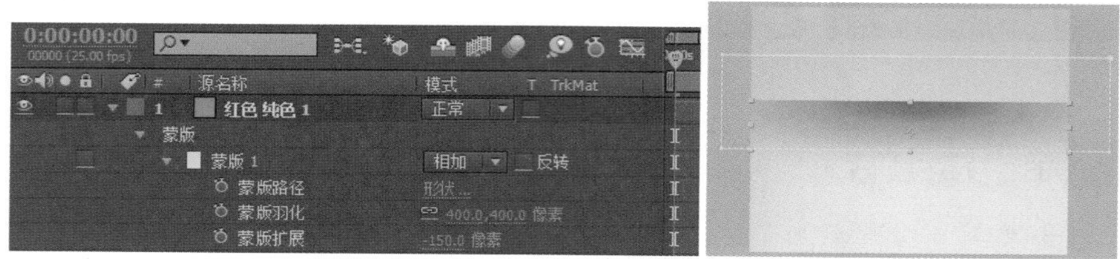

图3-69　在“纯色”层上绘制“蒙版”

3 选择菜单命令“效果”/“扭曲”/“贝塞尔曲线变形”，为“纯色”层添加一个贝塞尔弯曲效果，设置“品质”为4，并在视图中调整贝赛尔曲线，如图3-70所示。

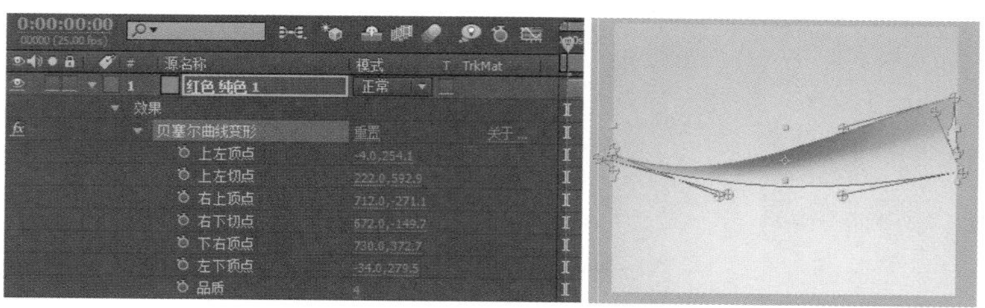

图3-70　为红色“纯色”层添加贝塞尔弯曲效果

4 选择菜单命令“效果”/“扭曲”/“波形变形”，设置“波形高度”为205，“波形宽度”为410，“波形速度”为0.2，“相位”为（0，-250.0），如图3-71所示。

图3-71　为红色“纯色”层添加波浪弯曲效果

5 按小键盘上的0键进行预览，这时飘带已经飘动起来了。下面只需要按照上面的做法制作其他两条飘带就可以了，同样也可以将红色飘带复制两层，在复制的两层上，对其颜色及波形数值进行适当的修改也可以达到想要的效果。后者显得更为简单一些，但是为了加深印象，还是重新做一遍。

3. 制作绿色飘带

1 选择菜单命令“图层”/“新建”/“纯色”，新建一个“纯色”层，单击“大小”下的“制作合成大小”按钮，自动设置为合成大小，单击“颜色”下的色块，设置为绿色。展开“变换”选项，设置“缩放”为（100.0，25.0%）。

2 选择工具栏中的矩形“蒙版”工具，在“纯色”层上绘制一个矩形的遮罩，展开“蒙版”/“蒙版 1”选项，设置“蒙版羽化”为（400.0，400.0），“蒙版扩展”为-150。

3 以下有些部分的设置会跟前面有些变化，但方法是一样的。选择菜单命令“效果”/“扭曲”/“贝塞尔曲线变形”，设置“品质”为4，并在视图中调整贝赛尔曲线，如图3-72所示。

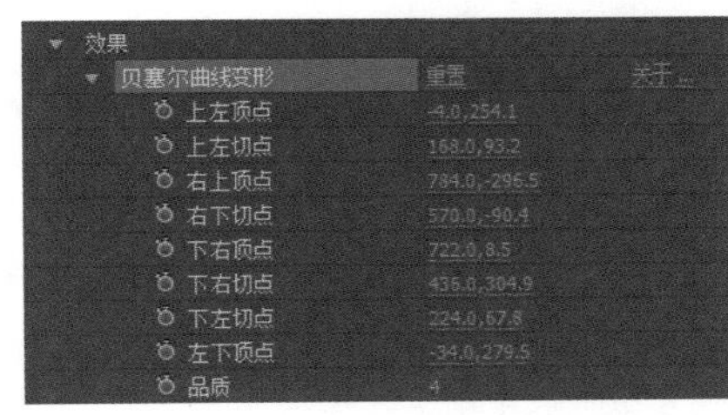

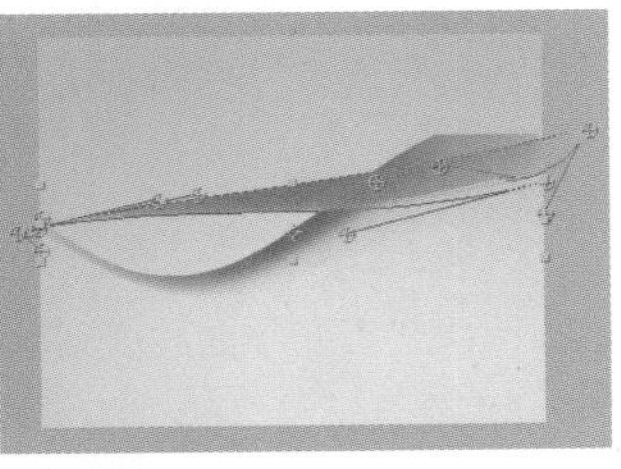

图3-72 为绿色“纯色”层添加贝塞尔弯曲效果

4 选择菜单命令“效果”/“扭曲”/“波形变形”，设置“波形高度”为144，“波形宽度”为382，“波形速度”为0.3，“相位”为（0，-250.0），如图3-73所示。

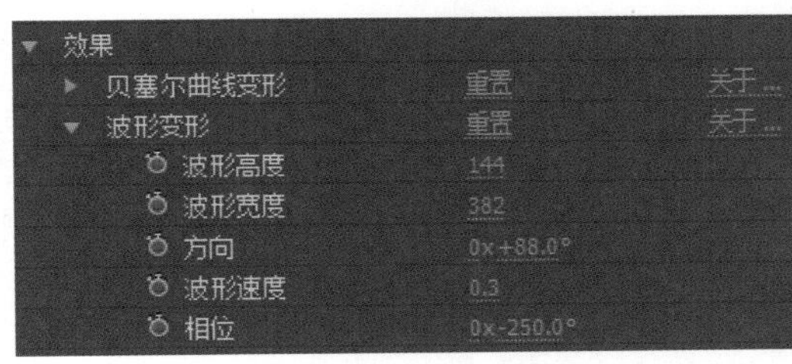

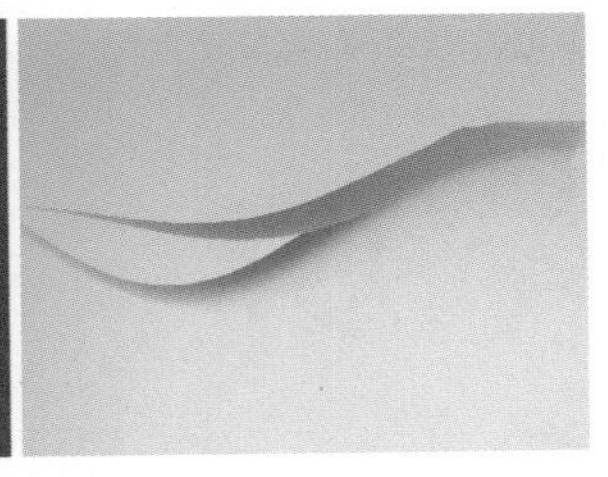

图3-73 为绿色“纯色”层添加波浪弯曲效果

4. 制作蓝色飘带

1 选择菜单命令“图层”/“新建”/“纯色”，新建一个“纯色”层，单击“大小”下的 “制作合成大小”按钮，自动设置为合成大小，单击“颜色”下的色块，设置为蓝色。展开“变换”选项，设置“缩放”为（100.0，25.0%）。

2 选择工具栏中的矩形“蒙版”工具，在“纯色”层上绘制一个矩形的遮罩，展开“蒙版”/“蒙版 1”选项，设置“蒙版羽化”为（400.0，400.0），“蒙版扩展”为-150。

3 选择菜单命令“效果”/“扭曲”/“贝塞尔曲线变形”，设置“品质”为4，并在视图中调整贝赛尔曲线，如图3-74所示。

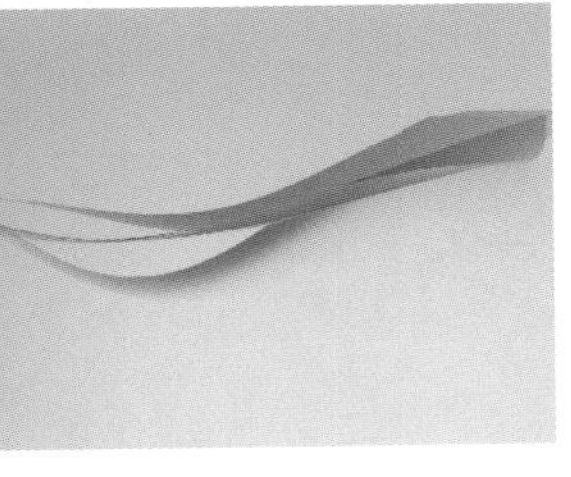

图3-74 为蓝色“纯色”层添加贝塞尔弯曲效果

4 选择菜单命令“效果”/“扭曲”/“波形变形”，设置“波形高度”为204，“波形宽度”为410，“波形速度”为0.1，“相位”为（0，-250.0），如图3-75所示。

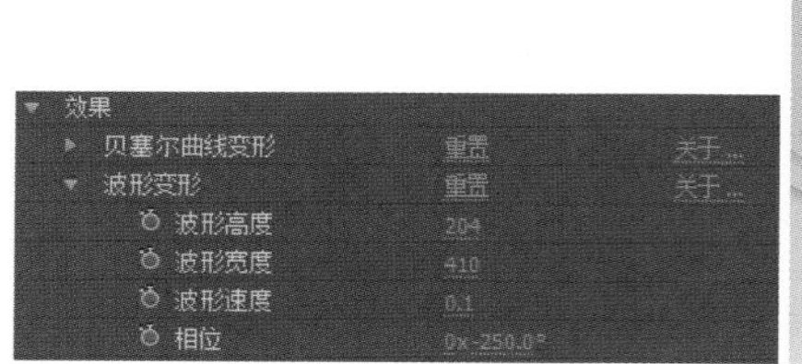

图3-75 为蓝色“纯色”层添加波浪弯曲效果

5 按小键盘上的0键预览，即可得到本实例的最终效果。

技术回顾

本例主要介绍“扭曲”中“贝塞尔曲线变形”效果和“波形变形”效果的应用。

举一反三

根据本节介绍的方法，通过改变“纯色”层的颜色和“波形变形”的波浪类别，制作出另外一组飘带。具体参数可以参考练习的工程方案，如图3-76所示。

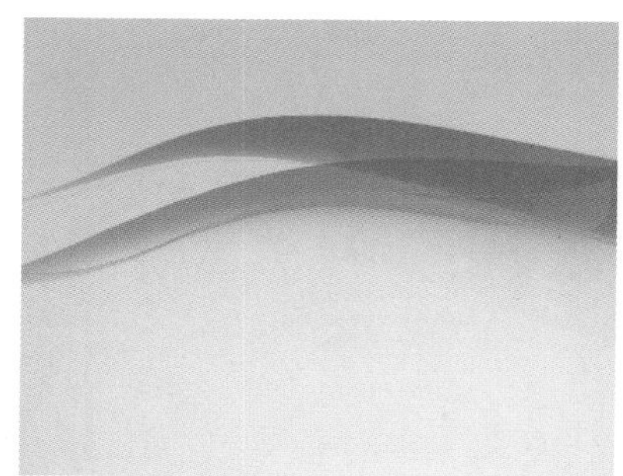
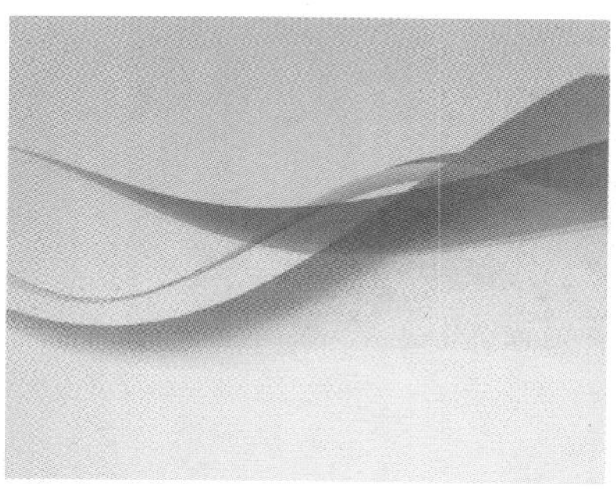
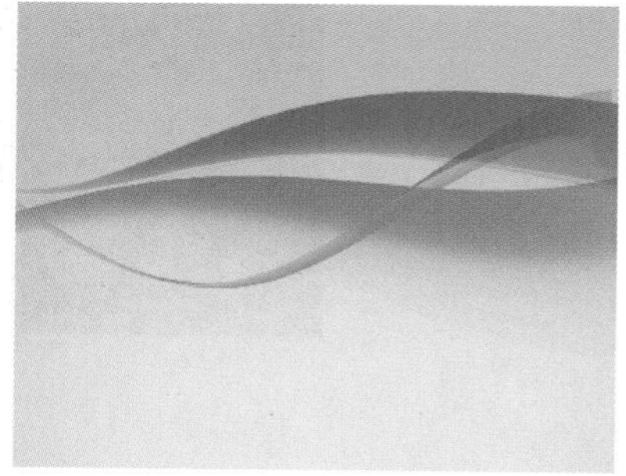

图3-76 实例效果

3.9 彩色移动条

技术要点	利用“卡片动画”制作彩色移动条效果	制作时间	10分钟
项目路径	\chap30\彩色移动条.aep	制作难度	★★★

实例概述

本例制作一个彩色的竖形条在屏幕中左右来回移动的效果，先利用“分形杂色”效果制作两个不同的杂色动画背景，然后建立彩色的“纯色”层，通过添加“卡片动画”效果来制作移动条，并利用杂色动画背景作为参考层，得到彩色的移动条动画效果，如图3-77所示。

图3-77　实例效果

制作步骤

1. 建立“合成 1”分形杂色图案

1 启动After Effects软件，选择菜单命令“合成”/“新建合成”（快捷键Ctrl+N），新建一个“合成 1”合成，“预设”使用PAL D1/DV预置，“持续时间”为5秒。保存项目文件为“彩色移动条”。

2 选择菜单命令“图层”/“新建”/“纯色”(快捷键Ctrl+Y)，新建一个“纯色”层。选中“纯色”层，选择菜单命令“效果”/“杂色和颗粒”/“分形杂色”，为“纯色”层添加一个“分形杂色”效果，设置“分形类型”为“湍流基本”，“溢出”为“剪切”，“缩放”为150，“偏移(湍流)”为(200，150)，“复杂度”为1，然后在第0帧处单击打开“演化”前的码表，设置“演化”为-30°，在第4秒24帧处设置“演化”为0°，如图3-78所示。

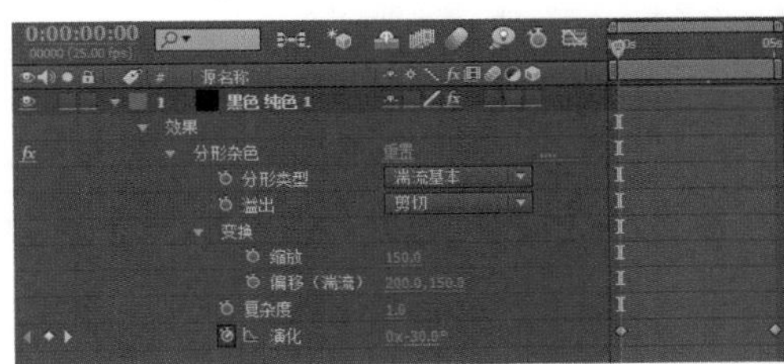

图3-78　设置分形杂色动画关键帧

2. 建立“合成 2”分形杂色图案

1 选择菜单命令“合成”/“新建合成”（快捷键Ctrl+N），新建一个“合成 1”合成，“预设”使用PAL D1/DV预置，“持续时间”为5秒。

2 选择菜单命令“图层”/“新建”/“纯色”（快捷键Ctrl+Y），新建一个“纯色”层。选中“纯色”层，选择菜单命令“效果”/“杂色和颗粒”/“分形杂色”，为“纯色”层添加一个“分形杂色”效果，设置“分形类型”为“湍流基本”，“反转”为“开”，“溢出”为“剪切”，“缩放”为150，“复杂度”为1，然后在第0帧处单击打开“偏移（湍流）”前的码表，设置“偏移（湍流）”为（20，25），在第4秒24帧处设置“偏移（湍流）”为（0，0），如图3-79所示。

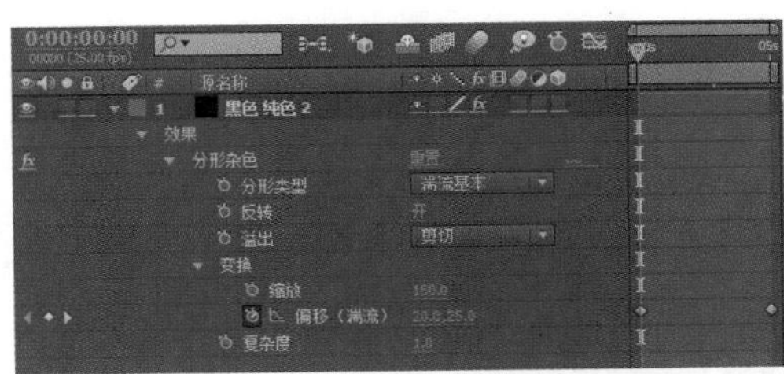
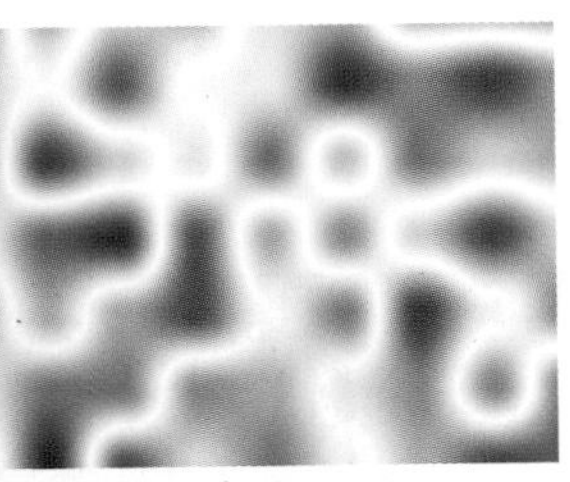

图3-79　设置分形杂色动画关键帧

3. 建立彩色移动条

1 选择菜单命令“合成”/“新建合成”（快捷键Ctrl+N），新建一个命名为“彩色移动条”的合成，“预设”使用PAL D1/DV预置，“持续时间”为5秒，将背景颜色设为RGB（255，115，0）。

2 从项目面板中将“合成 1”和“合成 2”拖动至新的时间轴中，这两层以后用来作为效果设置中的参考层，可以关闭其图层的显示。

3 选择菜单命令“图层”/“新建”/“纯色”（快捷键Ctrl+Y），新建一个黄色的纯色层，将颜色设为RGB（255,200,0）。选中“纯色”层，选择菜单命令“效果”/“模拟”/“卡片动画”，为“纯色”层添加一个“卡片动画”效果，设置“行数”为1，“列数”为30，“背面图层”为“无”，“渐变图层 1”为“合成 2”，“旋转顺序”为XYZ，“变换顺序”为（缩放，位置，旋转）。“X位置”下的“源”为“强度 1”，“乘数”为11.9，“X缩放”下的“源”为“强度 1”，“X缩放”下的“系数”为-1.6，“*x*轴缩放”下的“偏移”为2，“*y*轴缩放”下的“源”为“无”，“*y*轴缩放”下的“乘数”为1.6，如图3-80所示。

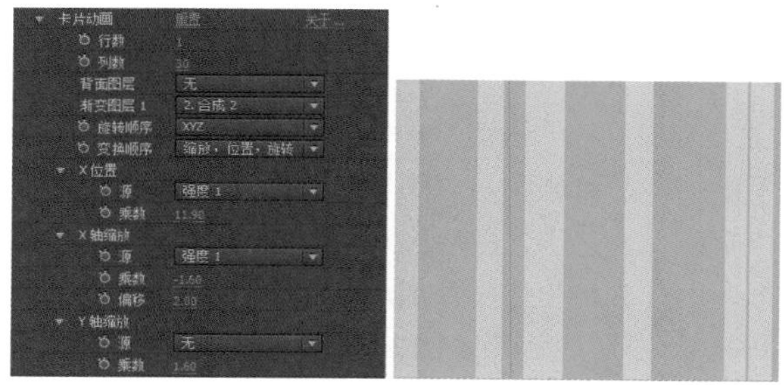

图3-80 添加和设置卡片翻转效果

4 选择菜单命令“图层”/“新建”/“纯色”（快捷键Ctrl+Y），新建一个黄色的“橙色条”纯色层，将颜色设为RGB（255，115，0）。选中“纯色”层，选择菜单命令“效果”/“模拟”/“卡片动画”，为“纯色”层添加一个“卡片动画”效果，设置“行数”为1，“列数”为22，“背面图层”为“无”，“渐变图层 1”为“合成 1”，“旋转顺序”为XYZ，“变换顺序”为(缩放，位置，旋转)。“X位置”下的“源”为“强度 1”，“乘数”为11.9，“*x*轴缩放”下的“源”为“强度垂直斜度 1”，“*x*轴缩放”下的“乘数”为-1.6，“*x*轴缩放”下的“偏移”为2，“*y*轴缩放”下的“源”为“无”，“*y*轴缩放”下的“乘数”为1.6。“灯光”下的“灯光强度”为0.6，如图3-81所示。

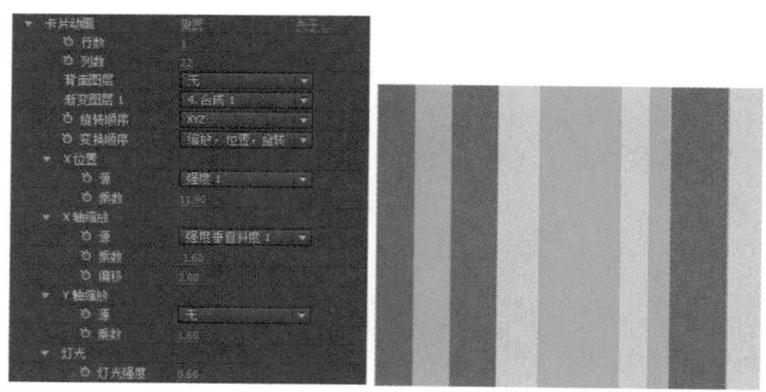

图3-81 添加和设置卡片翻转效果

5 在时间轴中将顶层“橙色条”层的图层模式改为“相加”，如图3-82所示。

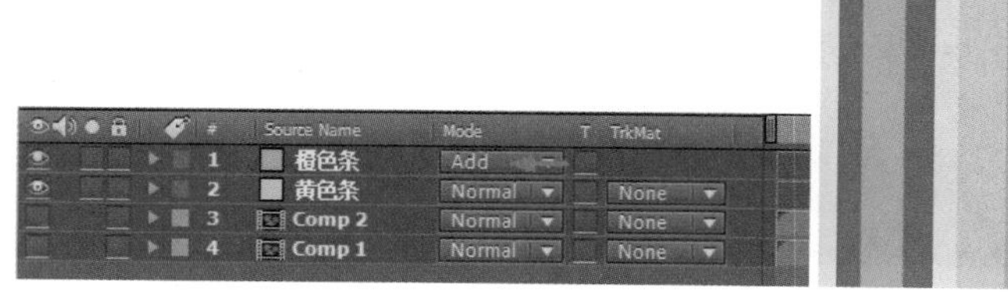

图3-82 设置图层模式

6 按小键盘上的0键预览，即可得到本实例的最终效果。

技术回顾

本例主要介绍了使用“卡片动画”结合杂色参考层产生移动条的动画效果，其中“卡片动画”的参数设置最为关键。另外如果要得到不同色调的移动条，可以创建不同颜色的“纯色”层，再应用“卡片动画”即可。

举一反三

根据本节介绍的方法，制作不同色调的彩色移动条。具体参数可以参考练习的项目文件，效果如图3-83所示。

图3-83 实例效果

3.10 图形动画

技术要点	Shape Layer图形动画	制作时间	15分钟
项目路径	\chap31\形状图层动画.aep	制作难度	★★★

实例概述

“形状图层”是After Effects中一个重要的矢量图动画功能，本例就是利用“形状图层”中的众多设置，调整制作图形变化的动画，效果如图3-84所示。

图3-84 实例效果

制作步骤

1. 建立Shape图层

1 启动After Effects软件，选择菜单命令“合成”/“新建合成”（快捷键Ctrl+N），新建一个“合成 1”合成，“预设”使用PAL D1/DV预置，“持续时间”为5秒。保存项目文件为“图形动画”。

2 选择菜单命令“图层”/“新建”/“形状图层”，在“合成 1”时间轴中创建一个“形状图层 1”图层，在“形状图层 1”下的“内容”右侧单击“添加”后的按钮，选择弹出菜单中的“多边星形”，添加一个“多边星形路径 1”。

> 提示
>
> 在添加描边或填充之前，只有单击选中“形状图层 1”的情况下，才可以在视图中查看到五角星形状的路径线条。

3 在“形状图层 1”下的“内容”右侧单击“添加”后的按钮，选择弹出菜单中的“描边”，添加一个描边效果，将“颜色”设为RGB（100，180，255），将“描边宽度”设为15，如图3-85所示。

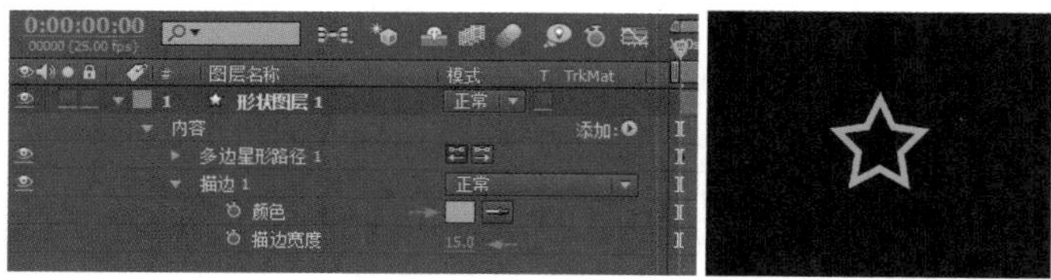

图3-85　添加描边

4 在“形状图层 1”下的“内容”右侧单击“添加”后的按钮，选择弹出菜单中的“渐变填充”，添加一个渐变填充效果，设置“类型”为“径向”，“结束点”为（200，0），单击“颜色”后的“编辑渐变”，打开颜色设置对话框，设置颜色为RGB（100，180，255），如图3-86所示。

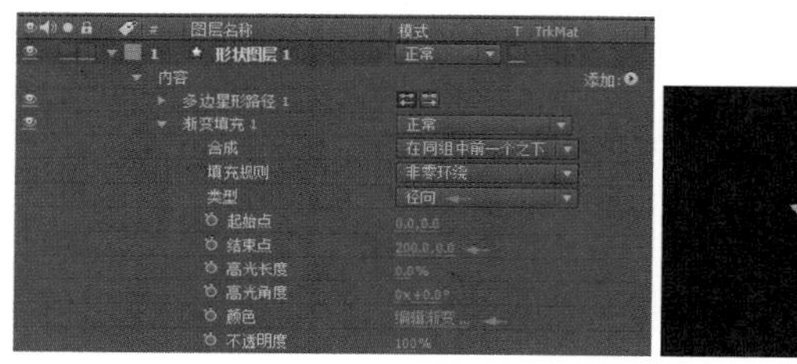

图3-86　添加“渐变填充”

5 在“形状图层 1”下的“内容”右侧单击“添加”后的按钮，选择弹出菜单中的“矩形路径”，添加一个矩形路径效果，将“大小”设为（250，250），将“圆度”设为30。

步骤06 在“形状图层 1”下的“内容”右侧单击“添加”后的按钮，选择弹出菜单中的“合并路径”，将“模式”设为“排除交集”，如图3-87所示。

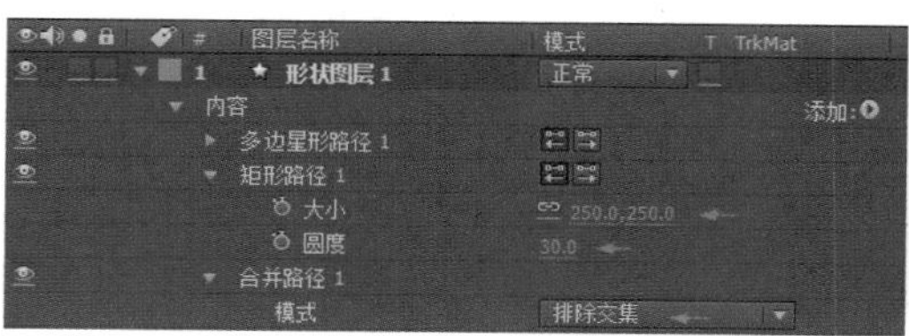

图3-87　添加矩形路径和合并路径

2. 添加光效

1 在时间轴中选中“形状图层 1”，选择菜单“效果”/Trapcode/Shine，这是一个光效插件，为其添加光效，将Colorize选择为None，将Transfer Mode选择为Screen。

2 在时间轴中选中“形状图层 1”，选择菜单“效果”/Stylize/“发光”，为其添加发光效果，将“发光阈值”设为30%，将“发光半径”设为50，将“发光强度”设为0.5，如图3-88所示。

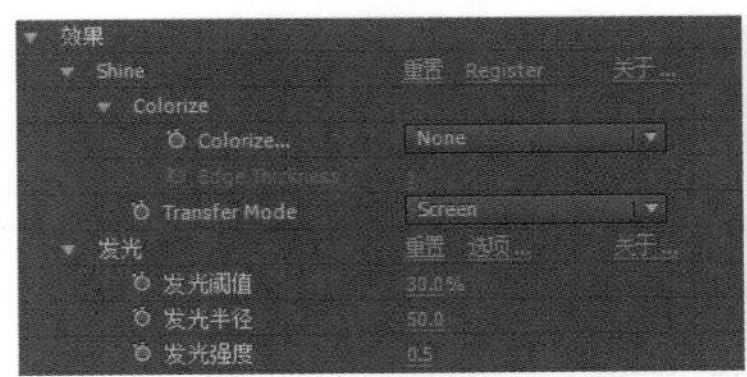

图3-88 添加Shine和Glow

3. 设置图形动画

1 在时间轴中选中“形状图层 1”，在第0帧时，单击打开“多边星形路径 1”下“内径”、“外径”、“内圆度”和“外圆度”前面的码表，分别设置为500、1000、500%和500%。同时打开“渐变填充” 1下“结束点”前面的码表，将其设为（540，0）。

2 在第1秒处，单击打开“多边星形路径 1”下“点”前面的码表，设置“点”为9，并设置“内径”为50，“外径”为100。同时单击打开“矩形路径”下“大小”前面的码表，将其设为（0，0）。

3 在第1秒05帧处，分别设置“多边星形路径 1”下的“点”为5，“内圆度”为0%，“外圆度”为0%。同时“渐变填充1”下的“结束点”为（187.5，0）。

4 在第1秒24帧处，设置“矩形路径 1”下的“大小”为（248.3，248.3），如图3-89所示。

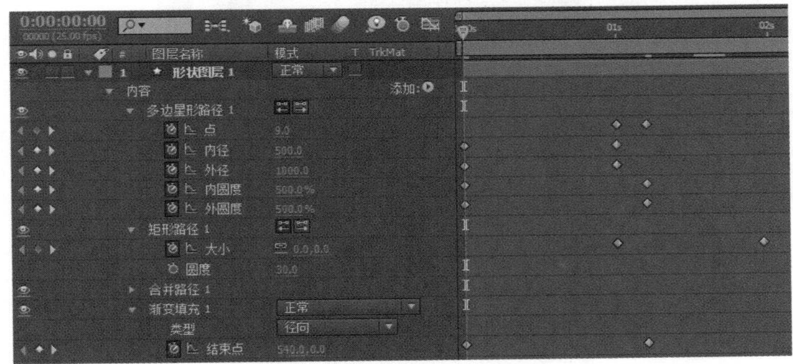

图3-89 设置动画关键帧

5 查看当前动画效果，如图3-90所示。

图3-90 预览动画效果

4. 设置图形重复动画

1 在“形状图层 1”下的“内容”右侧单击“添加”后的按钮，选择弹出菜单中的中继器，添加一个“中继器 1”。

2 在第2秒处，展开“中继器 1”下的“变换：中继器 1”，设置“位置”为（100，0），“结束点不透明度”为0%。单击打开“副本”、“缩放”和“旋转”前面的码表，将“副本”设为1，“缩放”设为（100%，100%），“旋转”设为0°。

3 在第3秒处，设置“副本”为10，单击打开“变换：中继器 1”下“位置”前面的码表，将其设为（100，0）。

4 在第4秒24帧处，设置“位置”为（65，0），“缩放”为（150%，150%），“旋转”为120°，如图3-91所示。

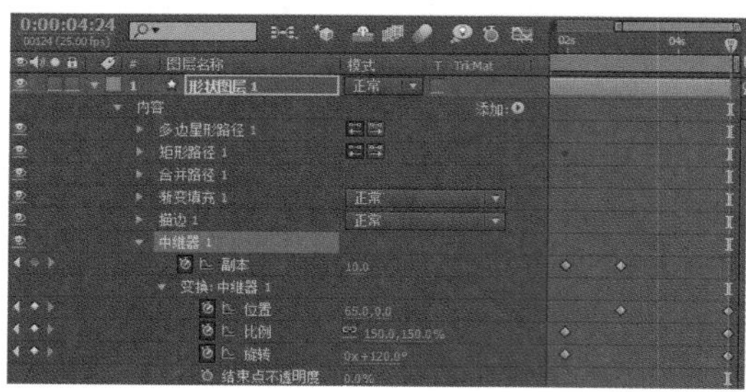

图3-91　在4秒24帧时设置动画关键帧

5 最后选中“形状图层 1”，按S键展开其“变换”下的“缩放”，在第2秒时单击打开其前面的码表，设为（100%，100%），在第4秒24帧时设为70%。同时减弱最后的强烈光效，在第2秒时单击打开“发光”下“发光强度”前面的码表，设为0.5，在第4秒24帧设为0.3，如图3-92所示。

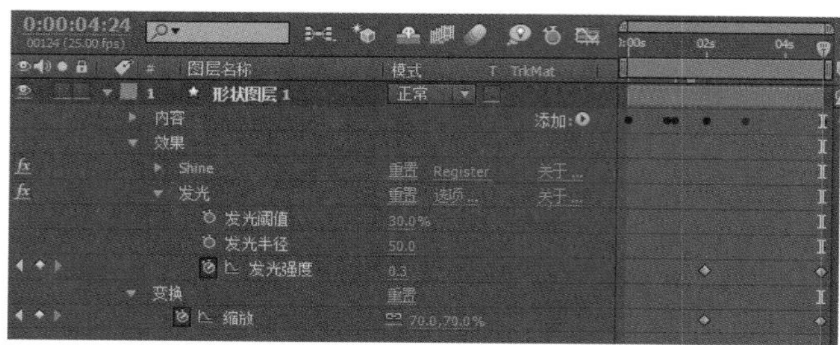

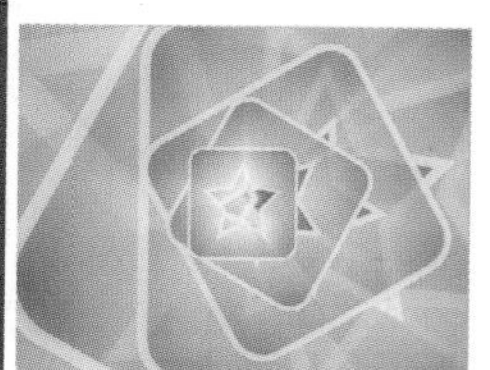

图3-92　在1秒24帧时设置动画关键帧

技术回顾

本例中的效果是在一个“形状图层”中制作并得到的，可见“形状图层”具有强大的图形动画功能，它的使用方法与“文字动画”及“蒙版”都有一些相似之处，了解了其众多的参数之后，可以制作出许多意想不到的图形动画或图案效果。

举一反三

根据上面介绍的方法，制作一个框架和标志在空间中旋转的动画，具体参数可以参考练习中的项目文件，如图3-93所示。

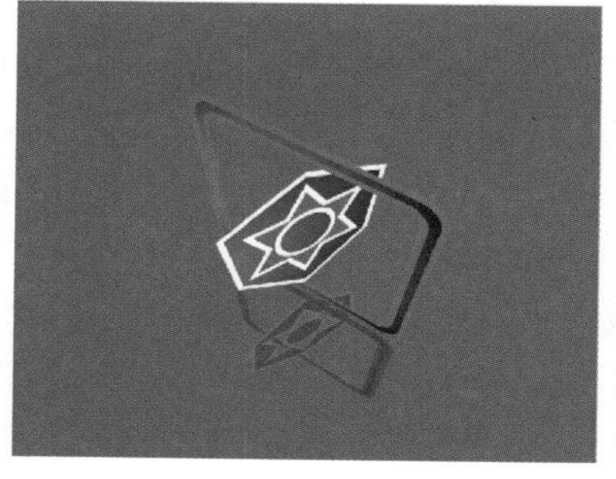

图3-93　实例效果

第 4 章
三维空间

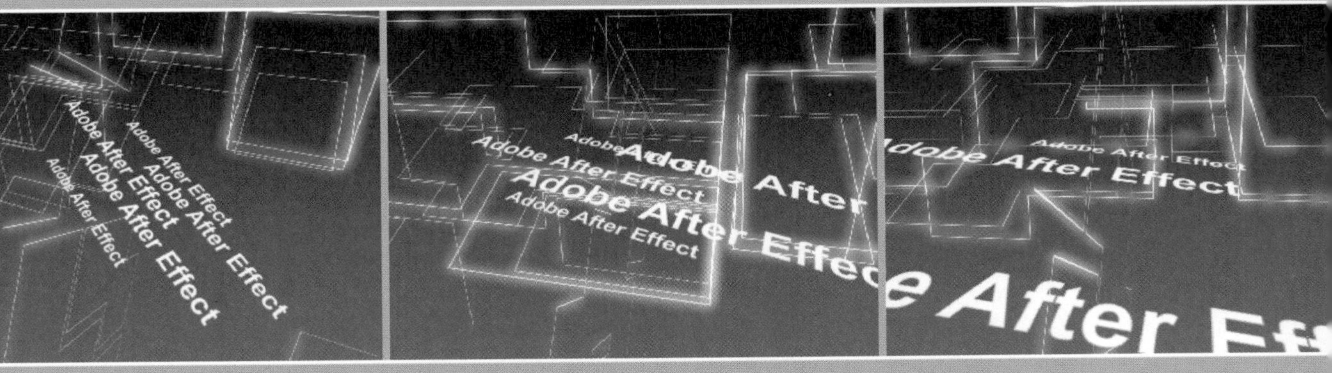

Adobe After Effect
Adobe After Effect
Adobe After Effect
Adobe After Effect
Adobe After Effect
Adobe After
Adobe After Effect
Adobe After Effect
Adobe After Effect
Adobe After Effect
e After Eff

4.1 空间发光字

技术要点	在三维空间中制作文字发光效果	制作时间	5分钟
项目路径	\chap32\空间发光字.aep	制作难度	★★

实例概述

本例先建立一个“纯色”层，然后打开“纯色”层的三维选项，调整到适当位置，产生地面的效果， 然后再建立一个文字层，打开三维开关并调整其位置，使文字站立在地面效果的“纯色”层上，最后在文字层上添加一个Shine发光效果，如图4-1所示。

图4-1 实例效果

制作步骤

1. 建立地面层

1 启动After Effects软件，选择菜单命令“合成”/“新建合成”（快捷键Ctrl+N），新建一个命名为“空间发光字”的合成，“预设”使用PAL D1/DV预置，“持续时间”为5秒。保存项目文件为“空间发光字”。

2 选择菜单命令“图层”/“新建”/“纯色”（快捷键Ctrl+Y），新建一个“地面”“纯色”层，设置颜色为（220，220，220）。

3 单击工具栏中的椭圆形“蒙版”绘制按钮，在“地面”层上绘制一个椭圆形的“蒙版”，展开“地面”层“蒙版”下的“蒙版 1”选项，设置“蒙版羽化”为（150.0，150.0），“蒙版扩散”为（-100.0），这样遮罩就向内扩展了100像素，并产生150像素的羽化效果，也就是逐渐透明的效果，如图4-2所示。

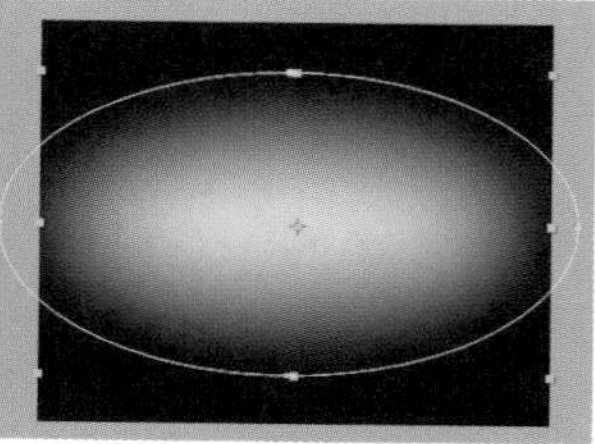

图4-2 设置“纯色”层的“蒙版”

4 在时间轴面板中打开“地面”层的三维开关，展开“变换”选项，设置“方向”为（90.0°，0.0°，0.0°）。

5 选择菜单命令“图层”/“新建”/“摄像机”，为场景建立一个摄像机。展开“变换”选项，设置“目标点”为（360.0，290.0，30.0），“位置”为（550.0，240.0，-80.0）。展开“摄像机选项”，设置“缩放”为450.0，“焦距”为450.0，如图4-3所示。

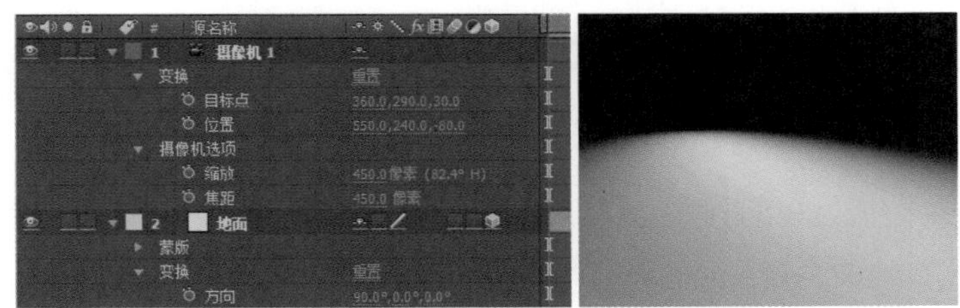

图4-3 创建摄像机层并设置其位置属性

2. 建立发光字

1 选择菜单命令“图层”/“新建”/“文本”，新建文字层，在屏幕中输入文字 “ADOBE”，在“字符”面板中，将文字设为白色，尺寸设为65像素，英文字体为Arial，文字间距为-75。将文字在屏幕中居中放置。

2 在时间轴面板中选择文字层，打开该层的三维开关，展开“变换”选项，设置“位置”为（310.0，290.0，-25.0），如图4-4所示。

图4-4 设置文字层的空间位置

3 选择菜单命令“效果”/Trapcode/Shine（发光），为文字添加一个发光滤镜。设置Ray Length（射线长度）为5.0，展开Colorize（发光）的颜色选项，设置Colorize为None，Transfer Mode（转换模式）为Normal（正常），如图4-5所示。

图4-5 为文字层添加发光效果

3. 制作摄像机动画

1 在时间轴面板中选择摄像机层，将时间滑块移动到0帧位置，展开“变换”选项，打开“位置”选项前面的码表，设置“位置”在0帧位置为（550.0，240.0，-80.0），将时间滑块移动到4秒位置，设置“位置”为（550.0，240.0，-150.0），如图4-6所示。

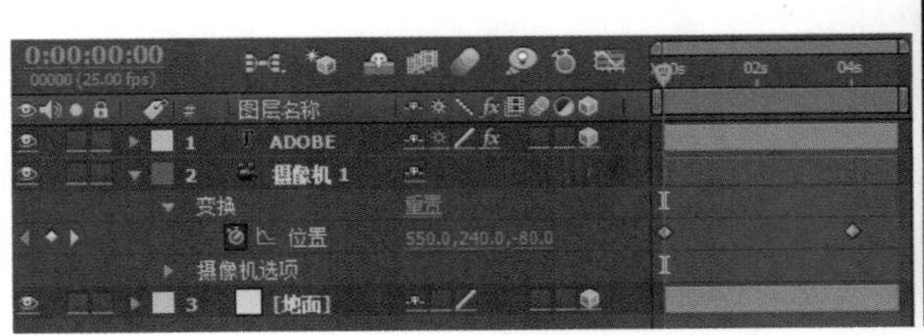

图4-6 制作摄像机层的动画

2 按小键盘上的0键预览，即可观察本实例的最终效果。

技术回顾

本例主要的技术要点在于，在三维空间中将“地面”和“文字”层调整到想要的位置，以及摄像机的移动动画。

举一反三

根据上面介绍的制作方法，制作一个其他颜色的发光文字，并且光在文字上扫过。具体参数可以参考练习的工程方案，效果如图4-7所示。

图4-7　实例效果

4.2 旋转的扇页

技术要点	利用图层的三维旋转功能制作旋转的扇页	制作时间	10分钟
项目路径	\chap33\旋转的扇页.aep	制作难度	★★

实例概述

本例先在“纯色”层上绘制一个扇页的形状遮罩，然后复制多个并旋转不同的角度，再为这些扇页层创建一个父级层，设置动画使这些扇页转动起来，最后设置适当的颜色效果，如图4-8所示。

图4-8　实例效果

制作步骤

1. 建立扇页形状

1 启动After Effects软件，选择菜单命令“合成”/“新建合成”（快捷键Ctrl+N），新建一个命名为“旋转的扇页”的合成，“预设”使用PAL D1/DV预置，“持续时间”为10秒。保存项目文件为“旋转的扇页”。

2 选择菜单命令“图层”/“新建”/“纯色”（快捷键Ctrl+Y），新建一个名为“背景色”的“纯色”层作为背景底色，将“颜色”设为RGB（118，118，118）。

3 选择菜单命令“图层”/“新建”/“纯色”（快捷键Ctrl+Y），再新建一个名为“扇叶”的“纯色”层，将其“宽度”和“高度”均设为800，将“颜色”设为RGB（211，207，199），如图4-9所示。

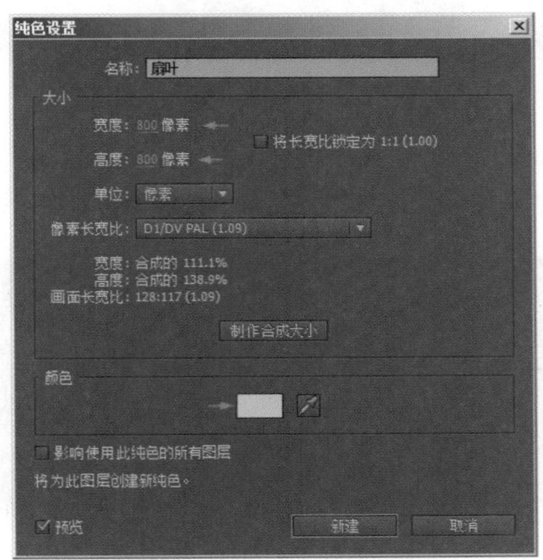

图4-9　建立“纯色”层

4 在时间轴中双击新建的“纯色”层“扇叶”，打开其图层面板，选择工具栏中的（钢笔工具），在“纯色”层上绘制形状遮罩，然后在时间轴中打开其三维图层的开关，如图4-10所示。

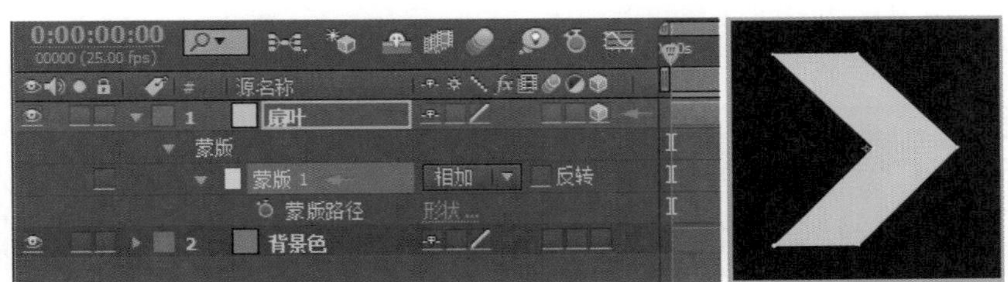

图4-10　绘制图形遮罩

5 选中“纯色”层“扇叶”，选择菜单命令“效果”/“生成”/“描边”，为其添加一个“描边”效果，使用其默认设置。再按T键展开其“不透明度”选项，将其设为25%，如图4-11所示。

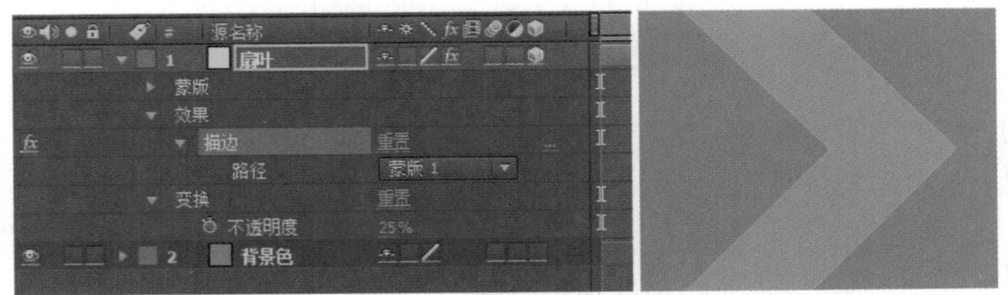

图4-11　设置不透明度

2. 复制和旋转扇页

1 在时间轴中选中“纯色”层“扇叶”，按快捷键Ctrl+D 3次，复制出3个新的图层。

2 选中几个“纯色”层，分别修改其“*x*轴旋转”为-45°、45°和90°，如图4-12所示。

图4-12　复制图层和设置旋转角度

3 选择菜单命令“图层”/“新建”/“空对象”，新建一个“空 1”层，并打开其三维图层开关。

4 选择4个形状“纯色”层，在其“父级”栏中选择“空 1”层，将“空 1”层设为它们的父级层，如图4-13所示。

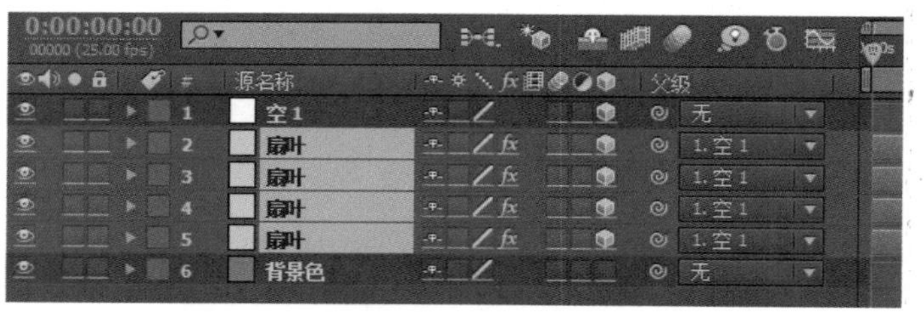

图4-13　创建和设置父级层

5 选择“空 1”层，将时间滑块移至第0帧，单击打开“变换”下的“位置”、“方向”和“x轴旋转”前面的码表，记录关键帧，设置“位置”为（450，430，-650），“方向”为（0°，90°，315°），“x轴旋转”为0°。将时间滑块移至第9秒24帧，设置“位置”为（450，80，-650），“方向”为（0°，0°，356°）和“x轴旋转”为2x+0°，如图4-14所示。

图4-14　设置旋转动画关键帧

3. 设置扇页颜色

1 选择菜单命令“图层”/“新建”/“调整图层”，新建一个“调整图层”，将其放在时间轴的顶层。

2 选中“调整图层”，选择菜单命令“效果”/“色彩校正”/CC Toner，为其添加一个CC Toner效果，并将Midtones设为RGB（183，104，17），如图4-15所示。

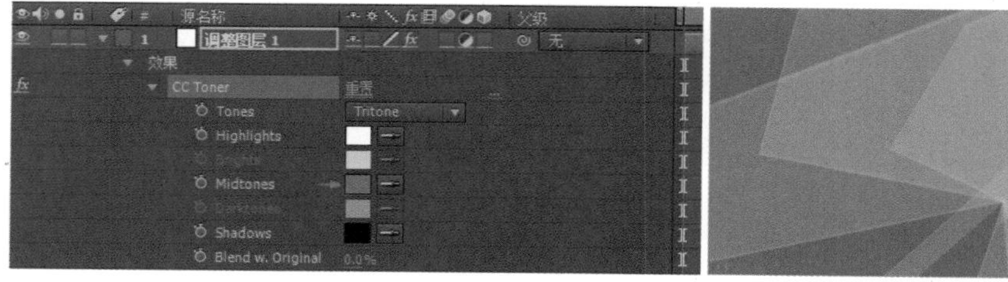

图4-15　创建调节层并添加调色效果

3 按小键盘上的0键预览，即可得到本实例的最终效果。

技术回顾

本例主要使用多个三维形状图层，将其旋转移动，调节颜色效果，制作旋转的扇页效果。其中利用了空物体层作为多个扇页层的父级层，对空物体层设置旋转和位移动画即可带动所有的扇页动画，最终的色调效果可以由调节层所添加的调色效果来控制。

举一反三

根据本节介绍的方法，制作其他方式的位移和旋转效果，并设置另外一种色调。具体参数可以参考练习的项目文件，效果如图4-16所示。

图4-16 实例效果

4.3 线框空间

技术要点	制作线框和空间运动效果	制作时间	10分钟
项目路径	\chap34\线框空间.aep	制作难度	★★★

实例概述

本例先建立一个文字层，使用“马赛克”等工具，将文字制作成随机运动的线框，然后再建立一个文字层，制作文字层在三维空间的运动效果。最后，将线框和文字层合并到一个合成中制作动画，效果如图4-17所示。

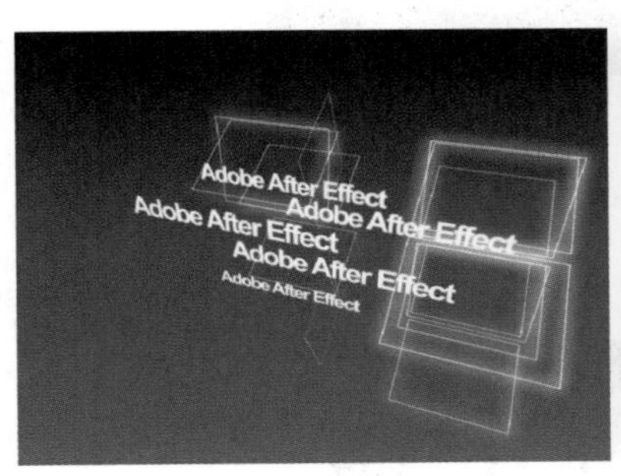

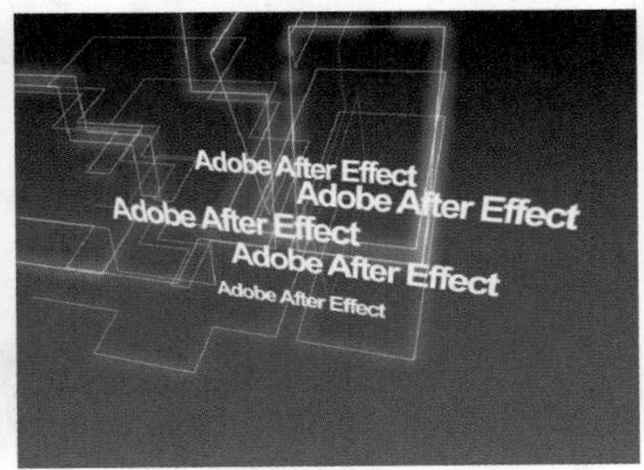

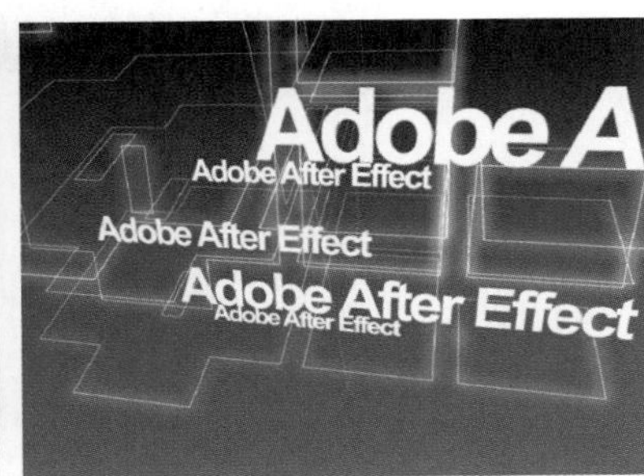

图4-17 实例效果

制作步骤

1. 建立线框层

1 启动After Effects软件，选择菜单命令“合成”/“新建合成”（快捷键Ctrl+N），新建一个命名为“线框”的合成，“预设”先选择PAL D1/DV预置，然后修改“宽度”为1000，“高度”为800，“持续时间”为5秒。保存项目文件为“线框空间”。

2 选择菜单命令“图层”/“新建”/“文本”，新建一个文字层，在屏幕中输入文字“123456789”，在“字符”面板中，将文字设为白色，尺寸设为500像素，字体为Arial。展开“变换”选项，设置“位置”为（300.0，570.0）。

3 单击“文本”右边“动画”选项的三角按钮，在弹出的菜单中选择“缩放”选项，这时系统为文字添加了一个“动画制作工具 1”，其下有“范围选择器 1”和“缩放”选项，将“范围选择器 1”关闭或删除，设置“缩放”为（200.0，200.0%）。

4 单击“动画制作工具 1”右边“添加”选项后的三角按钮，在弹出的菜单中选择“选择器”下的“摆动”选项，这时系统又添加了一个“摆动选择器 1”选项，展开“摆动选择器 1”选项，设置“模式”为“相加”。

5 展开“文本”下的“更多选项”，设置“分组对齐”为（0.0，160.0%），如图4-18所示。

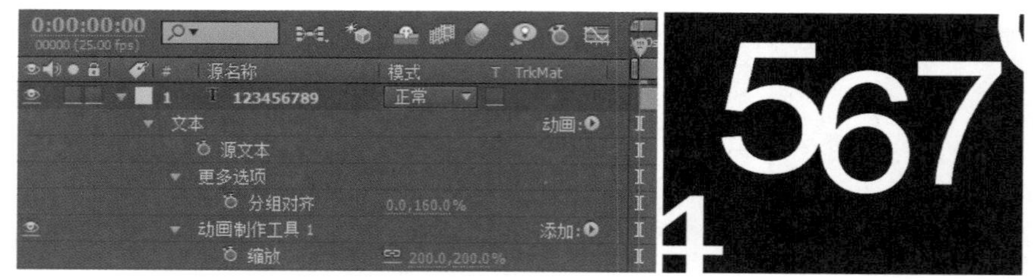

图4-18 设置文字动画选项

提示

这里使用软件自带的动画系统制作文字动画，是为了下面线框能有随机的运动效果。文字的运动幅度越大，那么线框的变化也就越大。在实际应用中，可以根据需要适当调整文字的运动幅度来控制线框的运动。

6 选择菜单命令“效果”/“风格化”/“马赛克”，为文字添加一个马赛克滤镜，设置“水平块”为10，“垂直块”为10，勾选“锐化颜色”选项，如图4-19所示。

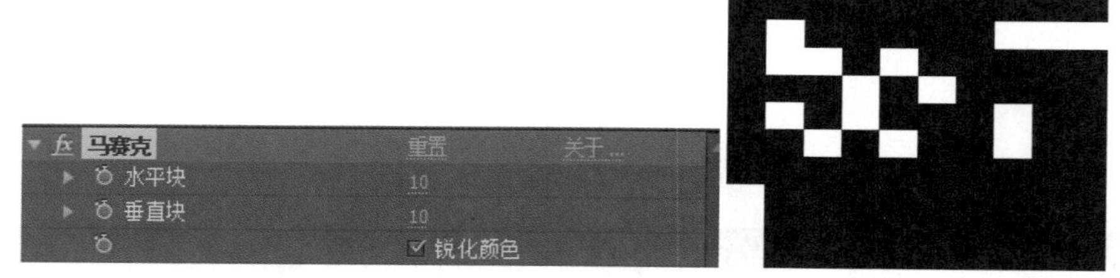

图4-19 设置“马赛克”效果

7 选择菜单命令“效果”/“通道”/“最小/最大”，设置“半径”为35，“通道”为“Alpha和颜色”，勾选“不要收缩边缘”选项，如图4-20所示。

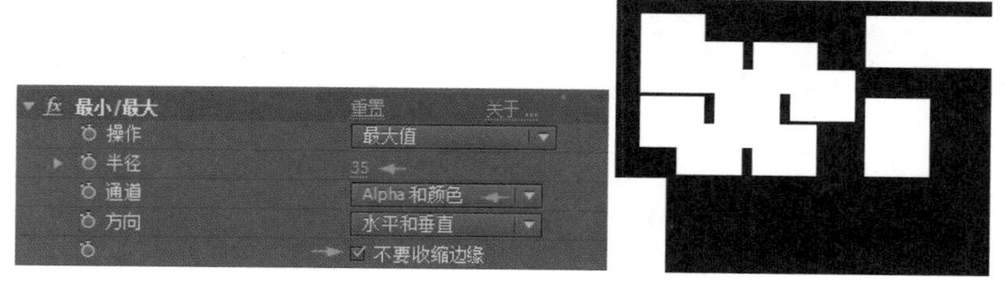

图4-20 设置“最小/最大”效果

8 选择菜单命令“效果”/“风格化”/“查找边缘”，为文字层添加一个查找边缘效果，“反转”为“开”，如图4-21所示。

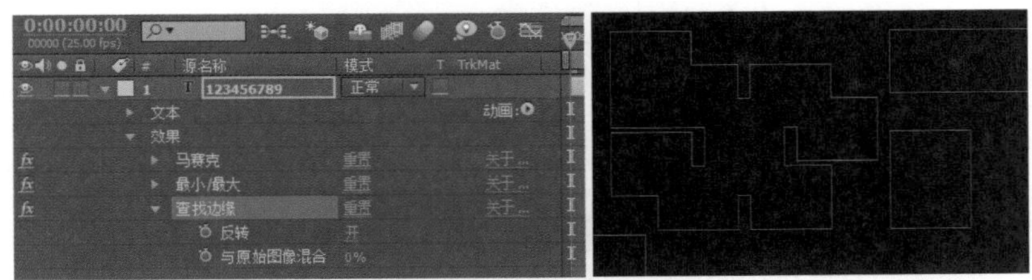

图4-21　为文字添加查找边缘效果

2. 建立文字动画

1 选择菜单命令“合成”/“新建合成”（快捷键Ctrl+N），新建一个合成，命名为“文字”，同样设置“宽度”宽为1000，“高度”高为800，“持续时间”为5秒，如图4-22所示。

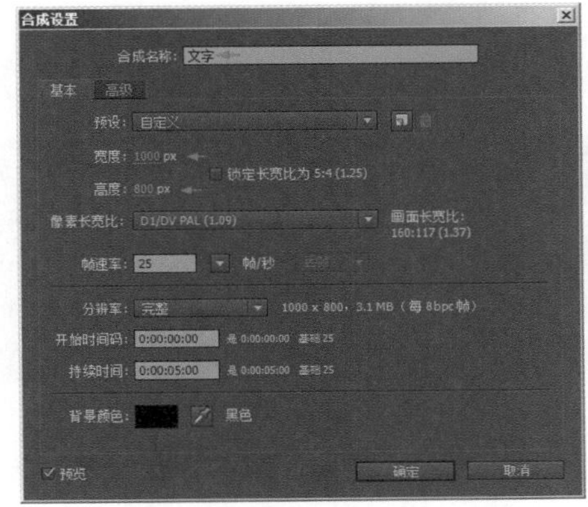

图4-22　新建合成

2 选择菜单命令“图层”/“新建”/“文本”，新建一个文字层，在屏幕中输入文字“Adobe After Effect”，在“字符”面板中，将文字设为白色，尺寸设为50“像素”，字体为Arial，在时间轴面板中打开文字层的三维开关，展开“变换”选项，设置“位置”为（290.0，300.0，288.0），如图4-23所示。

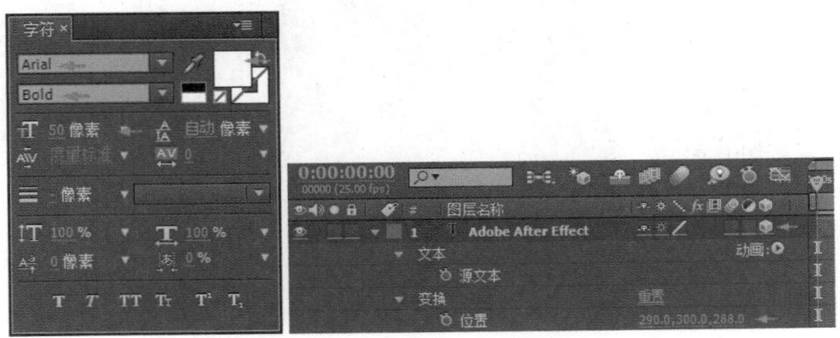

图4-23　创建文字

3 选择文字层，按快捷键Ctrl+D 4次，创建4个副本，如图4-24所示。

图4-24　创建副本

4 选择第一个文字，将时间滑块移动到1秒10帧位置，展开“变换”选项，打开“位置”选项前面的码表，在1秒10帧位置设置为（460.0，355.0，130.0），将时间滑块移动到2秒10帧的位置，设置“位置”为（460.0，355.0，-1400.0）。这样第一个文字就从1秒10帧位置开始向屏幕外移动，到2秒10帧位置移出屏幕，如图4-25所示。

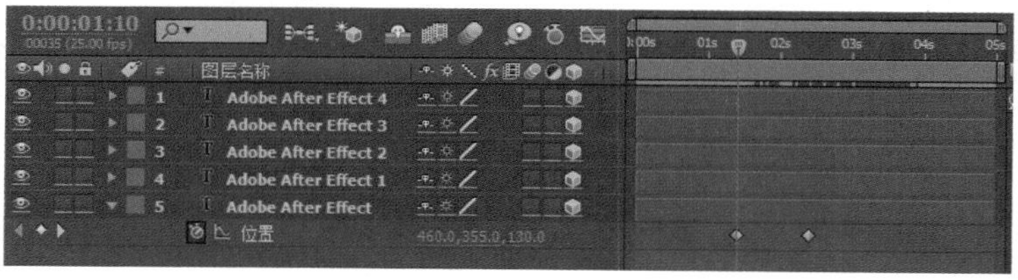

图4-25 设置第一个文字关键帧

5 选择第二个文字，将时间滑块移动到1秒20帧位置，展开“变换”选项，打开“位置”选项前面的码表，在1秒20帧位置设置为（370.0，460.0，-60.0），将时间滑块移动到2秒20帧的位置，设置“位置”为（370.0，460.0，-1600.0）。这样第二个文字就从1秒20帧位置开始向屏幕外移动，到2秒20帧位置移出屏幕，如图4-26所示。

图4-26 设置第二个文字关键帧

6 选择第三个文字，将时间滑块移动到2秒05帧位置，展开“变换”选项，打开“位置”选项前面的码表，在2秒05帧位置设置为（280.0，580.0，550.0），将时间滑块移动到3秒05帧的位置，设置“位置”为（280.0，580.0，-1100.0）。这样第三个文字就从2秒05帧位置开始向屏幕外移动，到3秒05帧位置移出屏幕，如图4-27所示。

图4-27 设置第三个文字关键帧

7 选择第四个文字，将时间滑块移动到2秒15帧位置，展开“变换”选项，打开“位置”选项前面的码表，在2秒15帧位置设置为（200.0，410.0，-100.0），将时间滑块移动到3秒15帧的位置，设置“位置”为（200.0，410.0，-1550.0）。这样第四个文字就从2秒15帧位置开始向屏幕外移动，到3秒15帧位置移出屏幕，如图4-28所示。

图4-28 设置第四个文字关键帧

8 选择底层第五个文字，将时间滑块移动到3秒位置，展开“变换”选项，打开“位置”选项前面的码表，在3秒位置设置为（290.0，300.0，288.0），将时间滑块移动到4秒的位置，设置“位置”为（290.0，300.0，-1200.0）。这样第五个文字就从3秒位置开始向屏幕外移动，到4秒位置移出屏幕，如图4-29所示。

图4-29　设置第五个文字关键帧

9 按小键盘上的0键预览，即可得到文字逐渐移出的动画效果，如图4-30所示。

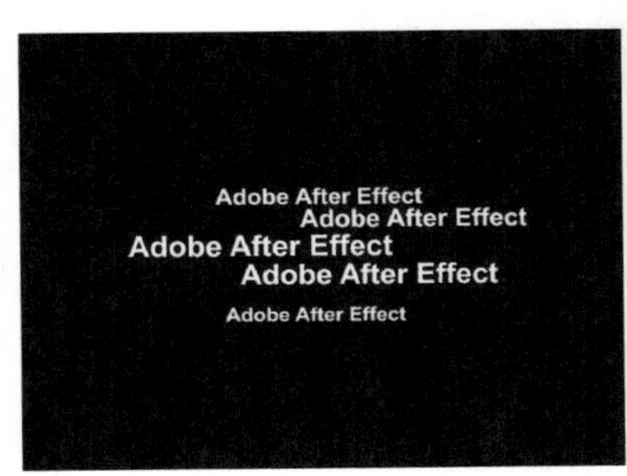

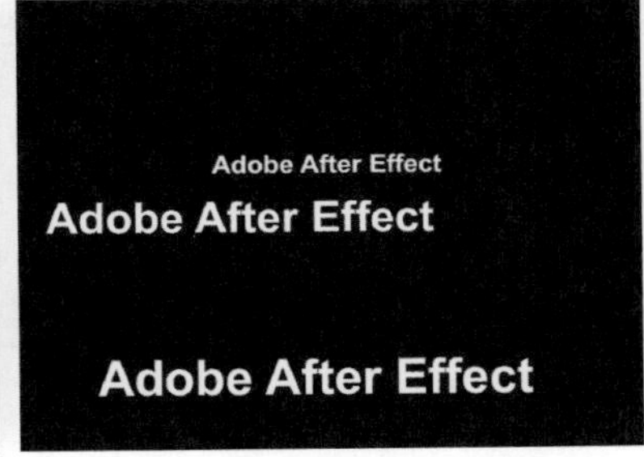

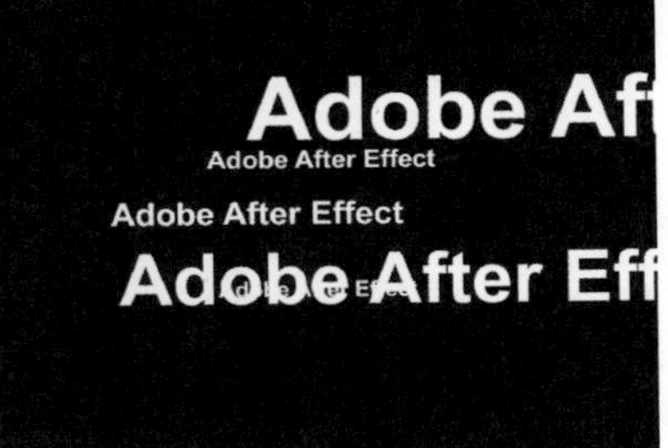

图4-30　预览文字动画效果

3. 建立空间线框

1 按快捷键Ctrl+N新建一个合成，命名为“最终效果”，“预设”使用PAL制式（PAL D1/DV，720×576），“持续时间”为5秒。

2 选择菜单命令“图层”/“新建”/“纯色”（快捷键Ctrl+Y），新建一个“背景”“纯色”层，选中“纯色”层，选择菜单命令“效果”/“生成”/“梯度渐变”，设置“结束颜色”的RGB为（100，10，10），如图4-31所示。

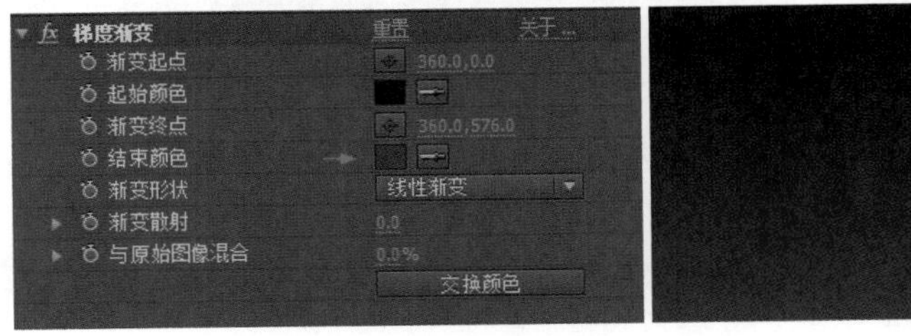

图4-31　设置渐变

3 在“项目”面板中，将“线框”拖动5次到“最终效果”时间轴面板中，并打开所有“线框”的三维开关。

4 展开第一层“线框”的“变换”选项，设置“*x*轴旋转”为-60.0°，“*y*轴旋转”为-90.0°；展开第二层“线框”的“变换”选项，设置“位置”为（360.0，-450.0，5.0），“*x*轴旋转”为-60.0°；展开第三层“线框”的“变换”选项，设置“位置”为（360.0，200.0，-125.0），“*x*轴旋转”为-60.0°；第四层“线框”使用默认参数；展开第五层“线框”的“变换”选项，设置“*x*轴旋转”为-60.0°，如图4-32所示。

5 在“项目”面板中选择“文字”合成，将“文字”合成拖放到时间轴上。将时间滑块移动到3秒15帧位置，展开“变换”选项，打开“不透明度”选项前面的码表，设置“不透明度”在3秒15帧位置为100%，移动时间滑块到4秒位置，设置“不透明度”为0%。这样文字就从3秒15帧位置开始淡出，4秒位置完全淡出，如图4-33所示。

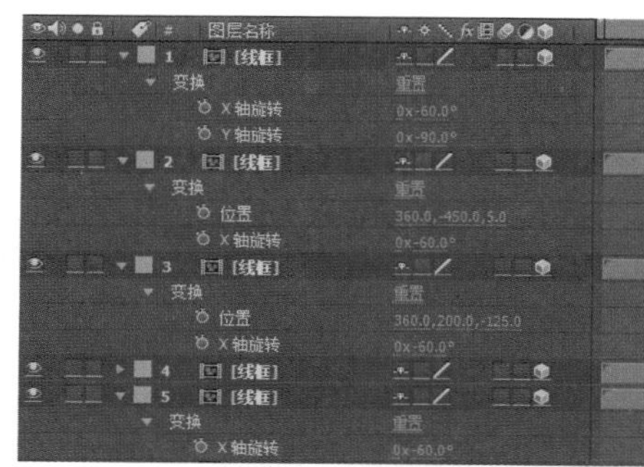
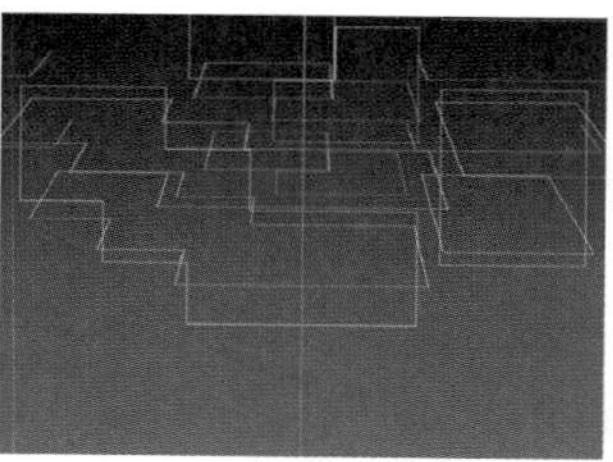

图4-32　设置线框在空间中的位置

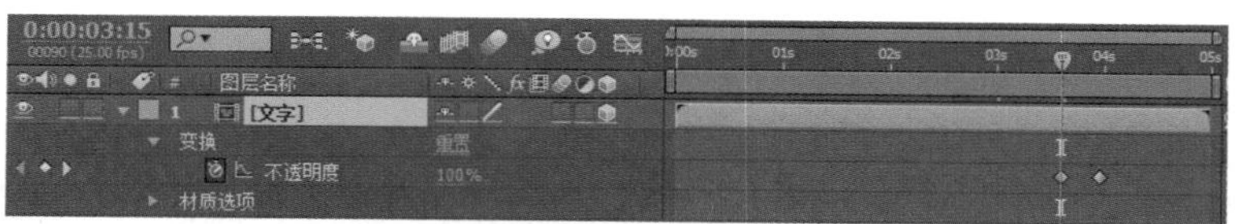

图4-33　设置文字层的不透明度动画

4. 制作摄像机动画

1 选择菜单命令“图层”/“新建”/“摄像机”，为场景建立一个摄像机，设置“预设”为28毫米。

2 选择摄像机层，将时间滑块移至0帧，打开“位置”前面的码表，设置“位置”在0帧位置为（610.0，-150.0，-600.0），将时间滑块移动到4秒位置，设置“位置”为（360.0，288.0，-600.0）。这样就制作了一个简单的摄像机动画，如图4-34所示。

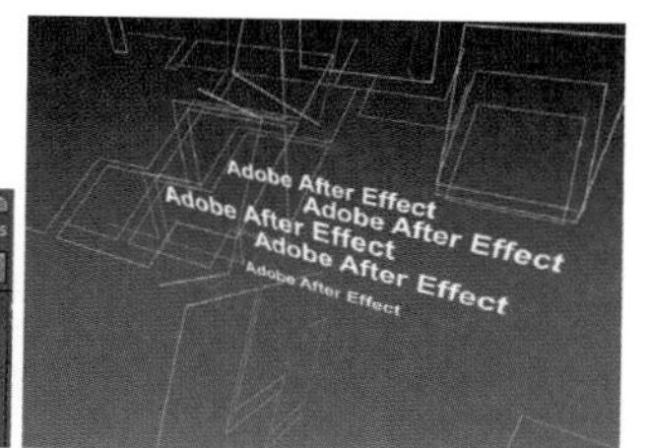

图4-34　制作摄像机动画

提示

在制作摄像机动画时，通常很难一次就能调整成功，往往需要配合很多工具，如选择工具、旋转工具、摄像机轨道工具，经过多次调整，才能达到预期的效果。一般先调整到大致的效果，然后在时间轴面板中展开相应的选项，微调数值，以保证位置的准确和效果的完美。

5. 线框加光

1 观察线框，似乎效果还不是很好，有点灰暗。一般在后期处理时，通常要调整色彩、添加一些小元素或者做加光处理等，这都是经验之谈。在这里选择对线框加光。观察线框，发现线框由很多个层构成。一般情况下，需要一个一个为它们添加发光效果，而使用系统提供的调节层，可以一次性给所有的线框合成添加同样的效果。

2 选择菜单命令“图层”/“新建”/“调整图层”，在时间轴中添加一个调节层，将其放置在“文字”层之下，4个“线框”层之上。选择菜单命令“效果”/“风格化”/Glow（发光），为调节层添加发光效果。设置“发光阈值”为70.0%，“发光半径”为20.0，“发光强度”为5.0，如图4-35所示。

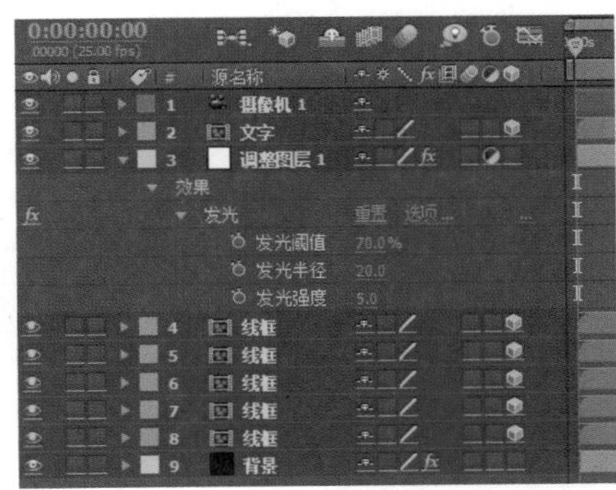

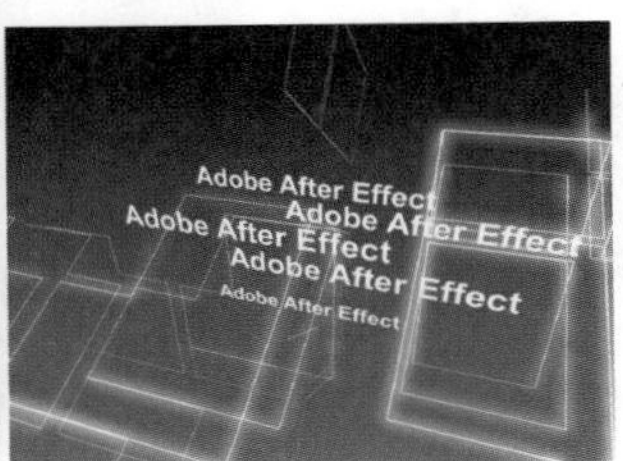

图4-35 为调节层添加发光效果

> 提示
> 调节层工具也是我们经常用到的工具之一，它可以为调节层以下的所有图层添加同一个效果，而不需要对每一个图层分别添加效果。在本例中将调节层移动到“文字”层下，“线框”层上，这样发光效果就不会影响到文字层，而只对线框层起作用。

3 按小键盘上的0键预览，即可观察本实例的最终效果。

技术回顾

本例主要介绍了如何利用文字制作随机运动的线框，如何将线框调整出空间效果，以及摄像机在三维空间的运动。

举一反三

根据上面介绍的方法，制作另一种摄像机动画效果。具体参数可以参考练习的工程方案，效果如图4-36所示。

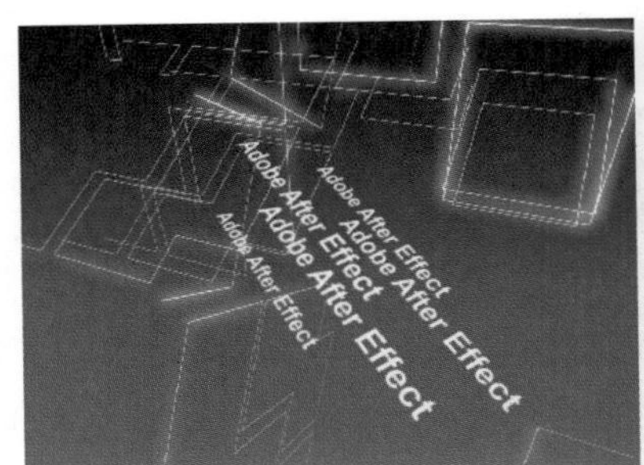

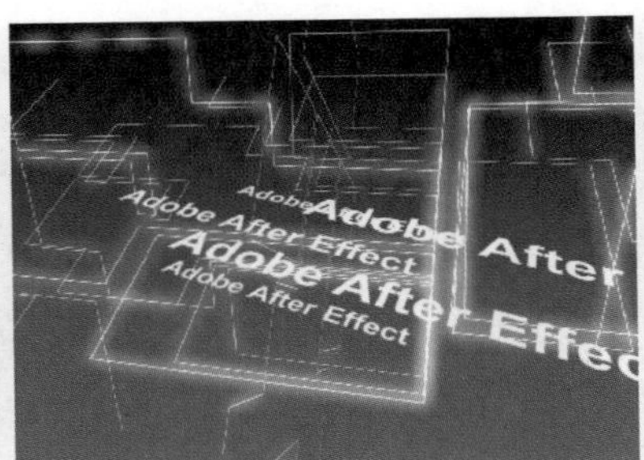

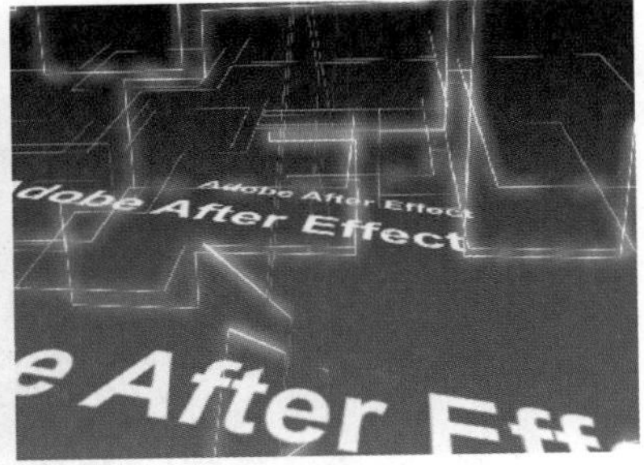

图4-36 实例效果

4.4 树叶飘零

技术要点	利用多个叶片的空间动画设置制作树叶飘零效果	制作时间	10分钟
项目路径	\chap35\树叶飘零.aep	制作难度	★★★

实例概述

本例先是准备好多个树叶的形状图层，然后将这些树叶图层转换为三维图层，分别设置不同的飘落动画，再将这些树叶综合到一起，复制多份，设置其位移和旋转动画，并调节为不同的颜色，如图4-37所示。

图4-37　实例效果

制作步骤

1. 建立树叶图形

1 启动After Effects软件，选择菜单命令“合成”/“新建合成”（快捷键Ctrl+N），新建一个命名为“飘叶”的合成，“预设”使用PAL D1/DV预置，“持续时间”为6秒。保存项目文件为“树叶飘零”。

2 选择菜单命令“图层”/“新建”/“纯色”（快捷键Ctrl+Y），新建一个“叶片1”纯色层，将颜色设为RGB（4, 55, 32）。

3 在时间轴中双击新建的“叶片1”纯色层，打开其图层面板，选择工具栏中的（钢笔工具），在“纯色”层上绘制叶子形状遮罩，然后在时间轴中打开其三维图层的开关，如图4-38所示。

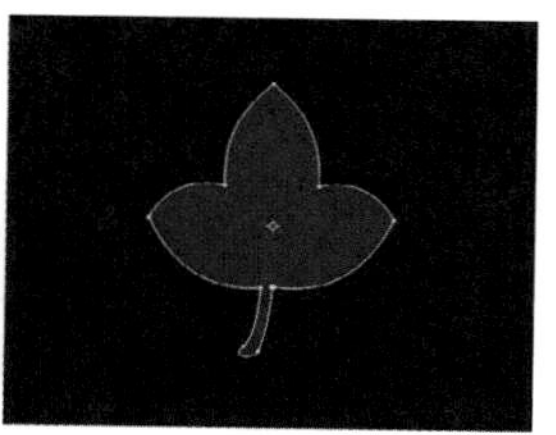

图4-38　绘制叶片形状

4 用同样的方法，再创建6个颜色相近的“纯色”层，命名为“叶片2”至“叶片7”，然后使用工具栏中的（钢笔工具），分别在“纯色”层上绘制叶子形状遮罩，这6个“纯色”层的遮罩如图4-39所示。

图4-39　绘制其他叶片形状

5 在时间轴中打开这些图层的三维开关，如图4-40所示。

图4-40　打开三维开关

2. 设置树叶动画

1 在时间轴中选中“叶片1”，暂时只单独显示这一层，展开其“变换”下的参数，将时间滑块移至第0帧，分别打开“位置”、“缩放”、“x轴旋转”、“y轴旋转”和“z轴旋转”前面的码表，记录关键帧。第0帧时设置“位置”为（-55，183，0），“缩放”为（25，25，25%），“x轴旋转”、“y轴旋转”和“z轴旋转”均为0°。

2 将时间滑块移至第5秒，设置“位置”为（775，173，0），“缩放”为（25，25，25%），“x轴旋转”为-100°，“y轴旋转”为-200°，“z轴旋转”为-300°。此时“叶片1”的动画为从屏幕左侧旋转着飞至右侧，但是按一条直线在飞行，如图4-41所示。

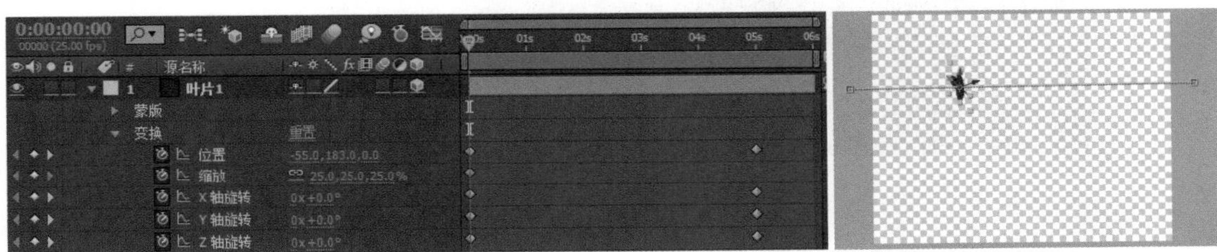

图4-41　设置“叶片1”的位移动画

3 在首尾关键帧之间再添加几个位置变化的关键帧。可以暂不考虑精确的时间点，随意添加几个位置的关键帧，这里依次添加4个“位置”关键帧，分别为（-30，163，0）、（278，256，0）、（402，99，0）和（627，328，0），如图4-42所示。

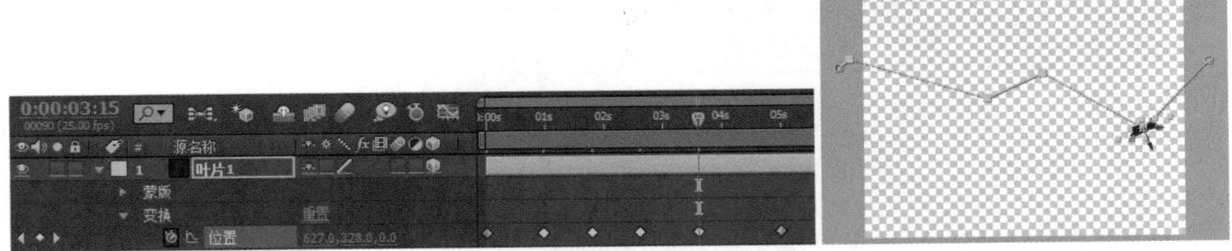

图4-42　添加“叶片1”的位移动画关键帧

4 选中新添加的4个关键帧，在任一关键帧上单击鼠标右键，选择弹出菜单中的“关键帧插值”，将“临时插值”设为“自动贝赛尔曲线”，将“空间插值”设为“连续贝赛尔曲线”，将“漂浮”设为“漂浮穿梭时间”，单击“确定”按钮，这样所添加的4个关键帧的运动路径由直线变成自然的曲线，而且自动调整4个关键帧所在的时间点，保证匀速地运动，如图4-43所示。

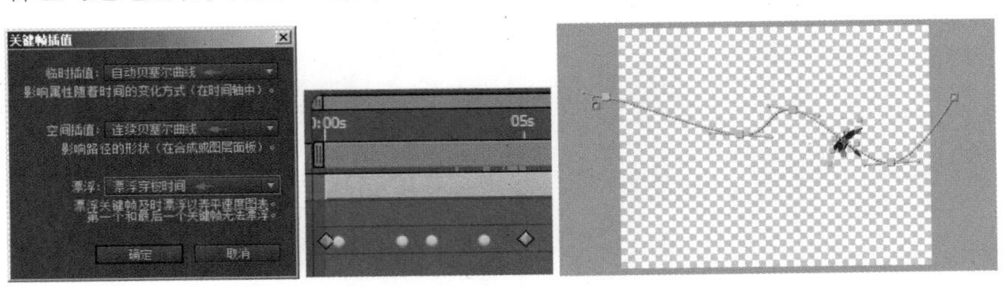

图4-43　调整关键帧插值

5 用同样的方法再设置“叶片2”的动画。设置“叶片2”从第0帧至5秒12帧飞过的动画，动画路径参考如图4-44所示。

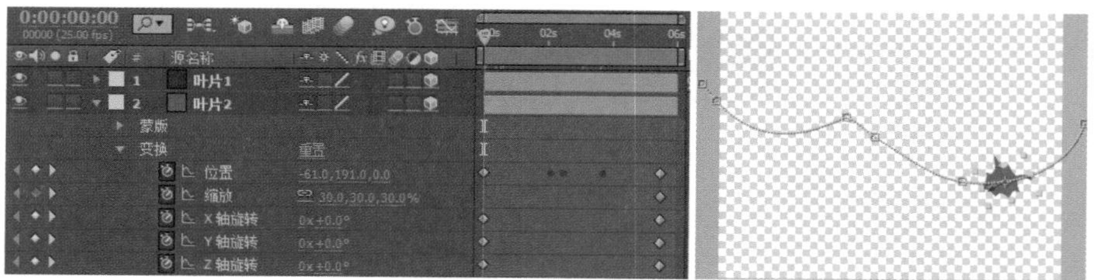

图4-44　设置“叶片2”的动画关键帧

6 用同样的方法再设置“叶片3”从第0帧至4秒12帧飞过的动画，动画路径参考如图4-45所示。

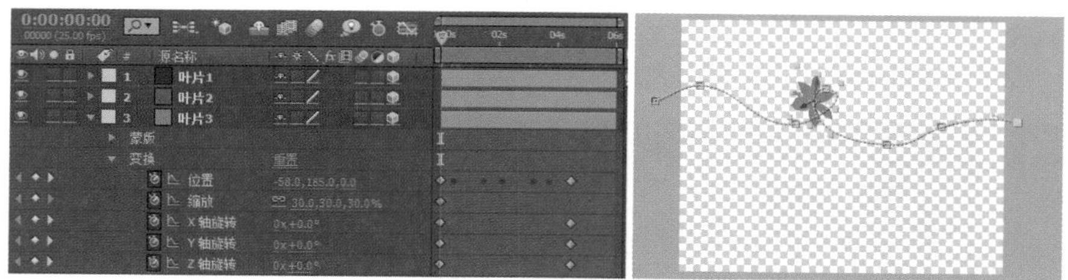

图4-45　设置“叶片3”的动画关键帧

7 用同样的方法再设置“叶片4”从第0帧至3秒12帧飞过的动画，动画路径参考如图4-46所示。

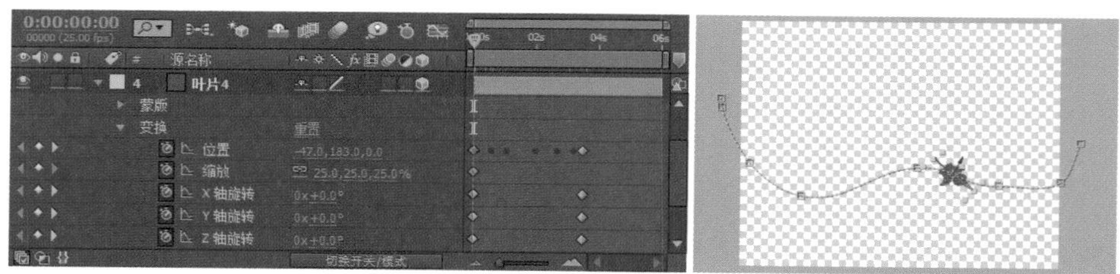

图4-46　设置“叶片4”的动画关键帧

8 用同样的方法再设置“叶片5”从第0帧至5秒24帧飞过的动画，动画路径参考如图4-47所示。

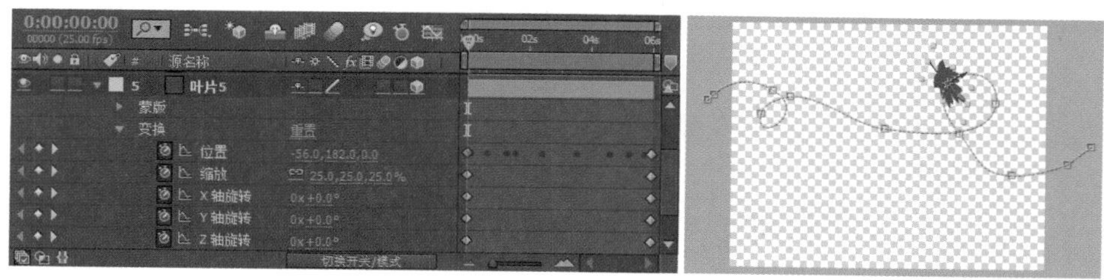

图4-47　设置“叶片5”的动画关键帧

9 用同样的方法再设置“叶片6”从第0帧至4秒飞过的动画，动画路径参考如图4-48所示。

10 用同样的方法再设置“叶片7”从第0帧至3秒飞过的动画，动画路径参考如图4-49所示。

11 将时间轴上面6层的图层模式设置为“叠加”，如图4-50所示。

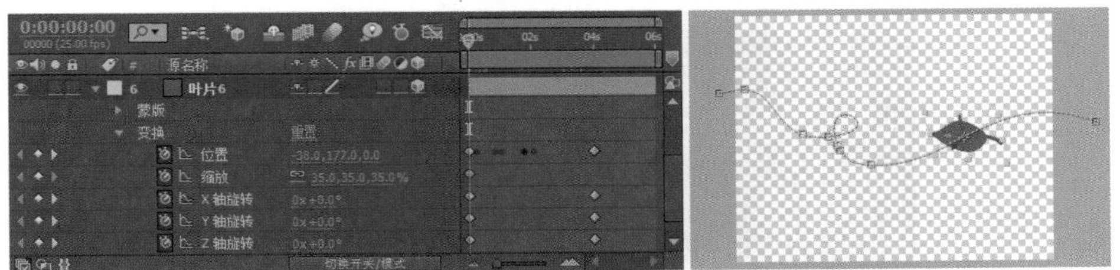

图4-48 设置“叶片6”的动画关键帧

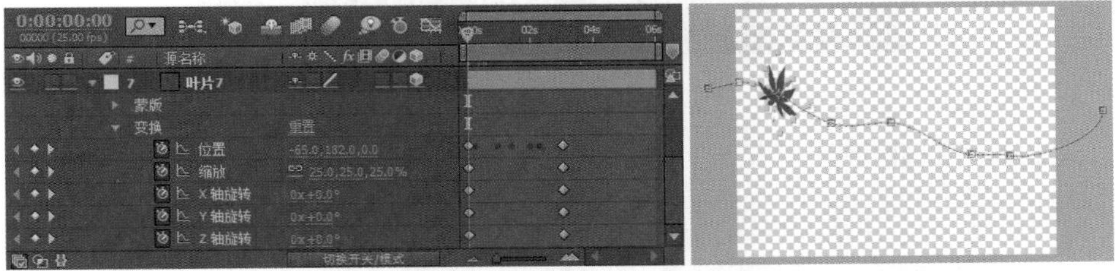

图4-49 设置“叶片7”的动画关键帧

图4-50 设置图层模式

3. 建立树叶飘零动画

1 选择菜单命令“合成”/“新建合成”（快捷键Ctrl+N），新建一个命名为“树叶飘零”的合成，“预设”使用PAL D1/DV预置，“持续时间”为6秒，将背景颜色设为RGB（230，230，230）。

2 从项目面板中将“飘叶”拖至时间轴中，按快捷键Ctrl+D 3次，创建3个副本。

3 在时间轴中打开这4个“飘叶”层的三维开关，并同时打开矢量开关☀。

4 在时间轴中选中这4层，按P键展开各层的“位置”选项，再按快捷键Shift+S显示各层的“缩放”选项，分别对这几个图层设置成不同的参数，这样使这几层在动画中不至于重叠在一起，大小及位置都有所区别，如图4-51所示。

图4-51 复制图层并进行设置

5 在时间轴中选中这4层，按R键展开各层的方向和旋转参数，设置各层的 “方向”均为（180°，7°，180°），“*x*轴旋转”依次为25°、50°、75°和100°。将时间滑块移至第0帧，单击打开各层“*y*轴旋转”前的码表，记录关键帧，第0帧时均为0°。将时间滑块移至第5秒24帧，设置“*y*轴旋转”为不同的数值，使其角度有所不同，分别为50°、100°、120°和200°，如图4-52所示。

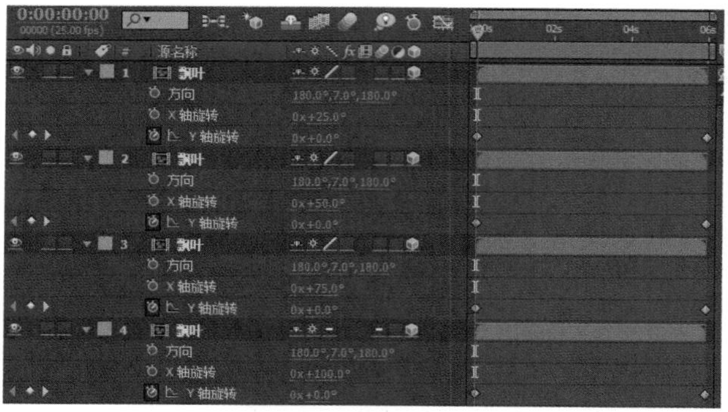

图4-52　设置旋转参数和关键帧

6 单击时间轴左下角的按钮，展开时间轴的“伸缩”项，分别设置前3层为25%、50%和75%，这样使各层动画时间有所不同，如图4-53所示。

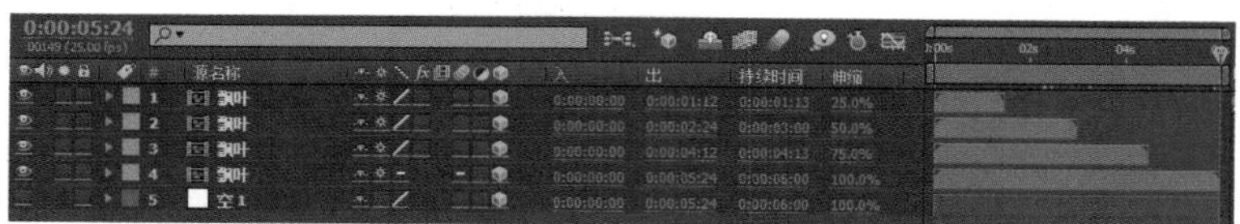

图4-53　设置图层的伸缩项

7 选择菜单命令“图层”/“新建”/“空对象”，新建一个“空 1”层，打开其三维开关，并将4个“飘叶”层的“父级”栏设为“空 1”。

8 展开“空 1”层的“位置”和“*y*轴旋转”，将“位置”设为（400，288，0），在第0帧单击打开“*y*轴旋转”前面的码表，记录关键帧，设置“*y*轴旋转”为0°；然后将时间滑块移至5秒24帧，设置“*y*轴旋转”为160°，如图4-54所示。

图4-54　设置父级层的动画

9 预览此时的效果，如图4-55所示。

图4-55　预览效果

4. 设置树叶颜色

1 选中第一个“飘叶”图层，选择菜单命令“效果”/“色彩校正”/“色相/饱和度”，为其添加一个“色相/饱和度”效果，将“主色相”设为300°，这样会使原来的颜色发生变化，如图4-56所示。

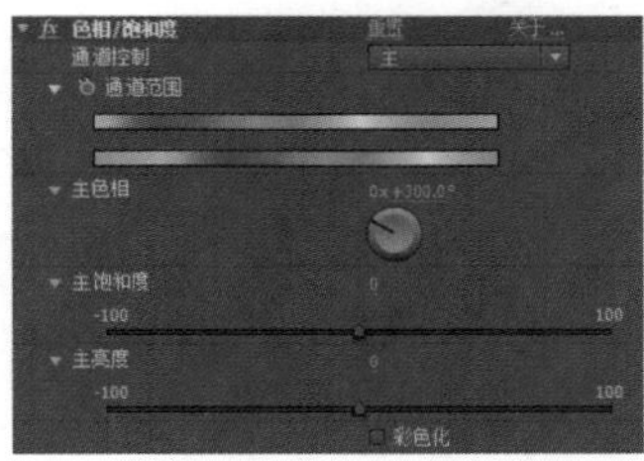

图4-56 为第一个“飘叶”图层添加调色效果

2 选中第二个“飘叶”图层，选择菜单命令“效果”/“色彩校正”/“色相/饱和度”，为其添加一个“色相/饱和度”效果，将“主色相”设为220°，这样会使原来的颜色发生变化，如图4-57所示。

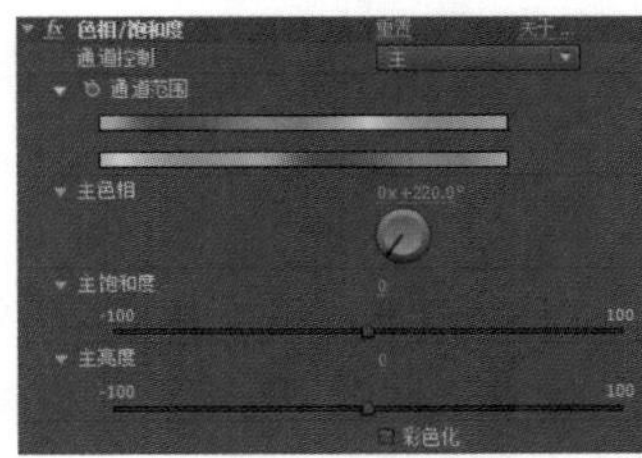

图4-57 为第二个“飘叶”图层添加调色效果

3 同样，选中第三个“飘叶”图层，选择菜单命令“效果”/“色彩校正”/“色相/饱和度”，为其添加一个“色相/饱和度”效果，将“主色相”设为-88°，这样会使原来的颜色发生变化，如图4-58所示。

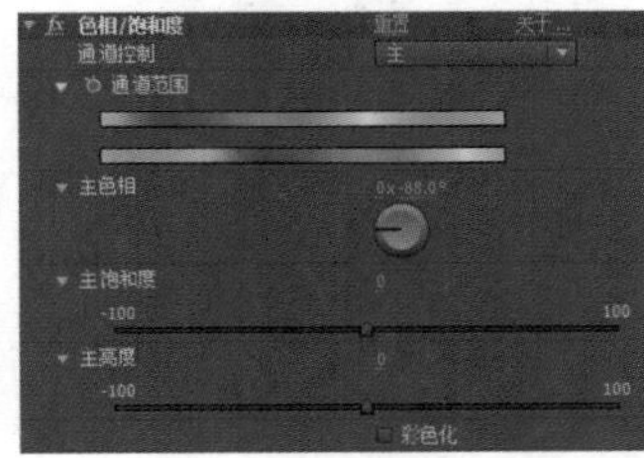

图4-58 为第三个“飘叶”图层添加调色效果

4 按小键盘上的0键预览，即可得到本实例的最终效果。

技术回顾

本例主要对三维层的图形进行三维空间的变换动画设置，首先在多个“纯色”层上绘制不同的叶片形状，然后将这些“纯色”层转换为三维图层，分别设置不同的位移动画，再利用嵌套和复制多份的方法，将叶片的数量变得更多，调整位置、旋转、时间等参数，并且为叶片添加调色效果，调节出不同的颜色，使这些叶片的位置和颜色各不相同。

举一反三

根据本节介绍的方法，制作不同动画方式的叶片飘动动画和色彩效果。具体参数可以参考练习的项目文件，效果如图4-59所示。

图4-59 实例效果

4.5 旋转魔方

技术要点	设置空间位置	制作时间	1小时
项目路径	\chap36\旋转魔方.aep	制作难度	★★★★★

实例概述

本例先导入需要的图片素材，将它们拖放到时间轴，这里对图片的要求是，如果要做标准的立方体图片，像素比必须是1:1，如本例中采用600×600；然后根据魔方的外形将图片分割成9个合成，然后将图片制作成27个立方体小盒子，最后将它们合成为一个魔方，利用父子关系制作魔方旋转效果，如图4-60所示。

图4-60 实例效果

制作步骤

1. 分割画面

1 启动After Effects软件，选择菜单命令“合成”/“新建合成”（快捷键Ctrl+N），新建一个合成，命名为A_map，设置“宽度”为600，“高度”为600，“像素长宽比”为“方形像素”，“持续时间”为10秒，保存项目文件为“旋转魔方”。

2 在“项目”面板的空白处，双击打开“导入文件”窗口，选择素材文件夹，单击“导入文件夹”，导入Picture文件夹。这样Picture文件夹中的所有文件就导入“项目”面板中。

3 在“项目”面板中打开“素材”文件夹，将A.jpg拖放到当前时间轴合成中。

4 选择菜单命令“图层”/“新建”/“纯色”（快捷键Ctrl+Y），建立一个“纯色”层，命名为“网格”层，单击“大小”下的 “制作合成大小”按钮，自动设置为合成大小。选中“纯色”层，选择菜单命令“效果”/“生成”/“网格”，为“纯色”层添加一个网格效果。设置“锚点”为（0.0，0.0），“大小依据”为“边角点”，“边角”为（200.0，200.0），“边界”为10.0，“颜色”为黑色，如图4-61所示。

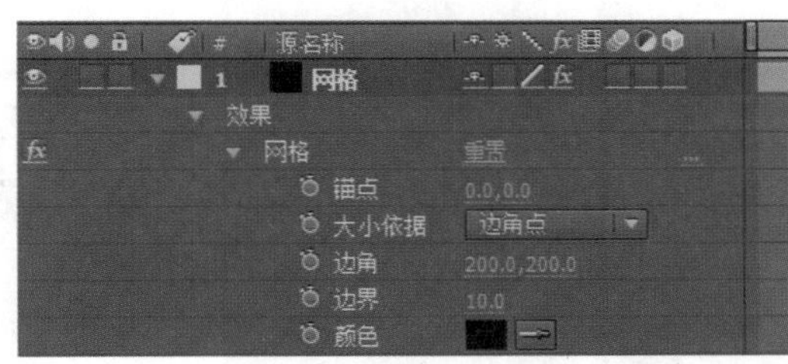

图4-61 为图片添加网格效果

5 按照这样的方法，分别将B.jpg、C.jpg、D.jpg、E.jpg和F.jpg做同样的处理，将画面用网格均匀地分割为9个小方格，它们对应的方案为B_map、C_map、D_map、E_map和F_map，如图4-62所示。

图4-62 利用网格对其他图片进行分割

6 现在将这些图片分割成一个个小画面，那么一个方块一共有6个面，每个面上有9个小方格，一共要创建54个合成。

7 按快捷键Ctrl+N新建一个合成，命名为A1，设置“宽度”为200，“高度”为200，“像素长宽比”为“方形像素”，“持续时间”为10秒。

8 在“项目”面板中，将A_map合成拖放到时间轴，按照画面的分割大小，调整A_map合成在A1中的位置，如图4-63所示。

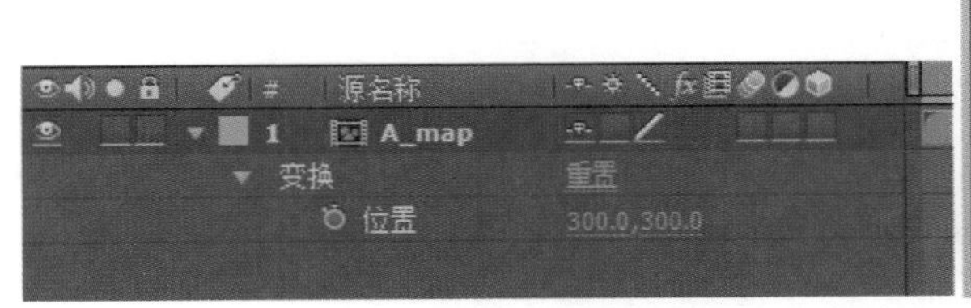

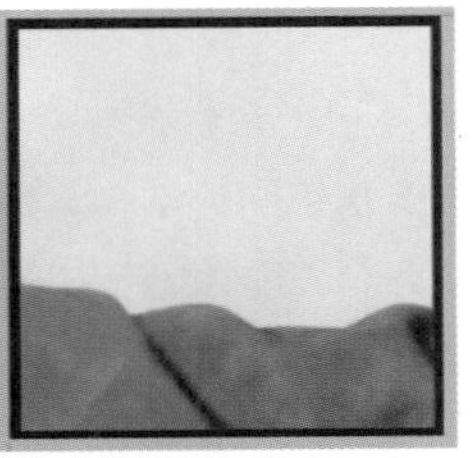

图4-63 在合成中显示局部画面

9 接着创建A2、A3、A4、A5、A6、A7、A8和A9合成，然后将A_map拖放到合成中，分别按照网格调整位置，如图4-64所示。

10 现在按照上面介绍的方法，再对其他5幅图片进行分割处理，得到54个小方块合成。使用这54个小方块合成制作魔方。在制作其他小方块时，由于合成过多，如果逐个进行创建，显然太过繁琐。可以为每个图片创建一个合成后，将这个合成复制8个，然后逐一展开合成并调整合成中图片的位置。由于合成过多，不便进行管理，可以对每个图片产生的合成进行分类管理，如图4-65所示。

图4-64　对其余画面重新创建合成

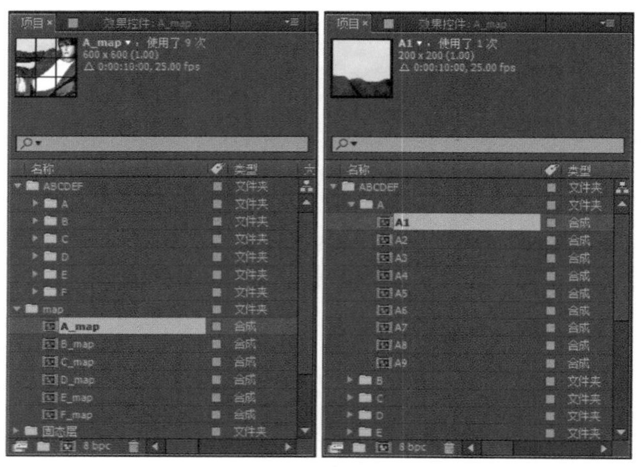

图4-65　分类项目管理

11 这里还要创建一个黑色的小方块，选择菜单命令“合成”/“新建合成”（快捷键Ctrl+N），新建一个合成，命名为“内面”，设置“宽度”为200，“高度”为200，“像素长宽比”为“方形像素”，“持续时间”为10秒。在合成中创建一个黑色“纯色”层。

2. 创建27个BOX

1 根据画面在BOX空间的结构，使用前面分割的小方块制作BOX，一共为三层，每层由9个小BOX构成，而每个小BOX则由每个面上的小方块构成。使用前面制作的小方块，根据画面构图搭建27个小BOX。

2 创建第一个小BOX，选择菜单命令“合成”/“新建合成”（快捷键Ctrl+N），新建一个合成，命名为box01_ADE，设置“宽度”为200，“高度”为200，“像素长宽比”为“方形像素”，“持续时间”为10秒。

3 在“项目”面板中，将E7、D3、A1合成拖放到时间轴合成中，再将“内面”合成拖放到时间轴合成中3次，并打开它们的三维开关，使用6个合成制作BOX的6个面，如图4-66所示。

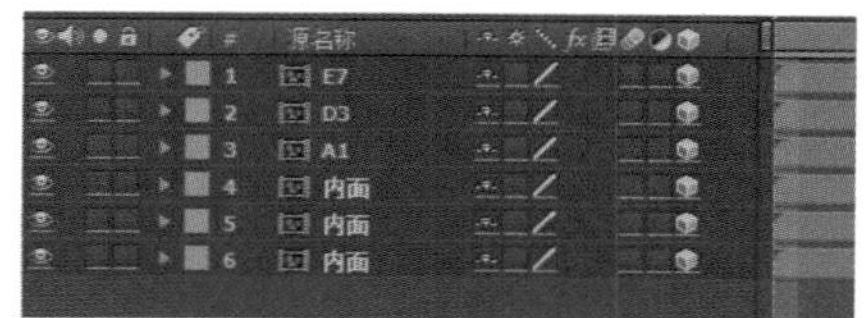

图4-66　拖放素材到时间轴中

4 展开E7合成的“变换”选项，设置“位置”为(100.0, 0.0, 0.0)，“方向”为(270.0°，0.0°，0.0°)；设置D3合成的“位置”为(0.0, 100.0, 0.0)，“方向”为(0.0°，90.0°，0.0°)；设置A1合成的“位置”为(100.0, 100.0, -100.0)；设置第一个“内面”合成的“位置”为(200.0, 100.0, 0.0)，“方向”为(0.0°，270.0°，0.0°)，设置第二个“内面”合成的“位置”为(100.0, 200.0, 0.0)，“方向”为(90.0°，0.0°，0.0°)；设置第三个“内面”合成的“位置”为(100.0, 100.0, 100.0)，“方向”为(180.0°，0.0°，0.0°)，如图4-67所示。

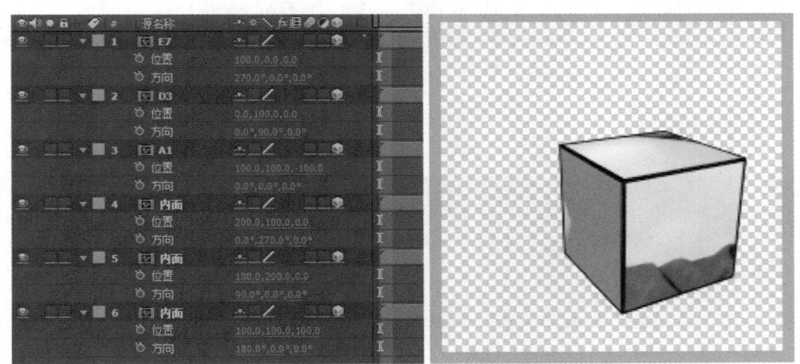

图4-67 调整空间位置并创建第一个BOX

5 按照这种方法，将使用E8、“内面”、A2，以及三个“内面”创建第二个BOX；使用E9、“内面”、A3、B1，以及两个“内面”合成创建第三个BOX；使用“内面”、D6、A4，以及三个“内面”合成创建第四个BOX；使用两个“内面”、A5，以及三个“内面”创建第五个BOX；使用两个“内面”、A6、B4，以及两个“内面”创建第六个BOX；使用“内面”、D9、A7、“内面”、F1，以及“内面”创建第七个BOX；使用两个“内面”、A8、“内面”、F2和“内面”创建第八个BOX；使用两个“内面”、A9、B7、F3，以及“内面”创建第九个BOX；这样就完成了第一组BOX的创建，由于合成很多，要特别注意合成的命名，这里使用合成中的图片命名，如第二个BOX，就命名为box02_AE，如图4-68所示。

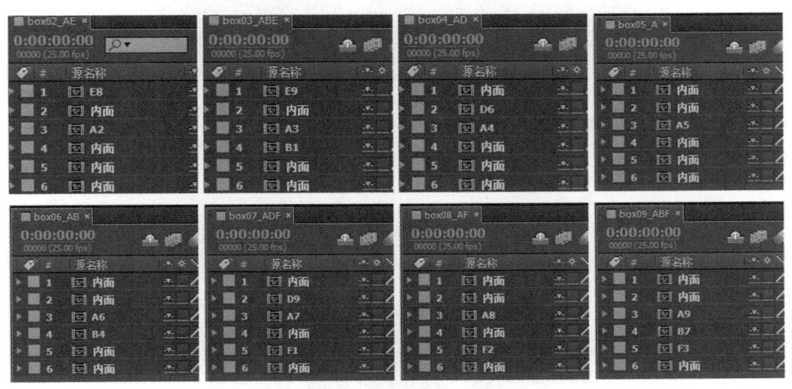

图4-68 创建第一组BOX

6 按照上面介绍的方法再制作出另外两组BOX，如图4-69所示。

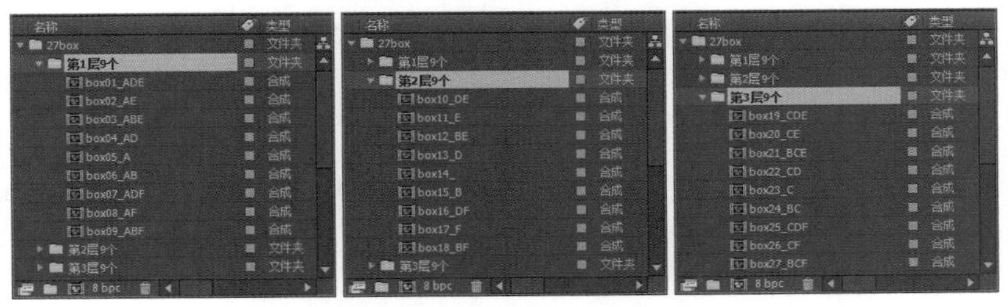

图4-69 项目面板中的三组BOX合成

7 在制作另外两组BOX的时候，各层的位置选项和方向选项，均与第一个BOX的数值相同。在每个小BOX中放置的图片合成，可以参考第一组BOX的方法。第二组BOX如图4-70所示。

图4-70 第二组BOX

8 第三组BOX如图4-71所示。

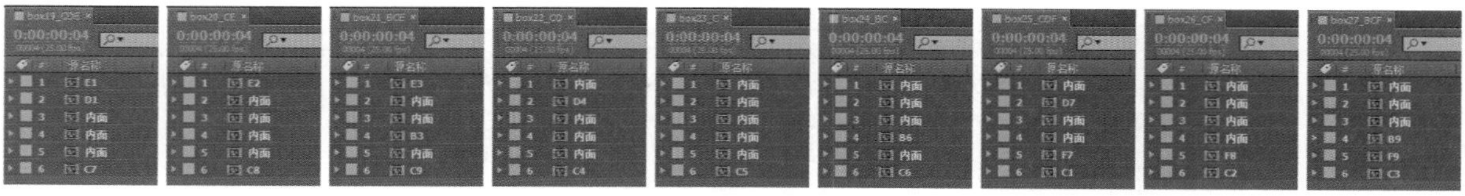

图4-71 第三组BOX

3. 制作旋转魔方

1 选择菜单命令“合成”/“新建合成”（快捷键Ctrl+N），新建一个合成，命名为“旋转魔方”，设置“宽度”为600，“高度”为600，“像素长宽比”为“方形像素”，“持续时间”为3秒。

2 选择菜单命令“图层”/“新建”/“纯色”（快捷键Ctrl+Y），按合成大小新建一个“背景”纯色层，选中“纯色”层，选择菜单命令“效果”/“生成”/“梯度渐变”，设置结束颜色的RGB为（100，10，10），如图4-72所示。

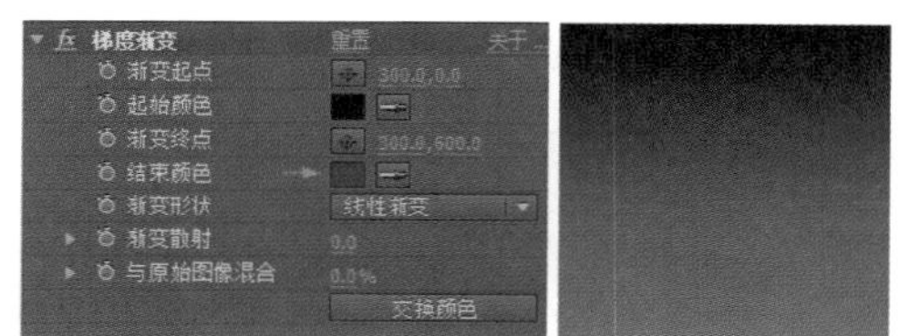

图4-72 为“纯色”层添加渐变效果

3 在“项目”面板中，将第一组9个小BOX拖放到时间轴面板中，并打开它们的三维开关和矢量开关，选择所有BOX层，单击层前面的小色块，在弹出的窗口中选择“红色”，这样选择的层的颜色统一为红色，如图4-73所示。

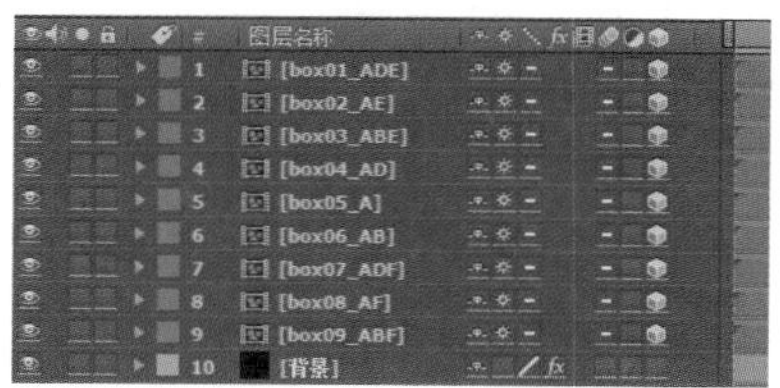

图4-73 放置图层

4 选择所有第一组BOX，按P键，打开所选图层的“位置”选项，设置box01_ADE的“位置”为（100.0，100.0，-200.0）；设置box02_AE的“位置”为（300.0，100.0，-200.0）；设置box03_ABE的“位置”为（500.0，100.0，-200.0）；设置box04_AD的“位置”为（100.0，300.0，-200.0）；设置box05_A的“位置”为（300.0，300.0，-200.0）；设置box06_AB的“位置”为（500.0，300.0，-200.0）；设置box07_ADF的“位置”为（100.0，500.0，-200.0）；设置box08_AF的“位置”为（300.0，500.0，-200.0）；设置box09_ABF的“位置”为（500.0，500.0，-200.0），如图4-74所示。

图4-74 排列第一组BOX

5 选择第一组9个BOX合成，取消对box05_A合成的选择，在时间轴面板的“父级”栏中，设置为box05_A层，如图4-75所示。

图4-75 设置第一组Box的父子关系

提示 通过父子关系，我们可以制作很多复杂的动画效果。在设置层的父子关系时，必须保证当前的合成中有两个或两个以上的图层，在时间轴面板的“父级”下拉列表中，选择作为当前层父层的目标层即可。

6 选择box05_A合成，展开box05_A合成的“变换”选项，将时间滑块移动到0帧位置，打开“z轴旋转”前面的码表，设置位置为(1，0.0°)，3秒位置为0.0°。这样其他的合成也跟随box05_A合成一起旋转，如图4-76所示。

图4-76 设置第一组box的旋转动画

7 下面要制作第二组box的运动效果，由于图层过多，将前面不需要的图层隐藏起来，在时间轴面板中单击需要隐藏图层的按钮，将其显示为状态，再单击时间轴上方的按钮，这样就将不需要的图层隐藏起来了。如果需要再将其显示，再次单击按钮，就可以将隐藏的图层重新显示，如图4-77所示。

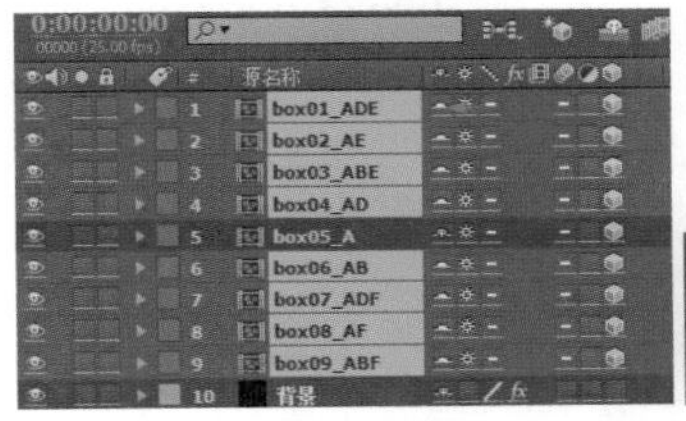

图4-77 隐藏其他图层

8 在“项目”面板中，将第二组9个小BOX拖放到时间轴面板中，并打开它们的三维开关和矢量开关，选择所有第二组BOX层，单击层前面的小色块，在弹出的窗口中选择Yellow，这样选择的层颜色统一为黄色。

9 选择所有第二组BOX，按P键，打开所选图层的“位置”选项，设置box10_DE的“位置”为(100.0，100.0，0.0)；设置box11_E的“位置”为(300.0，100.0，0.0)；设置box12_BE的“位置”为(500.0，100.0，0.0)；设置box13_D的“位置”为(100.0，300.0，0.0)；设置box14_的“位置”为(300.0，300.0，0)；设置box15_B的“位置”为(300.0，100.0，0.0)；设置box16_DF的“位置”为(-100.0，300.0，0.0)；设置box17_F的“位置”为(100.0，300.0，0.0)；设置box18_BF的“位置”为(300.0，300.0，0.0)，并打开时间轴面板的卷展变化开关，如图4-78所示。

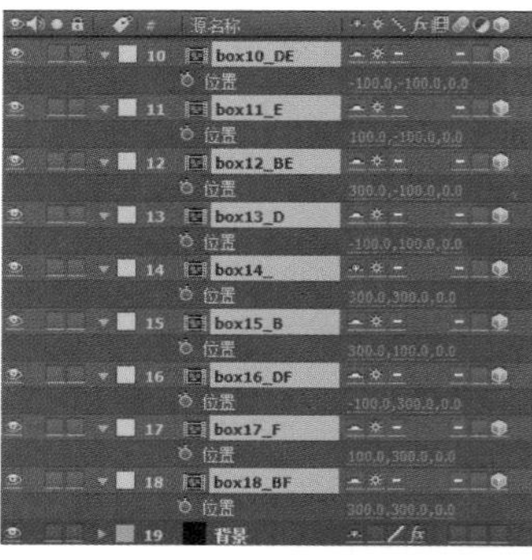

图4-78　排列第二组box

10 选择第二组9个BOX合成，取消对“box14_”合成的选择，在时间轴面板的“父级”栏中，设置为box14_层。

11 选择box14_合成，展开box14_合成的“变换”选项，将时间滑块移动到0帧位置，打开“z轴旋转”前面的码表，设置位置为（2，0.0°），3秒位置为0.0°。这样其他的合成也跟随box14_合成一起旋转，如图4-79所示。

图4-79　设置第二组BOX的旋转动画

12 按照上面介绍的方法，将除box14_之外的这组BOX图层隐藏起来。

13 在“项目”面板中，将第三组9个小BOX拖放到时间轴面板中，并打开它们的三维开关和矢量开关，选择所有第三组BOX层，单击层前面的小色块，在弹出的窗口中选择Blue，这样选择的层的颜色为统一的蓝色。

14 选择所有第三组BOX，按P键，打开所选图层的“位置”选项，设置box19_CDE的“位置”为(100.0，100.0，200.0)；设置box20_CE的“位置”为(300.0，100.0，200.0)；设置box21_BCE的“位置”为(500.0，100.0，200.0)；设置box22_CD的“位置”为(100.0，300.0，200.0)；设置box23_C的“位置”为(300.0，300.0，200.0)；设置box24_BC的“位置”为(500.0，300.0，200.0)；设置box25_CDF的“位置”为(100.0，500.0，200.0)；设置box26_CF的“位置”为(300.0，500.0，200.0)；设置box27_BCF的“位置”为(500.0，500.0，200.0)，如图4-80所示。

15 选择第三组9个BOX合成，取消对“box23_C”合成的选择，在时间轴面板的“父级”栏中，设置None为box23_C层。

16 选择box14_合成，展开box23_C合成的“变换”选项，将时间滑块移动到0帧位置，打开“z轴旋转”前面的码表，设置0帧位置为（-1，0.0°），3秒位置为0.0°。这样其他的合成也跟随box23_C合成一起旋转，如图4-81所示。

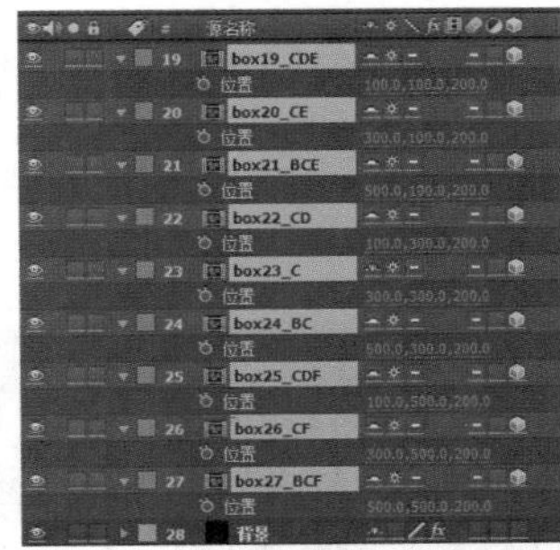

图4-80 排列第三组box

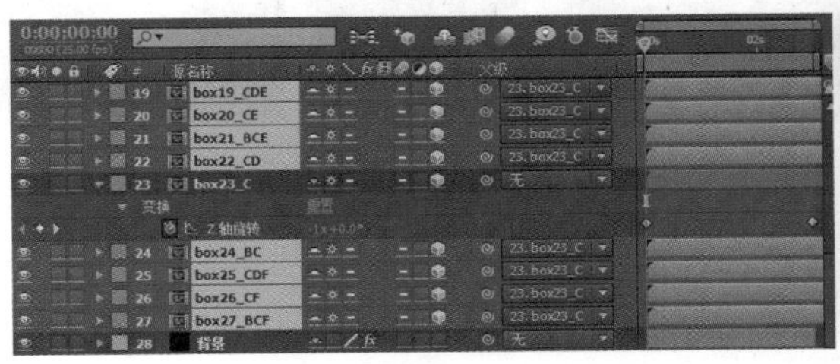

图4-81 设置第三组box的旋转动画

17 按照上面介绍的方法，将除box23_C之外的这组BOX图层隐藏起来。

18 按小键盘上的0键预览，即可观察本实例的最终效果。

技术回顾

本例首先利用网格工具将图像分割成9个小块，然后分别为这9个小块制作合成，将它分解为9个合成，再将小合成搭建成多个小的立方体，将这些立方体制作成一个魔方，利用父子关系制作魔方旋转动画。

举一反三

利用本例中介绍的制作魔方的方法，制作一个完整的魔方动画。具体参数可以参考练习的工程方案，效果如图4-82所示。

图4-82 实例效果

4.6 光效空间

技术要点	使用图层搭建空间	制作时间	30分钟
项目路径	\chap37\光效空间.aep	制作难度	★★★

实例概述

本例使用几个平面图层搭建空间，为平面图层设置纹理，制作出发光效果，在空间中放置文字，并设置摄像机游历动画，效果如图4-83所示。

图4-83　实例效果

制作步骤

1. 建立文字

1 启动After Effects软件，选择菜单命令“合成”/“新建合成”（快捷键Ctrl+N），新建一个合成，命名为“文字”，“预设”使用HDTV 1080 25预置，“持续时间”为5秒。保存项目文件为“光效空间”，如图4-84所示。

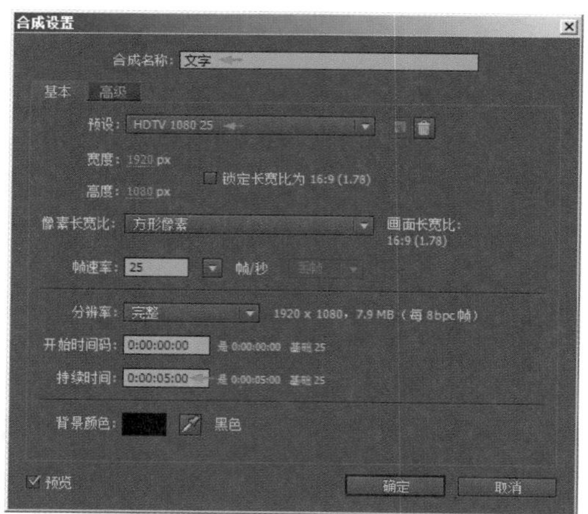

图4-84　新建合成

2 选择菜单命令“图层”/“新建”/“文本”，新建一个文字层，输入After Effects CS5，设置字体为Impact，大小为122像素，颜色为白色，然后将文字居中放置，并打开其三维开关，如图4-85所示。

图4-85　建立文字

2. 建立"图案"

1 选择菜单命令"合成"/"新建合成"（快捷键Ctrl+N），新建一个合成，命名为"图案"，"预设"使用HDTV 1080 25预置，"持续时间"为5秒。

2 选择菜单命令"图层"/"新建"/"纯色"（快捷键Ctrl+Y），建立一个"纯色"层，使用合成尺寸，然后选择菜单命令"效果"/"杂色和颗粒"/"分形杂色"，参数设置如图4-86所示。

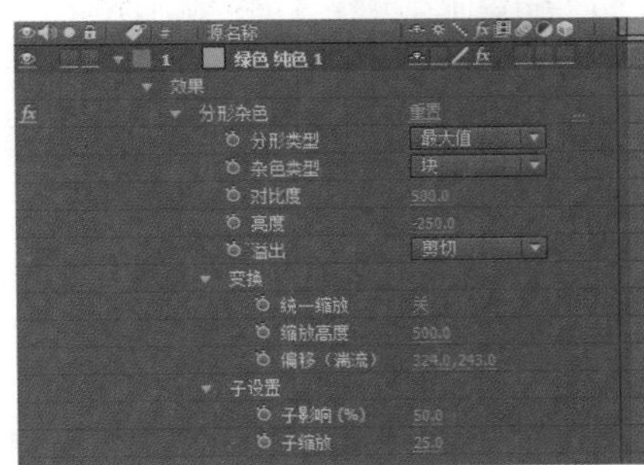

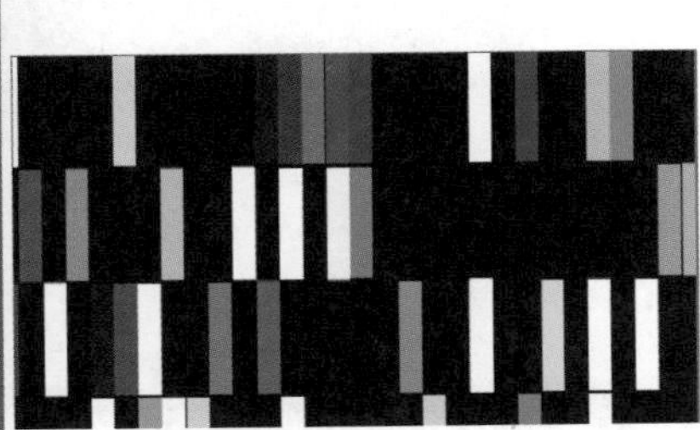

图4-86 设置"分形杂色"

3. 建立空间效果

1 选择菜单命令"合成"/"新建合成"（快捷键Ctrl+N），新建一个合成，命名为"最终效果"，"预设"使用HDTV 1080 25预置，"持续时间"为5秒。

2 从项目面板中将"图案"拖至时间轴中，打开其三维开关，按快捷键Ctrl+D 3次，这样放置4个相同的层，设置各层的位置和旋转角度，围成一个框形，可以使用自定义的摄像机视图来查看空间效果，如图4-87所示。

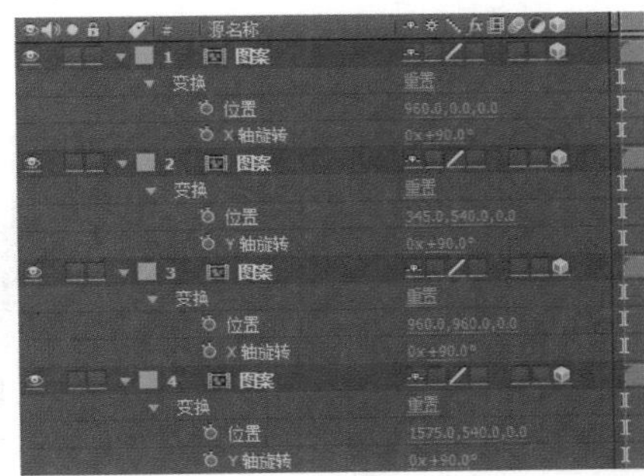

图4-87 设置图层空间位置

3 选中其中一个图层，选择菜单命令"效果"/"风格化"/"动态拼贴"，为其添加运动分布效果，设置平面延伸效果。同样为另外三个图层添加"动态拼贴"效果，其中设置两侧图层的"输出宽度"为400，顶部和底部图层的"输出宽度"为650，如图4-88所示。

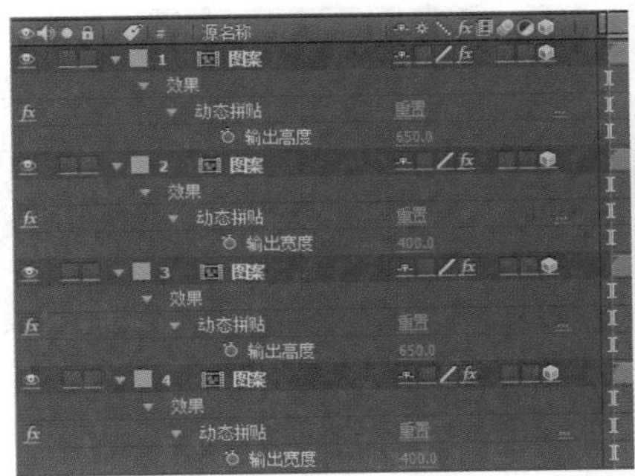

图4-88 设置"动态拼贴"效果

4 从项目面板中再次将“图案”拖至时间轴中，打开其三维开关，向后部调整位置，并选择菜单命令“效果”/“色彩校正”/“曝光度”，添加和调整色彩效果，使用默认状态下的底面视角查看效果，如图4-89所示。

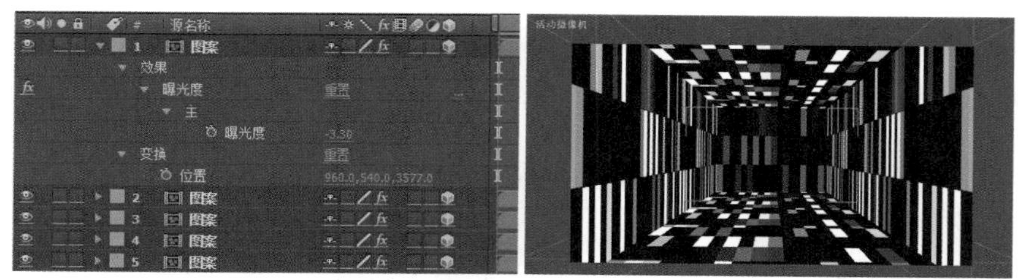

图4-89 设置“曝光度”效果

5 选择菜单命令“图层”/“新建”/“调整图层”，然后选择菜单命令“效果”/“风格化”/“发光”，添加和设置发光效果，如图4-90所示。

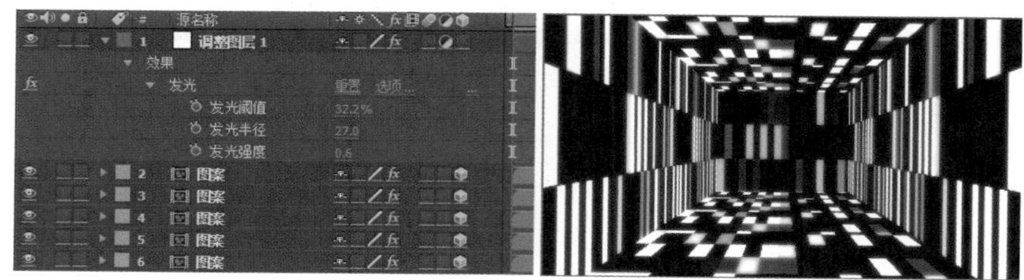

图4-90 调节“发光”效果

6 从项目面板中将“文字”拖至时间轴中，打开三维图层开关，向后调整放置的位置。打开矢量开关，选择菜单命令“效果”/“风格化”/“发光”，添加和设置发光效果，如图4-91所示。

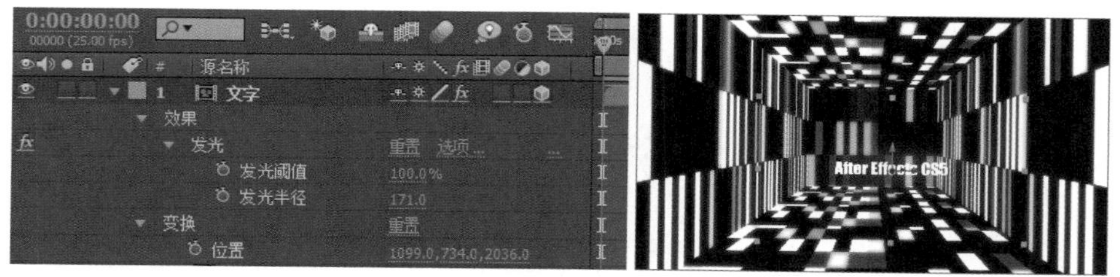

图4-91 放置文字

7 选择菜单命令“图层”/“新建”/“摄像机”，建立一个“预设”为24“毫米”的摄像机，设置摄像机在空间中的游历动画，将时间滑块移至第0帧处，打开“目标点”和“位置”前面的码表，记录关键帧，此时分别为(568.2，670.7，-2707.0)和（484.3，698.7，-3978.9），如图4-92所示。

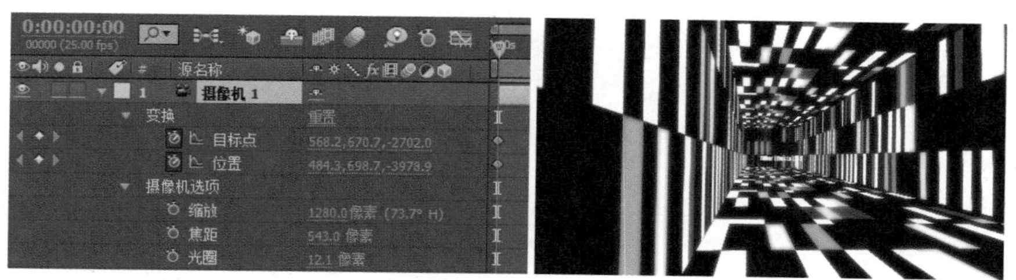

图4-92 设置摄像机动画1

8 将时间滑块移至第15帧处，分别设为（903.8，558.7，2407.6）和（1385.3，809.0，1248.3），如图4-93所示。

图4-93 设置摄像机动画2

9 将时间滑块移至第4秒24帧处，分别设为（1075.3，764.3，2104.8）和（1131.1，834.3，828.0），如图4-94所示。

图4-94 设置摄像机动画3

10 选中摄像机的全部关键帧，选择菜单命令“动画”/“关键帧插值”，打开对话框，将关键帧类型设为“贝塞尔曲线”方式，如图4-95所示。

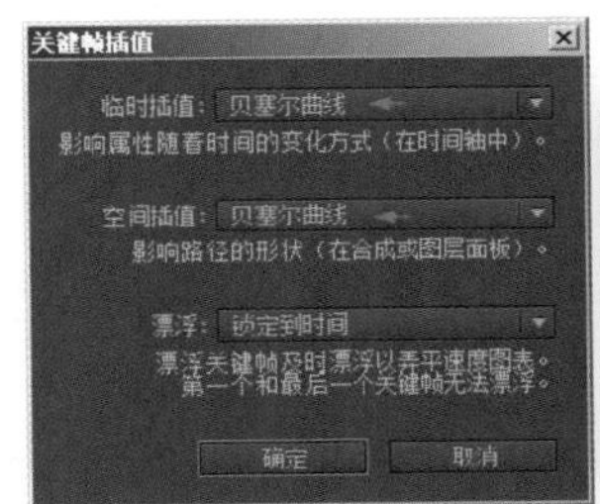
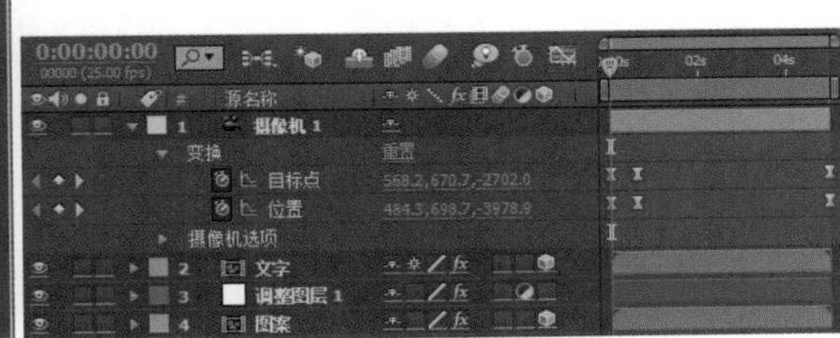

图4-95 调整关键帧类型

11 选择菜单命令“图层”/“新建”/“灯光”，建立一个黄色的“点”光，调整灯光的位置和强度，其中颜色为RGB（255，202，58）。

12 选择菜单命令“图层”/“新建”/“灯光”，再建立一个蓝色的“点”光，调整灯光的位置和强度，其中颜色为RGB（58，109，255），如图4-96所示。

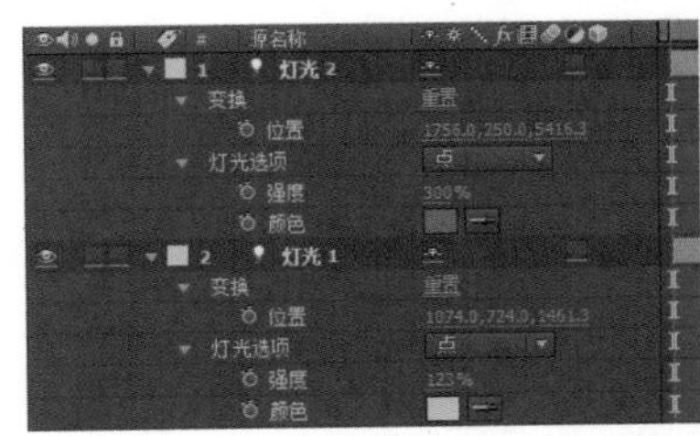

图4-96 设置灯光

13 按小键盘上的0键预览，即可观察本实例的最终效果。

技术回顾

本例中先使用5个平面围成一个前端开口的盒状物体，其中使用“动态拼贴”效果来延伸上、下、左、右的平面。平面的纹理主要使用“分形杂色”滤镜来设置，而最终的发光效果则通过场景中的彩色灯光渲染得到。

举一反三

利用本例中介绍的制作方法，制作一个空间动画。具体参数可以参考练习的工程方案，效果如图4-97所示。

图4-97　实例效果

第 5 章
色彩

5.1 水墨效果

技术要点	利用多种“效果”制作水墨效果	制作时间	8分钟
项目路径	\chap38\水墨效果.aep	制作难度	★★★

实例概述

本例先将需要调色的图片导入，适当调整大小，添加一个查找边缘效果，对它的色阶、色调、饱和度等进行调整，然后将调整好的效果叠加到宣纸上，最后配上书法字，效果如图5-1所示。

图5-1　实例效果

制作步骤

1. 制作水墨背景层

1 启动After Effects软件，选择菜单命令“合成”/“新建合成”（快捷键Ctrl+N），新建一个命名为“水墨”的合成，“预设”使用PAL D1/DV预置，“持续时间”为6秒。保存项目文件为“水墨效果”。

2 导入素材文件“宣纸.JPG”、“题词.tif”、“风景.jpg”，分别将“宣纸.JPG”、“风景.jpg”拖放到时间轴中，“宣纸.JPG”放在底层。

3 素材“风景.jpg”文件的尺寸比项目的尺寸要大一些，需要调整素材的大小，使素材能在窗口中显示完整。展开“变换”选项，设置“缩放”为（80.0，82.0%），这样图片就在窗口中显示出来。

4 选择“风景.jpg”文件，按快捷键Ctrl+D，将该层复制一个备用，将其暂时关闭显示。

5 选择下层的“风景.jpg”文件，选择菜单命令“效果”/“风格化”/“查找边缘”，为“风景.JPG”添加查找边缘效果，设置“与原始图像混合”为60%，如图5-2所示。

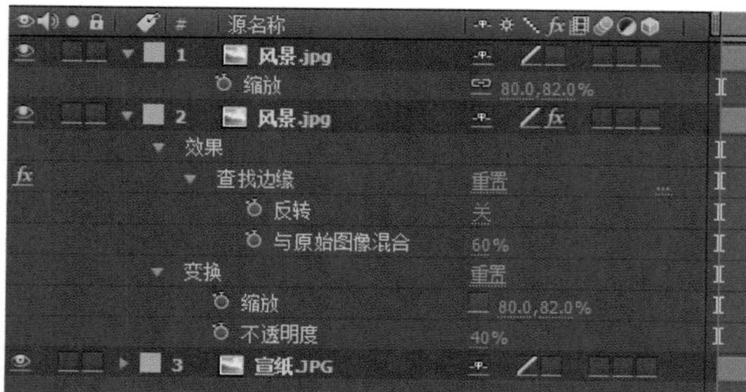

图5-2　为图片添加一个查找边缘效果

提示

“查找边缘”可以强化颜色变化区域的过渡像素，可以模仿多种绘画效果。“色调/饱和度”通过调整色调、饱和度调节色彩的平衡。“色阶”用于修改图像的亮度、暗部及中间色调，可以将输入的颜色级别重新映像到新的输出颜色级别，这也是调色中经常用到的效果之一，本效果通过直方图显示各种信息，其中x轴表示亮度数值，y轴表示像素数目。

6 一般水墨画多为黑白效果，需要调整一下图片的色调和饱和度，将图片调整成黑白色。选择菜单命令“效果”/“颜色校正”/“色相/饱和度”，设置“主饱和度”为-100，这样图片就成为黑白色了，如图5-3所示。

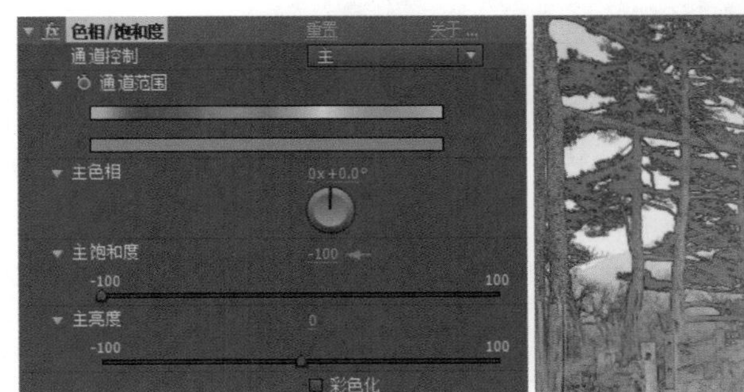

图5-3　将图片设置为黑白

7 为了让树的层次再明显一些，需要调整图片的色阶来达到目的。选择菜单命令“效果”/“颜色校正”/“色阶”，设置“输入黑色”为30.0，“输入白色”为230.0，如图5-4所示。

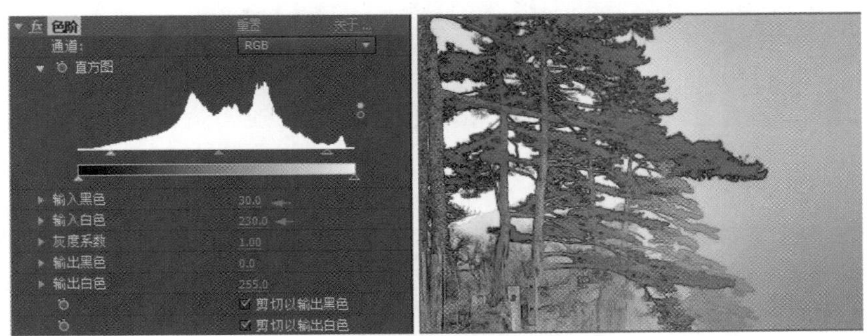

图5-4　调整图片的色阶

8 将这一层作为水墨画的背景层，需要为这一层再添加一个模糊效果。选择菜单命令“效果”/“模糊和锐化”/“高斯模糊”，设置“模糊度”为10.0，如图5-5所示。

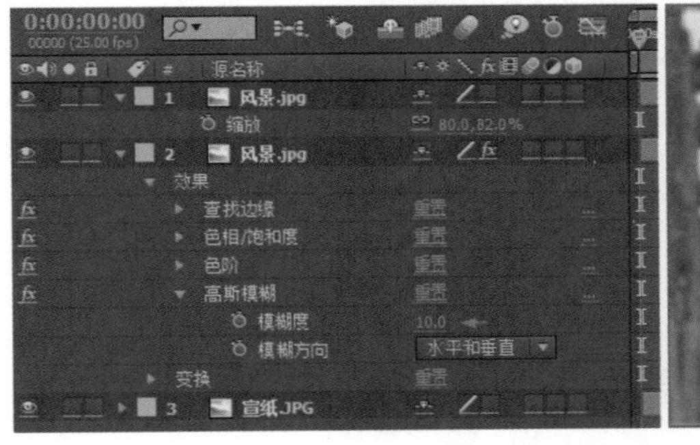

图5-5　适当将图片模糊处理

2. 制作水墨前景层

1 打开上一层“风景.jpg”的显示，将其选中，制作水墨的前景层。选择菜单命令“效果”/“风格化”/“查找边缘”，同样也为上层的“风景.JPG”添加一个查找边缘效果，设置“与原始图像混合”为40%，如图5-6所示。

图5-6 为图片添加查找边缘效果

2 选择菜单命令“效果”/“颜色校正”/“色相/饱和度”，设置“主饱和度”为-100，将图片设置为黑白色，如图5-7所示。

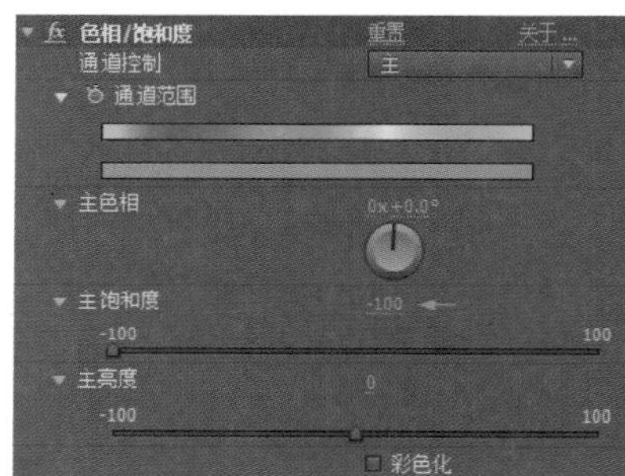

图5-7 设置图片为黑白色

提示 在制作这一层的时候，发现大致上的效果和添加的“效果”都是一样的，在这种情况下，可以直接将上面一层复制一个，然后在新复制的层上进行修改，这样就节省了很多时间，效率就会提高不少。一般在制作水墨效果时，通常需要对图像进行多重效果的处理，可以将这些效果保存下来，以便日后可以随意调用。

3 选择菜单命令“效果”/“颜色校正”/“色阶”，设置“输入白色”为160.0，“灰度系数”为0.30，如图5-8所示。

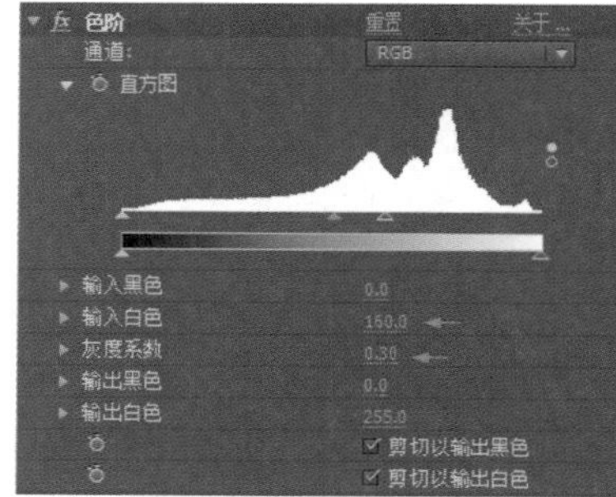

图5-8 调整图片的色阶

4 选择菜单命令“效果” / “模糊和锐化” / “快速模糊”，设置“模糊度”为2.0，如图5-9所示。

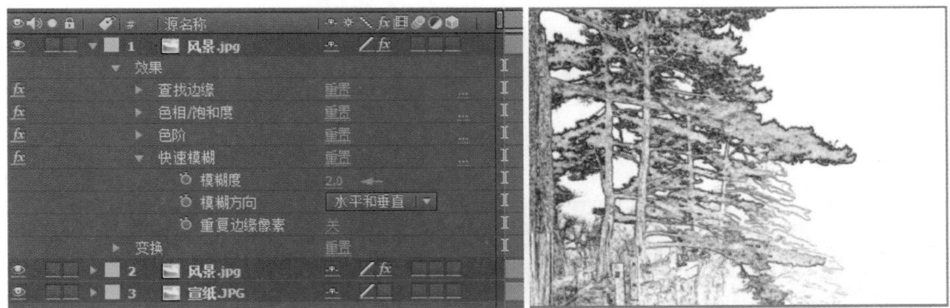

图5-9 适当将图片模糊处理

3. 最终合成

1 现在观看图片，虽然有一些效果，但还是不太满意。选择两层“风景.jpg”层，在时间轴面板中将“模式”栏的“正常”模式改为“相乘”，如图5-10所示。

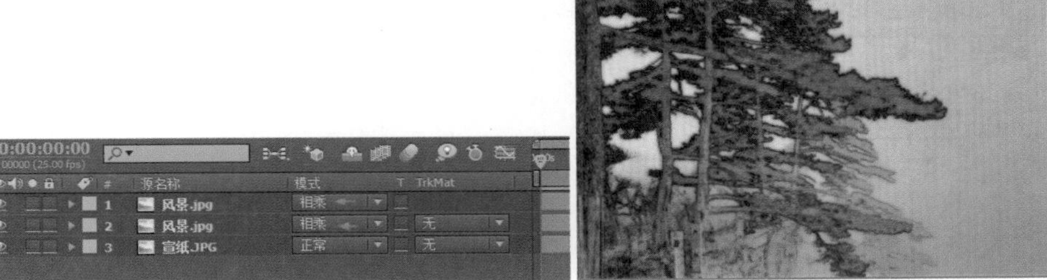

图5-10 改变图片的叠加模式

提示

After Effects可以通过层模式控制上层与下层的融合效果，当使用层模式时，使用层模式的层会依据其下层的通道发生变化，产生不同的融合效果。Multiply（正面叠底）模式是将底色与层颜色相乘，形成一种光线透过两张叠加在一起的幻灯片的效果，结果显示出一种较暗的效果。任何颜色与黑色相乘产生黑色，与白色相乘则保持不变。

2 现在已有部分水墨的效果，只是墨迹过浓，其实解决起来很简单，只需要将两层的透明度降低一点就可以了。展开第一层“风景.jpg”的“变换”选项，设置“不透明度”为60%，展开第二层“风景.jpg”的“变换”选项，设置“不透明度”为40%，如图5-11所示。

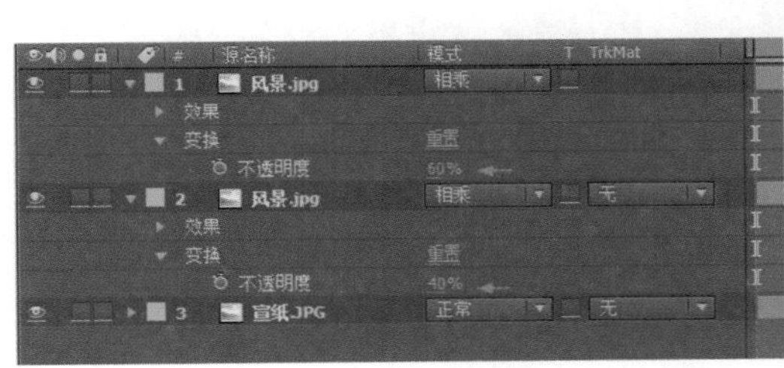

图5-11 设置图片的不透明度

3 通常水墨画旁边都有作者的书法题词等信息，这里为了增强效果，同样也准备了一个题词。在“项目”面板中，将“题词.tif”拖放到时间轴中，展开“变换”选项，设置“位置”为（580.0，150.0），并在“模式”栏中，将叠加模式改为“线性加深”，如图5-12所示。

图5-12　添加题词层并改变叠加模式

提示

“线性加深”以一种线性的运算方式来进行运算，在“线性加深”模式下，将下层图像依据上层图像的灰色程度变暗后再与上层图像融合，因此图像越黑的部分，图像颜色会越深。如果上层是白色，则混合时不发生变化。

4 文字的周围还是没有处理干净，一般是由于纸的颜色不够纯正导致的，只需要调整一下题词的对比度就可以解决了。选择菜单命令“效果”/“颜色校正”/“亮度和对比度”，设置“对比度”为100.0，如图5-13所示。

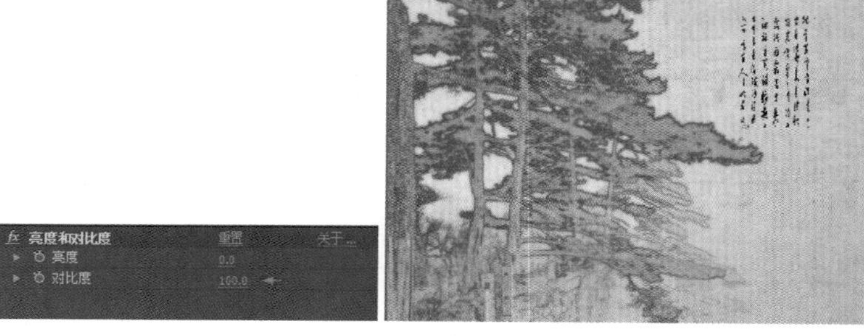

图5-13　调整题词层的对比度

5 为了使效果更加逼真，可以为水墨画添加一点墨迹。选择菜单命令“效果”/“风格化”/CC Burn Film，为“宣纸”层添加一个CC Burn Film效果，设置Burn为27.0，Center为（580.0，450.0），Random Seed为628，如图5-14所示。

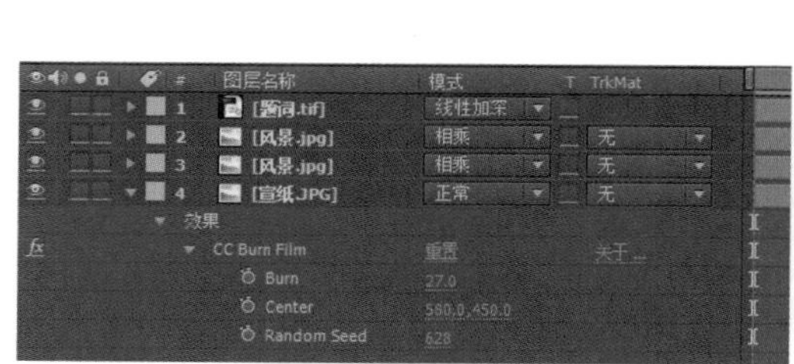

图5-14　制作墨迹效果

6 按小键盘上的0键预览，即可观察本实例的最终效果。

技术回顾

本例的技术重点在于“查找边缘”、“色相/饱和度”、“色阶”等滤镜的综合应用，以及几种叠加模式的应用。

举一反三

根据上面介绍的方法，对光盘中提供的图片进行水墨处理。具体参数可以参考练习的工程方案，效果如图5-15所示。

图5-15　实例效果

5.2 调色效果

技术要点	利用多种“效果”调整图像色彩	制作时间	15分钟
项目路径	\chap39\调色.aep	制作难度	★★★

实例概述

本例先将需要调色的图片导入，观察并分析图片，将图片中的天空和物体分开，然后调整物体的色彩，调整天空并整体降噪，最后检查图，效果如图5-16所示。

图5-16　实例效果

制作步骤

1. 建筑层调色

1 启动After Effects软件，选择菜单命令“合成”/“新建合成”（快捷键Ctrl+N），新建一个命名为“调色”的合成，设置“宽度”宽为1600，“高度”高为1200，像素比为方形，“持续时间”为5秒。保存项目文件为“调色效果”。

2 在“项目”面板空白处双击，打开“导入文件”窗口，导入素材文件IMG_0004.jpg，将IMG_0004.jpg拖放到时间轴中。

3 观察素材，图片显得很灰，整个建筑物和周围的花草看起来都蒙着一层灰，而且天空也很灰，使整个画面没有层次感，让人感觉很闷，透不过气来。虽然画面中有点红色，但整体感觉还是偏冷。画面整体就分为两个部分，一部分是天空；另一部分是建筑和花草，需要将它们分开进行调整。

4 选择IMG_0004.jpg层，按Enter键将其命名为“天空”层。按快捷键Ctrl+D将图片再复制一层，按Enter键将其命名为“建筑”层。

5 将建筑分离出来，对它单独进行调色。在时间轴面板中关闭“天空”层的显示，选择“建筑”层，选择菜单命令“效果”/“键控”/“颜色键”，设置“主色”的RGB为（34，49，136），“颜色容差”为100，“羽化边缘”为60。这样天空已经基本被去除，只剩下建筑本身，如图5-17所示。

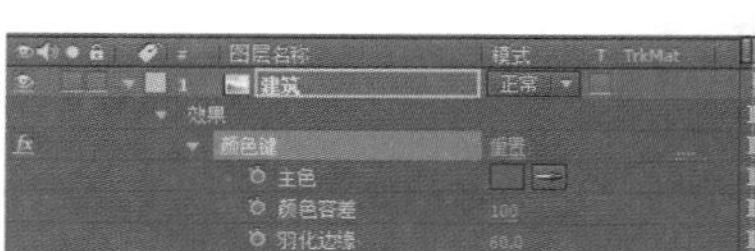

图5-17 分离图片层

6 现在需要将建筑调亮一些，一般只需要调整它的色阶。选择菜单命令“效果”/“颜色校正”/“色阶”，设置“输入白色”为178。

7 观察调整的图片效果，图像的色彩饱和度还不够。选择菜单命令“效果”/“颜色校正”/“色相/饱和度”，设置“主色相”为（0，7.0），“主饱和度”为20，如图5-18所示。

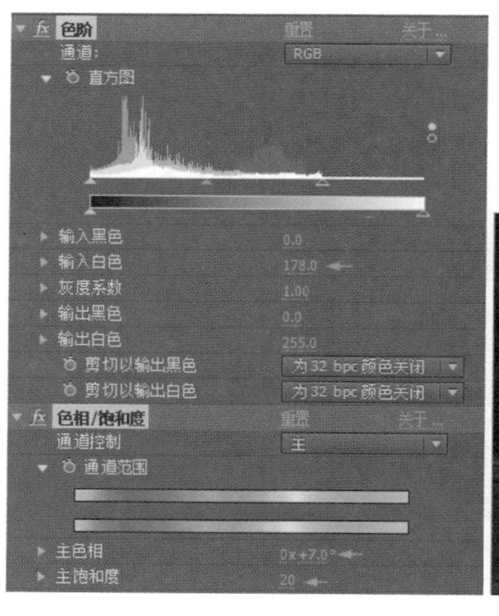

图5-18 调整建筑物的色相

2. 天空层调色

1 在时间轴面板中打开“天空”层的显示，然后为天空调色。选择菜单命令“图层”/“新建”/“纯色”，单击“大小”下的“制作合成大小”按钮，自动将“纯色”层大小设置为项目大小，将“颜色”的RGB设置为（63，165，237），将“纯色”层移动到“建筑”层下面。

2 选择工具栏中的钢笔工具，在“纯色”层上绘制一个“蒙版”。展开“蒙版”/“蒙版 1”选项，设置“蒙版羽化”为(600.0，600.0)，在“模式”栏中，将“纯色”层的“正常”模式改为“相乘”模式，如图5-19所示。

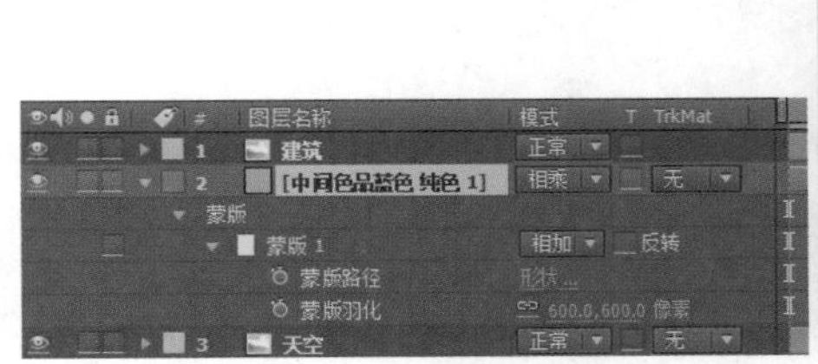

图5-19 设置“蒙版”的羽化效果和图层叠加效果1

3 选择菜单命令“图层”/“新建”/“纯色”，单击Size下的“制作合成大小”按钮，自动将“纯色”层大小设置为项目大小，将“颜色”的RGB设置为（237，237，237），将“纯色”层移动到“建筑”层下面。

4 选择工具栏中的矩形工具，在“纯色”层上绘制一个“蒙版”。展开“蒙版”/“蒙版 1”选项，设置“蒙版羽化”为（400.0，400.0），展开“变换”选项，设置“不透明度”为20%，在“模式”栏中，将“纯色”层的“正常”模式改为“相加”模式，如图5-20所示。

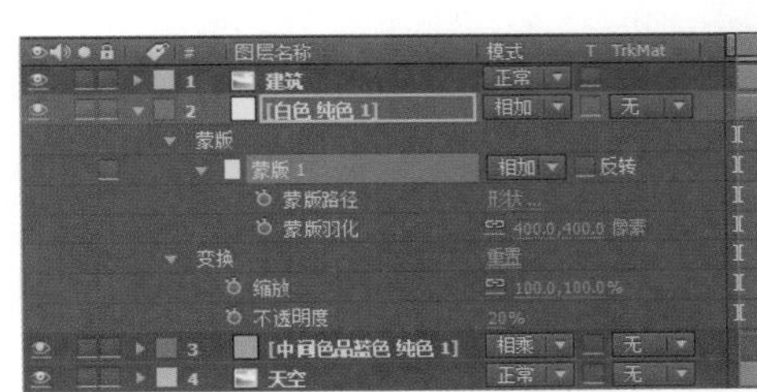

图5-20 设置“蒙版”的羽化效果和图层叠加效果2

3. 画面构图调整

1 从构图上来讲画面的层次有了，只是需要再突出一些画面的主体，使画面中心更加突出，结构更加紧凑。让人第一眼就能注意到画面的主体建筑物。

2 需要将其他部分弱化，建筑再突出一些。选择菜单命令“图层”/“新建”/“纯色”，单击Size下的“制作合成大小”按钮，自动将“纯色”层大小设置为项目大小，将“颜色”设置为黑色。选择工具栏中的椭圆形绘制工具，在“纯色”层大小上绘制一个“蒙版”。

3 展开“蒙版”/“蒙版 1”选项，勾选“反转”选项，设置“蒙版羽化”为（300.0，300.0）；展开“变换”选项，设置“不透明度”为36%。这样就将影响视觉的部分遮蔽了，如图5-21所示。

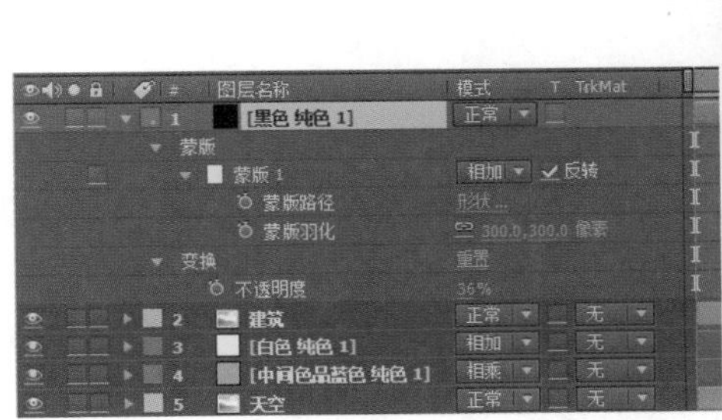

图5-21 设置“蒙版”的羽化效果和图层叠加效果3

4 选择菜单命令“图层”/“新建”/“纯色”，单击Size下的“制作合成大小”按钮，自动将“纯色”层大小设置为项目大小，将“颜色”设置为白色。选择工具栏中的椭圆形绘制工具，在“纯色”层上绘制一个新的“蒙版”，设置“蒙版羽化”为（500.0，500.0），展开“变换”选项，设置“不透明度”为20%，如图5-22所示。

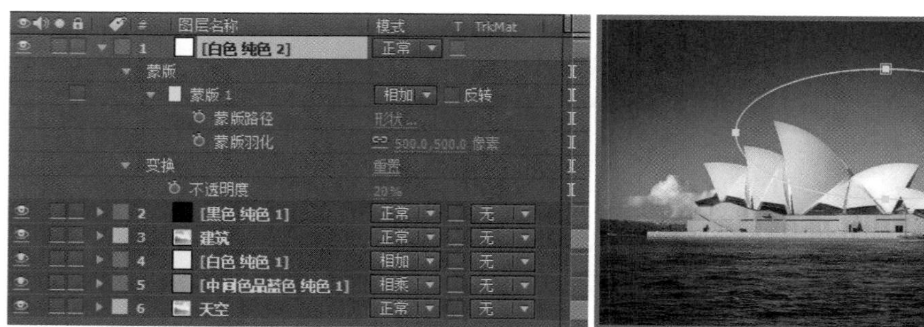

图5-22 设置“蒙版”的羽化效果和图层叠加效果4

技术回顾

本例的重点在于对图像的分析和调整，如何能将一幅图片的色彩调整到一个相对较好的效果，最关键的一步就是对图像的分析。调色不在于技术的高深，主要是对图像和色彩的理解程度。本例的技术重点还在于多种“纯色”层的叠加，以及色彩亮度、饱和度的把握。

举一反三

根据上面介绍的方法，对光盘中提供的图片进行调色处理。具体参数可以参考练习的工程方案，效果如图5-23所示。

图5-23 实例效果

5.3 降噪

技术要点	使用Remove Grain对照片进行降噪	制作时间	5分钟
项目路径	\chap40\降噪.aep	制作难度	★★

实例概述

本例先将需要降噪的图片导入，观察并分析图片，然后为其添加一个Remove Grain（去除噪点）效果，设置好取样点后进行降噪，如图5-24所示。

图5-24 实例效果

制作步骤

1. 分析图像

1 启动After Effects软件，在 “项目” 面板的空白处双击，打开 “导入文件” 窗口，导入素材文件FASH6547.JPG。

2 选择素材文件，使用鼠标左键将其拖放到 “项目” 面板下方的按钮上，创建一个新的合成。这样合成的尺寸是根据图像的尺寸创建的，与在菜单命令Composition中创建合成有区别。

3 这时看到图片上美女的皮肤非常粗糙，面部有部分噪点，大部分噪点主要集中在头部以下。

2. 设置噪点取样

1 经过上面的分析，已经基本知道噪点的分布情况，这样就可以为图像设置噪点取样了。选择菜单命令 “效果” / “杂色和颗粒” / “移除颗粒”，设置 “查看模式” 为 “杂色样本”，展开 “采样” 选项，设置 “样本数量” 为10。由于这幅图片中的噪点过多，可分布的取样点也随之增加，一般来说取样点越多，去噪的效果就越好。

2 展开 “采样” 下的 “杂色样本点”，这里设置1为（314.0，266.0），2为（112.0，572.0），3为（168.0，704.0），4为（314.0，624.0），5为（601.0，632.0），6为（266.0，532.0），7为（646.0，534.0），8为（462.0，732.0），9为（388.0，672.0），10为（432.0，594.0）。读者也可以尝试在其他位置取样，如图5-25所示。

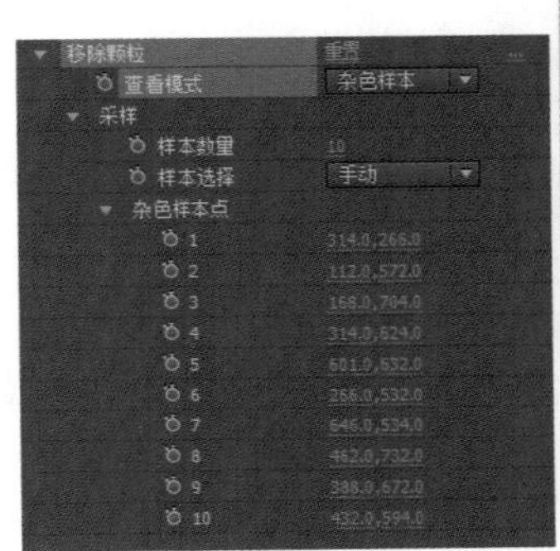

图5-25 设置取样点

3 在上图中白色小框就是刚刚制作的取样点，这样就完成了噪点检测样点的取样工作。

3. 去除噪点

1 设置“查看模式”为“最终输出”，展开“杂色深度减低设置”选项，设置“杂色深度减低”为2.000，“成功”为4，如图5-26所示。

图5-26　去除噪点

2 观察图像，与原来的效果相比，皮肤光滑了很多，而且整个图像看起来也变得柔和了很多。

3 按小键盘上的0键预览，即可观察到本实例的最终效果。

技术回顾

本例的技术重点在于对图像的分析，如何准确定位取样点，是降噪能否成功的关键所在。通过以上两个实例，可以得出这样的结论，在对图像进行调整时，首先必须要分析好图像，在没有进行图像分析前无论使用什么“效果”，最终得到的效果都不是最完美的。由此可见分析图像在后期的重要性。

举一反三

根据上面介绍的方法，对光盘中提供的图片进行调色处理。具体参数可以参考练习的工程方案，如图5-27所示。

图5-27　实例效果

5.4 雪景

技术要点	层的叠加和“蒙版”的使用	制作时间	10分钟
项目路径	\chap41\雪景.aep	制作难度	★★★

实例概述

本例先将需要使用的图片导入，观察并分析图片，然后对图片进行相应的色彩处理，使用“蒙版”将图像多余部分遮蔽，然后再对图片进行修饰，如图5-28所示。

图5-28 实例效果

制作步骤

1. 分析图像

1 启动After Effects软件，选择菜单命令“合成” / “新建合成”（快捷键Ctrl+N），新建一个命名为“雪景”的合成，“预设”使用PAL D1/DV预置，“持续时间”为2秒。保存项目文件为“雪景”。

2 导入素材文件“花.jpg”和“楼阁.jpg”。

3 选择“楼阁.jpg”并将其拖放到时间轴面板，这时发现图片的尺寸比合成要大一些，需要调整一下图片的大小，以适配合成的大小。按快捷键Ctrl+Alt+F，将“楼阁.jpg”的尺寸调整到合成大小，然后按快捷键Ctrl+D创建一个副本。

4 观察图像，图像左边和右边的垂柳部分显得有点乱，池塘里的倒影同样干扰视线。一般积雪较多的部分主要集中在小路、亭台，以及远处的树上，池塘里应该也是一片白色的，远处的天空要显得白色朦胧，这样才符合整幅图片的意境。前景再配合一些冬季的花朵则显得美丽动人。

> 提示
> 这个设置的缺陷在于会导致图像的变形，好在对本图的影响不是很大，只不过图像的主体部分被拉长了一些。本例的主要目的在于介绍软件的一个小功能，希望各位在以后的使用中，尽量保持原始画面的比例。一般在使用过程中，可以先将图像适配到合成大小，然后再到“变换”设置里将图像调整到原始比例。

2. 图像调整

1 经过上面的分析，已经了解图像的基本情况，需要对图像进行相应的调整。暂时关闭“楼阁.jpg”层的显示。

2 选中下层“楼阁.jpg”层，选择菜单命令“效果” / “风格化” / “查找边缘”，设置“与原始图像混合”为60%，设置“反转”选项为“开”，如图5-29所示。

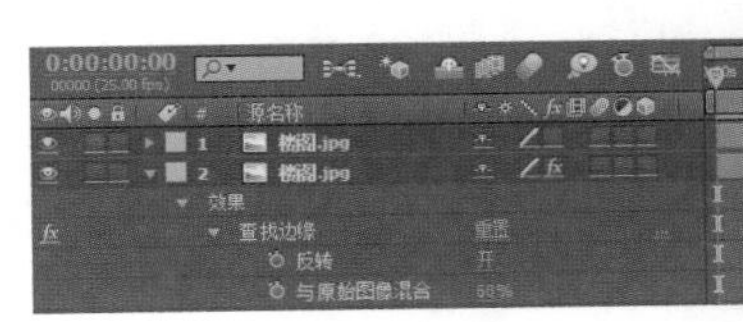

图5-29 为图片添加查找边缘效果

3 现在发现图像的边缘部分太亮了，需要柔和一些，这样就需要添加一个模糊效果。选择菜单命令“效果”/“模糊和锐化”/“快速模糊”，设置“模糊度”为3.0，如图5-30所示。

图5-30 将图片适当模糊

4 打开上层“楼阁.jpg”层的显示，选中上层“楼阁.jpg”层，选择菜单命令“效果”/“颜色校正”/“色相/饱和度”，设置“主饱和度”为-100，这样图像就呈现黑白色调，如图5-31所示。

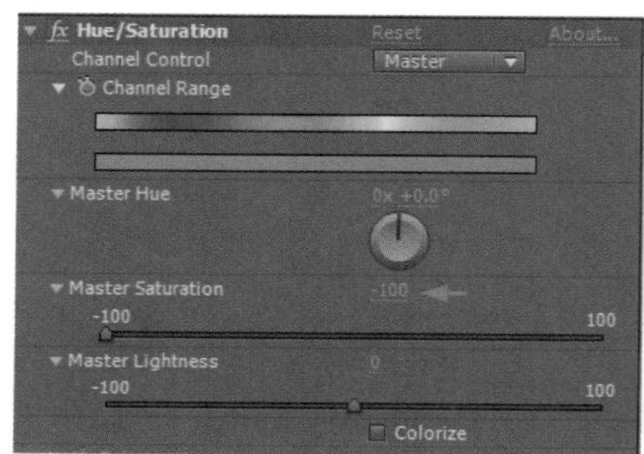

图5-31 设置图片为黑白色

5 同样也对该图像进行模糊处理，选择菜单命令“效果”/“模糊和锐化”/“高斯模糊”，设置“模糊度”为5.0，如图5-32所示。

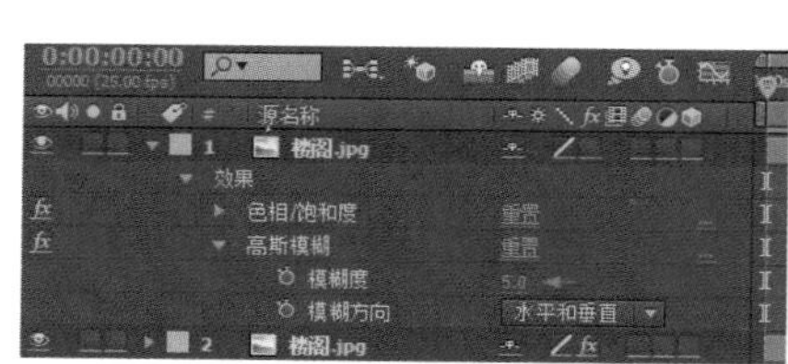

图5-32 适当模糊图片

提示

“快速模糊”和“高斯模糊”效果都可以对图像进行模糊处理，在层质量最好的情况下，“快速模糊”和“高斯模糊”效果相同，但其在处理大面积图像时，速度比“高斯模糊”更快一些。在本例中两者的效果没什么区别，之所以使用两种不同的效果，还是希望读者在制作到这里的时候，能多学到一些东西。

6 选择上面一层的“楼阁.jpg”，在“模式”栏中将叠加模式改为“相乘”，如图5-33所示。

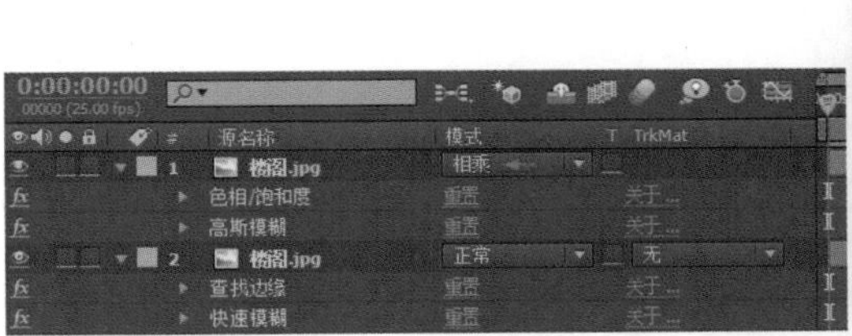

图5-33　改变图像的叠加模式

3. 制作积雪

1 选择菜单命令“图层” / “新建” / “纯色”，为合成建立一个“纯色”层，单击Size下面的“制作合成大小”按钮，将“纯色”层的尺寸设置为合成大小，单击“颜色”下方的小色块，在弹出的色彩选项中设置RGB为（219，203，220）。

2 在“模式”栏中，将“纯色”层的叠加模式改为“颜色减淡”。在“变换”下设置“不透明度”为43%，如图5-34所示。

图5-34　改变图层的叠加模式

3 观察小路和亭台上都有了一些白色部分，这就是积雪效果。

4. 环境调整

1 对零乱的环境进行一下处理，制作大雪刚停时的环境场景。

2 选择菜单命令“图层” / “新建” / “纯色”，为合成建立一个“纯色”层，单击Size下面的“制作合成大小”按钮，将“纯色”层的尺寸设置为合成大小；单击“颜色”下方的小色块，在弹出的色彩选项中设置RGB为（221，225，250）。

3 选择工具栏中的钢笔工具，在“纯色”层上绘制一个“蒙版”，如图5-35所示。

图5-35　绘制“蒙版”

4 展开“纯色”层“蒙版”下面的“蒙版 1”选项，勾选“反转”选项，设置“蒙版羽化”为（150.0，150.0），如图5-36所示。

图5-36 设置“纯色”层的羽化效果

5 这样就遮蔽一些零乱的部分，整个环境也在向雪景靠拢了。

5. 添加花枝

1 整个场景看上去已经很像雪景了，但是场景显得比较空，而且左边的积雪效果不是很好，下面为场景添加一些小元素改善效果。

2 在“项目”面板中，将前面导入的“花.jpg”拖放到时间轴中。发现花的背景为蓝色，并不是透明的，不能叠加到当前的图像上，需要将蓝色去除，使花能够叠加到场景中。

3 选择菜单命令“效果”/“键控”/“颜色键”，设置“主色”的RGB为（62，124，205），“颜色容差”为90，展开花的“变换”选项，设置“位置”为（200.0，362.0），“缩放”为（100.0，-90），“旋转”为（0，180.0°），如图5-37所示。

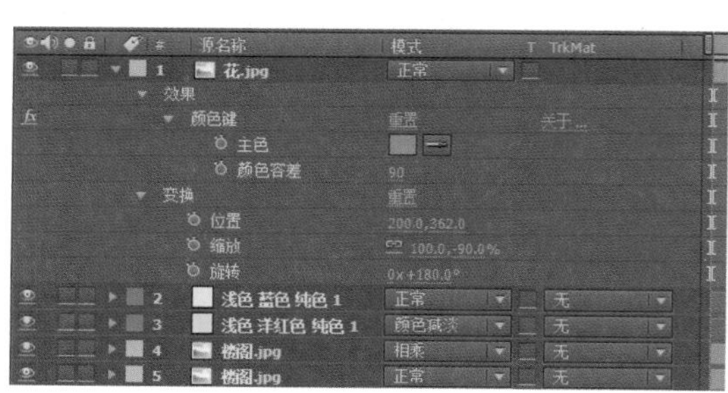

图5-37 设置图层的抠像效果

4 选择菜单命令“效果”/“模糊和锐化”/“高斯模糊”，为花枝增加一个模糊效果，设置“模糊度”为4.0，如图5-38所示。

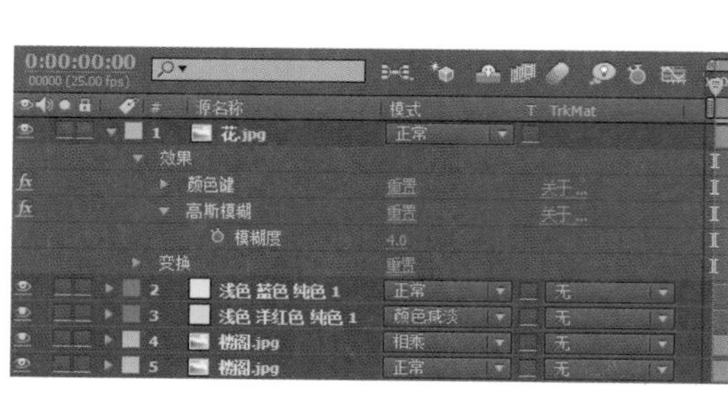

图5-38 适当模糊图片

5 在时间轴面板中选择“花.jpg”层，按快捷键Ctrl+D，复制出一个新的图层。

6 选择刚复制的一层，按F3键，进入它的效果窗口，选择“高斯模糊”效果，将其删除，在“模式”栏中，将刚复制的“花.jpg”层的叠加模式改为“变暗”，如图5-39所示。

图5-39 设置图层的叠加模式

7 观察图像，可得到本实例的最终效果。

技术回顾

本例主要介绍了查找边缘效果和各种模糊效果的应用，同时还使用“蒙版”工具对图像进行了大面积的处理，以及抠像效果在本例中的简单应用。

举一反三

根据上面介绍的方法，对光盘中提供的图片进行调色处理。具体参数可以参考练习的工程方案，效果如图5-40所示。

图5-40 实例效果

5.5 文字上色

技术要点	利用层叠加技术制作文字上色效果	制作时间	5分钟
项目路径	\chap42\文字上色.aep	制作难度	★★

实例概述

本例先将需要使用的文字导入，然后分层对其进行调整，分别对文字的色相、饱和度，以及基本色彩进行设置，效果如图5-41所示。

图5-41　实例效果

制作步骤

1. 上色效果 1

1 启动After Effects软件，选择菜单命令“合成”/“新建合成”（快捷键Ctrl+N），新建一个命名为after的合成，“预设”使用PAL D1/DV预置，“持续时间”为2秒。保存项目文件为“文字上色”。

2 导入素材文件after.tga，打开“导入文件”窗口，设置Alpha为“直接-无遮罩”方式。

3 在“项目”面板中选择after.tga，将其拖放到时间轴面板。选择菜单命令“效果”/“颜色校正”/“色阶”，设置“灰度系数”为0.40，如图5-42所示。

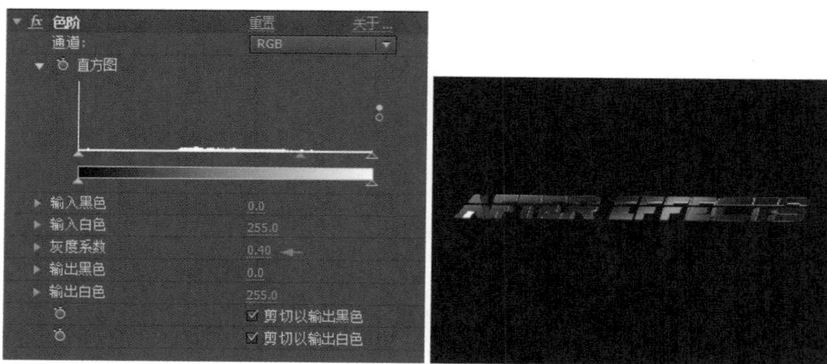

图5-42　调整图片的色阶

4 在“项目”面板中再次将after.tga拖动到时间轴面板，在“模式”栏中，将叠加模式设置为“变亮”，选择菜单命令“效果”/“颜色校正”/“色阶”，设置“输入黑色”为130.0，“灰度系数”为5.00，如图5-43所示。

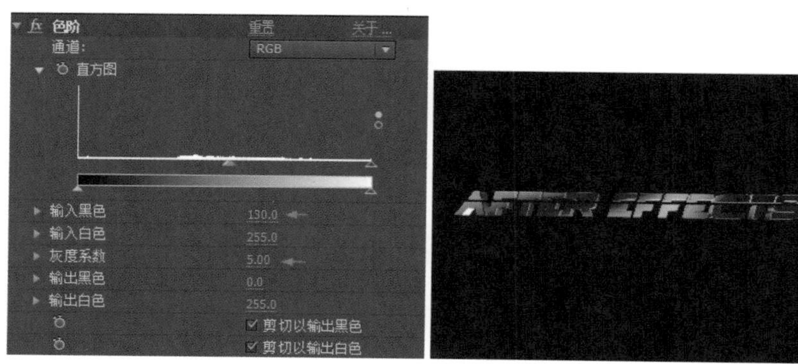

图5-43　将图片复制一层并改变图层的叠加模式

5 选择菜单命令“效果”/“生成”/“四色渐变”，这样文字表面就会被涂上一层颜色。设置“变换”选项下的“不透明度”为33%，如图5-44所示。

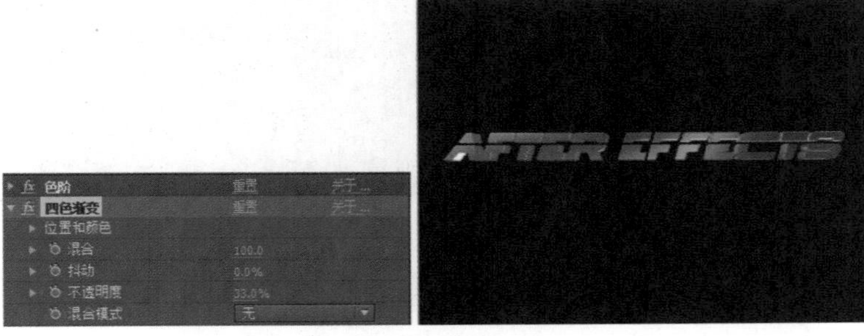

图5-44 设置文字的颜色

6 选择菜单命令“效果”/“颜色校正”/“色相/饱和度”，设置“主色相”为100.0，“主饱和度”为90，如图5-45所示。

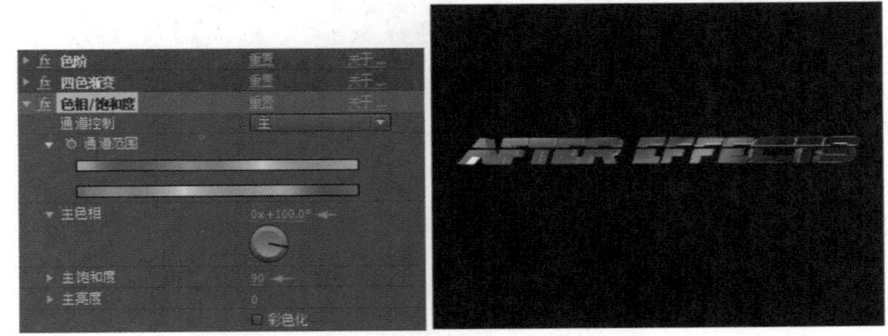

图5-45 调整图片的色相与饱和度

7 在“项目”面板中，再次将after.tga拖动到时间轴面板，放在顶层。在“模式”栏中，将叠加模式设置为“相加”，使用工具栏中的矩形绘制工具，在刚拖入的文字层上绘制三个“蒙版”。

8 分别展开顶部after.tga层的“蒙版 1”、“蒙版 2”和“蒙版 3”选项，设置“蒙版羽化”为（60.0，60.0），然后为其添加一个背景，如图5-46所示。

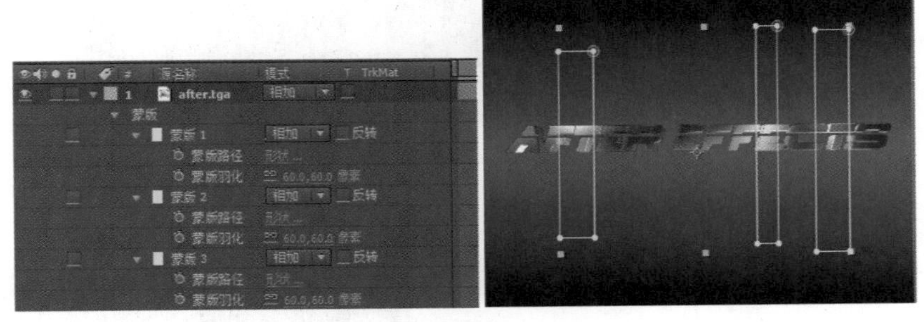

图5-46 设置羽化效果

9 经过上面的调整，基本完成了一个文字上色的效果。在本例中上色步骤是开始调整文字的对比度，然后设置好文字的基本色调，调整其色彩饱和度，最后设置文字的高光部分。

2. 上色效果 2

1 在“项目”面板中选择after.tga，将其拖放到时间轴面板。选择菜单命令“效果”/“颜色校正”/“色阶”，设置“输入黑色”为60.0，如图5-47所示。

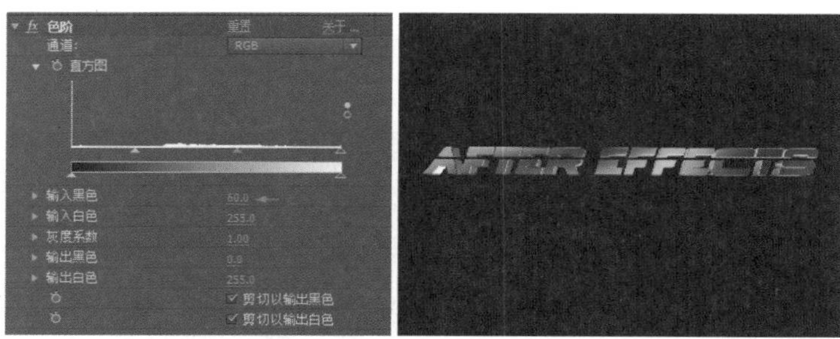

图5-47　调整图片的色阶

2 在“项目”面板中，再次将after.tga拖动到时间轴面板，放在上面，将叠加模式设置为Add（加）模式，选择菜单命令“效果”/“颜色校正”/“色光”，展开“输出循环”选项，设置“使用预设调板”为“火焰”，展开时间轴中的“变换”选项，设置“不透明度”为30%，如图5-48所示。

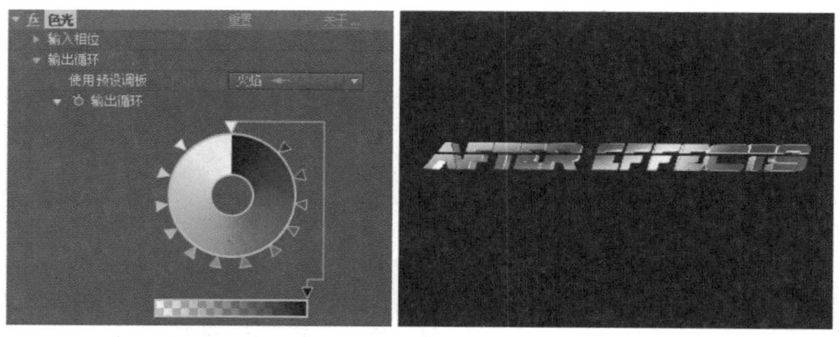

图5-48　改变图层的颜色

3 选中上面层，按快捷键Ctrl+D复制一个新层，位于顶层，将模式更改为“亮光”模式，展开其“色光”效果下的“输出循环”选项，设置“使用预设调板”为“曝光过度绿色”，如图5-49所示。

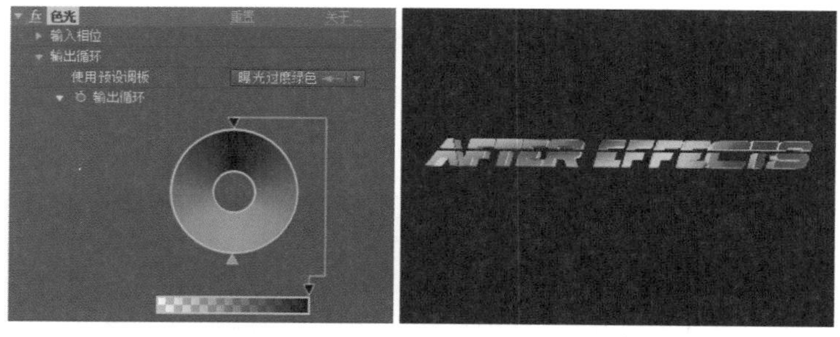

图5-49　复制图层并改变图层的颜色和叠加模式

4 选择顶层，使用矩形工具绘制一个矩形，然后为其添加一个背景，如图5-50所示。

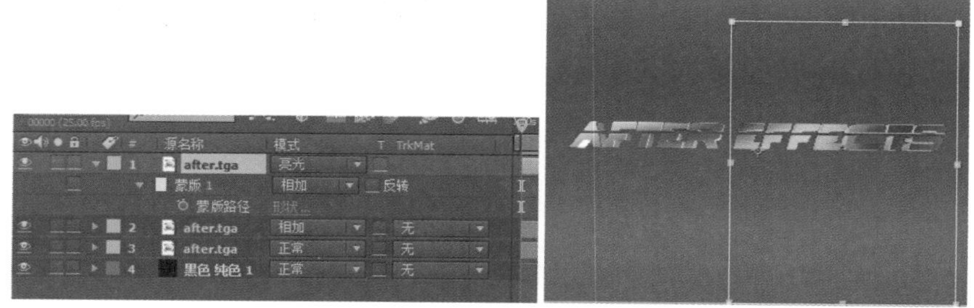

图5-50　绘制矩形

5 观察本实例的最终效果。

技术回顾

本例主要介绍了“色阶”、“四色渐变”、“色光”等效果的使用，以及各层之间叠加模式的应用。

举一反三

根据上面介绍的方法，制作其他类别的文字效果。具体参数可以参考练习的工程方案，效果如图5-51所示。

图5-51　实例效果

5.6 单色保留

技术要点	利用“保留颜色”制作色彩效果	制作时间	5分钟
项目路径	\chap43\单色保留.aep	制作难度	★★

实例概述

本例先将需要使用的图片导入到时间轴面板，调整图片的“曲线”效果，使图片的色彩轮廓更加清晰，再使用“保留颜色”效果，选择保留的颜色，将其他颜色过滤掉，最后调整图像颜色的饱和度，效果如图5-52所示。

图5-52　实例效果

制作步骤

1. 导入素材

1 在一些影视作品和广告中，经常可以看到这样的一个镜头，影片的主角穿着一身红色衣服或其他颜色鲜明的衣服，走在人群中。其他的人物都是黑白色，只有主角是彩色的，这就是本例需要介绍的制作效果。

2 一般在拍摄这样的镜头时，镜头里面的人物都不是街头的随机人物，全部都是群众演员。这时导演一般会根据需要，让主角穿着一身鲜艳的衣服，以红色绿色居多。其他群众演员的衣服，都没有主角衣服的颜色，一般以浅颜色或灰度色为主。

3 这样拍摄完成的镜头，到后期只需做一些简单处理就可以达到作品需要的效果了。如果场景比较复杂，可以适当配合“蒙版”工具，对场景进行部分遮蔽。如果更加复杂，那就需要逐帧绘制动态“蒙版”了。

4 启动After Effects软件，在“项目”面板空白处双击，打开“导入文件”窗口，选择素材文件“荷花.jpg”，将其导入到项目面板。

5 选择“荷花.jpg”文件，将其拖放到项目面板下方的“创建项目合成”按钮上，这样就根据图片素材的尺寸等属性，自动创建了一个项目合成。在时间轴面板中按快捷键Ctrl+D，打开“合成设置”，将合成命名为“单色保留”。

6 选择菜单命令“文件”/“保存”（快捷键Ctrl+S），保存项目文件，命名为“单色保留”。

7 观察图片素材，图片上主体颜色只有绿色和红色。这样就完全符合对图片的要求，只需要选择红色，将花的颜色保留就可以了。

2. 单色保留

1 在时间轴面板中选择图片文件，选择菜单命令“效果”/“颜色校正”/“曲线”，在弹出的效果面板中，适当调整图片的曲线，如图5-53所示。

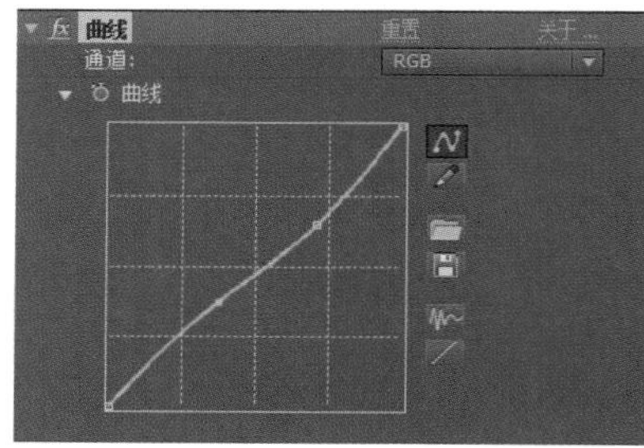

图5-53 调整图片色彩轮廓

提示

“曲线”可以通过曲线控制功能，对图像的每个通道进行独立控制，调节它们的色调范围。可以在0～255之间调节颜色。使用曲线进行颜色校正，你可以获得更大的自由度，可以在曲线上拖动控制点进行精确的调整。同时，曲线调整具有更大的交互性，你可以看见曲线外形和图像效果之间的关联。也可以使用提供的铅笔工具，在曲线面板上像绘画一样，任意控制图像。

2 选择菜单命令“效果”/“颜色校正”/“保留颜色”，为图片添加一个“保留颜色”效果，设置“脱色量”为100%，“要保留的颜色”为红色，“容差”为38.0%，“边缘柔和度”为5.0%，“匹配颜色”为“使用RGB”，如图5-54所示。

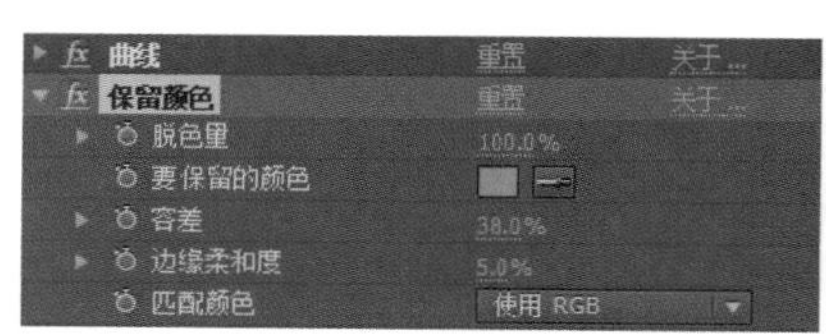

图5-54 设置单色保留

> 提示
>
> “保留颜色”效果使图像中指定的颜色保持不变，而把图像中的其他颜色转换为灰度颜色。“脱色量”可以控制图像中丢失的颜色数量。“要保留的颜色”可以指定图像中需要保留的颜色。“容差”可以控制色彩的容差，数值越大，被保留的颜色越多。“边缘柔和度”可以控制色彩边界的锐度，适当调整可以产生一个柔和的过渡。“匹配颜色”可以控制效果的色彩模式。

3 这样就完成了单色保留效果的制作，不过由于对色彩进行了处理，难免会有一些色彩丢失，那么还需要调整一下色彩的饱和度。

4 选择菜单命令“效果”/“颜色校正”/“色相/饱和度”，为图片添加一个色相/饱和度效果，设置“主饱和度”为-100，如图5-55所示。

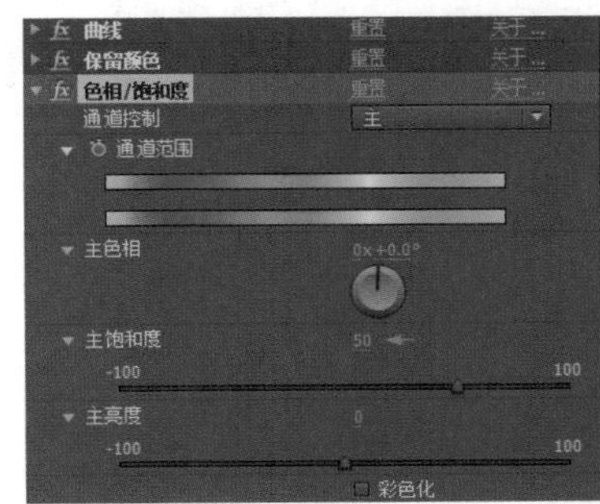

图5-55　调整图片饱和度

技术回顾

本例主要介绍了制作单色保留效果在前期拍摄时的一些需要注意的地方，以及在后期中使用“保留颜色”效果对其他颜色进行处理的方法。

举一反三

根据上面介绍的方法，对光盘中提供的图片进行相应处理。具体参数可以参考练习的工程方案，效果如图5-56所示。

图5-56　实例效果

5.7 颜色替换

技术要点	利用“色相/饱和度”制作	制作时间	5分钟
项目路径	\chap44\颜色替换.aep	制作难度	★★

实例概述

本例先将需要使用的图片导入到时间轴面板，使用“色相/饱和度”工具对图像的色彩分通道进行调整，如图5-57所示。

图5-57　实例效果

制作步骤

1. 导入素材

1　在后期剪辑中，经常会遇到某个镜头的一个物体颜色不对，比如人物应该穿着绿色衣服，由于暂时没有，只能用黄色代替了。一般在这种情况下，就需要做后期处理了。

2　启动After Effects软件，在“项目”面板空白处双击，打开“导入文件”窗口，选择素材文件“法拉利.jpg”，将其导入到项目面板。

3　选择“法拉利.jpg”文件，将其拖放到项目面板下方的“创建项目合成”按钮上，这样就根据图片素材的尺寸等属性，自动创建了一个项目合成。在时间轴面板中按快捷键Ctrl+K，打开“合成设置”，将合成命名为“颜色替换”。保存项目文件为“颜色替换”。

4　观察图片素材，图片中的汽车是红色的，需要将它调整为蓝色。

2. 颜色替换

1　选择汽车图片，选择菜单命令“效果”/“颜色校正”/“色相/饱和度”，为汽车图片添加一个色相/饱和度效果，由于汽车是红色的，需要对红色通道单独进行处理，在“通道控制”中选择“红色”，这样就可以单独对红色部分进行调整了。设置“红色色相”为（0，230.0），如图5-58所示。

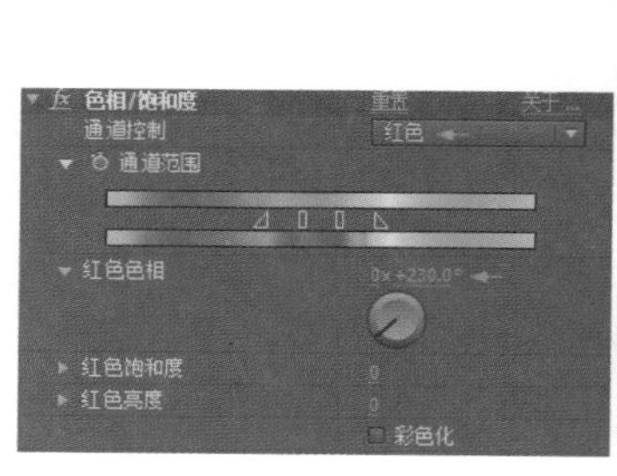

图5-58　调整红色色相

2　现在观察图片，汽车整体颜色都变成了蓝色，可是仔细观察，车灯位置和车门的高光部分都还有残留的红色，如图5-59所示。

图5-59 处理后的效果

3 选择汽车图层，按快捷键Ctrl+D复制一份，并调到顶层，按键盘上的F3键，打开图层的效果设置窗口，选择“色相/饱和度”效果，单击上方的“重置”按钮，将效果的设置恢复到默认状态。在“通道控制”后的“主”状态下，设置“主色相”为（0，204.0°），如图5-60所示。

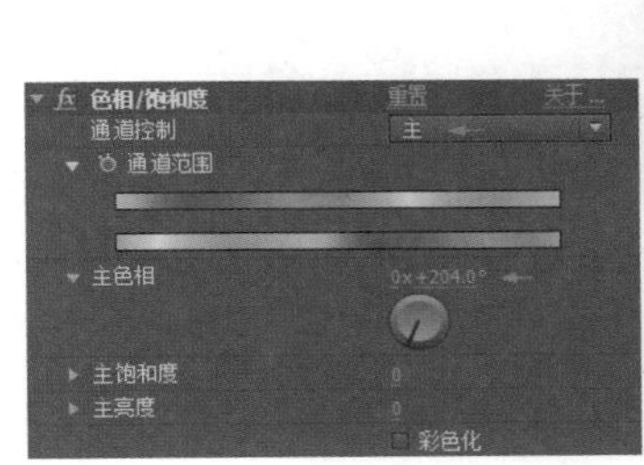

图5-60 调整全局颜色

> 提示
>
> “色相/饱和度”效果可以调节图像的色相和饱和度，它可以分通道调整，也可以全局调整。“通道控制”可以指定要调节的颜色通道。“主”选项为全局调节，可以调整整个画面的图像。“通道范围”控制所调节的颜色通道的范围。上下两个色条表示其在色轮上的顺序。上面的色条表示调节前的颜色，下面的色条表示在满饱和度下进行的调节后的颜色。当你对单独的通道进行调节的时候，下面的色条会显示控制滑杆。拖动白色竖条调节颜色的范围；拖动白色三角，调节颜色的中间色调，该选项对颜色范围没有影响。“主色相”（全局色调），控制图像的颜色色调，每个通道都有单独的色调选项，如红色为“红色色相”。“主饱和度”可以控制各通道颜色的饱和度。“主亮度”可以控制各通道颜色的亮度。“彩色化”可以对图像增加颜色。“着色色相”，可以控制彩色化后的色相，“着色饱和度”，可以控制彩色化后的饱和度。“着色亮度”，可以控制彩色化后的亮度。

4 在时间轴面板中，将刚复制好的汽车图片的叠加模式改为“变暗”。选择工具栏中的矩形绘制工具，在汽车图片上绘制一个矩形，设置“蒙版羽化”为（179.0，179.0），如图5-61所示。

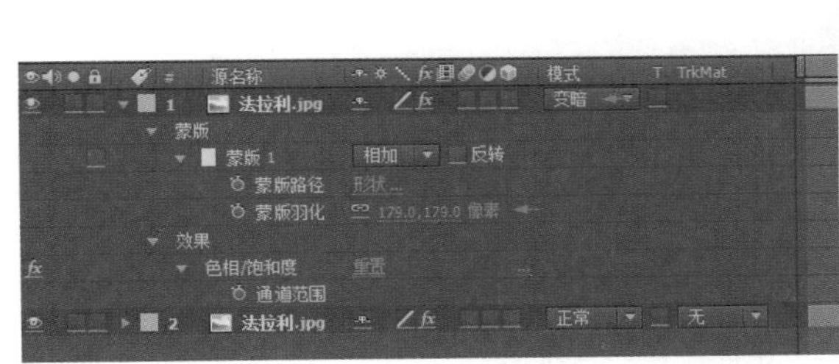

图5-61 绘制矩形遮罩并设置“蒙版”

5 观察图像可得到本实例的最终效果。

技术回顾

本例主要介绍了“色相/饱和度”效果的基本功能，以及分通道处理图像技术的应用。

举一反三

根据上面介绍的方法，对光盘中提供的图片进行调色处理。具体参数可以参考练习的工程方案，效果如图5-62所示。

图5-62 实例效果

5.8 逆光修复

技术要点	利用“色阶”制作逆光修复效果	制作时间	2分钟
项目路径	\chap45\逆光修复.aep	制作难度	★

实例概述

本例先将需要使用的图片导入到时间轴面板，使用“色阶”工具对图像的“灰度系数”值进行调整，如图5-63所示。

图5-63 实例效果

制作步骤

1. 逆光介绍

“逆光”是一个法语词汇，意思是镜头对着光源拍摄。在强烈的逆光下拍摄出来的影像，主体容易形成剪影状：主体发暗而其周围明亮，被摄主体的轮廓线条表现得尤为突出。逆光有助于突出物体的外部轮廓，因此逆光拍摄能将普普通通的物体变为极具视觉冲击力的艺术品。

一般在不追求特殊效果的情况下，逆光拍摄是摄像的一大忌。逆光拍摄，容易使人物脸部太暗，或阴影部分看不清楚。运用不当还会产生主体色彩不正确、曝光不足等现象。如果你是在拍摄一般影片，那么，应尽量避免逆光拍摄，如果非要在这种条件下拍摄应利用反射板等增加辅助光。特别要提醒的是，在采访重要人物的时候，一定要注意光源的方向。

顺光： 摄像机与光源在同一方向上，正对着被摄主体，使其朝向摄像机镜头的面容易得到足够的光线，可以使拍摄物体更加清晰。根据光线的角度不同，顺光又可分为正顺光和侧顺光两种。

正顺光就是顺着摄像机镜头的方向直接照射到被摄主体上的光线。如果光源与摄像机处在相同的高度，那么，面向摄像机镜头的部分全部能接收到光线，使其没有一点阴影。使用这样的光线拍摄出来的影像，主体对比度会降低，像平面图一样缺乏立体感。在这样的光线下拍摄，其效果往往并不理想，会使被摄主体失去原有的明暗层次。

而侧顺光就是光线从摄像机的左边或右边侧面射向被摄主体。在进行摄像时，侧顺光是使用单光源摄像较理想的光线。多数情况下用25°～45° 侧顺光来进行照明，即摄像机与被摄主体之间的连线，和光源与被摄主体之间的连线形成的夹角为25°～45° 。此时面对摄像机的被摄主体部分受光，并出现部分投影。这样能更好地表现出人物的面部表情和皮肤质感。既保证了被摄主体的亮度，又可以使其明暗对比得当，有了立体感。

侧光： 侧光的光源是在摄像机与被摄主体形成的直线的侧面，从侧方向照射到被摄主体上的光线。此时被摄主体正面一半受光线的照射，影子修长，投影明显，立体感很强，对建筑物的雄伟高大很有表现力。但由于明暗对比强烈，不适合表现主体细腻质感的一面。

顶光、俯射光、平射光及仰射光：顶光通常是要描出人或物上半部的轮廓，和背景隔离开来。但光线从上方照射在主体的顶部，会使景物平面化，缺乏层次，色彩还原效果也差，这种光线很少运用。而俯射光是这四种光中使用最多的一种。一般的摄像照明在处理主光时，通常是把光源安排在稍微高于主体、和地面成30° ～45° 角的位置。这样的光线，不但可以使主体正面得到足够的光照，也有了立体感，而形成的阴影也不会过于明显。如果再采用侧顺光位，效果会更好。平射光与正顺光一样，不是很理想的光线。即使在侧顺光的位置，所形成的阴影也有点呆板生硬，不如俯射光来得自然。仰射光也是一种不多见的打光法。将光源置于主体之下向上照射，会制造一种阴森恐怖的效果。

一般在拍摄的时候尽量避免逆光现象，如果一旦出现逆光现象，就可以拿到后期来进行处理。虽然这样可以弥补一些不足，但毕竟是后期处理，还是不能达到很完美的效果，而且处理后的图像，还会损失一部分质量。

2. 逆光处理

1 启动After Effects软件，在“项目”面板空白处双击，打开“导入文件”窗口，选择素材文件audiogirl.psd，将其导入到项目面板。

2 选择audiogirl.psd文件，将其拖放到项目面板下方的“创建项目合成”按钮上，这样就根据图片素材的尺寸等属性，自动创建了一个项目合成。在时间轴面板中，按快捷键Ctrl+K，打开“合成设置”，将合成命名为“逆光处理”，图像效果如图5-64所示。

图5-64 创建项目合成

3 选择菜单命令“文件”/“保存”（快捷键Ctrl+S），保存项目文件，命名为“逆光修复”。

4 选择图片素材文件，选择菜单命令“效果”/“颜色校正”/“色阶”，为图片素材添加一个色阶效果，设置“灰度系数”为2.0。这样图片素材就处理完成了，如果需要为视频处理逆光效果，也可以通过“色阶”进行调整，唯一不同的是，视频素材是运动的，如果在运动的过程中产生光线的变化，还可以为“灰度系数”添加关键帧，产生一个动态的效果，这样就保证了视频在运动的时候可以随时进行调整，如图5-65所示。

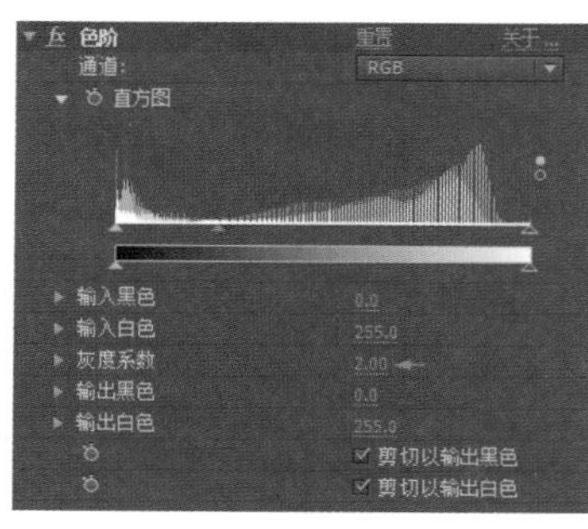

图5-65　设置图像的“灰度系数”值

5 现在观察图像，可得到本实例的最终效果。

提示

“色阶”效果用于修改图像的亮度、暗部及中间色调。可以将输入的颜色级别重新映像到输出颜色级别。“通道”指定需要修改的图像通道。“直方图”可以了解到图像中的像素分布情况。“输入黑色”控制输入图像中黑色的阈值，在柱状图中输入黑色由左边的黑色小三角控制。“输入白色”控制输入图像中白色的阈值，在柱状图中输入白色由右边的黑色小三角控制。“灰度系数”在柱状图中由中间黑色小三角控制。“输出黑色”控制输出图像中黑色的阈值，在柱状图下方灰阶条中输出黑色由左边黑色小三角控制。“输出白色”控制输出图像中白色的阈值，在柱状图下方灰阶条中输出白色由右边黑色小三角控制。“灰度系数”增大，图像变亮，“灰度系数”减小，图像变暗。

技术回顾

本例主要介绍了“色阶”效果的基本功能，并且使用“灰度系数”值对图像的逆光部分做了相应的处理。

举一反三

根据上面介绍的方法，对光盘中提供的图片进行调色处理。具体参数可以参考练习的工程方案，如图5-66所示。

图5-66　实例效果

第 6 章

仿真与抠像

6.1 气泡

技术要点	使用“泡沫”制作气泡	制作时间	5分钟
项目路径	\chap46\气泡.aep	制作难度	★★

实例概述

本例系统地介绍了After Effects的仿真效果“泡沫”，该效果允许模拟气泡、水珠等流体效果，同时可以控制气泡的黏性、柔韧度、生命等，甚至可以在气泡中指定反射的图像和影片，效果如图6-1所示。

图6-1　实例效果

制作步骤

1. 建立合成

1 启动After Effects软件，选择菜单命令“合成”/“新建合成”（快捷键Ctrl+N），新建一个命名为“气泡”的合成，“预设”使用PAL D1/DV预置，“持续时间”为15秒。保存项目文件为“气泡”。

2 按快捷键Ctrl+I导入image.jpg 文件，并将图片拖放两次到时间轴中。

2. 制作气泡

1 选择最上一层图片素材，选择菜单命令“效果”/“模拟”/“泡沫”，设置“视图”为“已渲染”，在“视图”下拉列表中可以选择气泡效果的显示方式。“草图”方式以草图模式渲染气泡效果，在该模式下不能看到气泡的最终效果，但是可以查看气泡的运动方式和设置状态，这种方式的特点在于计算速度快；“草图+流动映射”模式可以查看通道效果；“已渲染”模式可以查看气泡的最终效果，这种方式的计算速度较慢，如图6-2所示。

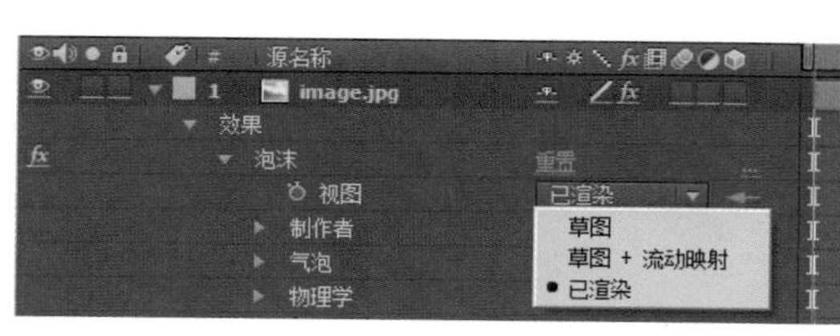

图6-2　设置气泡的显示模式

2 展开“制作者”选项，设置“产生X大小”为0.450，“产生Y大小”为0.450；设置“产生速率”为1.5，一般情况下，较高的数值发射速度较快，单位时间内产生的气泡粒子也较多，当数值为0时，不发射粒子。

3 在“气泡”选项中可以对气泡粒子的大小、生命及强度等进行控制。展开“气泡”选项，设置“大小”为4.000，“大小差异”为0.650，“气泡增长速度”0.010，如图6-3所示。

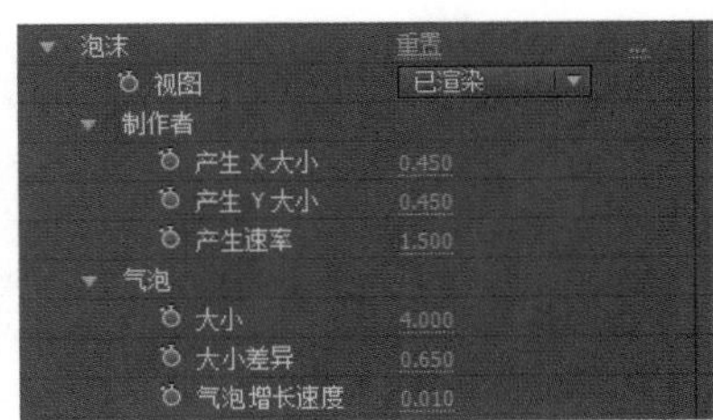

图6-3 设置气泡大小

4 "物理学"选项可以控制粒子的运动因素，如初始速度、风速、混乱度、活力等。展开"物理学"选项，设置"摇摆量"为0.070，可以让粒子产生摇摆变形。

5 在"正在渲染"控制栏中可以设置粒子的渲染属性，如融合模式、粒子纹理、反射效果等，该参数栏的设置效果只有在"已渲染"模式下才能观察到。展开"正在渲染"选项，设置"气泡纹理"为"水滴珠"，"反射强度"为1.000，"反射融合"为1.000，如图6-4所示。

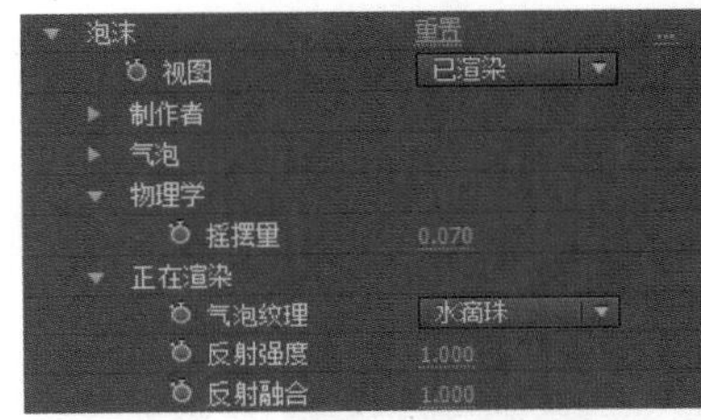

图6-4 设置反射纹理

3. 制作气泡消失动画

1 将时间滑块移动到8秒位置，展开"气泡"选项，打开"强度"前面的码表，设置8秒位置"强度"为10.000，12秒位置"强度"为0.000，这样就完成气泡逐渐消失的动画，如图6-5所示。

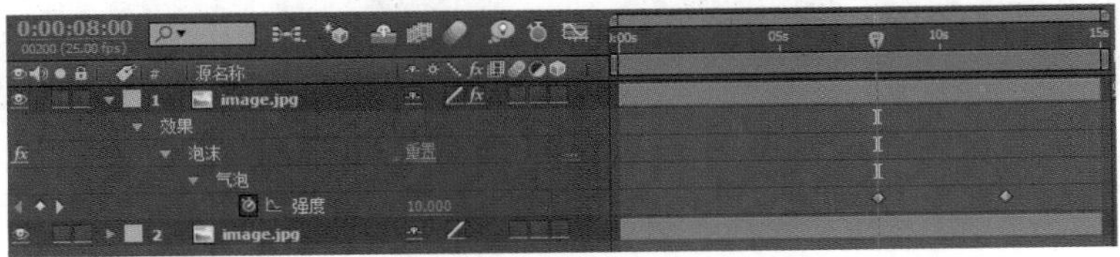

图6-5 制作气泡动画

2 按小键盘上的0键预览，即可观察本实例的最终效果。

技术回顾

本例主要介绍了After Effects仿真效果中"泡沫"效果的使用，并系统地介绍了"泡沫"中基本参数的设置，制作出了逼真的气泡效果。

举一反三

通过上面对"泡沫"效果的介绍，制作一个在气泡中折射其他图片的气泡动画。具体参数可以参考练习的工程方案，效果如图6-6所示。

图6-6　实例效果

6.2 风卷文字

技术要点	使用粒子制作龙卷风效果	制作时间	20分钟
项目路径	\chap47\风卷文字.aep	制作难度	★★

实例概述

本例制作龙卷风从屏幕中扫过，搅乱并卷走屏幕中的文字，同时在扫过屏幕的过程中，又留下纷乱的字母并汇聚成新的文字，如图6-7所示。

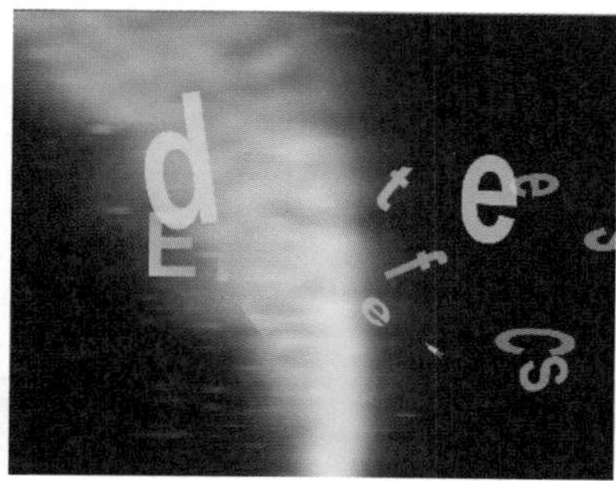

图6-7　实例效果

制作步骤

1. 建立Tornado1合成

1 启动After Effects软件，选择菜单命令“合成”/“新建合成”（快捷键Ctrl+N），新建一个合成，命名为Tornado1，“预设”使用PAL D1/DV预置，“持续时间”为5秒。保存项目文件为“风卷文字”。

2 选择菜单命令“图层”/“新建”/“纯色”（快捷键Ctrl+Y），建立一个“纯色”层，使用合成尺寸，然后选择菜单命令“效果”/“模拟”/CC Particle Systems II，添加粒子效果，参数设置如图6-8所示。

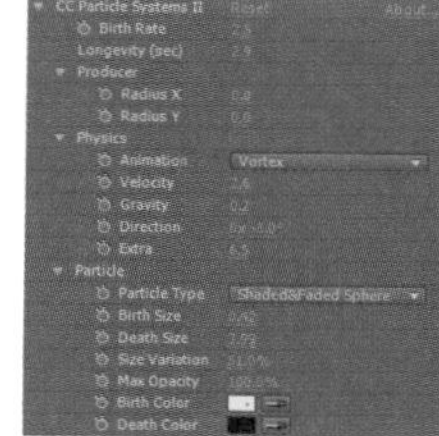

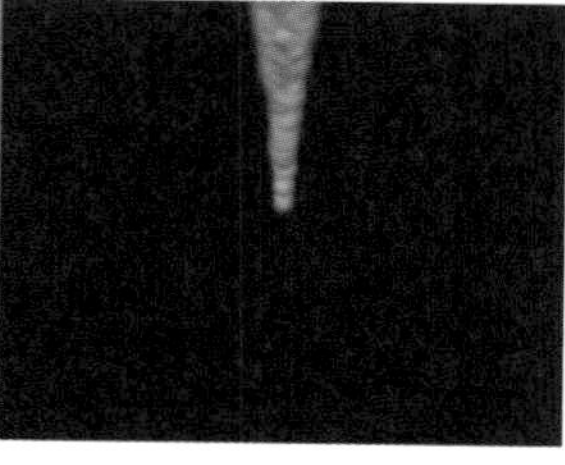

图6-8　添加料子效果

3 将时间滑块移至第1秒，单击打开CC Particle Systems II下Position和Inherit Velocity %前的码表，记录动画关键帧。Position在第1秒和第4秒24帧时分别设为（-132.4，655.7）和（1228.6，655.7）；Inherit Velocity %在第1秒、第3秒和第4秒24帧时分别为0、190和0。这样产生一个从左至右的旋风动画效果，如图6-9所示。

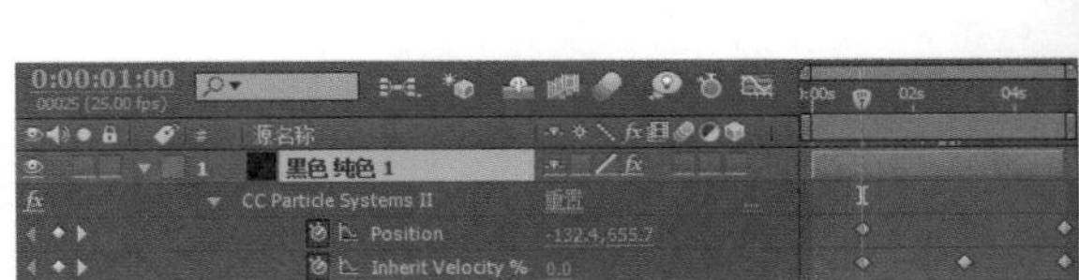

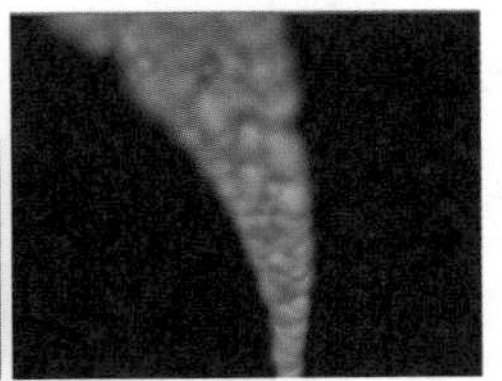

图6-9　设置旋风效果

4 选择菜单命令“效果”/“模糊和锐化”/“快速模糊”，为“纯色”层添加一个模糊效果，设置“模糊度”为25，“模糊方向”为“水平”，“重复边缘像素”为“开”，如图6-10所示。

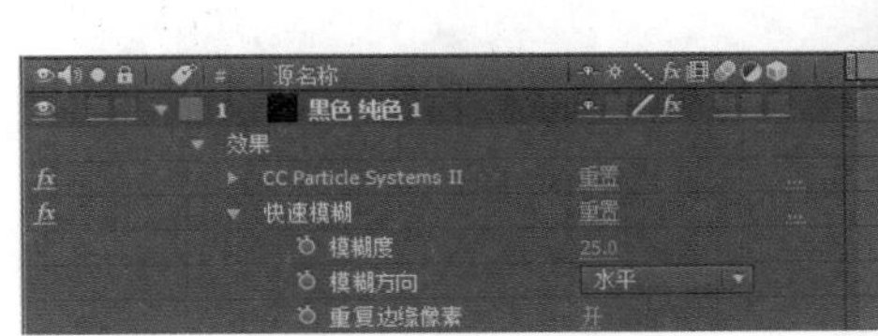

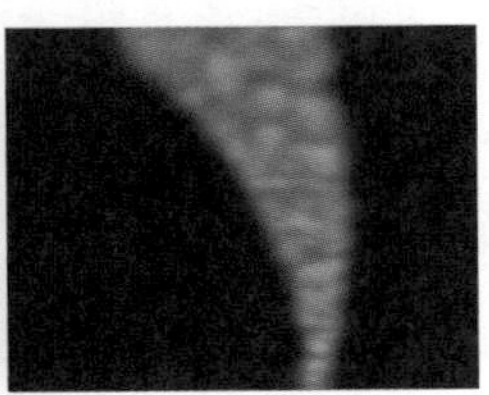

图6-10　设置模糊效果

5 选中“纯色”层，按快捷键Ctrl+D 3次，创建3个新的副本，修改下面3层的“模式”栏均为“屏幕”方式，再修改下面3层中“快速模糊”的“模糊度”数值，从第2层至第4层依次为50、100和200，参数设置如图6-11所示。

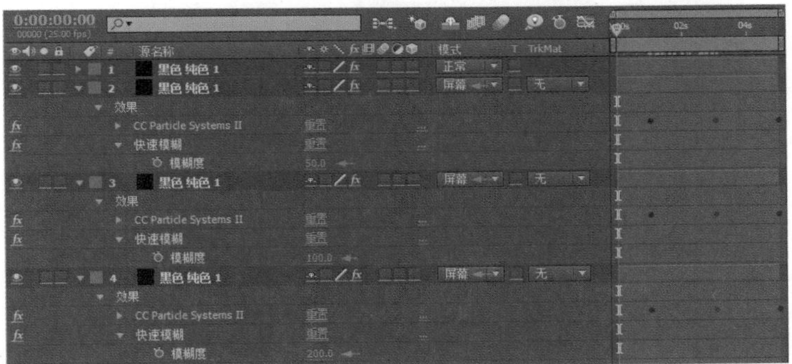

图6-11　创建副本

6 这样得到由多个图层叠加起来的龙卷风效果，如图6-12所示。

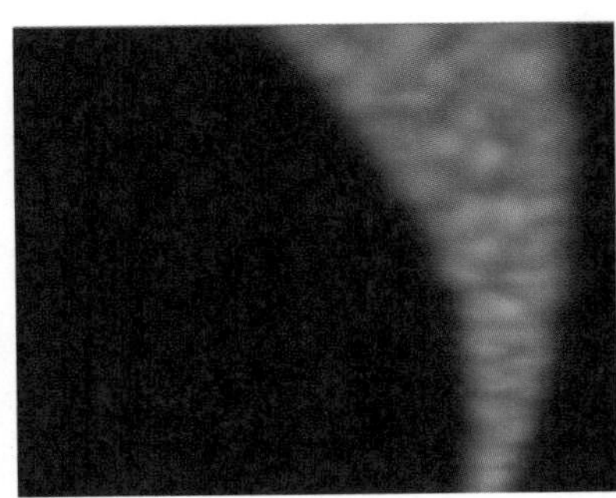
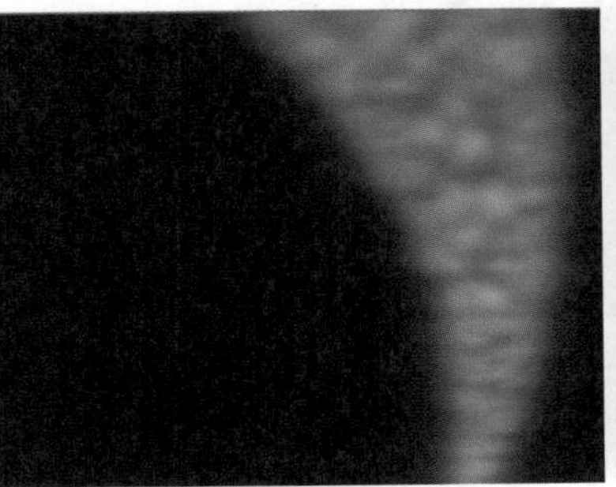
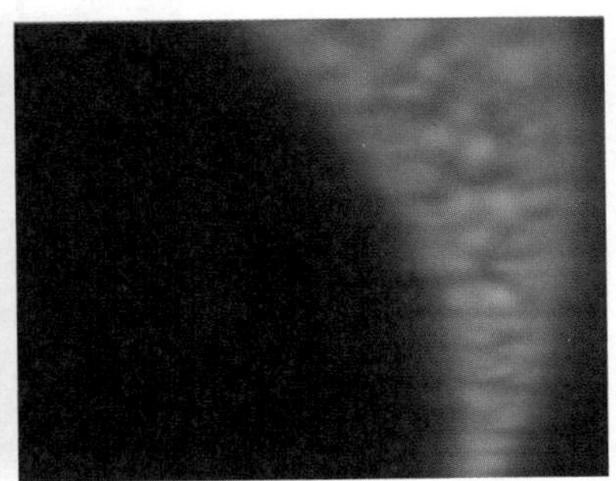

图6-12　多层叠加的效果

2. 建立Tornado2至Tornado5合成

1 从项目面板中将Tornado1拖至窗口下方的“新建合成”按钮上释放，这样建立一个与Tornado1合成设置相同的合成Tornado2，并在其时间轴中包含Tornado1层。

2 切换到Tornado1合成时间轴中，选中其第1个“纯色”层，按快捷键Ctrl+C复制，再返回Tornado2合成时间轴，按快捷键Ctrl+V粘贴，然后删除“纯色”层中的“快速模糊”，保留CC Particle Systems II效果，其动画关键帧设置不变，对其他参数进行修改，制作伴随龙卷风的旋转碎片，如图6-13所示。

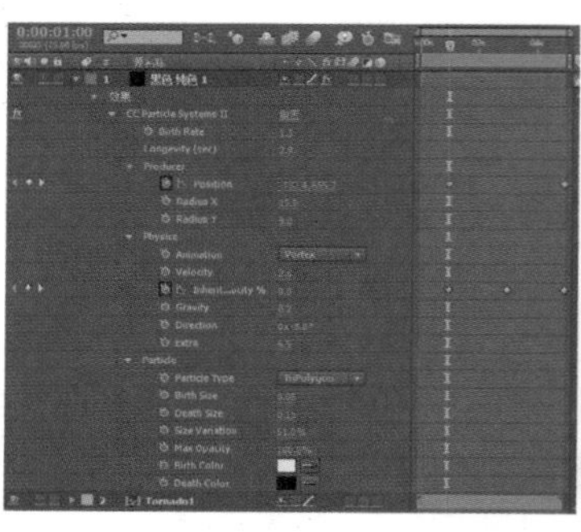
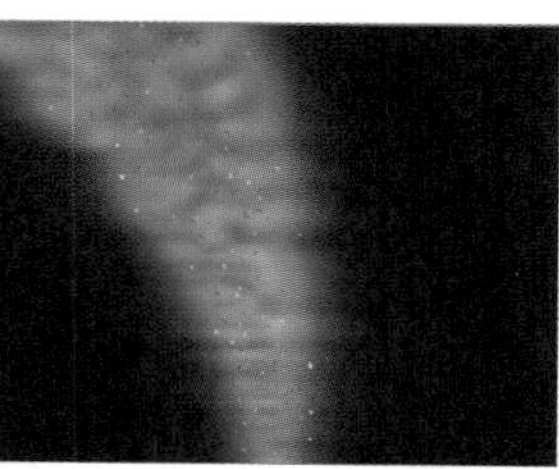

图6-13 设置碎片效果

3 从项目面板中选择Tornado2，按快捷键Ctrl+D创建副本，这样建立一个与Tornado2合成相同的合成Tornado3。

4 对Tornado3时间轴中“纯色”层的CC Particle Systems II效果进行修改设置，其动画关键帧设置不变，对其他参数进行修改，制作不同的旋转碎片效果，如图6-14所示。

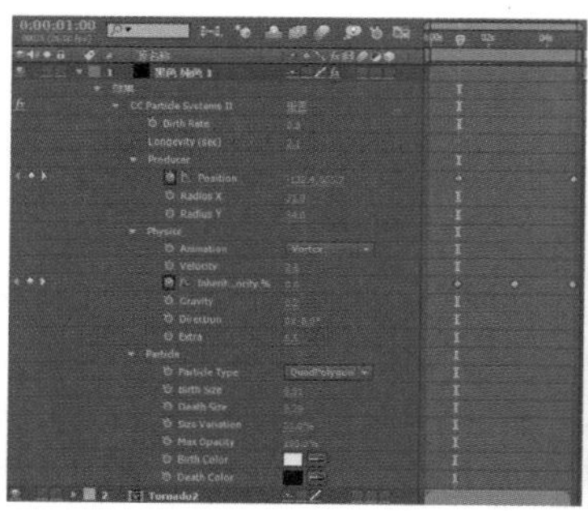
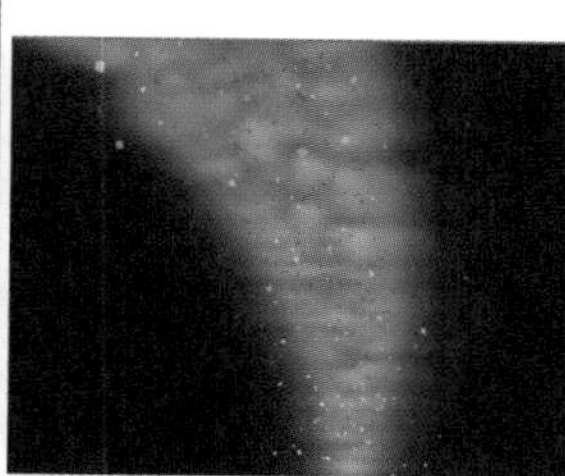

图6-14 增加碎片效果1

5 从项目面板中选择Tornado3，按快捷键Ctrl+D创建副本，这样建立一个与Tornado3合成相同的合成Tornado4。

6 对Tornado4时间轴中“纯色”层的CC Particle Systems II效果进行修改设置，其动画关键帧设置不变，对其他参数进行修改，制作不同的旋转碎片效果，如图6-15所示。

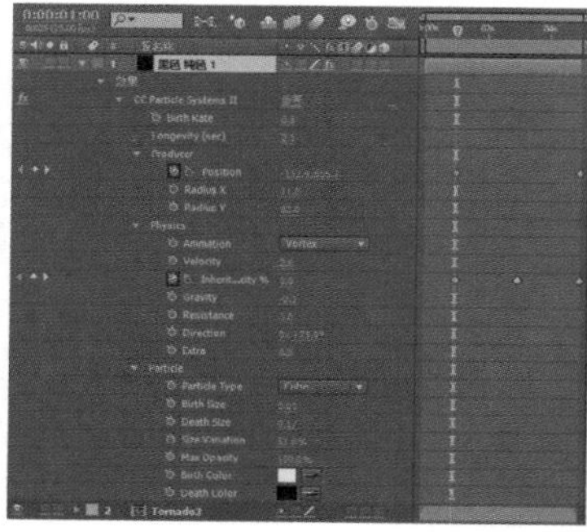
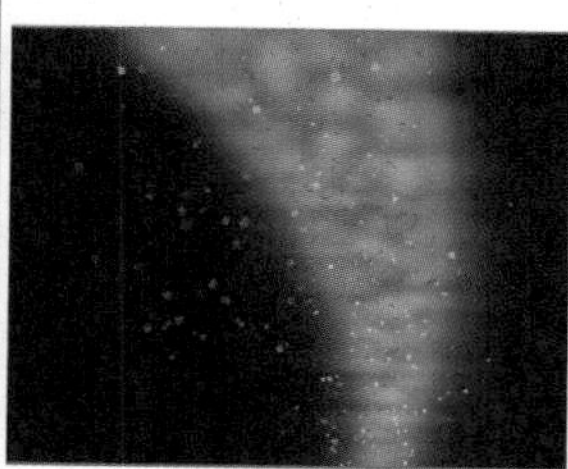

图6-15 增加碎片效果2

7 从项目面板中选择Tornado4，按快捷键Ctrl+D创建副本，这样建立一个与Tornado4合成相同的合成Tornado5。

8 对Tornado5时间轴中“纯色”层的CC Particle Systems II效果进行修改设置，其动画关键帧设置不变，对其他参数进行修改，制作不同的旋转碎片效果，并将“纯色”层的“模式”栏设为“屏幕”方式，如图6-16所示。

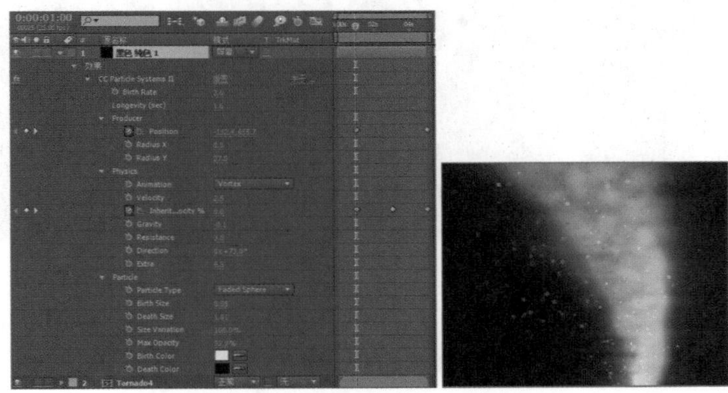

图6-16 增加效果

3. 制作文字动画

1 选择菜单命令“合成”/“新建合成”（快捷键Ctrl+N），新建一个合成，命名为TornadoRENDER，“预设”使用PAL D1/DV预置，“持续时间”为6秒。

2 选择菜单命令“图层”/“新建”/“文本”，新建一个文字层，输入Adobe，设置字体为Arial Bold，大小为180像素，颜色为RGB（231，223，159），在屏幕中部放置，如图6-17所示。

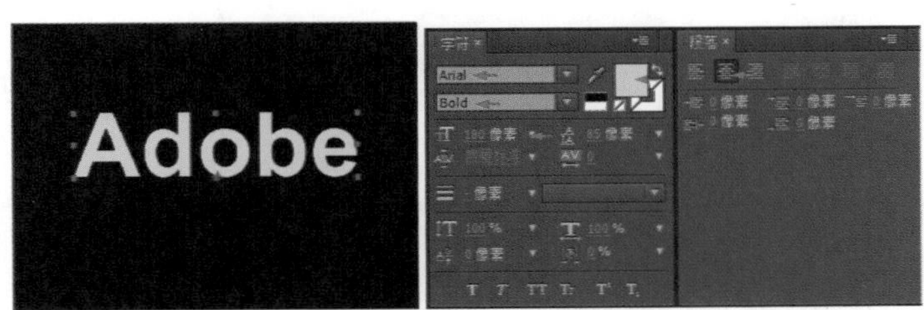

图6-17 建立文字

3 展开文字层，在“文本”右侧的“动画”后面单击按钮，选择弹出菜单中的“不透明度”选项，添加一个“动画制作工具 1”，然后在“动画制作工具 1”右侧的“添加”后面单击按钮，分别选择弹出菜单“属性”下的“旋转”、“缩放”和“位置”选项，以及“选择器”下的“摆动”，为“动画制作工具 1”添加属性并进行设置，其中在第2秒时打开“范围选择器 1”下“偏移”前面的码表，设置偏移为-100%，在第2秒12帧时为0%，参数设置如图6-18所示。

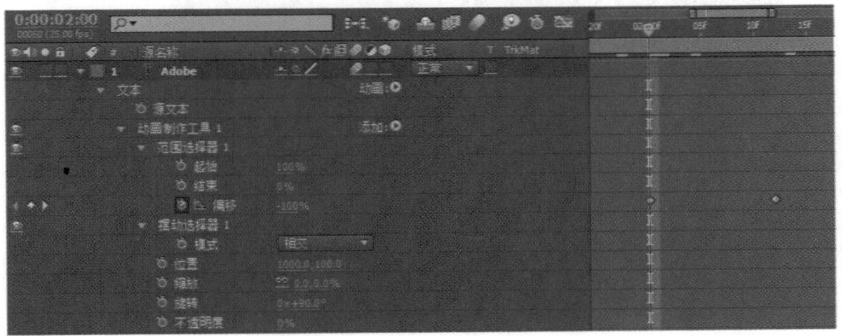

图6-18 设置文字动画

4 这样产生文字散开、旋转以及晃动等效果，如图6-19所示。

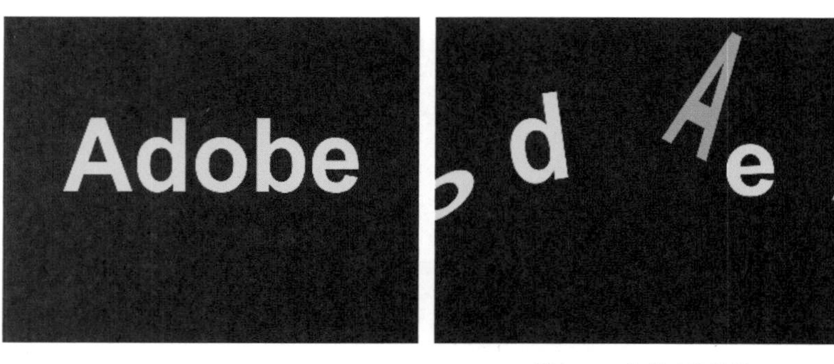

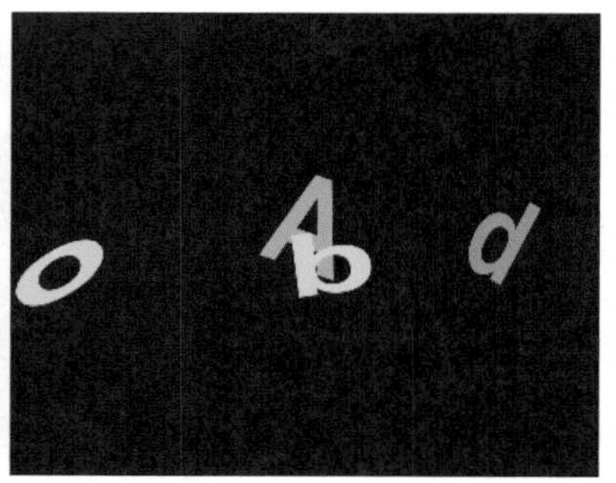

图6-19 文字动画效果

5 在“文本”右侧的“动画”后面单击按钮，选择弹出菜单中的“缩放”选项，添加一个“动画制作工具2”，在第2秒12帧处打开“动画制作工具 2”下“缩放”前面的码表，记录关键帧，当前值为（100，100%），再设置第4秒的值为（0，0%）。这样文字在散开、旋转及晃动的动画过程中逐渐变小，如图6-20所示。

图6-20 设置变小动画

6 展开文字层“变换”，在第0帧时打开“缩放”前面的码表，记录关键帧，设置第0帧时为（75，75%），第5秒24帧时为（100，100%）。在第2秒时打开“不透明度”前面的码表，设置第2秒时为100%，第4秒时为0%，如图6-21所示。

图6-21 设置文字层变换动画

7 选择菜单命令“图层”/“新建”/“文本”，新建一个文字层，输入After，设置字体为Arial Bold，大小为110像素，颜色为RGB（210，210，210），在屏幕中上部放置，如图6-22所示。

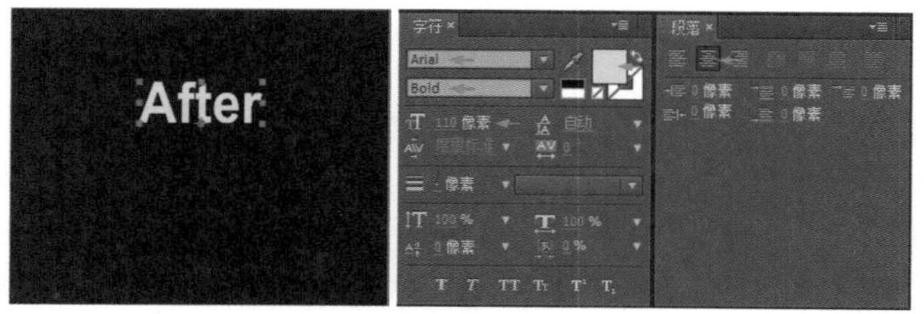

图6-22 建立文字

8 将文字层的入点移至第1秒处，展开文字层，在“文本”右侧的“动画”后面单击按钮，选择弹出菜单中的“不透明度”选项，添加一个“动画制作工具 1”；然后在“动画制作工具 1”右侧的“添加”后面单击按钮，分别选择弹出菜单“属性”下的“旋转”、“缩放”和“位置”选项，以及Selector下的“摆动”选项，为

“动画制作工具 1”添加属性并进行设置，其中在第2秒时打开“范围选择器 1”下“起始”前面的码表，设置当前值为0%，第3秒时为100%，参数设置如图6-23所示。

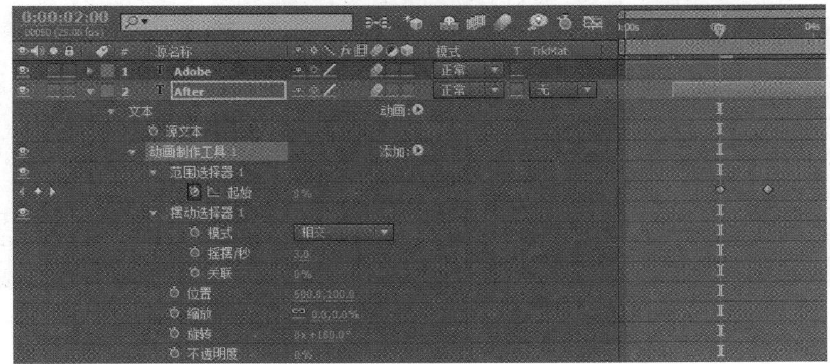

图6-23　设置文字动画

9 这样产生文字由散开、旋转及晃动的状态逐渐汇聚到屏幕中上部的效果，如图6-24所示。

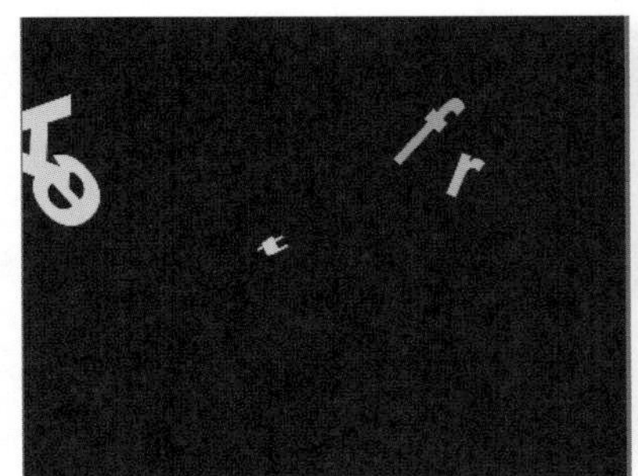
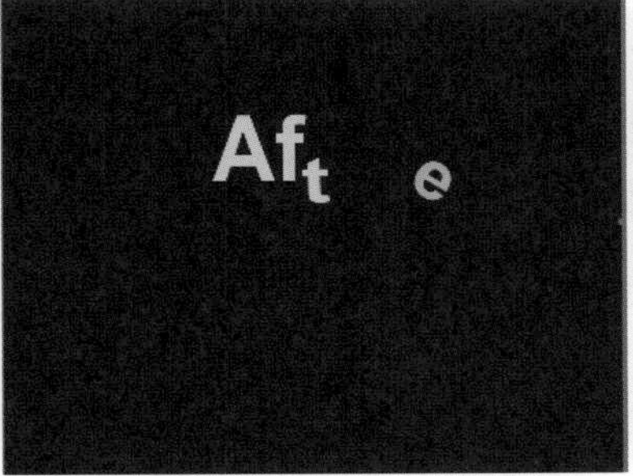

图6-24　文字动画效果

10 在“文本”右侧的“动画”后面单击按钮，选择弹出菜单中的“缩放”选项，添加一个“动画制作工具 2”，在第1秒时打开“动画制作工具 2”下“缩放”前面的码表，记录关键帧，当前值为（0，0%），再设置第42帧的值为（100，100%）。这样文字在运动过程中从小逐渐放大，如图6-25所示。

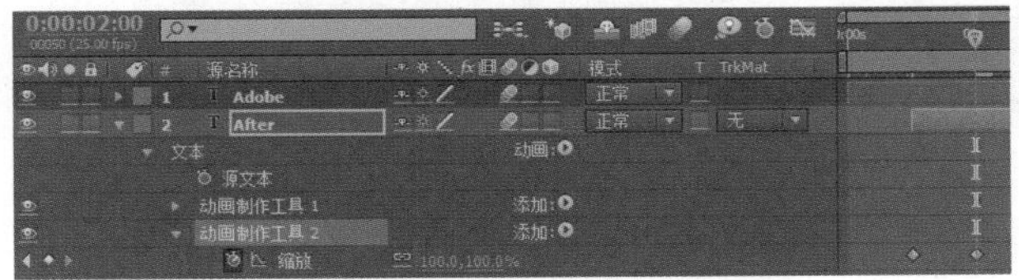

图6-25　设置文字放大动画

11 展开文字层“变换”，在第1秒时打开“位置”前面的码表，记录关键帧，设置当前值为（320，220），第5秒24帧时值为（360，220）。同样在第1秒时打开“不透明度”前面的码表，设置为0%，第2秒时为100%，如图6-26所示。

图6-26　设置文字层变换动画

12 这样产生文字由小到大，由散开至聚合的动画，如图6-27所示。

图6-27　文字动画效果

13 选中After文字层，按快捷键Ctrl+D创建一个副本，将时间滑块移至时间轴尾部，显示出动画中完整的文字，然后将下层中的文字修改为Effects。将Effects层的入点移至第1秒04帧，然后修改“位置”的关键帧，第1秒04帧为（337，327），第5秒24帧时为（300，327），如图6-28所示。

图6-28　创建副本并修改1

14 选中Effects文字层，按快捷键Ctrl+D创建一个副本，将时间滑块移至时间轴尾部，显示出动画中完整的文字，然后将下层中的文字修改为CS5。将CS5层的入点移至第1秒08帧，然后修改“位置”的关键帧，第1秒08帧为（400，430），第5秒24帧时为（440，430），如图6-29所示。

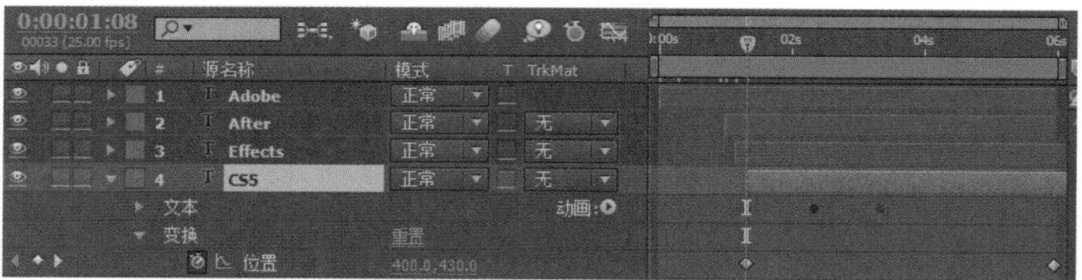

图6-29　创建副本并修改2

15 这样就制作好三行文字的动画，效果如图6-30所示。

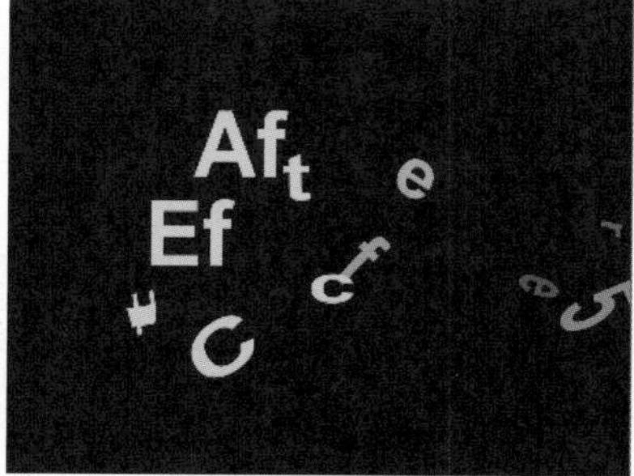

图6-30　文字动画效果

4. 合成文字与旋风

1 从项目面板中将Tornado5拖动至TornadoRENDER时间轴中，放置在Adobe层下，如图6-31所示。

图6-31　放置图层

2 选中Tornado5层，选择菜单命令“效果”/“模糊和锐化”/“快速模糊”，设置“模糊度”为25，“模糊方向”为“水平”，勾选“重复边缘像素”，为龙卷风添加模糊效果。

3 再选择菜单命令“效果”/“颜色校正”/“色阶”，设置“输入黑色”为64，“灰度系数”为1.93，如图6-32所示。

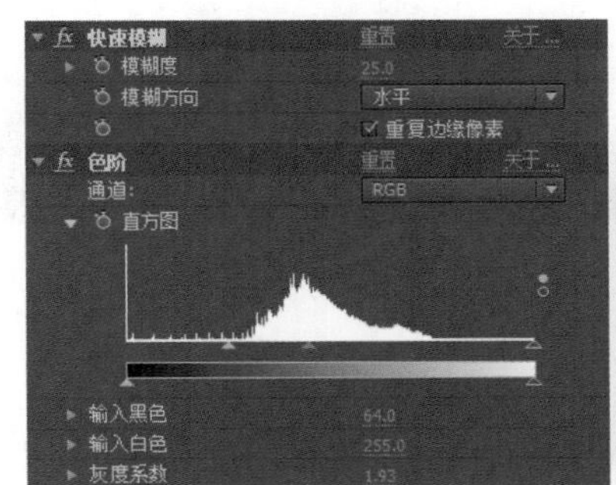

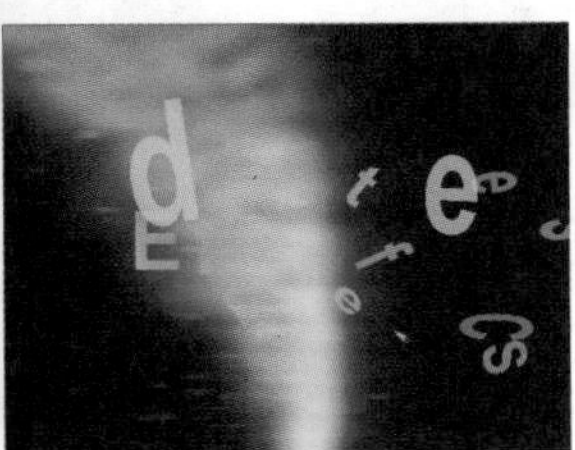

图6-32　设置模糊和色阶效果

4 按小键盘上的0键预览，即可观察本实例的最终动画效果。

技术回顾

本例首先使用CC Particle Systems II制作旋涡状的龙卷风锥形，然后添加模糊效果，制作龙卷风的气流效果，通过多层不同程度模糊效果的龙卷风叠加，加强龙卷风的立体感。接着通过CC Particle Systems II制作出龙卷风中的碎片效果，最后与文字动画合成，制作出龙卷风席卷文字的效果。

举一反三

通过上面的介绍，制作一个不同的龙卷风动画效果。具体参数可以参考练习的工程方案，效果如图6-33所示。

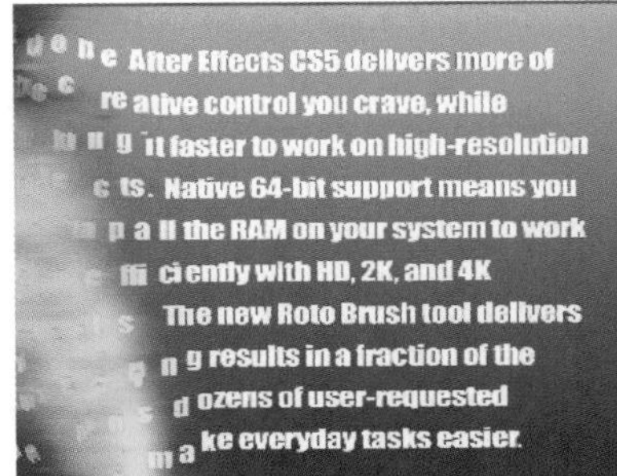

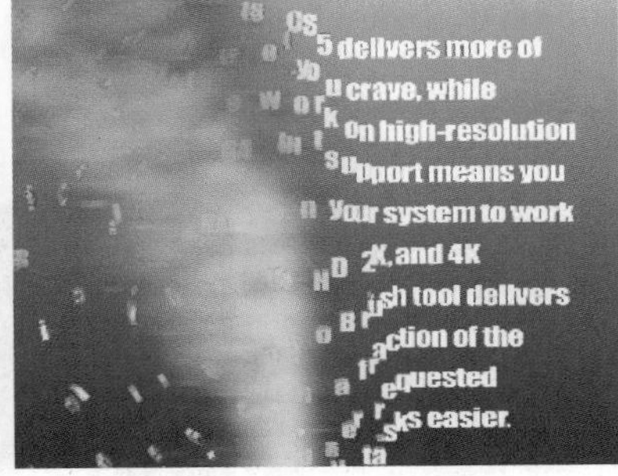

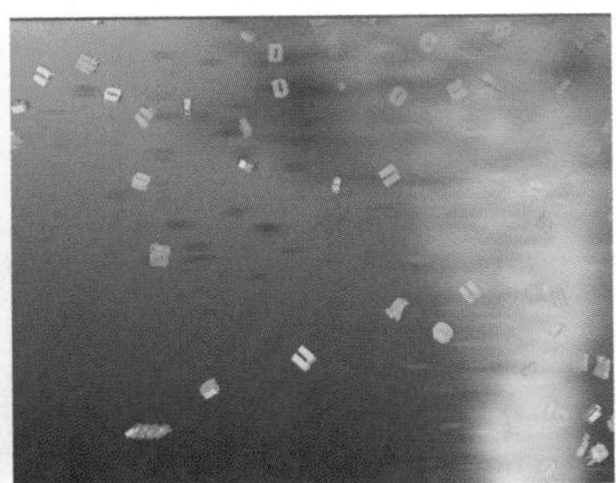

图6-33　实例效果

6.3 生长动画

技术要点	使用“写入”和CC Hair制作生长动画	制作时间	40分钟
项目路径	\chap48\生长动画.aep	制作难度	★★★

实例概述

本例将制作以下三个部分效果：文字调整为泥土的效果、从每个字母顶部生长青草的效果，以及从其中一个字母上延伸出藤蔓的效果，如图6-34所示。

图6-34　实例效果

制作步骤

1. 建立杂色效果

1 启动After Effects软件，按快捷键Ctrl+N新建一个合成，命名为Texture，“预设”使用PAL D1/DV预置，“持续时间”为5秒。保存项目文件为“生长动画”。

2 按快捷键Ctrl+Y建立一个“纯色”层，使用合成尺寸，然后选择菜单命令“效果”/“杂色和颗粒”/“分形杂色”，设置“溢出”为“剪切”，如图6-35所示。

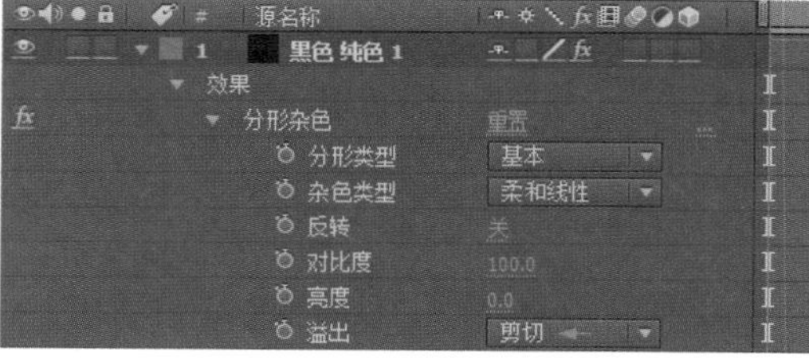

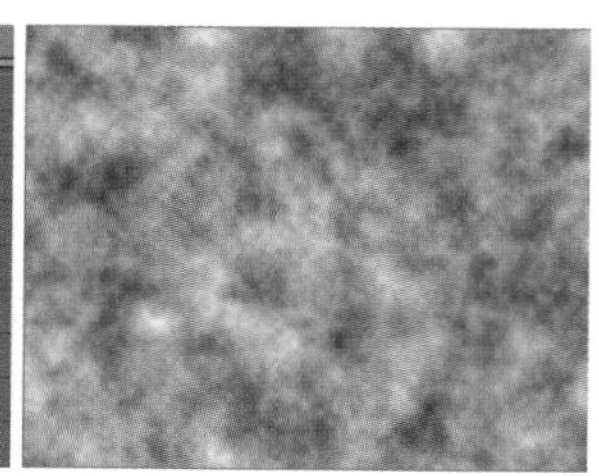

图6-35　设置杂色效果

2. 建立文字

1 按快捷键Ctrl+N新建一个合成，命名为NatureText，“预设”使用PAL D1/DV预置，“持续时间”为5秒。

2 选择菜单命令“图层”/“新建”/“文本”，建立文字层，输入文字NATURE，设置字体为Impact，大小为220像素，颜色为RGB（102，143，166），字间距为-21，高度为75%，居中对齐，并放置在屏幕下部，如图6-36所示。

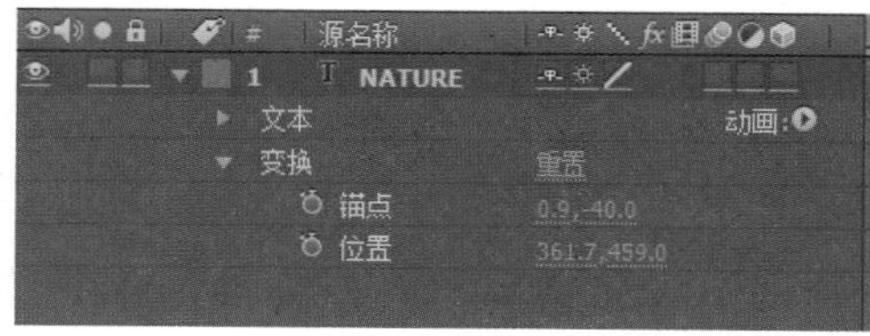

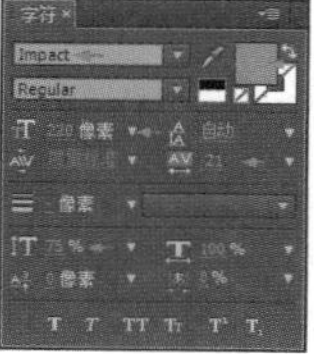

图6-36　建立文字

3 展开文字层，在“文本”右侧的“动画”后面单击◎按钮，在弹出的菜单中选择“旋转”选项，这样添加一个“动画制作工具 1”，如图6-37所示。

4 在“动画制作工具 1”右侧的“添加”后面单击◎按钮，在弹出的菜单中选择“属性”/“缩放”选项，这样在“动画制作工具 1”下添加一个“缩放”选项。

5 同样，在“动画制作工具 1”右侧的“添加”后面单击◎按钮，在弹出的菜单中选择“属性”/“位置”选项，这样在“动画制作工具 1”下添加一个“位置”选项。

6 在“动画制作工具 1”右侧的“添加”后面单击◎按钮，在弹出的菜单中选择“选择器”/“摆动”选项，这样在“动画制作工具 1”下添加一个“摆动选择器 1”，如图6-38所示。

图6-37 添加文字动画

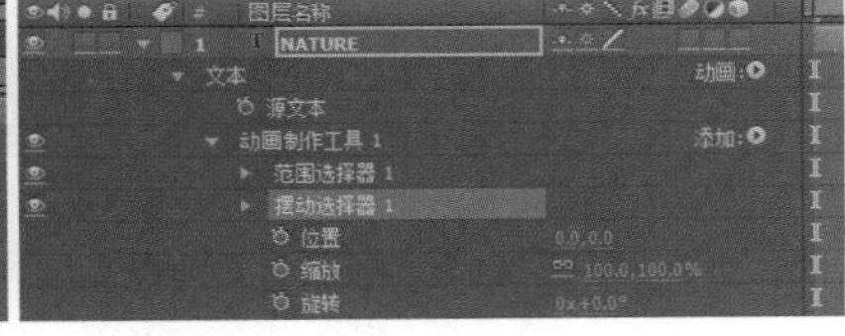

图6-38 添加动画属性

7 设置“动画制作工具 1”下的“旋转”为-19°，“缩放”为（129，129%），“位置”为（29，-1）。展开“摆动选择器 1”，在其下设置“模式”为“相交”，“摇摆/秒”为0，如图6-39所示。

8 按快捷键Ctrl+Y建立一个“纯色”层，单击“制作合成大小”按钮，使用合成尺寸，设置颜色为RGB（102，143，166），如图6-40所示。

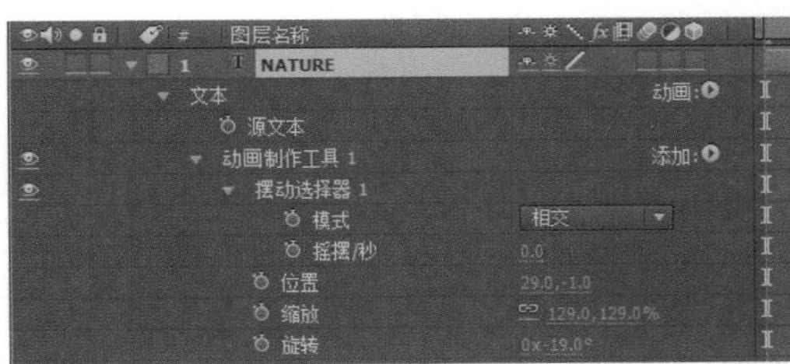

图6-39 设置文字动画

图6-40 建立“纯色”层

9 将“纯色”层移至文字层下，使用钢笔工具，参照上层文字所在的位置，在“纯色”层上绘制“蒙版”，如图6-41所示。

图6-41 建立“蒙版”

3. 设置Vine1Setup合成路径描绘动画

1 按快捷键Ctrl+N新建一个合成，命名为Vine1Setup，“预设”使用PAL D1/DV预置，“持续时间”为5秒。

2 按快捷键Ctrl+Y建立一个“纯色”层，命名为Vine，单击“制作合成大小”按钮，使用合成尺寸，如图6-42所示。

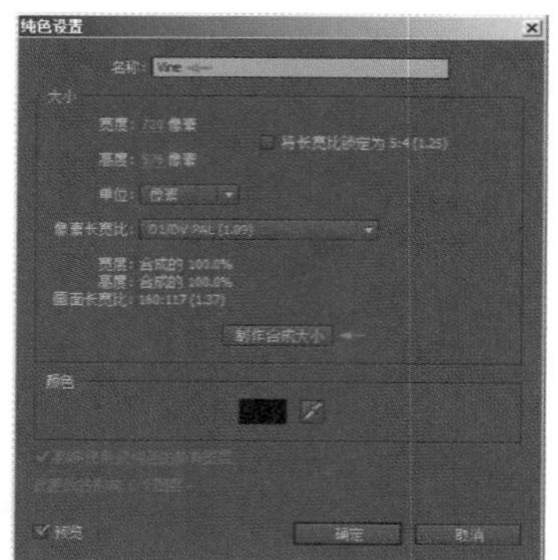

图6-42 建立“纯色”层

3 使用钢笔工具为“纯色”层绘制一个“蒙版”路径，通过控制锚点的手柄来调整弯曲度，为下面的描绘动画做参考，如图6-43所示。

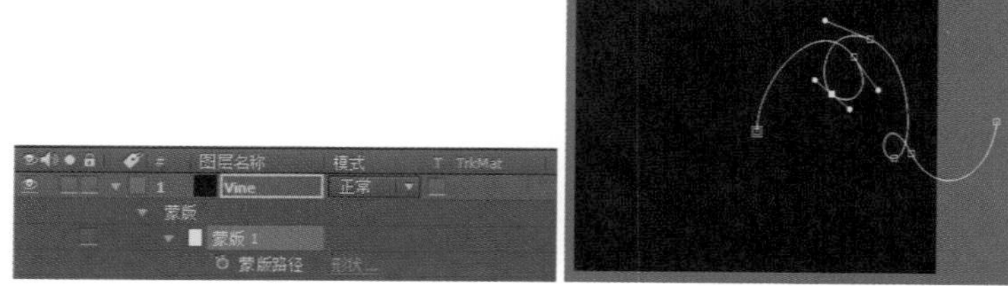

图6-43 绘制“蒙版”路径

4 在时间轴中将“纯色”层的入点移至第8帧处。选择菜单命令“效果”/“生成”/“写入”，设置描绘动画。设置“写入”下的“颜色”为RGB（32，88，45），“画笔间距（秒）”为0.001，“画笔时间属性”为“大小和硬度”，“绘画样式”为“在透明背景上”，如图6-44所示。

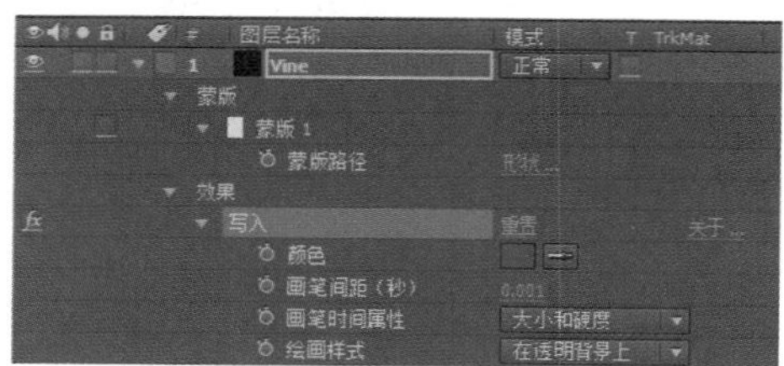

图6-44 添加“写入”效果

5 单击选中“蒙版”下的“蒙版路径”，按快捷键Ctrl+C复制，再展开“写入”效果，在第8帧时单击选中“画笔位置”，按快捷键Ctrl+V粘贴，可以看到“画笔位置”自动添加了一组关键帧，如图6-45所示。

图6-45 复制路径为位置关键帧

6 播放此时的关键帧动画，可以看到“写入”的描绘动画路径与“蒙版”一致，如图6-46所示。

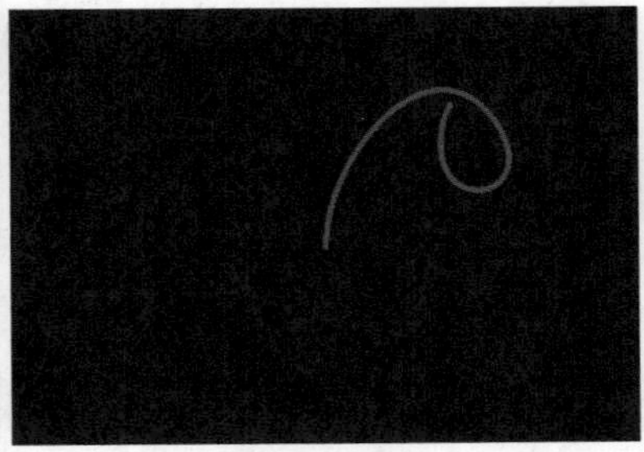

图6-46 路径描绘动画效果

7 调整描绘起始点位置，然后为描绘动画设置笔刷尺寸关键帧。在第8帧时设置“画笔位置”为(320，397)，单击打开“画笔大小”前面的码表，记录关键帧，此时设为20，如图6-47所示。

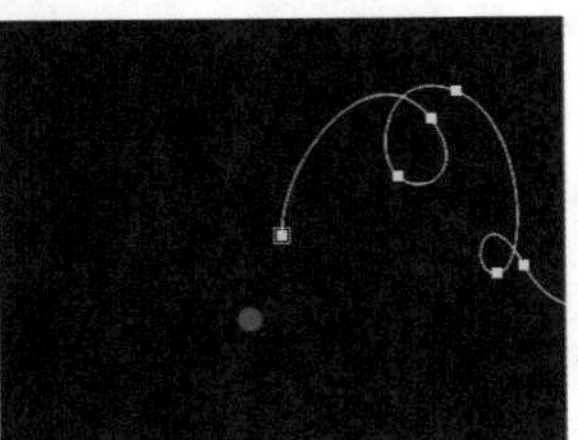

图6-47 设置第8帧笔刷关键帧

8 在第21帧时将“画笔大小”减小为2，如图6-48所示。

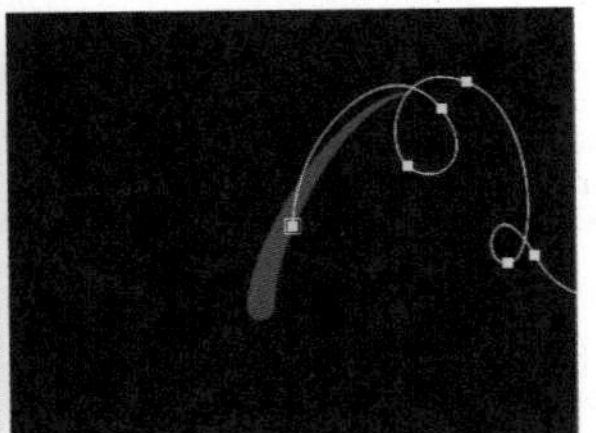

图6-48 设置第21帧笔刷关键帧

9 在第1秒时将“画笔大小”增大为10，如图6-49所示。

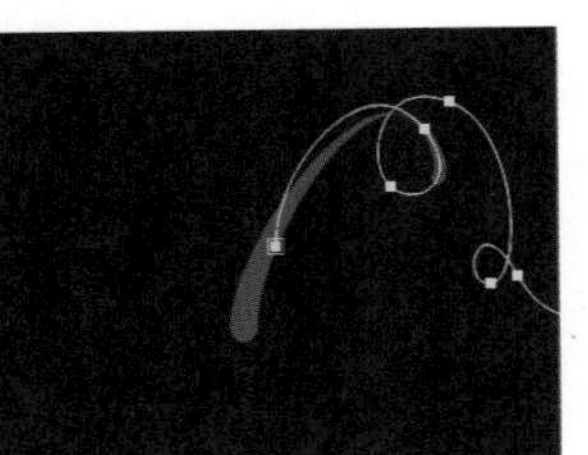

图6-49 设置第1秒笔刷关键帧

10 在第1秒05帧时将“画笔大小”减小为2，如图6-50所示。

11 在第1秒18帧时将“画笔大小”增大为10，如图6-51所示。

12 在第1秒22帧时将“画笔大小”减小为2，如图6-52所示。

13 在第2秒08帧时将“画笔大小”增大为10，如图6-53所示。

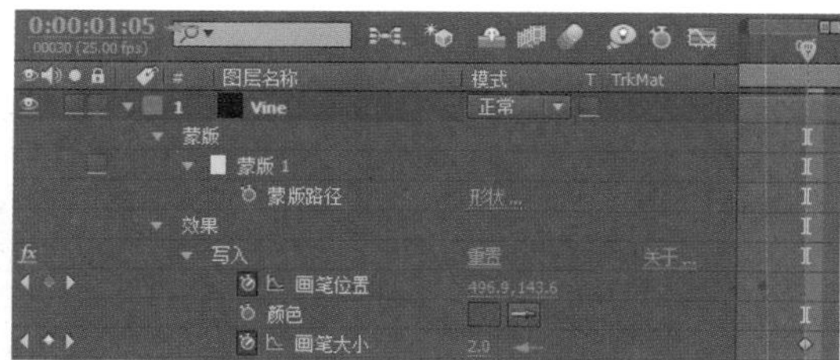
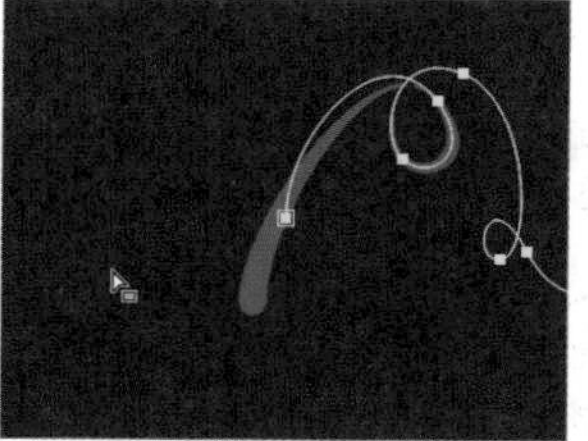

图6-50　设置第1秒05帧笔刷关键帧

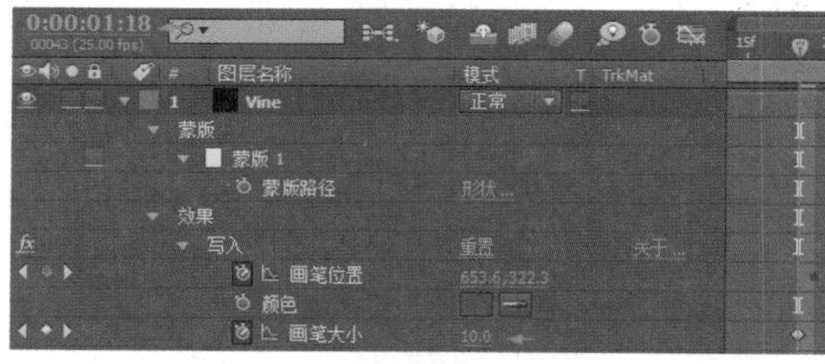
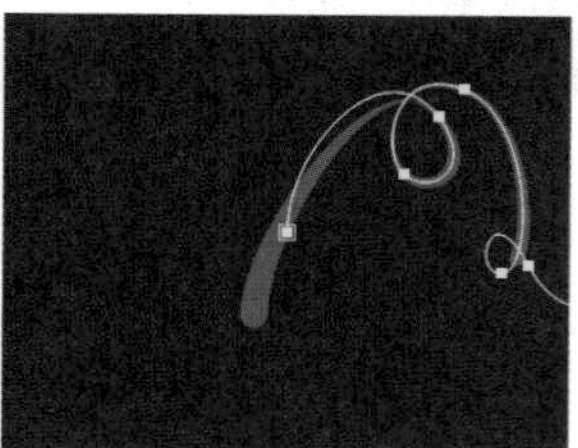

图6-51　设置第1秒18帧笔刷关键帧

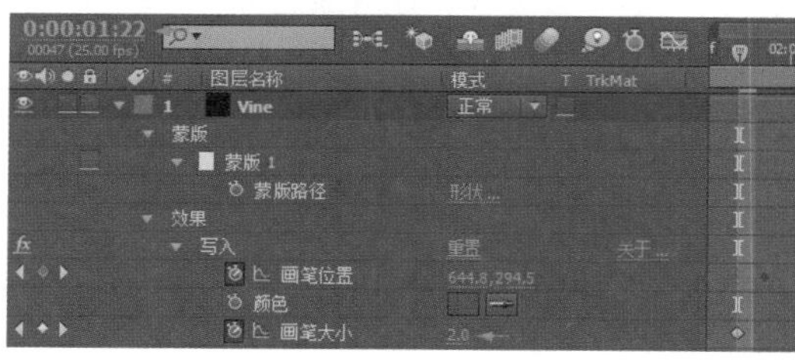
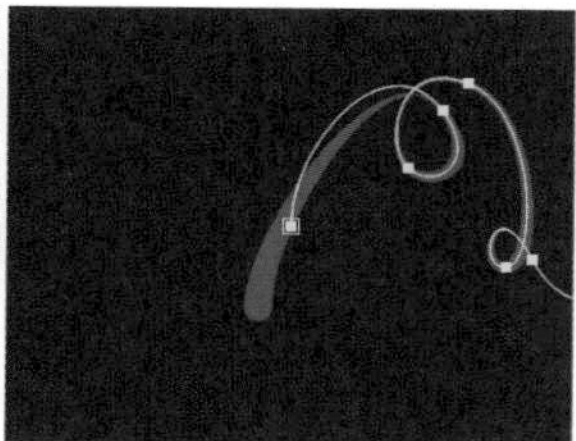

图6-52　设置第1秒22帧笔刷关键帧

图6-53　设置第2秒08帧笔刷关键帧

4. 设置Vine1Setup合成叶片生长动画

1 按快捷键Ctrl+Y建立一个“纯色”层，命名为Leaf 1，单击“制作合成大小”按钮，使用合成尺寸，颜色设为RGB（32，88，45），如图6-54所示。

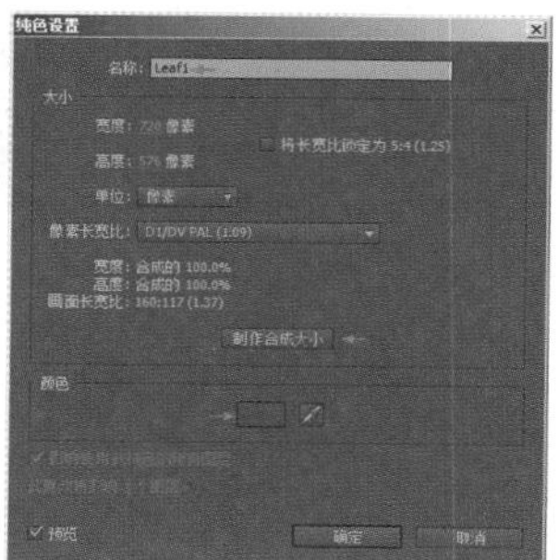

图6-54　建立“纯色”层

2 使用钢笔工具为“纯色”层绘制一个“蒙版”叶片形状，通过控制锚点的手柄来调整弯曲度，如图6-55所示。

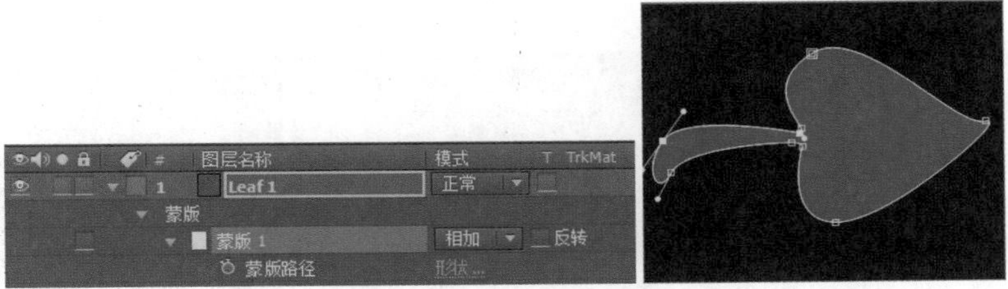

图6-55　绘制叶片形状

3 在时间轴中展开Leaf1层的“变换”选项，将“锚点”设为（-30.9，309.5），这样将叶片的轴心点移至叶柄顶端，如图6-56所示。

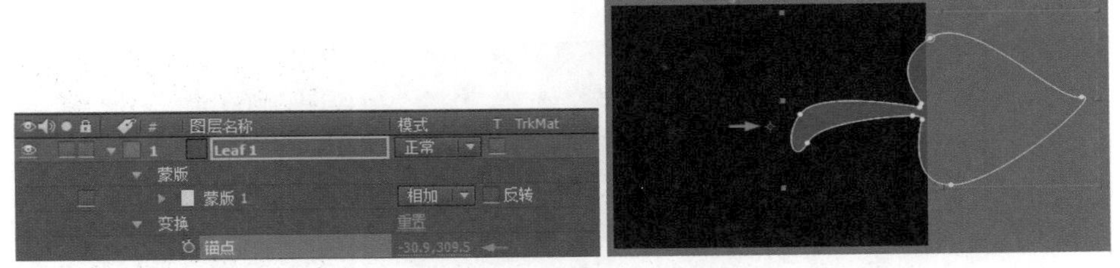

图6-56　移动轴心点

4 在时间轴中将“纯色”层的入点移至第20帧处，设置“位置”为（434.8，169），在第20帧处单击打开“缩放”前面的码表，记录关键帧，设置第20帧时为（0，0%），第1秒时为（12，12%），第1秒05帧时为（8，8%）。

5 在第1秒05帧时打开“旋转”前面的码表，记录关键帧。设置第1秒05帧时为-68°，第4秒24帧时为-91°，如图6-57所示。

图6-57　设置变换动画关键帧

6 查看此时叶片的动画效果，如图6-58所示。

图6-58　叶片动画效果

7 选择Leaf1层，按快捷键Ctrl+D创建一个副本Leaf2层，将其入点移至第1秒05帧，设置“位置”为（505.7，176），“缩放”关键帧动画不变，设置“旋转”在第1秒15帧时为42°，第4秒24帧时为3°，如图6-59所示。

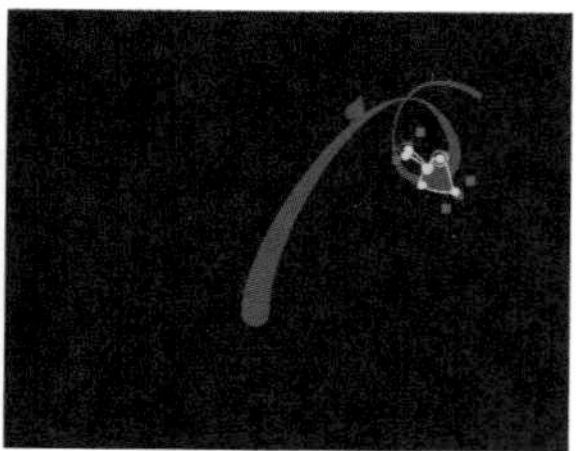

图6-59 设置Leaf2层

8 选择Leaf2层，按快捷键Ctrl+D创建一个副本Leaf3层，将其入点移至第22帧，设置“位置”为（454.7，149），“缩放”关键帧动画不变，设置“旋转”在第1秒15帧时为46°，第4秒24帧时为68°，如图6-60所示。

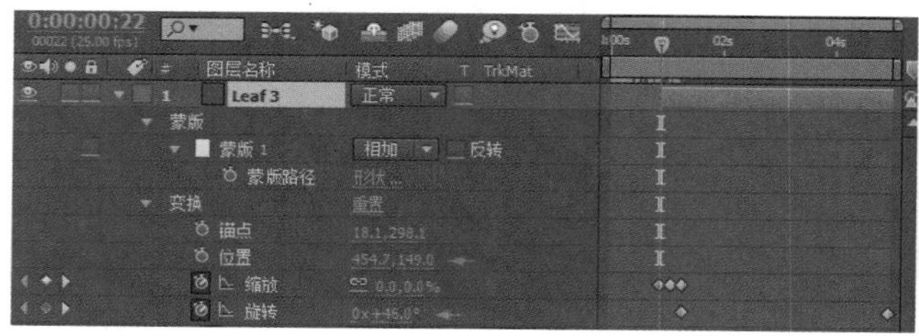
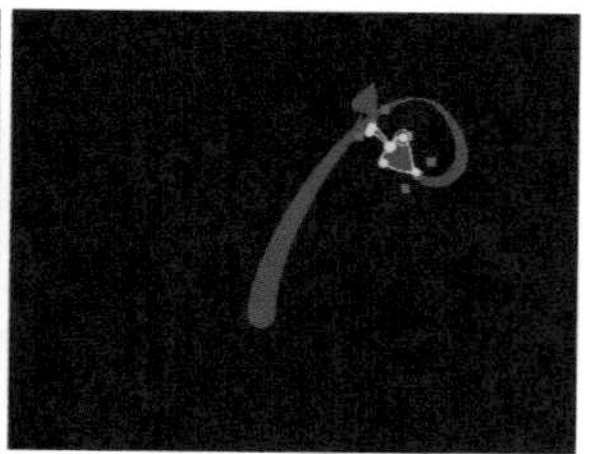

图6-60 设置Leaf3层

9 选择Leaf3层，按快捷键Ctrl+D创建一个副本Leaf4层，将其入点移至第1秒07帧，设置“位置”为（485.5，139），“缩放”关键帧动画不变，设置“旋转”在第1秒15帧时为-95°，第4秒24帧时为-78°，如图6-61所示。

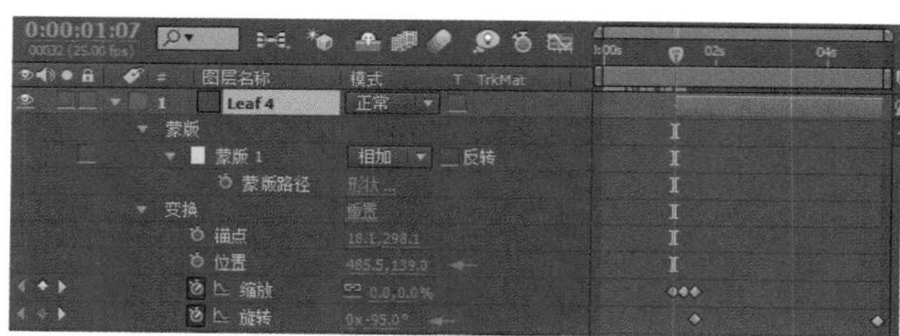
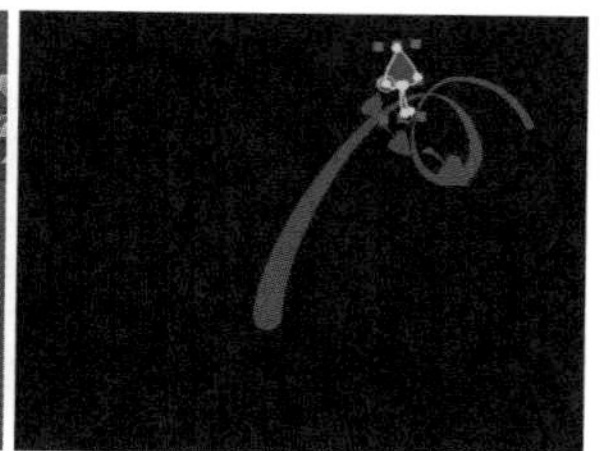

图6-61 设置Leaf4层

10 选择Leaf4层，按快捷键Ctrl+D创建一个副本Leaf5层，将其入点移至第1秒15帧，设置“位置”为（652.6，243），“缩放”关键帧动画不变，设置“旋转”在第1秒15帧时为124°，第4秒24帧时为161°，如图6-62所示。

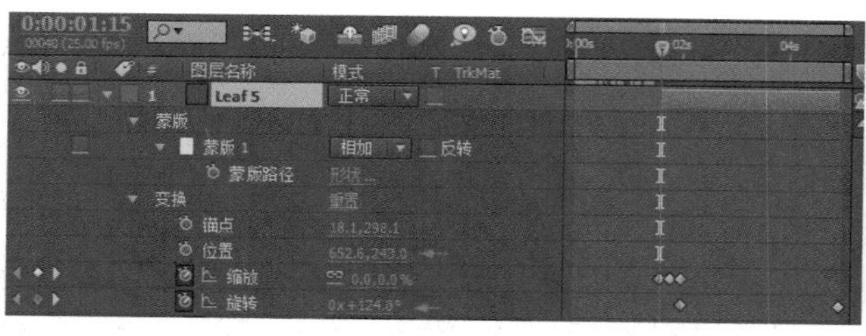
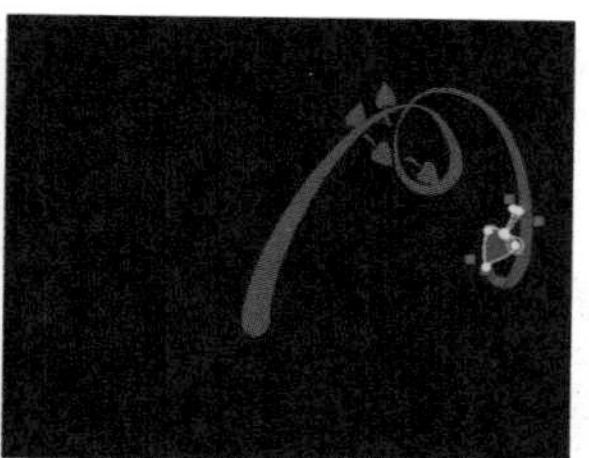

图6-62 设置Leaf5层

11 选择Leaf5层，按快捷键Ctrl+D创建一个副本Leaf6层，将其入点移至第1秒05帧，设置“位置”为（579.4，153），“缩放”关键帧动画不变，设置“旋转”在第1秒15帧时为2°，第4秒24帧时为10°，如图6-63所示。

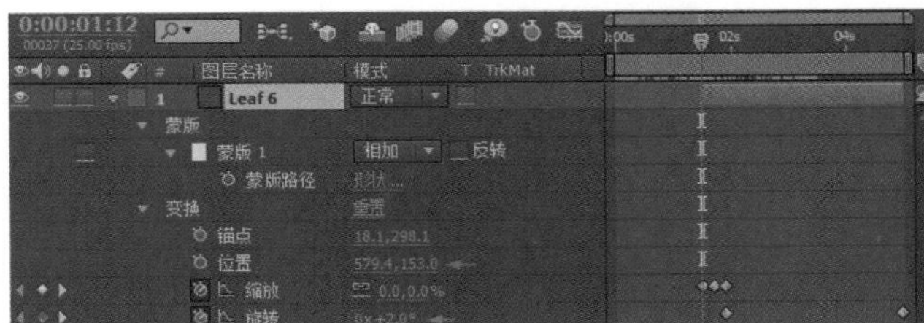

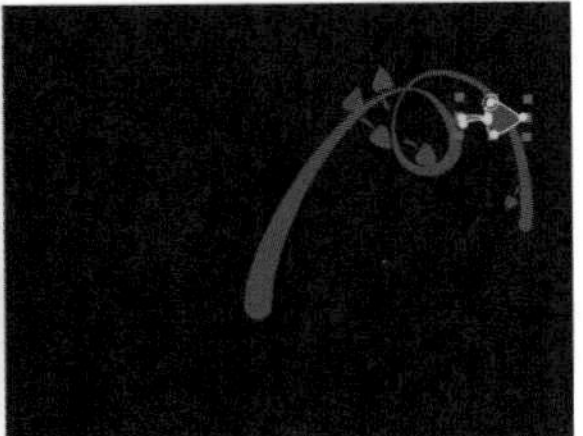

图6-63 设置Leaf6层

5. 设置Vine2Setup合成路径描绘动画

1 按快捷键Ctrl+N新建一个合成，命名为Vine2Setup，“预设”使用PAL D1/DV预置，“持续时间”为5秒。

2 按快捷键Ctrl+Y建立一个“纯色”层，命名为Vine 2，单击“制作合成大小”按钮，使用合成尺寸，如图6-64所示。

3 使用钢笔工具为“纯色”层绘制一个“蒙版”路径，通过控制锚点的手柄来调整弯曲度，为下面的描绘动画做参考，如图6-65所示。

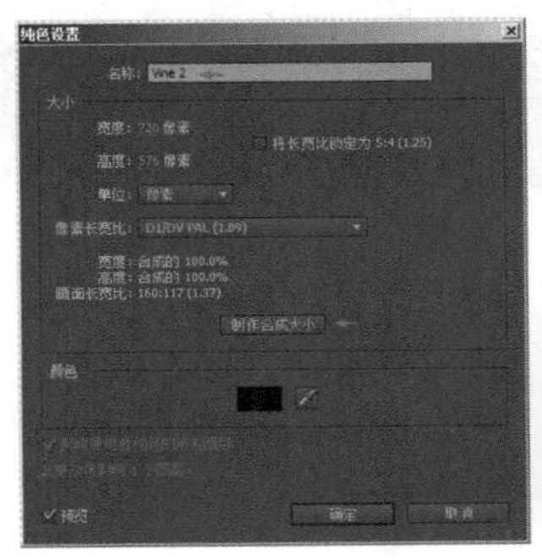

图6-64 建立“纯色”层

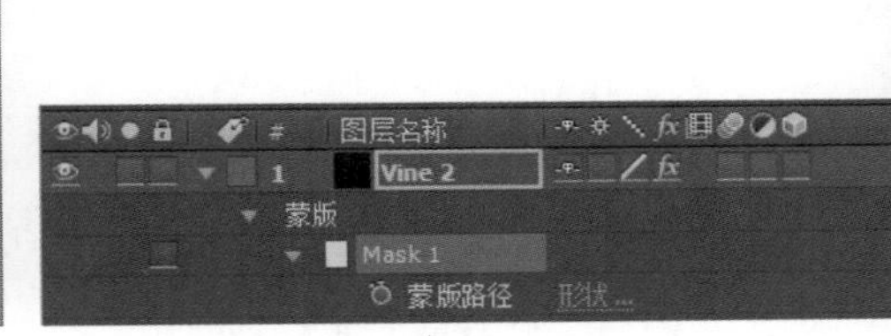

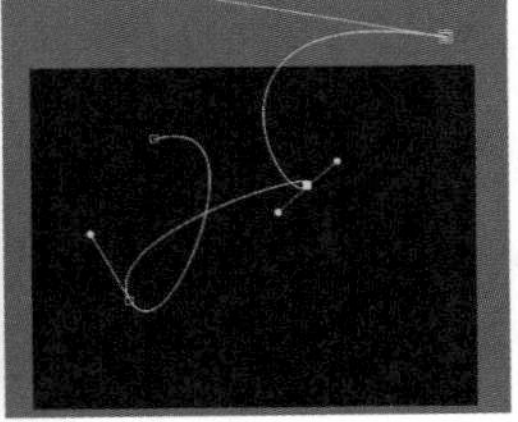

图6-65 绘制“蒙版”路径

4 在时间轴中将“纯色”层的入点移至第2秒08帧处。选择菜单命令“效果”/“生成”/“写入”，设置描绘动画。设置“写入”下的“颜色”为RGB（32，88，45），“画笔间距（秒）”为0.001，“画笔时间属性”为“大小和硬度”，“绘画样式”为“在透明背景上”。单击选中“蒙版”下的“蒙版路径”，按快捷键Ctrl+C复制，再展开“写入”效果，在第2秒08帧时单击选中“画笔位置”，按快捷键Ctrl+V粘贴，可以看到“画笔位置”自动添加了一组关键帧，并且“写入”的描绘动画路径与“蒙版”一致，如图6-66所示。

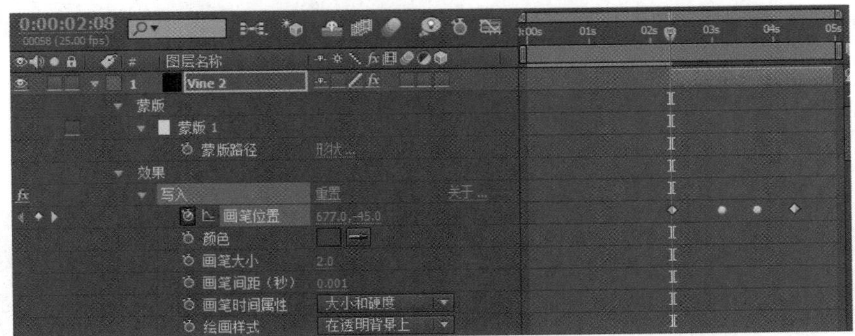

图6-66 设置“写入”效果

5 为描绘动画设置笔刷尺寸关键帧。在第2秒08帧时单击打开“画笔大小”前面的码表，记录关键帧，此时设为10。第3秒03帧时将“画笔大小”设为2，第3秒17帧时将“画笔大小”设为10，第4秒08帧时将“画笔大小”设为2，如图6-67所示。

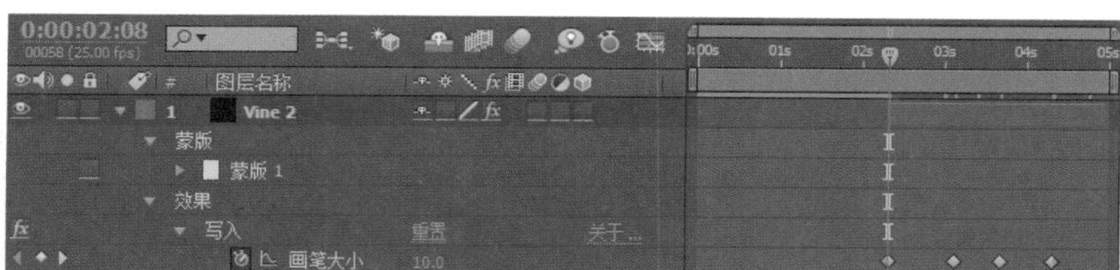

图6-67 设置笔刷关键帧

6 查看此时的动画效果，如图6-68所示。

 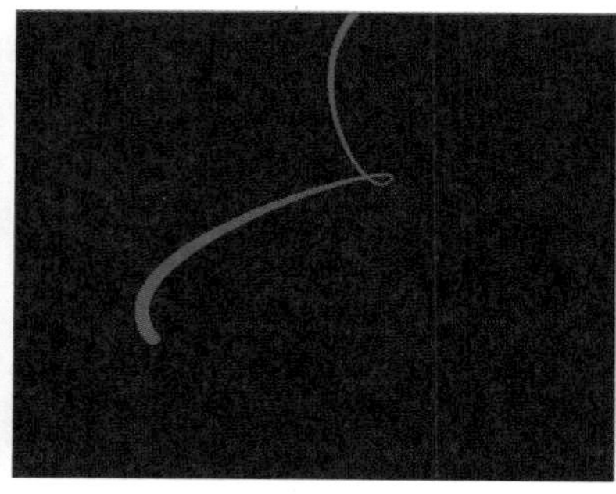 

图6-68 描绘动画效果

6. 设置叶片生长动画

1 切换到Vine1Setup时间轴中，选中Leaf1层，按快捷键Ctrl+C复制，然后切换回Vine2Setup时间轴，按快捷键Ctrl+V粘贴，将图层重命名为Leaf7。

2 将Leaf7层的入点移至第3秒处，设置“位置”为（478.3，87），“缩放”关键帧不变，设置“旋转”在第3秒时为161°，第4秒24帧时为195°，如图6-69所示。

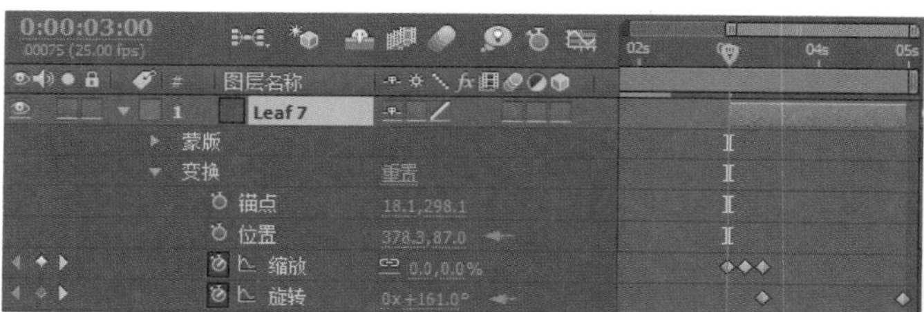

图6-69 设置Leaf7层

3 选择Leaf7层，按快捷键Ctrl+D创建一个副本Leaf8层，将其入点移至第3秒10帧，设置“位置”为（381.6，157），“缩放”关键帧动画不变，设置“旋转”在第3秒10帧时为24°，第4秒24帧时为35.6°，如图6-70所示。

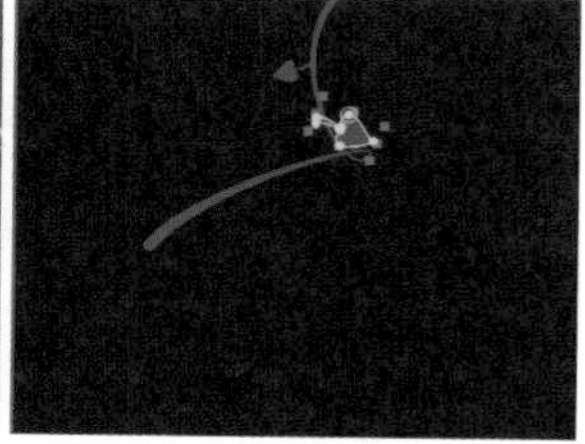

图6-70 设置Leaf8层

4 选择Leaf8层，按快捷键Ctrl+D创建一个副本Leaf9层，将其入点移至第3秒17帧，设置“位置”为（335.9，

240），“缩放”关键帧动画不变，设置“旋转”在第3秒10帧时为115°，第4秒24帧时为112°，如图6-71所示。

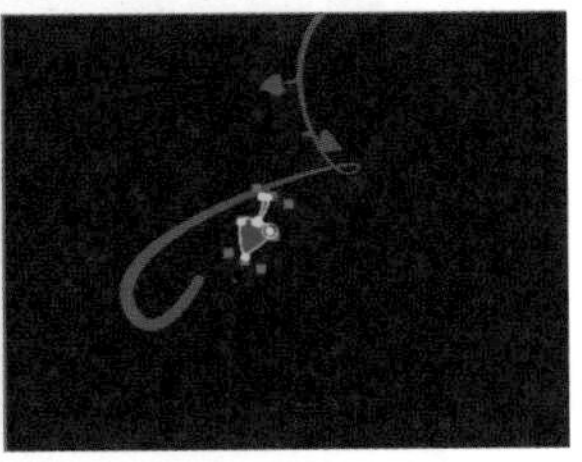
图6-71 设置Leaf9层

5 选择Leaf9层，按快捷键Ctrl+D创建一个副本Leaf10层，将其入点移至第3秒17帧，设置“位置”为（186.3，360），“缩放”关键帧动画不变，设置“旋转”在第3秒17帧时为223°，第4秒24帧时为199°，如图6-72所示。

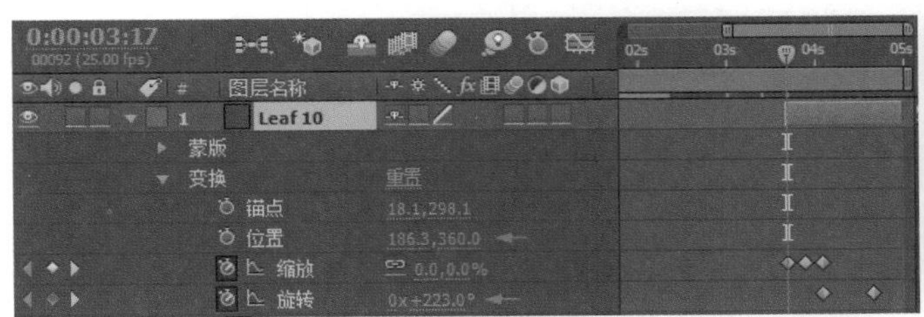
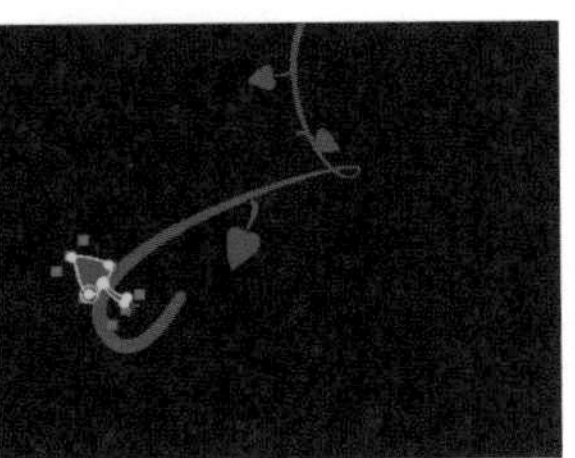
图6-72 设置Leaf10层

6 选择Leaf10层，按快捷键Ctrl+D创建一个副本Leaf11层，将其入点移至第3秒19帧，设置“位置”为（208.8，389），“缩放”关键帧动画不变，设置“旋转”在第3秒19帧时为303°，第4秒24帧时为288°，如图6-73所示。

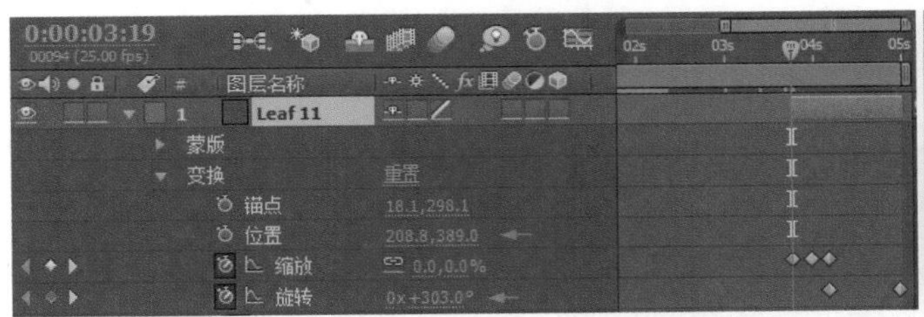
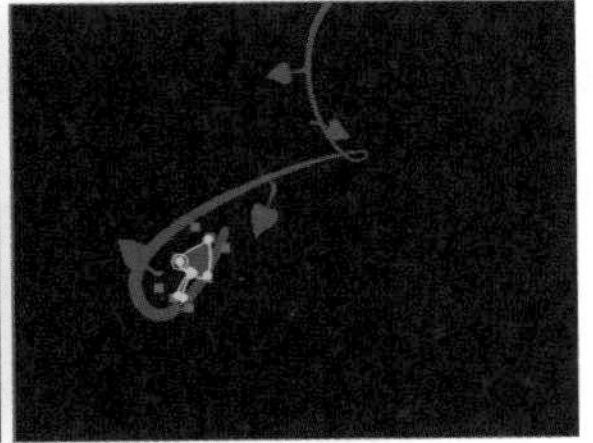
图6-73 设置Leaf11层

7 选择Leaf11层，按快捷键Ctrl+D创建一个副本Leaf12层，将其入点移至第4秒，设置“位置”为（259.5，354），“缩放”关键帧动画不变，设置“旋转”在第4秒时为341°，第4秒24帧时为（1，9°），如图6-74所示。

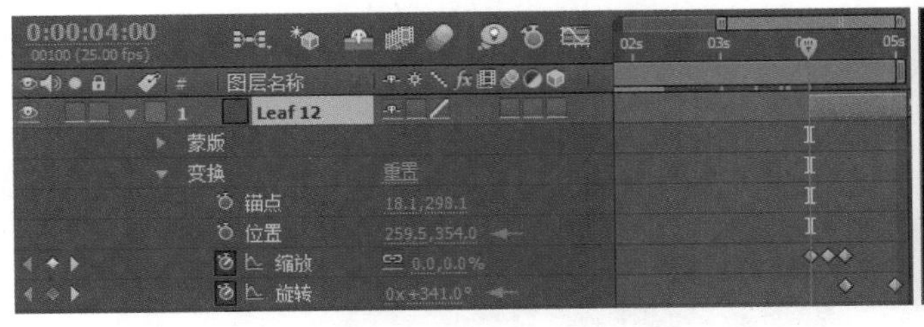
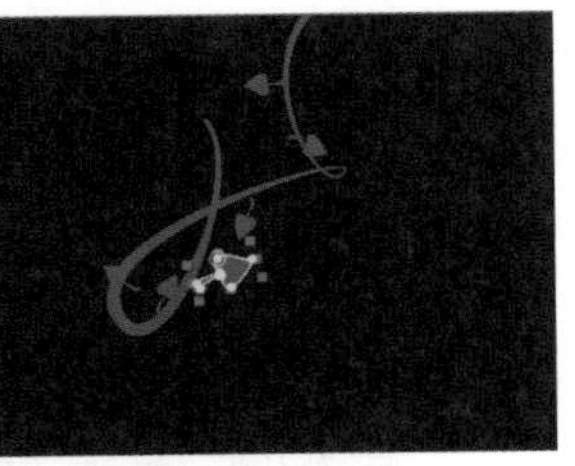
图6-74 设置Leaf12层

8 选择Leaf12层，按快捷键Ctrl+D创建一个副本Leaf13层，将其入点移至第4秒08帧，设置“位置”为（254.5，147），“缩放”关键帧动画不变，设置“旋转”在第4秒08帧时为250°，第4秒24帧时为240°，如图6-75所示。

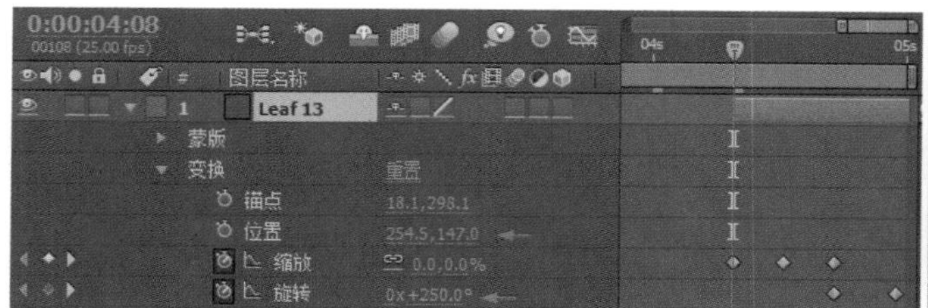
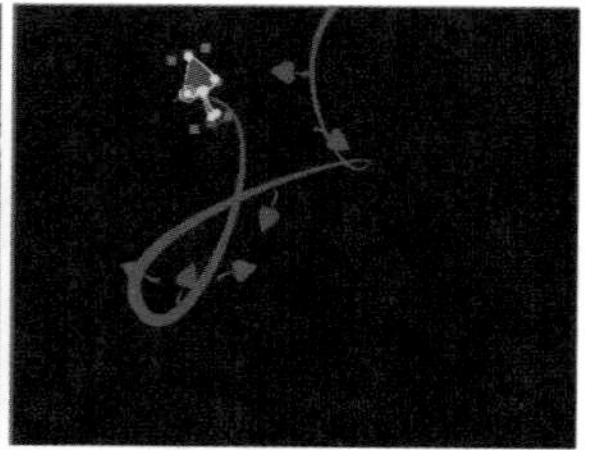

图6-75 设置Leaf13层

7. 建立NatureFINAL合成

1 按快捷键Ctrl+N新建一个合成，命名为NatureFINAL，“预设”使用PAL D1/DV预置，“持续时间”为5秒。

2 按快捷键Ctrl+Y建立一个“纯色”层，命名为BACK，单击“制作合成大小”按钮，使用合成尺寸，如图6-76所示。

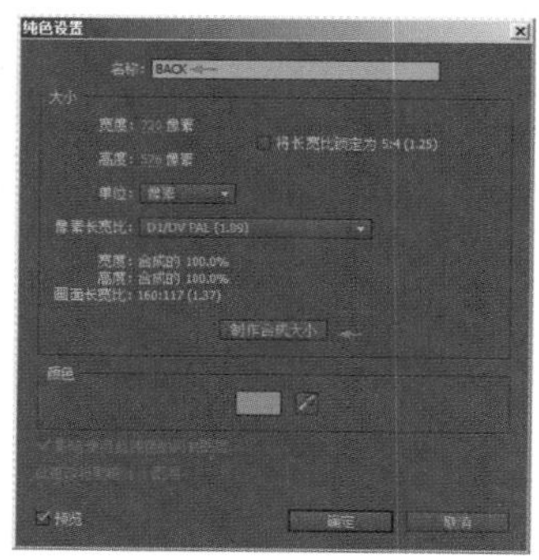

图6-76 建立“纯色”层

3 选中“纯色”层，选择菜单命令“效果”/“生成”/“梯度渐变”，为“纯色”层添加一个渐变色，设置“起始颜色”为RGB（5，87，128），“结束颜色”为RGB（154，185，200），如图6-77所示。

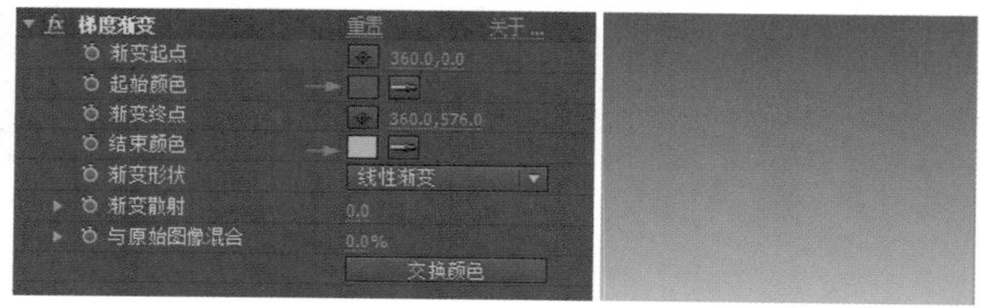

图6-77 设置渐变色

8. 设置文字效果

1 从项目面板中将NatureText拖至时间轴中，选择菜单命令“效果”/“杂色和颗粒”/“分形杂色”，为文字添加杂色效果，如图6-78所示。

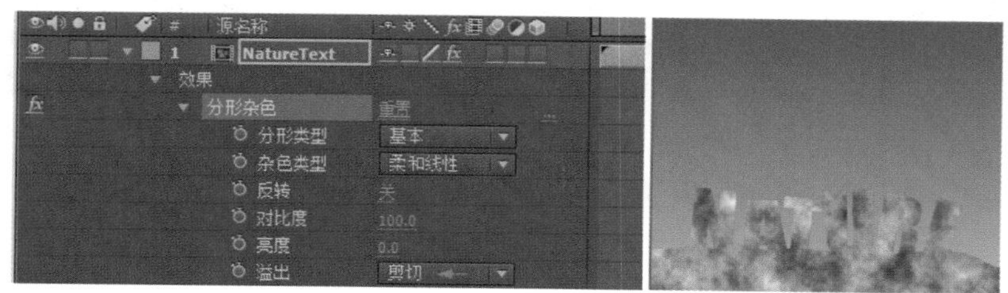

图6-78 设置“分形杂色”效果

2 选择菜单命令“效果”/“颜色校正”/CC Toner，设置Highlights为RGB（102，64，38），Midtones为RGB（46，26，5），Shadows为RGB（5，0，0），如图6-79所示。

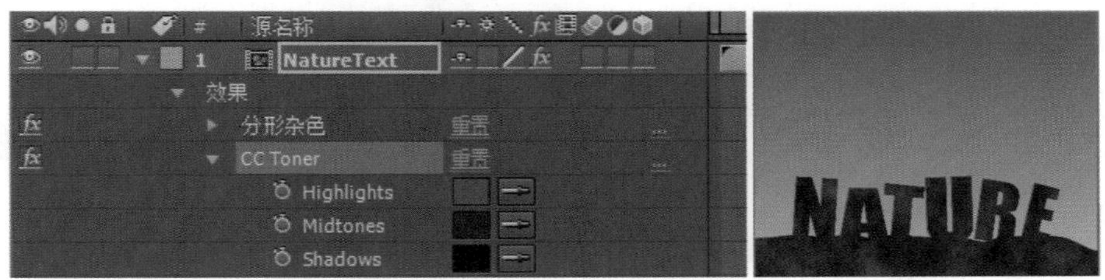

图6-79 设置CC Toner效果

3 选择菜单命令“效果”/“风格化”/“纹理化”，设置其下的“纹理对比度”为2，如图6-80所示。

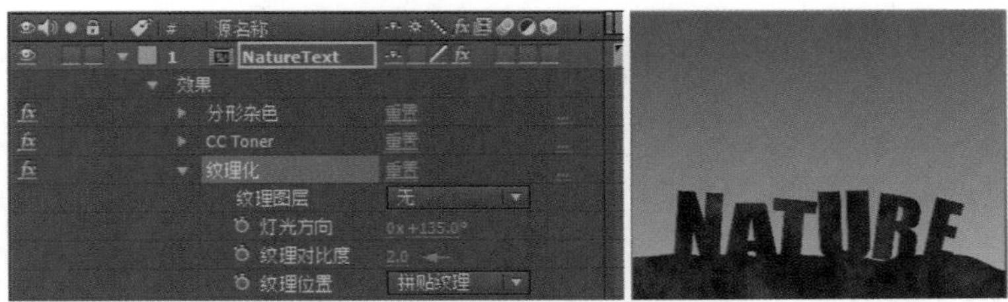

图6-80 设置“纹理化”效果

4 选择菜单命令“效果”/“风格化”/“毛边”，设置其下的“比例”为200，如图6-81所示。

图6-81 设置“毛边”效果

5 选择菜单命令“效果”/“透视”/“斜面 Alpha”，设置“边缘厚度”为10，“灯光强度”为0.2，如图6-82所示。

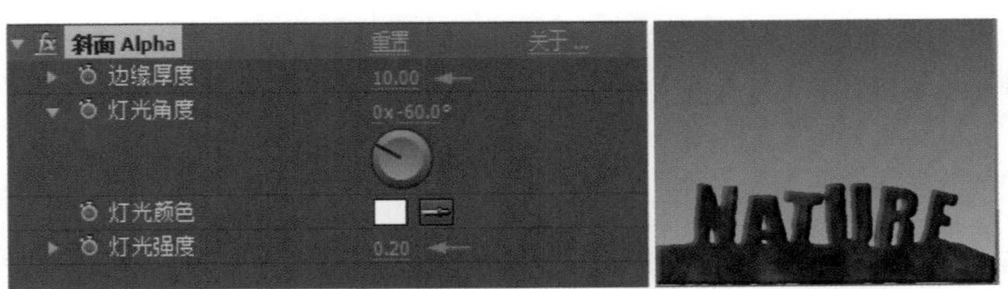

图6-82 设置斜面Alpha效果

6 此时图形下部距离屏幕底边有部分缝隙，展开图层的“变换”选项，设置“位置”为（360，289），“缩放”为（102，102%），如图6-83所示。

图6-83　设置位置和缩放

9. 设置青草生长动画

1 在时间轴中选中NatureText层，按快捷键Ctrl+D创建一个副本，将上层的效果全部删除，重新添加效果。选择菜单命令"效果" / "模拟" / CC Hair，初步设置Thickness为0.5，Constant Mass为开，Hairfall Map下的Map Softness为20，Hair Color下的Color为RGB（8，69，3），"不透明度"为100%，如图6-84所示。

图6-84　设置CC Hair效果

2 将时间滑块移至第0帧时，打开Weight和Hairfall Map下Map Strength前的码表，记录关键帧，第0帧时均为0，第4秒24帧时，Weight为4，Map Strength为30，如图6-85所示。

图6-85　设置生长动画关键帧

3 产生从无到有的生长动画，如图6-86所示。

图6-86　生长动画效果

4 为文字添加一个"蒙版"，使生长动画只在其顶部产生，如图6-87所示。

图6-87 添加“蒙版”

5 选中添加了CC Hair效果的NatureText层，将其重新命名为Grass，按快捷键Ctrl+D创建一个副本，将原效果中的Thickness增大为1，将第4秒24帧处的Weight减小为3；然后再设置Length为20，Density为400，这样得到一个在文字顶部的生长动画效果，并重新命名为Grassbot，如图6-88所示。

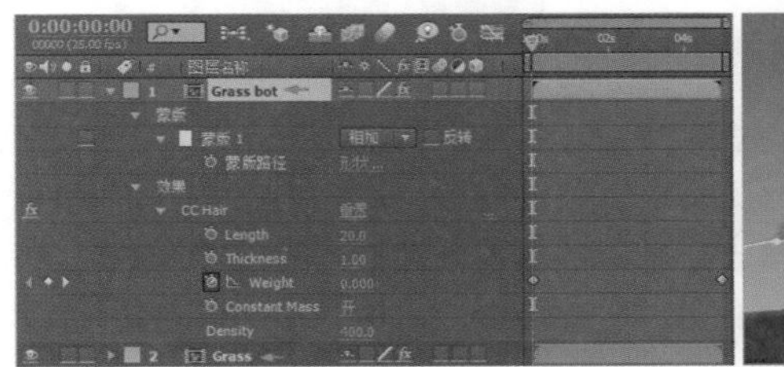

图6-88 设置副本效果

6 将Grass bot放置到文字图层之下，查看效果，如图6-89所示。

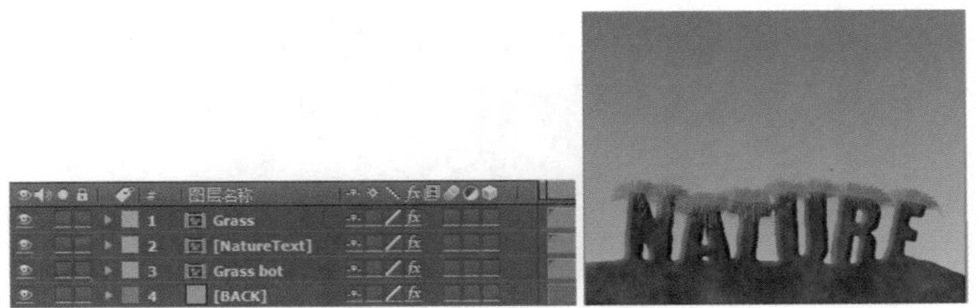

图6-89 调整图层位置

10. 制作藤蔓生长动画

1 从项目面板中将Vine1Setup拖至时间轴中，放置在NatureText层上面，移至图形中的字母上，并在字母上面的平面为其添加一个“蒙版”，制作从字母图形上生长出藤蔓的效果，如图6-90所示。

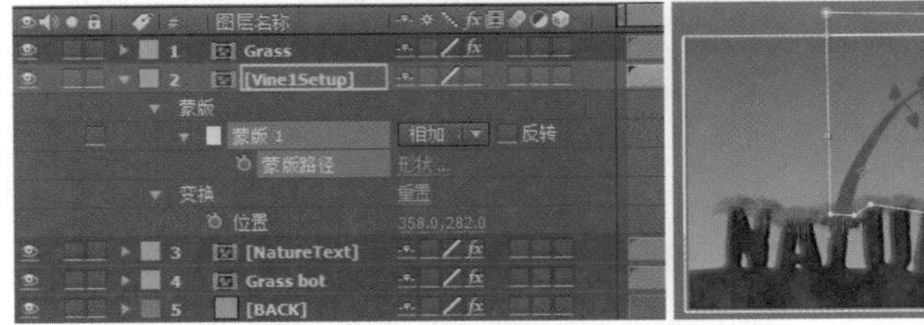

图6-90 放置图层

2 选中Vine1Setup层，选择菜单命令“效果”/“扭曲”/“湍流置换”，设置“数量”为25，“偏移（湍流）”为(301，393.5)，在第0帧时打开“演化”前面的码表，设置第0帧时为0°，第4秒24帧时为90°。这样在这个图层的生长动画过程中同时伴有扭曲的动画，如图6-91所示。

图6-91 设置“湍流置换”效果

3 选中Vine1Setup层，选择菜单命令“效果”/“生成”/“填充”，设置其下的“颜色”为RGB（2，61，15），如图6-92所示。

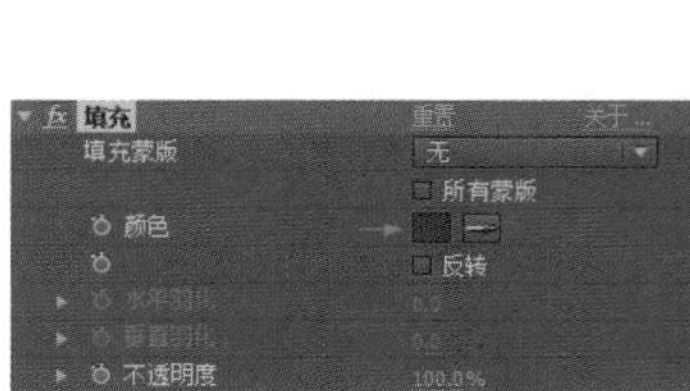

图6-92 设置填充效果

4 选中Vine1Setup层，选择菜单命令“效果”/透视/ 斜面 Alpha，设置“边缘厚度”为10，“灯光强度”为0.1，这样产生立体的效果，如图6-93所示。

图6-93 设置斜面 Alpha效果

5 选中Vine1Setup层，按快捷键Ctrl+D创建一个副本，名为Vine1Setup 2，按S键展开副本层的“缩放”选项，将其修改为（-100，100%），这样得到一个左右对称的图形。调整图形的位置和“蒙版”，制作从字母图形上产生藤蔓的动画效果，如图6-94所示。

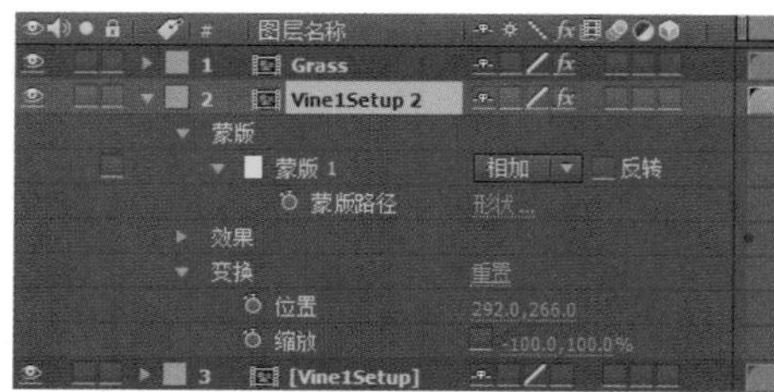

图6-94 设置副本Vine1Setup 2效果

6 选中Vine1Setup 2层，按快捷键Ctrl+D创建一个副本，命名为Vine1Setup 3。展开“变换”选项，恢复其为默认值，然后重新设置，将“旋转”设为-146°，“位置”设为（648，232），如图6-95所示。

图6-95 设置副本Vine1Setup 3效果

7 选中Vine1Setup 3层，按快捷键Ctrl+D创建一个副本，名为Vine1Setup 4。展开“变换”选项，恢复其为默认值，然后重新设置，将“旋转”设为144°，“位置”设为（80，244），如图6-96所示。

图6-96 设置副本Vine1Setup 4效果

8 从项目面板中将Vine2Setup拖至时间轴中，放置在顶层，将其“位置”设为（195.5，288），单独查看图层，如图6-97所示。

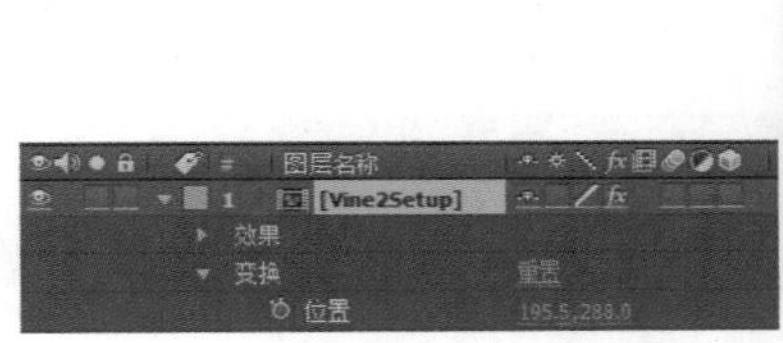
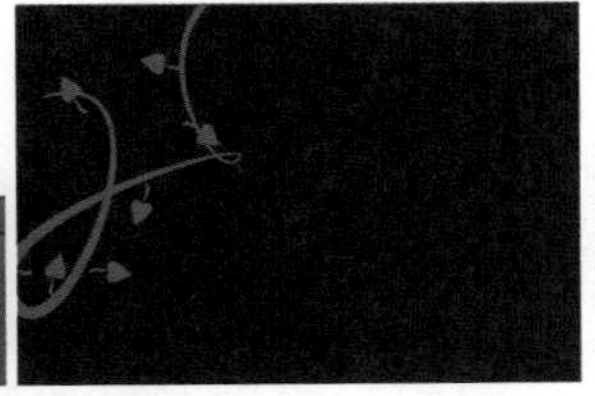

图6-97 放置图层

9 选中Vine2Setup层，选择菜单命令“效果”/“扭曲”/“湍流置换”，设置“数量”为25，在第0帧时打开“演化”前面的码表，设置第0帧时为0°，第4秒24帧时为-90°，如图6-98所示。

图6-98 设置“湍流置换”效果

10 选中Vine2Setup层，选择菜单命令“效果”/“生成”/“填充”，设置“颜色”为RGB（0，59，13），如图6-99所示。

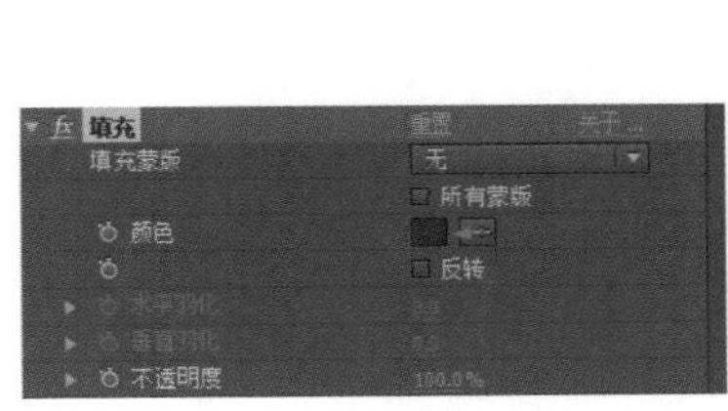
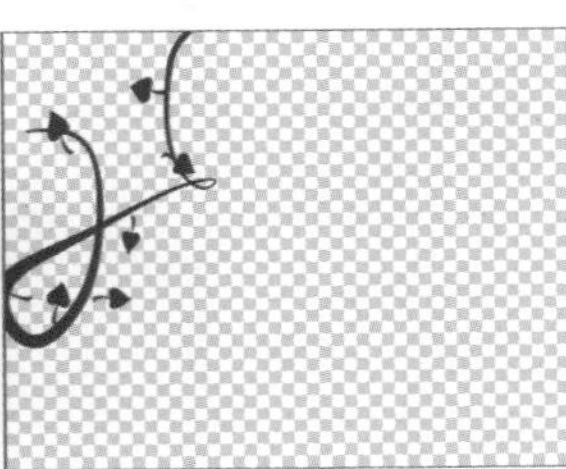

图6-99 设置填充效果

11 选中Vine2Setup层，选择菜单命令“效果”/“透视”/“斜面 Alpha”，设置“边缘厚度”为10，“灯光强度”为0.1，如图6-100所示。

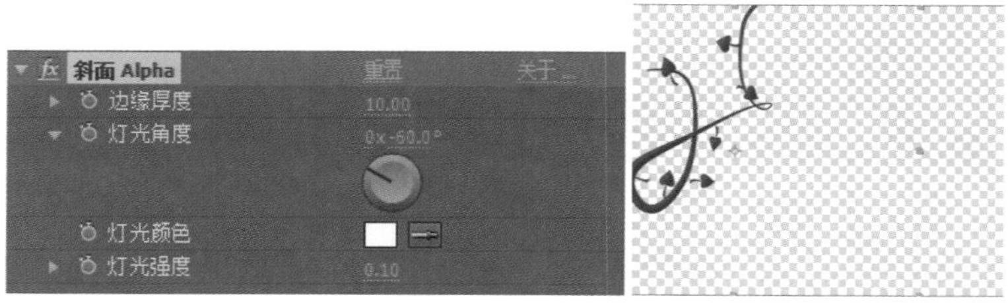

图6-100 设置斜面 Alpha效果

12 选中Vine2Setup层，按快捷键Ctrl+D创建一个副本，命名为Vine2Setup 2，设置“缩放”为（-100，100%），“位置”为（529.5，288），如图6-101所示。

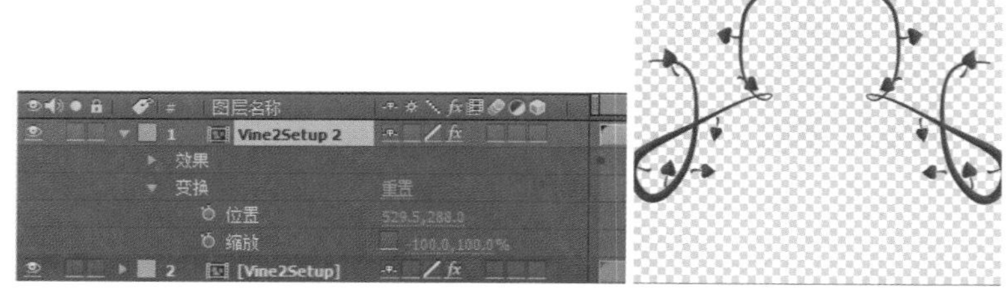

图6-101 设置副本Vine2Setup 2效果

13 最后，将Vine1Setup3和Vine1Setup4层的入点移至第1秒18帧处，查看合成效果，如图6-102所示。

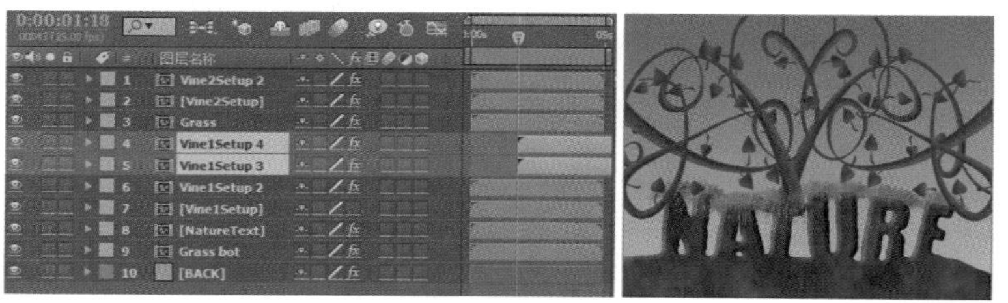

图6-102 设置图层入点

技术回顾

本例中先通过“分形杂色”、CC Toner、“纹理化”、“毛边”及“斜面 Alpha”等滤镜将文字调整为泥土的效果，然后结合“蒙版”路径与“写入”制作藤蔓生长延伸的动画，最后使用CC Hair制作文字顶部生长藤蔓效果。将这三个部分的内容合成到一起形成最终的动画效果。

举一反三

通过上面的介绍，制作一个不同内容的动画效果。具体参数可以参考练习的工程方案，效果如图6-103所示。

图6-103　实例效果

6.4 抠像效果

技术要点	使用多种键控效果制作抠像	制作时间	15分钟
项目路径	\chap49\抠像效果.aep	制作难度	★★

实例概述

本例首先导入在蓝色或绿色背景下拍摄的素材，使用键控技术将背景颜色设置为透明，然后将场景与其他素材叠加，效果如图6-104所示。

图6-104　实例效果

制作步骤

1. 认识抠像

在一些影视作品中，经常可以看到人物腾云驾雾、飞檐走壁或在一些恶劣环境中进行表演的镜头，事实上这些镜头大多都是演员在摄影棚的蓝色或绿色背景下拍摄出来的，然后通过合成师在一些后期软件里进行处理，制作出特殊的合成效果，其中的关键技术就是抠像。

一般情况下背景都采用蓝色或绿色，之所以选择这两种颜色，是因为人的身体不含有这两种颜色。在拍摄的时候，素材质量的好坏直接关系到键控的效果，光线的影响对于键控的素材也是至关重要的，在前期拍摄时对现场布光要求很高，要保证拍摄的素材达到最好的色彩还原效果，在使用有色背景时，最好使用标准的纯蓝色（PANTONE2735）或者纯绿色（PANTON354），如图6-105所示。

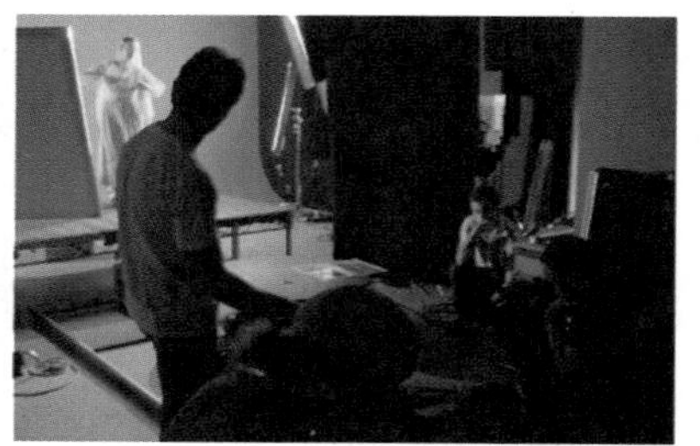

图6-105 拍摄现场

在对素材进行数字化处理的时候，必须注意到要尽可能保持素材的精度。在有可能的情况下，最好使用无压缩的方式，因为细微的色彩损失都会对抠像效果产生巨大的影响。

通常，如果要对在均匀背景下拍摄的镜头进行抠像，只需要对其中一帧进行抠像就可以了，不需要对其他帧进行重新设置。如果是对较为复杂的场景进行抠像，最好选择镜头最复杂的一帧，如头发、烟雾、玻璃等需要细腻表现的物体或半透明的物体，这些因素最好能得到全部体现，如图6-106所示。

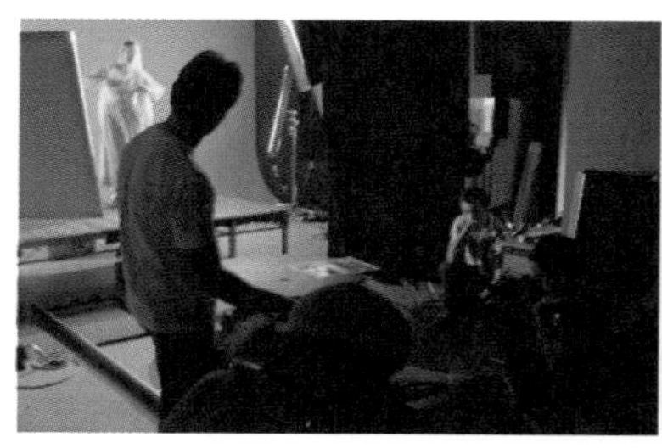

图6-106 拍摄现场

如果在拍摄时灯光或背景发生变化，在抠像中也可以使用关键帧，即在每一种光效下对最复杂的帧进行抠像，在设置关键帧时，必须在同一种光效下使用同一种抠像效果，即在光效开始和结束的位置均设置关键帧，尽量不要让After Effects自动进行插补，否则可能需要逐帧检验抠像的效果，如图6-107所示。

图6-107 拍摄现场

除了必须具备高精度的素材外，一个强大的键控工具也是实现完美抠像效果的先决条件。After Effects提供了最强大的键控技术。利用多种键控效果，你可以轻易地抠除影片的背景，对于阴影、半透、毛发等特殊效果，键控技术都可以完美地将其再现出来。

一般情况下，使用键控效果的合成最少需要两个图层，分别为键控层和背景层，将键控层放置在背景层之上。这样在对对象设置键控效果后，可以透出底下的背景层，如果没有背景层，那么设置键控效果后将显示出透明背景。

2. After Effects中提供的抠像技术

在After Effects中，系统提供了多种抠像滤镜，有“颜色差值键”、“颜色键”、“颜色范围”、“差值遮罩”、“提取”、“内部/外部键”、“线性颜色键”、“亮度键”、“溢出抑制”等多种抠像技术。

“颜色差值键”：将根据所选的抠像底色分成A、B两层，这两层叠加后产生Alpha层，使用吸管工具选择A、B两层的黑色（透明）与白色（不透明），完成最终的抠像效果。这种抠像方式可以较好地还原均匀蓝底或绿底上的烟雾、玻璃等半透明物体。

“颜色键”：可以抠除与抠像底色相近的颜色，在“颜色键”中只可以选择一种颜色进行抠除。

“颜色范围”：可以按照RGB、Lab或YUV的方式对一定范围的颜色进行选择，常用于蓝底或绿底颜色不均匀时的抠像。

“差值遮罩”：从两个相同背景的图层中将前景抠出，这种抠像的方式要求背景最好是图片，前景也是一个稳定的镜头。

“提取”：可以根据亮度范围进行抠像，这种方式主要用于白底或黑底情况下的抠像，同时还可以用于消除镜头中的阴影。

“内部/外部键”：需要先在背景中定义需要保留的物体的闭合路径和需要抠除部分路径，这些路径的模式都要设为None，Inner/Outer Key，可以根据这些路径自动对前景进行抠像处理。

“线性颜色键”：一种针对颜色的抠像方式。通过指定RGB、Hue或Chroma的信息对像素进行抠像，也可以使用线性颜色键保留前面用键控变为透明的颜色。

“亮度键”：一种针对亮度的抠像方式，通常用来对带有光晕的物体进行抠像。

“溢出抑制”：可以控制图像的溢出，跟踪去除图像中的关键颜色。

3. 使用“颜色键”进行抠像

1 在“项目”面板的空白处双击，打开“导入文件”窗口，将key1.tif和“背景1.jpg”导入项目面板中。

2 将key1.tif图片素材拖放到项目面板下的按钮上，这样就以key1.tif素材的尺寸创建一个合成，并将“背景1.jpg”放置在底层。选择菜单命令“合成”/“合成设置”，将合成重命名为“颜色键”。

> 提示
>
> “颜色键”效果通过指定一种颜色，系统会将图像中所有与其近似的像素键出，使其透明，这是一种比较初级的键控效果，当影片背景比较复杂的时候，效果不是很好。“主色”可以指定需要透明的颜色，“色彩容差”控制与键出色彩的容差。“薄化边缘”控制键出区域边界的调整，正值表示边界在透明区域外，负值减少透明区域。“羽化边缘”控制键控区域边界的羽化。

3 选择菜单命令“菜单”/“保存”（快捷键Ctrl+S），保存项目文件，命名为“抠像效果”。

4 选择菜单命令“效果”/“键控”/“颜色键”，为key1.tif添加一个色键效果，设置“主色”为蓝色（0，0，255），或者使用小吸管工具吸取颜色，这时会进行大致的处理，但并没有将蓝色部分全部抠除，需要调整色彩的容差，设置“颜色容差”为150，如图6-108所示。

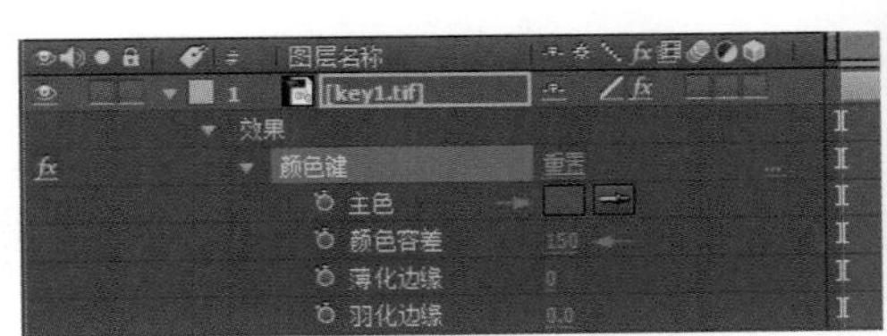

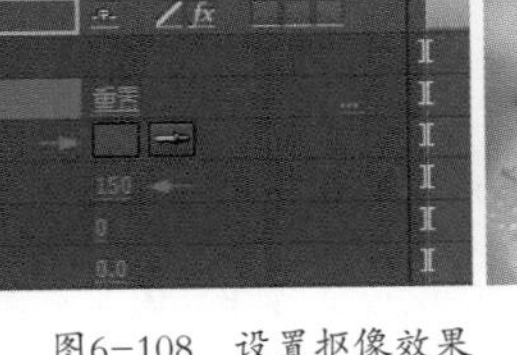

图6-108 设置抠像效果

5 这时仔细查看画面，会发现一些残留的蓝色部分，并且人物边缘有明显的锯齿，使用放大镜查看，如图6-109所示。

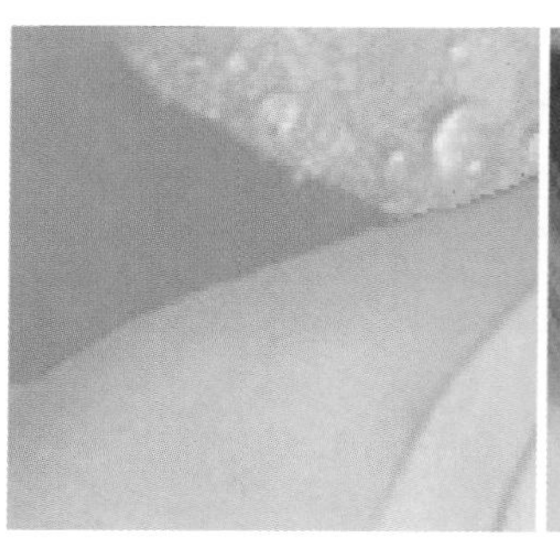
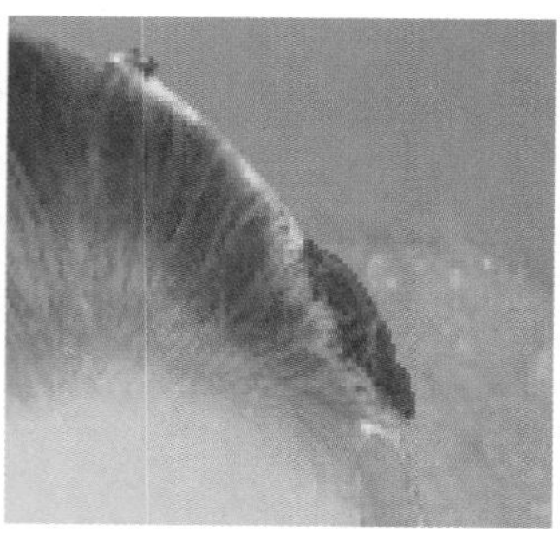

图6-109　检查效果

6 为了修正边缘锯齿和残留的蓝色，选择菜单命令“效果”/“遮罩”/“简单阻塞工具”，设置“阻赛遮罩”为2.00，这样抠像的边缘得到了很好的控制，如图6-110所示。

图6-110　收缩边缘

7 一般情况下到这一步就完成了抠像的操作，不过有的时候，由于拍摄的原因，人脸上有时候不可避免地反射到蓝色，必须将其消除。选择菜单命令“效果”/“键控”/“溢出抑制”，将“要抑制的颜色”设为“颜色键”中的抠像颜色，如图6-111所示。

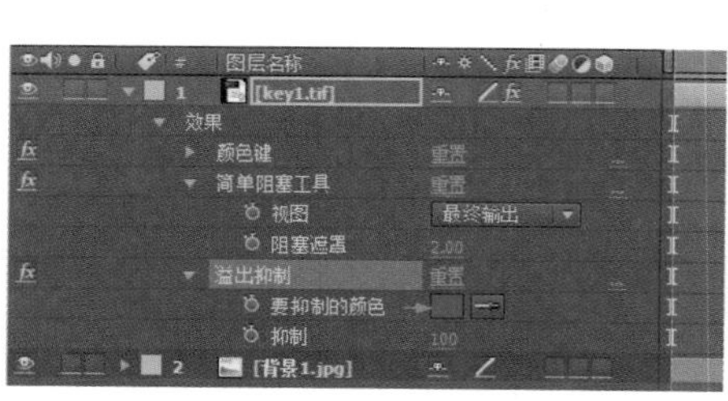

图6-111　控制图像颜色溢出

4. 使用“线性颜色键”进行抠像

1 在“项目”面板的空白处双击，打开“导入文件”窗口，将key2.tif和“背景2.jpg”导入当前项目面板中。

2 将key1.tif图片素材拖放到项目面板下的按钮上，这样就以key1.tif素材的尺寸创建一个合成，并将“背景2.jpg”放置在底层。选择菜单命令“合成”/“合成设置”，将合成重命名为“线性颜色键”。

3 选择菜单命令“效果”/“键控”/“线性颜色键”，为key2.tif添加一个线性色键效果，设置“主色”为蓝色（0，0，255），设置“匹配颜色”为“使用色度”，“匹配容差”为15.0%，如图6-112所示。

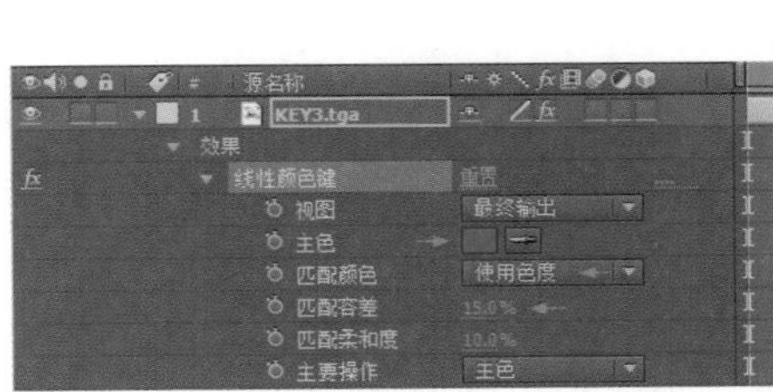

图6-112　设置抠像效果

提示

前面介绍的“颜色键”只是简单地对一种颜色在一定容差内进行抠像，只能对某种颜色进行抠像，因此它不能对烟雾、玻璃等半透明的物体进行抠像。而“线性颜色键”可以按颜色、色相、饱和度对某一种颜色进行线性抠像。所谓线性，也就是颜色越与抠像底色接近，透明度越高。在“视图”中有三种查看模式，分别为“最终输出”、“仅限源”和“仅限遮罩”。其中，“仅限遮罩”可以查看抠像时的Alpha通道状态。“匹配颜色”有三种，在RGB模式下，根据选中的抠像底色的亮度、色相、饱和度综合因素进行抠像；在颜色一致的前提下，“使用色相”根据颜色的色相进行线性抠像，与选中的抠像底色色相越接近，透明度越大；在颜色一致的前提下，“使用色度”根据颜色的饱和度进行线性抠像，与选中的颜色饱和度一致，透明度越大。

4 这时仔细查看画面，会发现一些残留的蓝色部分，裤腿的透明区域也有蓝色部分，这样就没有抠除干净，使用放大镜查看，如图6-113所示。

图6-113　检查抠像效果

5 选择菜单命令“效果”/“键控”/“溢出抑制”，选择“要溢制的颜色”为抠像颜色，如图6-114所示。

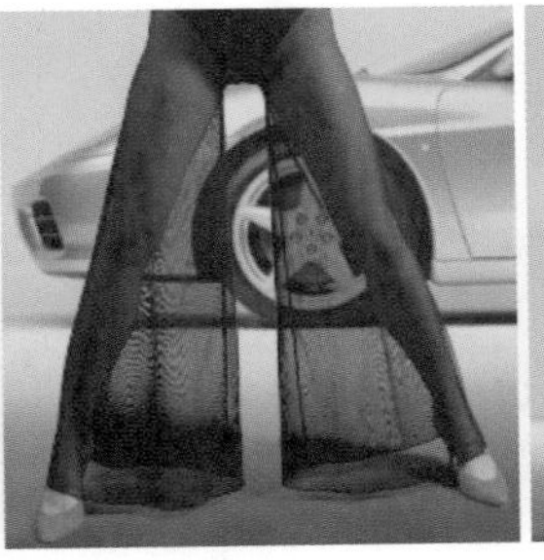

图6-114　控制图像颜色溢出

6 这样就完成了“线性颜色键”（线性色键）抠像的效果。

5. 使用“颜色差值键”进行抠像

1 在“项目”面板的空白处双击，打开“导入文件”窗口，将ACB101.mov和Slow_Smoke.mov导入当前项目面板中。

2 在“项目”面板的空白处双击，打开“导入文件”窗口，选择girl0001.tga文件，并勾选Targe Sequence，将序列文件导入当前项目面板中。

3 选择刚导入的girl[0001-0110].tga文件，拖放到项目面板下的按钮上，这样就以girl[0001-0110].tga素材的尺寸创建一个合成；在时间轴面板中，将ACB101.mov拖放到时间轴中，并移动到底层。选择菜单命令“合成”/“合成设置”，将合成重命名为“颜色差值键”。

4 选择菜单命令“效果”/“键控”/“颜色差值键”，为girl[0001-0110].tga添加一个色差键效果，设置“主色”为蓝色（26，71，251），设置“颜色匹配准确度”为“更准确”，“黑色区域的A部分”为70，“黑色遮罩”为74，“白色遮罩”为212，如图6-115所示。

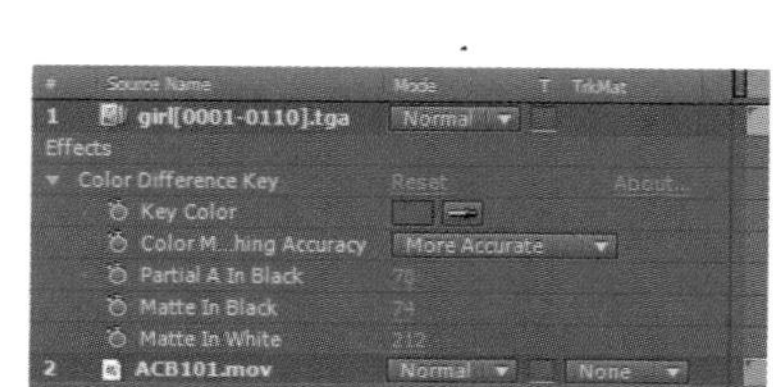

图6-115 设置抠像效果

> 提示
>
> “颜色差值键”可以对两个不同的颜色进行键控，从而将使一幅图像具有两个透明区域，蒙版A使指定键控色之外的其他颜色区域透明，蒙版B使指定的键控颜色区域透明，将两个蒙版透明区域进行组合得到第三个蒙版透明区域，这个新的透明区域就是最终的Alpha通道。“颜色差值键”对图像中含有透明或半透明区域的素材能产生较好的键控效果。

5 选择菜单命令“效果”/“键控”/“溢出抑制”，选择抠像颜色。

6 在“项目”面板中将Slow_Smoke.mov文件拖放到时间轴面板中，并设置叠加方式为“变亮”，如图6-116所示。

图6-116 设置图层叠加方式

> 提示
> “溢出抑制”可以控制图像颜色的溢出，一般情况下，在演播室中全部采用蓝色背景或绿色背景，再配合多方位的灯光，人物面部等区域难免会反射一些背景的颜色，通常这些颜色在抠像系统中都很难去除，这时我们就要使用“溢出抑制”工具对图像做最后的修复。同时还可以将人物边缘抠像未处理干净的地方做修复处理。

7 这样就完成了“颜色差值键”抠像的效果。

技术回顾

本例主要介绍了After Effects中内置的多种色键的使用，以及“颜色差值键”在抠像中的应用。

举一反三

将光盘中提供的素材做抠像处理，这里只需要使用“颜色键”工具，再配合其他的抠像工具，如“溢出抑制”，对图像进行抠像即可。具体参数可以参考练习的工程方案，效果如图6-117所示。

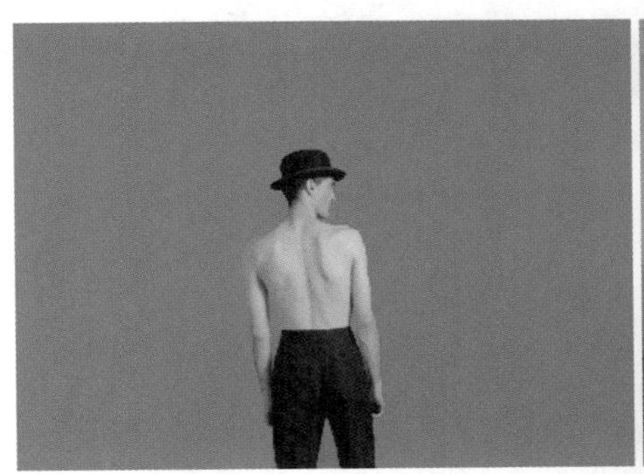

图6-117 实例效果

6.5 透明抠像

技术要点	使用“颜色差值键”抠像	制作时间	5分钟
项目路径	\chap50\透明抠像.aep	制作难度	★★

实例概述

将需要的图片导入项目中，使用“颜色差值键”对透明物体进行抠像，效果如图6-118所示。

图6-118 实例效果

制作步骤

1. 导入素材文件

1 在“项目”面板的空白处双击，打开“导入文件”窗口，将Water_bg.tif和Water_fg.tif导入当前项目面板中。

2 将Water_fg.tif图片素材拖放到项目面板下的按钮上，这样就以Water_fg.tif素材的尺寸创建一个合成，并将Water_bg.tif放置在底层。

2. 设置抠像效果

1 选择Water_fg.tif文件，选择菜单命令“效果”/“键控”/“颜色差值键”，为Water_fg.tif添加一个抠像效果，设置“主色”为蓝色（22，66，235），“黑色区域的A部分”为23，“黑色区域外的A部分”为11，“黑色的部分B”为1，“黑色遮罩”为50，如图6-119所示。

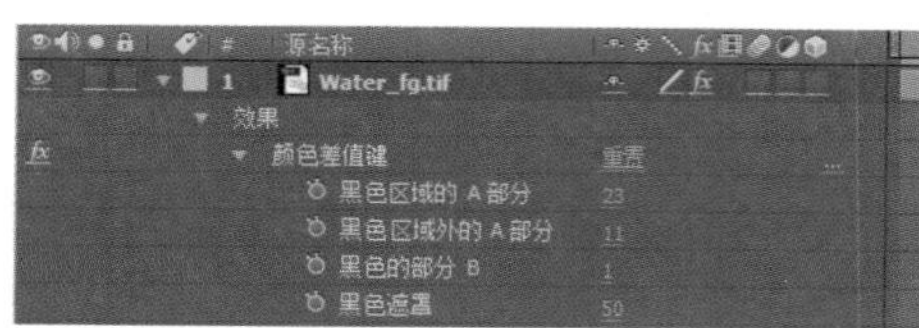

图6-119 设置抠像效果

2 选择菜单命令“效果”/“键控”/“溢出抑制”，设置“抑制”为100，如图6-120所示。

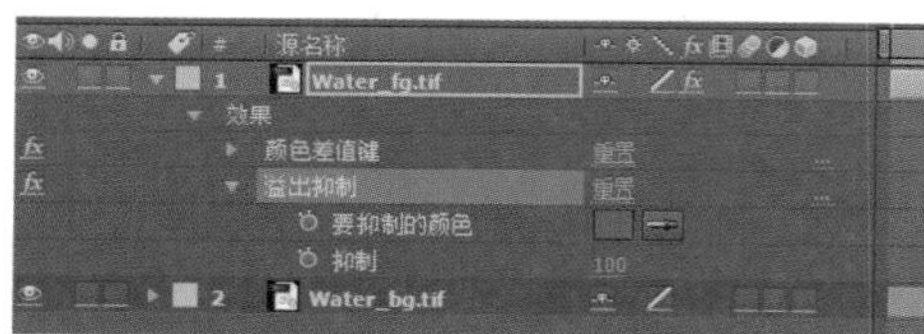

图6-120 控制图像颜色溢出

3 这样就完成了抠像效果。

技术回顾

本例主要介绍了使用After Effects的“颜色差值键”效果对透明物体抠像的方法。

举一反三

利用“颜色差值键”效果对玻璃材质进行抠像。具体参数可以参考练习的工程方案，效果如图6-121所示。

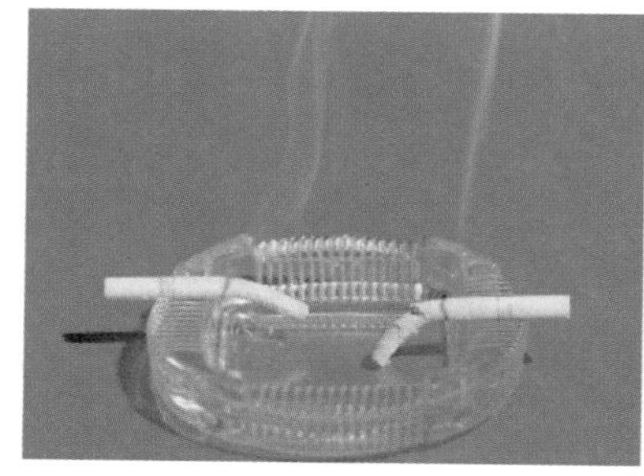
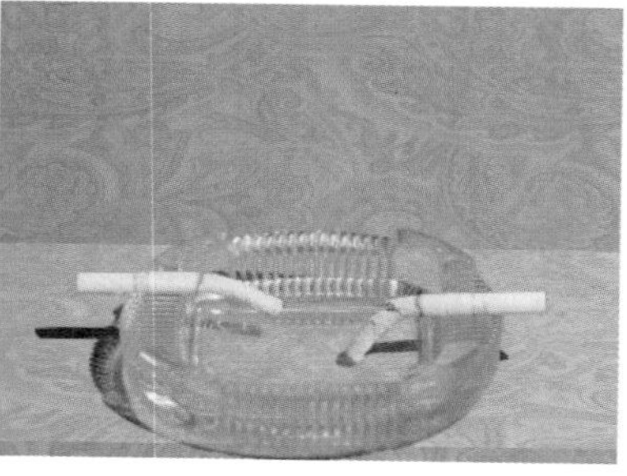

图6-121 实例效果

第 7 章
精彩应用

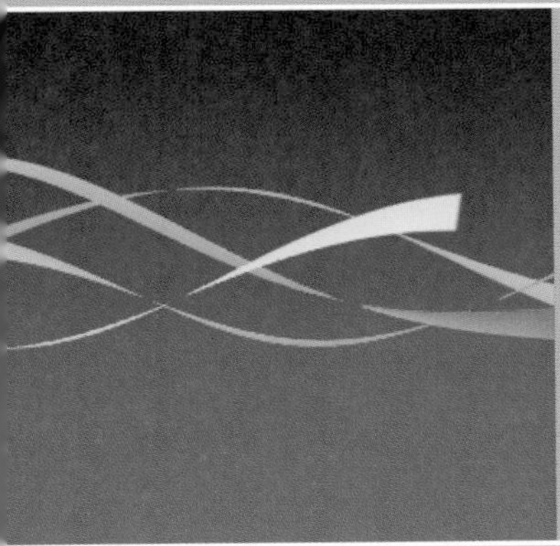

7.1 光盘

技术要点	使用“分形杂色”滤镜制作光盘	制作时间	10分钟
项目路径	\chap51\光盘.aep	制作难度	★★★

实例概述

本例首先使用After Effects中的“分形杂色”滤镜来制作光盘彩色光部分，再使用“极坐标”将光制作成光盘形状，然后使用遮罩来制作光盘轮廓部分，并结合三维图层制作其在三维空间的翻转动画，效果如图7-1所示。

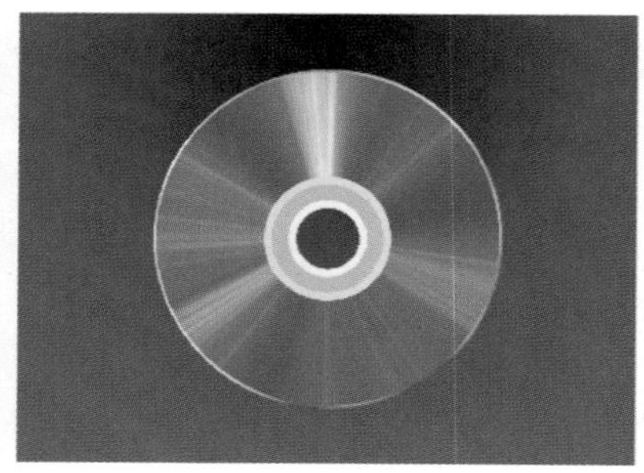

图7-1 实例效果

制作步骤

1. 制作光盘表面光

1 启动After Effects软件，选择菜单命令“合成”/“新建合成”（快捷键Ctrl+N），新建一个命名为“光”的合成，“预设”使用PAL D1/DV预置，“持续时间”为3秒。保存项目文件为“光盘”。

2 选择菜单命令“图层”/“新建”/“纯色”，新建一个名为“光A”的“纯色”层。选中“纯色”层，选择菜单命令“效果”/“杂色和颗粒”/“分形杂色”，设置“亮度”设为-60，展开“变换”选项，设置“统一缩放”为“关”，“缩放宽度”为25，“缩放高度”为10000。

3 选择菜单命令“效果”/“风格化”/“发光”，对其进行设置，“发光阈值”设为5%，“发光半径”设为50，“发光强度”设为3，“发光颜色”选择“A和B颜色”，“颜色A”的值设为RGB（255，128，64），“颜色B”的值设为RGB（128，0，64），如图7-2所示。

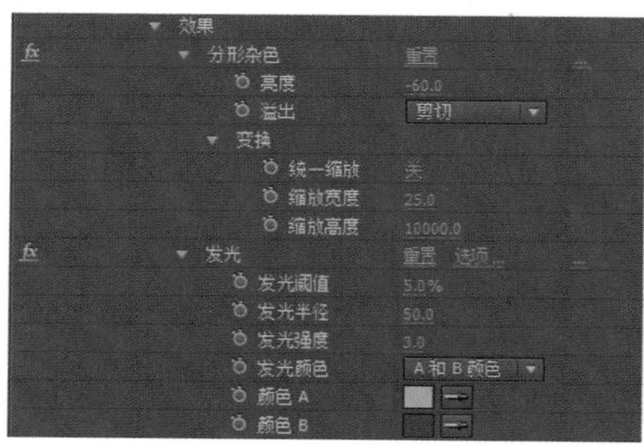

图7-2 设置发光效果

4 选择菜单命令“效果”/“扭曲”/“极坐标”（极坐标），对其进行设置，“插值”设为100%，“转换类型”选择为“矩形到极线”，如图7-3所示。

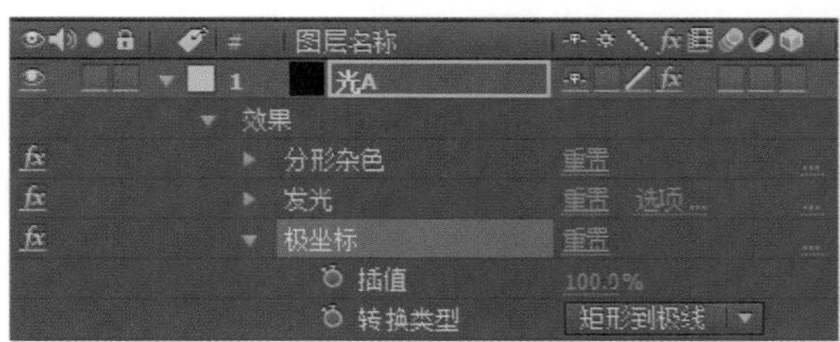

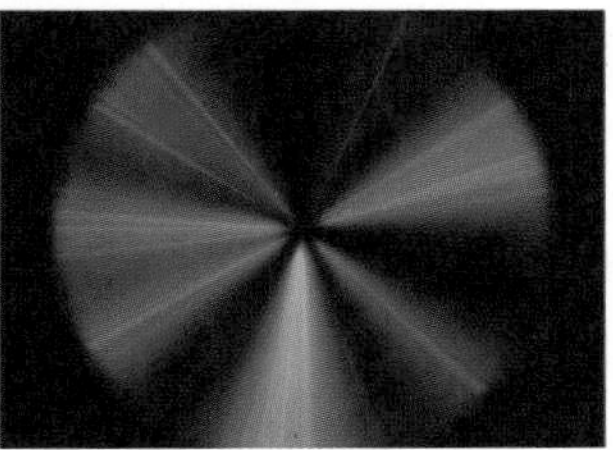

图7-3　设置极坐标效果

> 提示
> 这时通过极坐标效果的设置，光已经转换成圆形了，但是在接缝处还是有一个缺口，需要将这个缺口修复起来，产生一个完整的圆形。再制作一个光，对缺口进行填补，有了“光A”图层，再复制出“光B”图层，这样一方面可以丰富光的颜色；另一方面对“光B”图层进行旋转，可以弥补“极坐标”（极坐标）在单个图层上产生的部分缺口。

5 确认“光A”图层为选中状态，按快捷键Ctrl+D复制一份，在选中新图层的状态下按Enter键，将其重命名为“光B”，展开效果设置选项，对其进行修改，将“发光”下“颜色A”的值改为RGB（0，255，255），“颜色B”的值改为RGB（0，0，255），将“变换”下的“旋转”改为120°，将两图层的“模式”均设为“相加”，如图7-4所示。

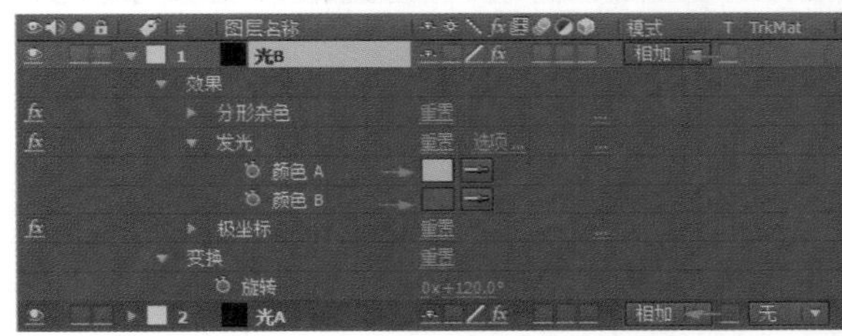

图7-4　设置光B的颜色和旋转方向

6 选择菜单命令“图层”/“新建”/“纯色”，新建一个名为“底色”的“纯色”层，设置颜色为RGB（0，30，76），将其移至底层。

2. 制作光面

1 选择菜单命令“合成”/“新建合成”（快捷键Ctrl+N），新建一个命名为“光面”的合成，“预设”使用PAL D1/DV预置，“持续时间”为3秒。

2 从“项目”面板中将“光”拖至时间轴中，选择工具面板中的按钮，配合Shift键，在其图层上添加两个圆形遮罩，分别按Enter键，命名为“蒙版 外”和“蒙版 内”，并将“蒙版 内”的“模式”设为“相减”，如图7-5所示。

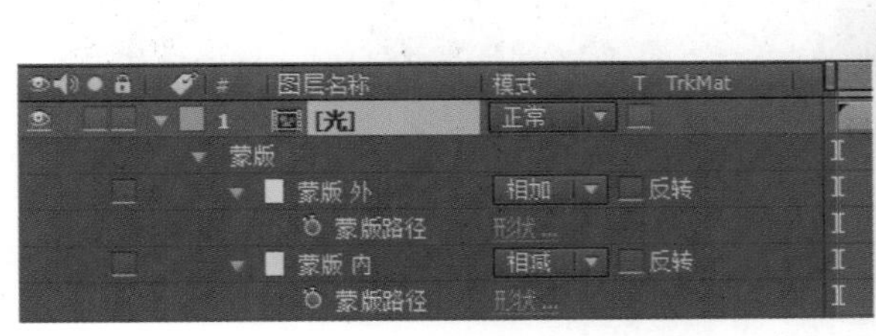

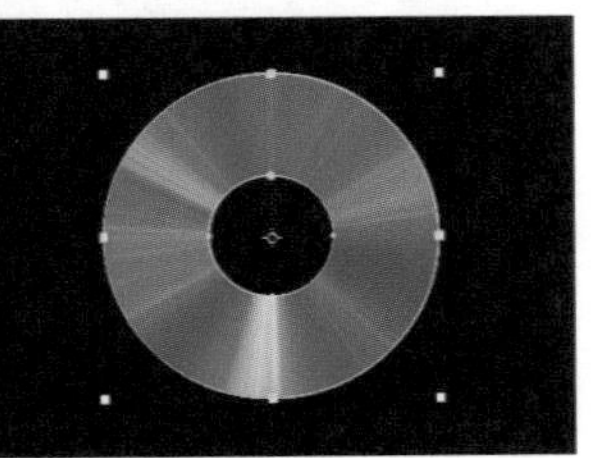

图7-5　绘制圆形“蒙版”

3 选择菜单命令“图层”/“新建”/“纯色”，新建一个名为“外圈”的“纯色”层，选择菜单命令“效果”/“杂色和颗粒”/“分形杂色”，对其进行设置，将“分形类型”选择为“动态”，“杂色类型”选择为“样条”，“对比度”设为150，“亮度”设为20，“复杂度”设为2，如图7-6所示。

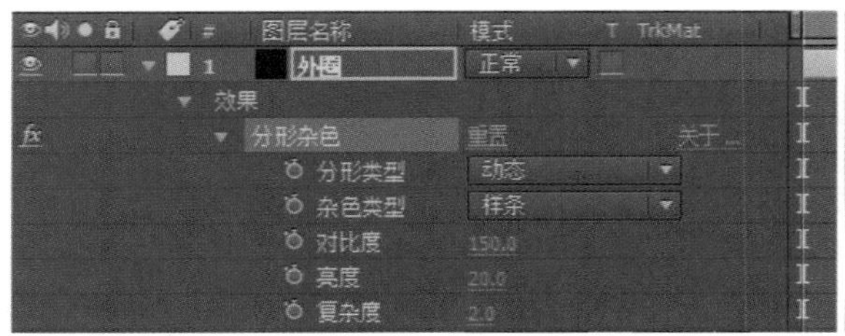

图7-6　设置杂色层

4 选择“光”图层的两个遮罩层“蒙版 外”和“蒙版 内”，按快捷键Ctrl+C复制，再选择“外圈”图层，按快捷键Ctrl+V粘贴。展开“外圈”图层中的“蒙版 外”遮罩层，设置“蒙版扩展”为4，把“外圈”图层移至“光”图层之下，这样产生光盘边缘的效果，如图7-7所示。

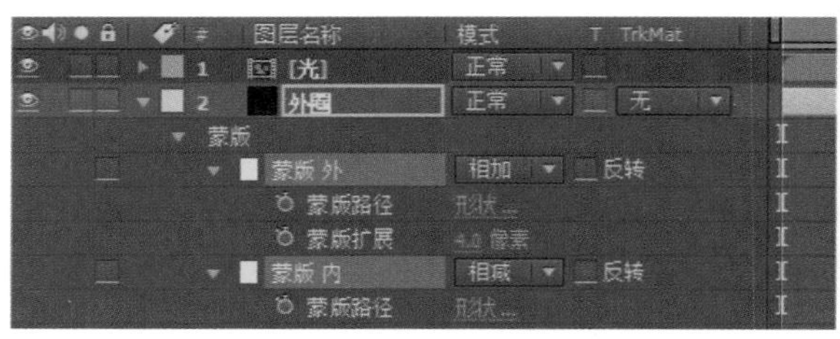

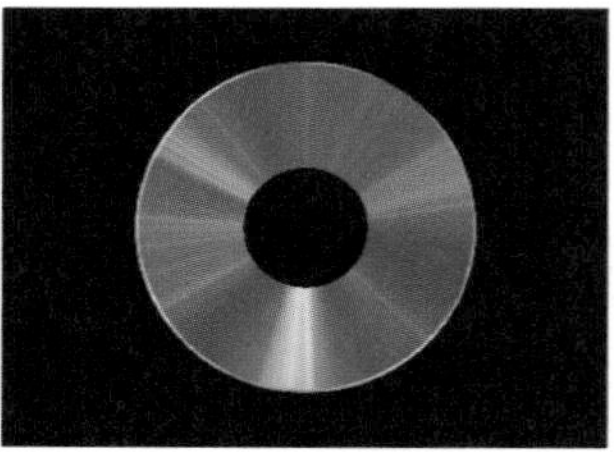

图7-7　制作光盘边缘

5 选择菜单命令“图层”/“新建”/“纯色”（快捷键Ctrl+Y），依次新建三个“纯色”层，名称和颜色分别为“内圈大”RGB（220，220，220）、“内圈中”RGB（180，180，180）和“内圈小”RGB（245，245，245）。选择“光”图层中的遮罩“蒙版 内”按快捷键Ctrl+C复制，选中新建的三个“纯色”层，按快捷键Ctrl+V粘贴，每层添加一个名为“蒙版 内”的遮罩。

6 依次对新建的三个“纯色”层中的遮罩按快捷键Ctrl+D，复制出一个新的遮罩，名为“蒙版 内 2”，并将“蒙版 内”的“模式”均设为相加。将新建的三个“纯色”层中 “蒙版 内 2”遮罩的“蒙版扩展”均设为-40，将“内圈中”遮罩“蒙版 内”的“蒙版扩展”设为-10，将“内圈小”遮罩“蒙版 内”的“蒙版扩展”设为-30，如图7-8所示。

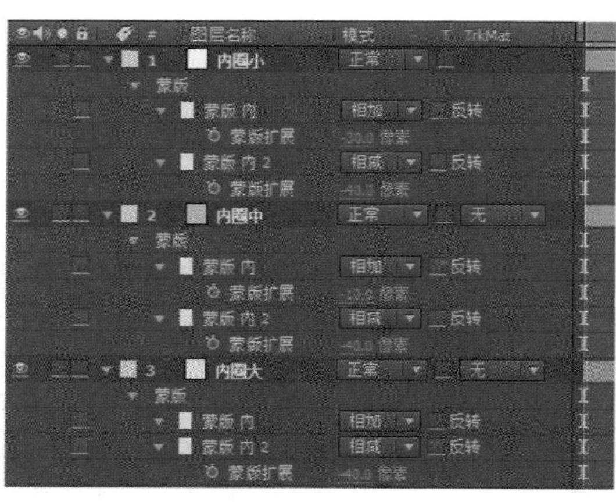

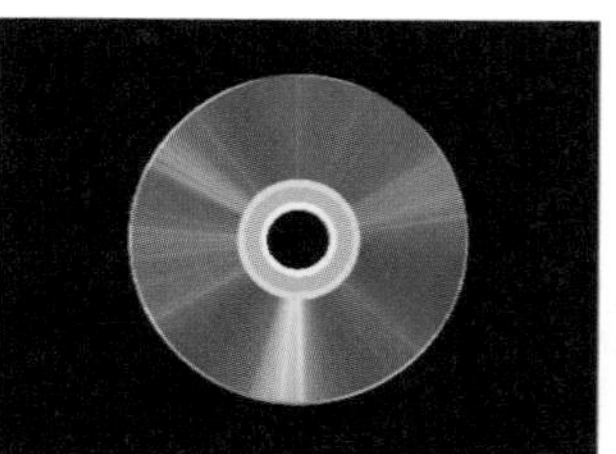

图7-8　制作光盘内圈

3. 制作纸面

1 在“项目”面板中选择“光面”的合成，按快捷键Ctrl+D复制一个新的合成，按Enter键重新命名为“纸面”，双击打开其时间轴面板。

2 选择菜单命令“文件”/“导入”/“文件”（快捷键Ctrl+I），打开“导入文件”窗口，选择map01.jpg素材文件，导入到“项目”面板，并将其拖至“纸面”的时间轴中，放在“光”图层之上。选择“光”图层的两个遮罩层“蒙版 外”和“蒙版 内”，按快捷键Ctrl+C复制，再选择map01.jpg图层，按快捷键Ctrl+V粘贴，然后将“光”图层删除，如图7-9所示。

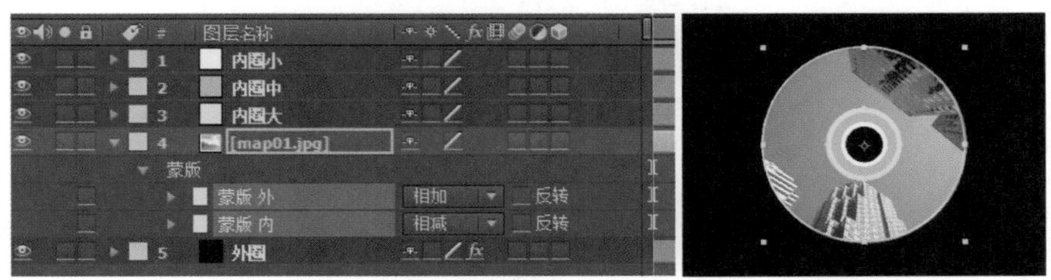

图7-9 制作盘面

4. 制作光盘翻转动画

1 启动After Effects软件，选择菜单命令“合成”/“新建合成”（快捷键Ctrl+N），新建一个命名为“光盘翻转”的合成，“预设”使用PAL D1/DV预置，“持续时间”为3秒。

2 从“项目”面板中将“光面”和“纸面”拖至时间轴中，打开两层的三维图层开关，显示“父级”栏，并将“纸面”的“父级”栏选择为“光面”，这样“纸面”便可随着“光面”的动画设置而与其保持一样的动画，如图7-10所示。

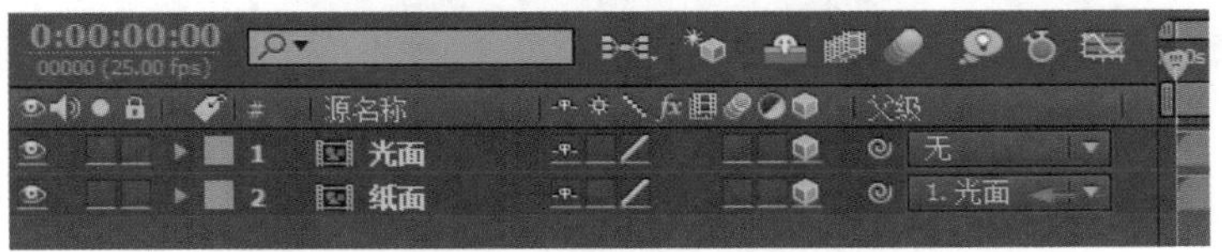

图7-10 设置图层父子关系

3 展开“光面”图层的“变换”选项，时间为0帧时，打“x轴旋转”前面的码表，设置当前值为-180°。将时间滑块移至1秒处，将“x轴旋转”设为0°。将时间滑块移至第12帧处，选择“光面”图层，按-Alt+]设置出点，这样光盘在翻转过程中产生转换光面和纸面的效果，如图7-11所示。

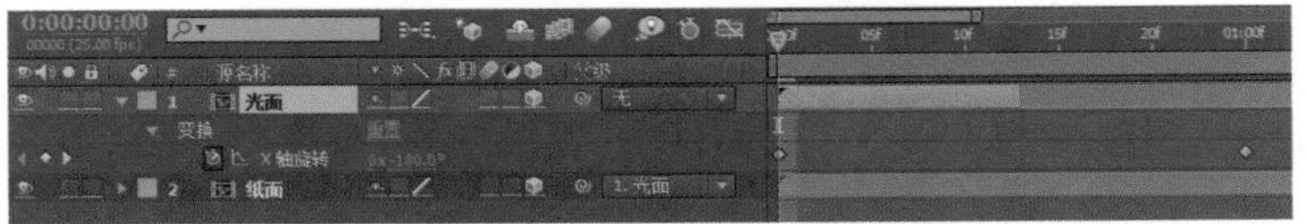

图7-11 制作旋转动画

4 选择菜单命令“图层”/“新建”/“纯色”，新建一个“纯色”层，命名为“背景”，单击“制作合成大小”按钮，自动将“纯色”层的大小设置成合成的大小。选择菜单命令“效果”/“生成”/“梯度渐变”，为“纯色”层添加一个渐变效果，设置“结束颜色”为RGB（102，0，0），设置“渐变形状”为“径向渐变”，并移动到最底层，如图7-12所示。

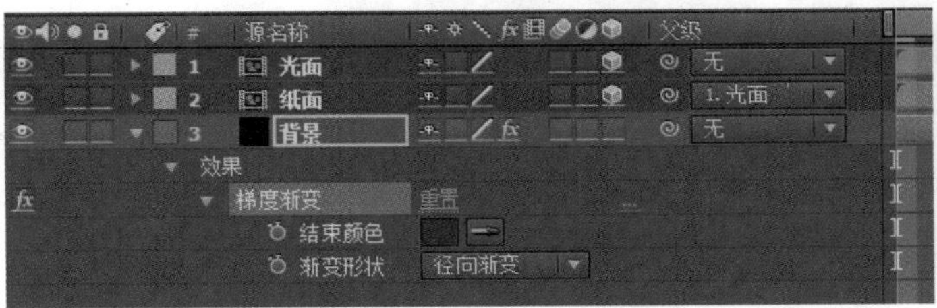

图7-12 创建“纯色”层并添加渐变效果

5 按小键盘上的0键，预览最终效果。

技术回顾

本例技术要点在于使用After Effects中的“分形杂色”、“极坐标”及遮罩来制作光盘及其彩光效果，以及灵活使用“蒙版”工具制作光盘内外侧部分，并结合三维图层制作其在三维空间中的翻转动画。

举一反三

制作一个不同翻转动画的光盘，光面的颜色不同，而且在翻转过程中颜色会不断产生变化。具体参数可以参考练习的工程方案，效果如图7-13所示。

图7-13　实例效果

7.2 飞舞光线

技术要点	使用Particular制作飞舞的光线效果	制作时间	15分钟
项目路径	\chap52\飞舞光线.aep	制作难度	★★★★

实例概述

本例制作的是一个光线效果。一束光线从屏幕的一侧飞入屏幕，并自由地在屏幕中穿梭划过，留下一道随其自由飞舞的光线。这个效果使用了Trapcode系列插件中的Particular。Trapcode系列插件效果出众，应用广泛，是After Effects中很重要的外挂插件，本例中Particular插件的运用是关键，效果如图7-14所示。

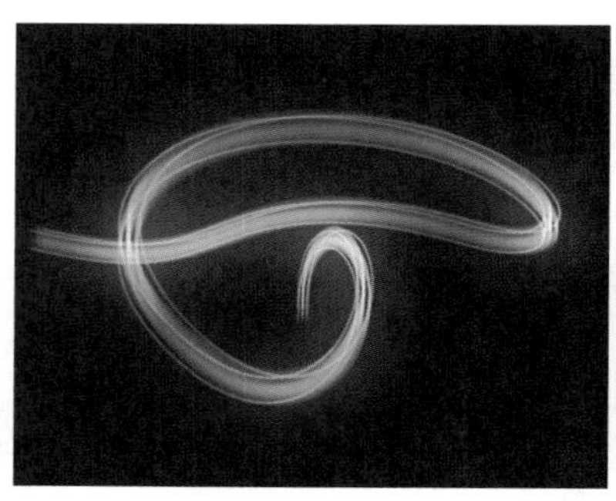
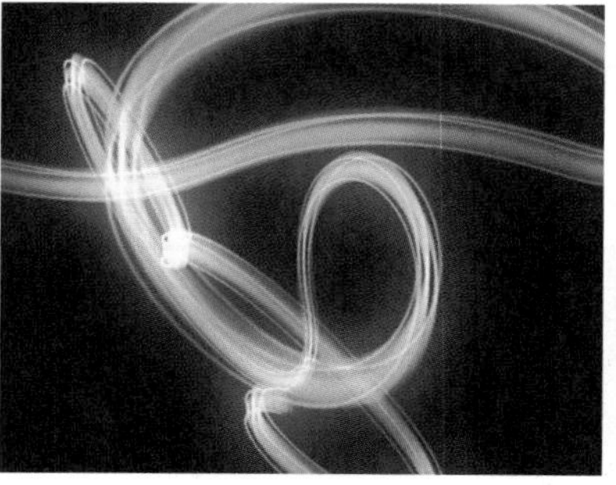

图7-14　实例效果

制作步骤

1. 建立“光线笔划”合成

1 启动After Effects软件，选择菜单命令“合成”/“新建合成”（快捷键Ctrl+N），新建一个合成，命名为“光线笔划”，设置“宽度”为50，“高度”为50，“像素长宽比”选择为“方形像素”，“持续时间”设为1帧，保存项目文件为“飞舞光线”，如图7-15所示。

2 在这个合成中准备新建多个“纯色”层并绘制“蒙版”，以建立光线的笔划。选择菜单命令“图层”/“新建”/“纯色”（快捷键Ctrl+Y），新建“纯色”层，在打开的“纯色设置”窗口中，设置“宽度”和“高度”均为50，使用方形像素，并将“颜色”设为白色，如图7-16所示。

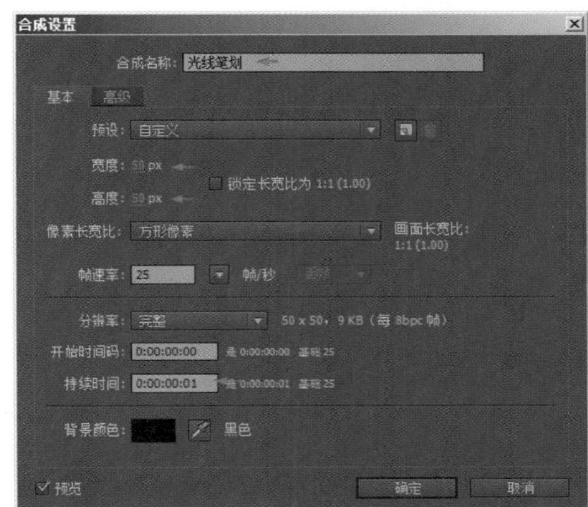

图7-15　创建合成

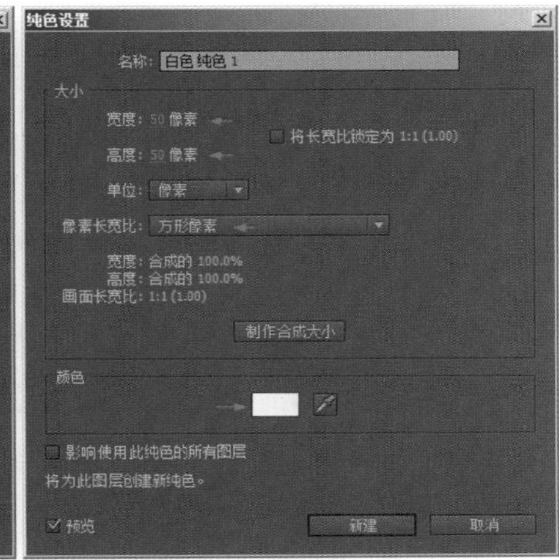

图7-16　创建“纯色”层

3 在工具栏中选择钢笔工具，在这个“纯色”层上绘制一个“蒙版”，如图7-17所示。

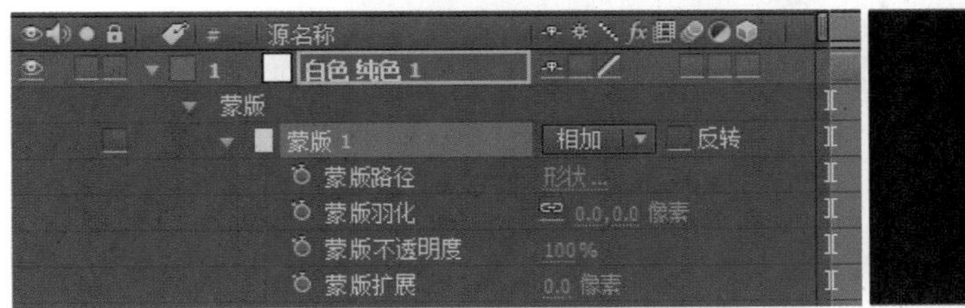

图7-17　绘制“蒙版”

4 选择“纯色”层，按快捷键Ctrl+D复制一份，修改遮罩的形状，并将图层的位置适当右移，如图7-18所示。

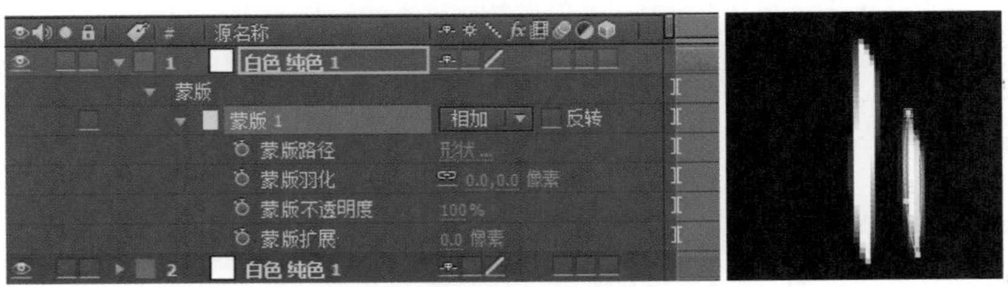

图7-18　复制图层和调整“蒙版1”

5 选择新修改的“纯色”层，按快捷键Ctrl+D复制一份，修改图层的大小，并将图层的位置适当左移，如图7-19所示。

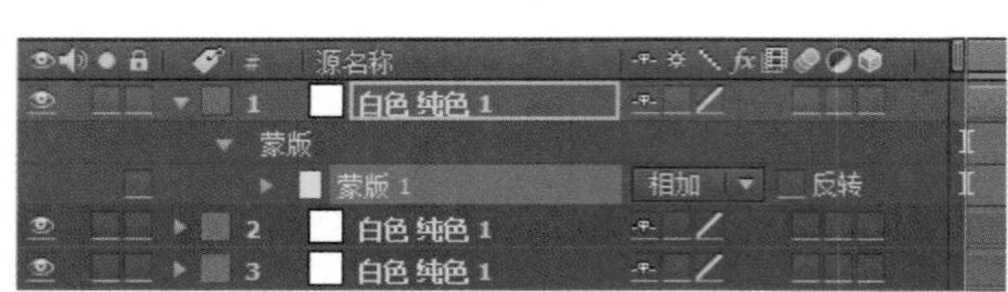

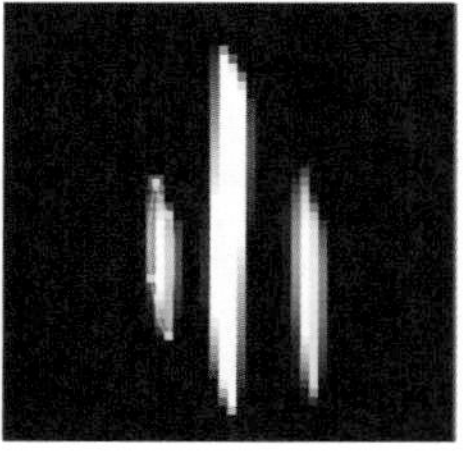

图7-19　复制图层和调整“蒙版2”

6 同样再复制一份，删除原来的“蒙版”，在工具栏中选择工具，重新绘制一个小的圆形，并放置在合适的位置；然后将这个图层复制出两份，分别放置到适当的位置，如图7-20所示。

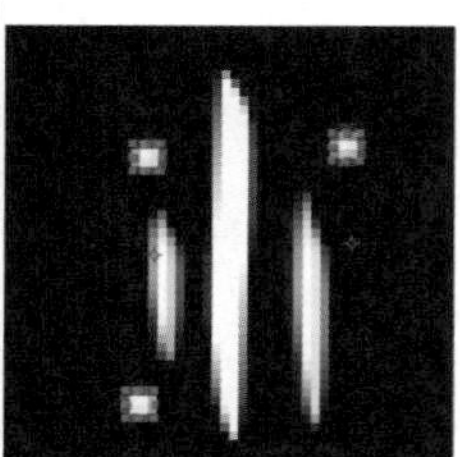

图7-20　复制图层和调整“蒙版3”

7 按快捷键Ctrl+A全选这些图层，再按T键显示这些图层的“不透明度”，分别设置3个大一些“蒙版”图层的“不透明度”为10，3个圆形“蒙版”图层的“不透明度”为25，如图7-21所示。

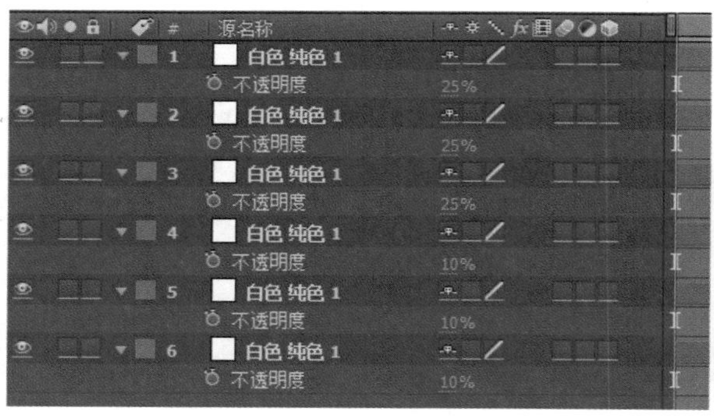

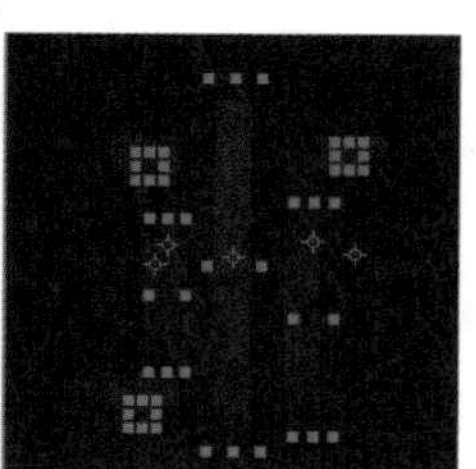

图7-21　调整不透明度

2. 建立“飞舞光线”合成中的图层

1 选择菜单命令“合成”/“新建合成”（快捷键Ctrl+N），新建一个合成，命名为“飞舞光线”，“预设”选择为PAL D1/DV，“持续时间”设为5秒。

2 在这个合成中先新建一个黑色的背景“纯色”层。选择菜单命令“图层”/“新建”/“纯色”，新建“纯色”层，名称为“背景”，单击“制作合成大小”（使用合成尺寸）按钮，将“颜色”设为黑色，单击“确定”按钮。

3 再新建一个“纯色”层用来制作光线的效果。选择菜单命令“图层”/“新建”/“纯色”，新建“纯色”层，名称为Particles。

4 选择菜单命令“图层”/“新建”/“灯光”，新建一盏灯光，名称为Emitter，Light Type为Point（点光）。

5 选择菜单命令“图层”/“新建”/“摄像机”，新建一个摄像机，“预设”选择为24mm。

6 从“项目”面板中选择“光线笔划”，将其拖至“飞舞光线”时间轴中，如图7-22所示。

图7-22　在时间轴中建立和放置各层

3. 设置“飞舞光线”合成中的图层

1 在时间轴中选择Emitter灯光层，展开其“变换”下的“位置”选项，按住Alt键单击“位置”前面的码表，为其添加表达式，在表达式输入栏中输入：wiggle(2，100)，此时播放动画可以看到灯光的位置在发生变化，但看不到移动的路径，需要单击打开“表达式：位置”后的按钮，位置路径才显示出来，如图7-23所示。

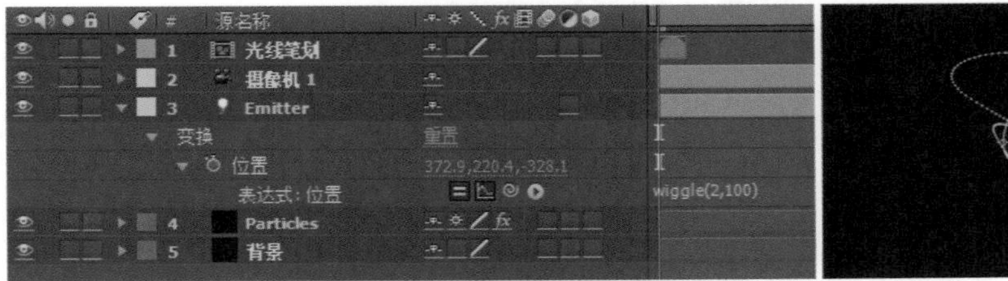

图7-23　显示位置路径

2 选中Particles图层，选择菜单命令“效果”/Trapcode/Particular，为其添加一个Particular效果，参数设置如图7-24所示。

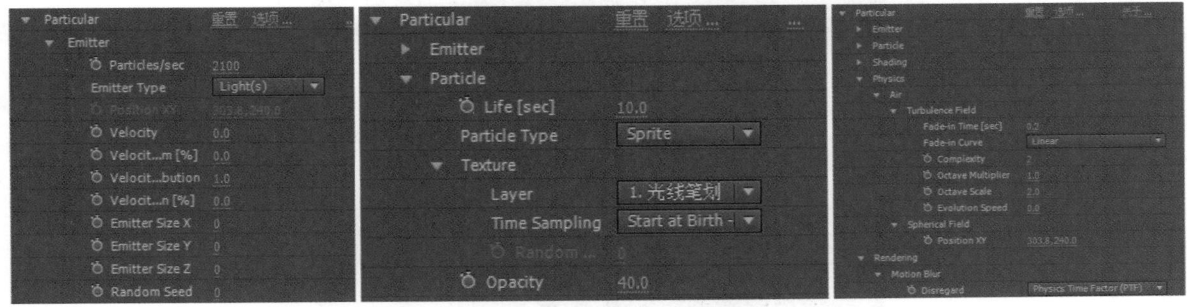

图7-24　设置Particular效果

3 预览初步效果，如图7-25所示。

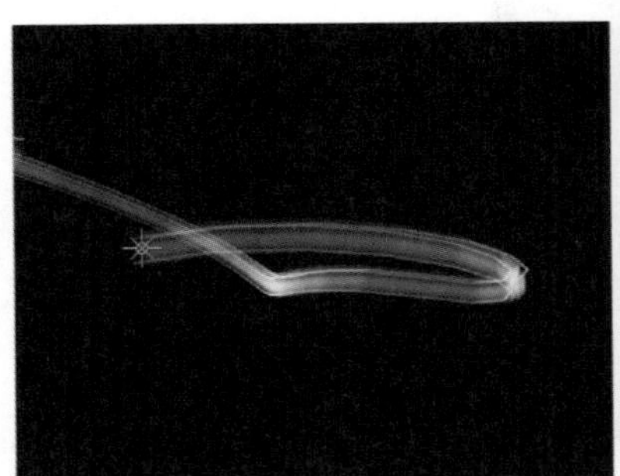
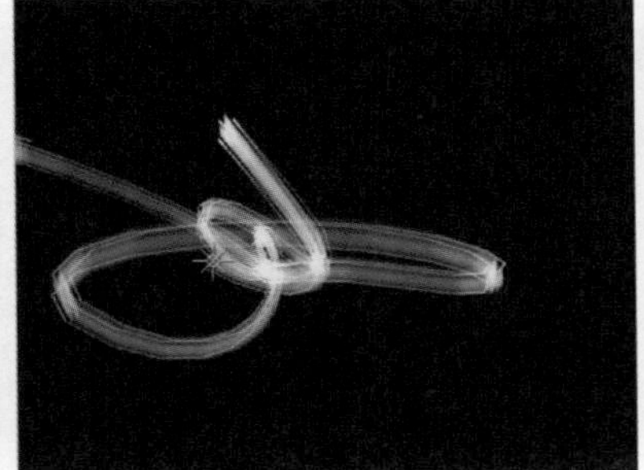

图7-25　预览初步效果

4. 调节“飞舞光线”效果

1 选择菜单命令“图层”/“新建”/“调整图层”，新建一个调节层，其位置为时间轴的顶层。

2 选中调节层，选择菜单命令“效果”/“颜色校正”/“色相/饱和度”，为其添加一个“色相/饱和度”效果，设置“彩色化”为“开”，“着色色相”为23°，“着色饱和度”为58。

3 选中调节层，选择菜单命令“效果”/“风格化”/“发光”，为其添加一个“发光”效果，设置“发光阈值”为50%，“发光半径”为60，“发光强度”为1.3，如图7-26所示。

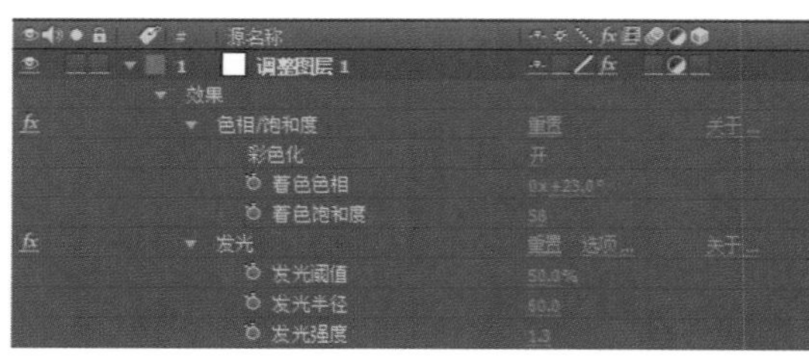

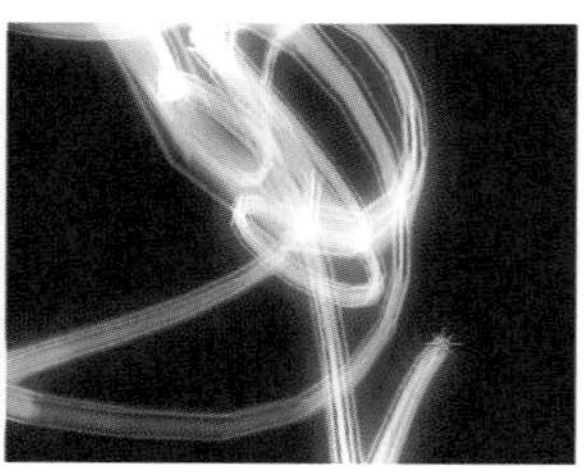

图7-26 添加“发光”效果

5. 调整光线的平滑度

1 细心的读者会发现此时的光线效果有一些缺憾，即光线的平滑度不够好，这在查看局部时更加明显，如图7-27所示。

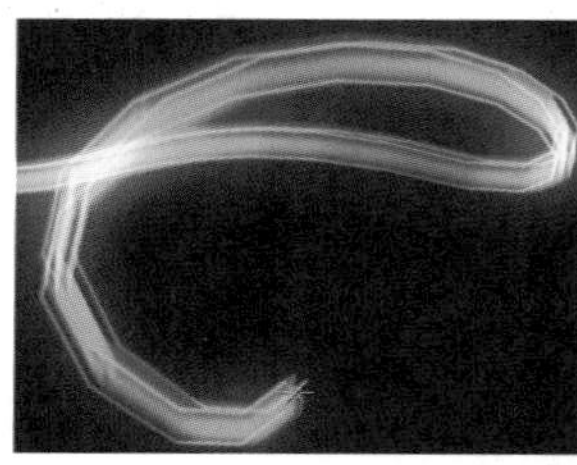
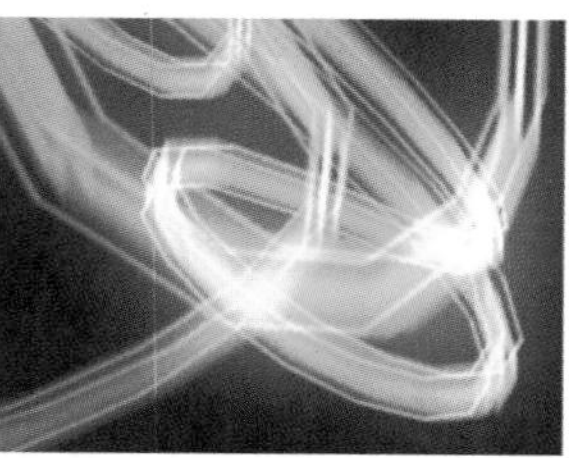

图7-27 查看光线的细节

2 选择菜单命令“合成”/“合成设置”（快捷键Ctrl+K），打开“合成设置”窗口，从中将“帧速率”设为99，然后单击“确定”按钮。此时再查看光线效果，光线的平滑度有了大幅提高，如图7-28所示。

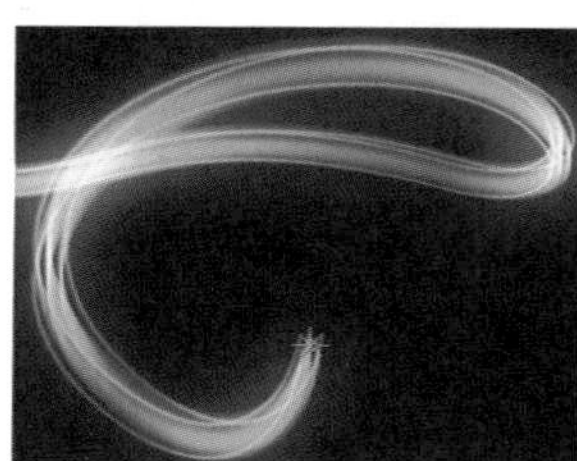

图7-28 光线的细节变得平滑

> 注意
> After Effects 中每秒99帧已经超过常规制作中的帧速率了，如果在“帧速率”后面输入100，它将自动改为99，即最大支持到99帧/秒。

6. 调整摄像机动画

1 选择摄像机层，在第0帧时单击打开“目标点”和“位置”前面的码表，记录动画关键帧，设置“目标点”为（275，420，270），“位置”为（480，200，-400），如图7-29所示。

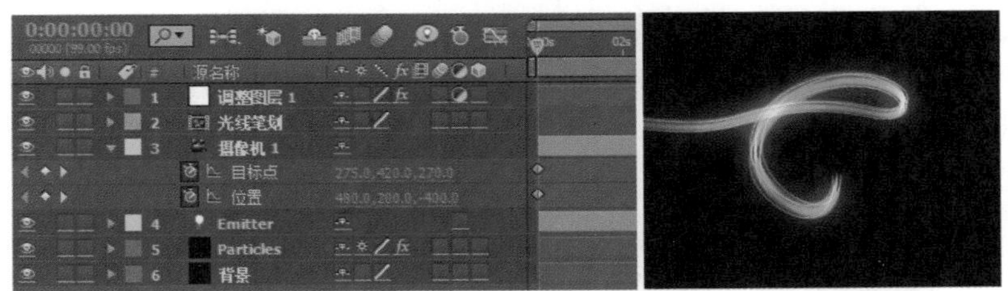

图7-29 设置摄像机动画关键帧1

2 在第2秒50帧时，设置“目标点”为（300，380，150），“位置”为（455，190，-385），如图7-30所示。

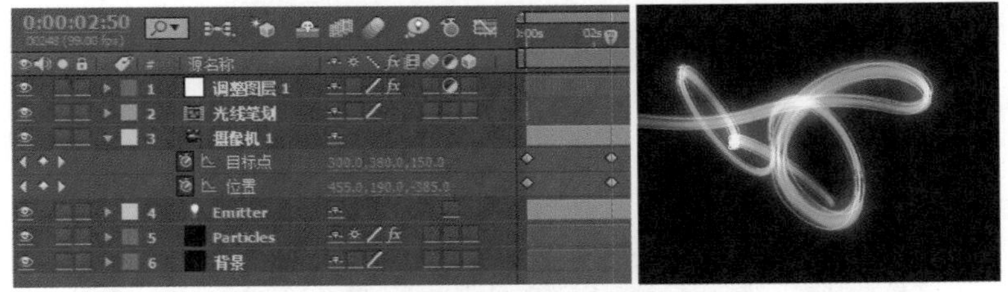

图7-30 设置摄像机动画关键帧2

3 在第4秒98帧时，设置“目标点”为（320，300，30），“位置”为（430，260，-370），如图7-31所示。

图7-31 设置摄像机动画关键帧3

4 按住Alt键单击摄像机层“位置”前的码表，为其再添加一个表达式，在表达式输入栏中输入：wiggle（0.5，10），如图7-32所示。

图7-32 为摄像机的位置设置关键帧和表达式

7. 输出与应用

1 在调整好光线的平滑度之后，这个合成似乎变得有些特殊，因为每秒99帧的帧速率显然与PAL制式每秒25帧的帧速率不同，这么高的视频速率并不是常规视频所需要的，解决的方法有多种，方法不同涉及的知识点也不同。第一种方法用最原始的做法，先输出最终结果到视频文件，然后再导入应用。即选择菜单命令“合成”/“添加到渲染队列”（快捷键Ctrl+M），打开“渲染队列”，将时间轴的动画输出为一个较大的视频文件，这个视频文件与合成的长度、尺寸、帧速率一样，输出时需要确认关闭“光线笔划”层的显示，如图7-33所示。

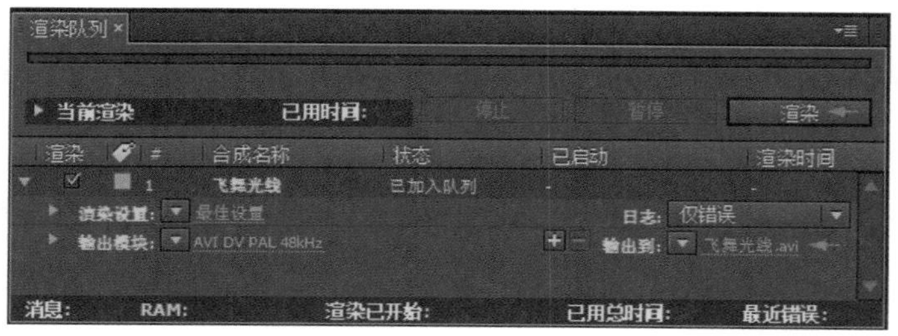

图7-33　输出视频文件

> 注意
> 输出的视频文件帧速率为99帧/秒，但可以不考虑其帧速率，而导入到25帧/秒的时间轴中。

2 第二种方法与第一种方法相似，也是输出到文件，只不过还可以输出为图片序列，这样在导入使用时可以按需要来自定义帧速率，如图7-34所示。

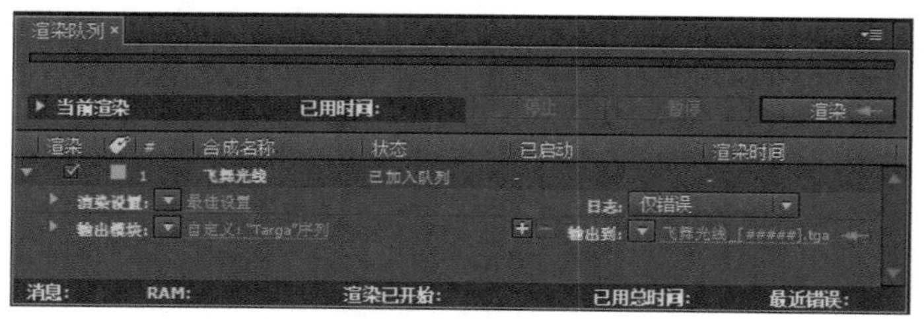

图7-34　输出图片序列文件

> 注意
> 输出图片序列后，再次导入这些图片序列时可以按需要来定义其帧速率，可以将其导入到After Effects的“项目”面板中，然后在“项目”面板中选择图片序列，按快捷键Ctrl+F打开对话框来设置其帧速率。如果以25帧/秒来使用这个素材，其长度将增长。

3 第三种方法比较简便，使用嵌套。先选择菜单命令“合成”/“新建合成”（快捷键Ctrl+N），新建一个合成，命名为“校正帧速率”，“预设”选择为PAL D1/DV，“持续时间”设为5秒，如图7-35所示。

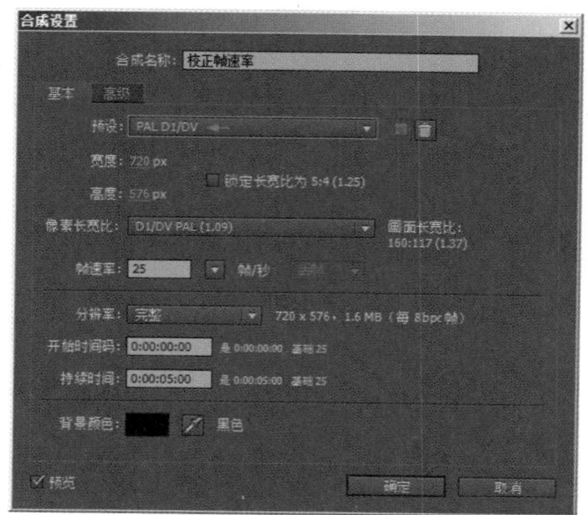

图7-35　创建合成

4 从“项目”面板中将“飞舞光线”拖至“校正帧速率”时间轴中，就可以将效果以常规的方式进行输出。

技术回顾

本例的制作使用了以下技术点：使用遮罩绘制光线笔划；使用灯光位移制作光线路径；使用表达式制作位移动画；使用Particular插件制作光线效果；使用“色相/饱和度”、“发光”制作光线颜色；使用调节层调节光线色彩。另外，本例中光线飞舞的路径由表达式控制，具有很大的随机性，但不能人为控制其路径的形状，手工调整光线运动路径虽然要多花一些时间，但往往更加实用。

举一反三

使用本例中的方法制作一个用光线描绘的文字效果，具体参数可以参考练习的项目文件，效果如图7-36所示。

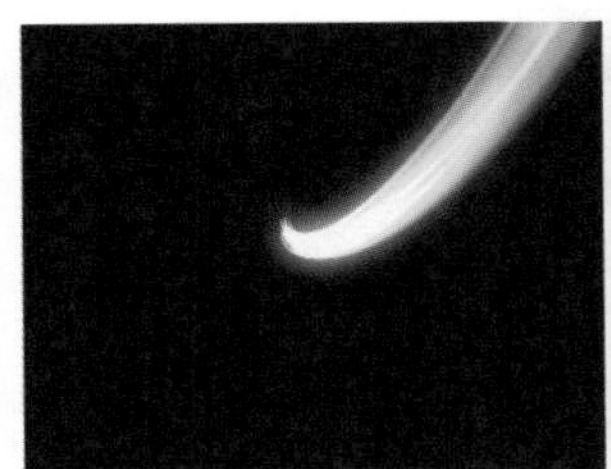
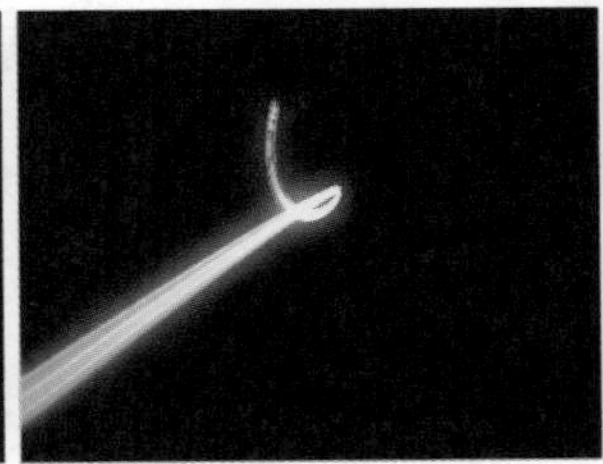
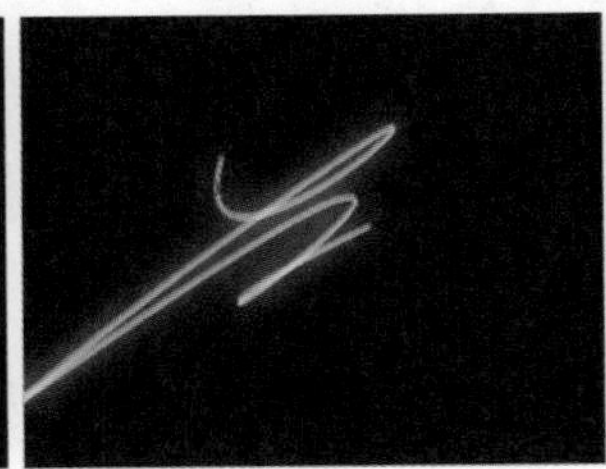
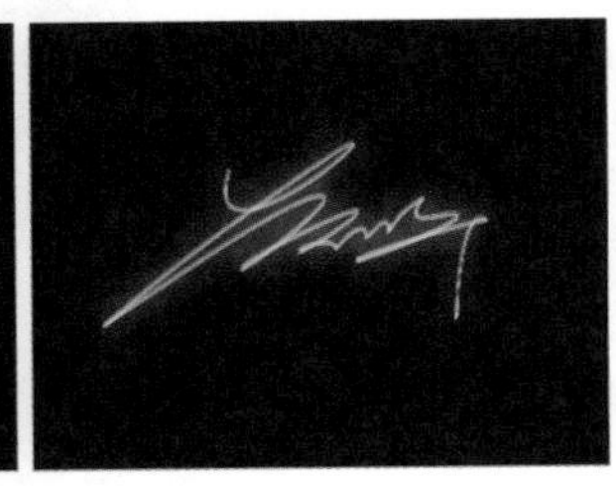

图7-36 实例效果

7.3 随声起舞

技术要点	根据音乐舞动线条	制作时间	10分钟
项目路径	\chap53\随声舞蹈.aep	制作难度	★★★

实例概述

本例首先利用After Effects的灯光和摄像机搭建一个三维场景，然后建立一个“纯色”层，为其添加一个“音频频谱”滤镜，使其产生的线条根据指定音乐的节拍进行摇摆，制作一个完成后，将其复制若干，产生群舞的效果；然后再根据需要制作一个摄像机动画，使场面显得更宏大，效果如图7-37所示。

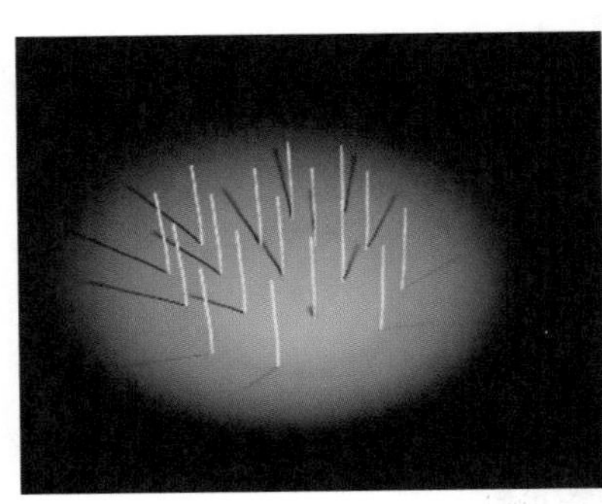
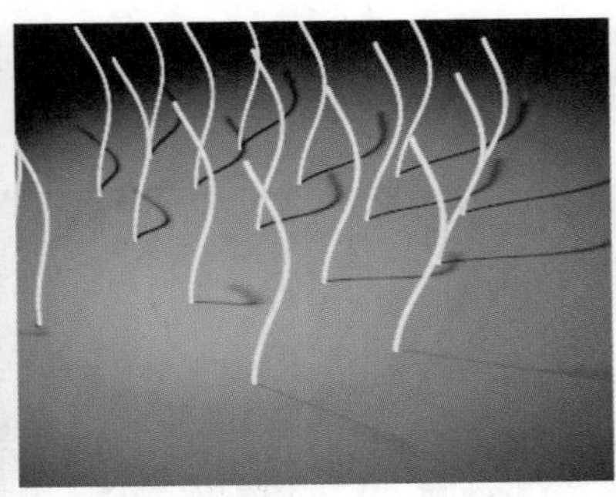
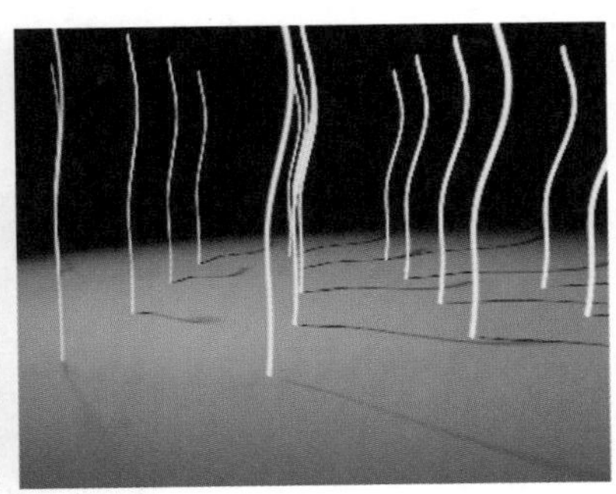

图7-37 实例效果

制作步骤

1. 搭建场景

1 启动After Effects软件，选择菜单命令“合成”/“新建合成”（快捷键Ctrl+N），新建一个合成，命名为“舞蹈”，“预设”使用PAL D1/DV，“持续时间”为10秒，保存项目文件为“随声起舞”。

2 选择菜单命令“图层”/“新建”/“纯色”，新建“纯色”层，设置Size下的“宽度”为2500，“高度”为2500，“颜色”为RGB（35，120，235）。

3 选择菜单命令“图层”/“新建”/“摄像机”，建立一个摄像机，设置“预设”为50“毫米”，勾选“启用景深”选项。

4 首先来调整摄像机的位置，展开摄像机的“变换”选项，设置“目标点”为（-365.0，-950.0，-1620.0），“位置”为（-500.0，-1210.0，-1930.0）。

5 选择“纯色”层，在时间轴面板中打开它的三维开关，展开“纯色”层的“变换”选项，设置“位置”为（360.0，425.0，0.0），“x轴旋转”为（0，-90.0°）；展开“材质选项”，设置“镜面反光度”为1%，“金属质感”为70%，如图7-38所示。

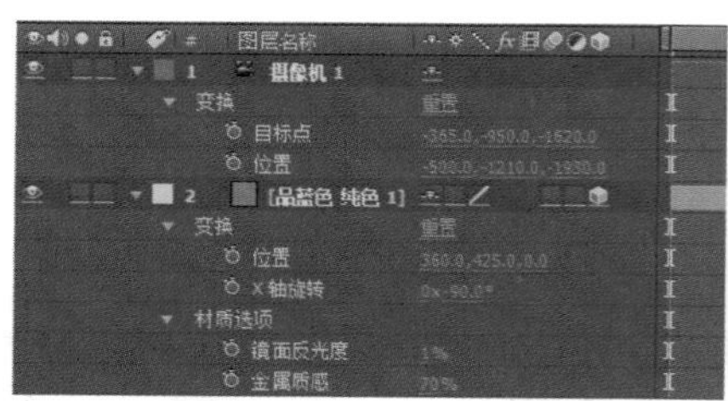

图7-38 设置“纯色”层空间位置

6 选择菜单命令“图层”/“新建”/“灯光”，新建一个灯光，设置“灯光选项”为“聚光”，“锥形角度”为100°，“锥形羽化”为80%，“投影”为“开”，“阴影扩散”为15像素；展开“变换”选项，设置“目标点”为（276.0，383.0，-91.0），“位置”为（226.0，-265.0，-313.0），如图7-39所示。

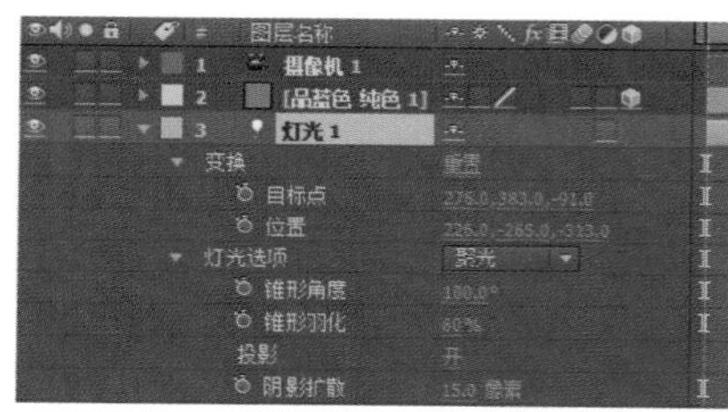

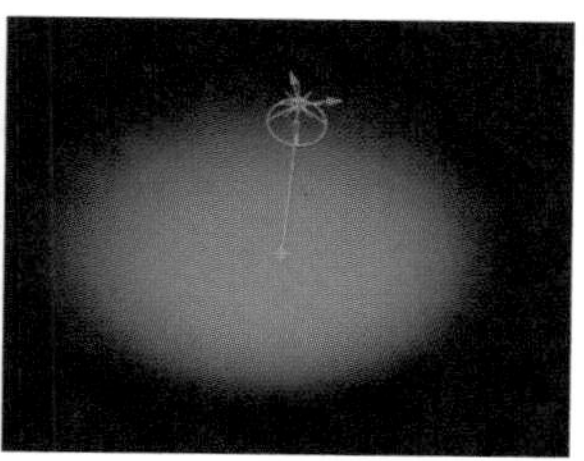

图7-39 创建灯光层

2. 制作舞动的线条

1 导入“Beethoven's Symphony.wav”音频素材，并将其拖放到时间轴底层。

2 选择菜单命令“图层”/“新建”/“纯色”，建立一个“纯色”层，选择菜单命令“效果”/“生成”/“音频频谱”，为“纯色”层添加一个声谱效果，参数设置如图7-40所示。

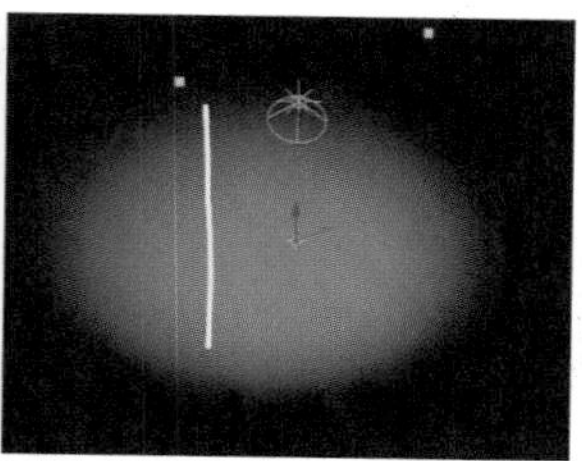

图7-40 设置声谱效果

> 提示
>
> “音频频谱”效果可以将指定的音频以频谱的形式图像化，图像化的声音频谱可以沿路径显示，也可以与其他图层进行叠加显示。“音频频谱”是视觉效果，不是听觉效果，不能将其应用在单独的音频层上。

3 打开声谱层的三维开关，展开“变换”选项，设置“位置”为（250.0，275.0，0.0），“缩放”为（60.0，60.0，60.0%）；展开“材质选项”，设置“投影”为“开”，“接受阴影”为“关”，“接受灯光”为

“关”，“金属质感”为0%，如图7-41所示。

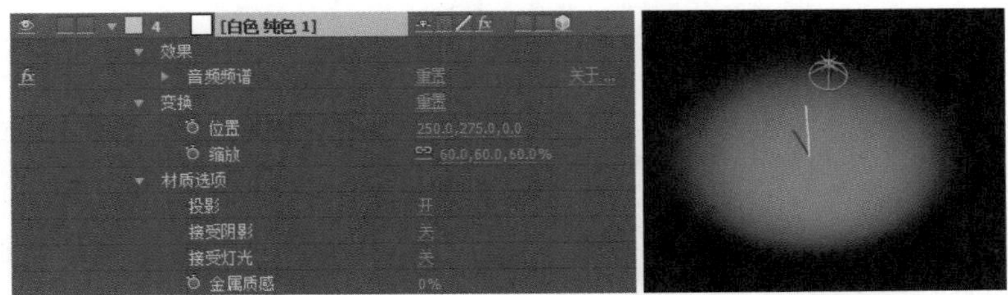

图7-41 设置声谱层在空间的位置

4 现在按小键盘上的0键观察，小线条已经可以跟随音频的节拍，进行摇摆了，将该层复制16层，然后对复制的各层位置进行调整。

5 可以配合多个视图，对复制的层进行调整，具体参数设置如图7-42所示。

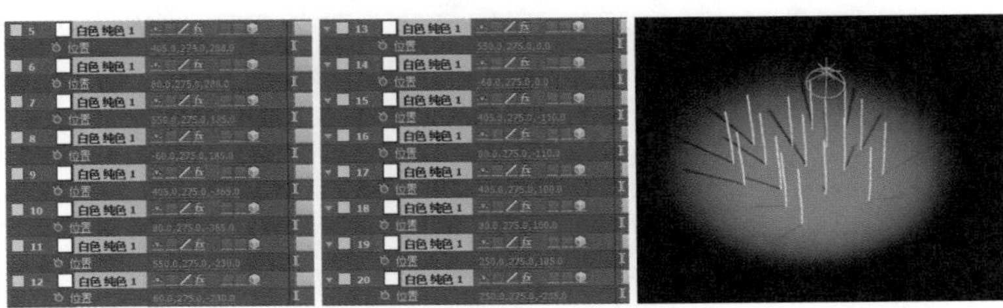

图7-42 复制多层并设置空间位置

3. 制作摄像机动画

首先一个摄像机从上方摇到下方，摇到下方时调整摄像机景深，使远处的景别虚化，需要调整摄像机关键帧来实现。

1 首先制作摄像机动画，将时间滑块移动到0帧位置，打开“目标点”和“位置”前面的码表，设置0帧位置“目标点”为(-365.0, -950.0, -1620.0)，“位置”为(-500.0, -1210.0, -1930.0)；2秒位置“目标点”为(285.0, -410.0, -1035.0)，“位置”为(295.0, -740.0, -1425.0)；4秒位置“目标点”为(550.0, 115.0, -510.0)，“位置”为(770.0, -260.0, -1100.0)；6秒位置“目标点”为(440.0, 350.0, -100.0)，“位置”为(1100.0, 240.0, -550.0)；如图7-43所示。

图7-43 设置摄像机动画

2 动画效果如图7-44所示。

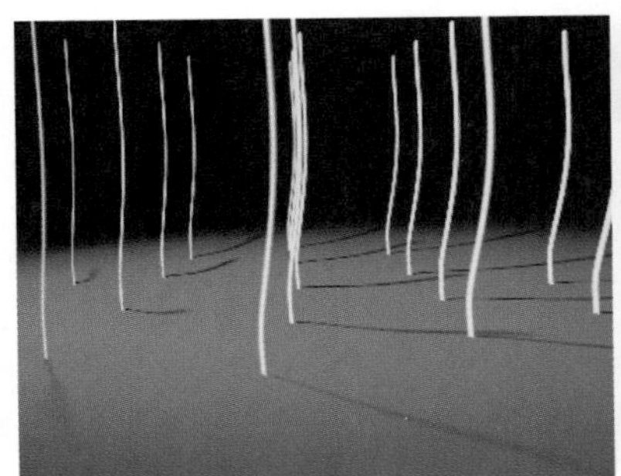
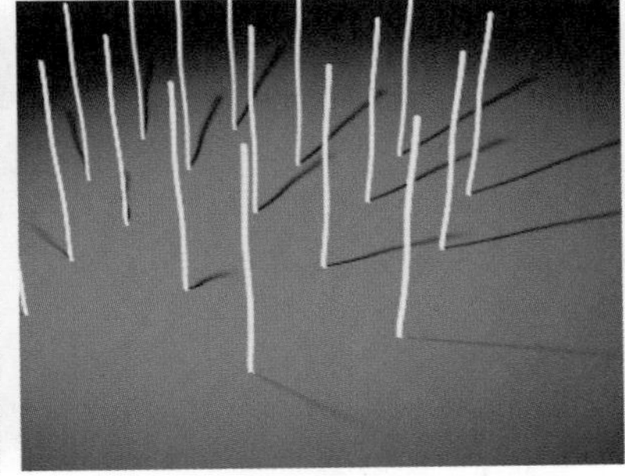
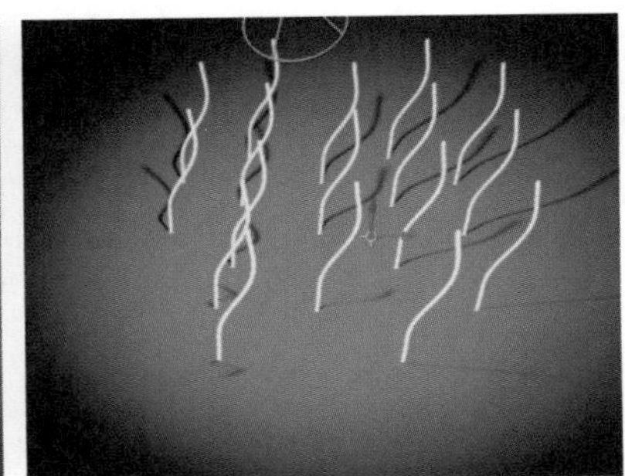

图7-44 摄像机动画效果

3 现在制作景深动画，将时间滑块移动到4秒15帧位置，打开“焦距”前面的码表，设置4秒15帧位置为1066.0像素，5秒15帧位置为300.0像素；将时间滑块移动到5秒15帧位置，打开“光圈”前面的码表，设置5秒15帧位置为50.0像素，6秒位置为25.3像素，如图7-45所示。

图7-45　设置景深动画

4 按小键盘上的0键，预览最终效果。

提示
“焦距”决定镜头的焦点设置，系统以焦点为基准决定聚焦的效果，焦点处总是最清晰的，然后根据聚焦的像素半径进行模糊。“光圈”决定了镜头的快门尺寸，当快门开得越大时，受聚焦影响的像素越多，模糊范围也就越大。

技术回顾

本例技术要点在于三维场景的搭建和After Effects内置滤镜“音频频谱”的应用，以及三维场景中，摄像机的运动和景深动画的制作。

举一反三

根据前面介绍的方法，制作一个彩色线条运动效果。具体参数可以参考练习的工程方案，效果如图7-46所示。

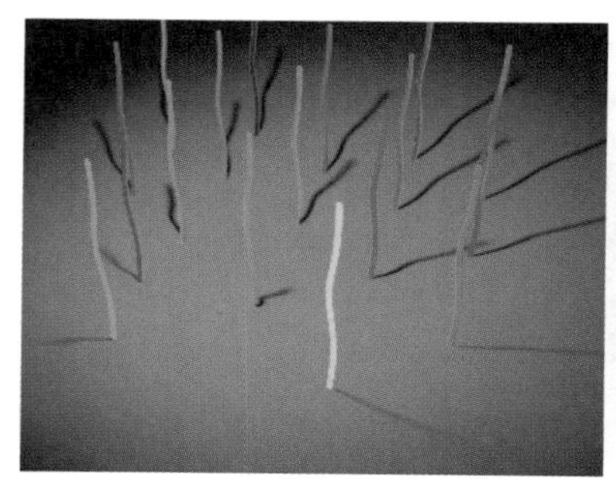
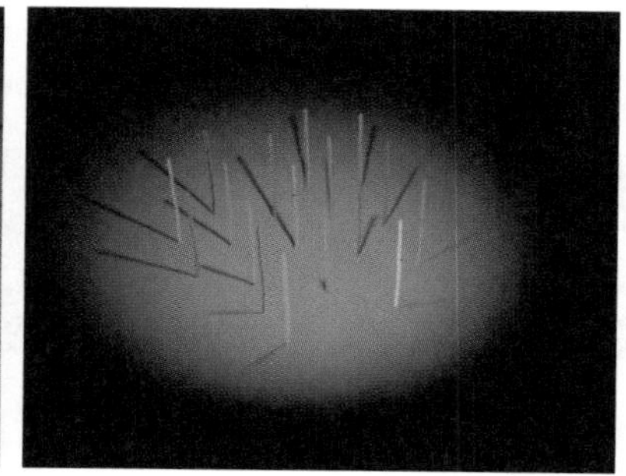

图7-46　实例效果

7.4 精彩预告

技术要点	多种元素合成	制作时间	15分钟
项目路径	\chap54\精彩预告.aep	制作难度	★★★★

实例概述

本例首先使用“泡沫”滤镜制作不断上升的花朵，然后在新的合成中制作两个底版色和预告的节目内容，最后将它们合成在一起并稍做调整，效果如图7-47所示。

图7-47 实例效果

制作步骤

1. 制作飞舞的花朵

1 启动After Effects软件，选择菜单命令“合成”/“新建合成”（快捷键Ctrl+N），新建一个合成，命名为“飞舞的花朵”，“预设”使用PAL D1/DV，“持续时间”为15秒，保存项目文件为“精彩预告”。

2 导入“花朵.psd”和Water.mov。其中导入“花朵.psd”时将“导入为”设置成“素材”，在弹出的导入选项中设置“导入种类”为“素材”方式。

3 将“花朵.psd”拖放到时间轴中，并关闭其显示。

4 选择菜单命令“图层”/“新建”/“纯色”，新建一个“纯色”层，设置“大小”下的“宽度”为720，“高度”为576。

5 选择菜单命令“效果”/“模拟”/“泡沫”，设置“视图”为“已渲染”，展开“制作者”选项，设置“产生点”为（110.0，490.0），“产生X大小”为0.450，“产生Y大小”为0.010，“产生方向”为（0，40.0°），“产生速率”为0.250，这样就完成了发射器的基本设置，如图7-48所示。

6 现在设置粒子的尺寸，展开“气泡”选项，设置“大小”为1.000，“大小差异”为1.000，“寿命”为50.000，这样就完成了粒子尺寸的设置，如图7-49所示。

图7-48 设置发射器

图7-49 设置尺寸

7 现在设置粒子的物理学，可以影响粒子的运动属性，如初始速度、风速、碰撞等；展开“物理学”选项，设置“初始速度”为0.500，“初始方向”为45°，设置“风速”、“湍流”、“摇摆量”、“排斥力”和“黏度”全部为0，如图7-50所示。

8 设置粒子类型为花朵，展开“正在渲染”选项，设置“混合模式”为“实底旧的位于上方”，“气泡纹理”为“用户自定义”，“气泡纹理分层”为“花朵.psd”，“气泡方向”为“气泡速度”，如图7-51所示。

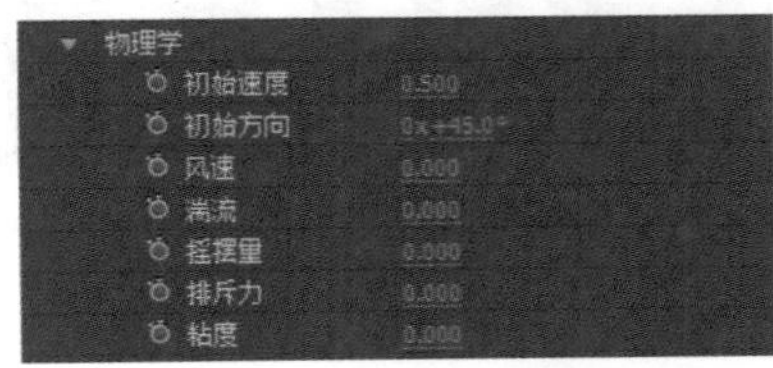

图7-50 设置物理学

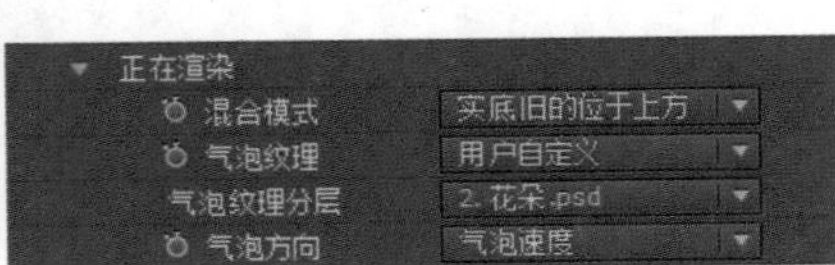

图7-51 渲染类别

9 将花朵指定为粒子发射纹理。观察时间轴，按小键盘上的0键观看，花朵已经在屏幕左下角位置不断发射，如图7-52所示。

图7-52　预览粒子效果

> 提示
> 需要指定纹理层作为粒子进行发射，必须将“气泡纹理”设置为“用户自定义”，“气泡纹理分层”指定为我们需要的图层纹理，可以指定该层为图像层，同样也可以为视频动画层。

2. 制作色块

1 选择菜单命令“合成”/“新建合成”（快捷键Ctrl+N），新建“色块”合成，“预设”使用PAL D1/DV，“持续时间”为15秒。

2 选择菜单命令“图层”/“新建”/“纯色”，新建一个“纯色”层，选择菜单命令“效果”/“生成”/“单元格图案”，设置“单元格图案”为“印板”，“分散”为0.00，“大小”为65.0；将时间滑块移动到0帧位置，打开“演化”前面的码表，设置0帧位置为0°，将时间滑块移动到15秒位置，设置“演化”为（1，0.0°），如图7-53所示。

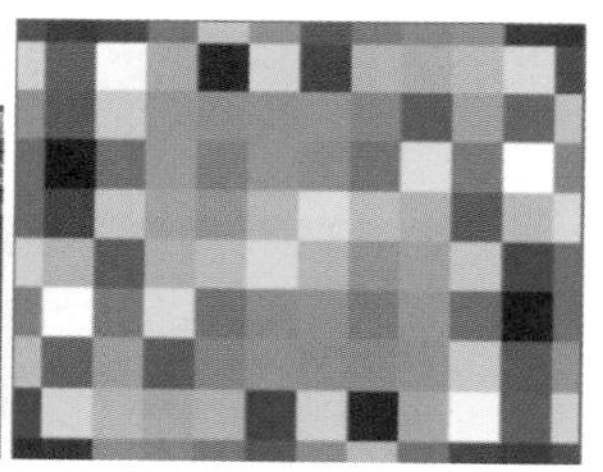

图7-53　制作移动方块

3 选择菜单命令“效果”/“颜色校正”/“亮度和对比度”，设置“亮度”为-50.0，“对比度”为70.0，如图7-54所示。

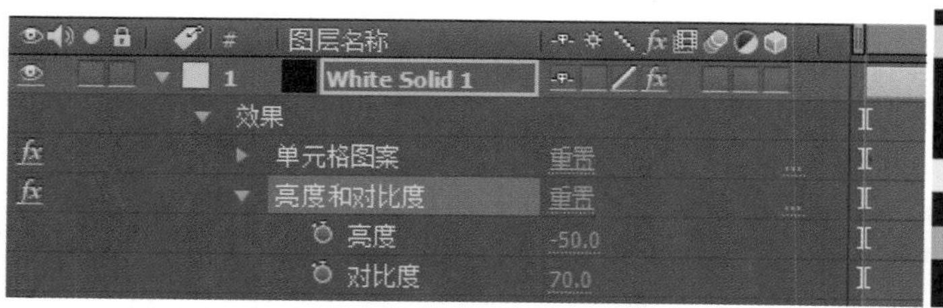

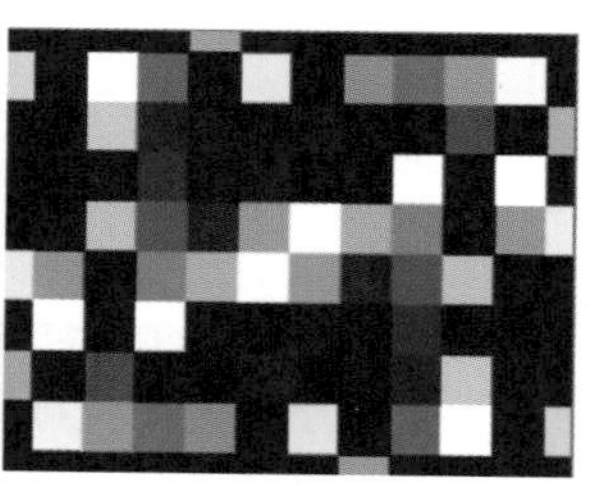

图7-54　设置对比度

4 选择菜单命令“效果”/“颜色校正”/“色相/饱和度”，勾选“彩色化”，设置“着色色相”为128°，“着色饱和度”为40，“着色亮度”为50，如图7-55所示。

图7-55 调整方块颜色

3. 制作底版

1 选择菜单命令“合成”/“新建合成”（快捷键Ctrl+N），新建“底版”合成，“预设”使用PAL D1/DV，“持续时间”为15秒。

2 选择菜单命令“图层”/“新建”/“纯色”，新建一个“纯色”层，选择菜单命令“效果”/“生成”/“梯度渐变”，设置“起始颜色”为RGB（50，170，240），“结束颜色”为RGB（0，60，150），如图7-56所示。

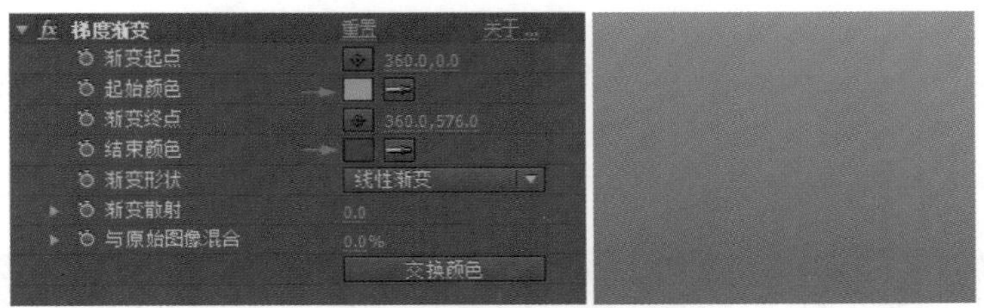

图7-56 设置渐变效果

3 在“项目”面板中，将导入的Water.mov拖放到时间轴中，发现该视频素材只有10秒，还短了5秒。这时将Water.mov再次拖放到时间轴，首尾相接，在“模式”栏中将Water.mov设为“叠加”模式；展开两层的“变换”选项，设置它们的“不透明度”为50%，如图7-57所示。

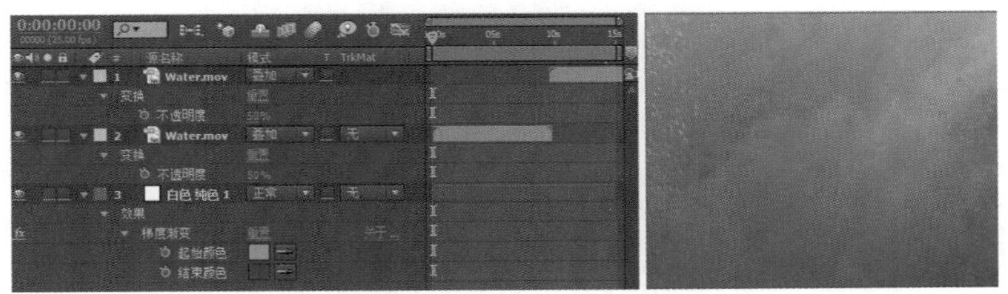

图7-57 设置素材属性

4. 制作文字层

1 选择菜单命令“合成”/“新建合成”（快捷键Ctrl+N），新建“文字”合成，“预设”使用PAL D1/DV，“持续时间”为15秒。

2 选择菜单命令“图层”/“新建”/“纯色”，新建一个“纯色”层，设置“颜色”为RGB（75，200，255）。

3 使用工具栏中的矩形遮罩绘制工具，在“纯色”层上绘制一个矩形遮罩，展开“蒙版”下的“蒙版 1”选项，设置“蒙版羽化”为（60.0，0.0）。

4 为遮罩制作一个从左到右划入的动画，需要调整“蒙版”关键帧来实现动画效果。将时间滑块移动到16帧位置，打开“蒙版路径”选项前面的码表，插入一个关键帧；再将时间滑块移动到0帧位置，使用工具栏上的选择并移动工具，框选视图上右边的两个点，将其往左边移动，一直移动到与左边的点重合为止，这样就完成了底纹从左到右划入的动画效果，如图7-58所示。

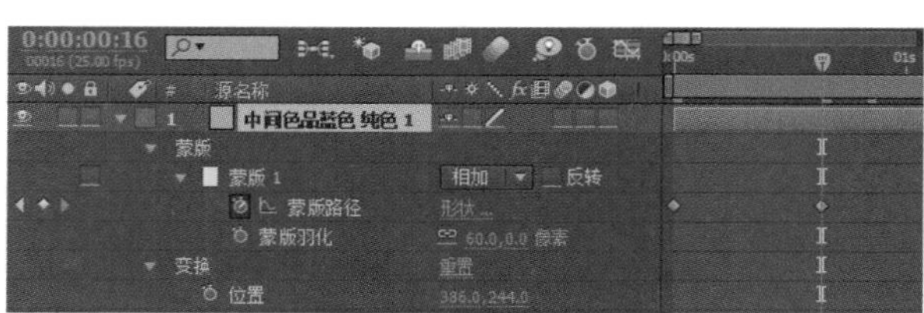

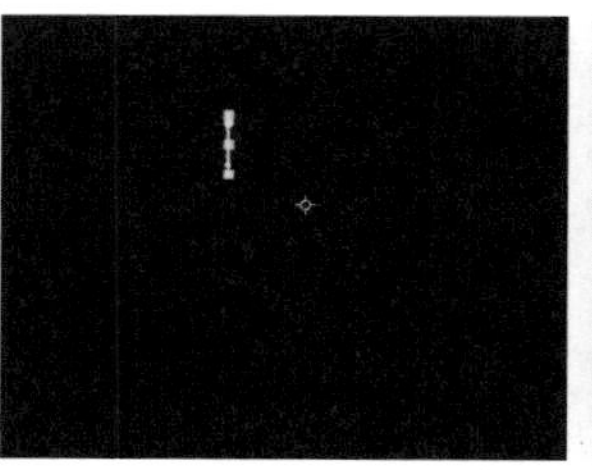
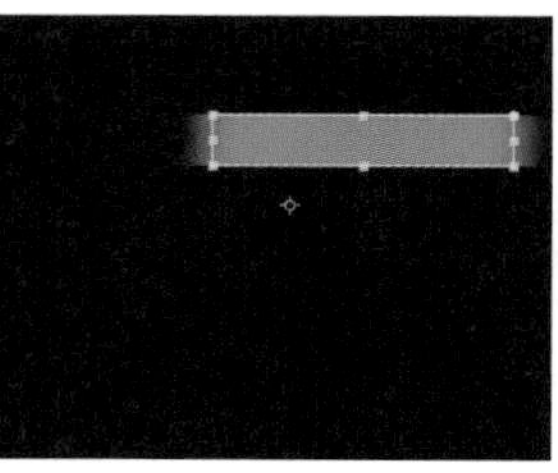

图7-58　设置“蒙版”动画

5 选择工具栏中的文字工具，在底纹上输入“19:00 新闻联播”，在“字符”面板中设置文字的字体为方正大报宋，文字大小为47，文字颜色为RGB（233，111，19），并使用选择并移动工具，将文字移动到底纹上。

6 为文字添加一个动画效果，先选择文字层，将时间滑块移至开始处，从“效果和预设”窗口中展开“动画预设”/Text/Scale，选择Zoom Away并拖至文字层上，这样文字层添加了这个动画预置效果。

7 现在发现这个动画是一个文字划出的动画，我们需要的是一个文字划入的动画，可以调整它的关键帧位置，来实现需要的效果。选择文字层，按U键显示它的关键帧选项，会看到两个关键帧，将后面的一个关键帧移动到前面，这样就如同给这个文字动画制作了一个倒放效果。观看动画，此时就是想要的文字划入效果了。

8 效果虽然做好了，但是与想要的还是有差别。如果想在底纹划入后，文字也跟随文字划入，这还需要调整关键帧的时间位置，将第一个关键帧移动到16帧位置，第二个关键帧移动到1秒05帧位置。现在就制作好了一个文字和底纹的动画效果，如图7-59所示。

图7-59　应用预置和调整动画关键帧

9 再为文字层添加一个阴影效果，显得更加立体一些。选择菜单命令“效果”/“透视”/“投影”，使用默认设置。

10 将制作好的“纯色”层和文字同时选中，按快捷键Ctrl+D两次，复制两份，然后对文字部分进行修改，再对其位置进行调整。

11 现在发现所有的文字和底纹都是同时出现的，还需要调整它们的关键帧位置，以实现需要的效果。根据上面介绍的方法，调整关键帧的位置。首先选择所有图层，按U键，打开它的关键帧显示，然后根据时间需要，将关键帧移动到相应的位置，如图7-60所示。

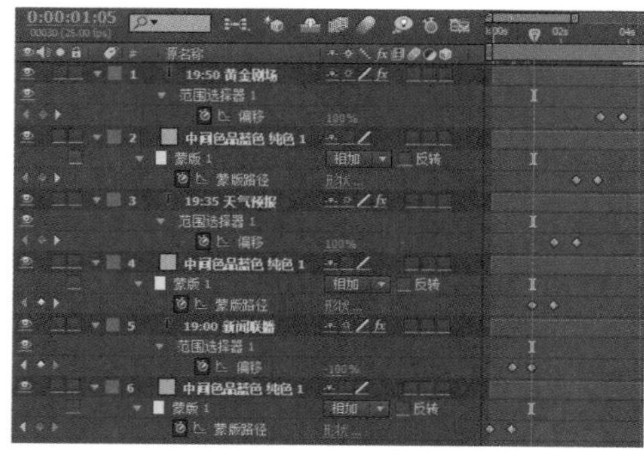

图7-60　调整关键帧位置

5. 最终合成

1 选择菜单命令“合成”/“新建合成”（快捷键Ctrl+N），新建“最终合成”，“预设”使用PAL D1/DV，“持续时间”为15秒。

2 在“项目”面板中，将刚制作的“底版”、“飞舞的花朵”、“色块”和“文字”合成分别拖放到“最终效果”合成时间轴中，展开“底版”合成的“变换”选项，设置“位置”为（590.0，288.0）。

3 选择菜单命令“图层”/“新建”/“纯色”，新建一个白色“纯色”层，展开“变换”选项，设置“缩放”为（1.0，100.0%），“位置”为（230.0，288.0），并将“纯色”层移动到文字层下方，如图7-61所示。

图7-61 放置图层

4 在工具栏中使用鼠标左键按住文字工具不放，选择竖排的文字工具，在屏幕上输入“节目预告”，在“字符”面板中，设置文字的字体为方正隶书，颜色为黑色，文字的大小为75；设置文字的边框类型为“在描边上填充”，边框大小为3像素。使用工具栏中的选择并移动工具，将文字移动到屏幕左侧，如图7-62所示。

5 为文字制作一个划入动画，先选择文字层，将时间滑块移至开始处，从“效果和预设”窗口中展开“动画预设”/Text/Scale，选择Zoom Forward并拖至文字层上，这样文字层添加了这个动画预置效果。同样调整关键帧，将第二个关键帧移动到0帧位置，第一个关键帧移动到1秒位置。

6 选择菜单命令“图层”/“新建”/“纯色”，新建一个“纯色”层，设置“颜色”为RGB（51，149，211），使用工具栏中的钢笔绘制工具，绘制一个“蒙版”，如图7-63所示。

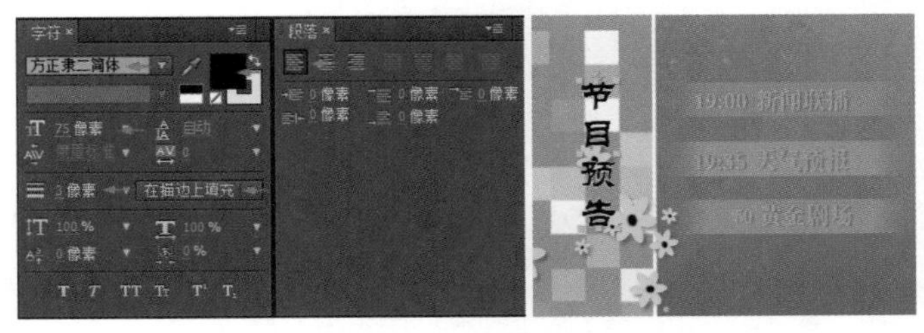

图7-62 创建文字层

图7-63 创建“纯色”层并绘制“蒙版”

7 按快捷键Ctrl+D，将“纯色”层复制一个，选择菜单命令“图层”/“纯色设置”，将刚复制的“纯色”层的颜色改为黄色，即RGB（255，255，0）；再次选择前面的蓝色“纯色”层，使用工具栏中的矩形绘制工具，在原先绘制好的遮罩基础上，再依次绘制六个矩形遮罩；展开“纯色”层的“蒙版”选项，这里共有7个“蒙版”选项，其中“蒙版 2”-“蒙版 7”是刚绘制的矩形遮罩，将“蒙版 2”-“蒙版 7”的“相加”模式更改为“相减”，如图7-64所示。

图7-64 创建多个“纯色”层

8 选择工具栏中的文字工具，在屏幕上输入“即将播出”，在“字符”面版上设置文字的字体为方正大黑，文字的尺寸为45像素，文字的颜色为白色；设置边框为“在描边上填充”，边框的尺寸为3像素，边框的颜色为黑色；展开文字的“变换”选项，设置“位置”为（42.0，438.0），“旋转”为（0，31.0°），如图7-65所示。

图7-65 创建文字层

9 选择“飞舞的花朵”层，将它移动到最顶处。按小键盘上的0键预览最终效果动画，如图7-66所示。

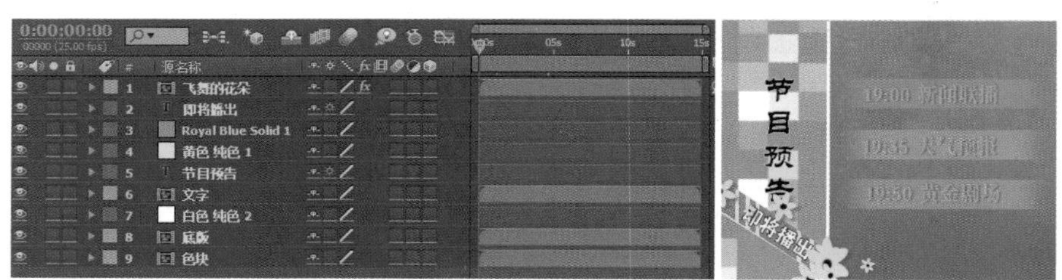

图7-66 调整时间轴

技术回顾

本例主要通过一个简单的包装，介绍了After Effects在进行多层操作时的技术要点，使用的都是后期工作中最常用的一部分功能。

举一反三

根据上面介绍的方法，重新制作一个其他的配色方案。具体参数可以参考练习的工程方案，效果如图7-67所示。

图7-67 实例效果

7.5 飞舞的彩带

技术要点	变形效果的应用	制作时间	20分钟
项目路径	\chap55\飞舞的彩带.aep	制作难度	★★★★

实例概述

本例首先建立一个“纯色”层，使用“蒙版”将“纯色”层制作成条状图形，并设置动画，再使用“变形”工具制作飘带动画，使用“基本3D”让飘带产生空间效果，使用“色相/饱和度”设置不同色彩的飘带，使用调节层来制作飘带的合成动画，最后将它们合成，就完成了飘带的制作，效果如图7-68所示。

图7-68　实例效果

制作步骤

1. 制作渐变线条

1 启动After Effects软件，选择菜单命令“合成”/“新建合成”（快捷键Ctrl+N），新建一个合成，命名为“线条”，“预设”使用PAL D1/DV，“持续时间”为8秒，保存项目文件为“飞舞的彩带”。

2 选择菜单命令“图层”/“新建”/“纯色”，新建一个 “纯色”层，选择菜单命令“效果”/“生成”/“梯度渐变”，为“纯色”层添加一个渐变效果，使用默认数值，得到一个黑白的渐变效果，如图7-69所示。

图7-69　制作渐变效果

3 选择钢笔工具，在“纯色”层上绘制一个“蒙版”，如图7-70所示。

4 将时间滑块移动到1秒位置，展开“纯色”层的“蒙版”/“蒙版 1”选项，打开“蒙版形状”前面的码表，在1秒位置插入一个空白关键帧，将时间滑块移动到0帧位置，选择左下角的两个控制点，将它们移动到右上角位置，与右上角的两个控制点重合。

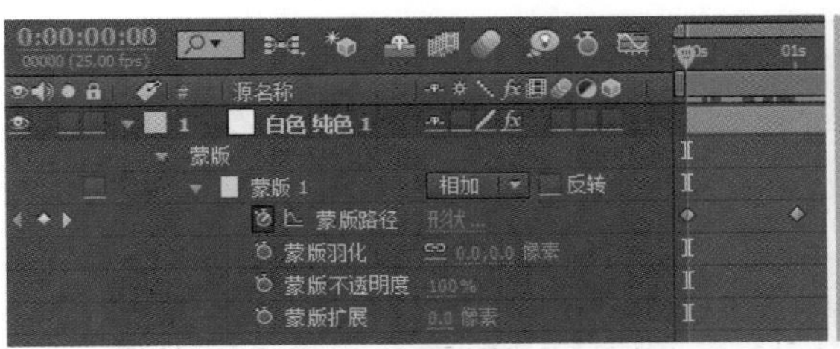

图7-70　绘制“蒙版”

5 按小键盘上的0键预览动画，渐变条从右上角移动到左下角，这样就完成了渐变条的制作，如图7-71所示。

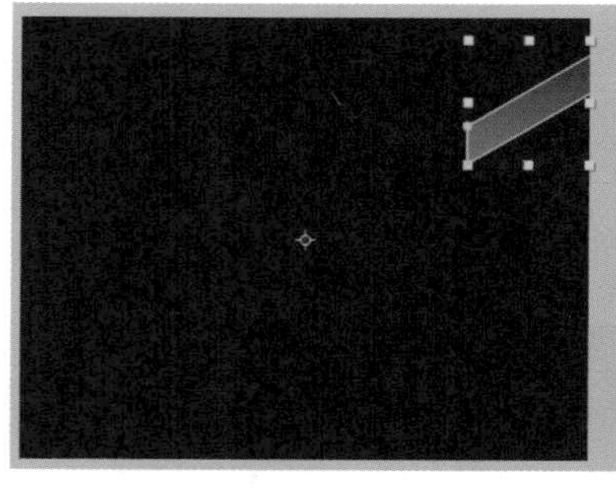
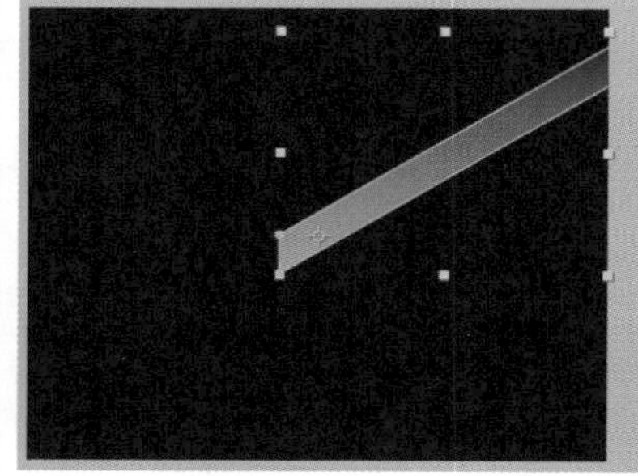

图7-71 预览动画

6 对线条进行变形处理。选择菜单命令“效果”/“扭曲”/“变形”，设置“变形样式”为“弧”，“变形轴”为“水平”，“弯曲”为40，“水平扭曲”为-40，“垂直扭曲”为15，如图7-72所示。

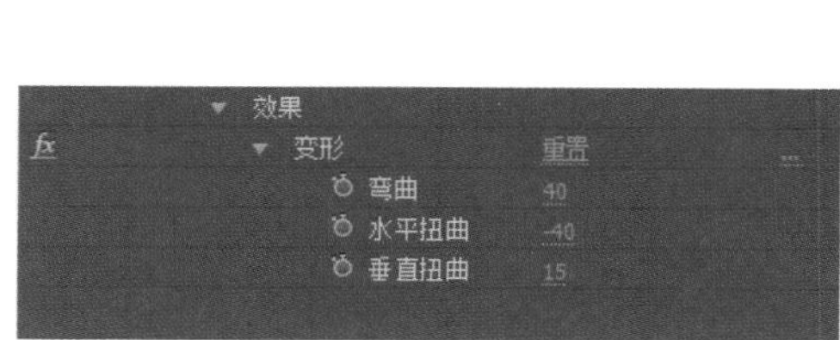

图7-72 制作变形效果

2. 制作彩色飘带

1 按快捷键Ctrl+N新建“彩色线条01”合成，“预设”为PAL D1/DV，“持续时间”为8秒。

2 在“项目”面板中选择“线条”合成，将它拖放到时间轴面板，设置“变换”选项的“位置”为（646，256），“缩放”为（-90，-60%），“旋转”为（0，10.0°）。选择菜单命令“效果”/“扭曲”/“变形”，设置“变形样式”为“鱼”，“弯曲”为80，“水平弯曲”为100，如图7-73所示。

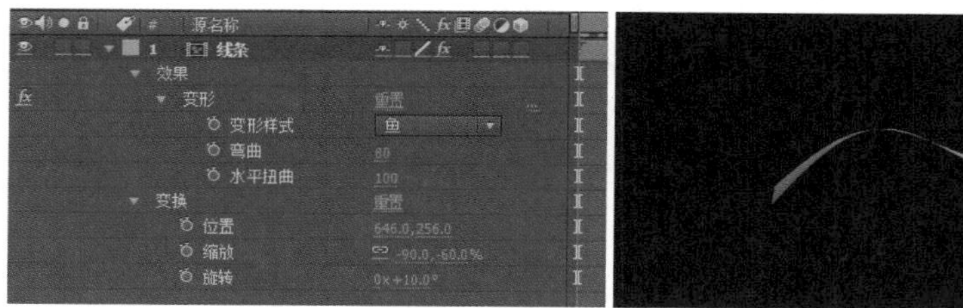

图7-73 制作弯曲效果

3 选择菜单命令“效果”/“透视”/“基本3D”，设置“倾斜”为25°，“与图像的距离”为-50，如图7-74所示。

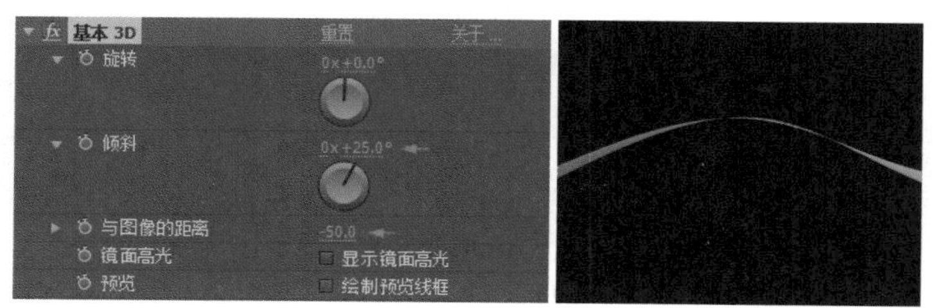

图7-74 设置空间倾斜

提示

"基本3D"效果可以建立一个虚拟的三维空间，在三维空间中对对象进行操作。可以沿水平坐标或垂直坐标移动图层，制作远近效果。同时，该效果可以建立一个增强亮度的镜子，反射旋转表面的光芒。

4 选择菜单命令"效果"/"颜色校正"/"色相/饱和度"，勾选"彩色化"选项，设置"着色色相"为-70.0°，"着色饱和度"为100，"着色亮度"为50。这样前面制作的黑白线条，经过"色相/饱和度"对其色彩上的调整，就制作成了彩色的线条，如图7-75所示。

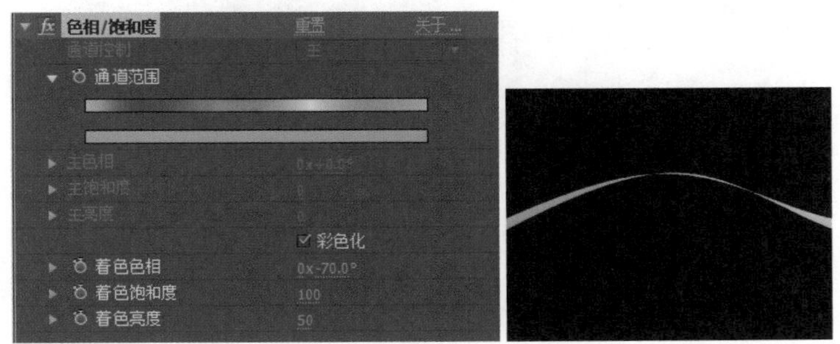

图7-75　调整层颜色

5 这样就完成了一个彩色线条的制作，下面制作其他彩色线条，其制作方法与上面的方法相同，不同的只是参数上的变化。

6 选择菜单命令"合成"/"新建合成"（快捷键Ctrl+N），新建一个合成，命名为"彩色线条02"，"预设"使用PAL制式（PAL D1/DV，720×576），"持续时间"为8秒。

7 在"项目"面板中选择"线条"合成，将它拖放到时间轴面板。设置"变换"选项的"位置"为（270.0，288.0），"缩放"为（600.0，35.0），"旋转"为（0，5.0°）。选择菜单命令"效果"/"扭曲"/"变形"，设置"变形样式"为"鱼"，"变形轴"为"水平"，"弯曲"为90，"水平扭曲"为100，"垂直扭曲"为-10，如图7-76所示。

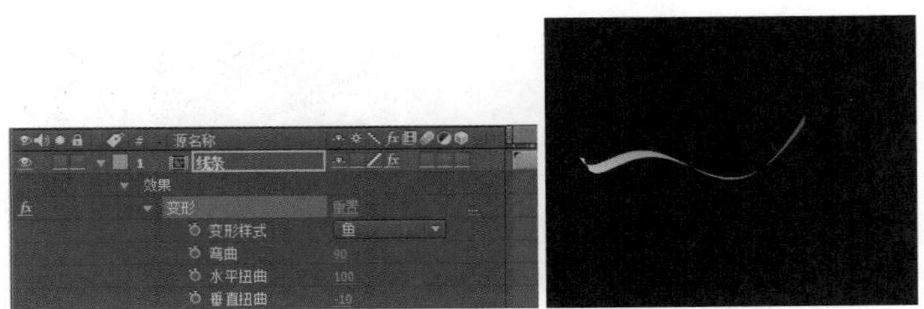

图7-76　设置弯曲效果

8 选择菜单命令"效果"/"透视"/"基本3D"，设置"倾斜"为25.0°，"与图像的距离"为-60.0，如图7-77所示。

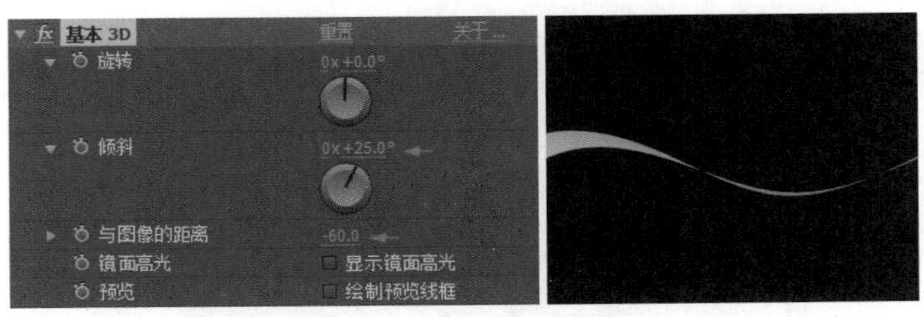

图7-77　设置空间倾斜

9 选择菜单命令“效果”/“颜色校正”/“色相/饱和度”，勾选“彩色化”选项，设置“着色色相”为（0，200.0），“着色饱和度”为100，“着色亮度”为50，如图7-78所示。

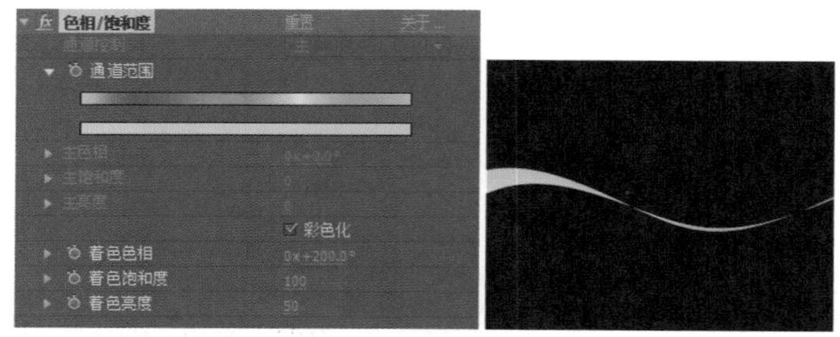

图7-78 调整层颜色

10 选择菜单命令“合成”/“新建合成”（快捷键Ctrl+N），新建一个合成，命名为“彩色线条03”，“预设”使用PAL制式（PAL D1/DV，720×576），“持续时间”为8秒。

11 在“项目”面板中选择“线条”合成，将它拖放到时间轴面板，设置“变换”选项的“位置”为（590.0，412.0），“缩放”为（100.0，50.0），“旋转”为（0，20.0°）。选择菜单命令“效果”/“扭曲”/“变形”，设置“变形样式”为“鱼”，“变形轴”为“水平”，“弯曲”为-100，“水平弯曲”为-65，“垂直弯曲”为20，如图7-79所示。

图7-79 设置弯曲效果

12 选择菜单命令“效果”/“透视”/“基本3D”，设置“倾斜”为12.0°，“与图像的距离”为-50.0，如图7-80所示。

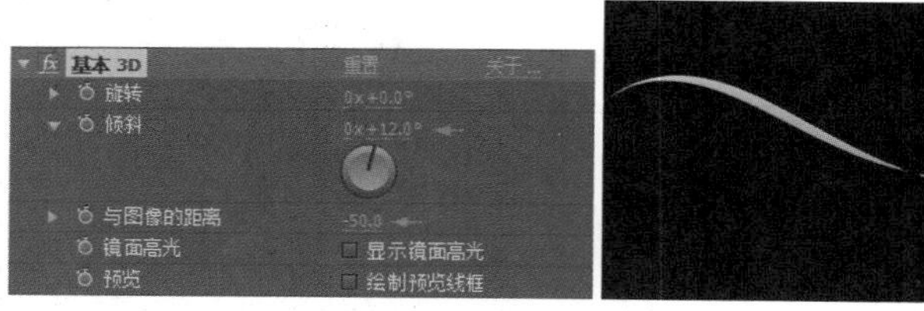

图7-80 设置空间倾斜

13 选择菜单命令“效果”/“颜色校正”/“色相/饱和度”，勾选“彩色化”选项，设置“着色色相”为（0，0.0），“着色饱和度”为100，“着色亮度”为20，如图7-81所示。

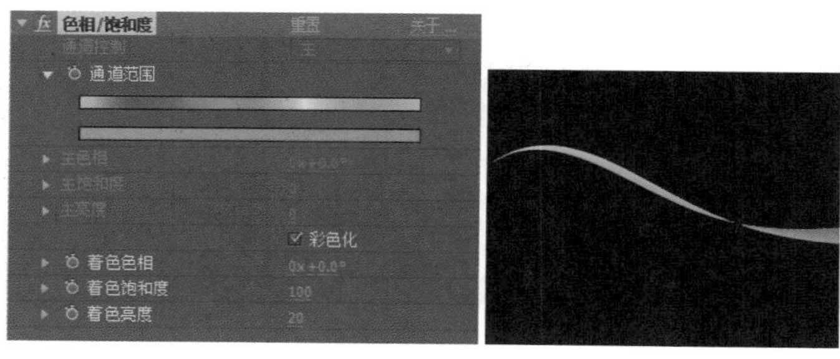

图7-81 调整层颜色

14 选择菜单命令“合成”/“新建合成”（快捷键Ctrl+N），新建一个合成，命名为“彩色线条04”，“预设”使用PAL制式（PAL D1/DV，720×576），“持续时间”为8秒。

15 在“项目”面板中选择“线条”合成，将它拖放到时间轴面板，设置“变换”选项的“位置”为（435.0，322.0），“缩放”为（-80.0，50.0），“旋转”为（0，-13.0°）。选择菜单命令“效果”/“扭曲”/“变形”，设置“变形样式”为“鱼”，“变形轴”为“水平”，“弯曲”为80，“水平扭曲”为100，“垂直扭曲”为10，如图7-82所示。

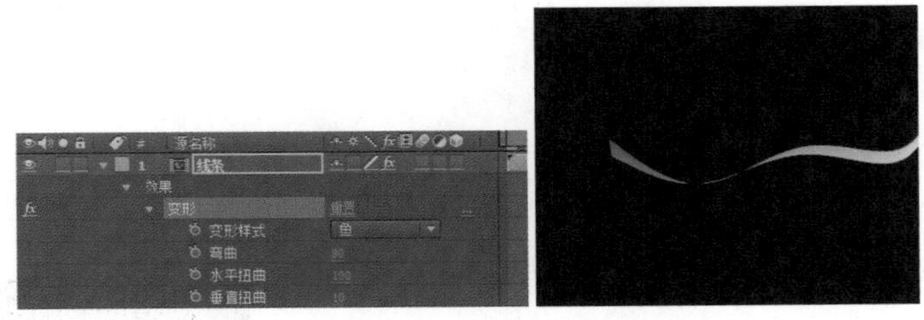

图7-82　设置弯曲效果

16 选择菜单命令“效果”/“透视”/“基本3D”，设置“倾斜”为（0，10.0），“与图像的距离”为-55.0，如图7-83所示。

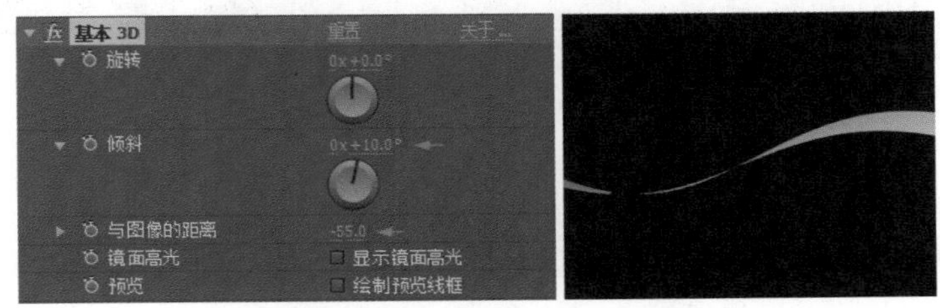

图7-83　设置空间倾斜

17 选择菜单命令“效果”/“颜色校正”/“色相/饱和度”，勾选“彩色化”选项，设置“着色色相”为（0，-300.0），“着色饱和度”为100，“着色亮度”为10，如图7-84所示。

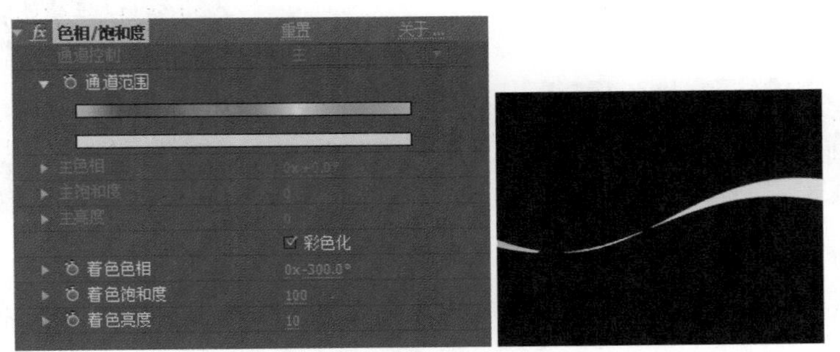

图7-84　调整层颜色

3. 制作飘带合成

1 选择菜单命令“合成”/“新建合成”（快捷键Ctrl+N），新建“彩条合”合成，“预设”使用PAL D1/DV，“持续时间”为8秒。

2 在“项目”面板中，使用Ctrl键，将前面制作完成的“彩色线条01”、“彩色线条02”、“彩色线条03”和“彩色线条04”全部选择，将其拖放到“彩条合”的时间轴中，如图7-85所示。

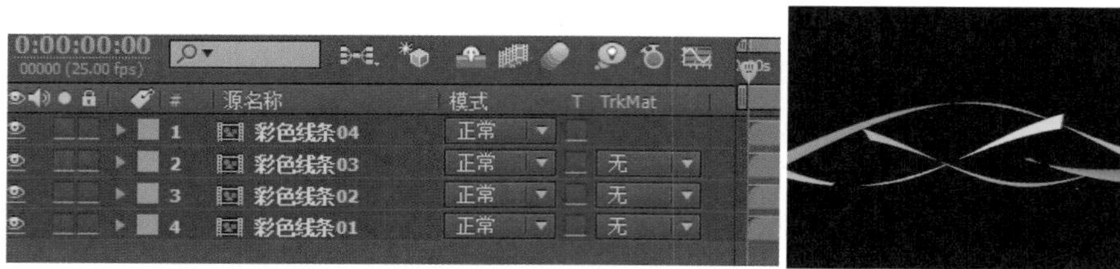

图7-85　彩条合成

3 现在观察时间轴，发现所有的彩条都是同时出现的，需要使它们依次出现。使用工具栏中的选择并移动工具，拖动时间轴滑块，等“彩色线条01”全部出现后，再将“彩色线条02”的入点拖放到“彩色线条01”完成的位置，依次分别拖动几个彩色线条，这样四个线条就依次出现，如图7-86所示。

图7-86　调整时间轴位置

4. 制作飘带动画

1 飘带全部出现以后，逐渐变化成一条线状图形，然后出现文字，下面就来制作这个动画。选择菜单命令“图层”/“新建”/“调整图层”，新建一个调节层；选择菜单命令“效果”/“模糊和锐化”/“快速模糊”，为调节层添加一个模糊效果，设置“模糊方向”为“水平”，这样就在水平方向上产生模糊；将时间滑块移动到2秒13帧位置，也就是飘带全部出现的时候，打开“模糊度”前面的码表，插入一个关键帧；将时间滑块移动到3秒11帧的位置，设“模糊度”为200.0，如图7-87所示。

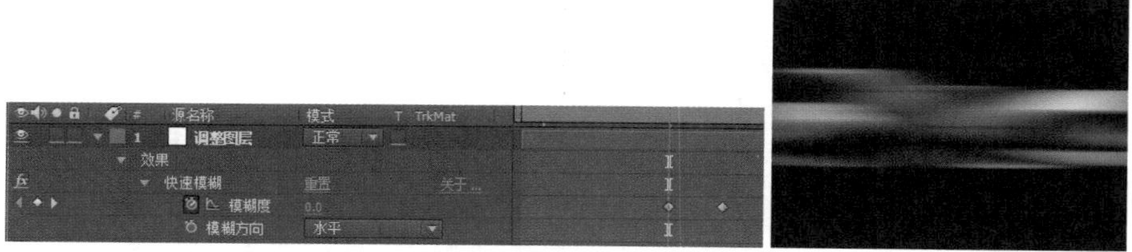

图7-87　设置模糊效果

2 选择菜单命令“效果”/“扭曲”/“变换”，为调节层添加一个变换效果，设置“统一缩放”为“关”，将时间滑块移动到2秒13帧位置，打开“缩放高度”前面的码表，设为100.0，将时间滑块移动到3秒11帧位置，设为10.0，如图7-88所示。

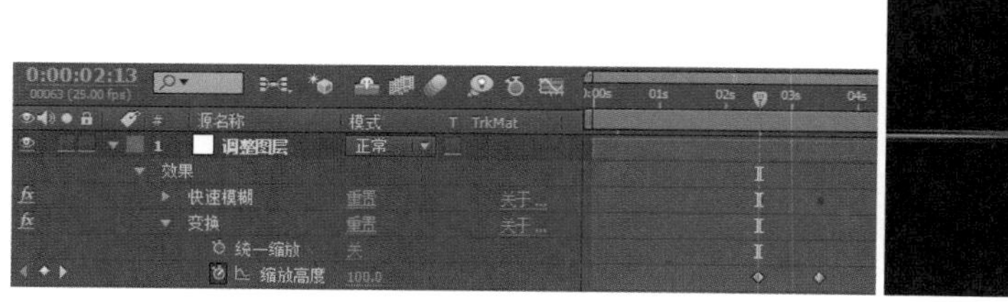

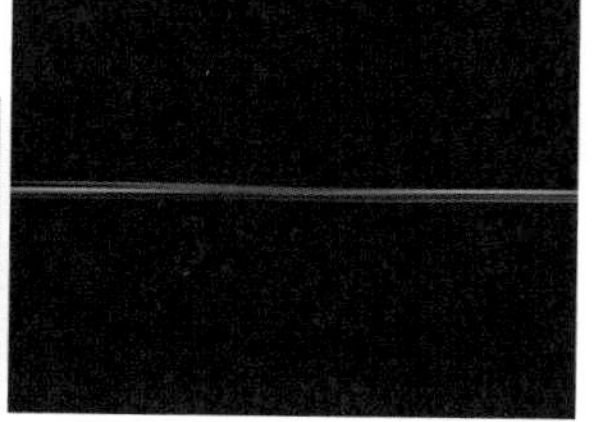

图7-88　设置层变形效果

3 为场景添加文字并设置动画。选择工具栏中的文字编辑工具，在屏幕上输入“After Effects”，在“字符”面板中，设置字体为方正隶书，文字的尺寸为75，设置文字的颜色为RGB（114，4，4）；设置文字边框类型为“在描边上填充”，边框尺寸为3像素，边框颜色为白色；使用选择并移动工具，将文字移动到线条的上方，屏幕居中位置，如图7-89所示。

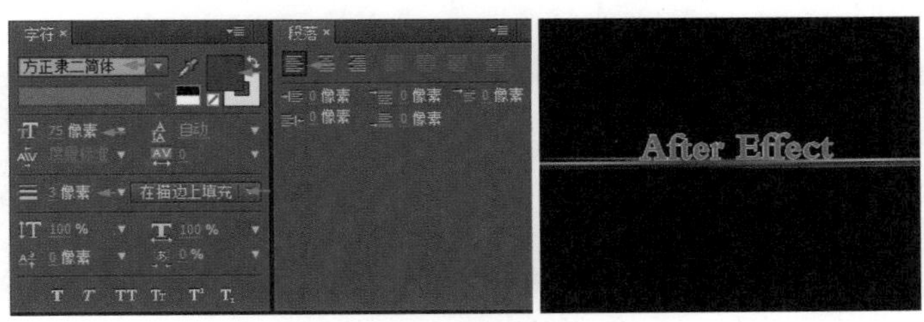

图7-89 创建文字层

4 选择刚建立的文字层，按快捷键Ctrl+D，将文字复制一层，展开新复制的文字层的“变换”选项，设置“缩放”为（-100.0，100.0%），“旋转”为（0，180.0°），“不透明度”为40%，这样看起来好似上面文字层的倒影，如图7-90所示。

5 制作文字从线条上升起的动画，这里通过调整文字层的“缩放”关键帧实现。展开上面一层文字的“变换”选项，将时间滑块移动到3秒11帧位置，打开“缩放”前面的码表，设置“缩放”在3秒11帧位置为（100.0，0.0%），将时间滑块移动到4秒09帧位置，设置“缩放”为（100.0，100.0%）。展开下面一层文字的“变换”选项，将时间滑块移动到3秒11帧位置，打开“缩放”前面的码表，设置“缩放”在3秒11帧位置为（-100.0，0.0%），将时间滑块移动到4秒09帧位置，设置“缩放”为（-100.0，100.0%），如图7-91所示。

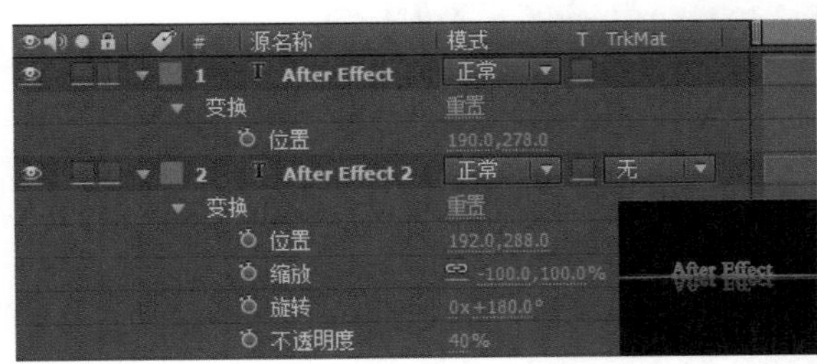

图7-90 制作文字倒影

图7-91 设置倒影文字动画

5. 最终合成

1 选择菜单命令“合成”/“新建合成”（快捷键Ctrl+N），新建一个“最终效果”合成，“预设”使用PAL D1/DV，“持续时间”为8秒。

2 选择菜单命令“图层”/“新建”/“纯色”，新建一个背景“纯色”层，选择菜单命令“效果”/“生成”/“梯度渐变”，为“纯色”层添加一个渐变效果，设置“结束颜色”为RGB（100，0，0），如图7-92所示。

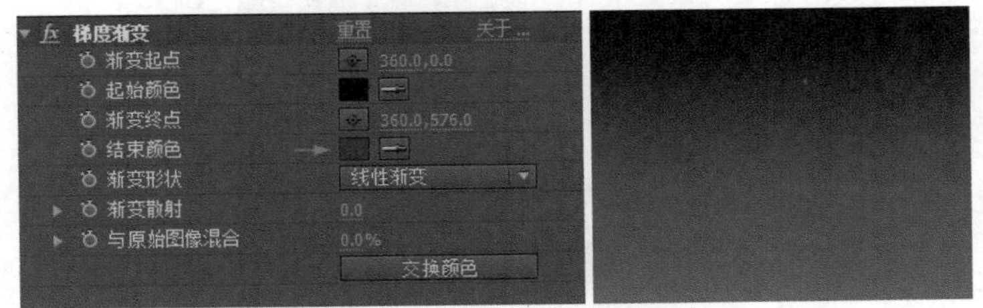

图7-92 设置渐变效果

3 在“项目”面板中选择“彩条合”合成，将它拖放到“最终效果”合成的时间轴中，并打开该层的三维开关。

4 为场景动画设置角度和空间感。选择菜单命令“效果”/“透视”/“基本3D”，将时间滑块移动到4秒13帧位置，打开“旋转”前面的码表，插入一个关键帧，设置“旋转”在4秒13帧位置为（0，0.0°），将时间滑块移动到5秒位置，设置“旋转”为（0，-65°）。将时间滑块移动到4秒13帧位置，打开“与图像的距离”前面的码表，插入一个关键帧，设置“与图像的距离”在4秒13帧位置为0，将时间滑块移动到5秒位置，设置“与图像的距离”为-50，如图7-93所示。

图7-93 设置“基本3D”效果

5 观察时间轴，动画已基本完成，不过还是希望线条能够运动起来，这样更显得动感一些。回到“彩条合”合成，选择“调整图层”，选择菜单命令“效果”/“风格化”/“动态拼贴”，将时间滑块移动到3秒11帧位置，打开“拼贴中心”前面的码表，插入一个关键帧，设置3秒11帧位置“拼贴中心”为（360.0，288.0），将时间滑块移动到8秒位置，设置“拼贴中心”为（3000.0，288.0），如图7-94所示。

图7-94 设置“动态拼贴”动画

6 回到“最终效果”合成时间轴中观察，这时“彩条合”合成中制作的彩条移动动画，已经在“最终效果”合成中反映出来。这样整个动画就制作完成，按小键盘上的0键就可以预览最终效果。

技术回顾

本例主要介绍After Effects中各种变形效果的应用，以及多种合成之间灵活切换调节层的应用。

举一反三

根据前面介绍的制作方法，使用“四色渐变”效果对彩条进行重新染色。具体参数可以参考练习的工程方案，效果如图7-95所示。

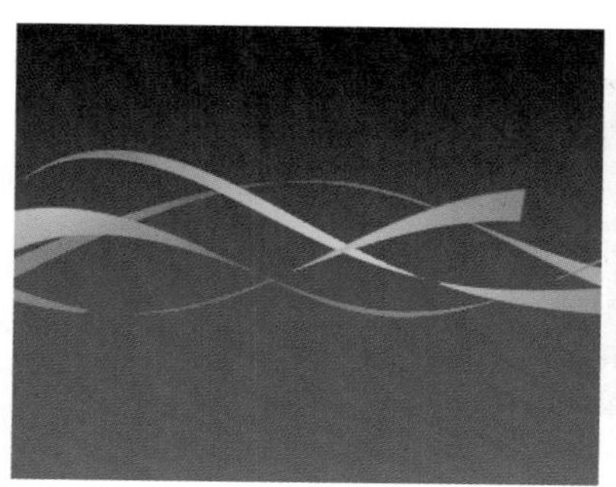

图7-95 实例效果

7.6 数字生活

技术要点	"卡片动画"效果及"时间重映射"的应用	制作时间	20分钟
项目路径	\chap56\数字生活.aep	制作难度	★★★★

实例概述

本例首先导入图片素材，然后建立一个文字层，输入满屏幕文字后，将文字与素材设置为蒙版动画；然后建立一个新的合成，将前面制作完成的合成添加进来，为它添加一个"卡片动画"效果，并将前面的图片素材设置为参考层，设置好动画后，使用"时间重映射"调整动画速率，再添加一个Starglow效果，最后添加一些闪光效果和标题动画，如图7-96所示。

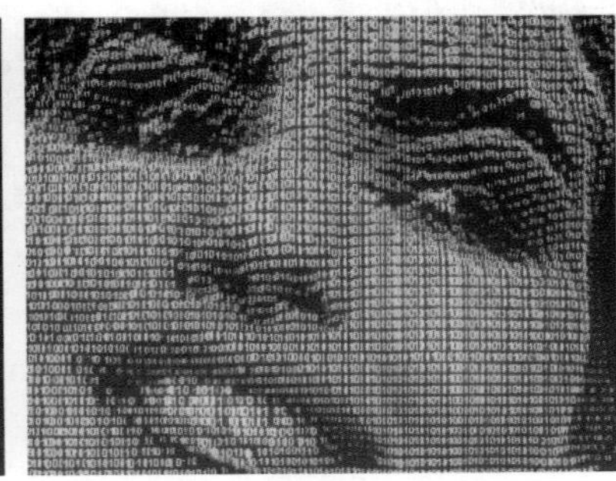

图7-96 实例效果

制作步骤

1. 制作数字层

1 启动After Effects软件，选择菜单命令"合成"/"新建合成"（快捷键Ctrl+N），新建一个合成，命名为"数字"，"预设"使用"自定义"，"宽度"为2600，"高度"为1950，"像素长宽比"为[D1/DV PAL（1.09）]，"帧速率"为25，"持续时间"为3秒。

2 将Women.jpg素材文件导入到"项目"面板，并将其拖动至"数字"合成时间轴中。

3 在时间轴面板中选择Women.jpg素材，按快捷键Ctrl+Alt+F，将图像设置为满屏幕。

4 选择工具栏中的文字编辑工具，在屏幕上随机输入数字0101010101010，将数字铺满整个屏幕，在"字符"面板中，将文字的字体设置为Arial Black，颜色为白色，文字的尺寸为30，文字的字间距为25，如图7-97所示。

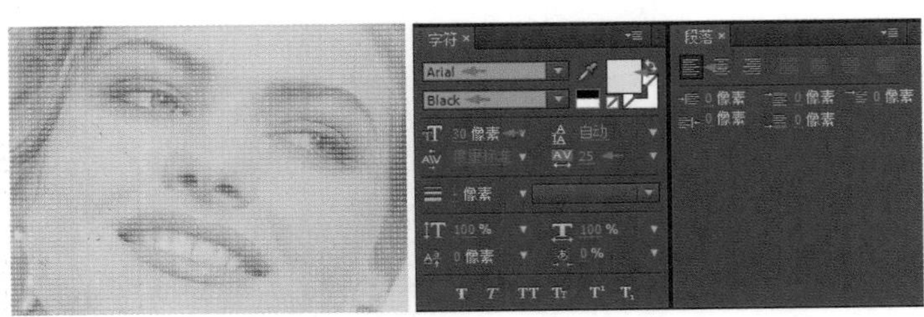

图7-97 创建文字层

5 选择前面的图片层，按快捷键Ctrl+D，将图片层复制一个，并移动到文字层的上方。展开其"变换"选项，将时间滑块移动到0帧位置，打开"不透明度"选项前面的码表，设置0帧位置的"不透明度"为100%。将时间滑块移动到1秒15帧位置，设置"不透明度"为0%，这样图片就从0帧开始淡出，1秒15帧完全淡出，如图7-98所示。

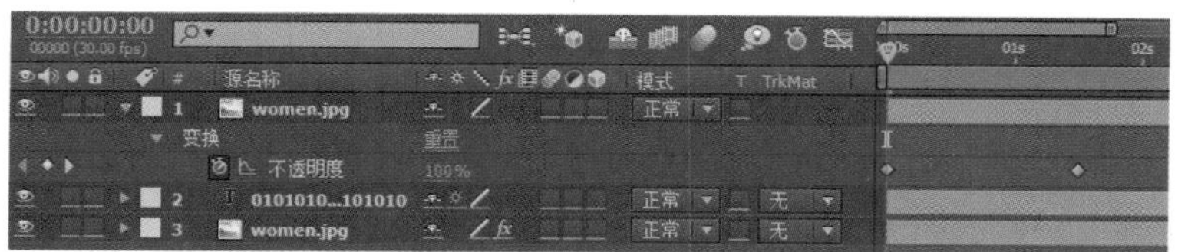

图7-98 设置图片层的透明属性

6 这样就设置好上层图片的动画，现在选择下层图片，选择菜单命令“效果”/“颜色校正”/“色相/饱和度”，将时间滑块移动到1秒15帧位置，打开“通道范围”前面的码表，设置1秒位置的“主亮度”为0，如图7-99所示。

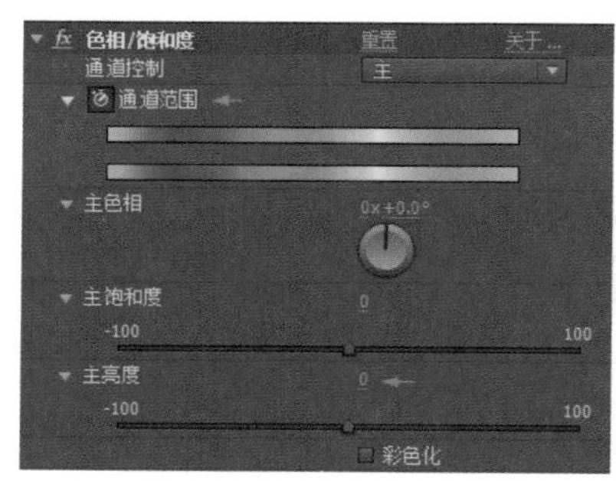

图7-99 设置图片层的色彩动画1

7 将时间滑块移动到2秒15帧位置，设置“主亮度”为100，这样图片就显示为白色了，如图7-100所示。

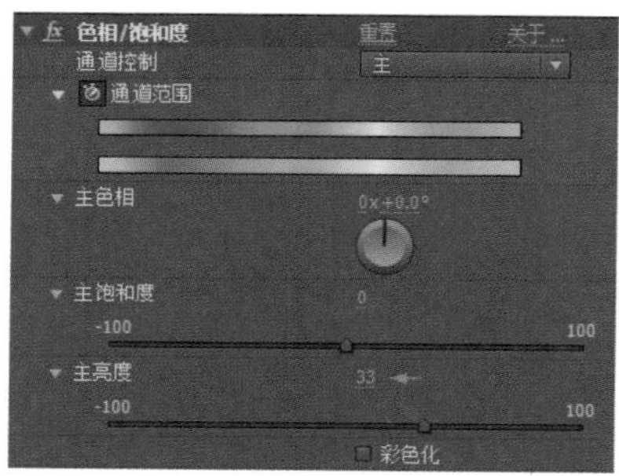

图7-100 设置图片层的色彩动画2

8 现在观察时间轴，发现图片淡出后，需要让文字显现出来，选择底层的图片层，在时间轴面板的TrkMat栏中，将图片层的“无”设置为Alpha Matte“0101010101”，如图7-101所示。

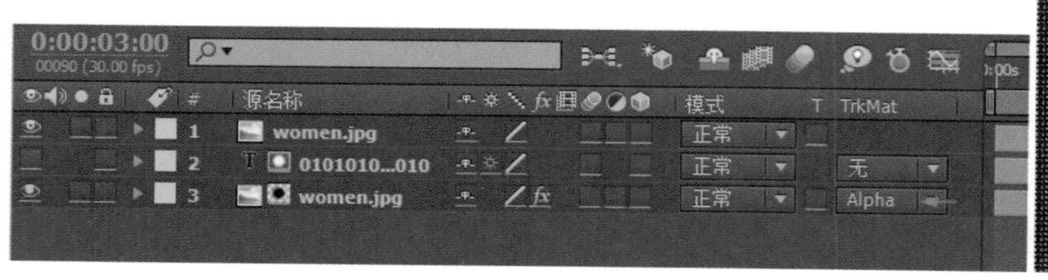

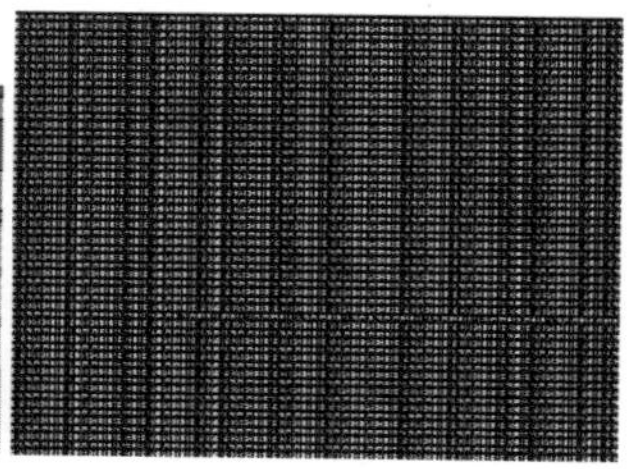

图7-101 调整蒙版层

2. 制作动画层

1 制作人物变数字的动画，这里使用模拟效果中的“卡片动画”。“卡片动画”效果可以根据提供的参考层的特征对画面进行分割，然后产生卡片舞蹈的效果。

这是一个真正的三维效果，可以在*x*、*y*、*z*轴上对制作的卡片进行位移、旋转、缩放等操作，同时系统还提供了灯光和材质的选项，可以根据需要调整卡片的材质和灯光属性，以达到更加完美的视觉效果。

参数介绍如下。

“行数和列数”：该选项可以控制如何在单位面积中产生卡片。在“独立”方式下，“行数”和“列数”参数相互独立，读者可以分别设置其卡片数量；在“列数受行数控制”方式下，“列数”参数由“行数”参数控制。

“背面图层”：可以将合成时间轴中的任意层指定为背景层。

“渐变图层 1”/“渐变图层 2”：可以指定卡片的渐变层。

“旋转顺序”：可以控制卡片的旋转顺序。

“变换顺序”：可以控制卡片的变化顺序。

“X/Y/Z 位置”：可以控制卡片在*x*、*y*、*z*轴上的位移属性。

“X/Y/Z轴旋转”：可以控制卡片在*x*、*y*、*z*轴上的旋转属性。

“X/Y/Z 缩放”：可以控制卡片在*x*、*y*、*z*轴上的缩放比例属性。

“摄像机系统”：可以控制效果中所使用的摄像机系统，选择不同的摄像机，得到的效果也有所不同。

“灯光”和“材质”分别可以控制灯光和材质。

2 开始制作动画，选择菜单命令“合成”/“新建合成”（快捷键Ctrl+N），新建一个合成，命名为“动画”，“预设”使用PAL D1/DV，“持续时间”为3秒。

3 在“项目”面板中，将图片Women.jpg和“数字”合成分别拖放到新建立的“动画”合成时间轴中，并关闭“Women.jpg”层的显示。选择“数字”合成，按快捷键Ctrl+Alt+F将合成尺寸设为满屏。

4 选择菜单命令“效果”/“模拟”/“卡片动画”，为“数字”添加一个卡片舞蹈效果。设置“行数和列数”为“独立”，“行数”为54，“列数”为100，设置“背面图层”为“数字”合成，“渐变图层 1”为图片women.jpg，“旋转顺序”为XYZ，“变换顺序”为“缩放，旋转，位置”，如图7-102所示。

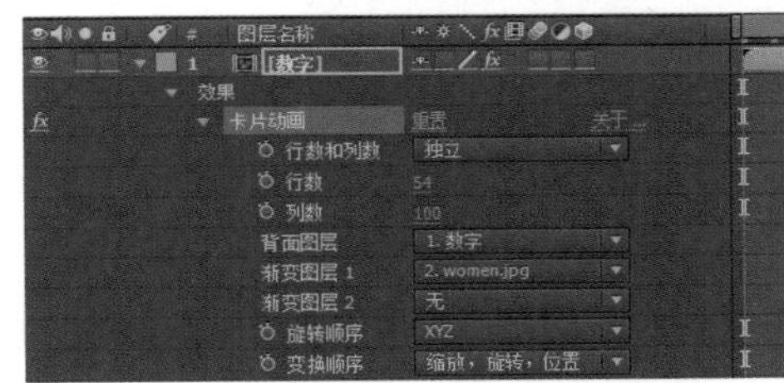

图7-102 设置滤镜选项

5 展开“Z 位置”选项，设置“源”为“强度 1”，将时间滑块移动到0帧位置，打开“乘数”前面的码表，设置0帧位置“乘数”为0.00，将时间滑块移动到3秒位置，设置“乘数”为4.00，如图7-103所示。

图7-103 设置卡片动画

6 分别展开“*x*轴缩放”和“*y*轴缩放”选项，设置“*x*轴缩放”的“源”为“强度 1”，“*y*轴缩放”的“源”为“强度 1”，将时间滑块移动到15帧位置，分别打开“*x*轴缩放”和“*y*轴缩放”下“乘数”选项前面的码表，设置乘数值均为0.00，再将时间滑块移动到1秒5帧，设置“乘数”为0.75，如图7-104所示。

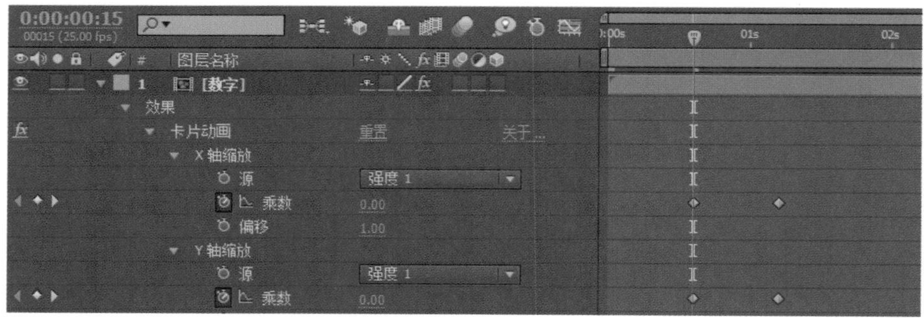

图7-104　设置卡片动画

7 设置“摄像机系统”为“摄像机位置”，展开“摄像机位置”选项，设置“焦距”为100，将时间滑块移动到0帧位置，打开“*x*轴旋转”和“Z位置”前面的码表，设置0帧位置“*x*轴旋转”为（0，0.0°），“Z位置”为5.00，将时间滑块移动到3秒位置，设置“*x*轴旋转”为（0，-10.0°），“Z位置”为-0.50，如图7-105所示。

图7-105　设置卡片效果的摄像机动画

提示

选择“摄像机位置”方式后，由“摄像机位置”参数栏控制摄像机的位置、旋转及缩放等参数，“X/Y/Z轴旋转”参数控制摄像机中x、y、z轴上的旋转角度，“X/Y/Z 位置”参数则控制摄像机在三维空间中的位置属性。“边角定位”方式由“边角定位”参数栏控制摄像机的位置、旋转及缩放等参数。“合成摄像机”方式则由合成图像中的摄像机进行控制，当图层为3D层时，建议使用“合成摄像机”方式，需要注意的是，使用这种方式时，合成中必须已经建立了摄像机。

8 将时间滑块移动到1秒位置，打开“摄像机位置”选项下的“*y*轴旋转”和“X、Y 位置”前面的码表，设置1秒位置“*y*轴旋转”为（0，0.0°），“X、Y 位置”为（1300.0，910.0）；将时间滑块移动到3秒位置，设置“*y*轴旋转”为（0，20.0°），“X、Y 位置”（3300.0，910.0），如图7-106所示。

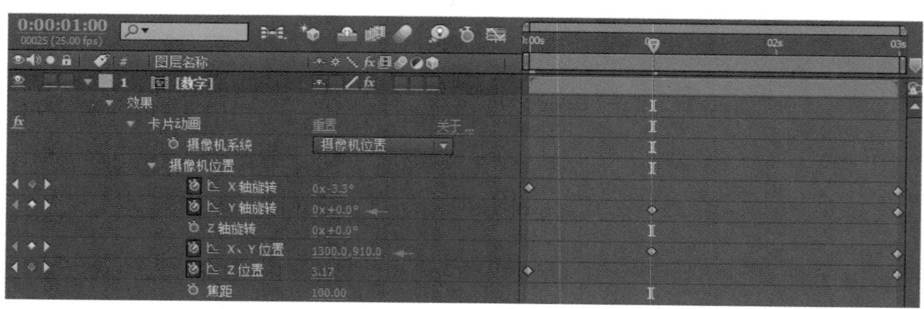

图7-106　设置卡片效果的摄像机动画

9 卡片动画效果如图7-107所示。

图7-107 效果预览

10 动画制作完毕，还可以进一步调整动画关键帧，让运动效果更加平滑自然一些。

11 选择数字合成，按U键，显示其所有关键帧选项，在时间轴面板中选择第一个“乘数”选项，单击时间轴面板的曲线编辑按钮，这时时间轴就显示了一个新的界面，在这里可以对关键帧的运动曲线进行编辑，打开“乘数”前面的，显示其关键帧曲线，在没有设置其曲率时，为默认的直线，如图7-108所示。

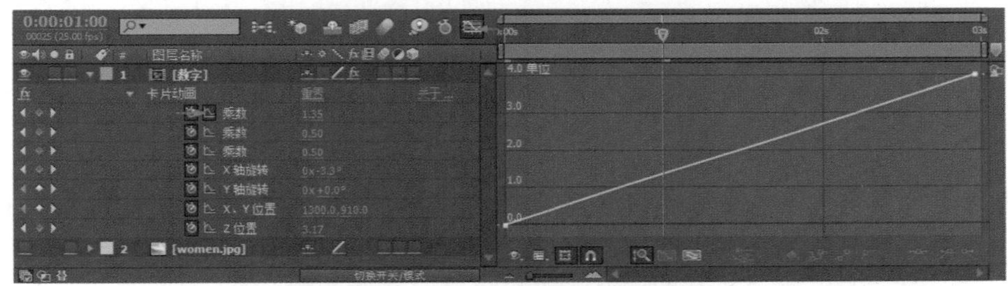

图7-108 曲线编辑界面

提示

在一般的操作过程中，在对很多项添加关键帧时，可以在所有需要添加关键帧的选项上，先随意插入一个关键帧，然后可以按键盘U键，显示其所有关键帧选项，这样就省去了其他不必要的部分，使界面看起来更加整洁，再使用移动工具，将添加的关键帧移动到我们需要添加的位置。按键盘U键一次，可以显示所有关键帧选项，连续按两次显示所有修改选项。

12 这时观察“乘数”选项的变化曲线，是呈直线状的，如果希望变化更加光滑一些，需要对曲线进行光滑处理。选择第一个关键帧的点，单击图表编辑窗口下方的按钮，这时曲线就会自动产生光滑效果，也可以使用鼠标直接拖拉出现的控制滑杆，自由控制曲线的光滑度；使用同样的方法，选择第二个关键帧，单击图表编辑窗口下方的按钮，这样第二个关键帧位置的曲线就会自动产生光滑效果，如图7-109所示。

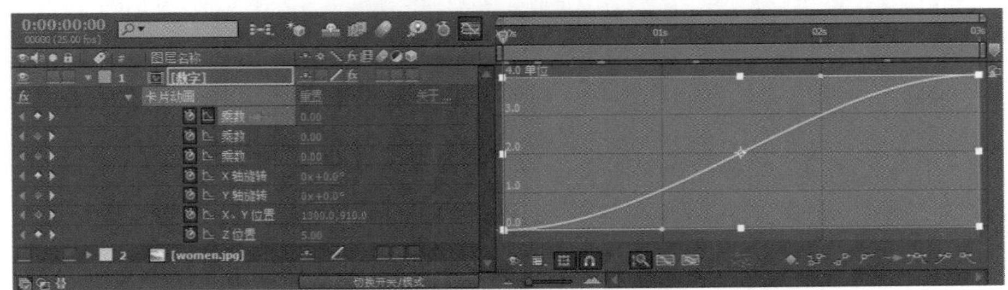

图7-109 设置曲线动画

13 选择第二项“乘数”选项，同样也要对它进行光滑处理，按照上面的介绍方法依次选择以下几项，分别对它们的曲线进行设置，如图7-110所示。

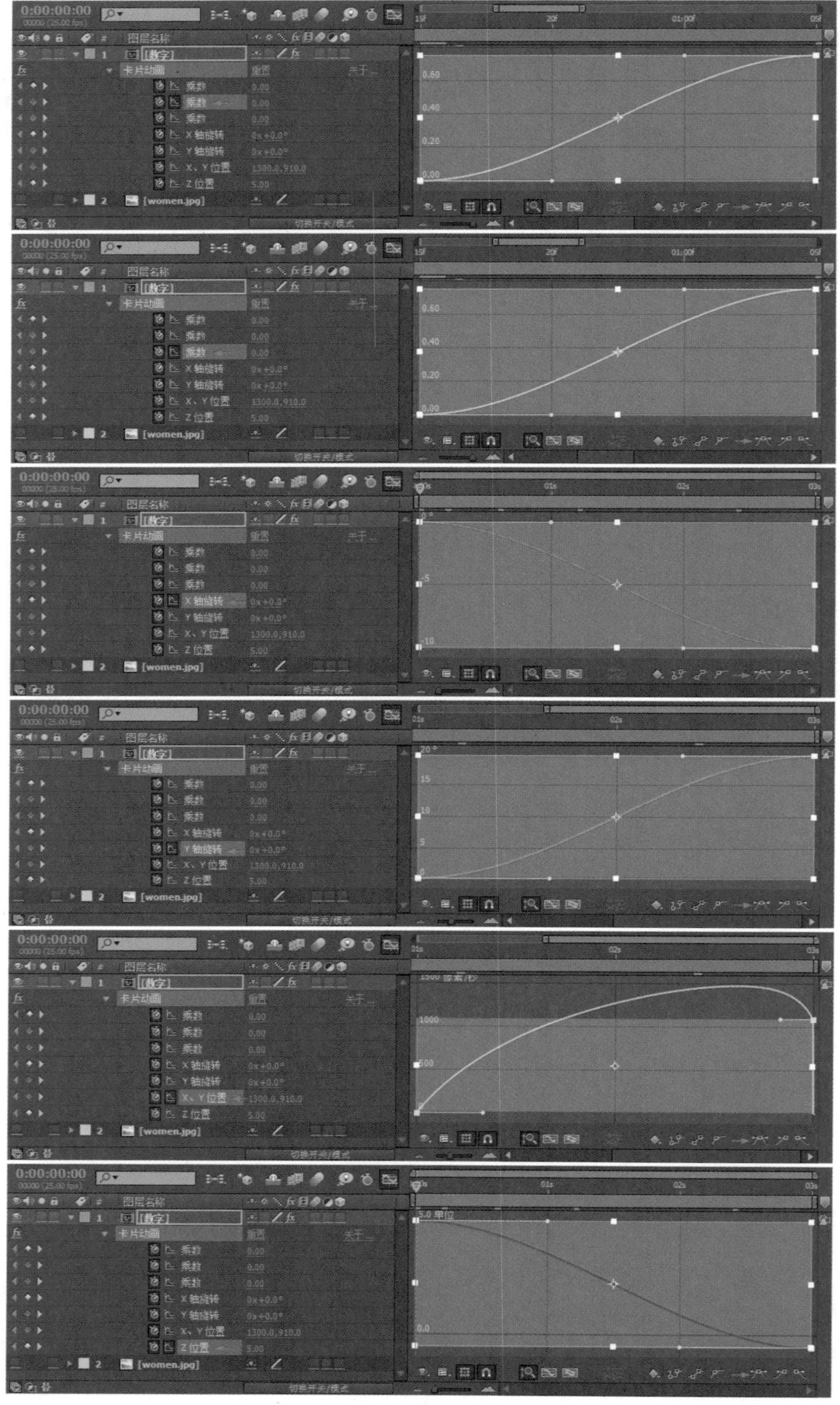

图7-110 设置曲线动画

14 这样就完成了使曲线光滑的编辑，现在单击时间轴上曲线编辑按钮，关闭曲线编辑视窗。回到正常的时间轴状态，开始的关键帧点经过编辑过后都发生了变化，如图7-111所示。

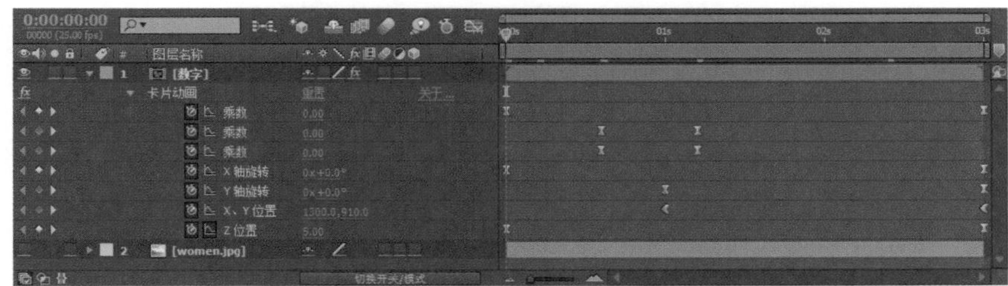

图7-111 调整后的曲线效果

3. 制作文字层

1 制作标题文字，选择菜单命令“合成”/“新建合成”（快捷键Ctrl+N），新建一个合成，命名为“文字”，“预设”使用PAL D1/DV，“持续时间”为3秒。

2 选择工具栏中的文字工具，在屏幕上输入“数字生活”，在“字符”面板上设置文字的字体为方正魏碑，文字的尺寸为120像素，文字的颜色为白色，在屏幕中居中放置，如图7-112所示。

3 选择菜单命令“效果”/Trapcode/Starglow（星光），为文字添加一个星光效果。先设置Streak Length为150.0，Boost Light为5.0，Individual Lengths下的Down为1.8，如图7-113所示。

图7-112 建立文字

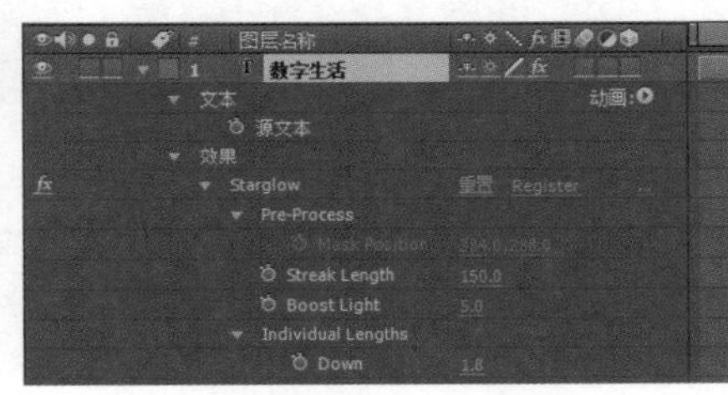

图7-113 设置文字星光效果

4 简单对星光的颜色进行调整，展开Individual Colors选项，设置Up Left为Colormap C，Up Right为Colormap A，Down Right为Coloormap C，如图7-114所示。

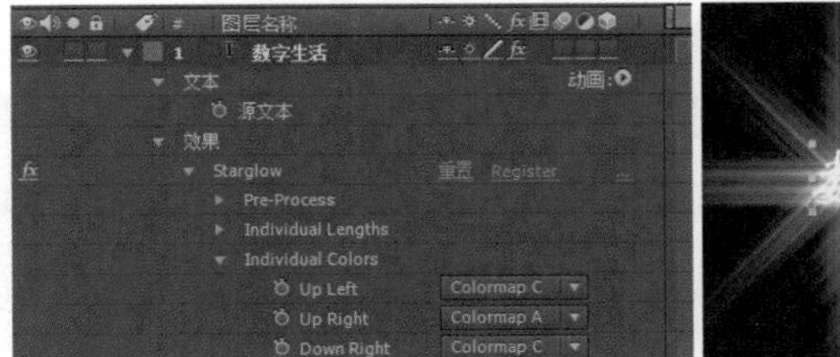

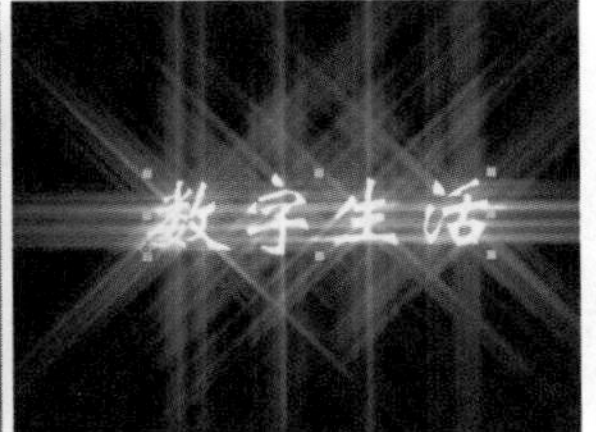

图7-114 设置星光颜色1

5 展开Colormap A选项，设置Type/Preset为3-Color Gradient，设置Highlights为白色，Midtones为RGB（166，255，0），Shadows为RGB（0，255，0），如图7-115所示。

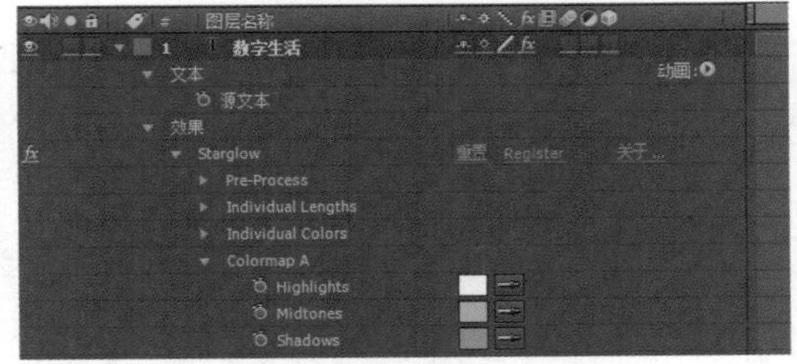

图7-115 设置星光颜色2

6 展开Colormap B选项，设置Type/Preset为5-Color Gradient，设置Highlights为白色，Midtones为RGB（255，200，25），Mid High为RGB（255，130，20），Midtones为RGB（245，65，30），Mid Low为RGB（245，65，30），Shadows为RGB（255，0，0），如图7-116所示。

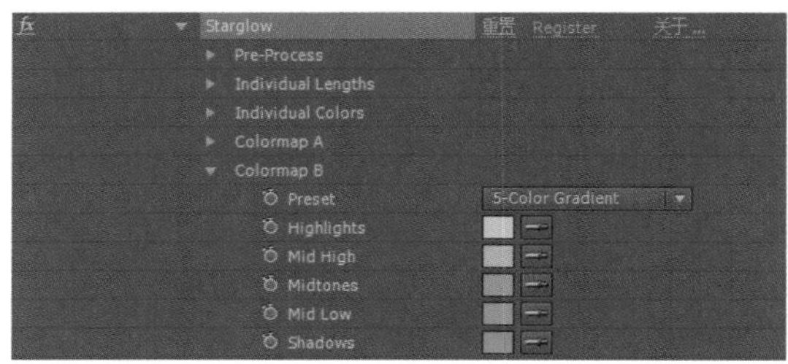

图7-116　设置星光颜色3

7 展开Colormap C选项，设置Type/Preset为One Color，设置Color为RGB（255，255，0），如图7-117所示。

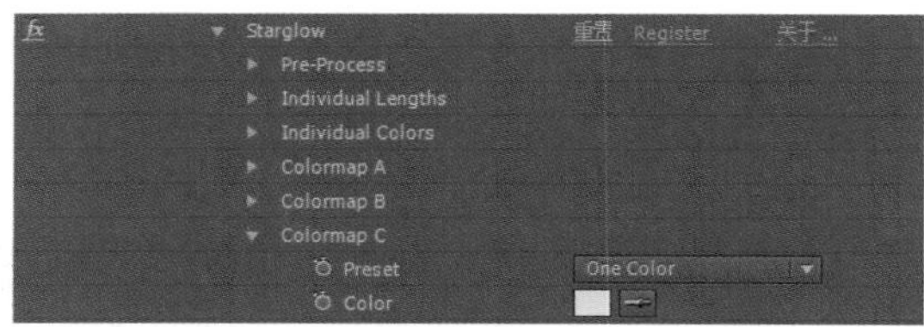

图7-117　设置星光颜色4

提示

Starglow是一种快速显示的亮光效果，它能在我们要增加效果的素材周围形成星光效果，这种由八个方向组成的星光图形，可以设置不同的颜色和不同的光亮长度等。该效果是由Trapcode公司开发的，与Sine光效和Particular粒子等滤镜同属Trapcode公司的产品。

8 星光制作完成后，制作文字的划入动画。选择菜单命令“效果”/“扭曲”/“旋转扭曲”，设置“旋转扭曲半径”为100.0，“旋转扭曲中心”为（780.0，288.0）。将时间滑块移动到0帧位置，打开“角度”前面的码表，设置0帧位置“角度”为300.0°，如图7-118所示。

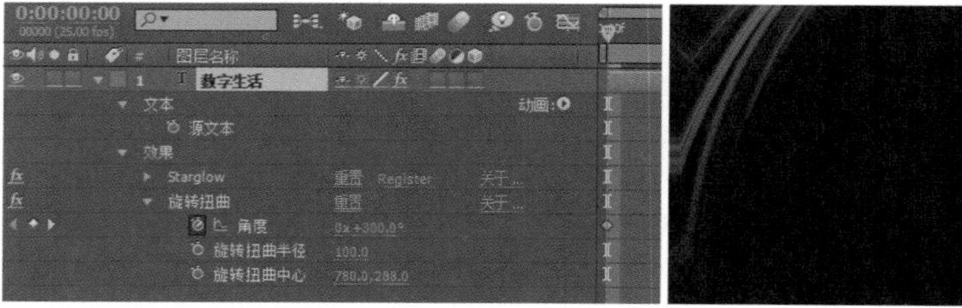

图7-118　制作文字动画1

9 将时间滑块移动到1秒位置，设置“角度”为0.0°，如图7-119所示。

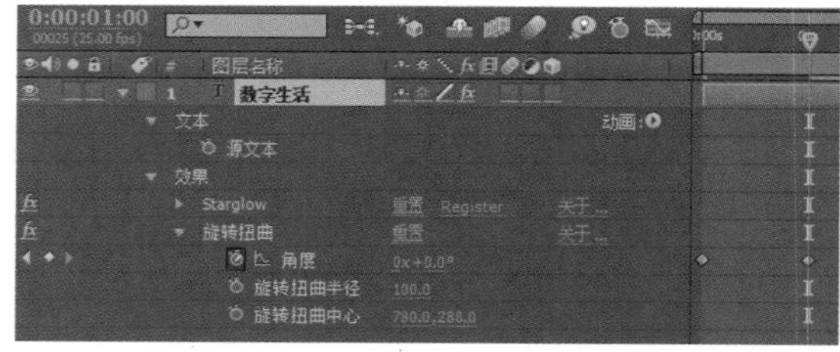

图7-119　制作文字动画2

提示
“旋转扭曲”效果围绕指定点旋转图像像素，越靠近中心点位置，旋转速度越快，产生的旋涡效果越明显，“角度”可以控制旋转的角度，“旋转扭曲半径”可以控制旋转的半径，“旋转扭曲中心”可以控制旋转的中心点位置。

4. 最终合成

1 选择菜单命令“合成”/“新建合成”（快捷键Ctrl+N），新建“最终效果”合成，“预设”使用PAL D1/DV，“持续时间”为6秒。

2 选择菜单命令“图层”/“新建”/“纯色”，新建一个背景“纯色”层，选择菜单命令“效果”/“生成”/“梯度渐变”，为“纯色”层添加一个渐变效果，设置“结束颜色”的RGB为（100，0，0），如图7-120所示。

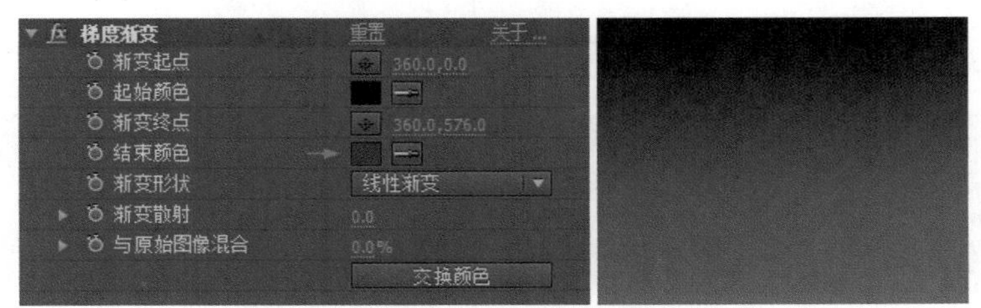

图7-120 设置曲线动画

3 在“项目”面板中，将“动画”拖放到“最终效果”合成时间轴中。

4 选择“动画”，选择菜单命令“图层”/“时间”/“启用时间重映射”，这时发现时间轴上的“动画”合成，在0帧和3秒位置分别自动添加一个关键帧，出点延伸到了6秒，如图7-121所示。

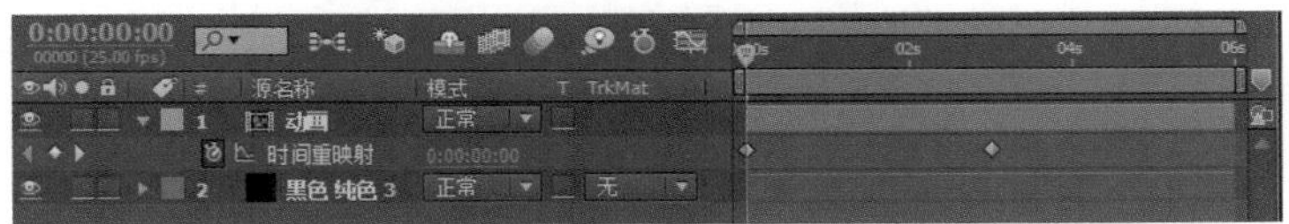

图7-121 设置动画变速

提示
After Effects可以通过对层的持续时间的改变，来改变影片的播放速度，可以对影片做慢动作播放或快动作播放。可以通过在影片中插入时间关键帧，设置影片时间，产生复杂的运动效果。

5 现在观察时间轴，发现虽然持续时间变长了，但影片的动画时间还是没有变化。需要将整个动画延长1秒，动画进行到中间位置，停顿20帧，闪现一些光芒，然后动画完毕，最后出标题字幕。

6 选择最后一个关键帧，将它移动到4秒位置。然后将时间滑块移动到2秒位置，插入一个关键帧，再复制第2秒的关键帧，在2秒20帧处粘贴，这样动画就运动到2秒位置静止，持续20帧，然后在20帧位置继续播放动画，如图7-122所示。

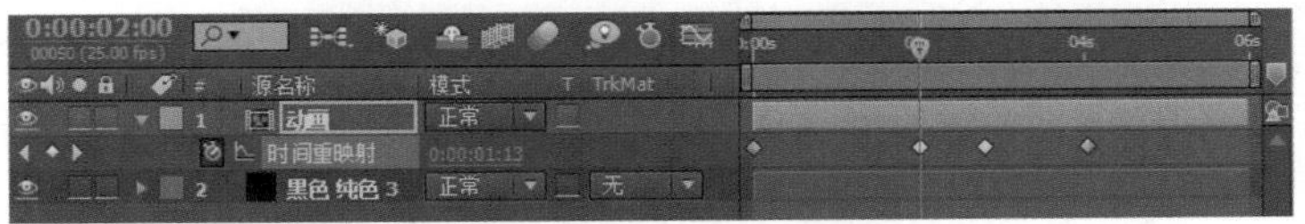

图7-122 设置变速动画

7 下面对“动画”也设置一个Starglow“星光效果”，这里复制前面“文字”合成中为“数字生活”层设置好的Starglow，粘贴到“最终效果”合成的“动画”层上，然后将其中的Boost Light修改为0，并设置如下动画：第1

秒时Threshold为300，Threshold Soft为100，Streak Length为20；第3秒时Threshold为160，Threshold Soft为50，Streak Length为40，如图7-123所示。

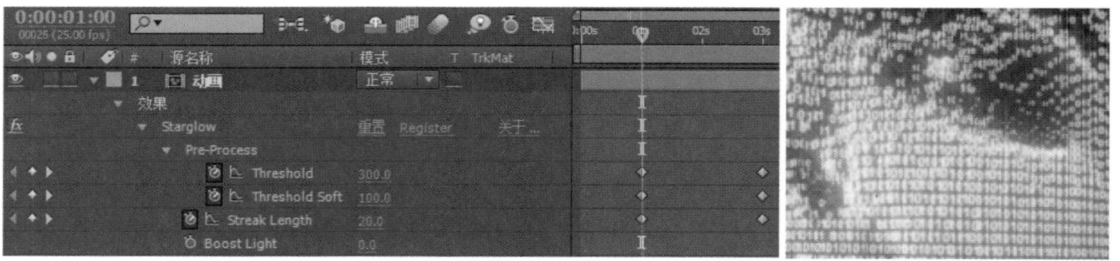

图7-123　为动画层设置星光效果

8 在“项目”面板中选择“文字”合成，将其拖放到“最终效果”合成时间轴中，将其移动到3秒位置，这样就将文字也合成到了最后的时间轴中，如图7-124所示。

图7-124　合成文字效果

9 这样整个动画就制作完成。按小键盘上的0键可以预览到最终效果。

技术回顾

本例主要介绍了After Effects模拟效果中的卡片舞蹈效果，以及变速功能的应用。同时还介绍了两种镜头光斑效果的设置方法和Starglow（星光）效果的初步应用。

举一反三

根据上面介绍的方法，制作一个人脸部放大后，由英文字母组成的动画效果。具体参数可以参考练习的工程方案，效果如图7-125所示。

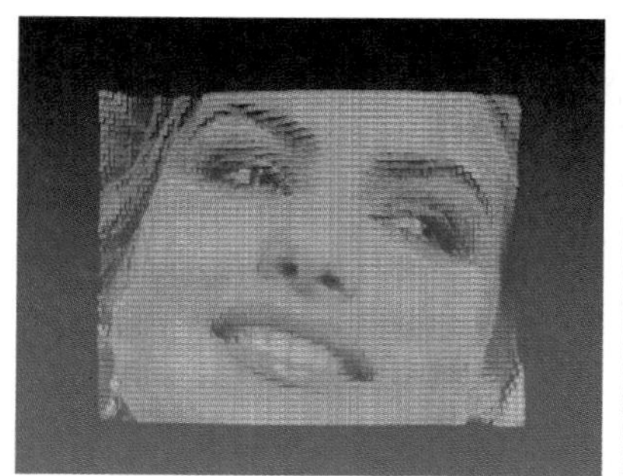

图7-125　实例效果

7.7 精彩白闪

技术要点	“调整图层”调节层的应用	制作时间	10分钟
项目路径	\chap57\精彩白闪.aep	制作难度	★★★

实例概述

本例首先将所需的视频素材放置到时间轴，使用“序列图层”命令，将文件首尾相接，然后添加一个“调整图层”，使用调节层工具的特性，为它添加一个“色阶”滤镜，利用关键帧动画制作白闪，再添加一个“快速模糊”滤镜，白闪时，图像边缘产生模糊效果，按照这样的方法，在两段素材过渡的位置设置关键帧；然后使用文字工具设置标题文字，同样使用白闪过渡到文字，效果如图7-126所示。

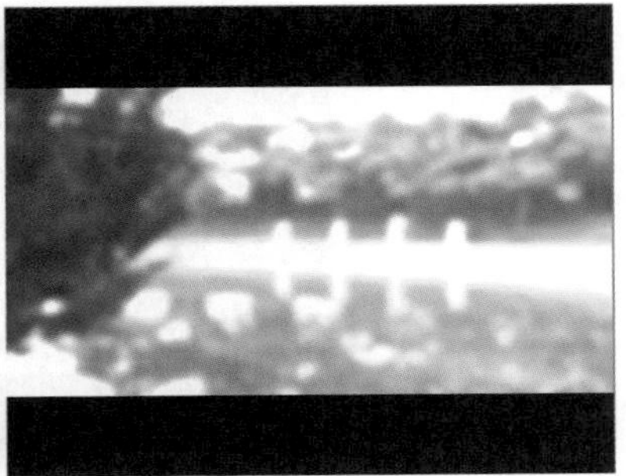

图7−126　实例效果

制作步骤

1. 自动排序层

1 在“项目”面板中导入Video01.mov至Video08.mov，共8个视频素材文件。

2 选择Video01.mov文件，将其拖放到“项目”面板的“创建新合成”按钮上，这样就按照Video01.mov素材的尺寸和长短创建了一个Video01合成，按快捷键Ctrl+K打开Video01合成的设置窗口，设置“持续时间”为15秒。分别将Video02.mov、Video03.mov等其余7个素材文件也拖放到Video01时间轴中。

3 在时间轴面板中选择第一个素材文件，按住键盘上Shift键选择最后一个素材文件，将时间轴上所有素材选中；选择菜单命令“动画”/“关键帧助手”/“序列图层”命令，取消“重叠”的选择，每个层依次排序，首尾相接，如图7-127所示。

图7−127　自动排列素材

4 按小键盘上的0键进行预览，所有素材都进行逐一排序，每段素材之间的过渡方式全部为硬切，显得比较生硬。制作白闪效果，使过渡显得更加自然。

> 提示
> 利用自动排序功能，可以很方便地对各个层进行排序。自动排序功能是以所选择的第一个层为基准，自动对其他所选择的层进行衔接排序。自动排序功能提供了硬切和软叠的两种排序方式。例如，我们上面选择第一层为叠加层的第一层，这样其他层就按照刚确立的第一层为基准，进行排序，如果选择的第一层为时间轴上的第二层，那么排序方式就会以第二层为基准，进行排序。

2. 制作白闪

1 选择菜单命令“图层”/“新建”/“调整图层”，在时间轴中添加一个调节层，按Enter键重新命名为“白闪”。选择菜单命令“效果”/“模糊和锐化”/“快速模糊”，为调节层添加一个快速模糊；再选择菜单命令“效果”/“颜色校正”/“色阶”，为调节层添加一个色阶。将时间滑块移动到0帧位置，打开“快速模糊”下“模糊度”前面的码表，插入一个关键帧，设置“模糊度”为0，并勾选“重复边缘像素”；打开“色阶”下“直方图”前面的码表，插入一个关键帧，设置“输入白色”为255，如图7-128所示。

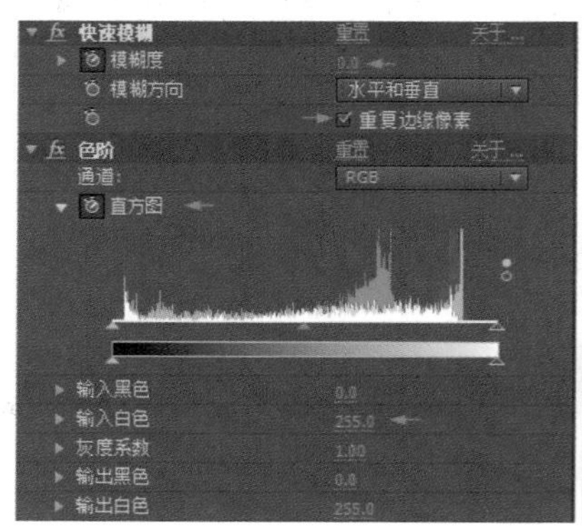

图7-128　设置调节层第1个关键帧

2 将时间滑块移动到8帧位置，设置“快速模糊”的“模糊度”为20，“色阶”的“输入白色”为0，如图7-129所示。

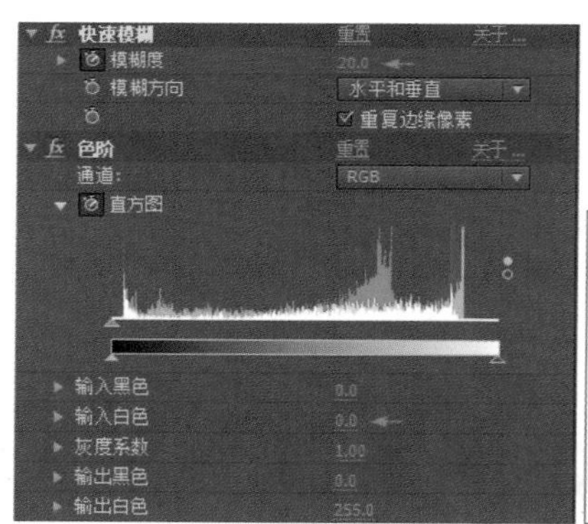

图7-129　设置调节层第2个关键帧

3 复制第0帧处的两个关键帧，然后将时间滑块移动到16帧位置粘贴。这样就制作了一个从白场到正常画面再到白场的动画效果，选中调节层，在第8帧处按小键盘上的*号键添加一个标记点，并在第16帧处按快捷键Alt+]剪切出点，如图7-130所示。

图7-130　设置调节层

4 选中调节层，按快捷键Ctrl+D创建多个副本，分别在各段素材层的连接处对应放置，其中首尾素材层各对应调节层的后半段和前半段，两段素材层的连接点均对应调节层的标记点，如图7-131所示。

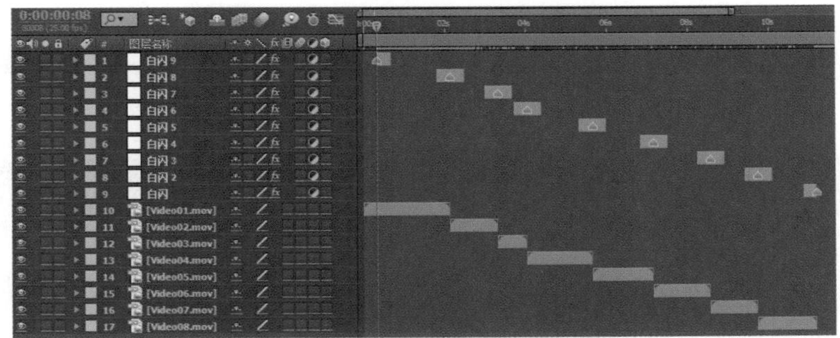

图7-131 复制和对应调节层

3. 最终合成

1 选择菜单命令“合成”/“新建合成”（快捷键Ctrl+N），新建“最终效果”合成，“预设”使用PAL D1/DV，“持续时间”为11秒05帧。

2 在“项目”面板中将Video01合成拖放到“最终效果”合成时间轴中。由于Video01合成的尺寸小于“最终效果”合成，这样就不会满屏幕显示，屏幕上下出现黑色部分。可以将黑色部分设置为遮幅，遮幅效果也是电视制作常用的手法之一。

3 这样整个动画就制作完成。按小键盘上的0键就可以预览到最终效果。

技术回顾

本例主要介绍了After Effects中的Fast Blur和Levels效果在“调整图层”调节层上的应用，以及层自动排序功能的简单应用。

举一反三

根据前面介绍的制作方法，为光盘中提供的素材制作白闪动画。具体参数可以参考练习的工程方案，效果如图7-132所示。

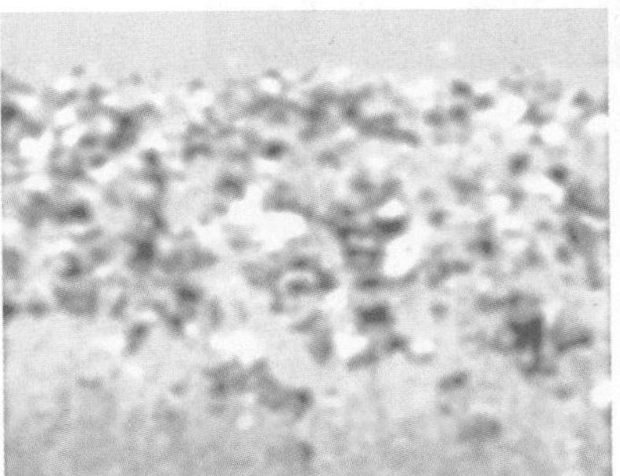

图7-132 实例效果

7.8 彩色光芒

技术要点	“分形杂色”及“碎片”效果的应用	制作时间	25分钟
项目路径	\chap58\彩色光芒.aep	制作难度	★★★★

实例概述

本例首先使用“梯度渐变”建立一个爆炸参考层，使用“分形杂色”效果及“色光”配合“蒙版”工具制作彩色光芒部分；使用“碎片”制作图片根据指定参考层分散的动画；将彩色光叠加到图像上，并调整位置及动画；添加摄像机并设置动画效果，最后使用“启用时间重映射”制作倒放效果，并使用Starglow制作碎片光芒效果，如图7-133所示。

图7-133 实例效果

制作步骤

1. 制作爆炸参考层

1 启动After Effects软件，选择菜单命令“合成”/“新建合成”（快捷键Ctrl+N），新建一个名为“梯度渐变”的合成，“预设”使用PAL D1/DV，“持续时间”为5秒。

2 选择菜单命令“图层”/“新建”/“纯色”，新建一个“纯色”层，选择菜单命令“效果”/“生成”/“梯度渐变”，为“纯色”层添加一个渐变效果，设置“渐变起点”为（720.0，288.0），“渐变终点”为（0.0，288.0），这样就产生了一个黑白渐变的效果，如图7-134所示。

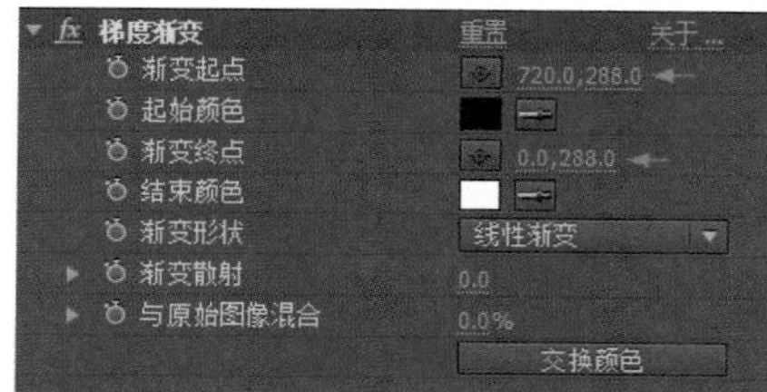

图7-134 设置“纯色”层渐变效果

2. 制作彩色光芒层

1 选择菜单命令“合成”/“新建合成”（快捷键Ctrl+N），新建一个名为“分形杂色”的合成，“预设”使用PAL D1/DV，“持续时间”为5秒。

2 选择菜单命令“图层”/“新建”/“纯色”，建立一个名为“分形杂色”的“纯色”层，选择菜单命令“效果”/“杂色和颗粒”/“分形杂色”，为“纯色”层添加一个杂色效果，设置“对比度”为120.0，展开“分形杂色”的“变换”选项，设置“统一缩放”为“关”，“缩放宽度”为5000.0，设置“复杂度”为4.0；然后设置动画如下：在第0帧设置“偏移（湍流）”为（-32000.0，288.0），“演化”为0.0°。将时间滑块移动到5秒位置，设置“偏移（湍流）”为（32000.0，288.0），“演化”为（1，0.0°），如图7-135所示。

3 选择菜单命令“图层”/“新建”/“纯色”，建立一个名为“色光”的“纯色”层，选择菜单命令“效果”/“生成”/“梯度渐变”，为“纯色”层添加一个渐变效果，保持默认值不变；再选择菜单命令“效果”/“颜色校正”/“色光”，为“纯色”层添加一个彩色光的效果，保持默认值不变，如图7-136所示。

图7-135 设置杂色动画

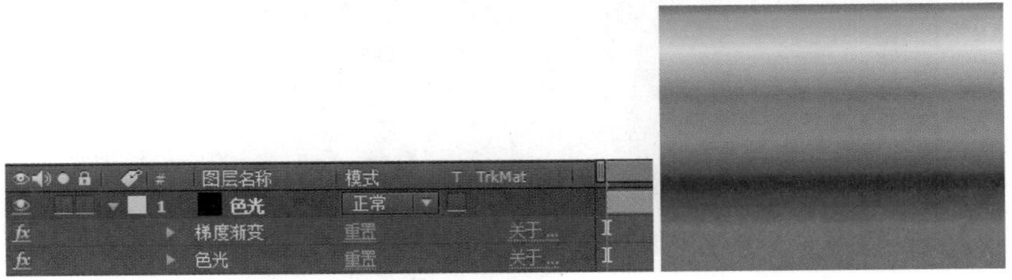

图7-136 制作彩色效果

4 选择菜单命令“图层” / “新建” / “纯色”，建立一个名为“蒙版”的“纯色”层，颜色为黑色。选择矩形遮罩绘制工具，绘制一个矩形蒙版，展开“蒙版”下的“蒙版 1”选项，设置“蒙版羽化”为（150.0，150.0），如图7-137所示。

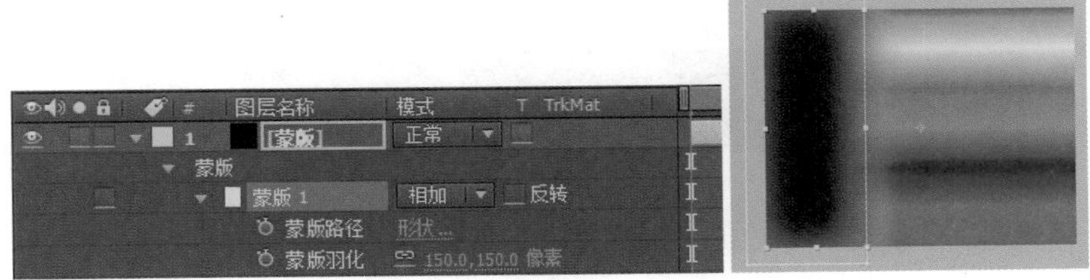

图7-137 绘制矩形“蒙版”

5 选择“色光”层，在“模式”栏中设置叠加模式为“颜色”，在TrkMat栏中设为“Alpha 遮罩”，如图7-138所示。

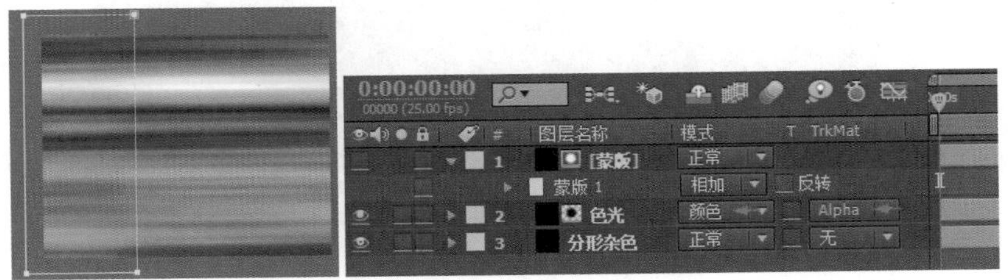

图7-138 添加“蒙版”与设置轨遮罩

提示

“颜色”模式用底色的光亮及层的颜色的色相和饱和度，创建结果颜色，可以保护图像中的灰色色阶。“Alpha 遮罩”，使用遮罩层的Alpha通道，当Alpha通道的像素值为100%时，表示不透明。After Effects可以把一个层上方的层的图像或影片作为透明用的遮罩层。可以使用任何素材片段或静止图像作为轨道遮罩层。

3. 制作爆炸层

1 选择菜单命令"合成"/"新建合成"（快捷键Ctrl+N），新建"碎片"合成，"预设"使用PAL D1/DV，"持续时间"为5秒。

2 选择菜单命令"图层"/"新建"/"纯色"，新建一个名为"背景"的"纯色"层，选择菜单命令"效果"/"生成"/"梯度渐变"，为"纯色"层添加一个渐变效果，设置"渐变起点"为（0.0，576.0），"渐变终点"为（720，0.0），"结束颜色"为RGB（130，0，0），如图7-139所示。

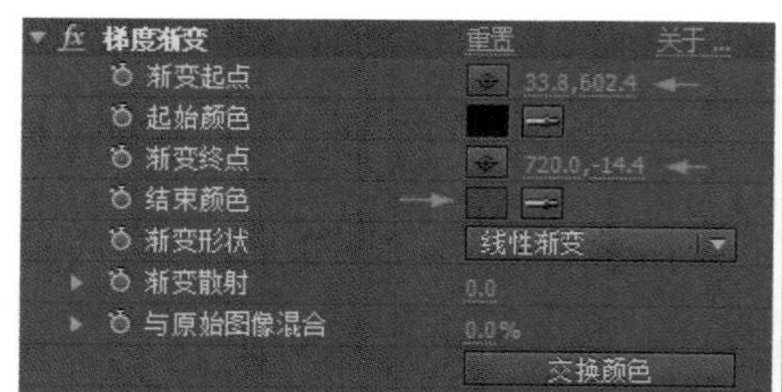

图7-139 设置渐变效果

3 在"项目"面板中导入image-1.jpg素材文件，然后将"梯度渐变"和image-1.jpg图像拖放到时间轴面板，并关闭"梯度渐变"的显示，如图7-140所示。

图7-140 导入素材文件

4 选择菜单命令"图层"/"新建"/"摄像机"，设置"预设"为24mm，在时间轴面板中，展开摄像机层的"变换"选项，设置"目标点"为（320.0，288.0，-48.0），"位置"为（320.0，533.0，-800.0），如图7-141所示。

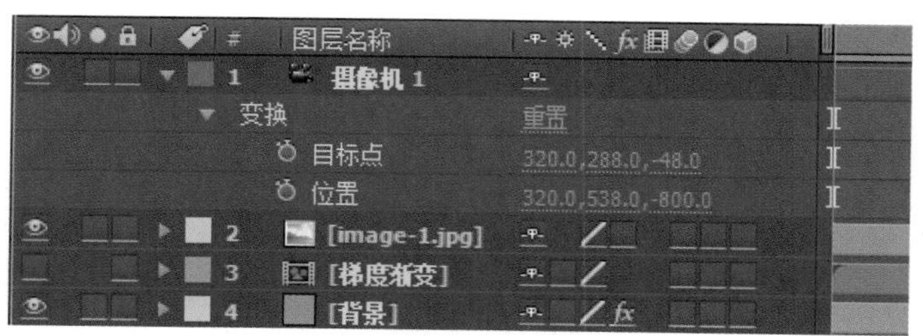

图7-141 创建摄像机层并设置位置

5 选择image-1.jpg图片层，为其添加一个爆炸效果。选择菜单命令"效果"/"模拟"/"碎片"，设置"视图"模式为"已渲染"，在该下拉列表中可以选择爆炸效果的显示方式，"已渲染"方式显示效果最终效果；"线框"方式以线框显示爆炸效果，在这种方式下刷新速度将大幅提升；在"线框+作用力"方式下，系统在合成图像窗口中显示爆炸的受力状态。

6 展开"形状"选项，设置"图案"为"正方形"，"重复"为40.00，"凸出深度"为0.05。在"形状"选项参数栏中可以对爆炸产生的碎片状态进行设置。可以指定合成图像中的一个层影响碎片的形状。在"自定义碎片图"下拉列表中可以指定目标，要使用定制形状，必须在"图案"下拉列表中选择"自定义"，如图7-142所示。

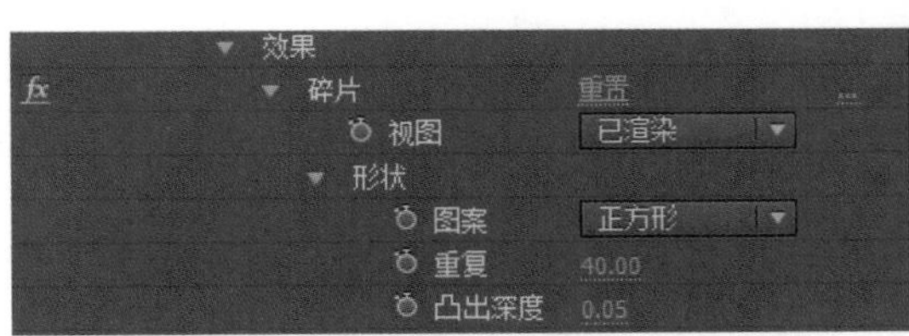

图7-142 制作爆炸效果1

7 展开“作用力 1”选项，设置“深度”为0.20，“半径”为2.00，“强度”为6.00。“作用力1/2”允许在“碎片”效果中指定两个力场，在默认情况下，系统只使用“作用力 1”，“位置”参数控制力的位置，即产生爆炸的位置。在“线框+作用力”或“线框正视图+作用力”显示模式下，系统可以显示目标的受力状态；“深度”可以控制力的深度，即力在z轴上的位置。“半径”可以控制力的半径，半径越大，目标受力面积也就越广；“强度”可以控制力的强度，数值越高，碎片飞散得越远，当参数为负值时，飞散的方向与正值相反，当强度为0时，不产生爆炸碎片，如图7-143所示。

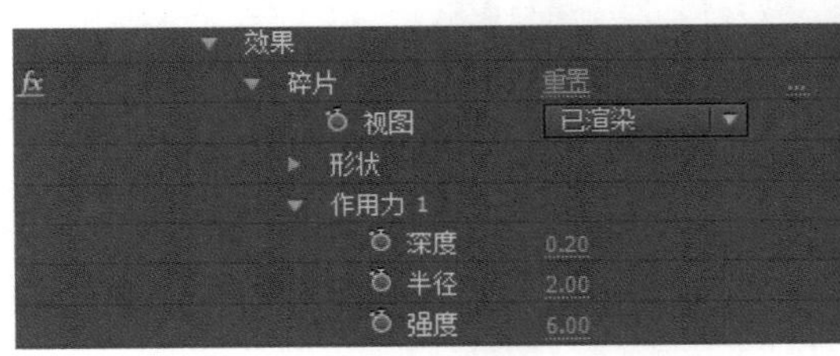

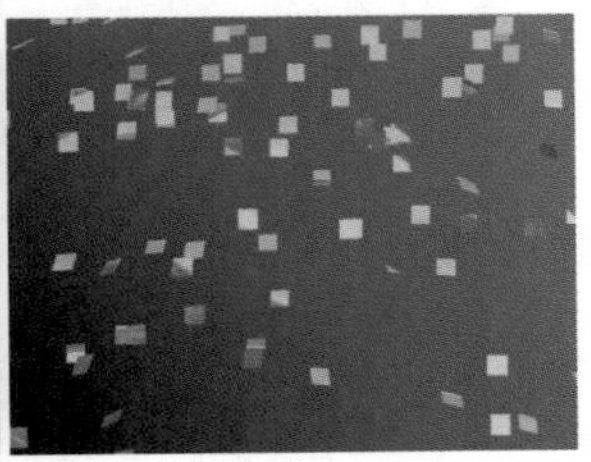

图7-143 制作爆炸效果2

8 展开“渐变”选项，设置渐变层为“梯度渐变”层，打开反转渐变；将时间滑块移动到1秒12帧位置，打开前面的码表，设置1秒12帧位置“碎片阈值”为0%，如图7-144所示。

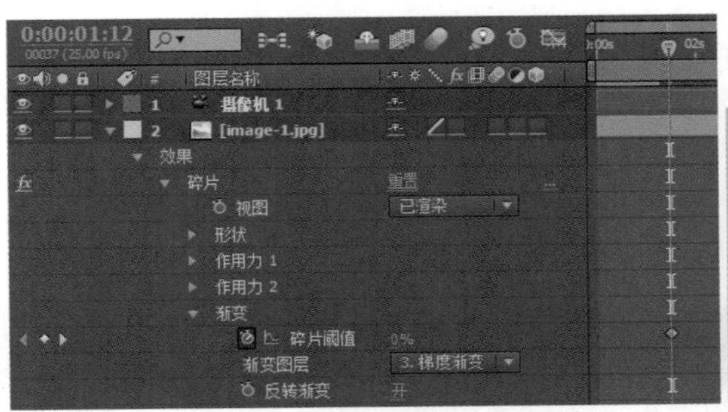

图7-144 制作爆炸动画1

9 在3秒12帧位置“碎片阈值”为100%，如图7-145所示。

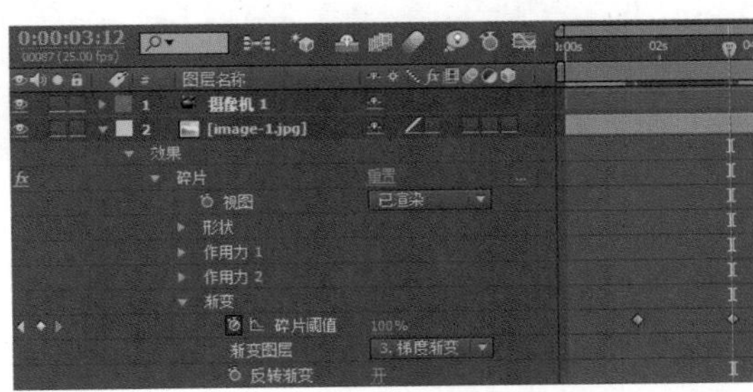

图7-145 制作爆炸动画2

10 展开“物理学”选项，设置“旋转速度”为0.00，“随机性”为0.20，“黏度”为0.00，“大规模方差”为20%，“重力”为6.00，“重力方向”为（0，90.0°），“重力倾向”为80.00，如图7-146所示。

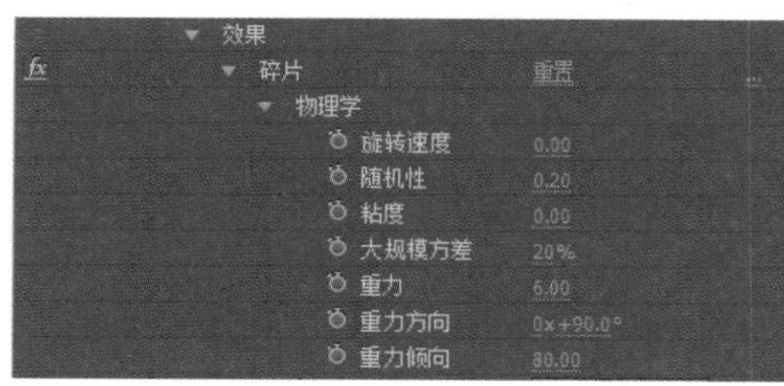

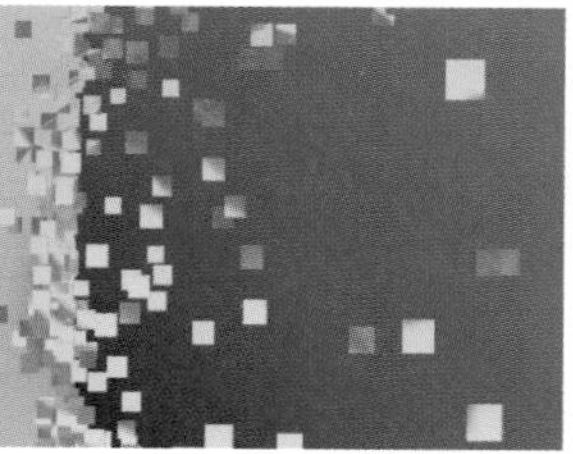

图7-146　设置爆炸碎片

11 设置“摄像机系统”为“合成摄像机”，如图7-147所示。

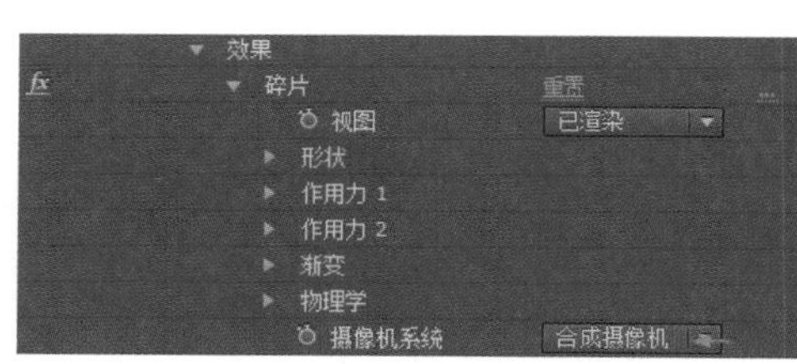

图7-147　设置爆炸摄像机

> 提示
>
> 在“视图”下拉列表中可以选择爆炸效果的显示方式。“已渲染”方式显示最终效果；“线框”方式以线框显示爆炸效果，在这种方式下刷新速度将大幅提升；在“线框+作用力”方式下，系统在合成图像窗口中显示爆炸的受力状态。选择“摄像机位置”方式后，由“摄像机位置”参数栏控制摄像机的位置、旋转及缩放等参数，“*x*/*y*/*z*轴旋转”参数控制摄像机中*x*、*y*、*z*轴上的旋转角度，“X/Y/Z位置”参数则控制摄像机在三维空间中的位置属性。“边角定位”方式由“边角定位”参数栏控制摄像机的位置、旋转及缩放等参数。“合成摄像机”方式则由合成图像中的摄像机进行控制，当图层为3D层时，建议使用“合成摄像机”方式，需要注意的是，使用这种方式时，合成中必须已经建立了摄像机。

12 查看爆炸效果，如图7-148所示。

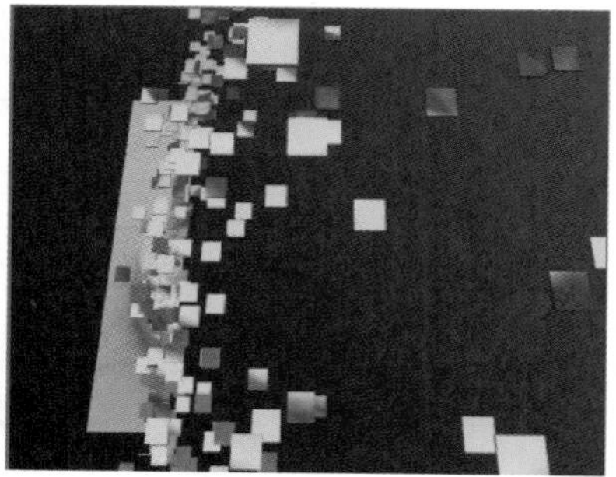

图7-148　爆炸动画效果

4. 合成彩色光芒层

1 在“项目”面板中选择“分形杂色”合成，将其拖放到“碎片”时间轴的顶层，打开它的三维开关，图层模式设为“相加”。展开“分形杂色”层的“变换”选项，设置“锚点”为（0.0，288.0，0.0），“方向”为（0.0°，90.0°，

0.0°）；然后设置动画如下：设置“位置”在1秒12帧为（720.0，288.0，0.0），3秒12帧为（0.0，288.0，0.0）；设置“不透明度”在1秒07帧为0%，在1秒12帧位置为100%，在3秒12帧位置为100%，在3秒16帧位置为0%，如图7-149所示。

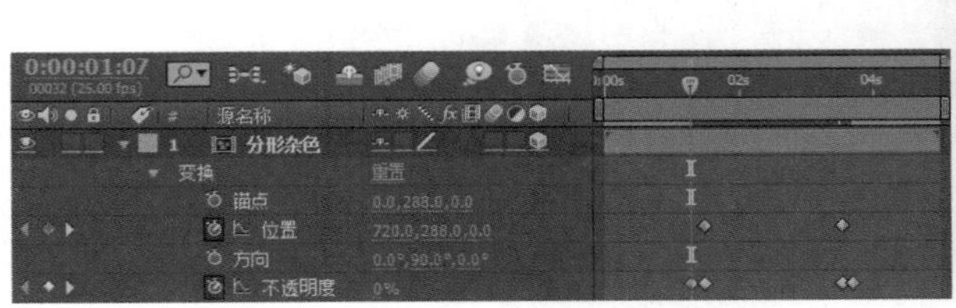

图7-149　设置光芒动画

2 选择菜单命令“图层”/“新建”/“纯色”，新建一个“纯色”层，命名为“发光”，打开它的三维开关，在预览窗口中打开安全框作为参照，使用钢笔工具，在“纯色”层中间位置绘制一个竖线条“蒙版 1”；然后选择菜单命令“效果”/“生成”/“描边”，设置“路径”为“蒙版 1”，“画笔大小”为5.0，“画笔硬度”为100%，设置“绘画样式”为“在透明背景上”，如图7-150所示。

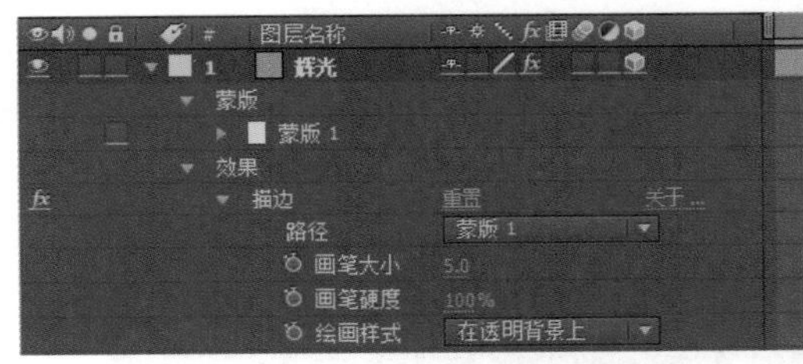

图7-150　设置“发光”线条描边

提示

“描边”效果可以沿指定的路径产生描边效果，可以通过设置关键帧动画模拟书写或绘画效果。“路径”可以选择一条用于产生描边效果的路径，该路径可以是封闭的，也可以是开放的。“颜色”可以指定描边颜色。“画笔大小”可以控制描边笔触大小。“画笔硬度”可以设置描边笔触的软硬效果。“不透明度”选项控制描边笔触的不透明度。“起始”为笔触描边的开始点，“结束”为笔触描边的结束点。“间距”控制笔触段的间距。“绘画样式”可以指定笔触的应用对象。

3 展开“发光”层的“变换”选项，设置动画关键帧如下：“位置”在1秒12帧为（720.0，288.0，0.0），3秒12帧为（0.0，288.0，0.0）；“不透明度”在第1秒07帧为0%，1秒12帧为100%，3秒12帧为100%，3秒16帧为0%，如图7-151所示。

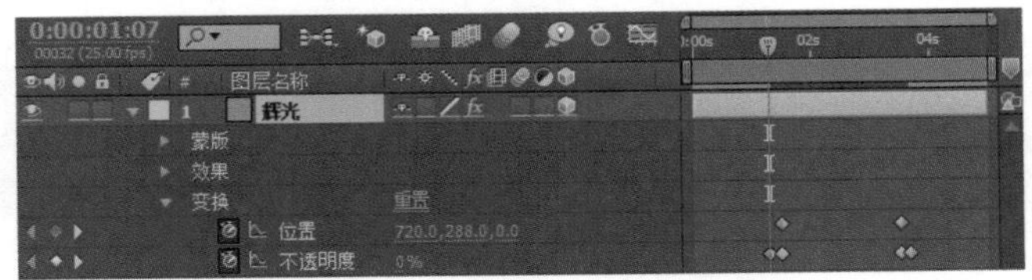

图7-151　制作“发光”线条变换属性动画

4 为增强效果，为“发光”层添加一个发光效果。选择菜单命令“效果”/“风格化”/“发光”，设置“发光半径”为40.0，“发光强度”为4.0，“发光颜色”为“A和B颜色”，“颜色A”的RGB为（0，210，255），“颜色B”的RGB为（0，255，0），“发光维度”为“水平”，如图7-152所示。

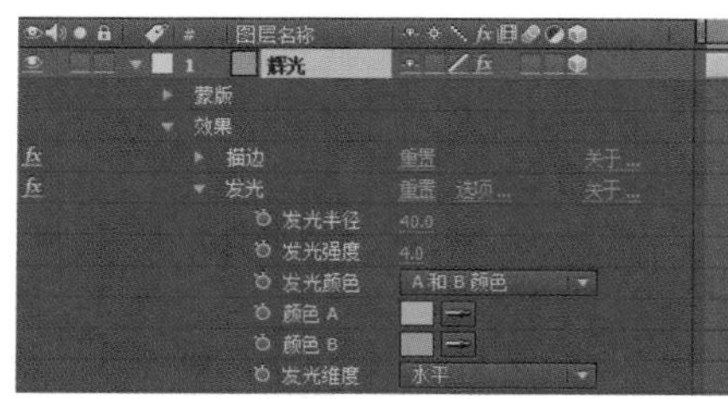

图7-152　添加发光效果

5. 制作摄像机运动动画

1 选择菜单命令“图层”/“新建”/“纯色”，新建一个“纯色”层，命名为“摄像机调整”，“纯色”层的尺寸与合成尺寸一致，在时间轴面板中关闭其显示，并打开三维开关。

2 选择“摄像机 1”层，在时间轴面板的“父级”栏中，将“摄像机 1”层设置为“摄像机调整”层，这样“摄像机 1”层就与“摄像机调整”层产生父子关系，调整“摄像机调整”层的位置、旋转等参数，也会影响到“摄像机 1”层的相关属性。展开“摄像机调整”层的“变换”选项，设置“方向”为（90.0°，0.0°，0.0°）；将时间滑块移动到1秒12帧位置，设置“*y*轴旋转”为0.0°，将时间滑块移动到5秒位置，设置“*y*轴旋转”为（0，120.0°）。

3 选择“摄像机 1”层，将时间滑块移动到0帧位置，打开“位置”前面的码表，设置在0帧“位置”为（320.0，-800.0，0.0），1秒18帧“位置”为（320.0，-560.0，-250.0），5秒“位置”为（320.0，-560.0，-800.0），如图7-153所示。

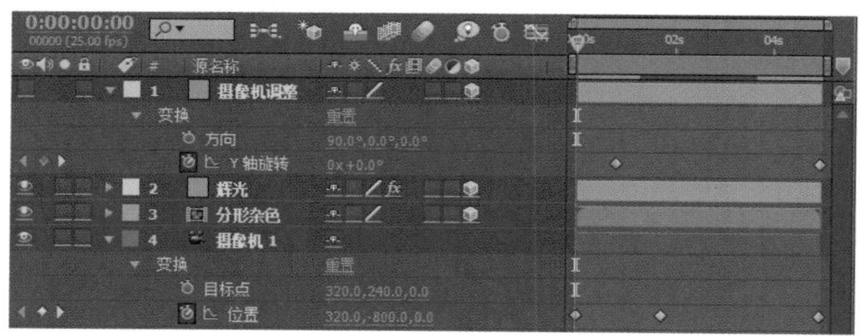

图7-153　制作摄像机动画

6. 最终合成

1 选择菜单命令“合成”/“新建合成”（快捷键Ctrl+N），新建一个“最终效果”合成，“预设”使用PAL D1/DV，“持续时间”为5秒。

2 将Shatter合成拖放到“最终效果”合成时间轴中，选择菜单命令图层/时间/启用激活时间重映射，这时时间轴上会自动产生两个关键帧，使用选择并移动工具，分别选择两个关键帧，将第一个关键帧移动到结束位置，将结束位置的关键帧移动到开始位置。这样就完成了倒放效果的制作，如图7-154所示。

图7-154　制作倒放效果

3 选择菜单命令“效果”/Trapcode/Starglow（星光），为“碎片”合成添加一个星光效果，设置“预设”为Warm Heaven 2，展开Pre-Process选项，将时间滑块移动到0帧位置，打开Threshold前面的码表，设置第1秒为100，第2秒为300，如图7-155所示。

4 这样整个动画就制作完成。按小键盘上的0键就可以预览到最终效果。

图7-155 添加星光效果

技术回顾

本例主要介绍使用“分形杂色”制作彩色光芒，使用模拟效果的“碎片”滤镜制作图像爆炸的效果，再利用After Effects强大的三维功能，将制作完成的彩色光芒合并到场景中，最后制作摄像机动画及倒放效果。

举一反三

通过上面介绍的制作方法，改变爆炸的碎片类型和动画，并使用“蒙版”工具修正彩色光芒过长的问题，以制作一个由星形汇集成图片的效果。具体参数可以参考练习的工程方案，效果如图7-156所示。

图7-156 实例效果

7.9 滑竿动画

技术要点	位移动画及摄像机动画	制作时间	20分钟
项目路径	\chap59\滑竿动画.aep	制作难度	★★★★

实例概述

本例首先制作文字层的模板，然后将所需的LOGO导入到时间轴中，展开“变换”选项，利用关键帧选项设置其位置动画及旋转动画，并按照同样的方法制作各种动画形式，然后将它们添加到一个合成时间轴中，并设置摄像机动画，效果如图7-157所示。

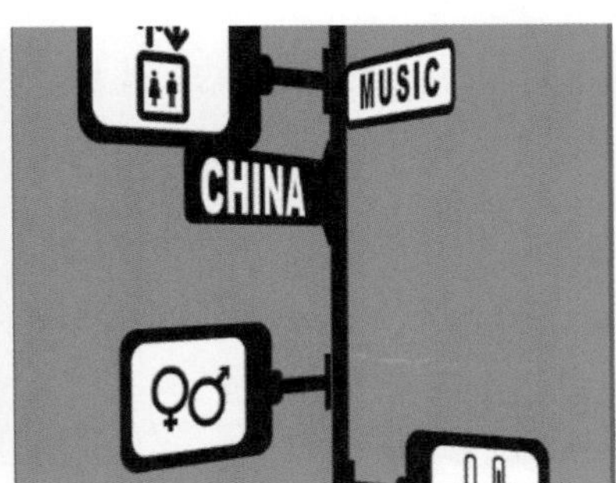

图7-157 实例效果

制作步骤

1. 制作文字图形

1 启动After Effects软件，选择菜单命令“合成”/“新建合成”（快捷键Ctrl+N），新建一个合成，命名为“文字A”，“预设”使用PAL D1/DV，“持续时间”为5秒。

2 选择菜单命令“图层”/“新建”/“纯色”，新建一个黑色的“纯色”层，单击合成视图窗口下方的▩按钮，显示透明背景，选择钢笔工具，在“纯色”层上绘制一个“蒙版”图形，如图7-158所示。

3 选择文字编辑工具，在屏幕上输入CHINA，设置文字的字体为Arial Black，文字的颜色为白色，文字尺寸为96，文字间距为19；使用选择并移动工具，将文字移动到黑色“纯色”层上，如图7-159所示。

图7-158 绘制“蒙版”

图7-159 创建文字层

4 选择菜单命令“合成”/“新建合成”（快捷键Ctrl+N），新建一个“文字B”合成，“预设”为PAL D1/DV，“持续时间”为5秒。

5 选择菜单命令“图层”/“新建”/“纯色”，新建一个黑色“纯色”层，使用矩形绘制工具，在“纯色”层上绘制一个圆角矩形。

6 选择“纯色”层，按快捷键Ctrl+D将“纯色”层复制一层，选择菜单命令“图层”/“纯色设置”，将“纯色”层的颜色设置为白色，然后缩小一些，如图7-160所示。

7 选择文字编辑工具，在屏幕上输入MUSIC，设置文字的字体为Arial Black，文字的颜色为黑色，文字尺寸为118，文字间距为162，使用选择并移动工具，将文字移动到“纯色”层上，如图7-161所示。

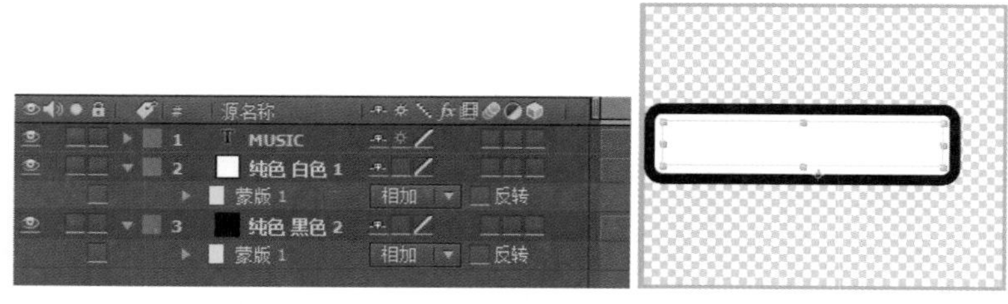

图7-160 复制“纯色”层

图7-161 创建文字层

2. 制作片段A

1 选择菜单命令“合成”/“新建合成”（快捷键Ctrl+N），新建一个“片段A”合成，“预设”使用“自定义”，“宽度”为1024，“高度”为576，“像素长宽比”为D1/DV PAL，“持续时间”为3秒。

2 选择菜单命令“图层”/“新建”/“纯色”，新建一个“纯色”层作为背景，单击“制作合成大小”按钮，自动将“纯色”层的大小设置成合成的大小，设置“纯色”层的颜色为RGB（0，126，178）。

3 选择菜单命令“图层”/“新建”/“纯色”，再新建一个“纯色”层作为滑竿图形。单击“制作合成大小”按钮，自动将“纯色”层的大小设置成合成的大小，设置“纯色”层的颜色为黑色；展开“纯色”层的“变换”选项，设置“缩放”为（2.0，100.0%），如图7-162所示。

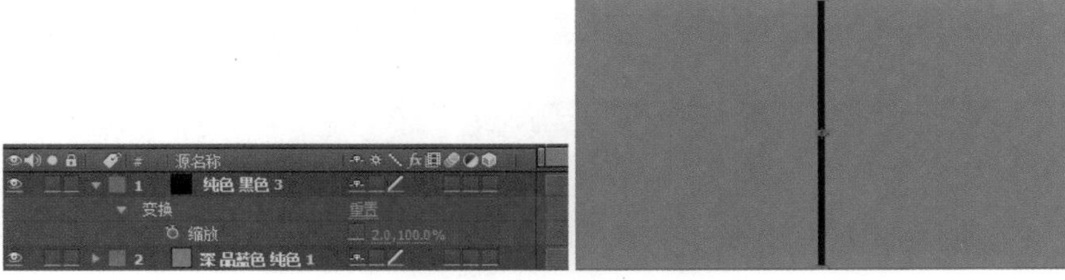

图7-162 建立背景和滑竿图形

4 在“项目”面板中导入LOGO1.ai至LOGO9.ai这9个图片文件，将LOGO1.ai、LOGO2.ai和LOGO9.ai拖放到时间轴面板，并打开三维开关。

5 选择刚拖入的三个文件，展开“变换”选项，分别设置“锚点”、“位置”和“缩放”，如图7-163所示。

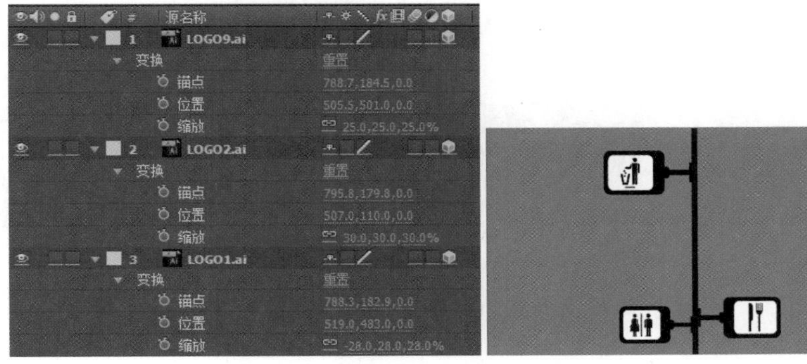

图7-163 调整层的位置

提示

“锚点”是对象旋转或缩放的坐标中心，随着轴心点的位置不同，对象的运动状态也会发生变化。例如，一个旋转的球，当轴心点在球的中心位置时，为其应用旋转，球沿轴心点自转；当轴心点在球外时，球则以轴心点为圆心，做圆形运动。After Effects可以通过两种方法改变对象的轴心点：以数字方式改变轴心点位置，选择要改变的轴心点的对象，按A键打开其“锚点”属性；也可以使用工具栏中的轴心点工具改变轴心点位置。

6 选择LOGO1.ai层，展开该层的“变换”选项，将时间滑块移动到1秒15帧位置，打开“位置”和“*y*轴旋转”选项前面的码表，设置1秒15帧 “位置”为（519.0，483.0，0.0），“*y*轴旋转”为（0，0.0°）；将时间滑块移动到2秒12帧位置，设置“位置”为（505.0，483.0，0.0），“*y*轴旋转”为（0，180.0°），如图7-164所示。

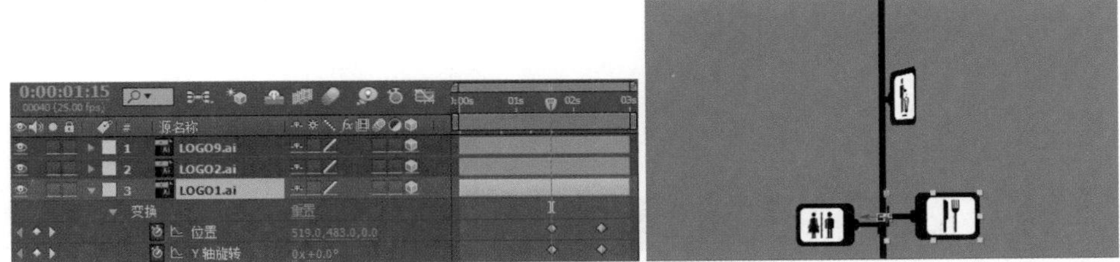

图7-164 制作层动画1

7 选择LOGO2.ai层，展开该层的“变换”选项，将时间滑块移动到0帧位置，打开“位置”选项前面的码表，设置0帧位置为（507.0，110.0，0.0），将时间滑块移动到1秒位置，设置“位置”为（507.0，225.0，0.0）；将时间滑块移动到1秒位置，打开“*y*轴旋转”前面的码表，设置1秒位置为（0，0.0°），2秒位置为（0，-180.0°），如图7-165所示。

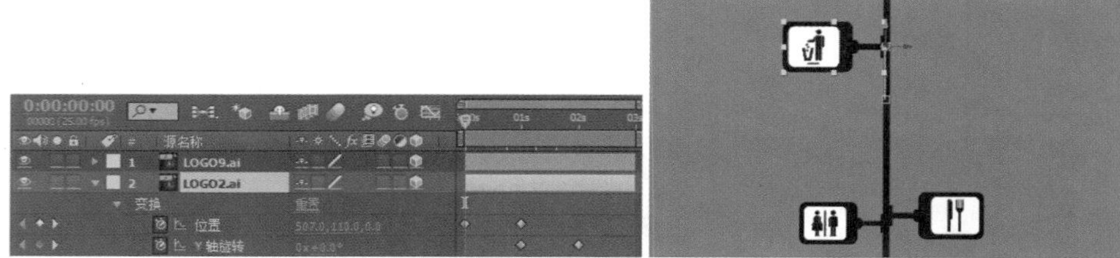

图7-165　制作层动画2

8 选择LOGO9.ai层，展开该层的“变换”选项，将时间滑块移动到1秒15帧位置，打开“位置”和“y轴旋转”选项前面的码表，设置1秒15帧　“位置”为（505.5，501.0，0.0），“y轴旋转”为（0，0.0°）；将时间滑块移动到2秒12帧位置，设置“位置”为（517.5，501.0，0.0），“y轴旋转”为（0，-180.0°），如图7-166所示。

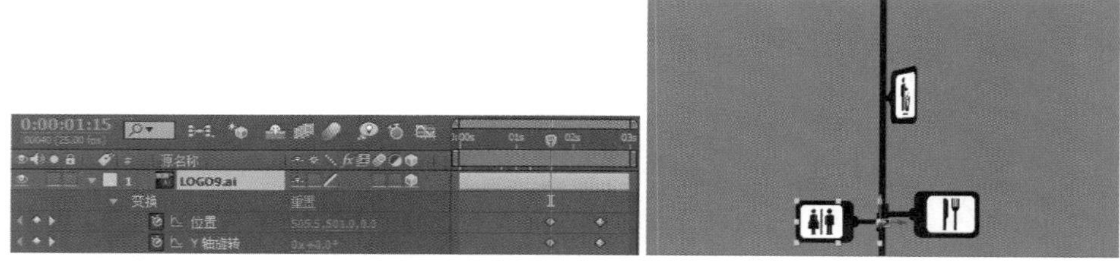

图7-166　制作层动画3

9 在“项目”面板中选择“文字A”和“文字B”，拖放到时间轴面板，打开图层的三维开关，选择“文字A”层，展开“变换”选项，设置“锚点”为（711.1，285.9，0.0），“缩放”为（47.0，47.0，47.0%）；将时间滑块移动到1秒位置，打开“位置”和“y轴旋转”前面的码表，设置1秒时“位置”为（505.0，253.0，0.0），“y轴旋转”为（0，90.0°），2秒位置“y轴旋转”为（0，0.0°），2秒7帧时“位置”为（505.0，145.0，0.0），如图7-167所示。

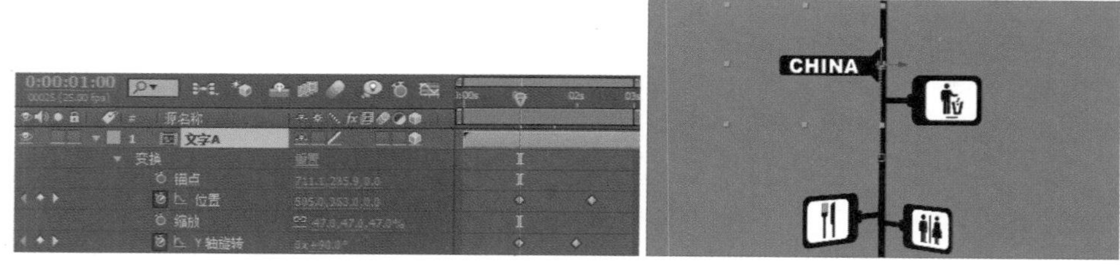

图7-167　制作层动画4

10 选择“文字B”层，展开“变换”选项，设置“锚点”为（12.2，280.9，0.0），“位置”为（521.0，358.0，0.0），“缩放”为（37.0，37.0，37.0%）；将时间滑块移动到1秒6帧位置，打开“y轴旋转”前面的码表，设置1秒6帧位置“y轴旋转”为（0，-90.0°），2秒8帧位置为（0，0.0°），如图7-168所示。

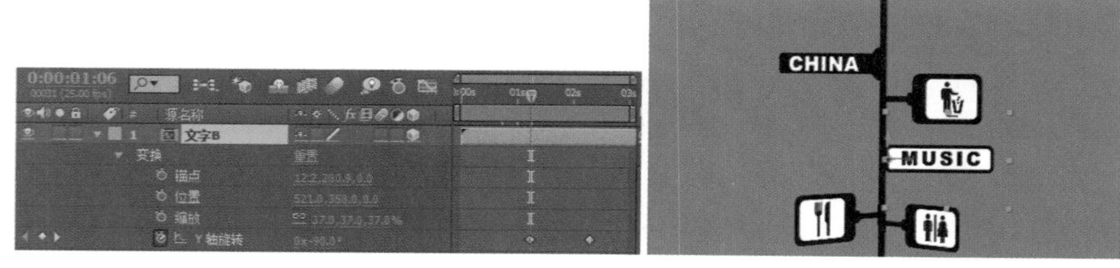

图7-168　制作层动画5

3. 制作片段B

1 选择菜单命令“图层”/“新建”/“纯色”，新建一个合成，命名为“片段B”，“预设”使用“自定义”，“宽度”为1024，“高度”为576，“像素长宽比”为D1/DV PAL，“持续时间”为3秒。

2 选择菜单命令“图层”/“新建”/“纯色”，新建一个“纯色”层，单击“制作合成大小”按钮，自动将“纯色”层的大小设置成合成的大小，设置“纯色”层的颜色为RGB（232，104，0）。

3 选择菜单命令“图层”/“新建”/“纯色”，新建一个“纯色”层，单击“制作合成大小”按钮，自动将“纯色”层的大小设置成合成的大小，设置“纯色”层的颜色为黑色；展开“纯色”层的“变换”选项，设置“缩放”为（2.0，100.0%）。

4 选择LOGO3.ai、LOGO6.ai和LOGO7.ai文件，拖放到时间轴面板，并打开三维开关。选择刚拖入的三个文件，展开“变换”选项，分别设置“锚点”、“位置”和“缩放”，如图7-169所示。

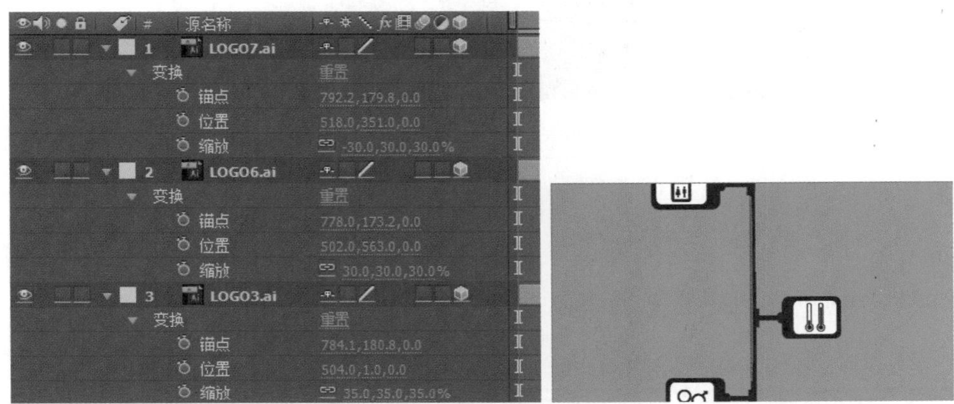

图7-169　设置层的位置

5 选择LOGO3.ai层，展开该层的“变换”选项，将时间滑块移动到0帧位置，打开“位置”选项前面的码表，设置0帧位置为（504.0，1.0，0.0），将时间滑块移动到1秒位置，设置“位置”为（504.0，146.0，0.0）；将时间滑块移动到1秒位置，打开“*y*轴旋转”前面的码表，设置1秒位置为（0，0.0°），2秒位置为（0，-180.0°），如图7-170所示。

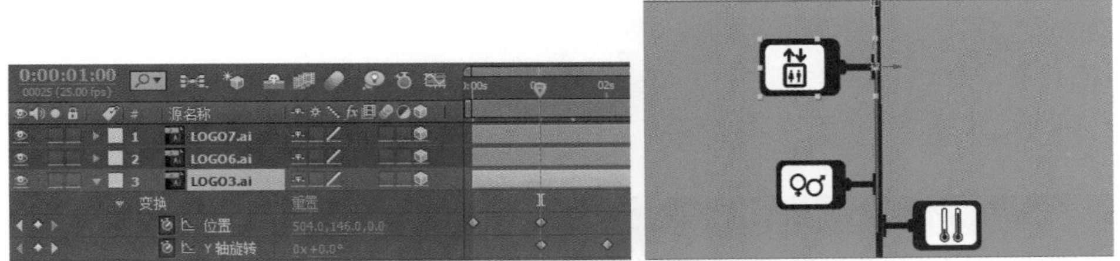

图7-170　制作层动画1

6 选择LOGO6.ai层，展开该层的“变换”选项，将时间滑块移动到0帧位置，打开“位置”选项前面的码表，设置0帧位置为（502.0，563.0，0.0），将时间滑块移动到1秒位置，设置“位置”为（502.0，408.0，0.0）；将时间滑块移动到1秒位置，打开“*y*轴旋转”前面的码表，设置1秒位置为（0，0.0°），2秒位置为（0，-180.0°），如图7-171所示。

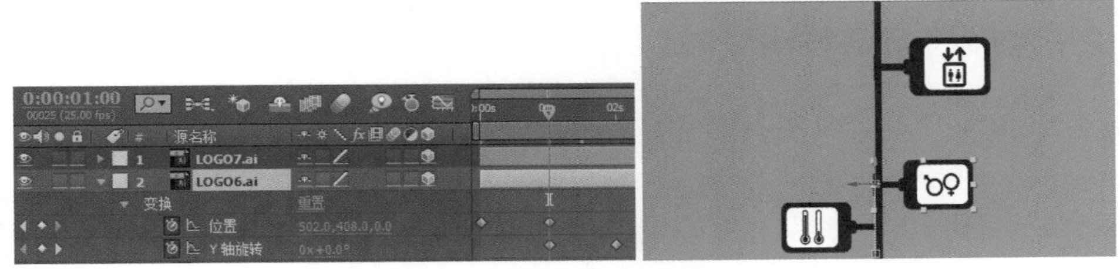

图7-171　制作层动画2

7 选择LOGO7.ai层，展开该层的“变换”选项，将时间滑块移动到0帧位置，打开“位置”选项前面的码表，设置0帧位置为（518.0，531.0，0.0），将时间滑块移动到1秒位置，设置“位置”为（518.0，504.0，0.0）；将时间滑块移动到1秒位置，打开“y轴旋转”前面的码表，设置1秒位置为（0，0.0°），2秒位置为（0，180.0°），如图7-172所示。

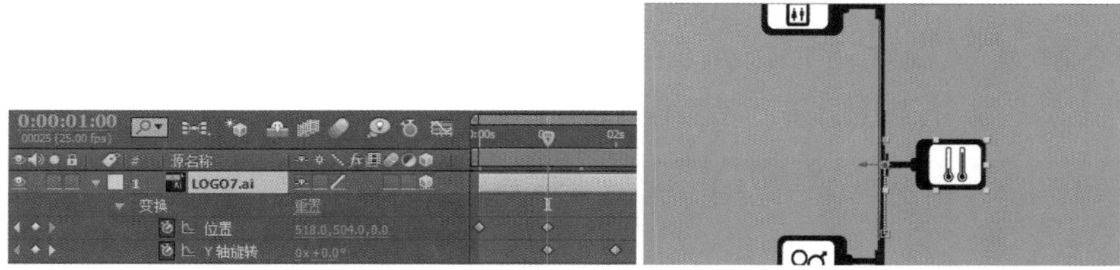

图7-172 制作层动画3

8 在“项目”面板中选择“文字A”和“文字B”，拖放到时间轴面板，打开图层的三维开关，选择“文字A”层，展开“变换”选项，设置“锚点”为（719.3，284.6，0.0），“缩放”为（59.0，59.0，59.0%）；将时间滑块移动到1秒位置，打开“位置”和“y轴旋转”前面的码表，设置1秒时“位置”为（508.0，278.0，0.0），“y轴旋转”为（0，-90.0°），2秒时“位置”为（508.0，120.0，0.0），“y轴旋转”为（0，0.0°），如图7-173所示。

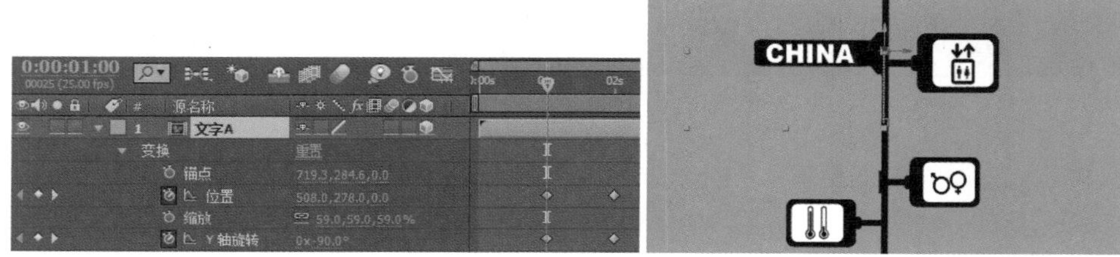

图7-173 制作层动画4

9 选择“文字B”层，展开“变换”选项，设置“锚点”为（0.0，288.0，0.0），“缩放”为（35.0，35.0，35.0%）；将时间滑块移动到1秒位置，打开“位置”和“y轴旋转”前面的码表，设置1秒时“位置”为（518.0，130.0，0.0），“y轴旋转”为（0，90.0°），2秒时“位置”为（518.0，265.0，0.0），“y轴旋转”为（0，0.0°），如图7-174所示。

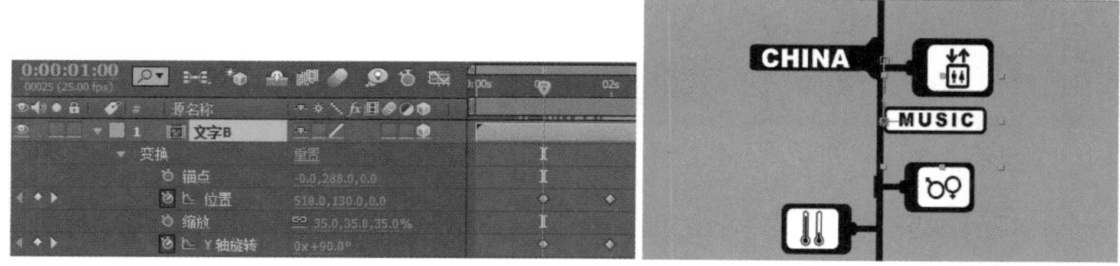

图7-174 制作层动画5

4. 制作片段C

1 选择菜单命令“合成”/“新建合成”（快捷键Ctrl+N），新建一个合成，命名为“片段C”，“预设”使用“自定义”，“宽度”为1024，“高度”为576，像素长宽比为D1/DV PAL，“持续时间”为3秒。

2 选择菜单命令“图层”/“新建”/“纯色”，新建一个“纯色”层，单击“制作合成大小”按钮，自动将“纯色”层的大小设置成合成的大小，设置“纯色”层的颜色为RGB（232，71，0）。

3 选择菜单命令“图层”/“新建”/“纯色”，新建一个“纯色”层，单击“制作合成大小”按钮，自动将“纯色”层的大小设置成合成的大小，设置“纯色”层的颜色为黑色；展开“纯色”层的“变换”选项，设置“缩放”为（-2.0，100.0）。

4 选择LOGO4.ai、LOGO5.ai和LOGO8.ai文件，拖放到时间轴面板，并打开三维开关。选择刚拖入的三个文件，展开“变换”选项，分别设置“锚点”、“位置”和“缩放”，如图7-175所示。

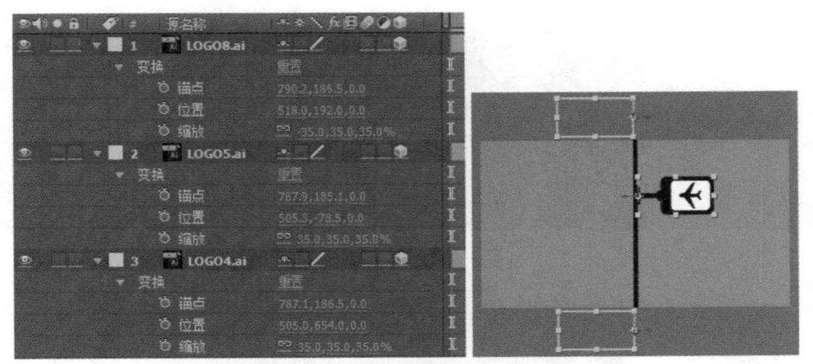

图7-175 设置层的位置

5 选择LOGO4.ai层，展开该层的“变换”选项，将时间滑块移动到0帧位置，打开“位置”选项前面的码表，设置0帧位置为（505.0，654.0，0.0），将时间滑块移动到1秒位置，设置“位置”为（505.0，440.0，0.0）；将时间滑块移动到2秒位置，设置“位置”为（517.0，440.0，0.0）；将时间滑块移动到1秒位置，打开“*y*轴旋转”前面的码表，设置1秒位置为（0，0.0°），2秒位置为（0，180.0°），如图7-176所示。

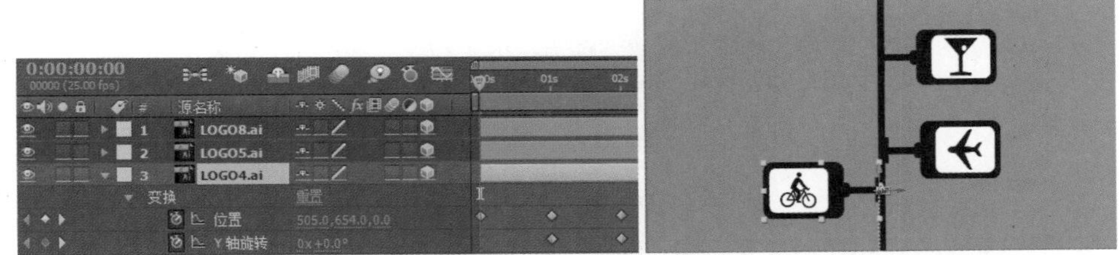

图7-176 制作层动画1

6 选择LOGO5.ai层，展开该层的“变换”选项，将时间滑块移动到0帧位置，打开“位置”选项前面的码表，设置0帧位置为（505.0，-78.5，0.0），将时间滑块移动到15帧位置，设置“位置”为（505.3，123.5，0.0），将时间滑块移动到1秒8帧位置，设置“位置”为（518.3，123.5，0.0）；将时间滑块移动到15帧位置，打开“*y*轴旋转”前面的码表，设置15帧位置为（0，0.0°），1秒位置为（0，-180.0°），如图7-177所示。

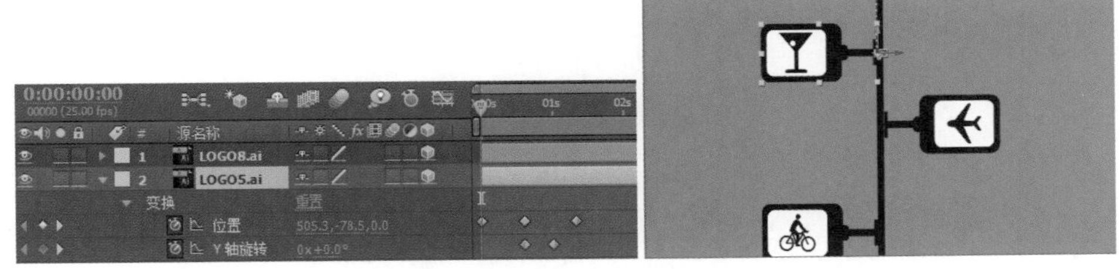

图7-177 制作层动画2

7 选择LOGO8.ai层，展开该层的“变换”选项，将时间滑块移动到0帧位置，打开“位置”选项前面的码表，设置0帧位置为（518.0，192.0，0.0），将时间滑块移动到1秒位置，设置“位置”为（518.0，350.0，0.0），将时间滑块移动到2秒位置，设置“位置”为（50.6，350.0，0.0）；将时间滑块移动到1秒位置，打开“*y*轴旋转”前面的码表，设置1秒位置为（0，0.0°），2秒位置为（0，180.0°），如图7-178所示。

8 在“项目”面板中选择“文字A”和“文字B”，拖放到时间轴面板，打开图层的三维开关，选择“文字A”层，展开“变换”选项，设置“锚点”为(711.1，285.9，0.0)，“缩放”为(47.0，47.0，47.0%)；将时间滑块移动到1秒位置，打开“位置”和“*y*轴旋转”前面的码表，设置1秒时“位置”为(505.0，353.0，0.0)，“*y*轴旋转”为(0，

-90.0°），2秒时“位置”为（505.0，145.0，0.0），“y轴旋转”为（0，0.0°），如图7-179所示。

图7-178　制作层动画3

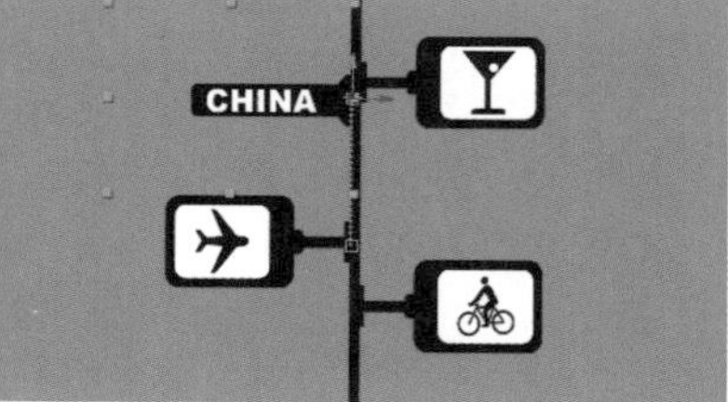

图7-179　制作层动画4

9 选择“文字B”层，展开“变换”选项，设置“锚点”为（12.2，280.9，0.0），“缩放”为（37.0，37.0，37.0%）；将时间滑块移动到1秒位置，打开“位置”和“y轴旋转”前面的码表，设置1秒时“位置”为（521.0，358.0，0.0），“y轴旋转”为（0，-90.0°），2秒时“位置”为（521.0，282.0，0.0），“y轴旋转”为（0，0.0°），如图7-180所示。

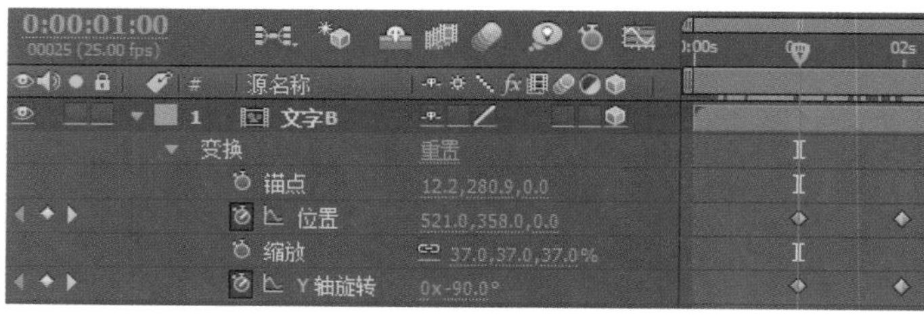

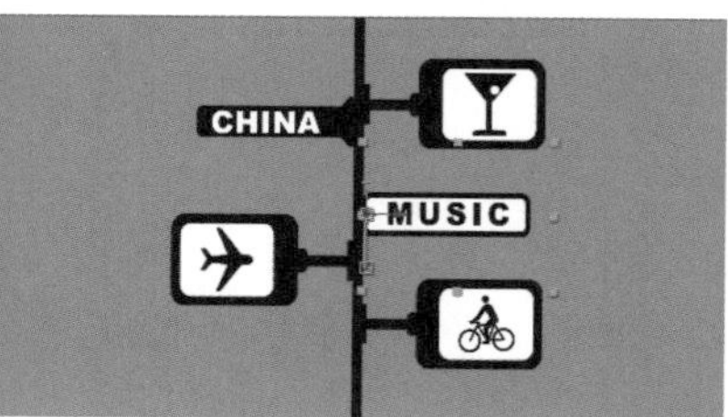

图7-180　制作层动画5

5. 制作最终合成

1 创建一个长度为6秒，制式为PAL D1/DV，尺寸为720×576的合成，并命名为“最终效果”。在“项目”面板中选择“片段A”、“片段B”和“片段C”，将它们拖放到时间轴面板，打开它们的三维开关，将“片段A”的开始位置设置为0帧，展开图层的“变换”选项，设置“位置”为（357.7，257.5，0.0）；将“片段B”的开始位置设置为1秒6帧，展开图层的“变换”选项，设置“位置”为（427.5，822.0，0.0）；“片段C”的开始位置设置为3秒3帧，展开图层的“变换”选项，设置“位置”为（278.2，1395.0，0.0），如图7-181所示。

图7-181　设置图层的开始时间及位置

2 选择菜单命令“图层”/“新建”/“摄像机”，为场景建立一个摄像机，设置“预设”为15mm。

3 设置摄像机动画，将时间滑块移动到0帧位置，展开摄像机层的“变换”选项，打开“目标点”和“位置”前面的码表，设置“目标点”和“位置”分别为（239.5，72.0，2.4）和（242.5，72.0，-100），17帧位置为（350.0，255.0，0.0）和（350.0，255.0，-300.0），1秒13帧位置为（350.0，255.0，0.0）和（350.0，255.0，-300.0），2秒7帧位置为（366.9，835.0，0.0）和（366.9，835.0，-230.0），3秒2帧位置为（603.3，841.0，0.0）和（603.0，841.0，-240.0），3秒20帧位置为（372.0，1076.0，0.0）和（373.5，1140.0，-240.0），4秒10帧位置为（154.5，1376.0，25.0）和（154.5，1376.0，-240.0），5秒20帧位置为（326.0，1362.2，63.5）和（363.5，1363.2，-240.0）。最后选中两个属性的全部关键帧，在关键帧上单击鼠标右键，选择Keyframe “插值”，在打开的对话框中将所有关键帧类型设为Bezier方式，如图7-182所示。

图7-182　制作摄像机动画

> 提示
> 在制作摄像机动画的时候，可以首先在预览窗口中将视图显示为多个视窗，After Effects可以设置四个预览窗口同时显示，每个视窗都采用不同的视图，方便对摄像机的调整，使用选择工具，调整摄像机大致位置，然后展开Transform选项，对其进行细致调整。

4 这样整个动画就制作完成。按小键盘上的0键可以预览到最终效果。

技术回顾

本例主要介绍了After Effects基本的关键帧，通过多关键帧的设置，制作多种LOGO的位移和翻转动画；然后将它们放置到一个合成时间轴中制作动画。本例中的技术难点是制作摄像机的位移动画，在制作的时候需要考虑到素材的长短、位置和自身动画等多种因素。

举一反三

根据上面介绍的方法，在摄像机运动的时候，制作一个线条跟随摄像机运动的动画。需要创建一个大尺寸的“纯色”层，根据摄像机的运动轨迹，在“纯色”层上绘制一个“蒙版”线条，再为线条制作描边效果，并根据摄像机的运动速率调整描边动画。具体参数可以参考练习的工程方案，效果如图7-183所示。

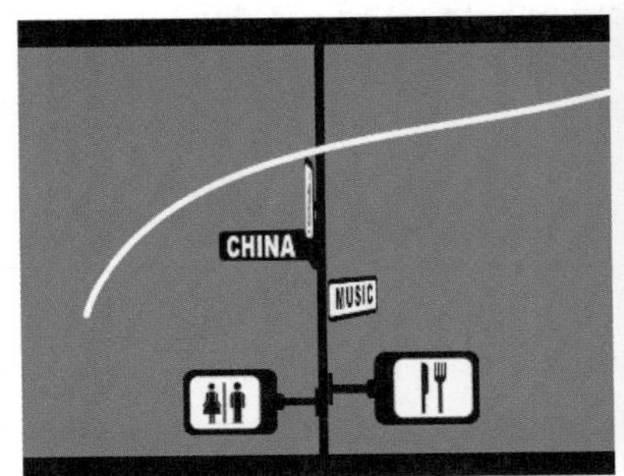

图7-183　实例效果

7.10 立体图片

技术要点	调用由Photoshop CS5 Extended制作的3D场景数据	制作时间	10分钟
项目路径	\chap60\林间小道.aep	制作难度	★★★

实例概述

Adobe After Effects CS5支持Photoshop CS5 Extended的视频样式（Video Layers），以及使用消失点（Vanishing Point）工具制作的3D场景数据。本例就在Photoshop CS5 Extended中使用消失点工具对一张静态图像进行透视网格分割的操作，然后输出到After Effects CS5中再进行透视动画效果的制作，如图7-184所示。

图7-184　实例效果

制作步骤

1. 在Photoshop中制作VPE文件

1 启动Adobe Photoshop软件，打开“林间小道.jpg”文件，如图7-185所示。

2 选择菜单命令“滤镜/消失点”，打开“消失点”操作窗口，在左侧的上部单击第二个工具按钮（创建平面工具），在图像中沿地面上的道路绘制一个平面，调整其透视程度，并将“网格大小”设为200，如图7-186所示。

图7-185　Photoshop界面

图7-186　创建平面1

提示

初次创建平面时，往往需要反复进行若干次的尝试和练习，需要把握合理的透视关系，不宜将透视角度创建得过大。

3 按住Ctrl键，用鼠标在地面平面右侧点按中间的锚点向上拖动，创建一个垂直于地面的平面，如图7-187所示。

4 垂直平面往往并不是合适的角度，可以按住Alt键用鼠标单击右侧平面上部边缘中间的锚点拖动，这样可以旋转这个平面，如图7-188所示。

图7-187 创建平面2

图7-188 创建平面3

5 用同样的方法，按住Ctrl键，用鼠标在右侧平面上部边缘点按中间的锚点向左拖动，这样创建一个垂直平面，如图7-189所示。

6 用同样的方法，配合Alt键旋转新创建的平面，如图7-190所示。

图7-189 创建平面4

图7-190 创建平面5

7 用同样的方法，配合Ctrl键和Alt键创建其余的平面，并将后创建的左下部的平面与最初的地面平面相连接，并保持少量的重叠，如图7-191所示。

8 按住Ctrl键，用鼠标点按地面平面上部边缘中间的锚点向上拖动，创建一个垂直于地面的平面，然后拉伸至合适的大小，如图7-192所示。

图7-191　创建平面6

图7-192　创建平面7

9 建立了各个平面后，单击按钮，选择弹出菜单中的“导出为After Effects所用格式(.vpe)”，如图7-193所示。

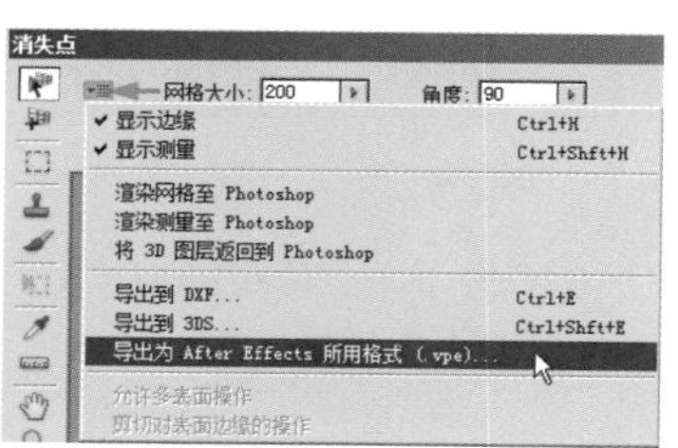

图7-193　导出数据

10 在打开的“导出vpe”窗口中选择保存位置及文件名称，这里命名为“林间小道.vpe”，单击“保存”按钮保存文件。

2. 在After Effects中导入VPE文件

1 启动After Effects软件，自动新建一个项目文件。

2 选择菜单命令“文件”/“导入”/Vanishing Point(.vpe)，在打开的导入vpe文件的窗口中选择前面由Photoshop制作的vpe文件，单击“确定”按钮，将其导入到“项目”面板中，如图7-194所示。

3 在“项目”面板中双击“林间小道.vpe”合成，打开其时间轴，并查看其视图效果，在时间轴中展开“父级”层，对其进行调整，这里将其“z轴旋转”设为-5°，并将合成的“预设”设为PAL D1/DV，如图7-195所示。

图7-194　导入vpe文件

图7-195　调整摄像机的角度

提示

如果导入的图像不太理想，透视角度过大或过小，就要考虑在Photoshop中重新制作并输出vpe文件，然后导入再查看效果。初次操作往往需要尝试几次才能得到较好的效果。

4 单独查看其中的某图层，可以看到原始的画面由分割开的多个部分组成，如图7-196所示。

图7-196　查看其中的图层

5 如果以自定义摄像机视图查看或将其拆分查看，可以看到其在空间的位置关系，如图7-197所示。

图7-197　查看拆分的图层

6 可以在“父级”层设置其动画关键帧来形成空间透视效果的动画。这里将时间滑块移至第0帧处，单击打开“父级”层“变换”下“位置”前面的码表，记录动画关键帧，第0帧时为（100，288，0），第5秒时为（500，288，0），如图7-198所示。

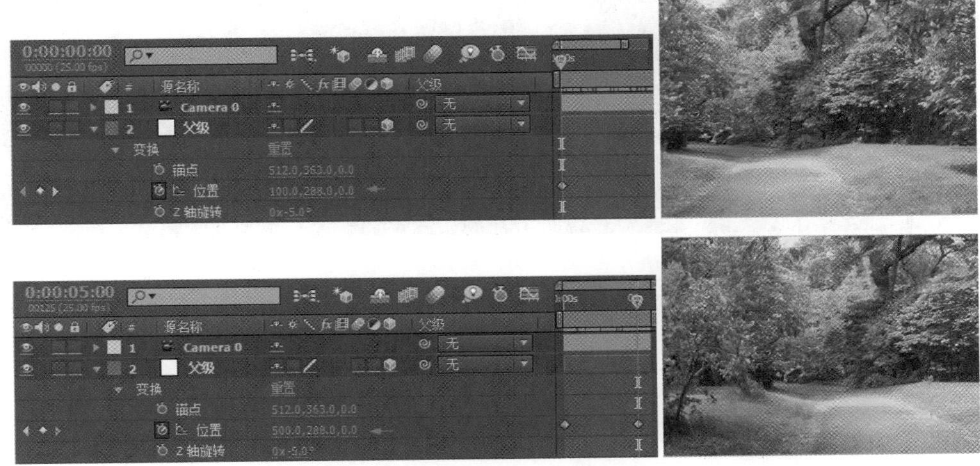

图7-198　设置“父级”层形成透视动画

7 也可以在Camera 0层中设置摄像机动画关键帧来形成空间透视效果的动画。这里按快捷键Ctrl+Z先取消对“父级”层的关键帧设置，将时间滑块移至第0帧处，单击打开Camera 0层“变换”下“位置”前面的码表，记录动画关键帧。第0帧时“位置”为（600，288，-8544.2），第5秒时“位置”为（200，288，-8544.2），如图7-199所示。

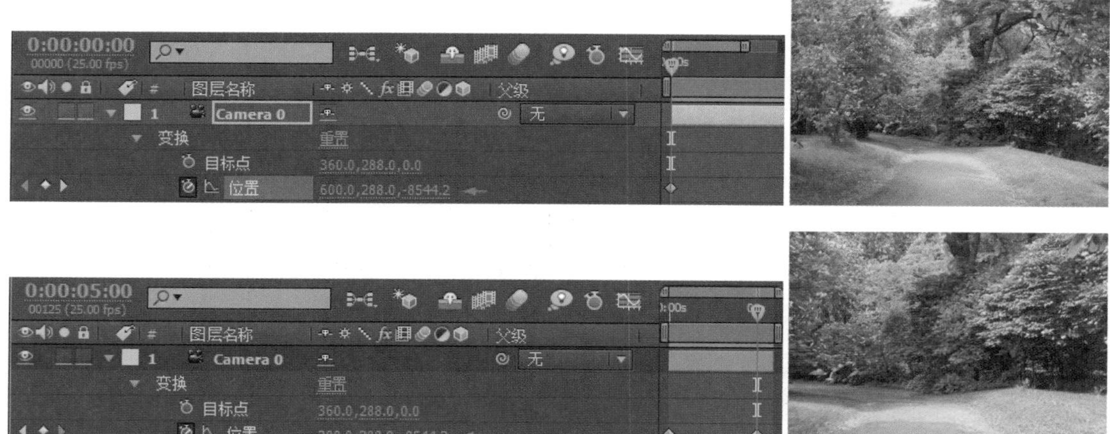

图7-199　设置摄像机形成透视动画

技术回顾

要想实现类似本例中的效果，首先要有进行透视分割的图片，要有足够的清晰度，图片中也不宜有动态的元素，否则在After Effects中制作透视动画效果时场景在移动而场景中的活动元素仍为静止状态。其次在Photoshop中使用消失点工具对图像进行的透视分割至关重要，这也决定了在After Effects中的效果是否理想。最后一点就是在After Effects中调整透视场景的动画时对不足之处要尽量掩饰，毕竟这只是通过一张静态图片得到的效果。

举一反三

根据上面介绍的方法，制作一个静态图片的场景透视动画，具体参数可以参考练习中的项目文件，如图7-200所示。

图7-200　实例效果

7.11 人偶动画

技术要点	人偶动画功能	制作时间	15分钟
项目路径	\chap61\人偶动画.aep	制作难度	★★★

实例概述

人偶动画模块，可以对需要制作类似人偶动画效果的图像添加操控点，使用操作点工具制作人偶动画。本例中对一个分层的卡通小孩图像应用了操控点动画，制作其跳舞的动作，效果如图7-201所示。

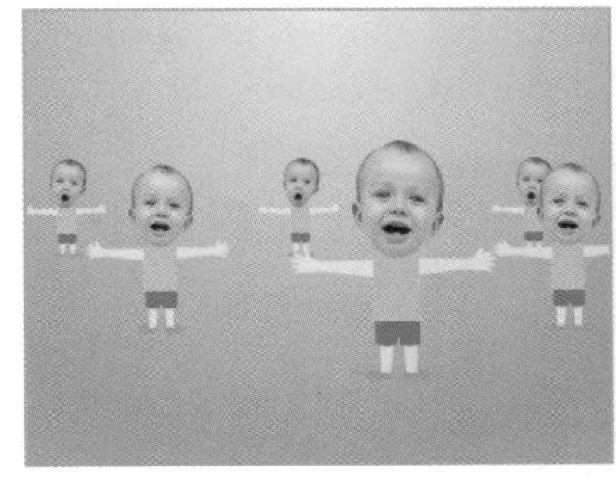

图7-201 实例效果

制作步骤

1. 导入图像

1 启动After Effects软件，自动新建一个项目文件。

2 选择菜单命令“文件”/“导入”/“文件”（快捷键Ctrl+I），打开“导入文件”窗口，从中选择“卡通头像.psd”文件，将“导入为”选择为“合成”，然后单击“打开”按钮，将文件导入到“项目”面板中。

3 选择菜单命令“合成”/“新建合成”（快捷键Ctrl+N），新建一个合成，命名为“动画1”，“预设”使用PAL制式（PAL D1/DV，720×576），“持续时间”为5秒。

4 从“项目”面板中将“头像A/卡通头像.psd”和“身体/卡通头像.psd”拖至“动画1”时间轴中，如图7-202所示。

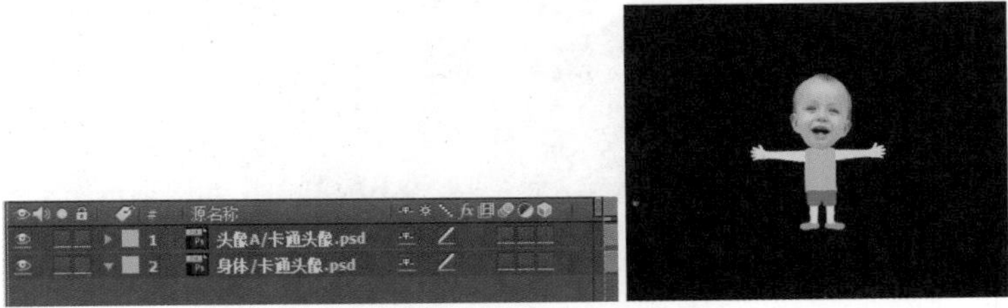

图7-202 放置图像至时间轴

> 提示
> 这里将卡通人物分为“头像A/卡通头像.psd”和“身体/卡通头像.psd”两个图层，是为了方便在后面制作头像的切换效果，也可以在一个图层中进行整体操作。

2. 制作人偶动画

1 在时间轴中选中“身体/卡通头像.psd”层，将时间滑块移至第0帧，在工具栏中选择工具，在图像中的适当位置单击，建立木偶钉，这里依次在画面的如下位置单击建立：左侧的手上、右侧的手上、左侧的肘部、右侧的肘部、身体中心、左侧的膝盖、右侧的膝盖、左侧的脚上和右侧的脚上，如图7-203所示。

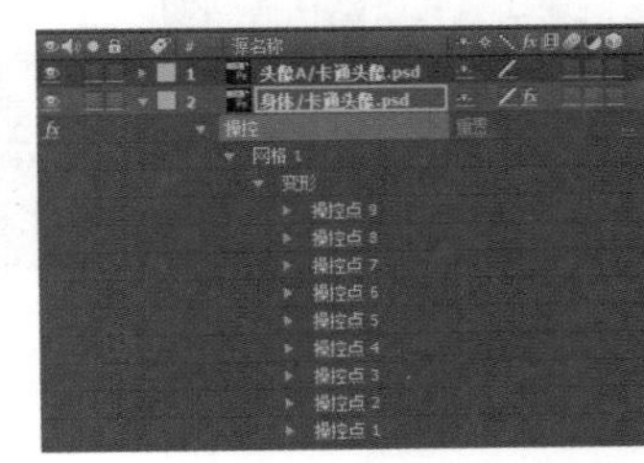
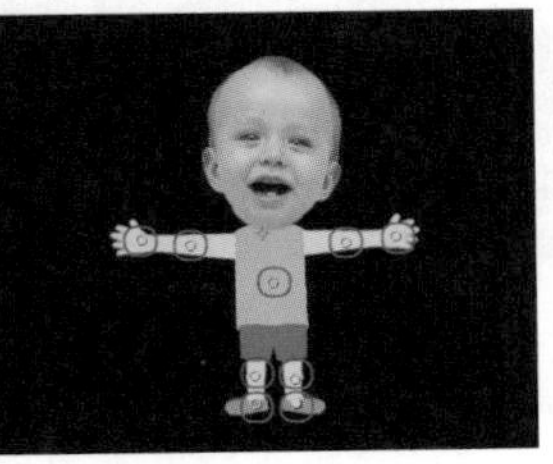

图7-203 使用人偶工具

2 此时在“身体/卡通头像.psd”层中建立了9个操作点，并在第0帧处分别记录了关键帧。将时间滑块移至第1秒处，在画面中移动各个操作点，调整出一个跳舞的姿势。在第0帧和第1秒时各操作点的位置如图7-204所示。

图7-204 调整身体姿势

3 第0帧至第1秒之间的动画效果如图7-205所示。

图7-205 预览动画效果

4 将时间滑块移至第2秒处，在画面中移动各个操作点，调整出跳舞的另一个姿势，如图7-206所示。

图7-206 调整身体姿势

5 框选中第1秒所有关键帧，按快捷键Ctrl+C复制，在第3秒处按快捷键Ctrl+V粘贴。同样框选中第2秒所有关键帧，在第4秒处粘贴，框选中第0帧所有关键帧，在第4秒24帧处粘贴。这样制作小孩左右扭动的跳舞动画，如图7-207所示。

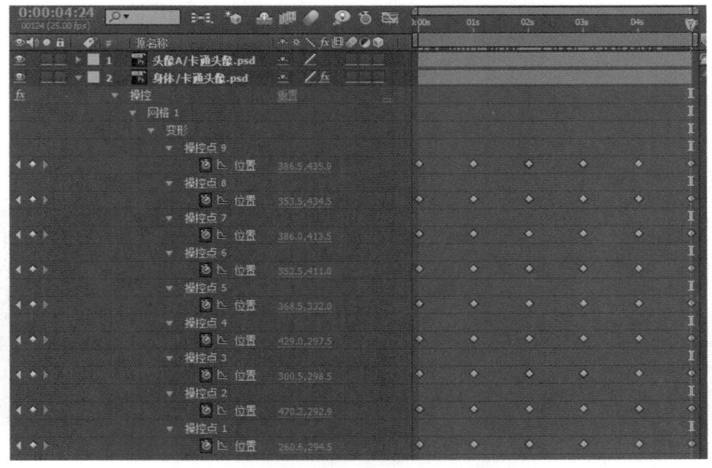

图7-207　复制关键帧

3. 制作头部动画

1 前面在“身体/卡通头像.psd”层上设置了动画，接下来对头部也制作相应的动画效果。选择“头像A/卡通头像.psd”层，在第0帧处单击打开“位置”和“旋转”前面的码表，记录关键帧，第0帧时为默认数值。

2 在第1秒处将“位置”设为（355，300），“旋转”设为-20°，如图7-208所示。

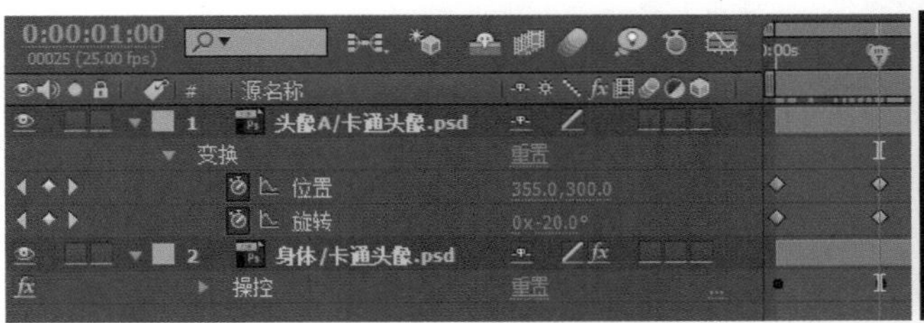

图7-208　调整头部

3 在第2秒处将“位置”设为（365，300），“旋转”设为20°，如图7-209所示。

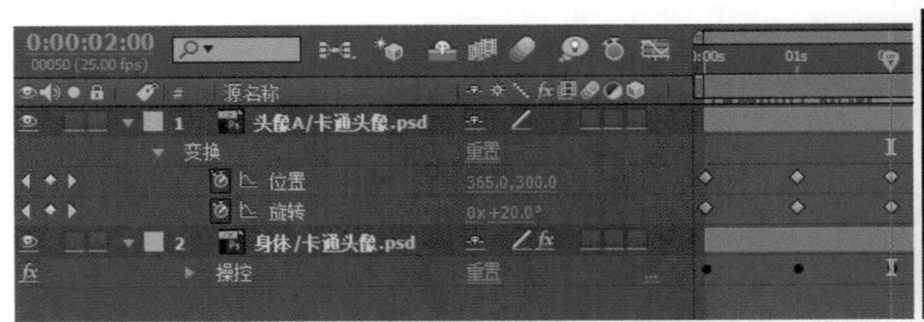

图7-209　调整头部

4 复制第1秒处的两个关键帧，将其粘贴到第3秒处，复制第2秒处的两个关键帧，将其粘贴到第4秒处，复制第0帧处的两个关键帧，将其粘贴到第4秒24帧处，完成头部的动画调整，如图7-210所示。

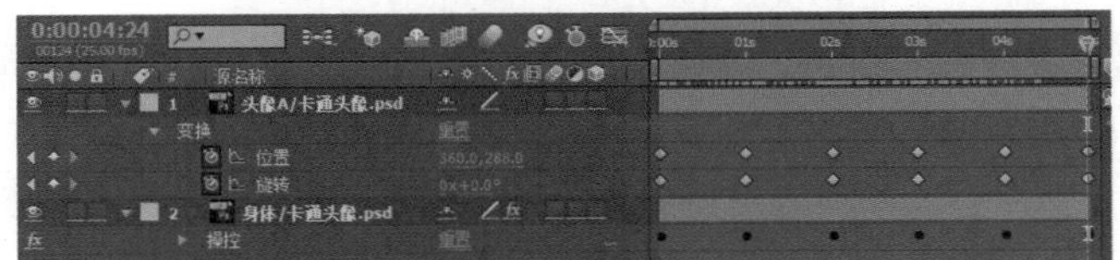

图7-210　复制关键帧

4. 复制动画

1 在“项目”面板中选中“动画1”，按快捷键Ctrl+D复制一份，名称为“动画2”。

2 打开“动画2”时间轴面板，选中“头像A/卡通头像.psd”层，然后在“项目”面板的“卡通头像 Layers”下，按住Alt键的同时将“头像B/卡通头像.psd”拖至“头像A/卡通头像.psd”层上释放，将其替换。替换后的时间轴及效果如图7-211所示。

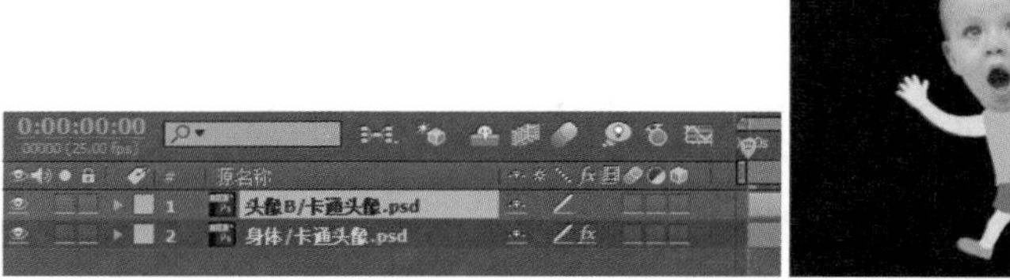

图7-211　替换图层

3 选择菜单命令“合成”/“新建合成”（快捷键Ctrl+N），新建一个合成，命名为“人偶动画”，“预设”使用PAL制式（PAL D1/DV，720×576），“持续时间”为5秒。

4 在“项目”面板中将“动画1”拖至“人偶动画”时间轴中。

5 选择菜单命令“图层”/“新建”/“纯色”（快捷键Ctrl+Y），建立一个“纯色”层。选择菜单命令“效果”/“生成”/“梯度渐变”，为其添加一个“梯度渐变”效果，将“渐变形状”设为“径向渐变”，“起始颜色”设为RGB（226，226，226），“结束颜色”设为RGB（155，155，155），如图7-212所示。

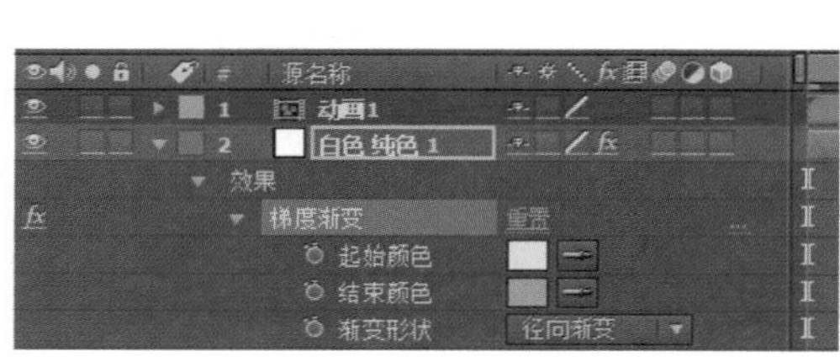
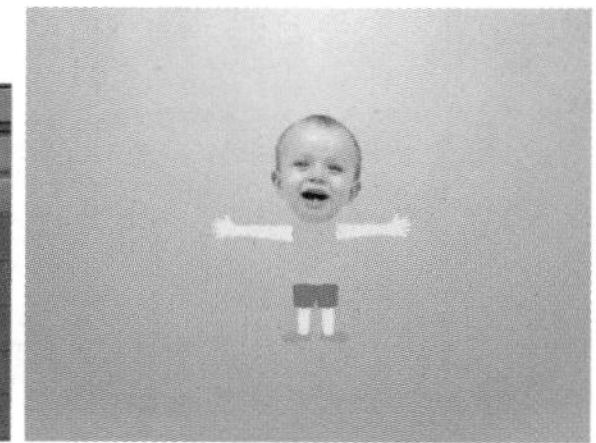

图7-212　创建“纯色”层及添加梯度渐变

6 在时间轴的两个图层之间拖入一个“动画1”和“动画2”，分别选择菜单命令“效果”/“风格化”/“动态拼贴”，为其添加“动态拼贴”效果，将动画1“动态拼贴”下的“拼贴宽度”、“拼贴高度”和“输出高度”均设为70，“拼贴中心”设为(160，300)。将动画2 “动态拼贴”下的“拼贴宽度”、“拼贴高度”和“输出高度”均设为40，“拼贴中心”设为(335，250)。将顶层动画1的“位置”设为(450，315)，如图7-213所示。

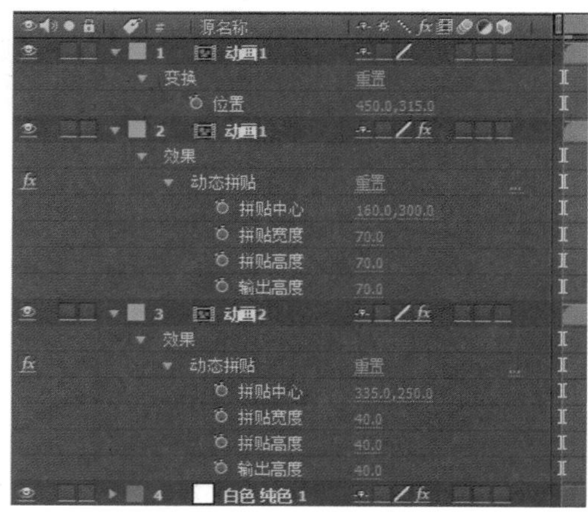

图7-213　添加图层和设置参数

7 为靠前的“动画1”制作一个变换头像的效果，在第0帧处单击打开其“不透明度”前面的码表，记录关键帧，第0帧设为100，第17帧设为0；然后复制这两个关键帧，在后面的时间段中粘贴，保持数值在100与0之间交替，并随意调整关键帧的时间位置。最后单击“不透明度”，将这些关键帧全选，在某一关键帧上单击鼠标右键，选择弹出菜单中的“切换定格关键帧”选项，转换为定格关键帧，如图7-214所示。

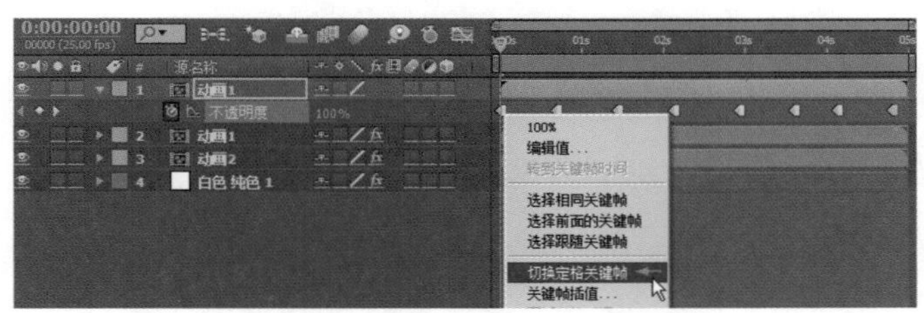

图7-214 设置关键帧

8 从“项目”面板中再拖入一个“动画2”放置在时间轴顶层，对其“位置”和“不透明度”设置表达式，与其下面的“动画1”进行关联。按P键和T键展开两个图层的“位置”和“不透明度”选项，按住Alt键单击动画2“位置”前面的码表，然后将其表达式拾取按钮拖至“动画1”的“位置”上建立关联。再按住Alt键单击动画2“不透明度”前面的码表，然后将其表达式拾取按钮拖至“动画1”的“不透明度”上建立关联，并在产生的关联表达式之前输入“100-”，如图7-215所示。

图7-215 添加图层并建立表达式

> 提示
>
> 在第二个表达式之前添加“100-”，是为了取得和100及0两个数值相对应的数值，当下层为100时，上层为0；当下层为0时，上层为100。这样两个图层“不透明度”的数值在0与100之间相互对应，同时也只显示其中一个图层的图像。

9 预览动画效果，如图7-216所示。

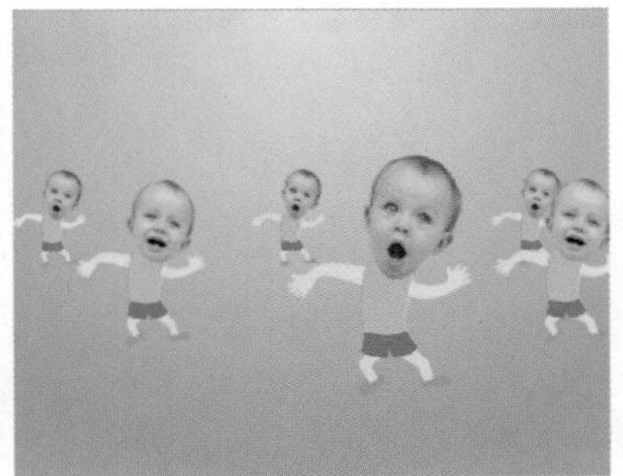

图7-216 预览动画效果

技术回顾

本例中先导入分层的卡通图像，然后在其身体部分的适当位置添加操作点，然后利用这些操作点的移动来产生卡通图像的动作变化效果，这就要求在添加操作点时要有目的地挑选合适的活动关节位置或活动中心。在调整操作点的动画时要注意检查图像是否变形失真。卡通的头像部分需单独进行调整，使不同头像产生来回变换的动画效果。

举一反三

根据上面介绍的方法，制作一个类似的效果，具体参数可以参考练习中的项目文件，如图7-217所示。

图7-217　实例效果

7.12 动态背景

技术要点	CC效果的应用	制作时间	15分钟
项目路径	\chap62\动态背景.aep	制作难度	★★★

实例概述

从After Effects CS3之后，原CC系列插件内置入软件之中，这些效果对After Effects原有的内置效果起到了有力的补充扩展作用。本例分别利用CC效果来制作三个动态背景，如图7-218所示。

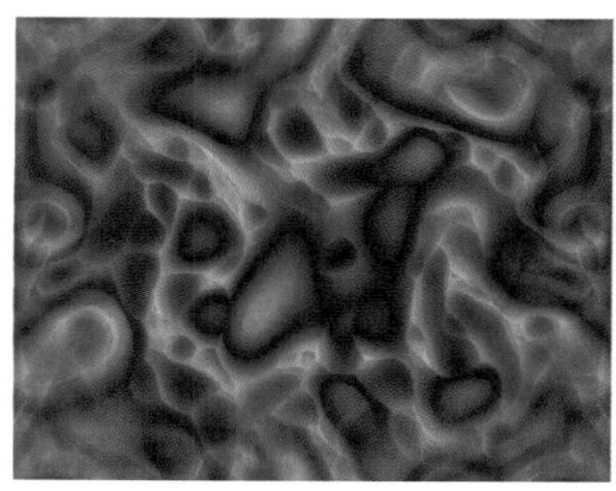

图7-218　实例效果

制作步骤

1. 建立背景效果一

1 启动After Effects软件，自动新建一个项目文件，选择菜单命令“合成”/“新建合成”（快捷键Ctrl+N），新建一个合成“合成 1”，“预设”使用PAL制式（PAL D1/DV，720×576），“持续时间”为5秒。

2 选择菜单命令“图层”/“新建”/“纯色”（快捷键Ctrl+Y），打开“纯色设置”窗口，单击“制作合成大小”按钮，使用当前合成的尺寸，单击“确定”按钮，新建一个“纯色”层。

3 选中“纯色”层，选择菜单命令“效果”/“杂色和颗粒”/“分形杂色”，为其添加一个“分形杂色”效果，设置如下：“分形类型”为“最大值”，“杂色类型”为“样条”，“反转”为“开”，“对比度”为400，“亮度”为40，“溢出”为“反绕”，“偏移（湍流）”为（465，276），“复杂度”为10，如图7-219所示。

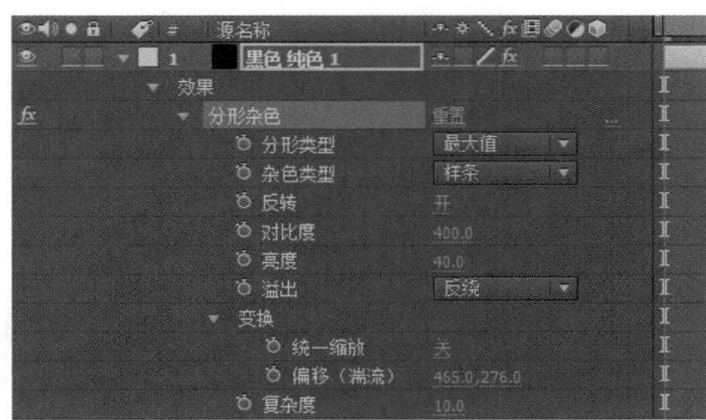

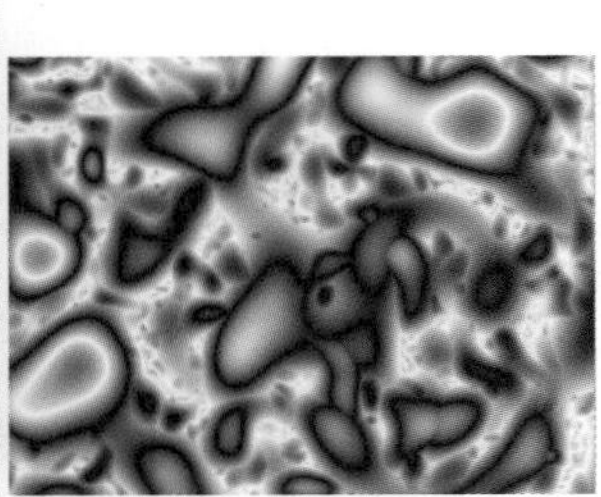

图7-219 添加“分形杂色”

4 继续设置“分形杂色”，在“子设置”选项下，设置“子影响（%）”为75，“子缩放”为80，“中心辅助比例”为“开”。在第0帧时，单击打开“子旋转”、“子位移”、“演化”和“不透明度”前面的码表，设置“子旋转”为255°，“子位移”为（0，480），“演化”为0°，“不透明度”为65%。将时间滑块移至第4秒24帧处，设置“子旋转”为290°，“子位移”为（0，468），“演化”（1，0.0°），“不透明度”为45%，参数设置如图7-220所示。

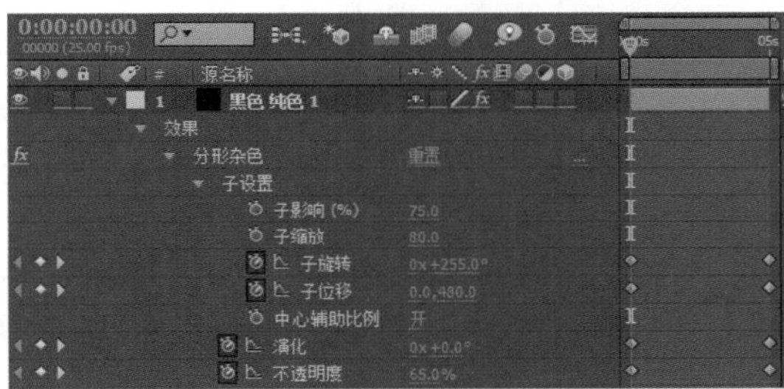

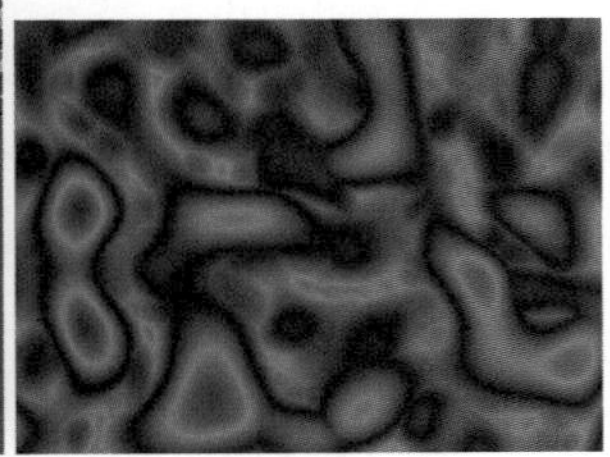

图7-220 设置“分形杂色”

5 选择菜单命令“效果”/“颜色校正”/CC Toner，为其添加一个CC Toner效果，将Midtones的颜色设置为RGB（237，5，5），如图7-221所示。

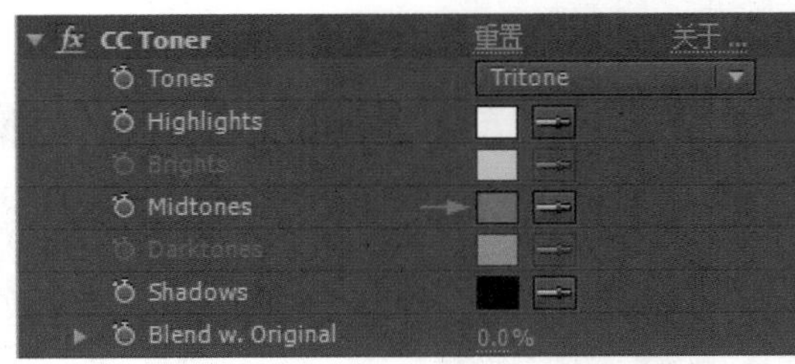

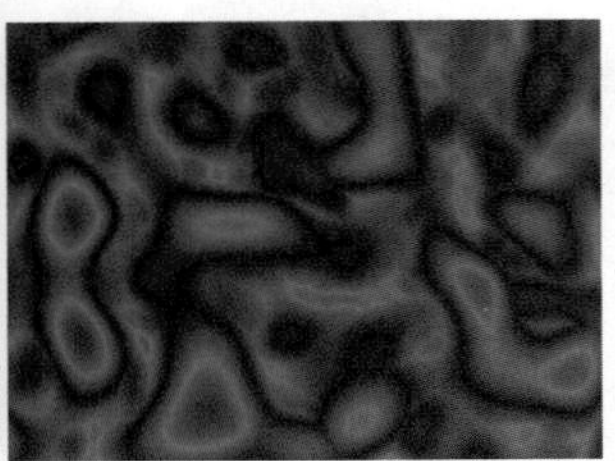

图7-221 添加CC Toner

6 选择菜单命令“效果”/“风格化”/“彩色浮雕”，为其添加一个“彩色浮雕”效果，设置“起伏”为0.9，“对比度”为600，“与原始图像混合”为30%。将时间滑块移至第0帧处，单击打开“方向”前面的码表，记录关键帧，第0帧时为-125°，第4秒24帧时为175°，如图7-222所示。

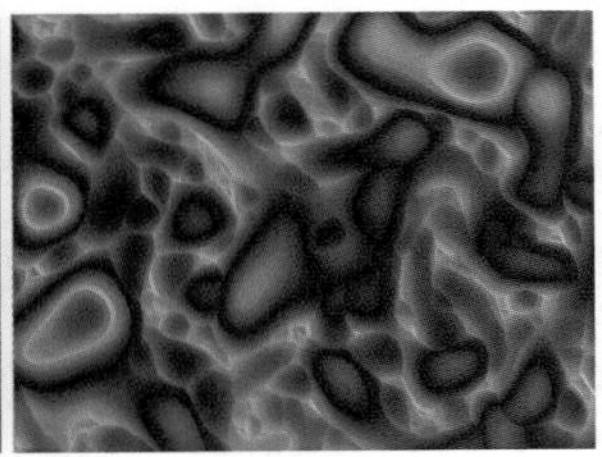

图7-222 添加彩色浮雕

7 选择菜单命令“效果”/“风格化”/CC RepeTile，为其添加一个CC RepeTile效果，设置Blend Borders为100%，如图7-223所示。

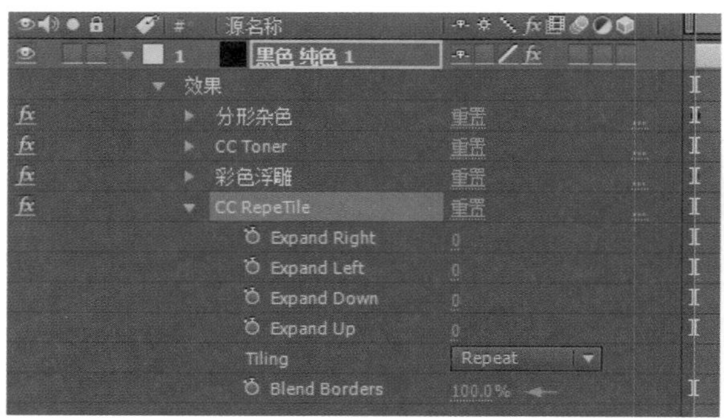

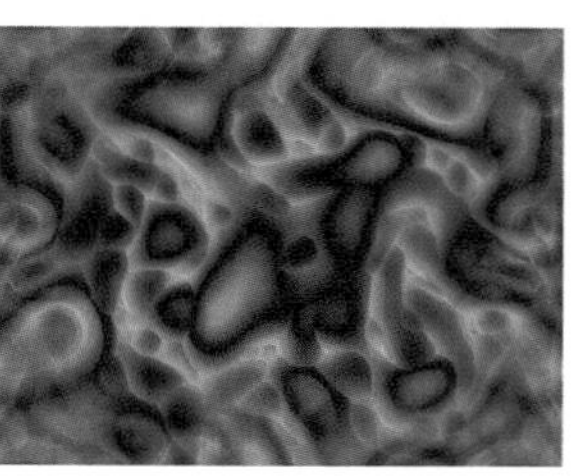

图7-223 添加CC RepeTile

2. 建立背景效果二

1 选择菜单命令“合成”/“新建合成”（快捷键Ctrl+N），新建一个合成“合成 2”，“预设”使用PAL制式（PAL D1/DV，720×576），“持续时间”为5秒。

2 选择菜单命令“图层”/“新建”/“纯色”（快捷键Ctrl+Y），打开“纯色设置”窗口，单击“制作合成大小”按钮，使用当前合成的尺寸，单击“确定”按钮新建一个“纯色”层。

3 选择菜单命令“效果”/“生成”/“单元格图案”，为其添加一个“单元格图案”效果，设置如下：“对比度”为600，“启用平铺”为“开”，“水平单元格”为16，“垂直单元格”为19。在第0帧时，单击打开“分散”、“大小”、“偏移”和“演化”前面的码表，设置“分散”为1.5，“大小”为100，“偏移”为（500，600），“演化”为0°。将时间滑块移至第4秒24帧，设置“分散”为0.5，“大小”为500，“偏移”为（1000，1200），“演化”为（3x+0°），如图7-224所示。

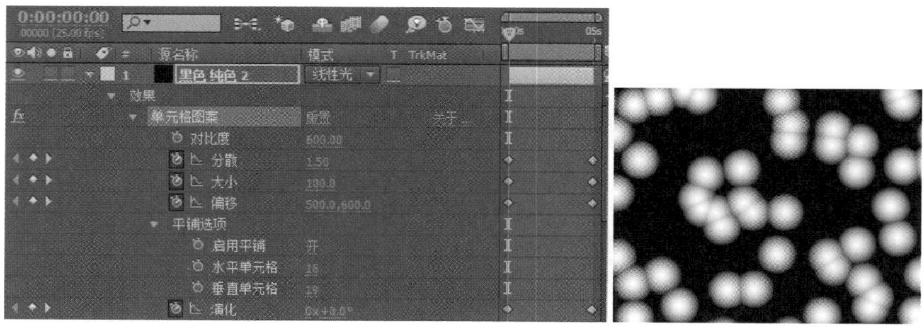

图7-224 设置“单元格图案”

4 选择菜单命令“效果”/“模糊和锐化”/CC Radial Fast Blur，为其添加一个CC Radial Fast Blur效果，设置如下：Amount为100，Zoom为Brightest，如图7-225所示。

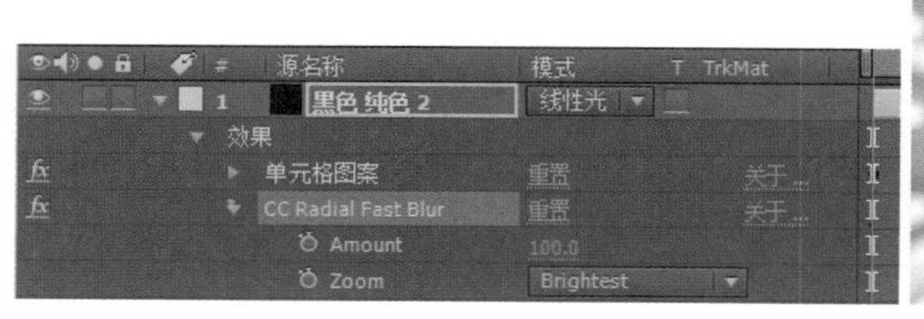

图7-225 添加CC Radial Fast Blur

5 选择菜单命令"效果"/"扭曲"/CC Flo Motion，为其添加一个CC Flo Motion效果，设置如下：Knot 2为（0，0），Antialiasing为High。在第0帧时单击打开Knot 1、Amount 1、Amount 2及Falloff前面的码表，设置Knot 1为（1000，600），Amount 1为300，Amount 2为0，Falloff为1。在第4秒24帧时，设置Knot 1为（-100，-120），Amount 1为1000，Amount 2为500，Falloff为1.5，如图7-226所示。

图7-226 设置CC Flo Motion

6 选择菜单命令"图层"/"新建"/"纯色"（快捷键Ctrl+Y），打开"纯色设置"窗口，单击"制作合成大小"按钮，使用当前合成的尺寸，单击"确定"按钮新建一个"纯色"层。将新建的"纯色"层放置在时间轴的底层，将上层的"模式"设置为"线性光"，如图7-227所示。

图7-227 设置模式为线性光

7 选择菜单命令"效果"/"生成"/"四色渐变"，为其添加一个"四色渐变"效果，将时间滑块移至第0帧处，单击打开4组"点"和"颜色"前的表码表，记录关键帧，其中"颜色 1"为RGB（255，255，255），"颜色 2"为RGB（128，47，104），"颜色 3"为RGB（210，0，163），"颜色 4"为RGB（255，54，108）；设置第4秒24帧时的关键帧，其中"颜色 1"为RGB（199，216，231），"颜色 2"为RGB（128，255，0），"颜色 3"为RGB（255，0，0），"颜色 4"为RGB（255，255，0），如图7-228所示。

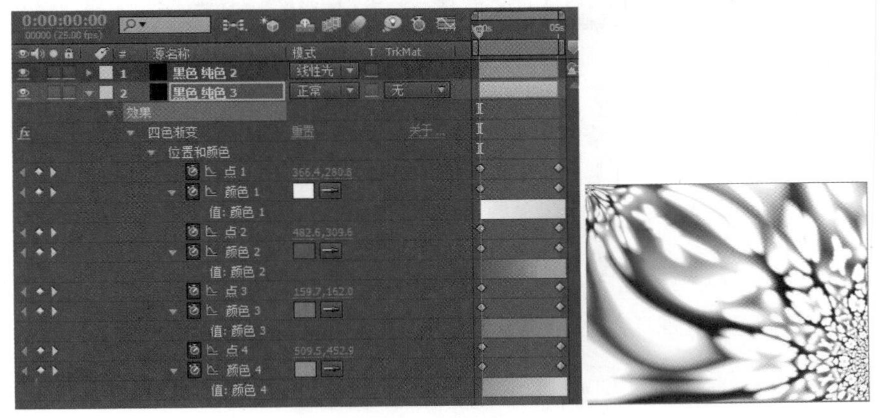

图7-228 设置"四色渐变"

3. 建立背景效果三

1 选择菜单命令“合成”/“新建合成”（快捷键Ctrl+N），新建一个合成“合成 2”，“预设”使用PAL制式（PAL D1/DV，720×576），“持续时间”为5秒。

2 选择菜单命令“图层”/“新建”/“纯色”（快捷键Ctrl+Y），打开“纯色设置”窗口，单击“制作合成大小”按钮，使用当前合成的尺寸，颜色为黑色，单击“确定”按钮新建一个“纯色”层。

3 选择菜单命令“图层”/“新建”/“纯色”（快捷键Ctrl+Y），打开“纯色设置”窗口，单击“制作合成大小”按钮，使用当前合成的尺寸，颜色为白色，单击“确定”按钮新建一个“纯色”层。

4 在时间轴中选中上层的白色“纯色”层，选择菜单命令“效果”/“模拟”/CC Ball Action，为其添加一个CC Ball Action效果，设置Rotation Axis为Y Axis，Twist Property为Radius，Grid Spacing为50，Ball Size为10。在第0帧时，单击打开Rotation和Twist Angle前面的码表，记录关键帧。第0帧时设置Rotation为0°，Twist Angle为180°；第4秒24帧时设置Rotation为（1，0.0°），Twist Angle为（2，180°），如图7-229所示。

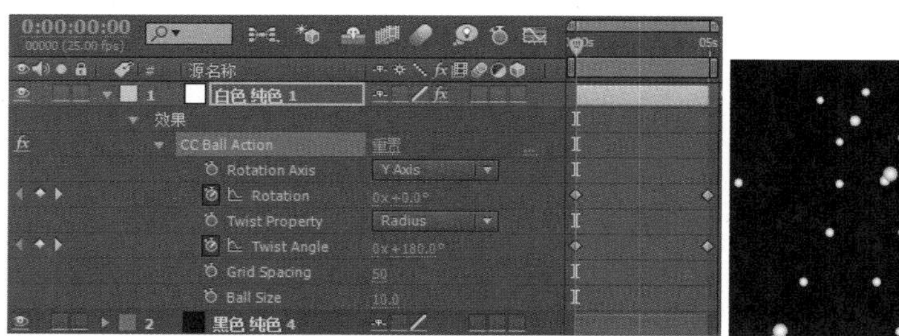

图7-229 设置CC Ball Action

5 选择菜单命令“图层”/“新建”/“调整图层”，新建一个“调整图层 1”图层，将其选中，再选择菜单命令“效果”/“模糊和锐化”/CC Radial Fast Blur，为其添加一个CC Radial Fast Blur效果，设置Amount为90，Zoom为Brightest。在第0帧时，单击打开Center前面的码表，设置Center为（360，8.4），在第4秒24帧时，设置Center为（360，288），如图7-230所示。

图7-230 设置CC Radial Fast Blur

提示

CC Radial Fast Blur有时也可以制作类似Shine光的效果，再配合“发光”及CC Toner等效果，可以制作出漂亮的彩色光效。

6 选择菜单命令“图层”/“新建”/“调整图层”，再新建一个“调整图层 2”图层，将其选中，再选择菜单命令“效果”/“风格化”/“发光”，为其添加一个“发光”效果，设置“发光半径”为25，如图7-231所示。

7 选中“调整图层 2”图层，再选择菜单命令“效果”/“颜色校正”/CC Toner，为其添加一个CC Toner效果。设置Midtones的颜色为RGB（15，167，97），如图7-232所示。

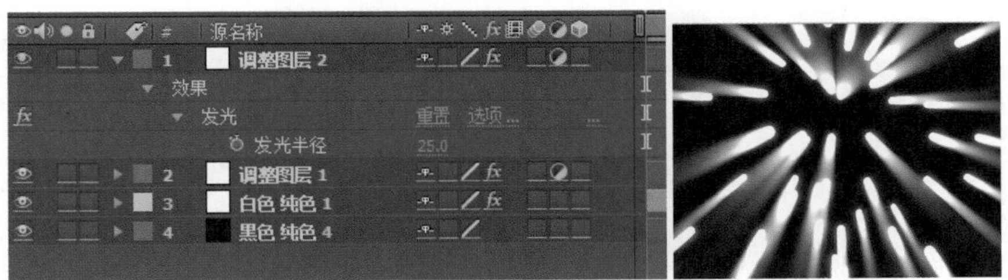

图7-231 在第二个调节层上添加“发光”效果

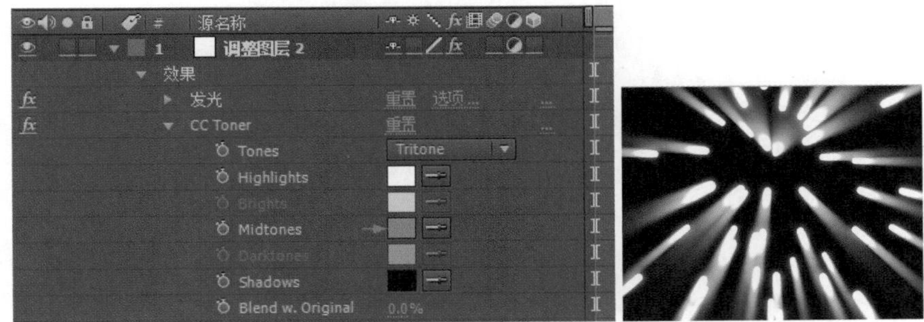

图7-232 添加CC Toner

技术回顾

CC系列滤镜有着众多的效果，本例中分别使用了其中的CC Toner、CC RepeTile、CC Radial Fast Blur、CC Flo Motion、CC Ball Action，以及其他一些内置效果。随着对CC系列效果的了解和熟悉，相信读者在以后的制作中对其会有很高的使用频率。

举一反三

根据上面介绍的方法，利用CC插件制作一些动态背景效果，具体参数可以参考练习中的项目文件，如图7-233所示。

图7-233 实例效果

第 8 章 综合案例

8.1 都市生活

技术要点	制作彩色色块的空间运动效果	制作时间	1小时
项目路径	\chap63\都市生活.aep	制作难度	★★★★

实例概述

本例首先使用After Effects中的文字工具制作一个文字层，通过变形制作成一个色块，使用“单元格图案”效果制作一些随机运动的方格，并通过改变文字的颜色制作多种颜色的色块；然后为这些彩色的色块添加“蒙版”，制作边缘羽化效果和色块的空间动画。最后使用“蒙版”工具，通过多种叠加方式，在“纯色”层上绘制需要的图形并设置动画，效果如图8-1所示。

图8-1 实例效果

制作步骤

1. 制作红色色块

1 启动After Effects软件，选择菜单命令“合成”/“新建合成”（快捷键Ctrl+N），新建一个合成，命名为“红”，“预设”使用PAL制式（PAL D1/DV），“持续时间”为4秒。

2 选择菜单命令“文件”/“保存”（快捷键Ctrl+S），保存项目文件，命名为“都市生活”。

3 选择工具栏中的文字编辑工具，在屏幕上输入IIIIIIIIIIIIIIIII，在“字符”面板中设置文字的字体为方正仿宋简体，文字尺寸为24，文字间距为200，设置文字的颜色为红色，如图8-2所示。

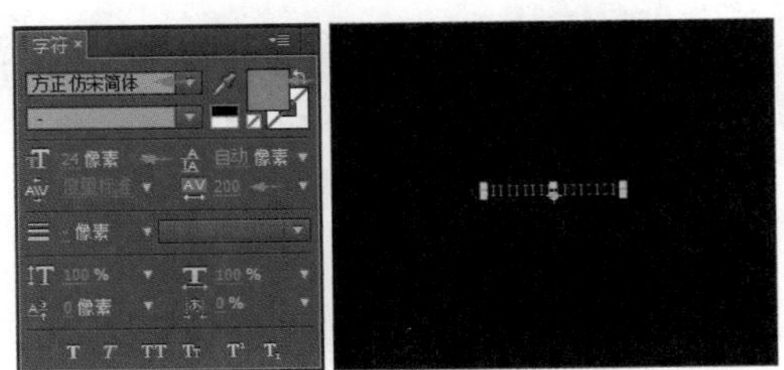

图8-2 创建文字层

4 展开文字层的“变换”选项，设置“位置”为（360.0，580.0），“缩放”为（100.0，100000.0%），如图8-3所示。

5 选择菜单命令“效果”/“模糊和锐化”/“快速模糊”，设置“模糊度”为17.0，“模糊方向”为“水平”，如图8-4所示。

6 选择文字层，按快捷键Ctrl+D将文字层复制一个，这样红色就更加鲜艳一些。

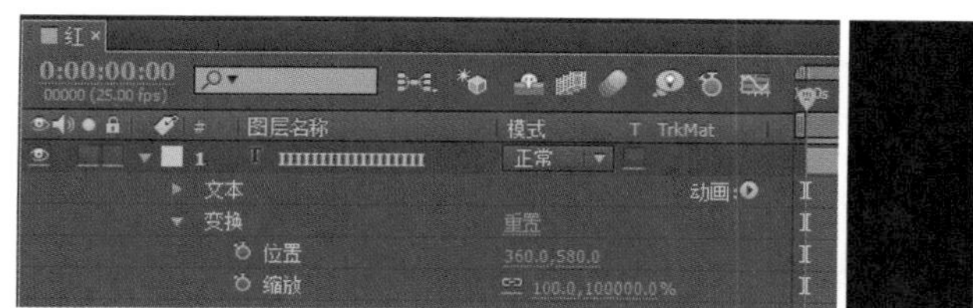

图8-3　拉长文字层

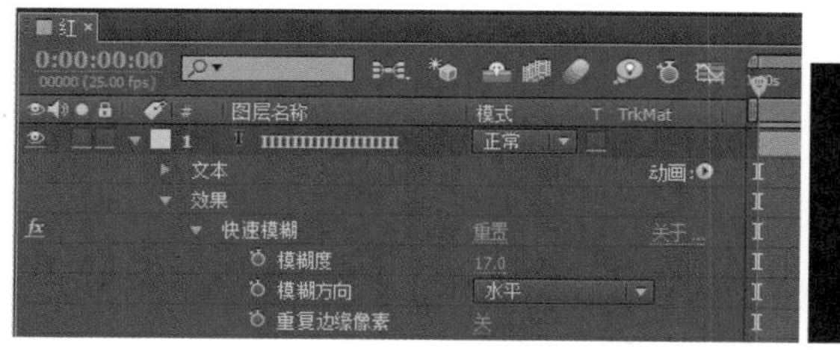

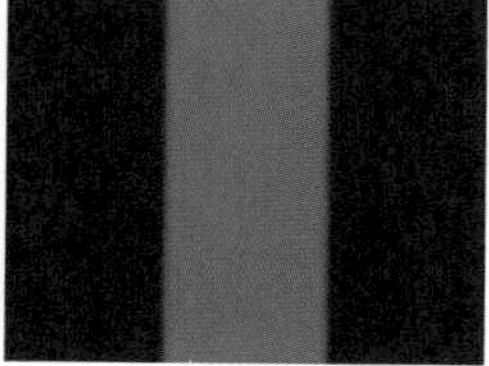

图8-4　模糊文字层

7 选择菜单命令“图层”/“新建”/“纯色”，为合成建立一个“纯色”层，单击“制作合成大小”按钮，自动将“纯色”层设置为合成大小，将颜色设置为白色。选择菜单命令“效果”/“生成”/“单元格图案”，为“纯色”层添加“单元格图案”效果，设置“单元格图案”为“印板”，“分散”为0.00，“大小”为10.0，如图8-5所示。

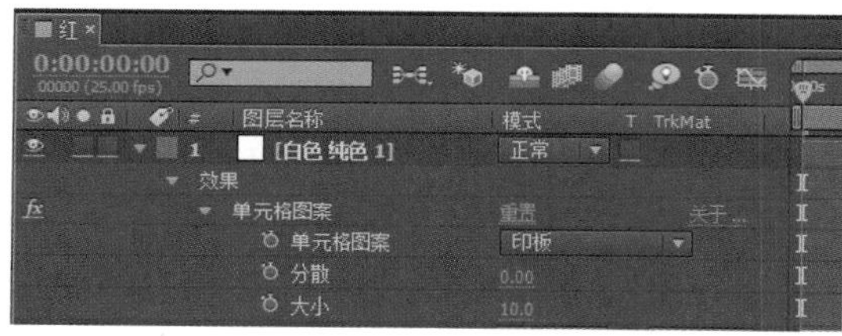

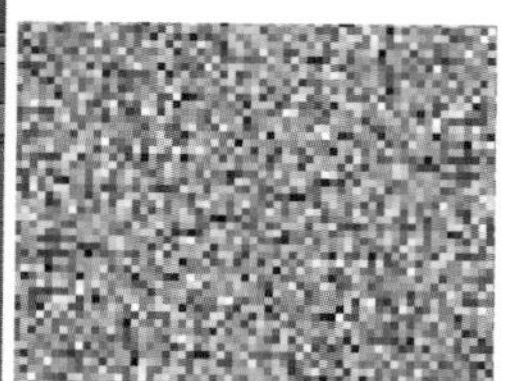

图8-5　制作方形图案

8 将时间滑块移动到0帧位置，打开“演化”前的码表选项，设置“演化”为（0，0.0），将时间滑块移动到4秒位置，设置“演化”为（2，0.0），如图8-6所示。

图8-6　设置方格随机动画

9 选择菜单命令“效果”/“颜色校正”/“亮度和对比度”，为“纯色”层添加一个“亮度和对比度”效果，设置“亮度”为-100.0，“对比度”为100.0。在时间轴面板的“模式”栏中，设置“纯色”层的叠加方式为“线性减淡”，如图8-7所示。

图8-7　去除黑色方块

10 选择工具栏中的矩形蒙版绘制工具，在“纯色”层上绘制一个矩形蒙版，并展开它的蒙版选项，设置“蒙版羽化”为（50.0，0.0），如图8-8所示。

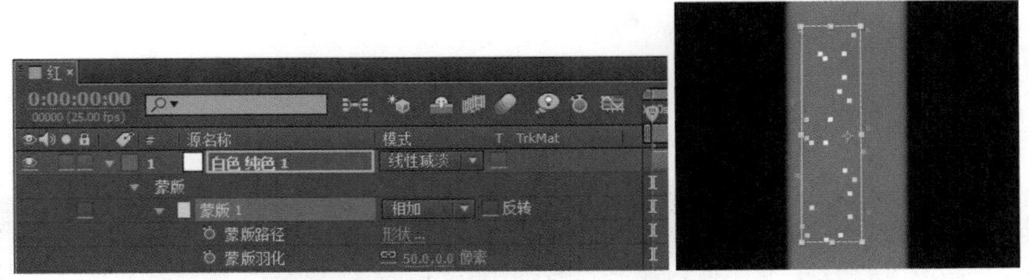

图8-8 绘制“蒙版”

2. 制作其他色块

1 可以按照上面的方法，制作其他颜色的色块，也可以直接复制前面做好的红色色块，然后对其进行修改。如果只是在练习，建议还是按照制作红色色块的方法，重新制作其他颜色的色块，如果是实际应用，建议将其直接复制并进行修改，这样会更快，效率更高。

2 下面使用直接复制的方法来制作其他颜色的色块。这里还需要制作蓝色、绿色、紫色三个色块，除了色彩上的区别之处，还要在白色小方格上做一些区别。了解清楚每个合成需要调整的参数有哪些，这样才能正确地对其进行修改操作。

3 在“项目”面板中选择“红”合成，连续按三次快捷键Ctrl+D，将合成复制三个，然后分别按Enter键，将其重命名为“蓝”、“绿”和“紫”，如图8-9所示。

4 在“项目”面板中双击“蓝”合成，这时合成还是前面“红”合成的内容，可以对其进行相应的修改了。选择上面的文字层，展开文字层的“变换”选项，设置“缩放”为（32.0，100000.0%），在时间轴中双击文字层，这时就会选择该层的全部文字，在“字符”面板中，将文字的颜色更改为蓝色。使用同样的方法，双击底层文字层，选择该层的全部文字，在“字符”面板中，将文字的颜色更改为（145，190，255），如图8-10所示。

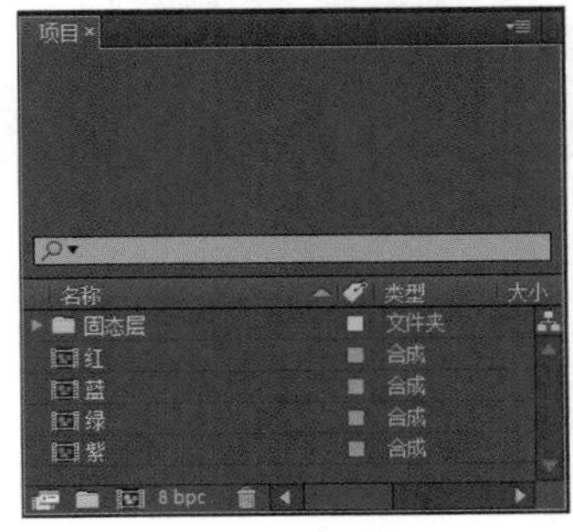

图8-9 复制合成

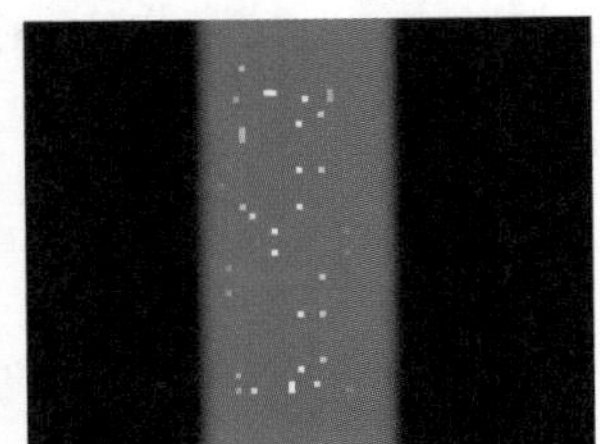

图8-10 修改文字颜色

5 选择“纯色”层，展开“单元格图案”，设置“大小”为20.0，这样白色色块就变大一些了。在时间轴面板中打开“纯色”层的三维开关，展开“变换”选项，设置“*y*轴旋转”为（0，45.0°），如图8-11所示。

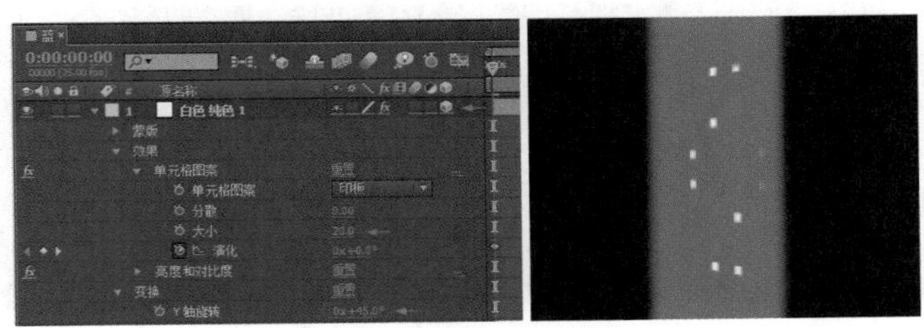

图8-11 改变方格尺寸

6 在“项目”面板中双击“绿”合成，打开“绿”合成的时间轴面板。选择上面一层文字层，展开文字层的“变换”选项，设置“缩放”为（32.0，100000.0%）。在时间轴中双击文字层，这时就会选择该层的全部文字，在“字符”面板中将文字的颜色更改为绿色。使用同样的方法，双击底层文字层，选择该层的全部文字，在“字符”面板中将文字的颜色更改为RGB（0，100，0），如图8-12所示。

7 选择“纯色”层，展开“单元格图案”效果，设置“大小”为25.0，这样白色色块就变大一些了。使用选择并移动工具适当调整“蒙版”外形，如图8-13所示。

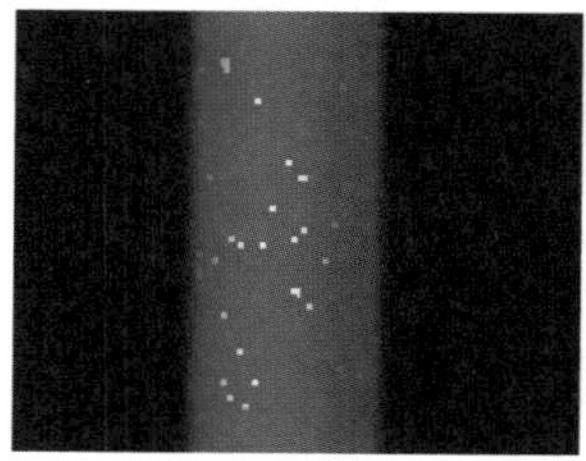

图8-12　修改文字颜色

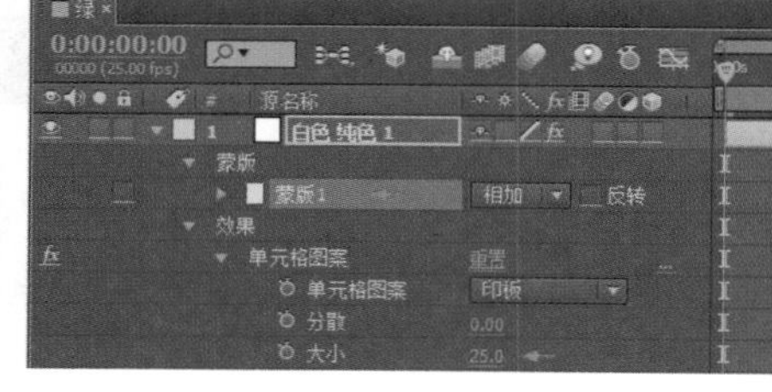

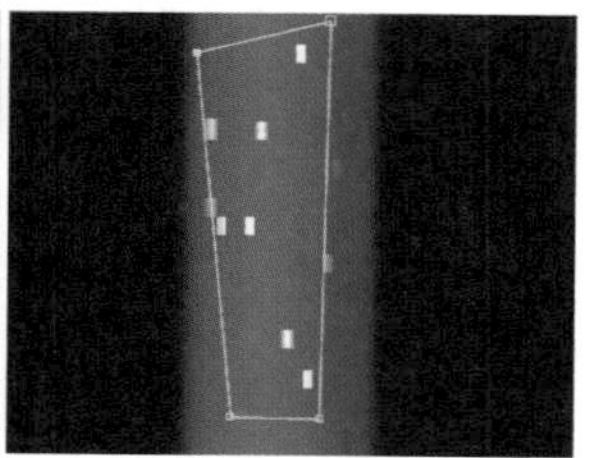

图8-13　修改方格尺寸及“蒙版”外形

8 在“项目”面板中双击“紫”合成，选择上面一层文字层，展开“变换”选项，设置“缩放”为（32.0，100000.0%）。在时间轴面板中双击文字层，选择该层的全部文字，在“字符”面板中，将文字的颜色更改为紫色。使用同样的方法，双击底层文字层，选择该层的全部文字，在“字符”面板中，将文字的颜色更改为RGB（145，10，170），如图8-14所示。

9 选择“纯色”层，显示该层的效果选项，展开“单元格图案”效果，设置“大小”为5.0，这样白色色块就变小一些了。使用选择并移动工具适当调整“蒙版”外形，如图8-15所示。

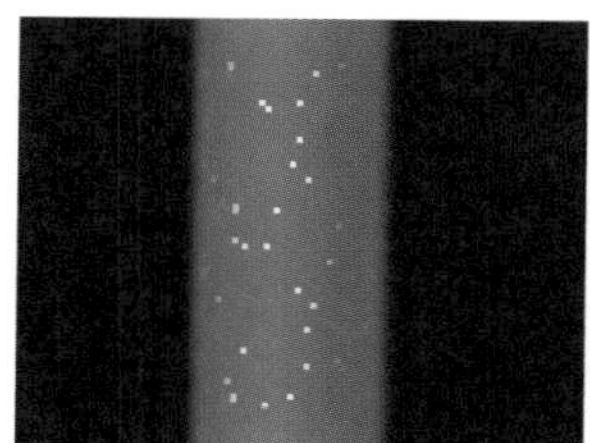

图8-14　修改文字颜色

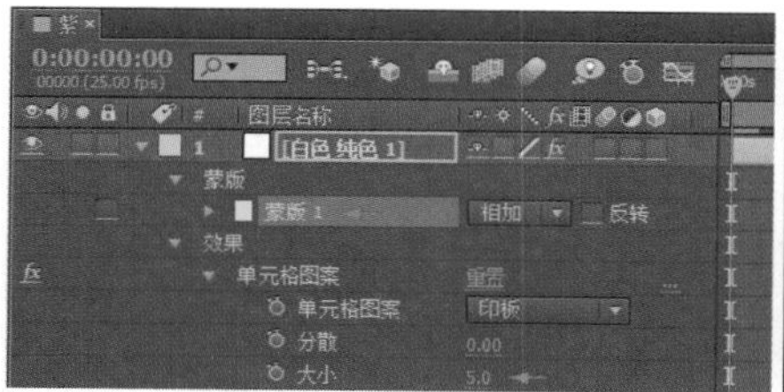

图8-15　修改方格尺寸及“蒙版”外形

10 这样就完成了所有色块的制作。下面来制作色块的动画，所有色块的动画都是通过设置关键帧来实现的。

3. 制作片段动画 1

1 选择菜单命令“合成”/“新建合成”（快捷键Ctrl+N），新建一个合成，命名为“片段 1”，“预设”使用PAL制式（PAL D1/DV），“持续时间”为4秒。

2 在“项目”面板中将“红”合成拖放至“片段 1”合成时间轴中，使用工具栏中的钢笔工具，在“红”合成上绘制一个蒙版，展开“蒙版”下的“蒙版 1”选项，设置“蒙版羽化”（0.0，100.0）像素，如图8-16所示。

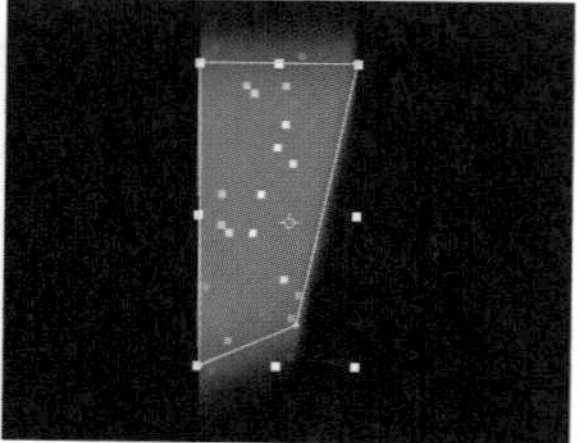

图8-16　绘制“蒙版1”

3 在“项目”面板中，将“绿”合成拖放至“片段 1”合成时间轴中，使用钢笔工具，在“绿”合成上绘制一个蒙版，展开“蒙版”下的“蒙版 1”选项，设置“蒙版羽化”为（0.0，200.0）像素，如图8-17所示。

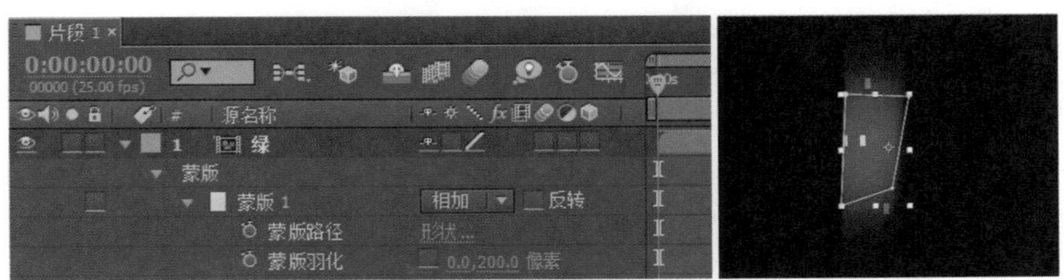

图8-17　绘制“蒙版2”

4 在“项目”面板中，将“紫”合成拖放至“片段 1”合成时间轴中，使用钢笔工具，在“紫”合成上绘制一个蒙版，展开“蒙版”下的“蒙版 1”选项，设置“蒙版羽化”为（0.0，200.0）像素，如图8-18所示。

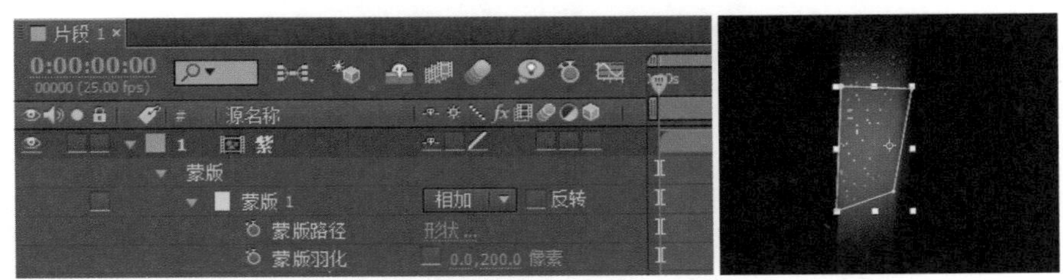

图8-18　绘制“蒙版3”

5 在“项目”面板中，将“蓝”合成拖放至“片段 1”合成时间轴中，使用钢笔工具，在“蓝”合成上绘制一个蒙版，展开“蒙版”下的“蒙版 1”选项，设置“蒙版羽化”为（0.0，200.0）像素，如图8-19所示。

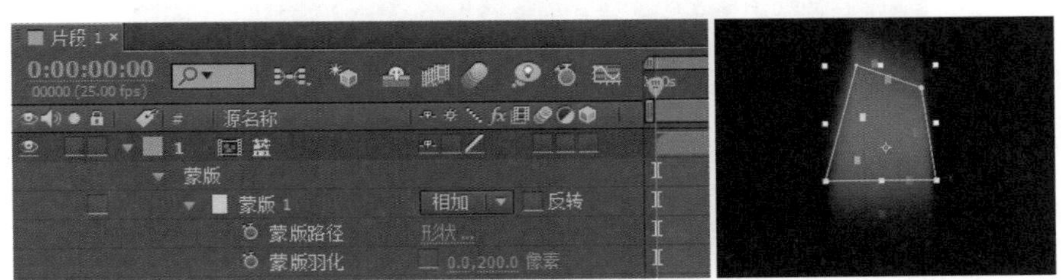

图8-19　绘制“蒙版4”

6 分别打开它们的三维开关，按快捷键Ctrl+D将它们复制多层，通过调整“变换”选项下的“位置”及*x*/*y*/*z*轴旋转参数，将它们调整为图8-20所示的位置。

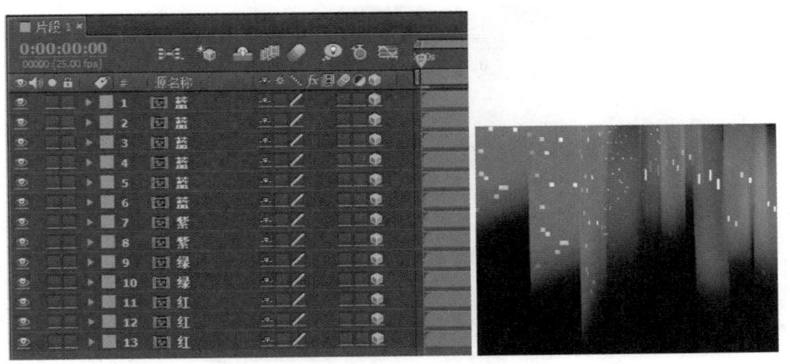

图8-20　复制合成并调整位置等属性

7 将时间滑块移动到4秒位置，按快捷键Ctrl+A选择所有图层，按P键打开所有图层的“位置”选项，打开“位置”选项前面的码表，插入一个关键帧，将时间滑块移动到0帧位置，分别调整它们在z轴上的位移动画，将它们的位置打乱，如图8-21所示。

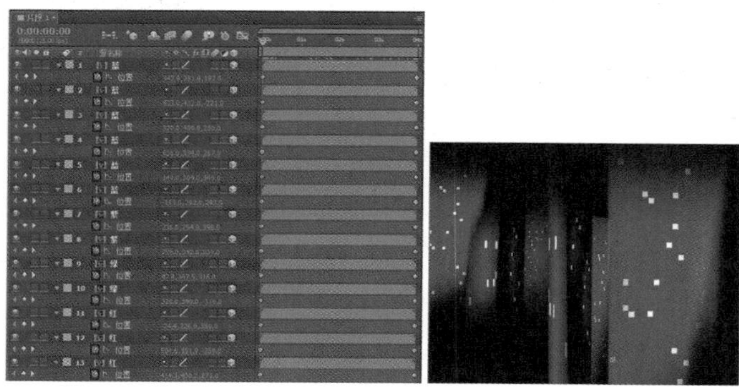

图8-21 设置位置关键帧动画

4. 制作片段动画 2

1 选择菜单命令“合成”/“新建合成”（快捷键Ctrl+N），新建一个合成，命名为“片段2-A”，“预设”使用PAL制式（PAL D1/DV），“持续时间”为4秒。

2 根据前面介绍的制作方法，为四种色块层添加“蒙版”并设置羽化效果，将它们复制多层，并调整它们的位置及旋转选项，如图8-22所示。

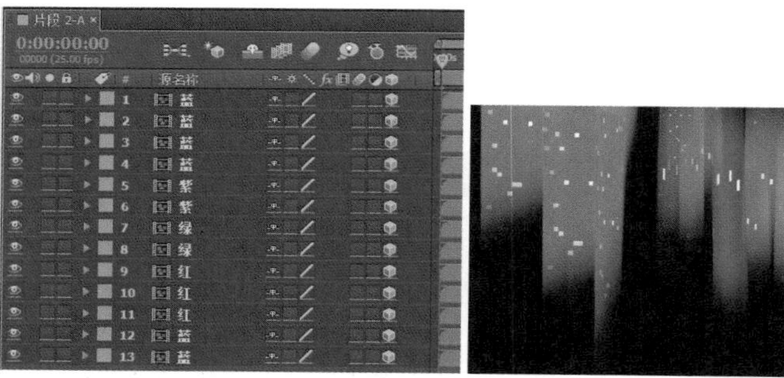

图8-22 调整图层位置等属性

3 将时间滑块移动到4秒位置，按快捷键Ctrl+A选择所有图层，按P键打开所有图层“位置”选项，打开“位置”选项前面的码表，插入一个关键帧，将时间滑块移动到0帧位置，分别调整它们在x轴上的位移动画，将它们的位置打乱，如图8-23所示。

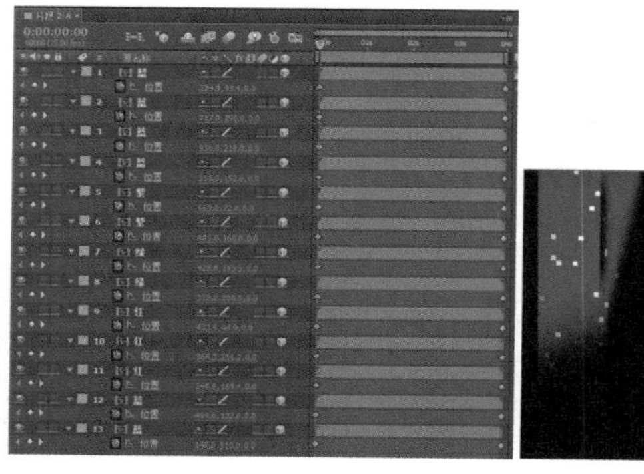
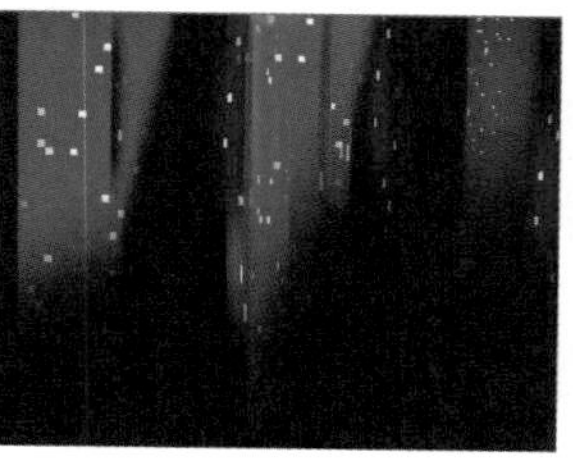

图8-23 设置位置关键帧动画1

4 在“项目”面板中选择“片段2-A”合成，按快捷键Ctrl+D，将“片段2-A”复制一个新的合成；再选择新复制的合成，按Enter键重命名为“片段2-B”；双击将其打开，现在合成里的内容并不会因为重命名而发生改变。

5 将时间滑块移动到0帧位置，按快捷键Ctrl+A选择所有图层，按P键打开所有图层“位置”选项，重新调整它们在x轴上的位移动画，将它们的位置进行重新组合，如图8-24所示。

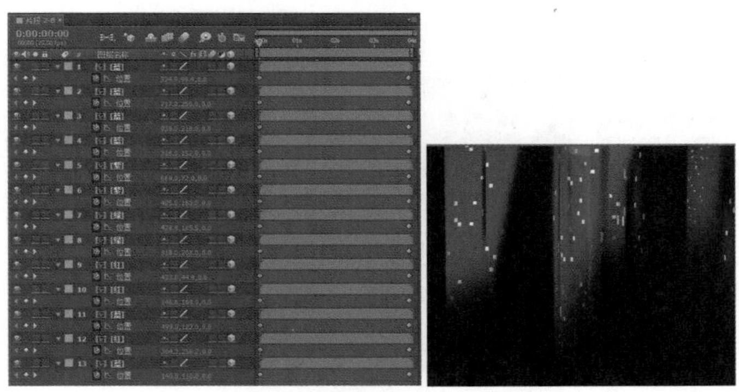

图8-24 设置位置关键帧动画2

提示

在对其位置进行调整时，同时还可以配合一些角度的调整，在图中给出的一些位置关键帧数值，只是供大家参考。在制作过程中使用工具栏中的选择并移动工具，对其位置进行调整，建议在制作本例的时候，可以根据色彩的搭配和构图进行调整，同时还可以根据需要调整每层的缩放和蒙版外形。

6 选择菜单命令“合成”/“新建合成”（快捷键Ctrl+N），新建一个合成，命名为“片段 2”，“预设”使用PAL制式（PAL D1/DV），“持续时间”为4秒。

7 选择菜单命令“图层”/“新建”/“摄像机”，为场景建立一个摄像机，在“预设”窗口中选择35mm。

8 在“项目”面板中选择前面制作好的“片段2-A”合成和“片段2-B”合成，将它们拖放到“片段 2”合成时间轴中；在时间轴中打开它们的三维开关，展开“变换”选项，设置“片段2-A”的“位置”为（360.0, 230.0, 0.0），“x轴旋转”为（0, 80.0°），“片段2-B”的“位置”为（360.0, 333.0, 0.0），“缩放”为（-100.0, 100.0, 100.0），“x轴旋转”为（0, 110.0°），如图8-25所示。

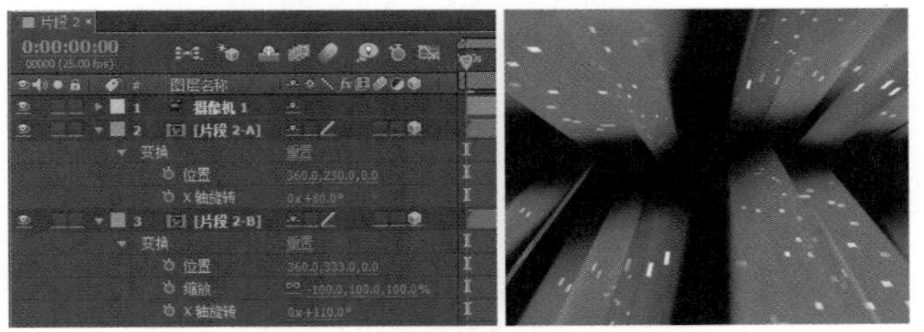

图8-25 调整合成在空间中的位置

9 将时间滑块移动到4秒位置，选择“摄像机 1”图层，展开“变换”选项，打开“位置”前的码表，设置“位置”为（360.0, 288.0, -560.0），再将时间滑块移动到0帧位置，设置“位置”为（360.0, 288.0, -255.0），如图8-26所示。

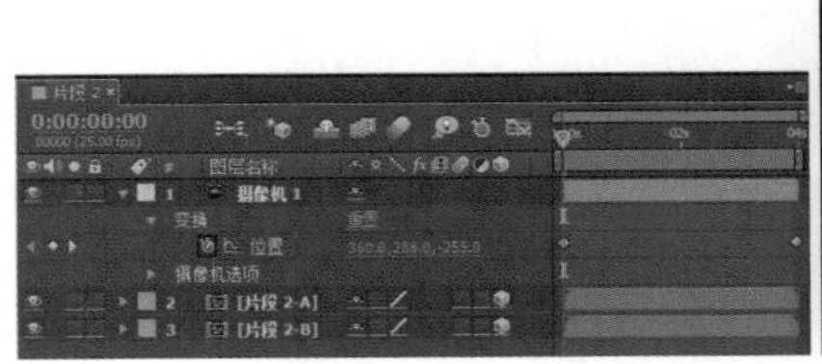

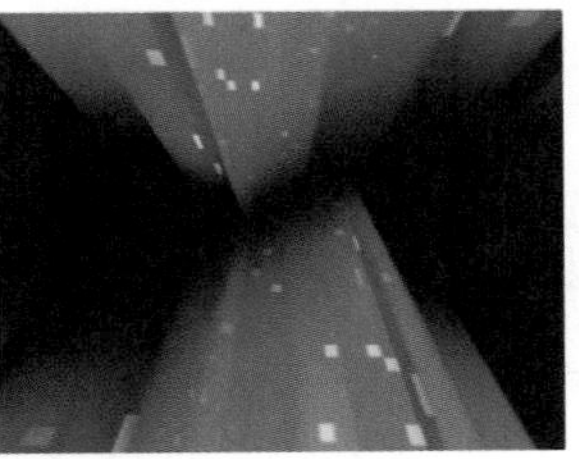

图8-26 设置摄像机动画

5. 制作片段动画 3

1 选择菜单命令“合成”/“新建合成”（快捷键Ctrl+N），新建一个合成，命名为“片段 3”，“预设”使用PAL制式（PAL D1/DV），“持续时间”为4秒。

2 根据前面介绍的制作方法，为四个色块层添加“蒙版”并设置羽化效果，将它们复制多层，并调整位置及旋转选项，如图8-27所示。

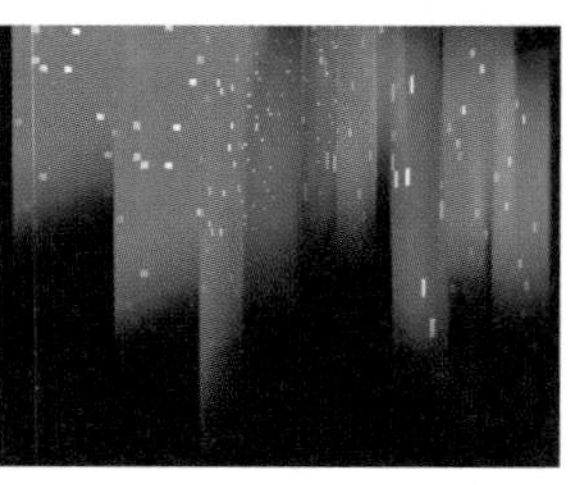

图8-27 调整图层位置等属性

3 选择菜单命令“图层”/“新建”/“摄像机”，为场景建立一个摄像机，在“预设”窗口中选择35mm。

4 将时间滑块移动到0帧位置，选择“摄像机 1”图层，展开“变换”选项，打开“目标点”和“位置”前面的码表，设置0帧位置“目标点”为（276.0，164.0，344.0），“位置”为（276.0，164.0，400.0），再将时间滑块移动到4秒位置，设置4秒位置“目标点”为（500.0，164.0，344.0），“位置”为（500.0，164.0，-400.0），如图8-28所示。

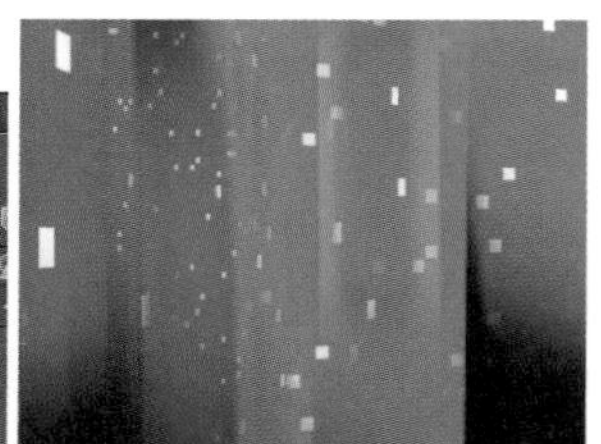

图8-28 制作摄像机动画

6. 制作LOGO

1 选择菜单命令“合成”/“新建合成”（快捷键Ctrl+N），新建一个合成，命名为LOGO，“预设”使用PAL制式（PAL D1/DV），“持续时间”为4秒。

2 选择菜单命令“图层”/“新建”/“纯色”，为场景建立一个“纯色”图层，并命名为“楼房”，单击“大小”下的“制作合成大小”按钮，自动将“纯色”图层的大小设置为当前合成大小，选择“颜色”下的小色块，设置“纯色”层的RGB为（200，120，0）。

3 选择钢笔工具，在“纯色”层上绘制一个楼房的大致轮廓。在绘制轮廓时可以选择菜单命令“视图”/“显示网格”，参考网格进行绘制。可以先绘制一个轮廓，然后使用工具栏上的选择并移动工具，配合键盘上的方向键，选择每个控制点进行微调。在时间轴面板中展开其“蒙版”选项，设置“蒙版 1”的叠加模式为“差值”，如图8-29所示。

4 选择工具栏中的矩形蒙版绘制工具，在刚绘制好的楼房轮廓上绘制一些窗户，为保持窗户大小的一致性，可以先绘制一个标准的窗户，然后展开“蒙版”选项，选择这个标准的矩形，按快捷键Ctrl+D复制多个，然后使用键盘上的方向键调整位置，并在时间轴面板中展开其“蒙版”选项，设置所有“蒙版”的叠加模式为“差值”，本例中一共复制了33个矩形，如图8-30所示。

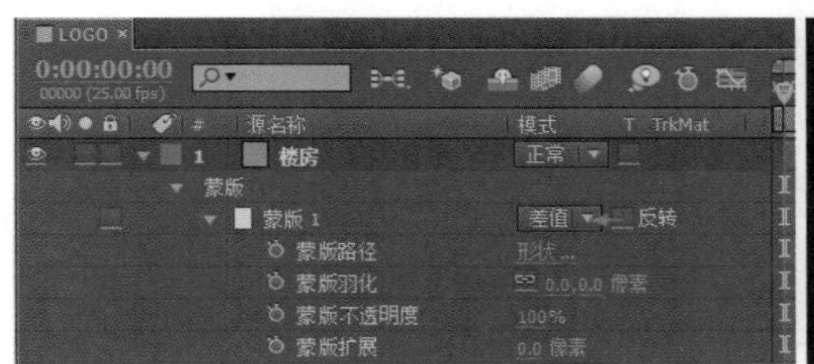

图8-29 绘制楼房轮廓

图8-30 制作楼房窗户

5 下面绘制一棵椰树，这与上面楼房的绘制有差别：楼房全部是直线，而且多为规则的图形，而椰树多为曲线，图形非常不规则。

6 与前面一样，也要建立一个“纯色”层，在“纯色”层上绘制图形。选择菜单命令“图层”/“新建”/“纯色”，为场景建立一个“纯色”层，并命名为“椰树”，单击“大小”下的“制作合成大小”按钮，自动将“纯色”层的大小设置为当前合成大小，选择“颜色”下的小色块，设置“纯色”层的RGB为（200，120，0）。

7 选择工具栏中的钢笔工具，在紧靠“楼房”层的位置绘制一个椰树图形。在时间轴面板中展开其“蒙版”选项，设置所有“蒙版”的叠加模式为“差值”，如图8-31所示。

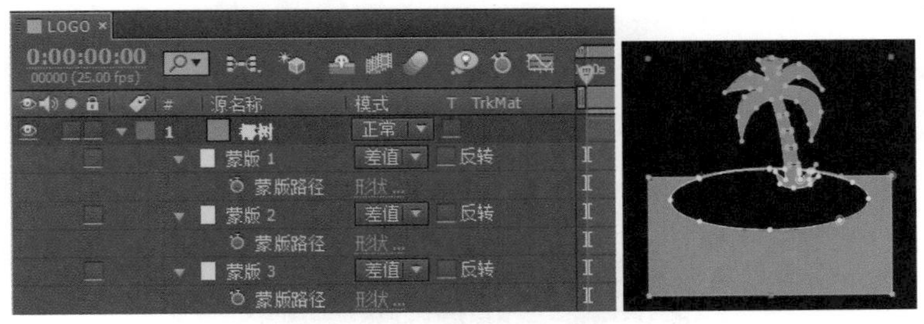

图8-31 绘制椰树层

8 再画一个“心”形图像。选择菜单命令“图层”/“新建”/“纯色”，为场景建立一个“纯色”层，并命名为“心形”，单击“大小”下的“制作合成大小”按钮，自动将“纯色”层的大小设置为当前合成大小。

9 选择工具栏中的钢笔工具，在“纯色”层上绘制一个“心”形图像。选择菜单命令“效果”/“生成”/“梯度渐变”，为绘制好的心形添加一个渐变效果，设置“渐变起点”为（590.0，265.0），“起始颜色”为RGB（255，0，0），“渐变终点”为RGB（518.0，249.0），“结束颜色”为RGB（124，0，0），“渐变形状”为“径向渐变”，如图8-32所示。

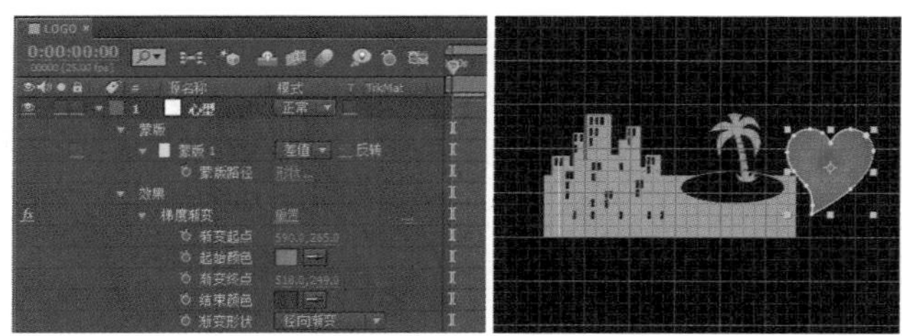

图8-32　绘制心形并添加渐变效果

10 选择工具栏中的文字编辑工具，在屏幕上输入“都市生活”，在“字符”面板中，设置文字的字体为方正粗倩简体，文字的颜色为RGB（35，255，100），设置文字的尺寸为104，如图8-33所示。

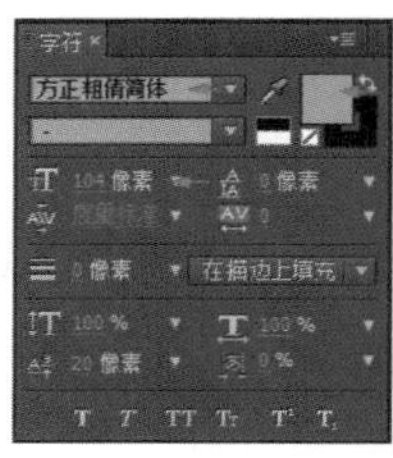

图8-33　设置文字属性

11 选择工具栏中的文字编辑工具，在屏幕上输入SHOW，在“字符”面板中，设置文字的字体为WST_Engl，文字的颜色为RGB（10，20，140），设置文字的尺寸为42，如图8-34所示。

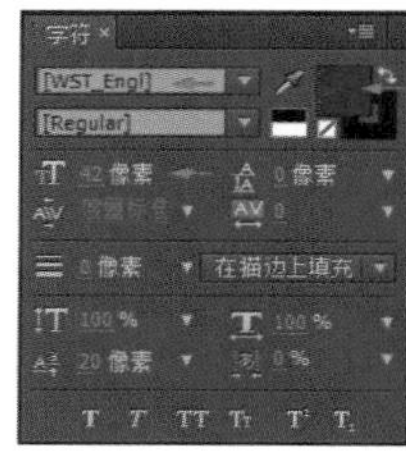

图8-34　创建文字层

7. 制作LOGO动画

1 制作文字的动画效果。在“效果和预设”面板中展开“动画预设”/Text/Scale，选择Scale Up文字动画效果，将其拖至“都市生活”文字层上，如图8-35所示。

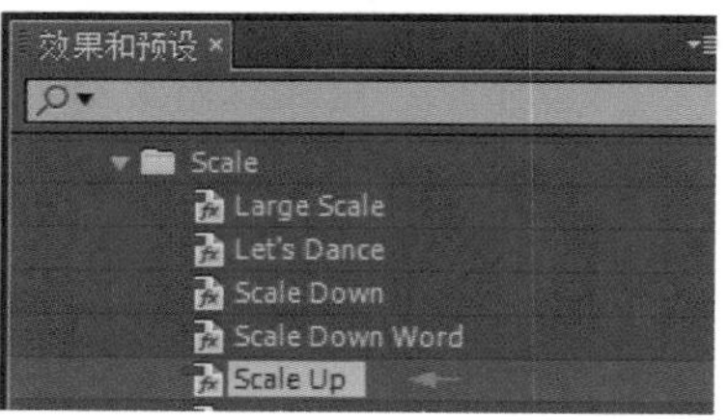

图8-35　设置文字动画

2 选择“都市生活”文字层，按U键，打开文字层的关键帧选项，将第一个关键帧移动到17帧位置，将第二个关键帧移动到1秒5帧位置，如图8-36所示。

3 制作椰树的动画。选择椰树层，展开它的“蒙版”选项，选择绘制椰树的“蒙版”，这里使用的是“蒙版1”，将时间滑块移动到1秒18帧位置，打开“蒙版 1”下“蒙版路径”前面的码表，在1秒18帧位置插入一个关键帧，再将时间滑块移动到1秒5帧位置，将椰树树叶部分的控制点全部收起来，如图8-37所示。

图8-36 调整文字动画关键帧

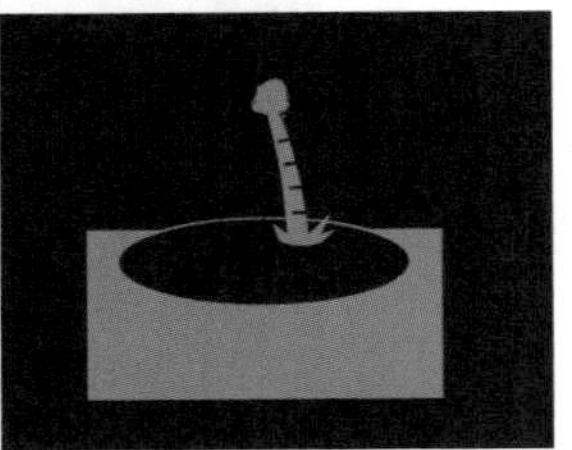

图8-37 制作椰树外形动画

提示

在移动“蒙版”控制点的时候，可以先选择树叶内侧的控制点，将控制点拖放到树叶底的位置，与底部的控制点重合，这样一层一层将它们全部拖放到底部，将“蒙版”控制点移动到上面图中的模式，这样看起来整个树叶也就和收起来一样；然后设置“蒙版”外形动画，将这个过程记录下来，就可以完成树叶打开的动画效果，这里还要注意提前将开始的形状插入关键帧。

4 制作“心形”的动画。选择“心形”层，展开它的“变换”选项，将时间滑块移动到1秒21帧位置，打开“缩放”前面的码表，设置 “缩放”为（0.0，0.0），2秒8帧位置为（100.0，100.0），2秒14帧位置为（70.0，70.0），2秒23帧位置为（100.0，100.0），这样就制作了缩放形成的跳动效果。将这些关键帧转换为贝塞尔曲线类型，如图8-38所示。

图8-38 制作心形动画

5 需要使“心形”层上的文字也能跟随“心形”一起运动，那么就需要将文字“缩放”变化属性关联到“心形”层的“缩放”选项上。展开Show文字层的“变换”选项，按住键盘上的Alt键，单击“缩放”前面的码表，打开“缩放”的表达式选项，按住表达示窗口中的◎按钮不放，拖至“心形”层的“缩放”上释放，自动建立关联表达式，如图8-39所示。

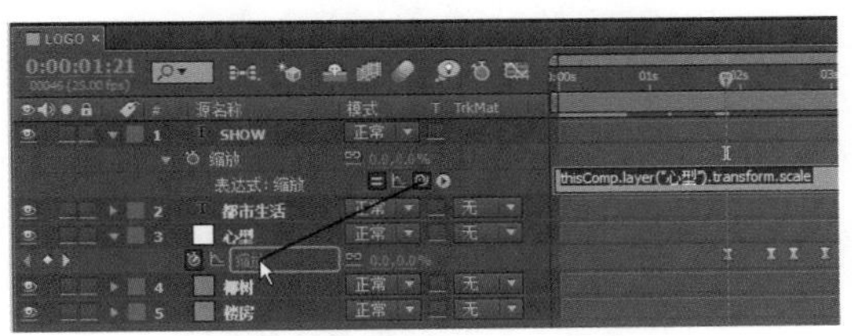

图8-39 设置属性关联

8. 最终合成

1 选择菜单命令“合成”/“新建合成”（快捷键Ctrl+N），新建一个合成，命名为“最终效果”，“预设”使用PAL制式（PAL D1/DV），“持续时间”为10秒。选择菜单命令“图层”/“新建”/“纯色”，为场景建立一个“纯色”图层，单击“大小”下的“制作合成大小”按钮，自动将“纯色”图层的大小设置为当前合成大小。

2 选择菜单命令“效果”/“生成”/“梯度渐变”，为“纯色”层添加一个渐变效果，设置“渐变起点”为（1088.0，-130.0），“起始颜色”为RGB（150，210，100），如图8-40所示。

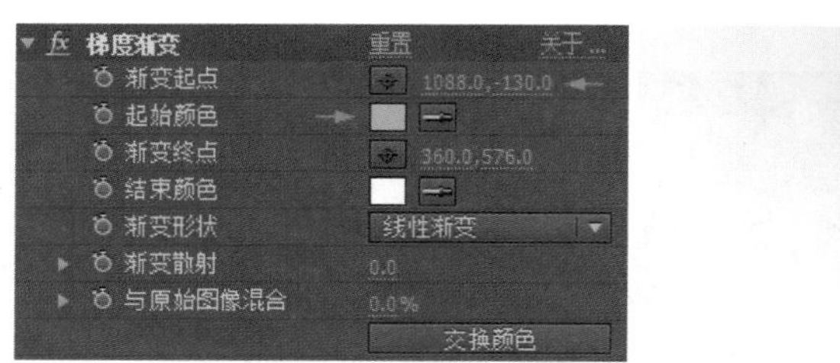

图8-40 创建“纯色”图层并设置渐变效果

3 在“项目”面板中将“片段 1”、“片段 2”和“片段 3”拖放到“最终效果”合成时间轴中，入点分别为第0帧、第3秒9帧和第6秒2帧，如图8-41所示。

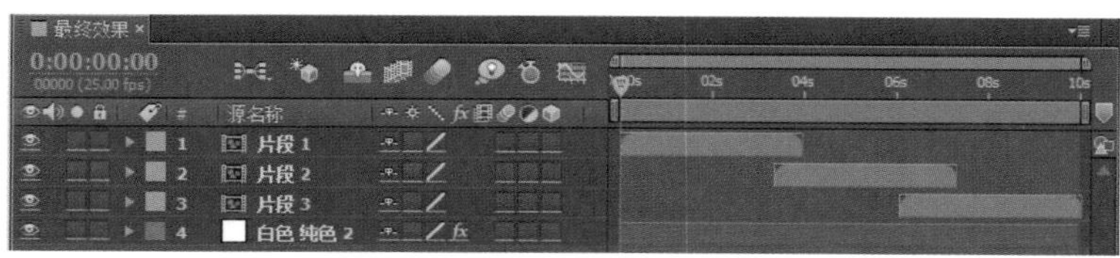

图8-41 设置图层叠加

4 在“项目”面板中将LOGO合成拖放到时间轴中，并移动到6秒23帧位置，展开LOGO层的“变换”选项，打开“位置”前面的码表，设置“位置”为（993.0，288.0），将时间滑块移动到7秒17帧位置，设置“位置”为（350.0，288.0），如图8-42所示。

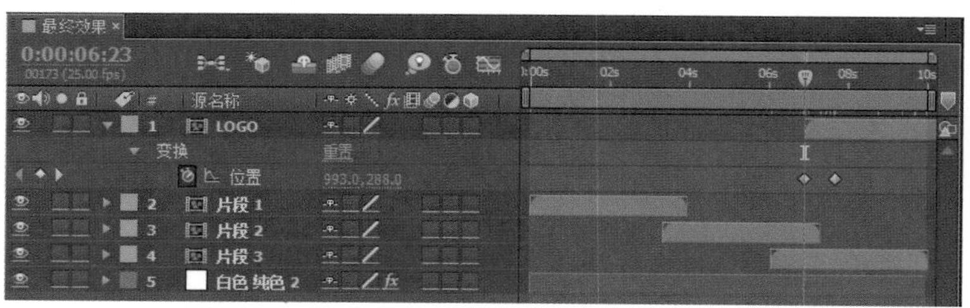

图8-42 设置LOGO层的位移动画

5 这样整个动画就制作完成。按小键盘上的0键就可以预览到最终效果。

技术回顾

本例主要介绍了使用文字工具制作各种颜色色块，然后再利用“单元格图案”制作小方块的运动效果，再添加到三维空间中，制作各种运动效果。在制作LOGO时，完全使用After Effects的“蒙版”工具来完成LOGO图像的绘制及最后的动画制作。

举一反三

根据前面介绍的制作方法，为彩色层制作模糊效果，并为片段添加树叶和花瓣效果。具体参数可以参考练习的工程方案，效果如图8-43所示。

图8-43 实例效果

8.2 新时尚

技术要点	使用摄像机制作空间运动效果	制作时间	4小时
项目路径	\chap64\新时尚.aep	制作难度	★★★★★

实例概述

本例首先使用After Effects制作一些片头中需要的小元素，然后将图片做抠像处理；将整个片头分成三个部分，分别制作它们的场景动画及LOGO；将制作好的三个部分全部合成到一个时间轴中，使用闪光效果对各场景进行衔接，效果如图8-44所示。

图8-44 实例效果

制作步骤

1. 制作背景层

1 启动After Effects软件，选择菜单命令“合成”/“新建合成”（快捷键Ctrl+N），新建一个合成，命名为“背景”，“预设”使用PAL制式（PAL D1/DV），“持续时间”为10秒。

2 选择菜单命令“文件”/“保存”（快捷键Ctrl+S），保存项目文件，命名为“新时尚”。

3 选择菜单命令“图层”/“新建”/“纯色”，为场景建立一个“纯色”层，并命名为“背景”，单击“大小”下的“制作合成大小”按钮，自动将“纯色”层的大小设置为当前合成大小。

4 选择菜单命令“效果”/“生成”/“梯度渐变”，为“纯色”层添加一个渐变效果，“起始颜色”为RGB（0，140，110），“结束颜色”为RGB（10，20，10），如图8-45所示。

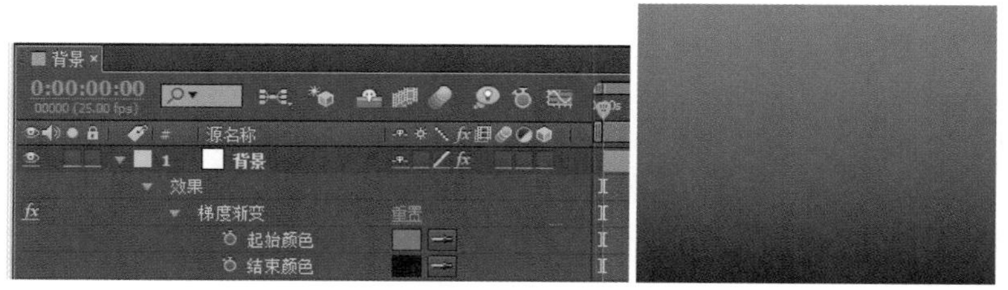

图8-45 设置“纯色”层渐变

5 选择菜单命令“图层”/“新建”/“纯色”，为场景建立一个“纯色”图层，并命名为“线框 1”，单击“大小”下的“制作合成大小”按钮，自动将“纯色”层的大小设置为当前合成大小。

6 选择工具栏中的矩形蒙版绘制工具，在刚建立的“纯色”层上绘制一些矩形线框，如图8-46所示。

图8-46 绘制矩形“蒙版”

7 选择菜单命令“效果”/Trapcode/3D Stroke，为“纯色”层上绘制的所有路径添加描边效果。设置Thickness（厚度）为1.0，展开Camera选项，设置X Rotation（*x*轴旋转）为（0，-27.0°），“*y*轴旋转”（*y*轴旋转）为（0，11.0°），如图8-47所示。

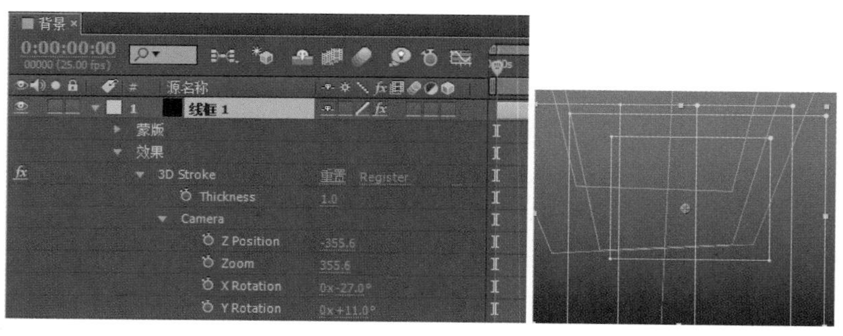

图8-47 设置空间线条

8 展开3D Stroke效果，将时间滑块移动到0帧位置，打开XY Position（*xy*轴位置）、Z Position（*z*轴位置）前面的码表，设置XY Position在0帧位置为（364.0，293.0），Z Position为70.0，将时间滑块移动到5秒位置，设置XY Position为（1445.0，445.0），Z Position为650.0；将时间滑块移动到10秒位置，设置XY Position为（177.0，338.0），Z Position为730.0，如图8-48所示。

9 选择菜单命令“效果”/“模糊和锐化”/“快速模糊”，为线框添加一个模糊效果，设置“模糊度”为10.0。展开图层的“变换”选项，设置“不透明度”为50%，如图8-49所示。

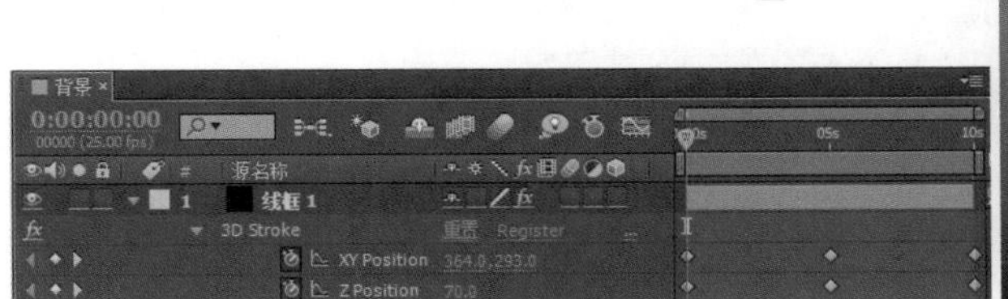

图8-48 设置线条动画

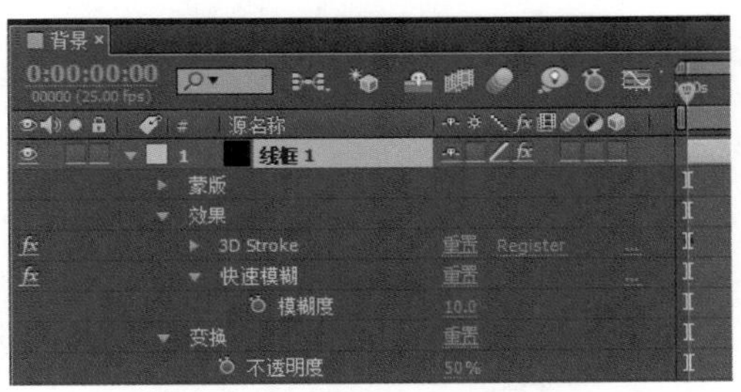

图8-49 设置线条模糊效果

10 在时间轴面板中选择“线框 1”，按快捷键Ctrl+D将其复制一份，命名为“线框 2”。在“线框 1”的基础上对其进行修改。首先展开3D Stroke效果，单击XY Position（*xy*轴位置）、Z Position（*z*轴位置）前面的码表，将它们关闭。这时所有的关键帧全部消失，在XY Position（*xy*轴位置）和Z Position（*z*轴位置）选项上单击鼠标右键，在弹出的窗口中选择Reset（重置），将这两项参数恢复为默认值，这样其他的参数还会保持前面的属性不变。

提示 在XY Position（*xy*轴位置）和Z Position（*z*轴位置）选项上单击鼠标右键的时候应该注意不要在数值上单击，在参数对应的英文上单击，否则将不会出现我们需要的菜单命令。这个小功能经常用到，例如，我们在测试一个效果时，会“疯狂”地调整每个参数的数值，这样就很容易混淆。也有很多功能无法测试出来，这时就可以使用Reset进行重置。

11 展开3D Stroke效果，设置“*z*轴位置”为70.0，“*x*轴旋转”为（0，100.0°），“*y*轴旋转”为（0，140.0°），“*z*轴旋转”为（0，-70.0°），展开“摄像机”选项，设置Z clip Front为77.0，如图8-50所示。

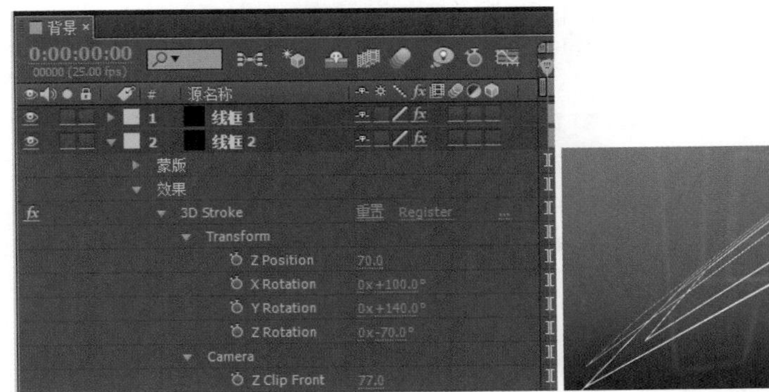

图8-50 设置线条空间位置

12 展开Camera选项，将时间滑块移动到0帧位置，打开XY Position和Z Position前面的码表，设置XY Position为（292.0，288.0），Z Position为-235.0；将时间滑块移动到5秒位置，设置XY Position为（415.0，800.0），Z Position为-65.0；将时间滑块移动到10秒位置，设置XY Position为（166.0，667.0），Z Position为375.0，如图8-51所示。

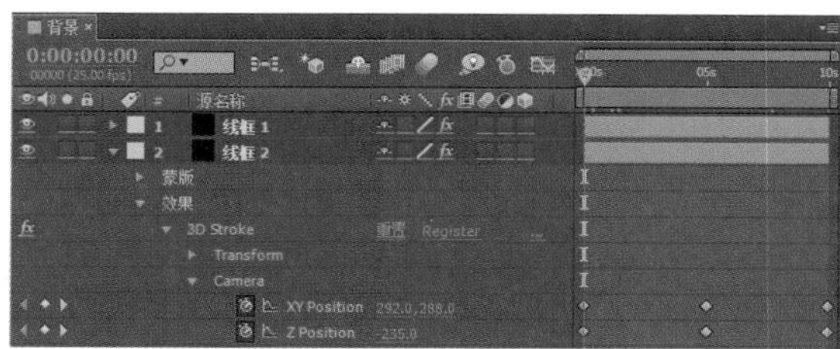

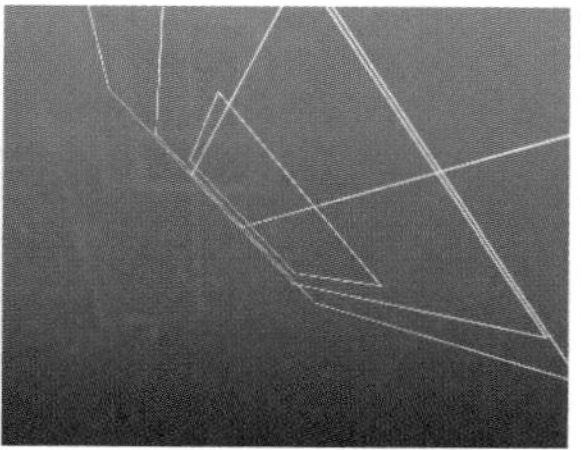

图8-51 设置线条动画

2. 制作噪波效果

1 选择菜单命令“合成”/“新建合成”（快捷键Ctrl+N），新建一个合成，命名为“噪波 1”，“预设”使用PAL制式（PAL D1/DV），“持续时间”为10秒。

2 选择菜单命令“图层”/“新建”/“纯色”，为场景建立一个“纯色”层，单击“大小”下的“制作合成大小”按钮，自动将“纯色”层的大小设置为当前合成大小。

3 选择菜单命令“效果”/“杂色和颗粒”/“分形杂色”，设置“分形类型”为“湍流锐化”，“杂色类型”为“样条”，并将“反转”打开；设置“对比度”为500.0，“亮度”为60.0；展开“变换”选项，关闭“统一缩放”，设置“缩放宽度”为800.0，“复杂度”为2.0，如图8-52所示。

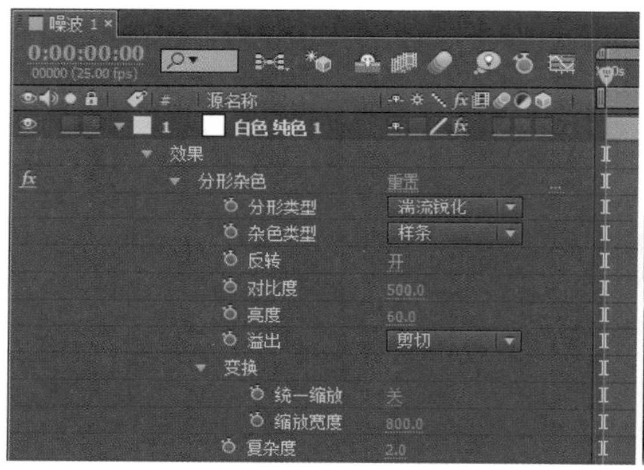

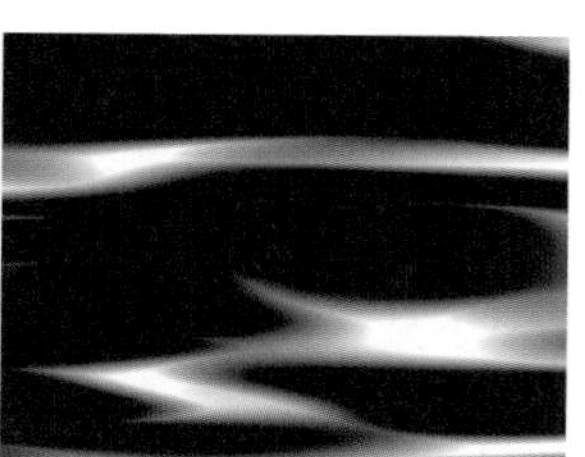

图8-52 制作噪波效果

4 将时间滑块移动到0帧位置，打开“演化”前面的码表，设置“演化”为（0，0.0），将时间滑块移动到10秒位置，设置“演化”为（1，0.0）。这样就完成了噪波效果的制作。

提示

“分形杂色”可以使影片产生分形的噪波，使用该效果，你可以在影片中模拟真实的烟尘、云雾等效果。可以在“分形类型”下拉列表中选择分形的方式，在“杂色类型”下拉列表中选择噪波的类型，同时可以在“对比度”选项中设置噪波的对比度，数值越高，对比度越高。“亮度”可以设置噪波的亮度，数值越高，噪波亮度越高。还可以在“变换”选项中设置噪波的变化属性。

3. 对模特抠像

1 下面将使用“蒙版”工具和键工具，将模特的其他部分抠除，保留人物部分，在“项目”面板的空白处双击，打开“导入文件”窗口，选择文件夹中的四个JPG文件，导入到“项目”面板。

2 在“项目”面板中选择MODE6565.JPG文件，将其直接拖放到“项目”面板下方的按钮上，这样就创建了一个与素材文件尺寸一致的合成，在时间轴面板中，按快捷键Ctrl+K，打开“合成设置”窗口，将合成重命名为“模特 1”。

3 使用钢笔工具，先沿着模特轮廓的边缘绘制一个“蒙版”，在绘制头部的时候尽量把头发部分全部绘制到“蒙版”内，这样就得到“蒙版 1”，然后将手和脖子的空隙部分，沿空隙边缘分别绘制一个“蒙版”，这样就可以得到“蒙版 2”和“蒙版 3”，如图8-53所示。

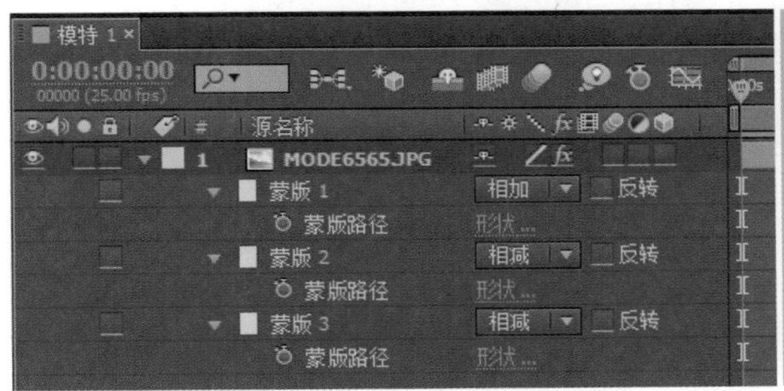

图8-53 绘制“蒙版”

提示

在绘制这类“蒙版”的时候可将视图放大若干倍，然后沿着轮廓一步一步绘制，可以配合“H”键移动视图。一般情况下可以分几步进行，第一步是将整个轮廓大致绘制出来，完成后使用选择并移动工具双击“蒙版”，选择所有的控制点，然后使用工具，将全部曲线自动圆滑处理，再进行细致调整。

4 现在就剩下头发还没有处理干净了，在时间轴面板中选择图片层，按M键，打开图层的所有蒙版，选择“蒙版 1”，按快捷键Ctrl+D将其复制一个，这时就会出现一个新的“蒙版 4”，选择“蒙版 4”，单击蒙版前面的黄色小色块，将其改为红色，并将“蒙版 1”、“蒙版 2”和“蒙版 3”锁定，如图8-54所示。

5 现在就可以调整“蒙版 4”，使用工具栏中的选择并移动工具将头发外面部分的点，全部移动到头发较为密集的内侧，如图8-55所示。

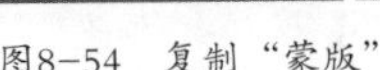
图8-54 复制“蒙版”

图8-55 修改“蒙版”

6 选择菜单命令“效果”/“键控”/“内部/外部键”，为图像添加一个轮廓键，设置前景（内部）为“蒙版 4”，背景（外部）为“蒙版 1”，这样头发边缘的部分也被抠除，如图8-56所示。

图8-56 制作抠像效果

7 按照上面介绍的方法，依次将其他三幅图片进行处理，分别命名为“模特 2”、“模特 3”和“模特 4”，如图8-57所示。

图8-57　其他图片抠像

4. 制作片段 A

1 需要制作第一个片段。选择菜单命令“合成”/“新建合成”（快捷键Ctrl+N），新建一个合成，命名为“片段 A”，“预设”使用PAL制式（PAL D1/DV），“持续时间”为8秒。

2 在“项目”面板中，将“背景”合成拖放到“片段 A”合成时间轴中。选择菜单命令“图层”/“新建”/“纯色”，为场景建立一个“纯色”层，单击“大小”下的“制作合成大小”按钮，自动将“纯色”层的大小设置为当前合成大小。

3 选择菜单命令“效果”/“生成”/“梯度渐变”，为“纯色”层添加一个渐变效果，设置“渐变起点”为（454.0，148.0），“起始颜色”为RGB（110，5，5），“渐变终点”为RGB（438.0，576.0），“结束颜色”为RGB（255，0，0），“渐变形状”为“径向渐变”。在时间轴面板中打开“纯色”层的三维开关，如图8-58所示。

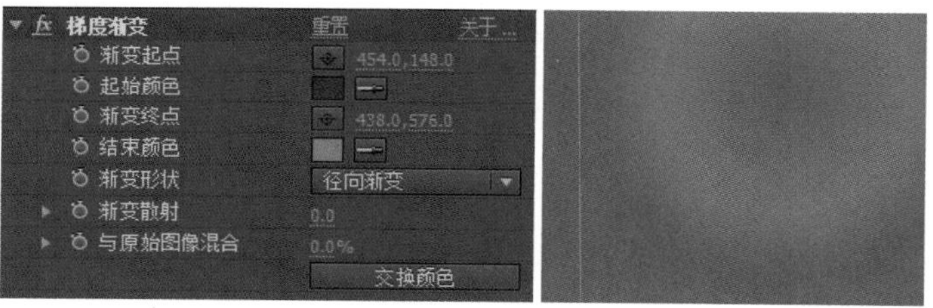

图8-58　制作渐变效果

4 在“项目”面板中将“模特 1”和“模特 4”拖放到时间轴中，并打开它们的三维开关。展开“模特 1”的“变换”选项，设置“位置”为（258.0，310.0，-82.0）；展开“模特 4”的“变换”选项，设置“位置”为（706.0，266.0，-48.0），“缩放”为（193.0，193.0，193.0），如图8-59所示。

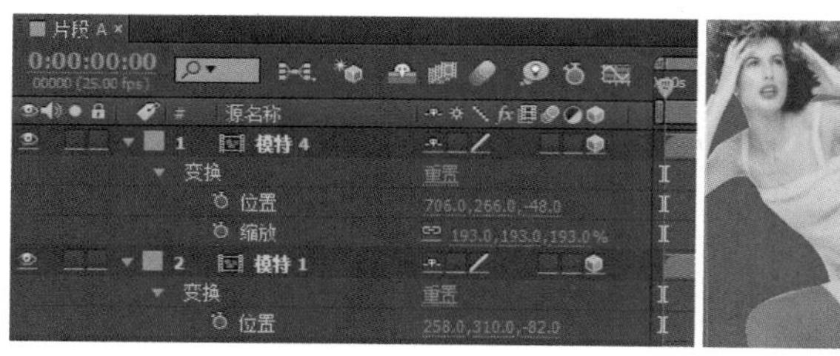

图8-59　设置“纯色”层位置

5 选择菜单命令“图层”/“新建”/“摄像机”，为场景建立一个摄像机，设置“预设”为“自定义”，“缩放”为444.4，“胶片大小”为102.05，“视角”为81.65。

6 制作摄像机的运动动画。展开摄像机的“变换”选项，设置“目标点”为（420.0，534.0，435.0）；将时间滑块移动到0帧位置，打开“位置”前面的码表，设置“位置”为（303.9，242.5，-421.8）；将时间滑块移动到2秒8帧位置，设置“位置”为（590.3，242.5，-395.7）；将时间滑块移动到3秒10帧位置，设置“位置”为（1045.0，277.1，

-1210.2)；将时间滑块移动到4秒9帧位置，设置“位置”为(679.3，391.4，-1238.1)；将时间滑块移动到5秒6帧位置，设置“位置”为(-490.7, -242.1，-1727.3)；将时间滑块移动6秒5帧位置，设置“位置”为(-490.7，-242.1，-1727.3)；将时间滑块移动到7秒5帧位置，设置“位置”为(258.4，413.4，-244.5)，如图8-60所示。

图8-60 制作摄像机动画

7 按小键盘上的0键预览，效果如图8-61所示。

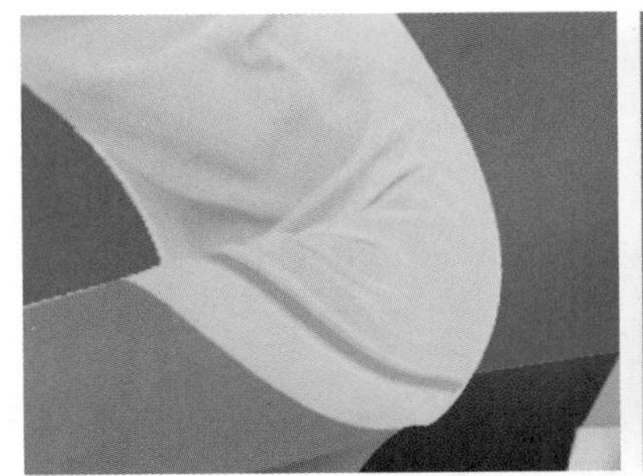

图8-61 摄像机动画效果

现在制作完成了摄像机的动画，下面在场景中添加在前面制作的各种元素。

8 在“项目”面板中选择“噪波 1”合成，将其拖放到“片段 A”合成时间轴中，打开该层的三维开关，按P键，打开该层的位置选项，设置“位置”为（256.0，288.0，-328.0），在“模式”栏中，设置光斑层的叠加方式为“相加”，如图8-62所示。

图8-62 添加噪波层到合成中

9 连续按快捷键Ctrl+D两次，将噪波层复制两个，按P键，打开它们的位置选项，分别设置它们的“位置”为（180.0，288.0，-549.0）和（218.0，293.0，-904.0），如图8-63所示。

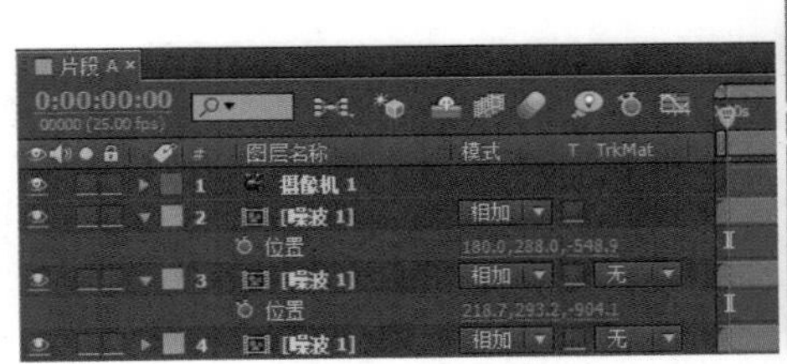

图8-63 复制噪波层并设置位置

10 为场景建立文字层，选择工具栏中的文字编辑工具，在屏幕上输入“流行的集散地”，在“字符”面板中，设置文字的字体为方正琥珀，文字的尺寸为58，文字间距为165，文字的颜色为RGB（245，70，255）。

11 在时间轴面板中打开文字层的三维开关，展开其“变换”选项，设置“位置”为（342.0，420.0，-96.0），如图8-64所示。

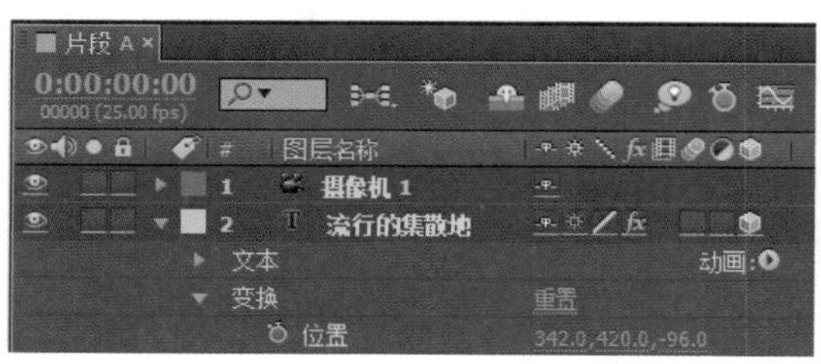

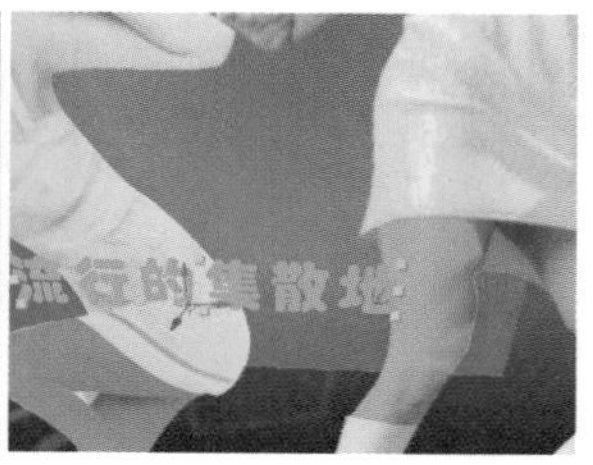

图8-64　设置文字在空间的位置

12 选择菜单命令“效果”/“过渡”/“卡片擦除”，设置“翻转轴”为x，“翻转方向”为“正向”，“翻转顺序”为“从左到右”；展开“位置抖动”选项，设置“X抖动速度”为0.00，设置“Y抖动速度”为0.00，设置“Z抖动速度”为0.00，如图8-65所示。

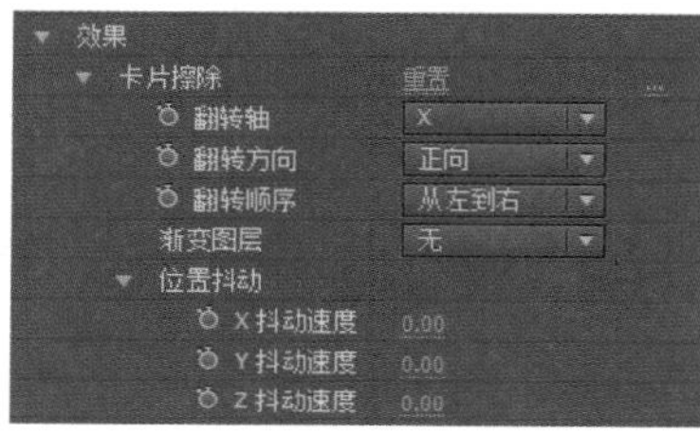

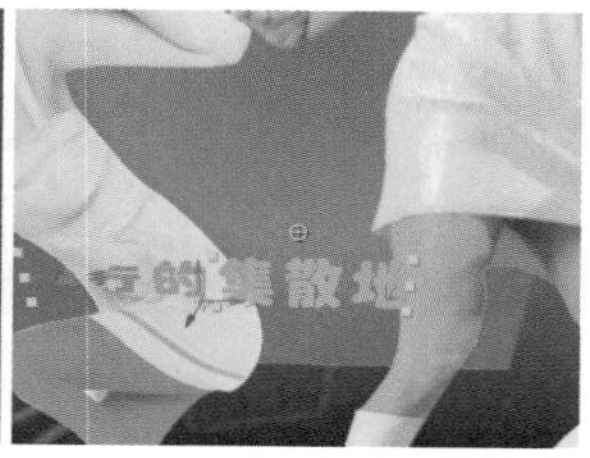

图8-65　制作文字卡片动画

13 将时间滑块移动到18帧位置，打开“过渡完成”前面的码表，设置“过渡完成”在0帧位置为0%，在2秒2帧位置为100%，如图8-66所示。

图8-66　设置卡片动画

14 为文字设置一个淡出效果。展开文字层的“变换”选项，将时间滑块移动到2秒位置，打开“不透明度”前面的码表，设置“不透明度”为100%，将时间滑块到2秒10帧位置，设置“不透明度”为0%，这样文字就在2秒10帧位置全部淡出。为了让时间轴看起来较为整洁一些，可以将2秒10帧以后的部分删除，如图8-67所示。

图8-67　设置文字不透明属性

15 选择工具栏中的文字编辑工具，在屏幕上输入“时尚的先锋”，在“字符”面板中设置文字的字体为方正粗圆，文字的尺寸为58，文字间距为165，文字的颜色为RGB（160，65，160）。

16 在时间轴面板中打开文字层的三维开关，并将文字的开始部分移动到3秒位置，展开其“变换”选项，设置“位置”为（482.0，449.0，-893.0），“y轴旋转”为（0，17.0°），如图8-68所示。

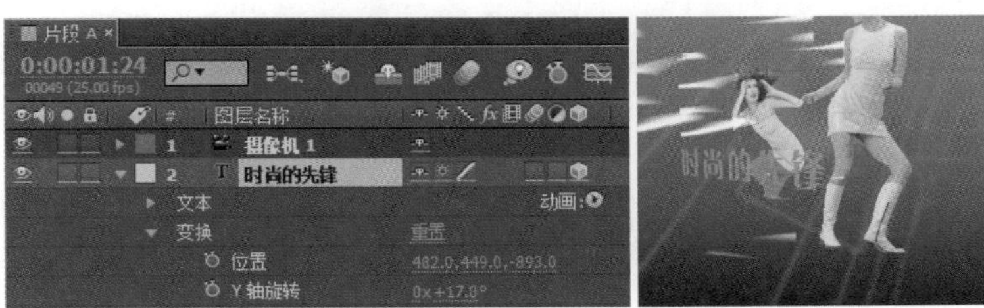

图8-68 设置文字在空间中的位置

17 现在开始设置文字的动画，展开文字层的“文本”选项，单击“动画”后面的三角按钮，在弹出的窗口中选择“缩放”，这时系统自动添加一个“动画制作工具 1”，展开“动画制作工具 1”选项，单击“添加”后的三角按钮，选择“属性”后的“不透明度”，添加一个“不透明度”选项。

18 将文字的入点移至第3秒，展开“文本”下的“动画制作工具 1”选项，设置“缩放”为（640.0，640.0%），“不透明度”为0%；展开“范围选择器 1”选项，在第3秒打开“起始”前面的码表，设置“起始”为0%，4秒8帧位置为100%，4秒14帧位置为100%，5秒5帧为0%。将5秒5帧以后的部分移除，如图8-69所示。

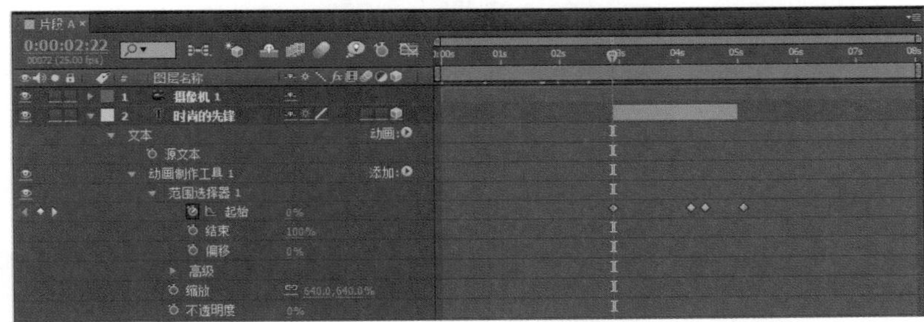

图8-69 制作文字动画

19 按小键盘上的0键预览动画，动画效果如图8-70所示。

图8-70 文字动画效果

20 在5秒5帧位置，为“模特 4”制作一个白闪动画。将“模特 4”层复制一层，选择菜单命令“效果”/“生成”/“填充”，设置“颜色”为白色，这样“模特 4”合成，就按照模特的轮廓填充成白色了；按快捷键Ctrl+Shift+D，将“模特 4”剪辑成一帧的画面，并移动到5秒5帧位置，将其复制三层，每层之间间隔2～3帧，可以随意搭配，如图8-71所示。

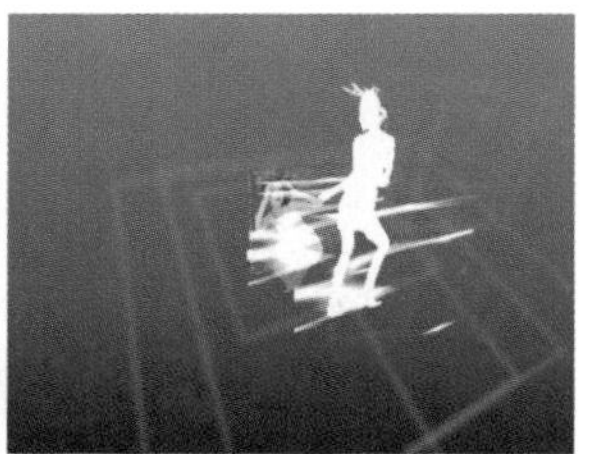

图8-71　填充模特层并制作白闪动画

21 在“项目”面板中选择“模特 4”合成，按快捷键Ctrl+D将合成复制一个，双击将其打开，按快捷键Ctrl+K打开“合成设置”窗口，将其重命名为“模特 4a”；使用钢笔工具，将模特手足裸露的部分勾画出来，如图8-72所示。

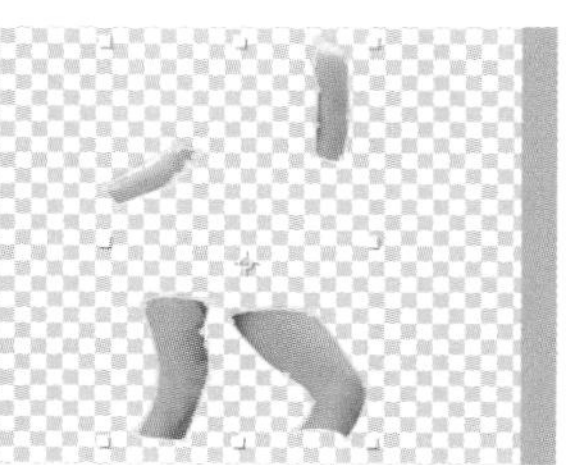

图8-72　制作模特层蒙版

22 将制作完成的“模特 4 a”合成拖放到“片段 A”时间轴中，设置其缩放、位置等属性与“模特 4”合成相同，这样两个合成就完全结合在一起。制作“模特 4a”层的动画，按P键，展开“模特 4a”合成的“位置”选项，并单击位置前面的码表，将时间滑块移动到5秒6帧位置，设置 “位置”为（706.0，266.0，-48.0），如图8-73所示。

图8-73　制作“模特 4a”合成的位置动画1

23 将时间滑块移动到6秒5帧位置，设置 “位置”为（1038.0，266.0，-228.0），如图8-74所示。

图8-74　制作“模特 4a”合成的位置动画2

24 将“模特 4a”复制一层，选择菜单命令“效果”/“生成”/“填充”，设置“颜色”为白色，这样“模特 4a”合成，就按照模特的轮廓填充成白色了；使用快捷键Ctrl+Shift+D，在5秒05帧位置将“模特 4a”剪辑成一帧的画面，在5秒09帧位置将“模特 4a”剪辑成一帧的画面，在5秒15帧位置将“模特 4a”剪辑成一帧的画面，在5秒19帧位置将“模特 4a”剪辑成一帧的画面，将其他多余部分删除，如图8-75所示。

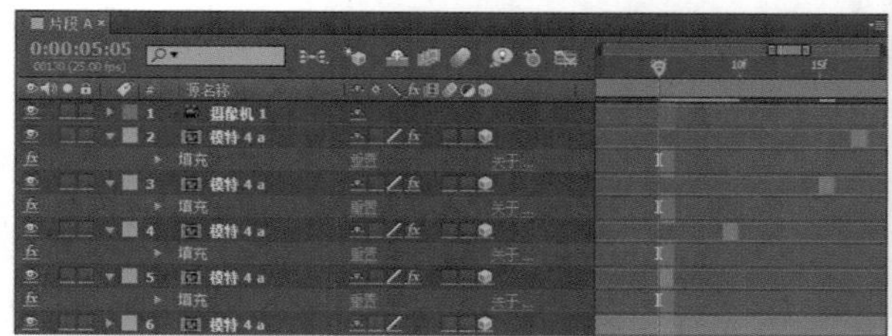
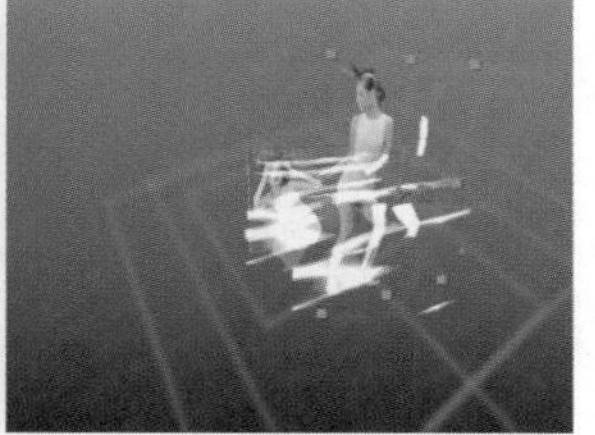

图8-75 填充“模特 4a”并复制多层

提示

在制作“模特 4”和“模特 4 a”的两个白闪时应该注意，“模特 4”是一个固定的图层，并没有运动属性的动画，可以随意剪辑一帧进行复制就可以完成白闪的动画；然后在“模特 4 a”合成中有一个位置上的变化，那么每一帧的图像都有变化，这样就需要在相应的位置进行剪辑，也就不会产生白色填充部分和图像位置不符的情况。

这样就完成了“片段 A”的制作。

5. 制作片段 B

1 选择菜单命令“合成”/“新建合成”（快捷键Ctrl+N），新建一个合成，命名为“片段 B”，“预设”使用PAL制式（PAL D1/DV），“持续时间”为4秒。

2 在“项目”面板中，将“背景”拖放到“片段 A”时间轴中。

3 选择菜单命令“图层”/“新建”/“纯色”，创建一个“纯色”层，单击“大小”下的“制作合成大小”按钮，将“纯色”层设置为当前合成大小，设置固态的颜色为RGB（140，10，13）。选择钢笔工具，在“纯色”层上绘制一个蒙版。在时间轴面板中打开图层的三维开关，并展开图层的“变换”选项，设置“缩放”为（81.7，52.8，100.0），如图8-76所示。

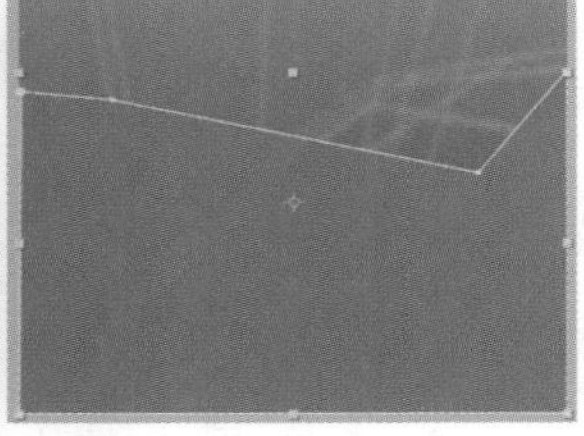

图8-76 绘制“蒙版”

4 在“项目”面板中选择“模特 2”和“模特 3”合成，将它们拖放到时间轴中，并打开它们的三维开关。展开“模特 2”合成的“变换”选项，设置“位置”为（524.0，266.0，-30.0），“缩放”为（62.0，62.0，62.0）；展开“模特 3”合成的“变换”选项，设置“位置”为（246.0，244.0，-30.0），“缩放”为（63.0，63.0，63.0），如图8-77所示。

图8-77 添加素材到合成

5 将“模特 2”和“模特 3”合成分别复制三层，调整它们的位置、缩放和不透明度，如图8-78所示。

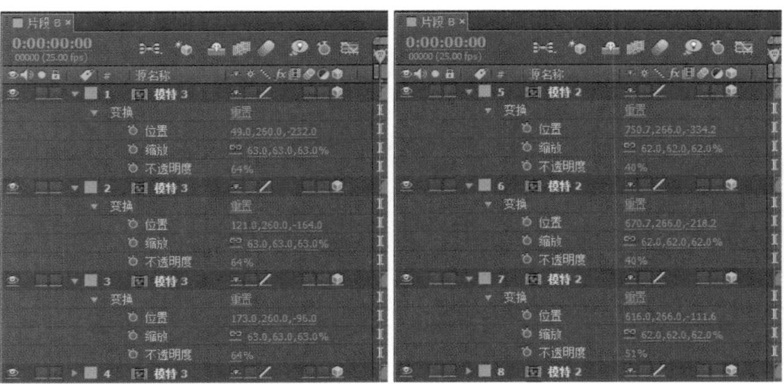

图8-78　复制多层并设置位置和不透明度

6 选择菜单命令“图层”/“新建”/“摄像机”，建立一个摄像机，设置“预设”为“自定义”，“缩放”为444.4，“影片大小”为102.05，“查看角度”为81.65。

7 将时间滑块移动到0帧位置，设置“目标点”为（360.0，208.0，416.0），打开“位置”前面的码表，设置“位置”为（360.0，208.0，-1024.4）。将时间滑块移动到2秒位置，设置“位置”为（360.0，208.0，-928.4），将时间滑块移动到3秒5帧位置，设置“位置”为（312.0，208.0，-81.4），然后将关键帧设为Bezier类型，如图8-79所示。

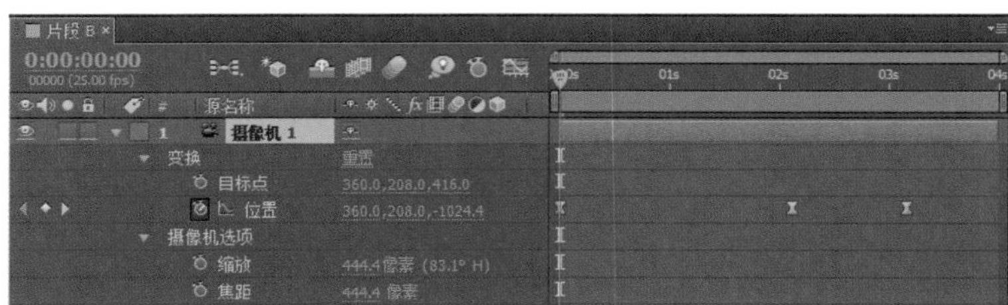

图8-79　制作摄像机动画

8 这样就完成了摄像机运动效果，如图8-80所示。

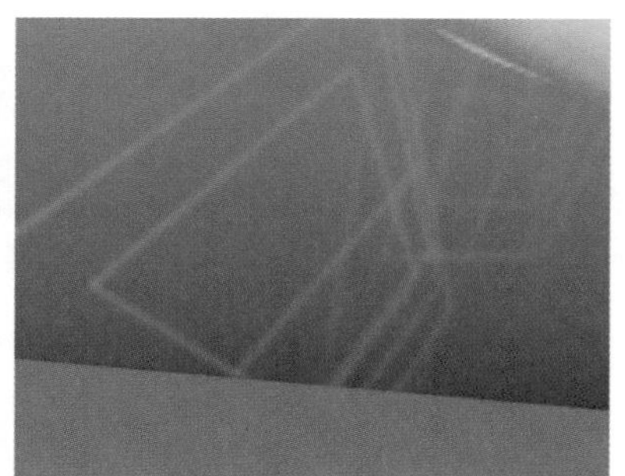

图8-80　摄像机动画效果

9 选择工具栏中的文字编辑工具，在屏幕上输入“让流行有主见”，设置文字的字体为方正琥珀，文字的尺寸为58，文字间距为164，设置文字的颜色为RGB（245，70，255）。在时间轴面板中的打开文字层的三维开关，展开“变换”选项，设置“位置”为（386.0，346.0，-520.0），并将文字层的开始位置移动到1秒。

10 选择菜单命令“效果”/“扭曲”/“光学补偿”，为文字层添加一个极坐标工具，设置“反转镜头扭曲”为打开状态，“视图中心”为（379.0，326.0）；将时间滑块移动到1秒位置，打开“视场（FOV）”前面的码表，设置“视场（FOV）”为160.0，如图8-81所示。

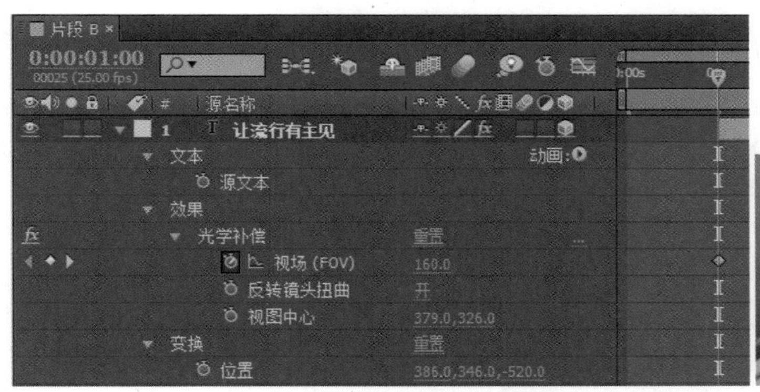

图8-81 制作文字动画1

11 将时间滑块移动到2秒5帧位置，设置“视场（FOV）”为50.0，如图8-82所示。

图8-82 制作文字动画2

12 在“项目”面板的空白处双击，打开“导入文件”窗口，打开绸子目录，选择序列头部文件“绸子0000.tga”，勾选“Targe序列”，单击“打开”按钮，将整个绸子序列导入，在“解释素材”窗口中选择“直接-无遮罩”，单击“确定”按钮，结束当前操作，将序列文件导入到时间轴面板。

13 将“绸子[0000-0060].tga”拖放到时间轴中的0帧位置，在时间轴面板的“模式”栏中，设置叠加模式为“线性减淡”，这样就完成了“片段 B”的制作，如图8-83所示。

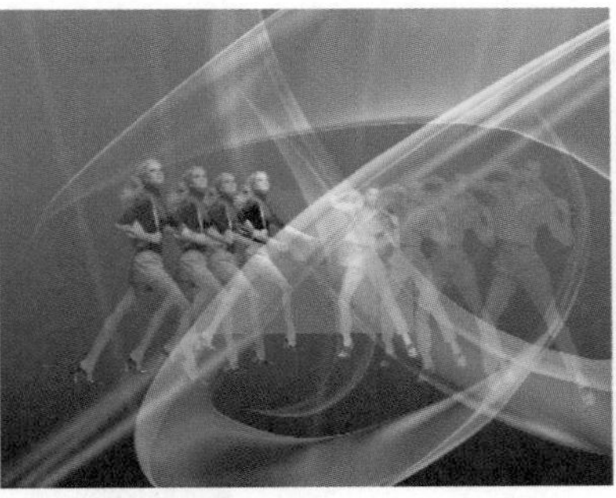

图8-83 设置叠加模式

6. 制作LOGO

1 需要制作一个LOGO，在LOGO的制作过程中，完全使用After Effects的“纯色”层、“蒙版”，以及文字工具进行制作。选择菜单命令“合成”/“新建合成”（快捷键Ctrl+N），新建一个合成，命名为LOGO，“预设”使用PAL制式（PAL D1/DV），“持续时间”为10秒。

2 选择菜单命令“图层”/“新建”/“纯色”，为场景建立一个“纯色”层，单击“大小”下的“制作合成大小”按钮，自动将“纯色”层的大小设置为当前合成大小，将颜色设置为白色；展开“纯色”层的“变换”选项，设置“位置”为（446.0，242.0），“缩放”为（18.3，12.5）。

> 提示
> 在制作LOGO时可以有很多种方法，可以建立一个“纯色”层，然后在图层上绘制“蒙版”，使用Fill对颜色进行填充，这种方法的优势在于图层少，但不易于修改；还可以建立多个“纯色”层，对各层进行拼贴，分别设置色彩，制作出我们需要的LOGO，这种方法的优势在于便于修改，但制作显得繁琐了一些。为了以后便于修改，本例还是采用这种便于修改的方法。

3 选择菜单命令“图层”/“新建”/“纯色”，为场景建立一个“纯色”层，单击“大小”下的“制作合成大小”按钮，自动将“纯色”层的大小设置为当前合成大小，将颜色设置为RGB（255，56，186）；展开“纯色”层的“变换”选项，设置“位置”为（348.0，242.0），“缩放”为（13.9，12.5）。

4 选择菜单命令“图层”/“新建”/“纯色”，为场景建立一个“纯色”层，单击“大小”下的“制作合成大小”按钮，自动将“纯色”层的大小设置为当前合成大小，将颜色设置为白色；展开“纯色”层的“变换”选项，设置“位置”为（344.0，302.0），“缩放”为（46.7，7.6），如图8-84所示。

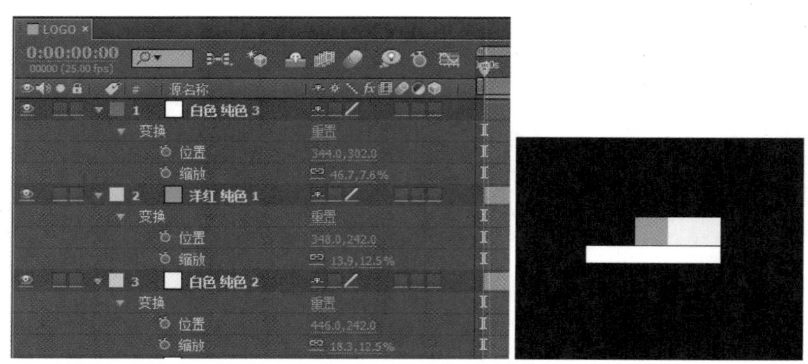

图8-84 创建“纯色”层

5 选择刚建立的“纯色”层，选择菜单命令“图层”/“蒙版”/“新建蒙版”，为“纯色”层建立一个“蒙版”，这种方法建立的“蒙版”将沿着“纯色”层表面建立。使用放大镜工具，将视图放大到“蒙版”全屏显示。需要对“蒙版”进行加工处理，使用蒙版加点工具，在左上角和右下角的两个直角边，分别添加一个点，这样在“蒙版”上添加完成四个点后，将中间直角的点删除，然后使用工具栏的工具，对添加的四个点进行适当的调整，使直角转化为圆角，如图8-85所示。

图8-85 制作圆角效果

6 选择文字编辑工具，在屏幕上输入“新时尚”，设置文字的字体为方正琥珀，文字的尺寸为45，设置文字的颜色为RGB（181，3，5），并使用选择并移动工具，直接将位置移动到前面制作的“纯色”层上，如图8-86所示。

7 选择文字编辑工具，在屏幕上输入FASHION，设置文字的字体为方正粗圆，文字的尺寸为48，设置文字的颜色为RGB（181，10，13），文字间距为375，并使用选择并移动工具，直接将文字移动到前面制作的“纯色”层上，如图8-87所示。

8 选择FASHION文字层，选择菜单命令“图层”/“自动追踪”，这样系统就自动建立了一个轮廓层；选择菜单命令“效果”/“生成”/“填充”，为刚创建的文字轮廓层添加一个填充效果，设置填充颜色为红色，如图8-88所示。

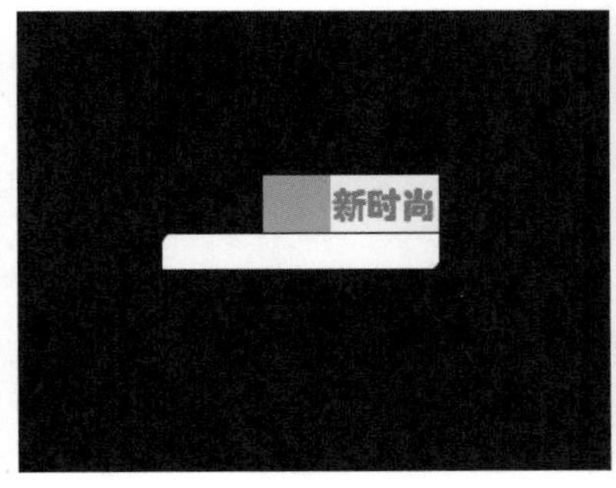

图8-86 创建文字层1

图8-87 创建文字层2

图8-88 创建文字轮廓

9 下面对文字的轮廓进行调整，放大视图，使用工具在轮廓上添加点，使用工具移动点的位置，以达到调整文字外形的目的，如图8-89所示。

图8-89 调整文字轮廓

10 选择菜单命令“图层”/“新建”/“纯色”，为场景建立一个“纯色”层，单击“大小”下的“制作合成大小”按钮，自动将“纯色”层的大小设置为当前合成大小，将颜色设置为白色。

提示 一般情况下，在制作一个片头或者广告时，对文字的字体要求非常高，而往往很多标准的字体都显得过于老套，添加在画面上也会让画面失去几分颜色，然而借助Create Outlines（创建轮廓）工具，则可以很好地帮助我们完成创意，让字体看起来新颖、独特，使画面也增色不少。

11 选择椭圆形绘制工具，在“纯色”层上绘制一个椭圆形的“蒙版”；展开“纯色”层的“蒙版”选项，选择刚绘制的“蒙版 1”，按快捷键Ctrl+D将“纯色”层复制一个，将新复制的“蒙版”的位置和角度进行适当调整；按照这种方法制作一个花朵的形状，如图8-90所示。

图8-90 制作LOGO

7. 制作片段 C

1 选择菜单命令“合成”/“新建合成”（快捷键Ctrl+N），新建合成，命名为“片段 C”，“预设”使用PAL制式（PAL D1/DV），“持续时间”为5秒。

2 选择菜单命令“图层”/“新建”/“纯色”，为场景建立一个“纯色”层，单击“大小”下的“制作合成大小”按钮，自动将“纯色”层的大小设置为当前合成大小，将颜色设置为白色。

3 选择菜单命令“图层”/“新建”/“纯色”，单击“大小”下的“制作合成大小”按钮，自动将“纯色”层的大小设置为当前合成大小，将颜色设置为RGB（250，115，115）。选择矩形蒙版绘制工具，在“纯色”层上绘制一个“蒙版”，如图8-91所示。

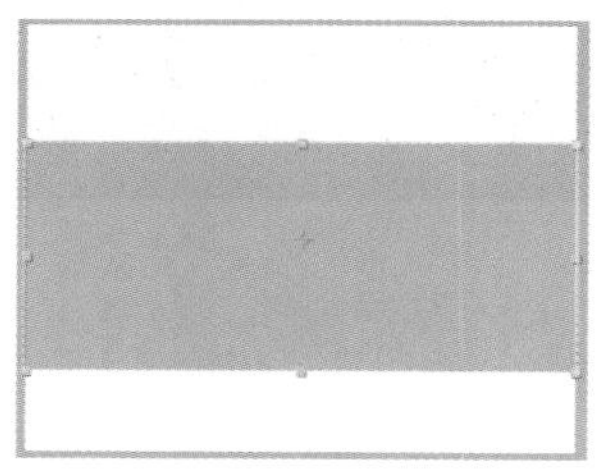

图8-91 创建“纯色”层并绘制“蒙版”

4 选择菜单命令“效果”/“扭曲”/“波形变形”，设置“波形高度”为-36，“波形宽度”为611，“波形速度”为0.0，如图8-92所示。

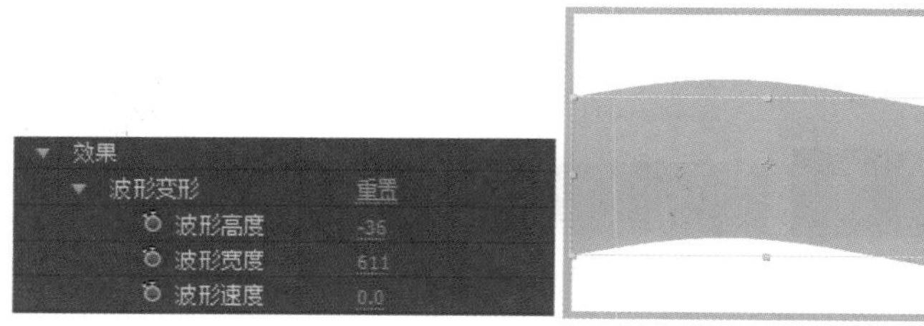

图8-92 制作波浪效果

> 提示
> “波形变形”滤镜可以在指定的参数范围内随机产生弯曲的波浪效果。在“波浪类型”下可以设置多种波浪的形状，如正弦、矩形、三角形、锯齿、圆形、半圆形、反向圆形、噪波和平滑噪波，共9种波浪的类型。同时还可以通过“波形高度”控制波浪高度，“波形宽度”控制波浪宽度，“方向”可以控制波浪的移动方向，“波形速度”可以控制波浪的速度。

5 将时间滑块移动到0帧位置，打开“相位”前面的码表，设置“相位”为（0，0.0°，），将时间滑块移动到5秒位置，设置“相位”为（3，0.0°），这样“纯色”层就会像波浪一样运动。展开“纯色”层 “蒙版”下的“蒙版 1”选项，设置“蒙版羽化”为（10.0，10.0）；展开“纯色”层的“变换”选项，设置“不透明度”为20%，如图8-93所示。

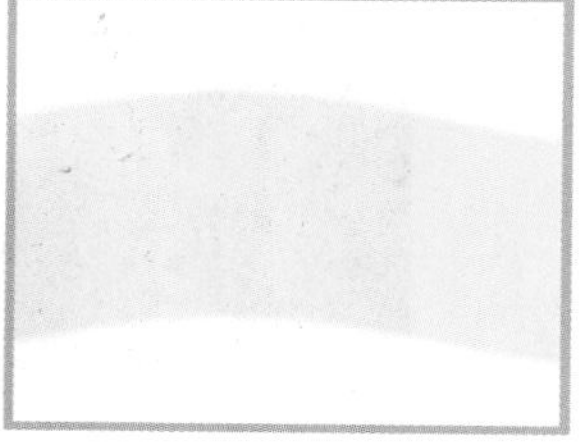

图8-93 设置波浪动画

6 选择菜单命令“效果”/“扭曲”/“镜像”，设置“反射角度”为（0，90.0），如图8-94所示。

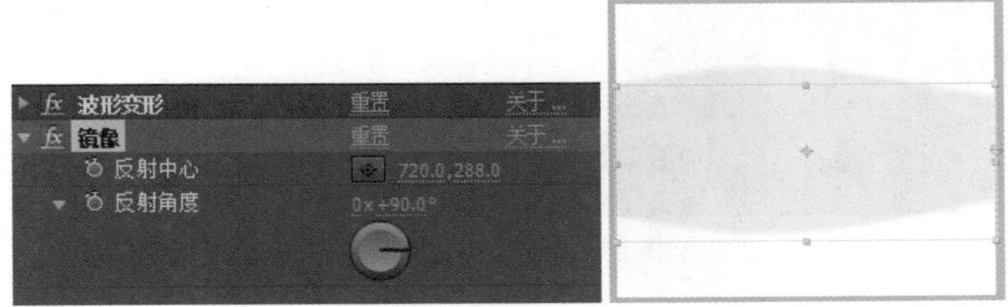

图8-94 制作镜像效果

提示

下面还要制作几层类似的“纯色”层的波浪运动动画，通常我们需要一层一层进行制作，这样的工作可能有些重复，对于一些新手来说，可以当作练手，如果在实战中还要这样去做，恐怕太耽误时间，那么就需要使用更快捷的方法，一般这种情况就可以对图层或合成进行复制，然后将不同的部分进行修改，接下来就使用这种方法进行制作。

7 按快捷键Ctrl+D将粉色“纯色”层复制一个，选择菜单命令“图层”/“纯色设置”，将颜色更改为RGB（229，0，205），展开“蒙版”选项，设置“蒙版扩展”为-18.0，展开“变换”选项，设置“不透明度”为50%，如图8-95所示。

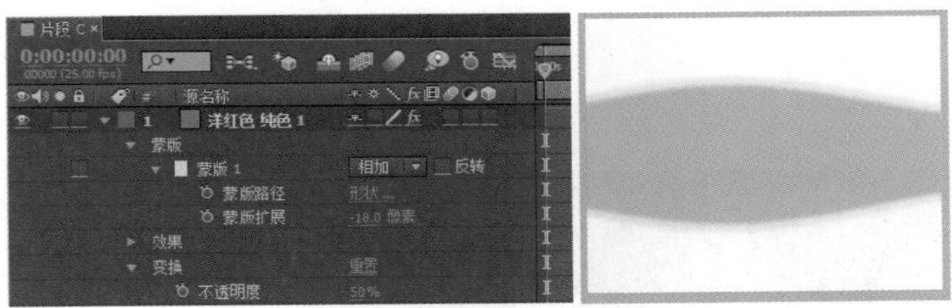

图8-95 修改图层属性1

8 按快捷键Ctrl+D将粉色“纯色”层复制一个，选择菜单命令“图层”/“纯色设置”，将颜色更改为RGB（229，0，129），展开“蒙版”选项，设置“蒙版扩展”为-33.0，展开“变换”选项，设置“不透明度”为60%，如图8-96所示。

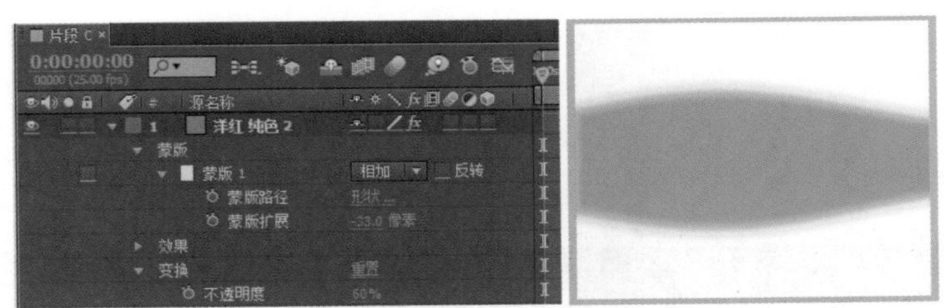

图8-96 修改图层属性2

9 按快捷键Ctrl+D将粉色“纯色”层复制一个，选择菜单命令“图层”/“纯色设置”，将颜色更改为RGB（222，0，0），展开“蒙版”选项，设置“蒙版扩展”为-33.0，展开“变换”选项，设置“不透明度”为60%，如图8-97所示。

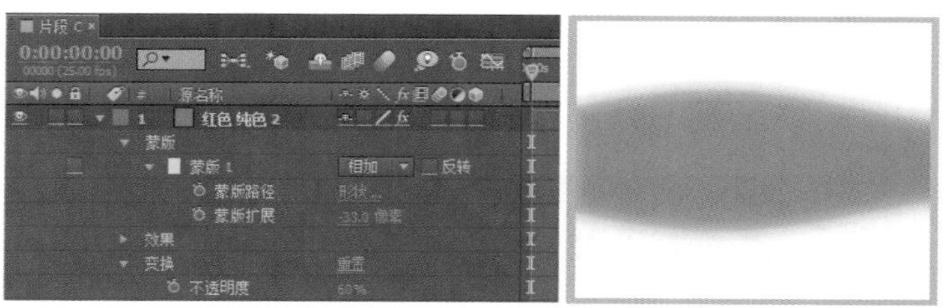

图8-97　修改图层属性3

10 在“项目”面板中，将“噪波 1”合成拖放到时间轴中，展开“噪波 1”合成的“变换”选项，设置“缩放”为（119.0，35.0%），如图8-98所示。

图8-98　拖放合成到时间轴中

11 在“项目”面板中，将LOGO合成拖放到时间轴中，并将开始点移动到10帧位置，选择菜单命令“效果”/“模糊和锐化”/“快速模糊”，将时间滑块移动到10帧位置，打开“模糊度”前面的码表，设置10帧位置为170.0，将时间滑块移动到1秒10帧位置，设置“模糊度”为0.0，如图8-99所示。

图8-99　设置LOGO层的模糊动画

8. 最终合成

1 选择菜单命令“合成”/“新建合成”（快捷键Ctrl+N），新建一个合成，命名为“最终效果”，“预设”使用PAL制式（PAL D1/DV），“持续时间”为15秒。

2 在“项目”面板中，将“片段 A”、“片段 B”和“片段 C”拖放到时间轴中，入点分别为第0帧、第7秒5帧和第10秒，如图8-100所示。

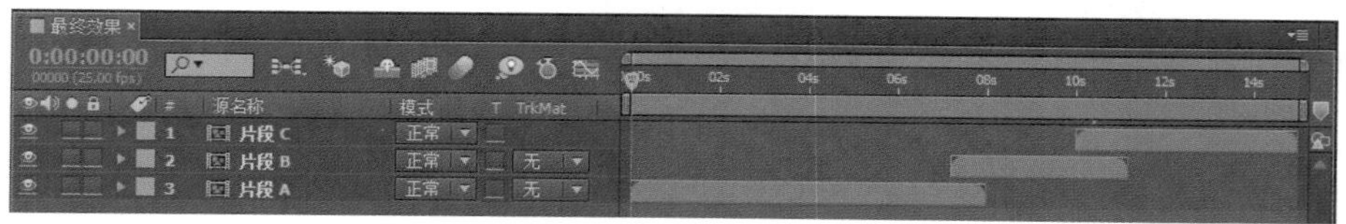

图8-100　最终合成

3 这样整个动画就制作完成。按小键盘上的0键就可以预览到最终效果。

技术回顾

本例主要介绍了制作片头的一般顺序，首先将片头中可能需要的小元素制作完成，然后根据片头的结构，将其划分为三个部分进行制作，在最终合成时，可以使用闪光效果对各片段进行衔接。本例的技术要点在于，多个图片的抠像和各片段中的摄像机动画，以及对文字层的修饰和波浪效果的制作。

举一反三

根据前面介绍的方法，制作另一种摄像机运动动画，并在制作LOGO动画时采用波浪的形式进入画面。具体参数可以参考练习的工程方案，效果如图8-101所示。

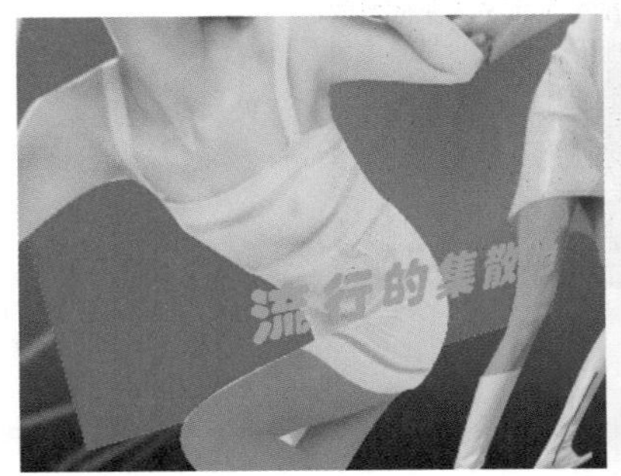

图8-101　实例效果

8.3 逛街

技术要点	使用摄像机制作空间运动效果	制作时间	4小时
项目路径	\chap65\逛街.aep	制作难度	★★★★★

实例概述

本例首先使用After Effects制作一些片头中需要的小元素，将图片做抠像处理；然后根据摄像机的运动效果，制作各个场景，在摄像机运动到下一个场景的时候，使用“调整图层”将上一个场景做虚化处理，本例的技术难点在于多个LOGO层的制作，效果如图8-102所示。

图8-102　实例效果

制作步骤

1. 制作LOGO

1 启动After Effects软件，选择菜单命令“合成”/“新建合成”（快捷键Ctrl+N），新建一个合成，命名为LOGO 1，“预设”使用PAL制式（PAL D1/DV），“持续时间”为10秒。

2 选择菜单命令“文件”/“保存”（快捷键Ctrl+S），保存项目文件，命名为“逛街”。

3 选择菜单命令“图层”/“新建”/“纯色”，为场景建立一个“纯色”层，单击“大小”下的“制作合成大小”按钮，自动将“纯色”层的大小设置为当前合成大小，设置“纯色”层的颜色为黑色。

4 选择菜单命令“效果”/“生成”/“网格”，为“纯色”层添加一个网格效果，设置“边角”为（359.0，288.0），“大小依据”为“宽度滑块”，“宽度”为10.0，“边界”为6.0，打开“反转网格”选项，设置“颜色”为RGB（231，42，224），“混合模式”为“相加”，如图8-103所示。

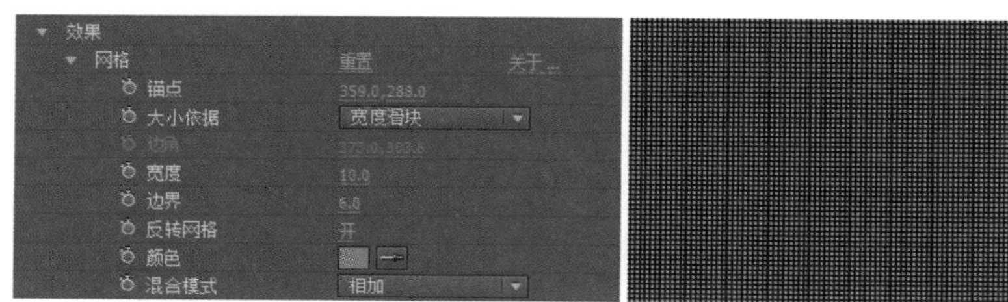

图8-103 制作网格效果

5 选择工具栏中的椭圆形绘制工具，按住Shift键，在视图上绘制一个圆形；这时展开图层的“蒙版”选项，选择刚绘制“蒙版 1”，按快捷键Ctrl+D将“蒙版 1”复制一个，这样就得到“蒙版 2”，选择“蒙版 2”并将其展开，设置叠加模式为“差值”，设置“蒙版扩展”为-42.0。在时间轴面板中将图层的叠加模式更改为“相加”，如图8-104所示。

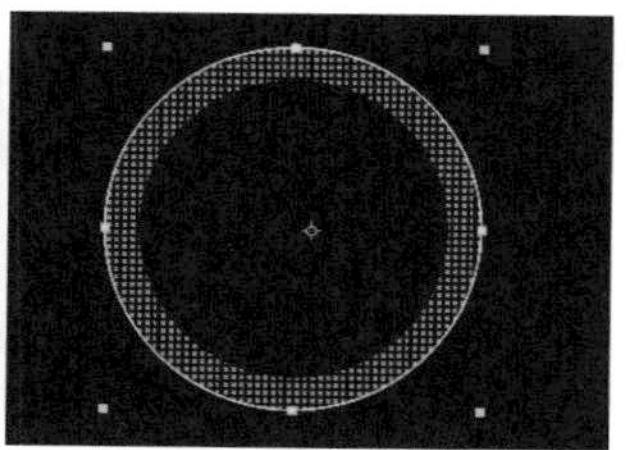

图8-104 绘制“蒙版”

6 选择工具栏中的文字编辑工具，在屏幕上输入UP，设置文字的字体为方正超粗黑，文字的尺寸为205，设置文字的颜色为默认，文字间距为19，并使用选择并移动工具，直接将位置移动到前面制作的圆环中心，如图8-105所示。

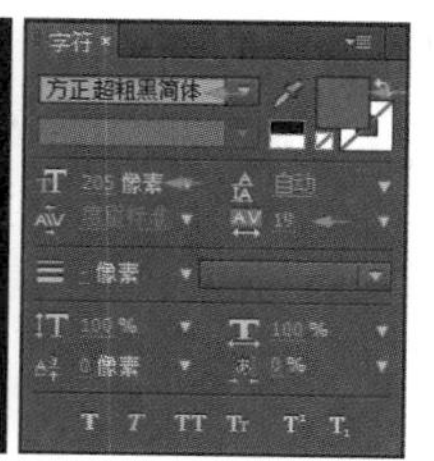

图8-105 创建文字层

7 选择UP文字层，选择菜单命令“图层”/“自动追踪”，这样系统就自动建立了一个轮廓层；然后使用工具栏的选择并移动工具，对其轮廓进行适当调整，如图8-106所示。

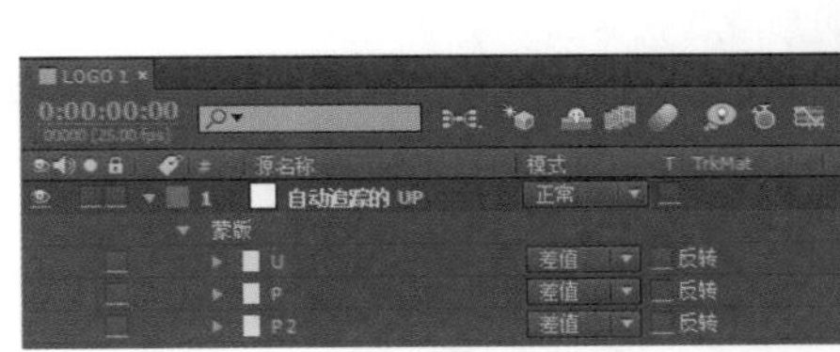

图8-106　创建文字轮廓并修改轮廓外形

8 选择“自动追踪的 UP”层的三个“蒙版”，按快捷键Ctrl+C复制这三个“蒙版”，选择圆环层，按快捷键Ctrl+V将复制的三个“蒙版”粘贴到圆环层上，这时展开圆环层的“蒙版”选项，就会看到新粘贴的“蒙版”；在时间轴面板中选择UP文字层和“自动追踪的 UP”层，将其删除或关闭显示，如图8-107所示。

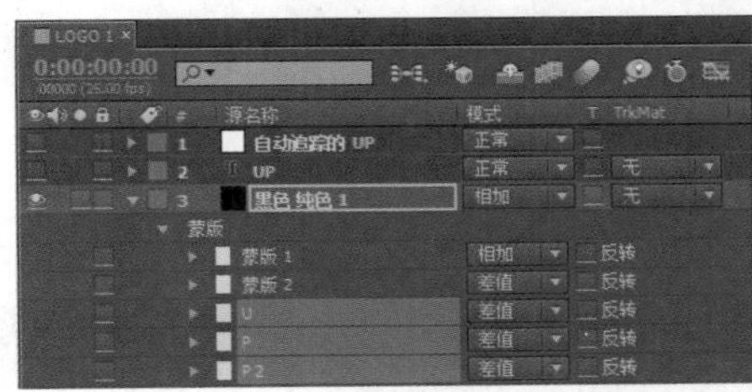

图8-107　复制轮廓“蒙版”到网格层上

9 选择菜单命令“图层”/“新建”/“纯色”，为场景建立一个“纯色”层，单击“大小”下的“制作合成大小”按钮，自动将“纯色”层的大小设置为当前合成大小。选择菜单命令“效果”/“生成”/“梯度渐变”，为“纯色”层添加一个渐变效果，设置“渐变终点”为（360.0，286.0），如图8-108所示。

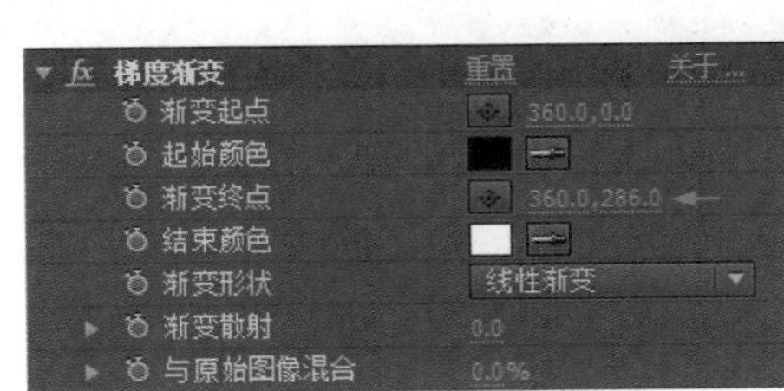

图8-108　制作渐变图层

10 选择菜单命令“效果”/“风格化”/“动态拼贴”，为“纯色”层添加一个运动拼贴效果，设置“拼贴高度”为18.0，将时间滑块移动到0帧位置，打开“拼贴中心”前面的码表，设置“拼贴中心”为（360.0，288.0），将时间滑块移动到10秒位置，设置“拼贴中心”为（360.0，3500.0），如图8-109所示。

图8-109　制作重复效果

提示

“动态拼贴”效果将多个源图像作为磁片复制到输出图像中，整个屏幕分割为许多个方块，并且在每个方块中都显示整个影像。其中“拼贴宽度”可以控制磁片尺寸和输入图像的百分比宽度。“相位”可以控制相邻磁片的偏移。

11 选择圆环层，在TrkMat栏中设置圆环层的蒙版方式为“亮度遮罩”，如图8-110所示。

图8-110　设置蒙版层

12 按照上面介绍的方法，再制作以下几个LOGO，如图8-111所示。

图8-111　制作其他几个LOGO

2. 对图片抠像

1 下面将使用“蒙版”工具和“内部/外部”工具，将模特的其他部分抠除，保留人物部分，在“项目”面板的空白处双击，打开“导入文件”窗口，打开图片文件夹，将文件夹中的7个JPG文件框选，导入到“项目”面板。

2 在“项目”面板中选择MODE9817.JPG文件，将其直接拖放到“项目”面板下方的按钮上，这样就创建了一个与素材文件尺寸一样的合成，在时间轴面板中按快捷键Ctrl+K，打开“合成设置”窗口，将合成重命名为“模特 1”。

3 使用工具栏中的钢笔工具，先沿着模特轮廓的边缘绘制一个“蒙版”，在绘制头部的时候尽量把头发部分全部绘制到“蒙版”内，这样就得到“蒙版 1”，如图8-112所示。

图8-112　绘制轮廓“蒙版”

4 现在就剩下头发还没有处理干净了，在时间轴面板中选择图片层，按M键，打开图层的所有蒙版，选择“蒙版 1”，按快捷键Ctrl+D将其复制一个，这时就会出现一个新的“蒙版 2”，选择“蒙版 2”，单击蒙版前面的黄色小色块，将其改为红色，如图8-113所示。

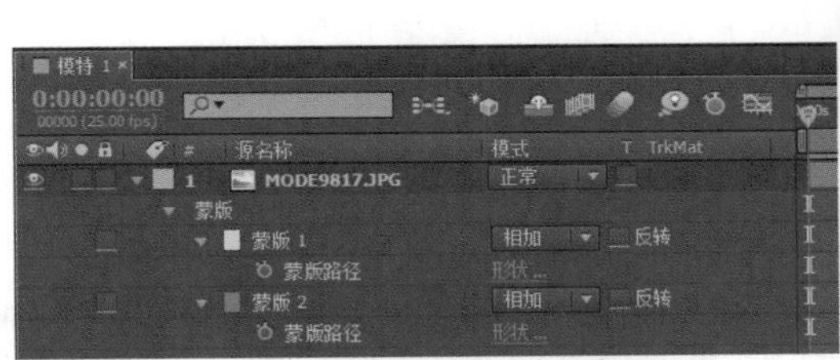

图8-113　复制“蒙版”并修改显示颜色

5 现在就可以调整“蒙版 2”，首先将“蒙版 1”锁定，再使用工具栏工具，选择“蒙版”合成的控制点，将头发外面部分的点，全部移动到头发较为密集的内侧，如图8-114所示。

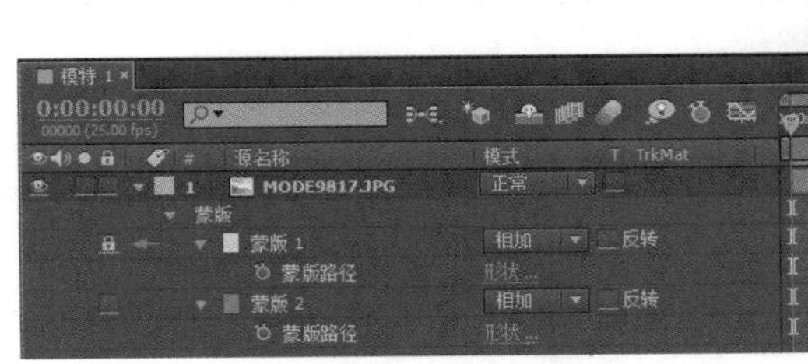

图8-114　调整“蒙版”外形

6 选择菜单命令“效果” / “键控” / “内部/外部键”，为图像添加一个轮廓键，设置“前景（内部）”为“蒙版 2”，“背景（外部）”为“蒙版 1”，这样头发边缘的部分也被抠除，如图8-115所示。

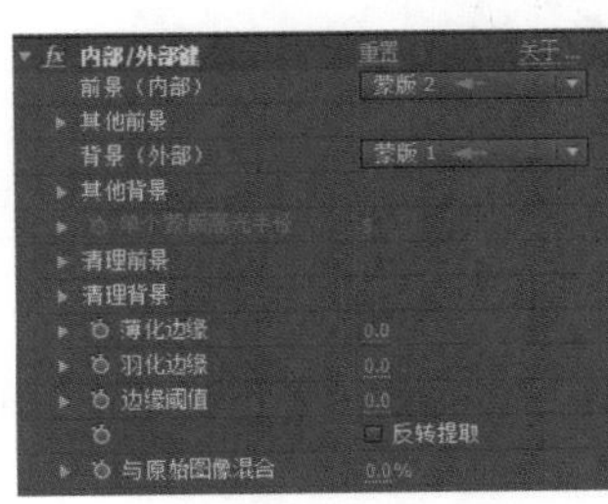

图8-115　制作抠像效果

7 按照上面介绍的方法，依次对其他图片进行处理。分别命名为“模特 2”、“模特 3”、“模特 4”、“模特 5”、“模特 6”和“模特7”，如图8-116所示。

图8-116　对其他图片进行抠像处理

3. 制作文字层

1 选择菜单命令“合成”/“新建合成”（快捷键Ctrl+N），新建一个合成，命名为“文字 1”，“预设”使用PAL制式（PAL D1/DV），“持续时间”为10秒。

2 选择工具栏中的文字编辑工具，在屏幕上输入SHOPPING，设置文字的字体为Arial Black，文字的尺寸为70，设置文字的颜色为白色，文字间距为17；设置文字的描边类型为“在描边上填充”，描边大小为8，描边颜色为白色；展开文字的“变换”选项，设置“位置”为（200.6，418.0），如图8-117所示。

3 选择文字层，按快捷键Ctrl+D，将文字复制一层。将文字的颜色改为蓝色（对颜色无要求，只要与上层文字区分开即可），边框尺寸为0，如图8-118所示。

图8-117 创建文字层

图8-118 复制并修改文字层

4 选择菜单命令“图层”/“新建”/“纯色”，为场景建立一个“纯色”层，单击“大小”下的“制作合成大小”按钮，自动将“纯色”层的大小设置为当前合成大小，将“纯色”层移动到两个文字层之间；选择菜单命令“效果”/“生成”/“梯度渐变”，为“纯色”层添加一个渐变效果，设置“渐变起点”为（360.0，288.0），“起始颜色”为RGB（99，44，142），“渐变终点”为RGB（360.0，690.0），“结束颜色”为白色，“渐变形状”为“径向渐变”，如图8-119所示。

图8-119 制作渐变层

5 选择“纯色”层，在TrkMat面板中设置“纯色”层的蒙版方式为Alpha，如图8-120所示。

6 按照上面介绍的方法，依次制作出“文字 2”和“文字 3”，如图8-121所示。

图8-120 设置蒙版方式

图8-121 制作其他文字

4. 制作动画合成 1

1 选择菜单命令“合成”/“新建合成”（快捷键Ctrl+N），新建一个合成，命名为“最终效果”，“预设”使用PAL制式（PAL D1/DV），“持续时间”为10秒。

2 选择菜单命令“图层”/“新建”/“纯色”，为场景建立一个“纯色”层，单击“大小”下的“制作合成大小”按钮，自动将“纯色”层的大小设置为当前合成大小；选择菜单命令“效果”/“生成”/“梯度渐变”，为“纯色”层添加一个渐变效果，设置“渐变起点”，为(360.0, 288.0)，“起始颜色”为(180, 0, 144)，“渐变终点”为(369.0, 672.0)，“结束颜色”为(50, 50, 50)，“渐变形状”为“径向渐变”，如图8-122所示。

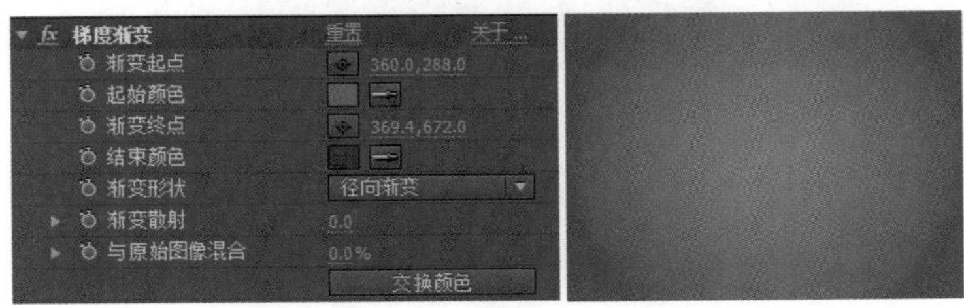

图8-122 制作渐变层

3 选择菜单命令“图层”/“新建”/“摄像机”，为场景建立一个摄像机，设置“预设”为“自定义”，“缩放”为746.7，“影片大小”为102.05，“查看角度”为54.43，单击“确定”按钮结束当前操作。展开“变换”选项，设置“位置”为（360.0，288.0，-819.7）。

4 将前面制作的一些元素添加到场景中。在“项目”面板中选择LOGO 1合成，将其拖放到场景中，打开该层的三维开关，将叠加模式设置为“相加”，展开LOGO 1层的“变换”选项，设置“位置”为（438.6，60.7，-40.1），“缩放”为（71.0，71.0，71.0%），“方向”为（0.0°，38.0°，0.0°），“*x*轴旋转”为（0，-19.0°），“*y*轴旋转”为（0，13.0°），如图8-123所示。

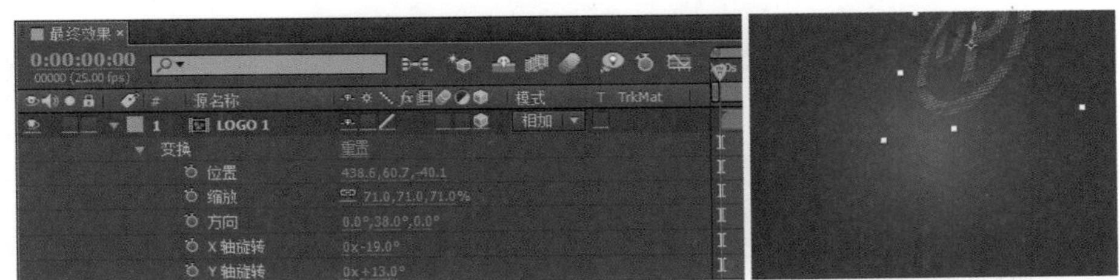

图8-123 LOGO在场景中的位置

5 在时间轴面板中选择LOGO 1合成，按快捷键Ctrl+D将其复制一个新的合成，按Enter键，将合成重命名为“LOGO 1 倒影”，展开合成的“变换”选项，设置“位置”为（438.6，644.7，-40.1），“缩放”为（71.0，-71.0，71.0%），“方向”为（0.0°，38.0°，0.0°），“*x*轴旋转”为（0，-19.0°），“*y*轴旋转”为（0，13.0°），“不透明度”为50%，如图8-124所示。

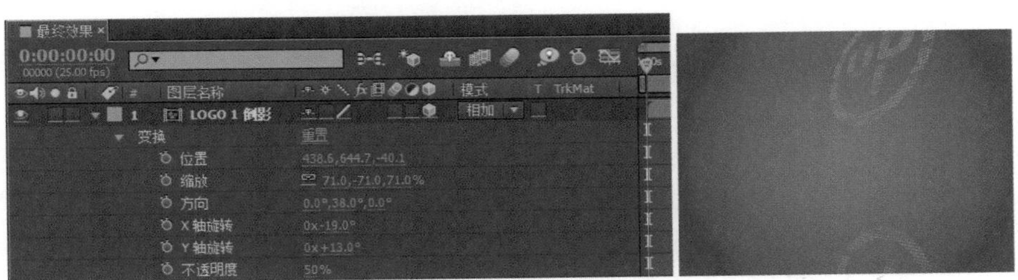

图8-124 制作LOGO倒影层

6 在“项目”面板中选择“模特 1”合成，将其拖放到场景中，打开该层的三维开关，展开“模特 1”层的“变换”选项，设置“位置”为(331.8, 287.5, -552.0)，“缩放”为(13.0, 13.0, 13.0%)，如图8-125所示。

图8-125　设置模特在场景中的位置

7 在时间轴面板中选择“模特 1”合成，按快捷键Ctrl+D将其复制一个新的合成，按Enter键，将合成重命名为“模特 1 倒影”，展开合成的“变换”选项，设置“位置”为（331.8，385.5，-552.0），“缩放”为（13.0，-13.0，-13.0），“不透明度”为45%，如图8-126所示。

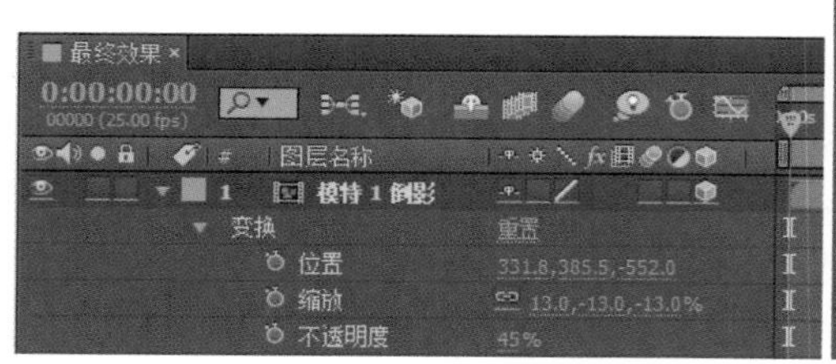

图8-126　制作模特倒影

8 在“项目”面板中选择“模特 2”合成，将其拖放到场景中，打开该层的三维开关，展开“模特 2”层的“变换”选项，设置“位置”为（392.4，297.3，-551.0），“缩放”为（19.0，19.0，19.0%），如图8-127所示。

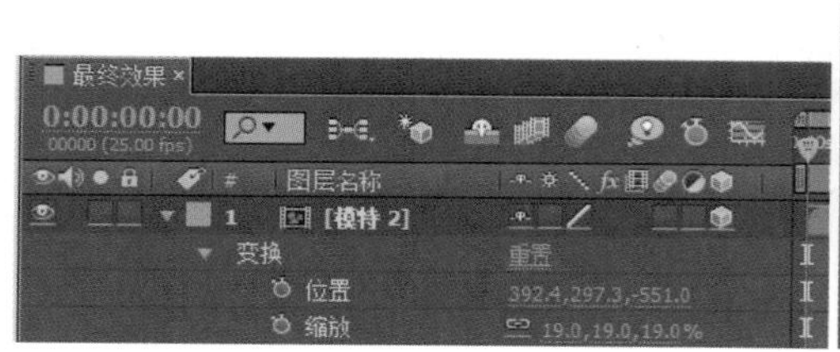

图8-127　设置模特在场景中的位置

9 在时间轴面板中选择“模特 2”合成，按快捷键Ctrl+D将其复制一个新的合成，按Enter键，将合成重命名为“模特 2 倒影”，展开合成的“变换”选项，设置“位置”为（392.4，417.3，-551.0），“缩放”为（19.0，-19.0，19.0），“不透明度”为45%，如图8-128所示。

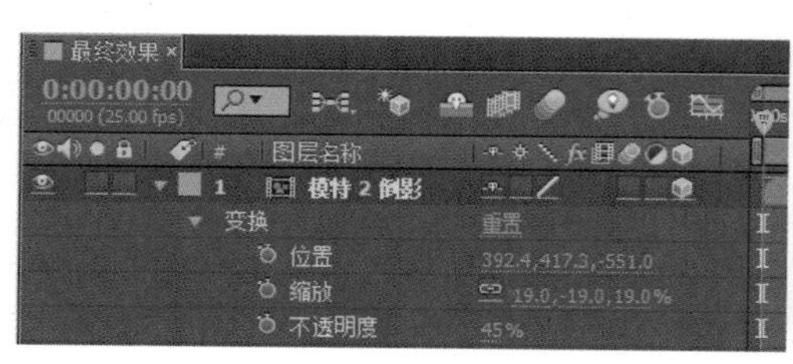

图8-128　制作模特倒影

10 在“项目”面板中选择“文字 1”合成，将其拖放到场景中，打开该层的三维开关，展开“文字 1”层的“变换”选项，设置“位置”为（358.0，275.1，-561.2），“缩放”为（50.0，50.0，50.0%），“方向”为（351.0°，357.0°，353.0°），“*y*轴旋转”为（0，-19.0°），如图8-129所示。

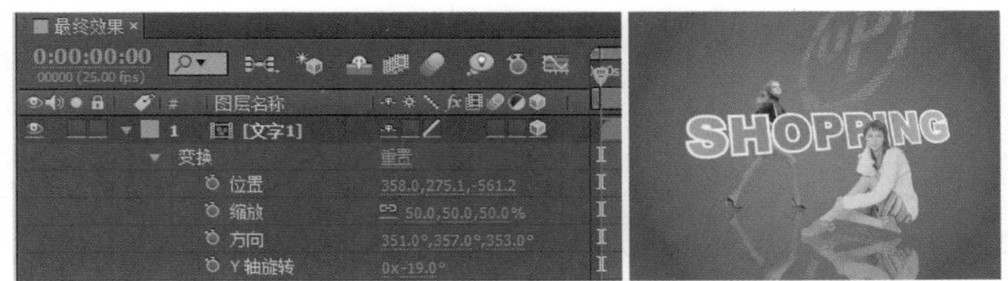

图8-129　设置文字在场景中的位置

11 在时间轴面板中选择“文字 1”合成，按快捷键Ctrl+D将其复制一个新的合成，按Enter键，将合成重命名为“文字1 倒影”，展开合成的“变换”选项，设置“位置”为（369.5，374.1，-576.3），“缩放”为（50.0，-50.0，50.0），“不透明度”为45%，“方向”为（351.0°，375.0°，353.0°），“*y*轴旋转”为（0，-19.0°），如图8-130所示。

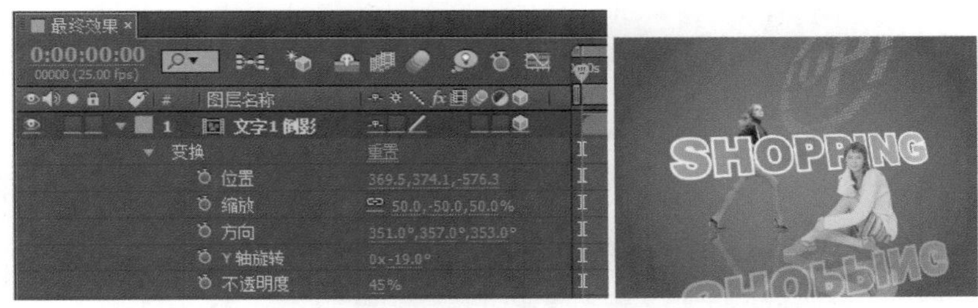

图8-130　制作文字倒影

12 在“项目”面板的空白处双击，打开“导入文件”窗口，打开Audio文件夹，将文件夹中的“鼓点.wav”导入到“项目”面板，并拖放到“最终效果”时间轴中。

13 选择菜单命令“图层”/“新建”/“纯色”，为场景建立一个“纯色”层，命名为波形 1，单击“大小”下的“制作合成大小”按钮，自动将“纯色”层的大小设置为当前合成大小；选择菜单命令“效果”/“生成”/“音频频谱”，为“纯色”层添加一个声波效果，设置“音频层”为“鼓点.wav”，“最大高度”为150.0，“音频持续时间（毫秒）”为5500.00，“柔和度”为0.0%，“显示选项”为“数字”，如图8-131所示。

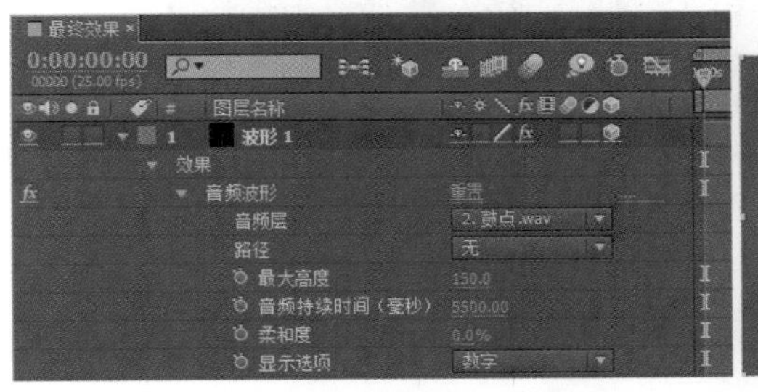

图8-131　制作声波效果

> 提示
>
> “音频频谱”效果以波形对指定的音频进行图像化。图像化的声音波形可以沿层的路径显示，也可以指定与其他层叠加显示。“音频层”可以指定用于显示波形的音频层。“起始点”可以指定波形显示的开始点。“结束点”可以指定波形显示的结束点。“路径”可以指定波形显示路径。“最大高度”为波形最大高度，“显示选项”控制波形显示的方式，包括“数字”、“模拟谱线”和“模拟频点”。

14 在时间轴面板中打开“波形 1”合成的三维开关，展开“变换”选项，设置“位置”为（162.0，16.4，0.0），“方向”为（0.0°，302.0°，0.0°），如图8-132所示。

图8-132 设置声波层在场景中的位置

15 在时间轴面板中选择“波形 1”，连续按快捷键Ctrl+D两次，将“波形 1”复制两层，按Enter键分别重命名为“波形 2”和“波形 3”，展开“波形 2”的“变换”选项，设置“位置”为(77.0，402.4，33.5)，“方向”为(0.0°，233.0°，0.0°)；展开“波形 3”的“变换”选项，设置“位置”为(-143.9，89.0，693.5)，“方向”为(0.0°，0.0°，275.0°)，如图8-133所示。

图8-133 设置声波层在场景中的位置

16 现在需要制作一个由远拉近的动画，将时间滑块移动到0帧位置，展开“摄像机 1”层的“变换”选项，打开“位置”前面的码表，设置“位置”为(360.0，288.0，-188.7)，将时间滑块移动到20帧位置，设置“位置”为(360.0，288.0，-819.7)，如图8-134所示。

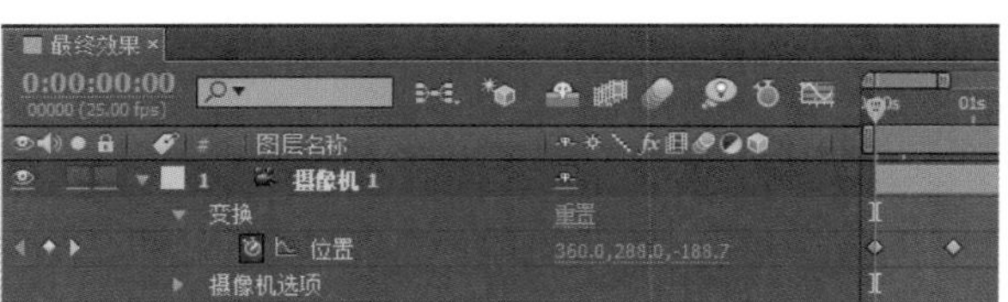

图8-134 制作摄像机动画1

17 需要制作一个摄像机停留1秒10帧后，继续拉远的动画。这样就还需要为摄像机添加关键帧，并设置相关动画。将时间滑块移动到2秒位置，打开“目标点”前面的码表，设置“目标点”为(360.0，288.0，0.0)，“位置”为(360.0，288.0，-819.7)；将时间移动到3秒位置，设置“目标点”为(360.0，22.0，0.0)，“位置”为(360.0，385.0，-1632，-7)，如图8-135所示。

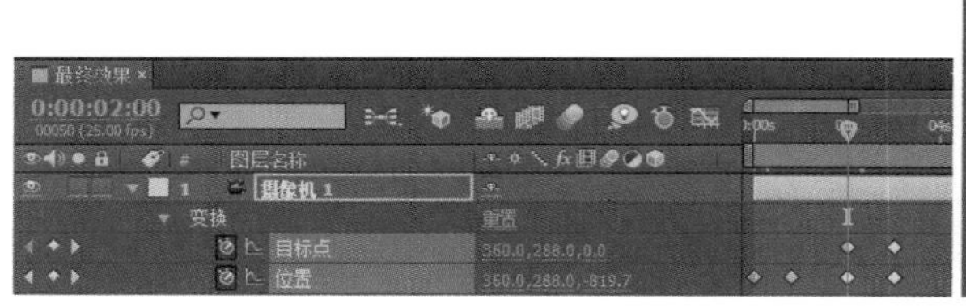

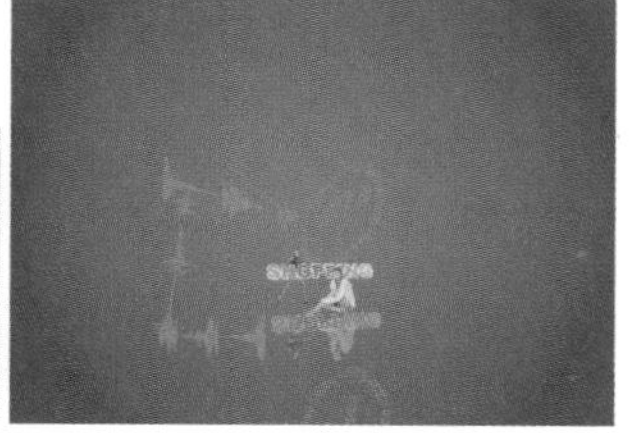

图8-135 制作摄像机动画2

18 制作下面一个场景。现在发现前面制作的场景很清晰地显示在屏幕上，要对其进行模糊处理。选择菜单命令“图层”/“新建”/“调整图层”，为场景建立一个“调整图层”，并将“调整图层”移动到摄像机层下方。选择菜单命令“效果”/“模糊和锐化”/“快速模糊”，为“调整图层”添加一个模糊效果，将时间滑块移动到2秒10帧位置，打开“模糊度”前面的码表，设置“模糊度”为0.0，将时间滑块移动到3秒位置，设置“模糊度”为12.0，如图8-136所示。

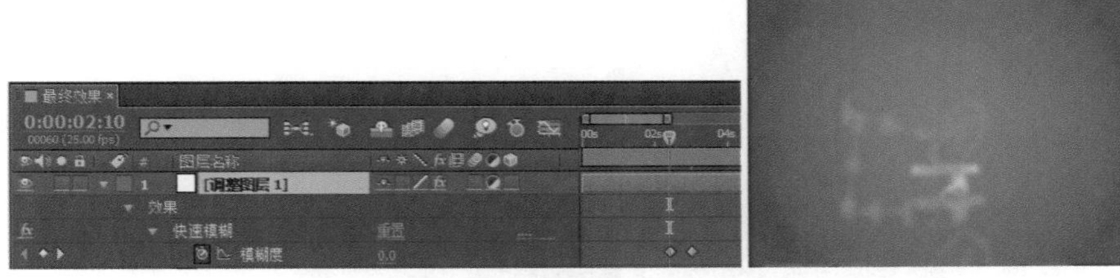

图8-136　制作场景模糊

5. 制作动画合成 2

1 将时间滑块移动到3秒位置，在“项目”面板中选择LOGO 2合成，将其拖放到场景中，打开该层的三维开关，将叠加模式设置为“相加”，展开LOGO 2层的“变换”选项，设置“位置”为（288.5，266.0，-1155.9），“缩放”为（52.0，52.0，52.0%），“*y*轴旋转”为（0，-40.0°），如图8-137所示。

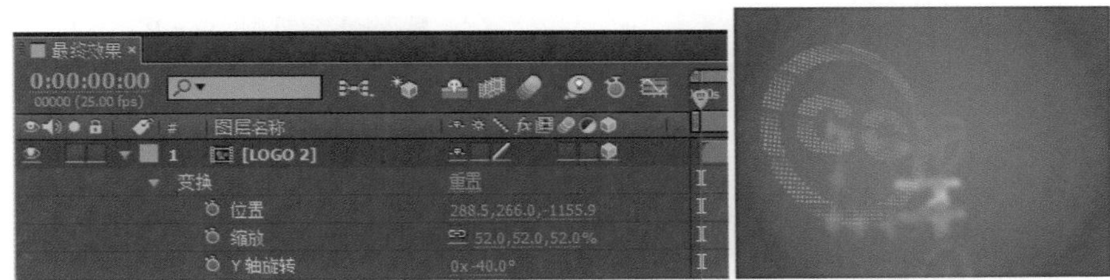

图8-137　设置LOGO在场景中的位置

2 在时间轴面板中选择LOGO 2合成，按快捷键Ctrl+D将其复制一个新的合成，按Enter键，将合成重命名为“LOGO 2 倒影”，展开合成的“变换”选项，设置“位置”为（288.5，538.7，-1155.9），“缩放”为（52.0，-52.0，52.0），“*y*轴旋转”为（0，-40.0°），“不透明度”为50%，如图8-138所示。

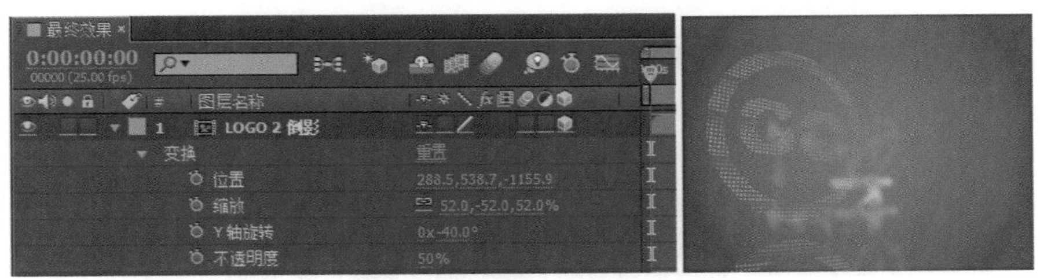

图8-138　制作LOGO倒影

3 在“项目”面板中选择“模特 3”合成，将其拖放到场景中，打开该层的三维开关，展开“模特 3”层的“变换”选项，设置“位置”为（356.7，291.6，-1348.0），“缩放”为（20.0，20.0，20.0%），如图8-139所示。

4 在时间轴面板中选择“模特 3”合成，按快捷键Ctrl+D将其复制一个新的合成，按Enter键，将合成重命名为“模特 3 倒影”，展开合成的“变换”选项，设置“位置”为（356.7，431.6，-1348.0），“缩放”为（20.0，-20.0，20.0），“不透明度”为50%，如图8-140所示。

图8-139　设置模特在场景中的位置

图8-140　制作模特倒影

5 在“项目”面板中选择“模特 4”合成，将其拖放到场景中，打开该层的三维开关，展开“模特 4”层的“变换”选项，设置“位置”为（416.3, 298.0, -1356.0），“缩放”为（15.0, 15.0, 15.0%），如图8-141所示。

图8-141　设置模特在场景中的位置

6 在时间轴面板中选择“模特 4”合成，按快捷键Ctrl+D将其复制一个新的合成，按Enter键，将合成重命名为“模特 4 倒影”，展开合成的“变换”选项，设置“位置”为（416.3，412.0，-1356.0），“缩放”为（15.0，-15.0，15.0），“不透明度”为50%，如图8-142所示。

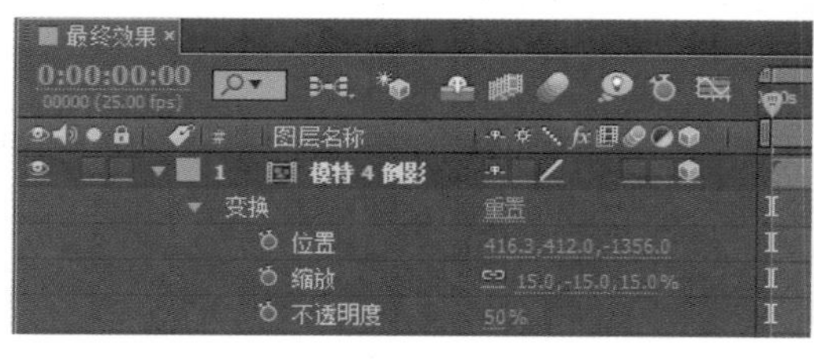

图8-142　制作模特倒影

7 在“项目”面板中选择“文字 2”合成，将其拖放到场景中，打开该层的三维开关，展开“文字 2”层的“变换”选项，设置“位置”为（367.7, 328.0, -1410.6），“缩放”为（40.0, 40.0, 40.0%），如图8-143所示。

8 选择菜单命令“效果”/“透视”/“基本3D”，设置“旋转”为（0，-50.0），“倾斜”为（0，-15.0），如图8-144所示。

图8-143　设置文字在场景中的位置

图8-144　设置文字空间效果

9 在时间轴面板中选择“文字 2”合成，按快捷键Ctrl+D将其复制一个新的合成，按Enter键，将合成重命名为“文字 2 倒影”，展开合成的“变换”选项，设置“位置”为（367.7，413.9，-1401.6），“缩放”为（40.0，-40.0，40.0%），“不透明度”为50%，如图8-145所示。

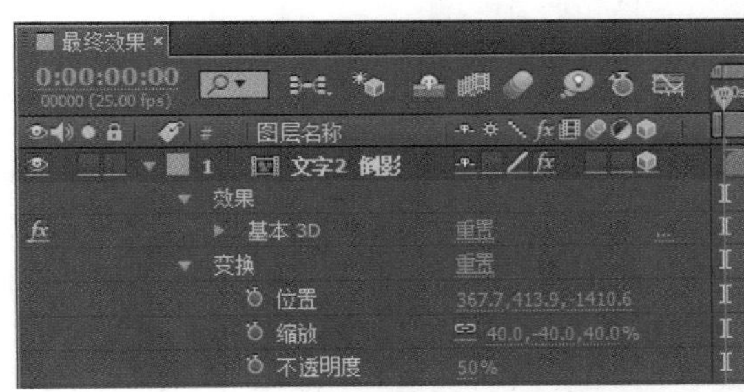

图8-145　制作文字倒影

10 选择菜单命令“图层”/“新建”/“纯色”，为场景建立一个“纯色”层，命名为波形 4，单击“大小”下的“制作合成大小”按钮，自动将“纯色”层的大小设置为当前合成大小；选择菜单命令“效果”/“生成”/“音频频谱”，为“纯色”层添加一个声音频谱效果，设置“音频层”为“鼓点.wav”，“结束频率”为5100.0，“频段”为610，“最大高度”为19500.0，“音频持续时间（毫秒）”为8480.00，“显示选项”为“模拟频点”，“持续时间平均化”为打开状态，如图8-146所示。

图8-146　制作波形层

11 在时间轴面板中打开“波形 4”合成的三维开关，展开“变换”选项，设置“位置”为（542.2，184.0，-1295.8），“y轴旋转”为（0，30.0°），如图8-147所示。

图8-147　设置波形在空间中的位置

12 选择菜单命令“合成”/“新建合成”（快捷键Ctrl+N），新建一个合成，命名为“波形 5”，“预设”使用PAL制式（PAL D1/DV），“持续时间”为10秒。

13 在“项目”面板中将“鼓点.wav”拖放到“波形 5”时间轴中；选择菜单命令“图层”/“新建”/“纯色”，为场景建立一个“纯色”层，单击“大小”下的“制作合成大小”按钮，自动将“纯色”层的大小设置为当前合成大小；选择菜单命令“效果”/“生成”/“音频频谱”，为“纯色”层添加一个声音频谱效果，设置“音频层”为“鼓点.wav”，“起始点”为（72.0，576.0），结束点为（648.0，576.0），“起始频率”为10.0，“结束频率”为100.0，“频段”为8，“最大高度”为4500.0，“厚度”为50.00。注意一定要在时间轴中以低质量显示，如图8-148所示。

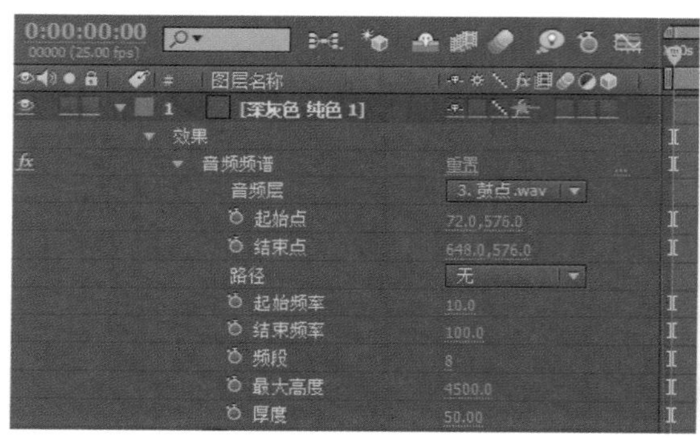

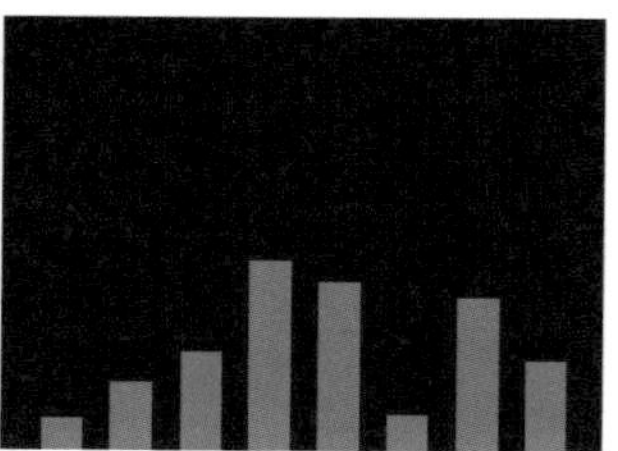

图8-148　制作波形层

14 选择菜单命令“图层”/“新建”/“纯色”，为场景建立一个“纯色”层，单击“大小”下的“制作合成大小”按钮，自动将“纯色”层的大小设置为当前合成大小；选择菜单命令“效果”/“生成”/“梯度渐变”，为“纯色”层添加一个渐变效果，保持默认值；选择菜单命令“效果”/“颜色校正”/“色光”效果，展开“输出循环”选项，对色环进行适当修改。将彩色层移动到声谱层以下，如图8-149所示。

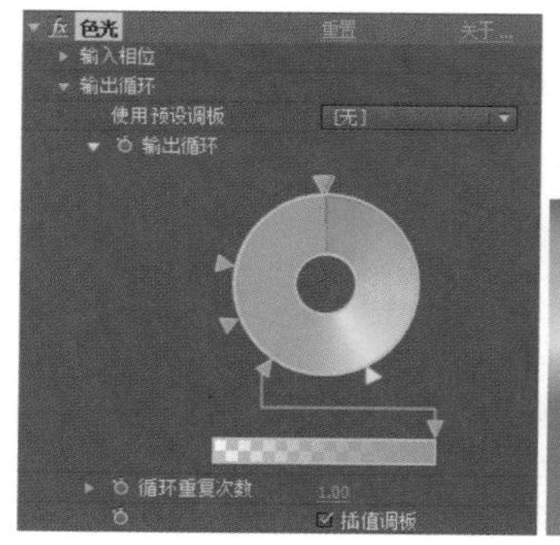

图8-149　制作彩色背景

15 选择菜单命令“效果”/“生成”/“网格”，设置“锚点”为（-10.0，0.0），“大小依据”为“边角点”，“边角”为（720.0，20.0），“边界”为18.0，勾选“反转网格”，设置“颜色”为黑色，“混合模式”为“正常”，如图8-150所示。

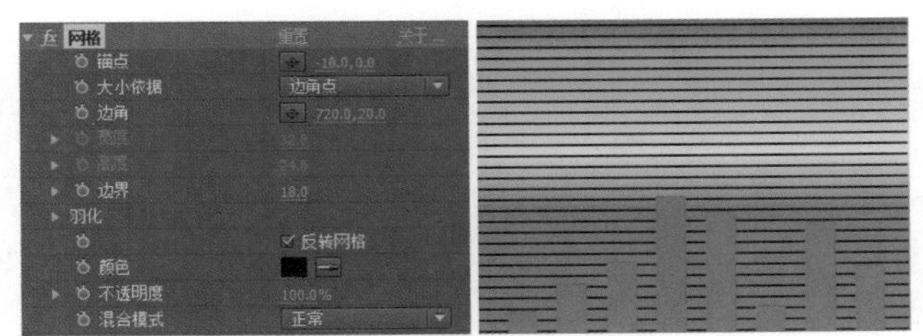

图8-150 制作网格效果

16 在TrkMat面板中设置蒙版模式为“Alpha遮罩”，如图8-151所示。

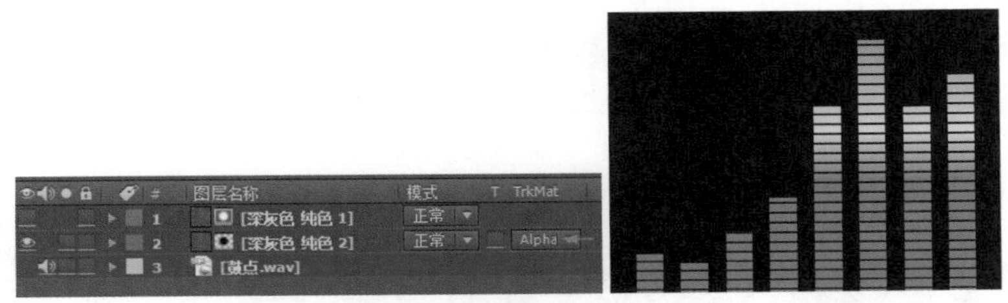

图8-151 设置蒙版类别

17 在“项目”面板中选择“波形 5”合成，将其拖放到“最终效果”场景中，打开该层的三维开关，展开“波形 5”层的“变换”选项，设置“位置”为（468.3，288.0，-1114.9），“缩放”为（30.0，30.0，30.0%），“*y*轴旋转”为（0，-38.0°），如图8-152所示。

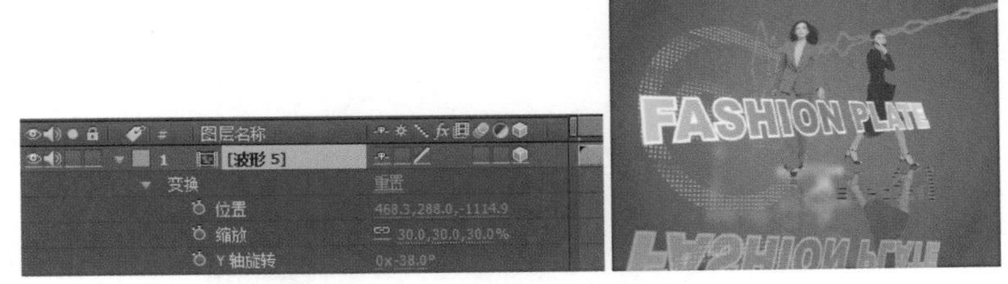

图8-152 设置波形在合成中的位置

18 在时间轴面板中选择“波形 5”合成，按快捷键Ctrl+D将其复制一个新的合成，按Enter键，将合成重命名为“波形 5 倒影”，展开合成的“变换”选项，设置“位置”为（468.3，470.0，-1114.9），“缩放”为（30.0，-30.0，30.0），“*y*轴旋转”为（0，-38.0°），“不透明度”为30%，如图8-153所示。

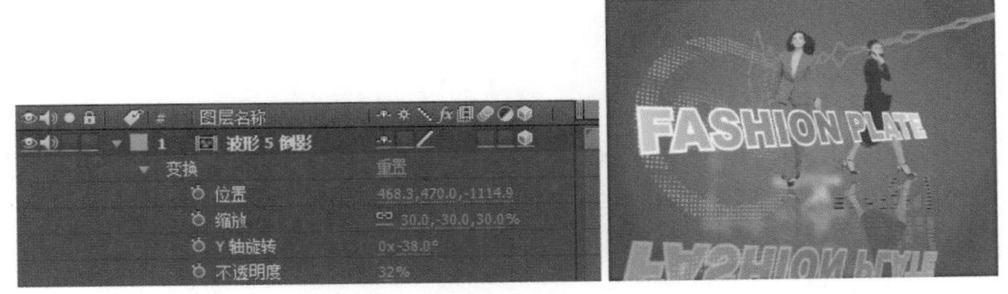

图8-153 制作波形倒影

19 选择“摄像机 1”层，将时间滑块移动到4秒10帧位置，设置“目标点”为（360.0，22.0，0.0），“位置”为（360.0，385.0，-1632.7），打开“z轴旋转”前面的码表，插入一个关键帧，设置“z轴旋转”为（0，0.0°）；将时间滑块移动到5秒5帧位置，设置“位置”为（1434.0，385.0，-2029.7），“z轴旋转”为（1，0.0°），如图8-154所示。

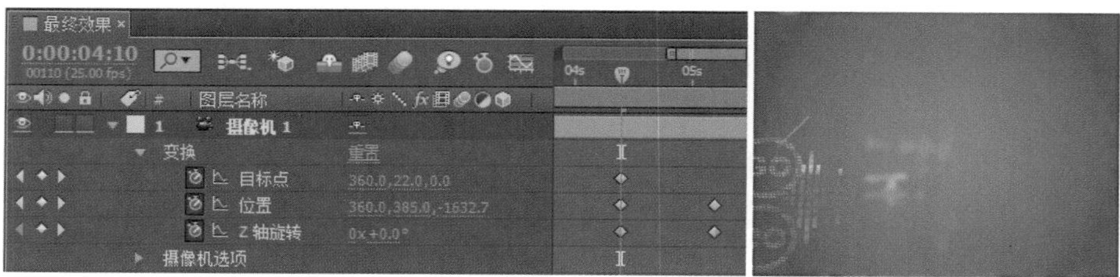

图8-154　设置摄像机

20 选择菜单命令“图层”/“新建”/“调整图层”，为场景建立一个“调整图层”，并将“调整图层”移动到摄像机层下方。选择菜单命令“效果”/“模糊和锐化”/“快速模糊”，为“调整图层”添加一个模糊效果，将时间滑块移动到4秒22帧位置，打开“模糊度”前面的码表，设置“模糊度”为0.0，将时间滑块移动到5秒17帧位置，设置“模糊度”为50.0，如图8-155所示。

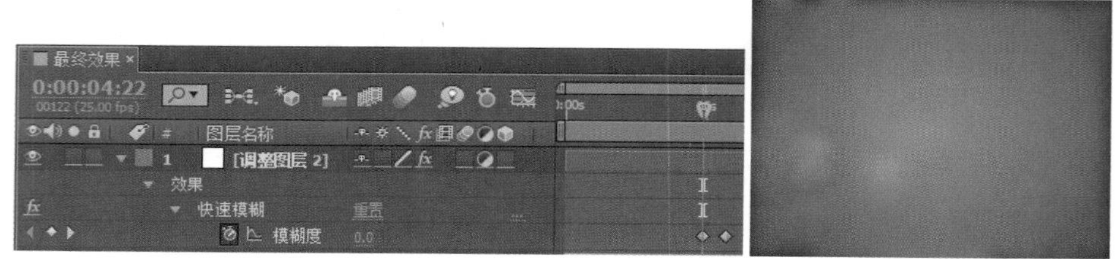

图8-155　制作场景模糊效果

6. 制作动画合成 3

1 将时间滑块移动到5秒5帧位置，在“项目”面板中选择LOGO 3合成，将其拖放到场景中，打开该层的三维开关，将叠加模式设置为“相加”，展开LOGO 3层的“变换”选项，设置“位置”为（1360.8，304.4，-1768.0），“缩放”为（30.0，30.0，30.0%），如图8-156所示。

图8-156　设置LOGO在合成中的位置

2 在时间轴面板中选择LOGO 3合成，按快捷键Ctrl+D将其复制一个新的合成，按Enter键，将合成重命名为“LOGO 3 倒影”，展开合成的“变换”选项，设置“位置”为（1360.0，480.1，-2029.7），“缩放”为（30.0，-30.0，30.0%），“不透明度”为50%，如图8-157所示。

3 在“项目”面板中选择“模特 5”合成，将其拖放到场景中，打开该层的三维开关，展开“模特 5”层的“变换”选项，设置“位置”为（1225.3，342.1，-1790.0），“缩放”为（20.0，20.0，20.0%），“*y*轴旋转”为（0，-50.0°）。在时间轴面板中选择“模特 5”合成，按快捷键Ctrl+D将其复制一个新的合成，按Enter键，将合成重命名为“模特 5 倒影”，展开合成的“变换”选项，设置“位置”为（1225.5，495.0，-1790.3），“缩放”为（20.0，-20.0，20.0），“y轴旋转”为（0，-50.0°），“不透明度”为50%，如图8-158所示。

图8-157　制作LOGO倒影

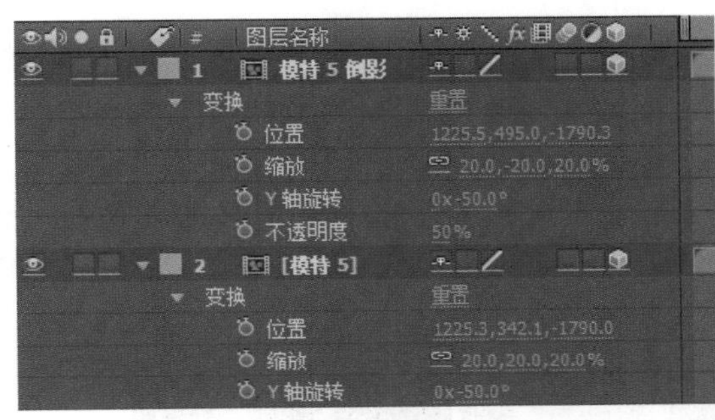

图8-158　设置模特在合成中的位置并设置倒影1

4 在“项目”面板中选择“模特 6”合成，将其拖放到场景中，打开该层的三维开关，展开“模特 6”层的“变换”选项，设置“位置”为（1384.8，345.9，-1817.7），“缩放”为（15.0，15.0，15.0%）。在时间轴面板中选择“模特 6”合成，按快捷键Ctrl+D将其复制一个新的合成，按Enter键，将合成重命名为“模特 6 倒影”，展开合成的“变换”选项，设置“位置”为（1385.1，461.0，-1818.3），“缩放”为（15.0，-15.0，15.0），“不透明度”为50%，如图8-159所示。

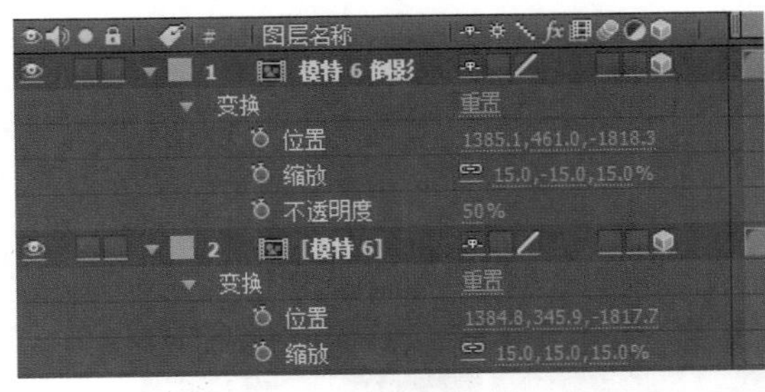

图8-159　设置模特在合成中的位置并设置倒影2

5 在“项目”面板中选择“文字 3”合成，将其拖放到场景中，打开该层的三维开关，展开“文字 3”层的“变换”选项，设置“位置”为（1294.6，288.0，-1778.0），“缩放”为（50.0，50.0，50.0%）。在时间轴面板中选择“文字 3”合成，按快捷键Ctrl+D将其复制一个新的合成，按Enter键，将合成重命名为“文字 3 倒影”，展开合成的“变换”选项，设置“位置”为（1294.6，448.0，-1778.0），“缩放”为（50.0，-50.0，50.0），“不透明度”为50%。

6 选择“摄像机 1”层，将时间滑块移动到6秒20帧位置，设置“目标点”为（360.0，22.0，0.0），“位置”为（1434.0，385.0，-2029.7）。将时间滑块移动到7秒20帧位置，设置“目标点”为（229.0，-307.0，0.0），“位置”为（801.0，576.0，-2926.7），如图8-160所示。

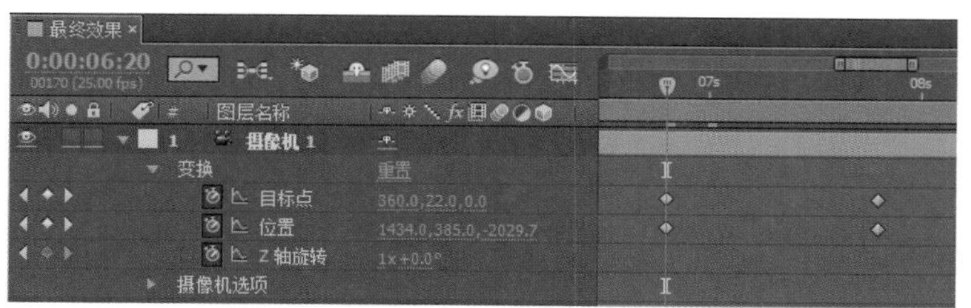

图8-160　制作摄像机动画

7. 制作标题LOGO

1 选择菜单命令“合成”/“新建合成”（快捷键Ctrl+N），新建一个合成，命名为LOGO 5，合成尺寸为720×720，“持续时间”为10秒。

2 选择菜单命令“图层”/“新建”/“纯色”，为场景建立一个“纯色”层，单击“大小”下的“制作合成大小”按钮，自动将“纯色”层的大小设置为当前合成大小；选择菜单命令“效果”/“生成”/“梯度渐变”，为“纯色”层添加一个渐变效果，设置“起始颜色”为（139，139，139），“结束颜色”为（221，221，221）。

3 使用工具栏中的椭圆形绘制工具，按住Shift键在“纯色”层上绘制一个圆。展开“蒙版”选项，选择“蒙版 1”，将其复制一个新的“蒙版”，设置“蒙版 2”的叠加模式为“差值”，展开“蒙版 2”选项，设置“蒙版扩展”为-50.0，如图8-161所示。

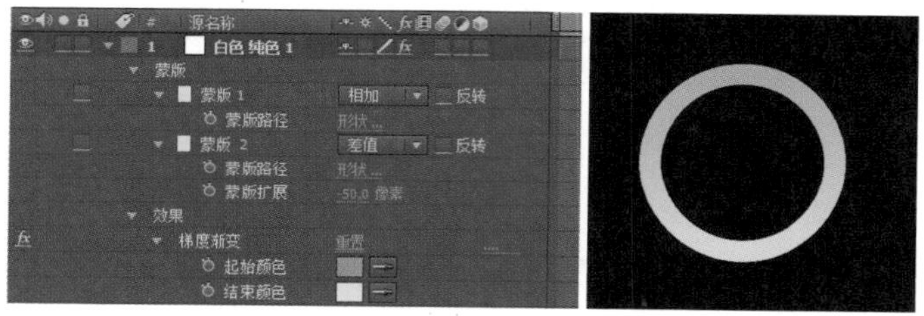

图8-161　绘制“蒙版”

4 选择菜单命令“图层”/“新建”/“纯色”，为场景建立一个“纯色”层，单击“大小”下的“制作合成大小”按钮，自动将“纯色”层的大小设置为当前合成大小；选择菜单命令“效果”/“生成”/“梯度渐变”，为“纯色”层添加一个渐变效果，设置“渐变起点”为（345.0，280.0），“起始颜色”为（243，58，58），“渐变终点”为（326.3，478.0），“结束颜色”为（94，6，6），设置“渐变形状”为“径向渐变”；再次选择上面建立的“纯色”层，选择“蒙版 2”，将其复制到这个“纯色”层上，如图8-162所示。

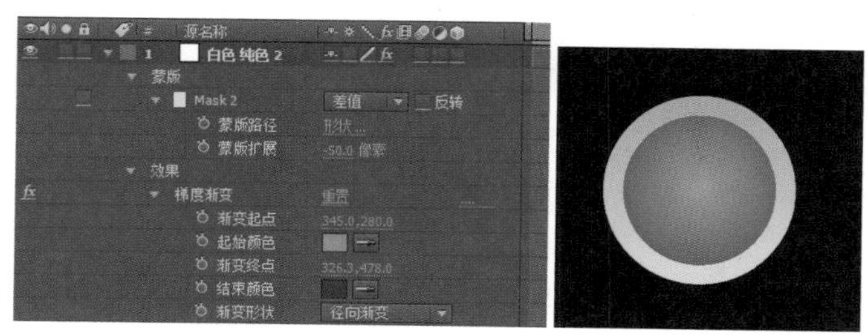

图8-162　制作渐变层及“蒙版”设置

5 选择工具栏中的文字编辑工具，在屏幕上输入“逛街”，设置文字的字体为方正新舒体，文字的尺寸为184，设置文字的颜色为默认，文字间距为-169；首先框选“逛”字，设置文字基线为109，再框选“街”字，设置文字基线为144，并使用选择并移动工具，直接将它移动到图8-163所示位置。

6 选择“逛街”文字层，选择菜单命令“图层”/“自动追踪”，选择轮廓，先对其进行简单修改；选择刚创建的轮廓，选择菜单命令“效果”/“透视”/“投影”，保持默认值即可，如图8-164所示。

图8-163　创建文字层并调整位置

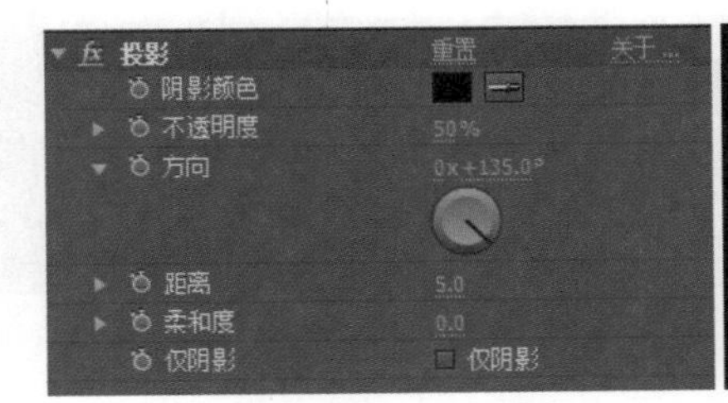

图8-164　创建文字轮廓并修改轮廓外形

7 选择工具栏中的文字编辑工具，在屏幕上输入“生活·娱乐·休闲”，设置文字的字体为方正粗圆，文字的尺寸为33，设置文字的颜色为白色，如图8-165所示。

8 选择菜单命令“合成”/“新建合成”（快捷键Ctrl+N），新建一个合成，命名为“LOGO 5 最终”，合成尺寸为800×800，“持续时间”为10秒。

9 在“项目”面板中选择LOGO 5和“模特 7”合成，展开它们的“变换”选项，设置LOGO 5的“位置”为（386.0，544.0），模特 7的“位置”为（352.3，232.0），“缩放”为（60.0，60.0%），如图8-166所示。

图8-165　创建文字层

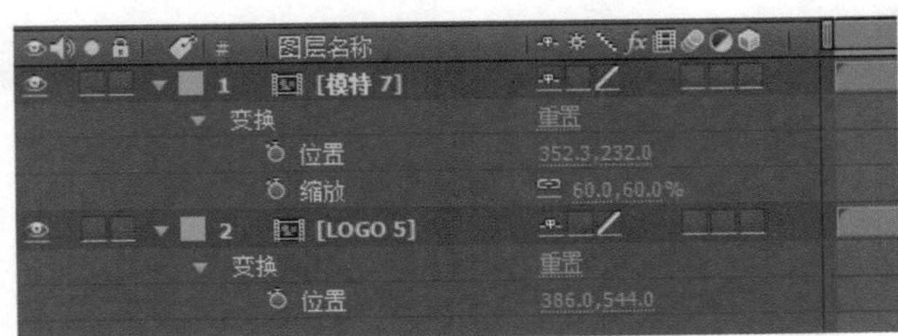

图8-166　合成LOGO

8. 制作环行动画

1 选择菜单命令“合成”/“新建合成”（快捷键Ctrl+N），新建一个合成，命名为“环形”，“预设”使用PAL制式（PAL D1/DV），“持续时间”为5秒。

2 选择菜单命令“图层”/“新建”/“纯色”，为场景建立一个“纯色”层，单击“大小”下的“制作合成大小”按钮，自动将“纯色”层的大小设置为当前合成大小，设置“纯色”层的颜色为RGB（107，13，111）。

3 使用工具栏中的椭圆形绘制工具，按住Shift键在“纯色”层上绘制一个圆。展开“蒙版”选项，选择“蒙版 1”，将其复制一个新的“蒙版”，设置“蒙版 2”的叠加模式为“差值”，展开“蒙版 2”选项，设置“蒙版扩展”为-60.0，设置“纯色”层的“不透明度”为60%，如图8-167所示。

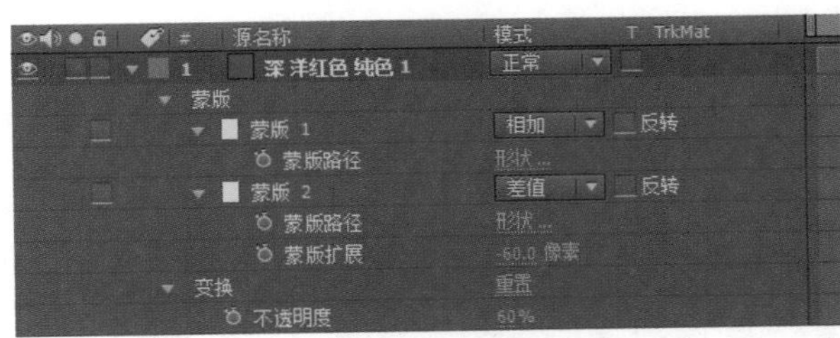

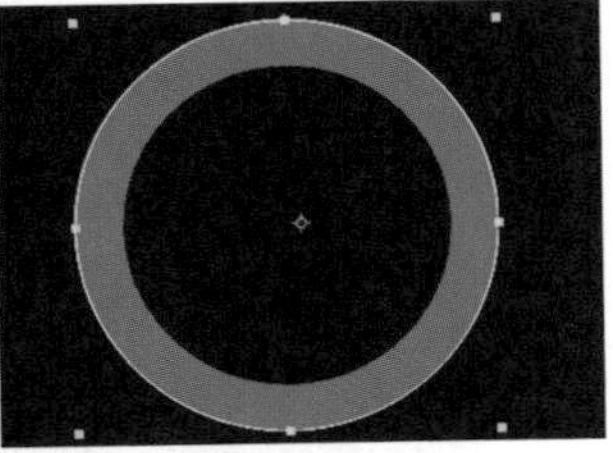

图8-167　制作“蒙版”

4 选择菜单命令“效果”/“过渡”/“径向擦除”，设置“过渡完成”为69%，将时间滑块移动到0帧位置，打开“起始角度”前面的码表，设置“起始角度”为（0，-21.0），5秒位置为（1，339.0），如图8-168所示。

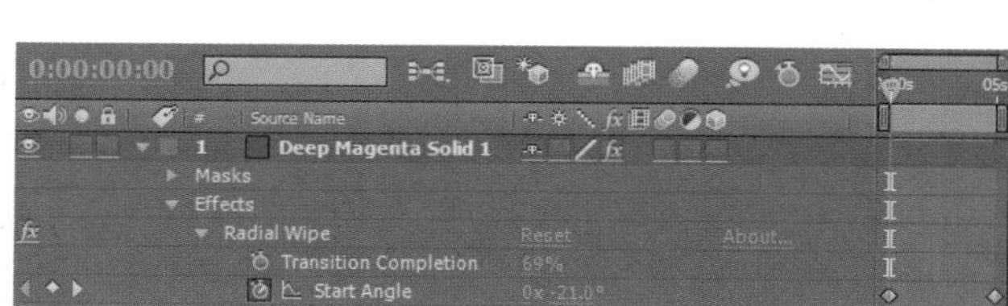

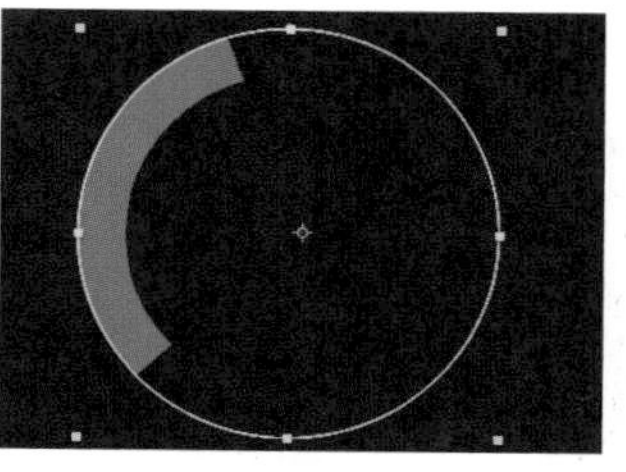

图8-168　设置划像动画

5 按快捷键Ctrl+D将“纯色”层复制一个，连续按U键两次，展开它的修改选项。选择菜单命令“图层”/“纯色设置”，修改“纯色”层的颜色为RGB（207, 51, 213）；修改“径向擦除”效果下的“过渡完成”为81.0，在0帧位置修改“起始角度”为（0, 170.0），5秒位置为（2, 170.0）；修改“变换”选项下的“不透明度”为36%，如图8-169所示。

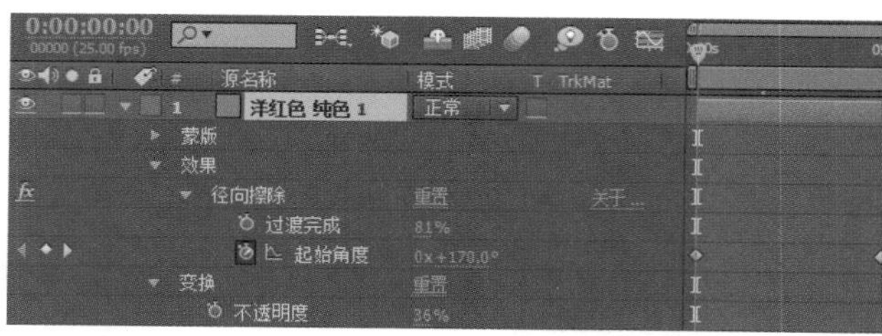

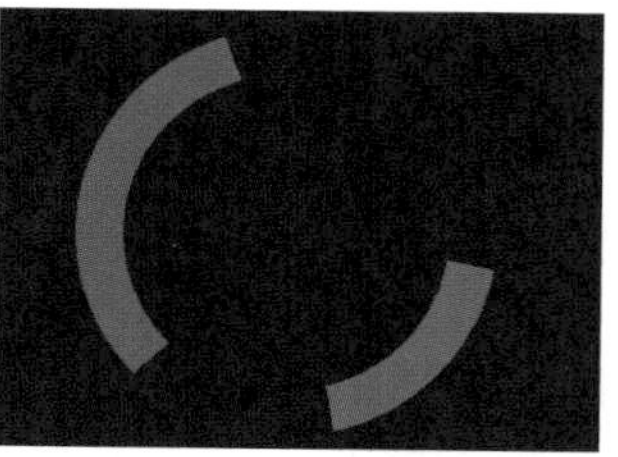

图8-169　复制新的图层并相应修改1

6 按快捷键Ctrl+D将“纯色”层复制一个，连续按U键两次，展开它的修改选项。选择菜单命令“图层”/“纯色设置”，修改“纯色”层的颜色为RGB（251，140，255）；修改“径向擦除”效果下的“过渡完成”为86.0，在0帧位置修改“起始角度”为（0，73.0），5秒位置为（2，73.0）；修改“变换”选项下的“不透明度”为70%，如图8-170所示。

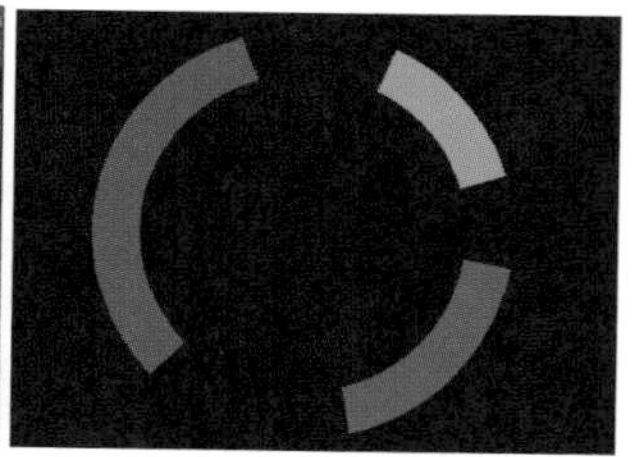

图8-170　复制新的图层并相应修改2

7 按快捷键Ctrl+D将“纯色”层复制一个，连续按U键两次，展开它的修改选项。选择菜单命令“图层”/“纯色设置”，修改“纯色”层的颜色为白色；设置“蒙版 2”的“蒙版扩展”为-30.0；修改“径向擦除”效果下的“过渡完成”为86.0，在0帧位置修改“起始角度”为（0，73.0），5秒位置为（2，73.0）；修改“变换”选项下的“不透明度”为70%，如图8-171所示。

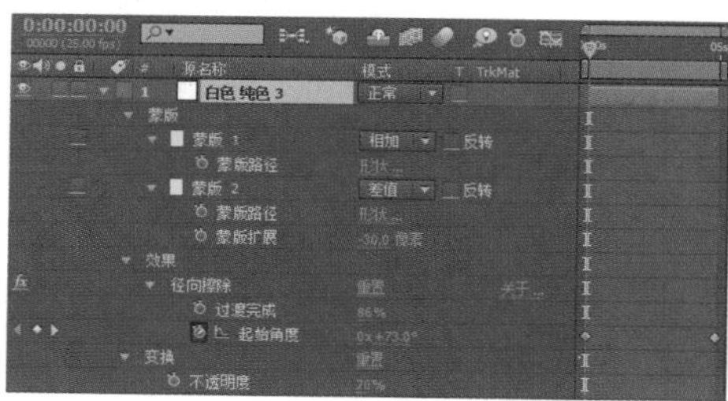
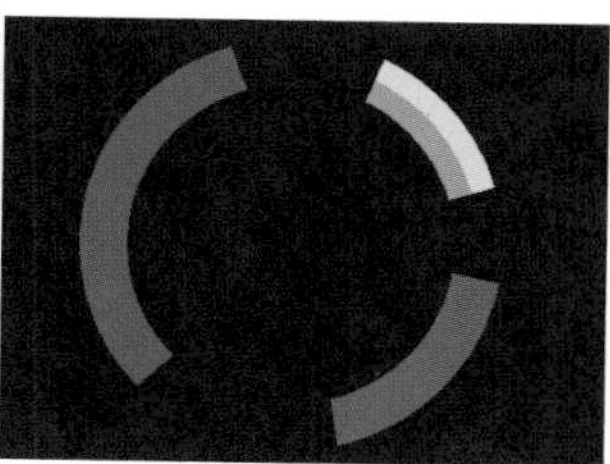

图8-171　复制新的图层并相应修改3

8 按照上面介绍的方法，继续对“纯色”层进行绘制，然后对其相关选项进行设置，这里还需要注意的是需要制作几个反方向运动的“纯色”层，其他几个均为白色，如图8-172所示。

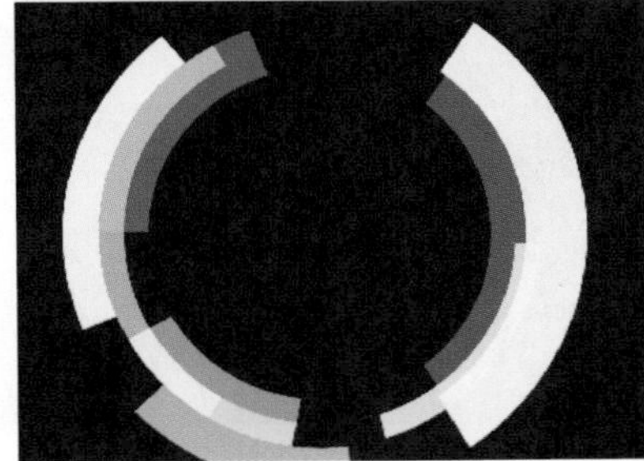
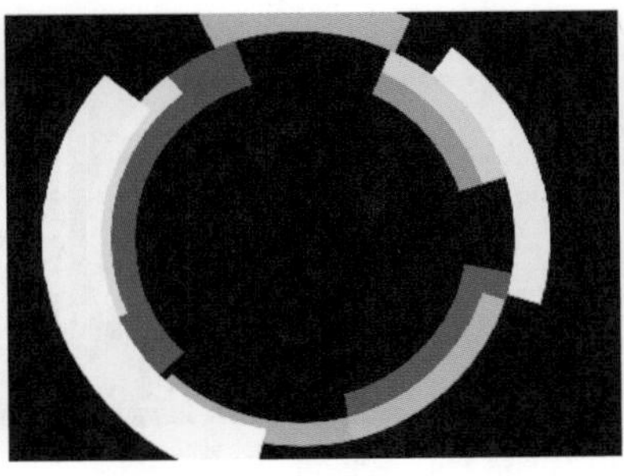
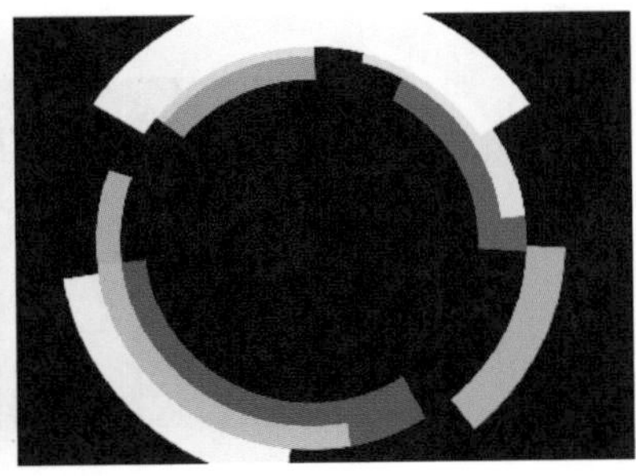

图8-172 动画效果

提示

当“蒙版 2”为正值时圆环就会变大，负值时圆环就会变小；“径向擦除”效果下的“过渡完成”可以控制圆环的长短，数值越小，圆环越长，反之则越小；“起始角度”可以控制圆环旋转的方向和旋转的速率，数值越大，旋转越快，当为负值时，圆环则反方向旋转；“变换”选项下的“不透明度”可以控制圆环的透明度；在制作整个圆环的过程中，尽量不要使数值重复，以免产生混乱的旋转方向。

9. 制作动画合成 4

1 在“项目”面板中将刚制作的“LOGO 4”和“LOGO 5最终”合成拖放到“最终效果”合成中，将时间轴滑块移动到7秒20帧位置，打开“LOGO 4”和“LOGO5最终”合成的三维开关；展开LOGO 4合成的“变换”选项，设置“位置”为（671.3，290.0，-2192.0），“缩放”为（138.0，138.0，138.0），“*y*轴旋转”为（0，16.0°）；展开“LOGO5最终”合成的“变换”选项，设置“位置”为（708.8，335.0，-2336.0），“缩放”为（40.0，40.0，40.0），如图8-173所示。

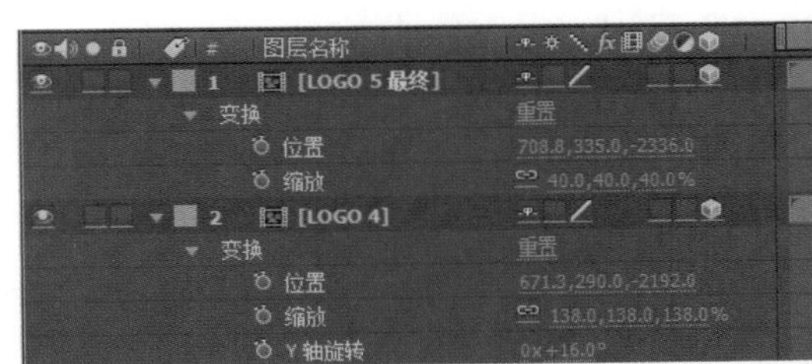

图8-173 拖放合成到时间轴中并设置位置

2 在时间轴面板中选择“LOGO5最终”合成，按快捷键Ctrl+D将其复制一个新的合成，按Enter键，将合成重命名为““LOGO5Final倒影”，展开合成的“变换”选项，设置“位置”为（705.9，651.1，-2334.7），“缩放”为（40.0，-40.0，40.0%），“不透明度”为50%，如图8-174所示。

图8-174 制作LOGO倒影

3 选择菜单命令“效果”/“风格化”/“毛边”，设置“边界”为70.00，“边缘锐度”为10.00，“比例”为400.0，将时间滑块移动到7秒位置，打开“偏移（湍流）”前面的码表，设置为（0.0，0.0），10秒位置为（320.0，0.0），如图8-175所示。

图8-175 制作倒影边缘粗糙效果

4 选择菜单命令“效果”/“扭曲”/“波纹”，再为““LOGO5Final倒影”层添加一个波纹效果，设置“半径”为32.0，“波纹中心”为（360.9，604.5），“转换类型”为“对称”，“波形速度”为3.9，“波形宽度”为29.8，如图8-176所示。

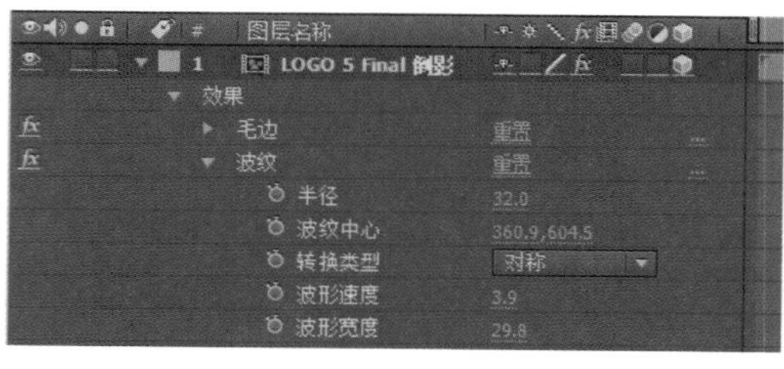

图8-176 设置倒影波纹

5 在“项目”面板中将刚制作的“环形”合成拖放到“最终效果”合成时间轴中，并将“环形”合成的开始时间调整到7秒位置，打开“环形”合成的三维开关；展开“环形”合成的“变换”选项，设置“位置”为（697.2，392.6，-2945.0），“缩放”为（35.0，35.0，35.0）。

6 将时间滑块移动到7秒17帧位置，打开“位置”前面的码表，设置“位置”为（697.2，392.6，-2945.0），将时间滑块移动到8秒17帧位置，设置“位置”为（697.2，392.6，-2352.0）；将时间滑块移动到8秒14帧位置，打开“不透明度”前面的码表，设置“不透明度”为100%，9秒位置为0%，如图8-177所示。

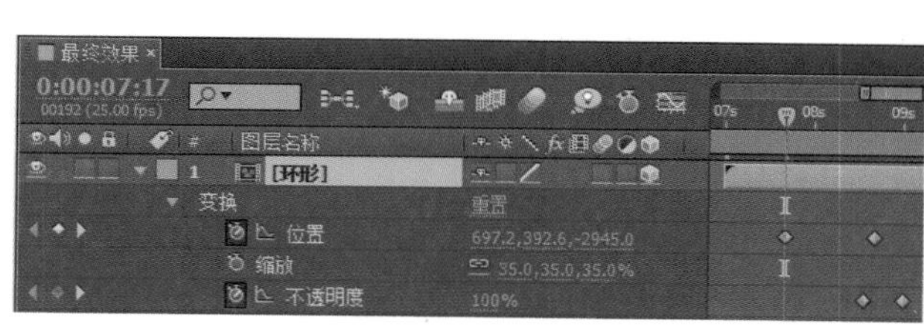

图8-177 合成环形动画

7 整个动画制作完成。按小键盘上的0键就可以预览到最终效果。

技术回顾

本例主要介绍了另一种制作片头的方法，首先将片头中可能需要的小元素制作完成，然后根据片头的结构，首先调整摄像机的运动，再根据摄像机的运动方式制作场景。这样的制作方法在制作片头和包装中非常实用，制作的思路也很清晰。一般在制作复杂的包装作品时候，图层较多，这时候应当注意图层的命名和素材的管理。

举一反三

根据前面介绍的制作方法，为LOGO层添加光晕效果。具体参数可以参考练习的工程方案，效果如图8-178所示。

图8-178　实例效果

8.4 中国味·中国年

技术要点	多层素材叠加	制作时间	4小时
项目路径	\chap66\中国味·中国年.aep	制作难度	★★★★★

实例概述

本例首先使用After Effects制作一些片头中需要的小元素，然后对整个动画进行分段制作，使用“调整图层”制作片段之间的白闪动画，控制整个动画节奏。本例的技术难点在于彩色条的运动和胶片的制作，效果如图8-179所示。

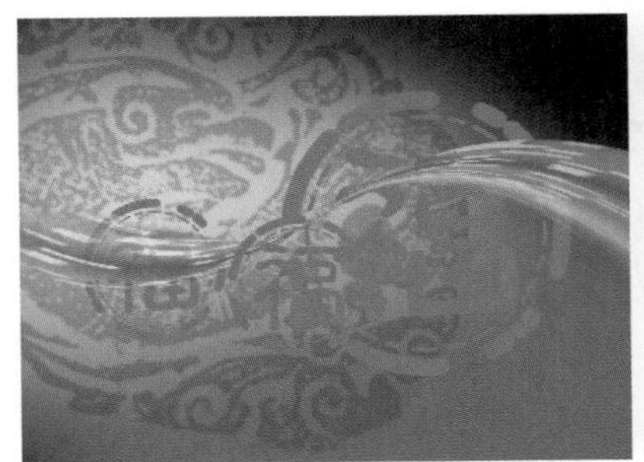

图8-179　实例效果

制作步骤

1. 制作彩色条

1 启动After Effects软件，选择菜单命令“合成”/“新建合成”（快捷键Ctrl+N），新建一个合成，命名为“彩色色块”，“预设”使用PAL制式（PAL D1/DV），“持续时间”为5秒。

2 选择菜单命令“文件”/“保存”（快捷键Ctrl+S），保存项目文件，命名为“中国味·中国年”。

3 选择菜单命令“图层”/“新建”/“纯色”，为场景建立一个“纯色”层，单击“大小”下的“制作合成大小”按钮，自动将“纯色”层的大小设置为当前合成大小；选择菜单命令“效果”/“生成”/“梯度渐变”，为“纯色”层添加一个渐变效果；再选择菜单命令“效果”/“颜色校正”/“色光”，为“纯色”层添加一个彩光效果。均保持默认值即可，如图8-180所示。

图8-180 制作彩色效果

4 选择菜单命令“图层”/“新建”/“纯色”，为场景建立一个“纯色”层，单击“大小”下的“制作合成大小”按钮，自动将“纯色”层的大小设置为当前合成大小；选择菜单命令“效果”/“生成”/“单元格图案”，设置“单元格图案”为“印板”，“分散”为0.00，“大小”为15.0，将时间滑块移动到0帧位置，打开“偏移”前面的码表，设置“偏移”为（360.0，288.0），将时间滑块移动到5秒位置，设置“偏移”为（5500.0，288.0），如图8-181所示。

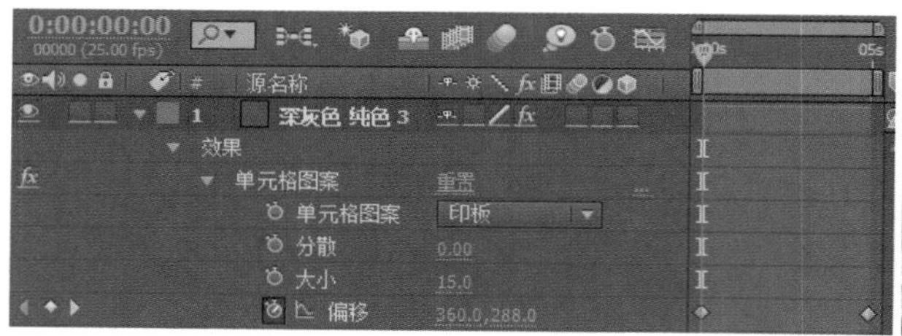

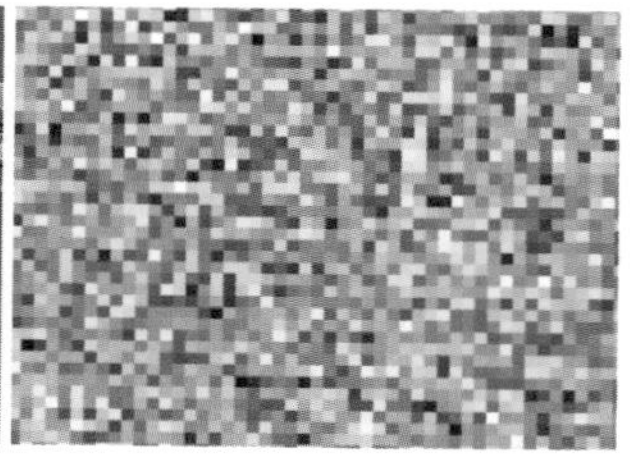

图8-181 制作方块

5 选择菜单命令“效果”/“颜色校正”/“亮度和对比度”，设置“高度”为-50.0，“对比度”为100.0；在时间轴面板中设置层的叠加模式为“线性减淡”，如图8-182所示。

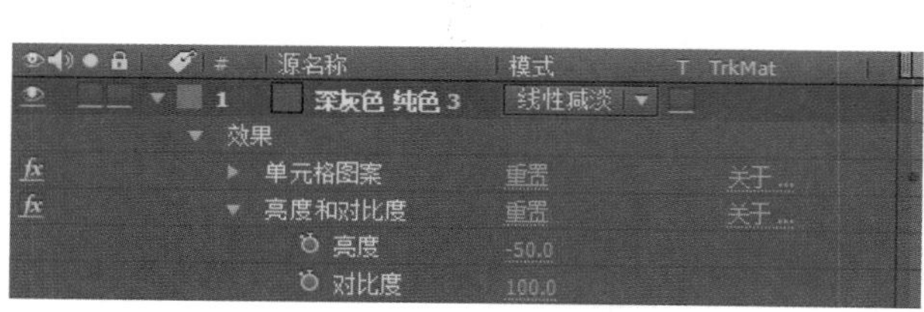

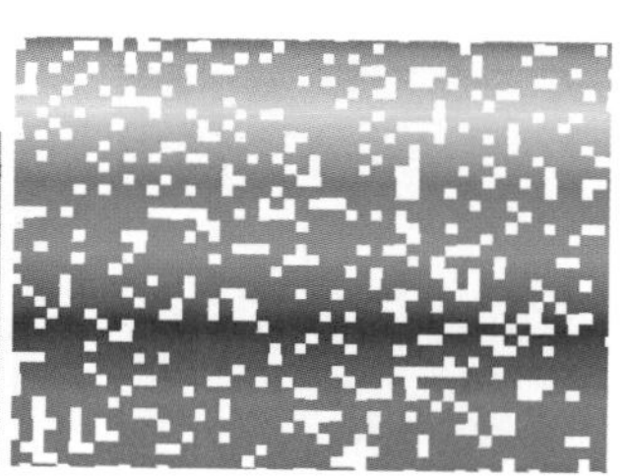

图8-182 去除黑色方块

6 选择菜单命令“合成”/“新建合成”（快捷键Ctrl+N），新建一个合成，命名为“彩条 1”，“预设”使用PAL制式（PAL D1/DV），“持续时间”为5秒。

7 在“项目”面板中，将“彩色色块”合成拖放到当前时间轴中。展开“彩色色块”合成的“变换”选项，设置“位置”为（365.6，394.0），“缩放”为（100.0，50.0%），“不透明度”为70%；选择菜单命令“图层”/“蒙版”/“新建蒙版”，新建一个“蒙版”，展开“蒙版 1”选项，设置“蒙版羽化”为（100.0，100.0），如图8-183所示。

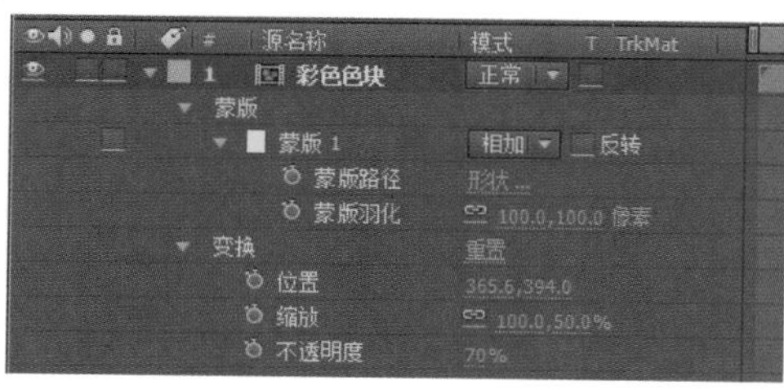

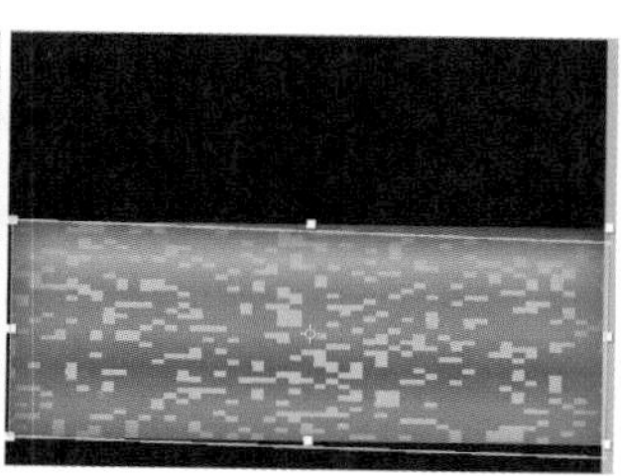

图8-183 建立“蒙版”

8 选择菜单命令“效果”/“扭曲”/“贝塞尔曲线变形”，使用工具栏中的选择并移动工具，直接在视图上调整贝塞尔曲线的控制杆，也可以在参数栏中进行设置，如图8-184所示。

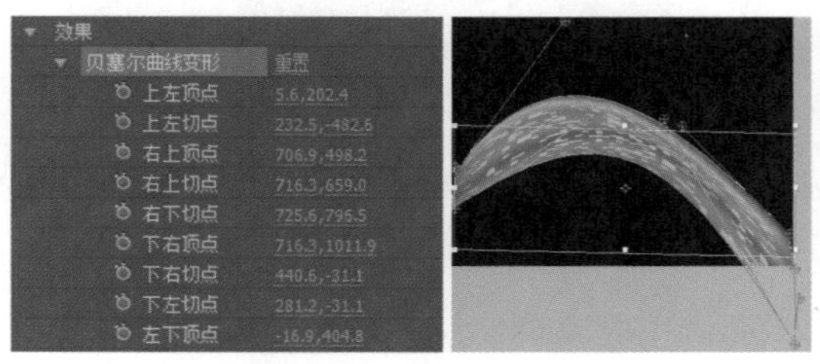

图8-184　设置彩条变形

9 选择菜单命令“效果”/“扭曲”/“变形”，设置“变形样式”为“鱼”，“弯曲”为100，“水平扭曲”为100，“垂直扭曲”为100，如图8-185所示。

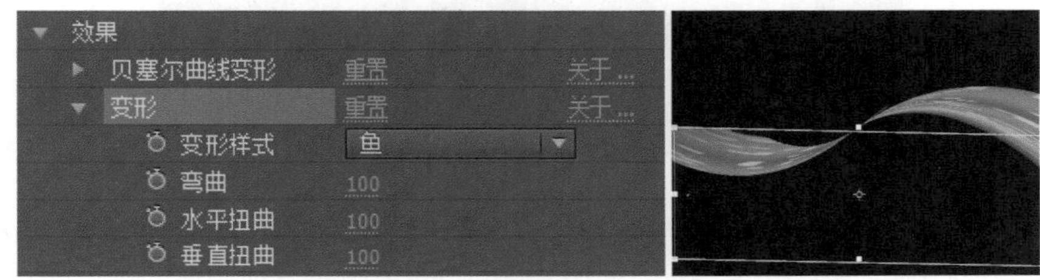

图8-185　设置彩条弯曲

10 现在需要制作彩条的划入划出动画，通过调整“蒙版”的动画就可以完成需要的效果。展开“蒙版”选项，将时间滑块移动到0帧位置，打开“蒙版路径”选项前面的码表，使用选择并移动工具，将右边的“蒙版”点移动到左边，使彩条部分全部消失；将时间滑块移动到1秒3帧位置，再将刚刚移过去的点，移到原来的位置；将时间滑块移动到2秒1帧位置，将左边的点再移动到右边，使彩条部分全部消失。这样就完成了“彩条 1”的制作，如图8-186所示。

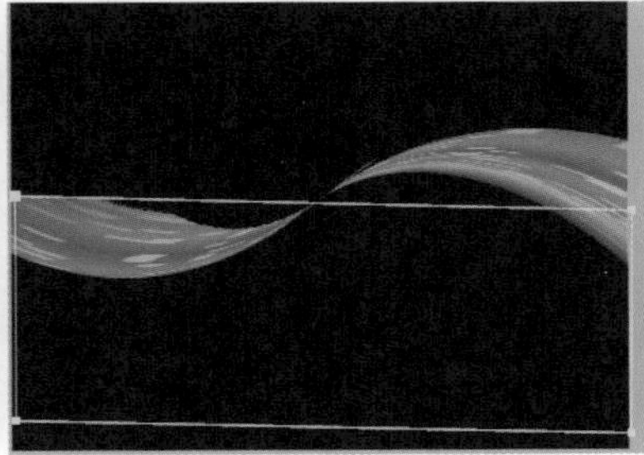

图8-186　制作彩条动画

11 选择菜单命令“合成”/“新建合成”（快捷键Ctrl+N），新建一个合成，命名为“彩条 2”，“预设”使用PAL制式（PAL D1/DV），“持续时间”为5秒。

12 在“项目”面板中，将“彩色色块”合成拖放到当前时间轴中。展开“彩色色块”合成的“变换”选项，设置“位置”为（361.6，350.0），“缩放”为（100.0，50.0%），“不透明度”为70%；选择菜单命令“图层”/“蒙版”/“新建蒙版”，新建一个“蒙版”；展开“蒙版 1”选项，设置“蒙版羽化”为（100.0，100.0），如图8-187所示。

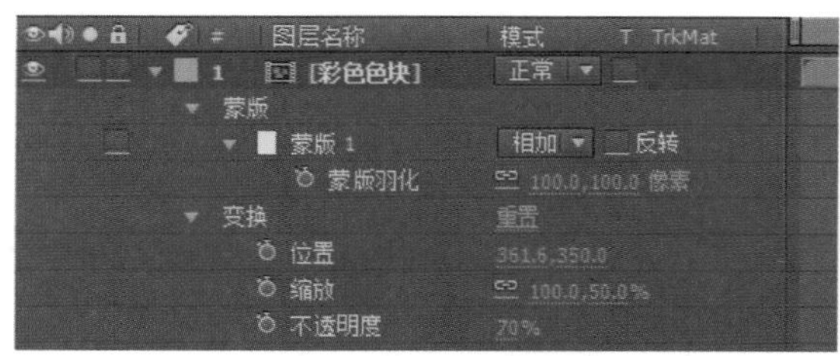

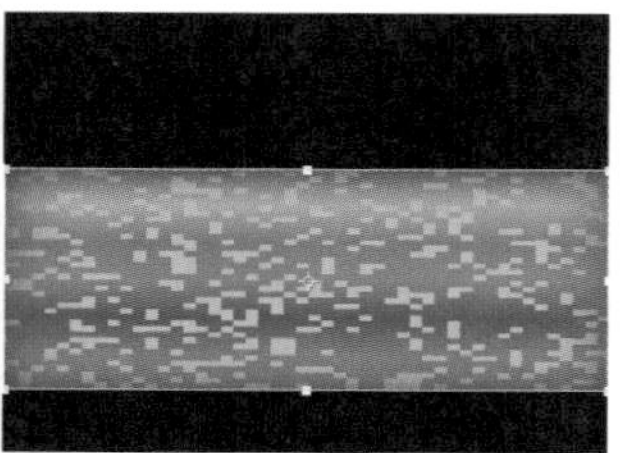

图8-187 创建“蒙版”

13 选择菜单命令“效果”/“扭曲”/“边角定位”，设置“左上”为（-11.3，-416.0），“右上”为（855.0，480.0），“右上”为（-18.8，-384.0），“右下”为（551.3，992.0），如图8-188所示。

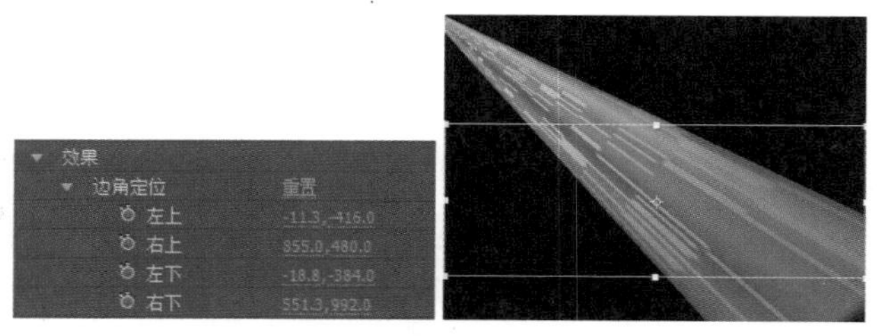

图8-188 定位彩条位置

提示

“边角定位”效果通过改变图像四个边角的位置变形图像，它通常用来伸展、缩短或歪曲图像。也可以通过跟踪运动对层制作透视边角效果。“左上”可以控制左边上角顶点控制点；“右上”可以控制右边上角顶点控制点；“左下”可以控制左边下角顶点控制点；“右下”可以控制右边下角顶点控制点。

14 选择菜单命令“效果”/“扭曲”/“贝塞尔曲线变形”，使用工具栏中的选择并移动工具，直接在视图上调整贝塞尔曲线的控制杆，也可以在参数栏进行设置，如图8-189所示。

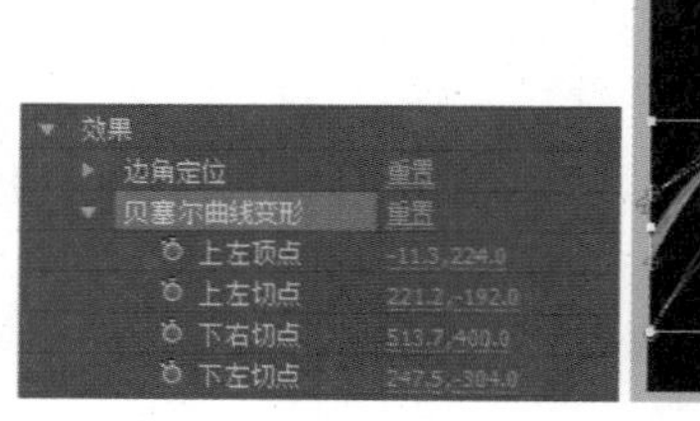

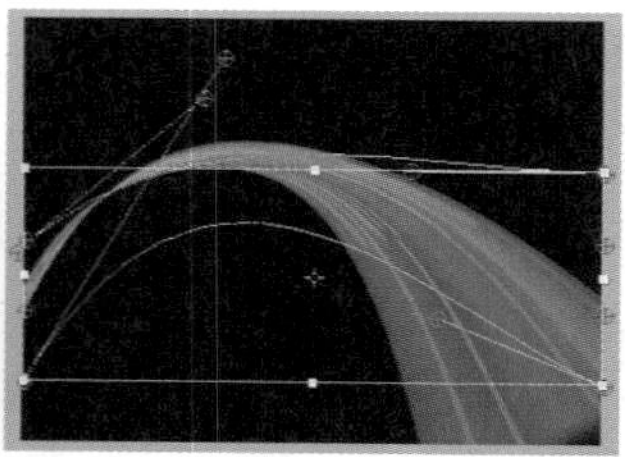

图8-189 彩条变形

15 现在需要制作彩条的划入划出动画，通过调整“蒙版”的动画就可以完成需要的效果。展开“蒙版”选项，将时间滑块移动到0帧位置，打开“蒙版路径”选项前面的码表，使用选择并移动工具，将“蒙版”全部移动到左边，将时间滑块移动到1秒20帧位置，将“蒙版”全部移动到右边，如图8-190所示。

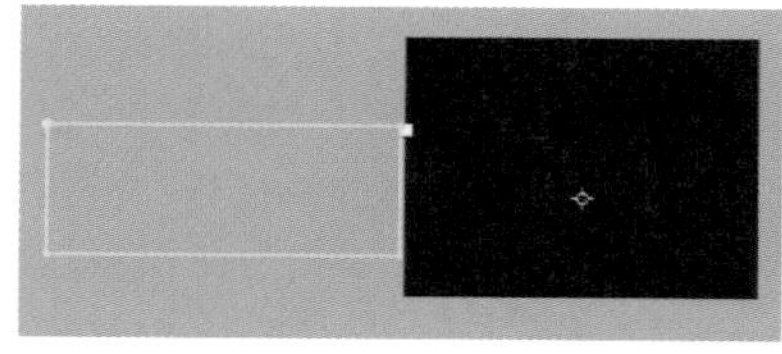

图8-190 制作彩条动画

2. 制作胶片

1 选择菜单命令“合成”/“新建合成”（快捷键Ctrl+N），新建一个合成，命名为“胶片 1”，“预设”使用PAL制式（PAL D1/DV），“持续时间”为5秒。

2 选择菜单命令“图层”/“新建”/“纯色”，为场景建立一个“纯色”层，单击“大小”下的“制作合成大小”按钮，自动将“纯色”层的大小设置为当前合成大小，设置“纯色”层的颜色为RGB（76，32，32）。

3 使用矩形绘制工具，在“纯色”层上绘制一个矩形，然后再继续在刚绘制的矩形内绘制一个矩形，设置叠加方式为“相减”，“蒙版扩展”为13.0；再按快捷键Ctrl+D将矩形内“蒙版”复制四个，使用方向键将其向下移动，如图8-191所示。

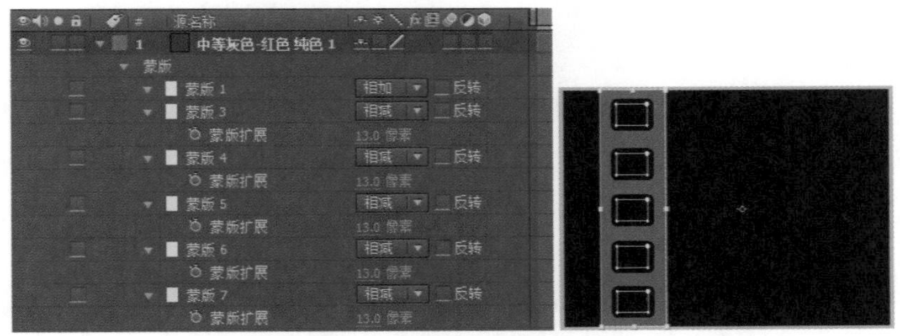

图8-191 绘制“蒙版”

4 按快捷键Ctrl+D将“纯色”层复制一个，将其移动到右边位置，然后再建立三个“纯色”层，颜色与上面的颜色相同，适当调整“纯色”层的缩放和位置。将作为胶片底版的“纯色”层移动到最底层，并展开其“变换”选项，设置“不透明度”为40%，如图8-192所示。

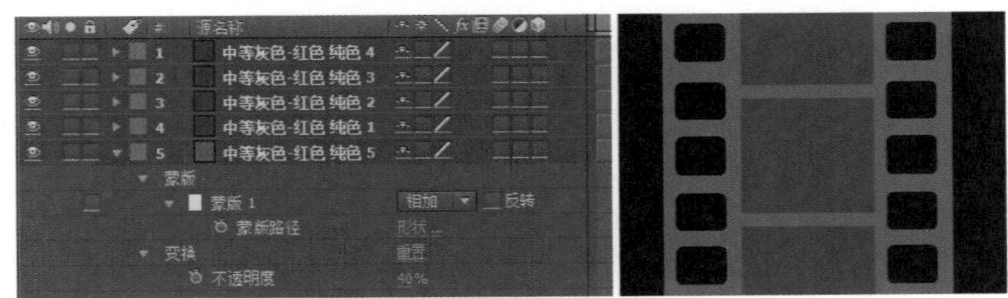

图8-192 制作胶片效果

5 选择菜单命令“合成”/“新建合成”（快捷键Ctrl+N），新建一个合成，命名为“胶片 2”，“预设”使用PAL制式（PAL D1/DV），“持续时间”为5秒。

6 根据上面的制作方法，还需要再制作一小段胶片，由于胶片上需要放置12生肖图片，所以还需要制作一段单个的胶片，如图8-193所示。

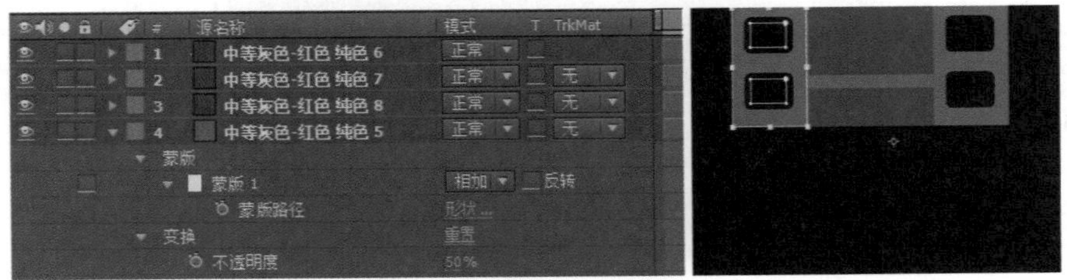

图8-193 修改胶片

7 选择菜单命令“合成”/“新建合成”（快捷键Ctrl+N），新建一个合成，命名为“胶片 合”，创建一个尺寸的225×1200的合成，“持续时间”为5秒。

8 在“项目”面板的空白处双击，打开“导入文件”窗口，将文件夹中的文件框选，导入到“项目”面板。

9 将“胶片 1”合成拖放6个到当前时间轴中，设置“缩放”为（29.0，29.0%），再将“胶片 2”拖放到时间轴中，设置“缩放”为（29.0，29.0%）。使用选择并移动工具将它们首尾相接，排列成胶片形状。注意必须是十二个空格，最后将“胶片 2”放置到胶片的最尾部，如图8-194所示。

图8-194　完成胶片制作

10 将刚导入的生肖图片全部拖放到时间轴面板，适当调整其缩放，使生肖图片正好可以放置在胶片中。生肖的排列次序最好按照生肖的排位进行排列，依次为鼠、牛、虎、兔、龙、蛇、马、羊、猴、鸡、狗、猪，如图8-195所示。

图8-195　为胶片添加图片

11 这样就完成了胶片的制作。

3. 制作文字

1 选择菜单命令“合成”/“新建合成”（快捷键Ctrl+N），新建一个合成，命名为“新 1”，“预设”使用PAL制式（PAL D1/DV），“持续时间”为5秒。

2 使用工具栏中的文字编辑工具，在屏幕上输入“新”，设置文字的字体为方正黄草，文字的颜色为黑色，文字的大小为523。由于屏幕也是黑色，那么就需要区别一下，使屏幕显示透明，单击视图上的▩按钮，使视图直接显示透明背景，如图8-196所示。

3 选择文字层，选择菜单命令“图层”/“自动追踪”，这样就产生了一个新的轮廓层。选择菜单命令“效果”/“生成”/“填充”，将填充的颜色设置为黑色，如图8-197所示。

图8-196　创建文字图层

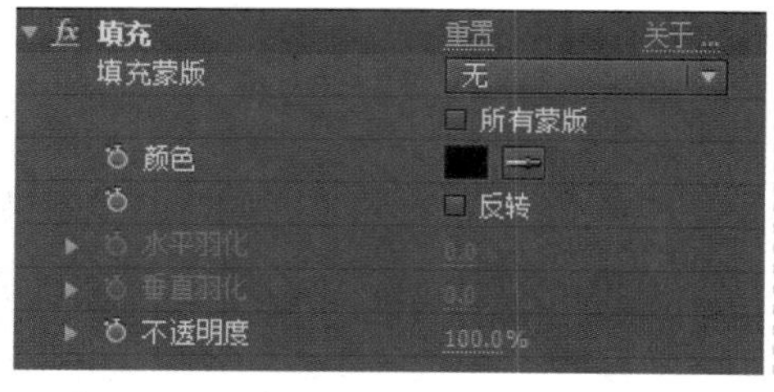

图8-197　创建文字轮廓

提示

在删除第二条轮廓线的时候，需要注意的是该笔划与下面的笔划是一个连笔，还需要对其进行适当的调整，保持字体的完整性。

4 按快捷键Ctrl+D键将轮廓层再复制一个，由于这里需要通过“蒙版”变形制作一个简单的书写动画，那么就需要将制作动画的部分分离出来，将没有书写到的部分删除。首先书写的部分是上面的一点和一横，那么将第一条轮廓线的其他部分全部删除，只保留一个点，将第二条轮廓线的其他部分全部删除，只保留一横，如图8-198所示。

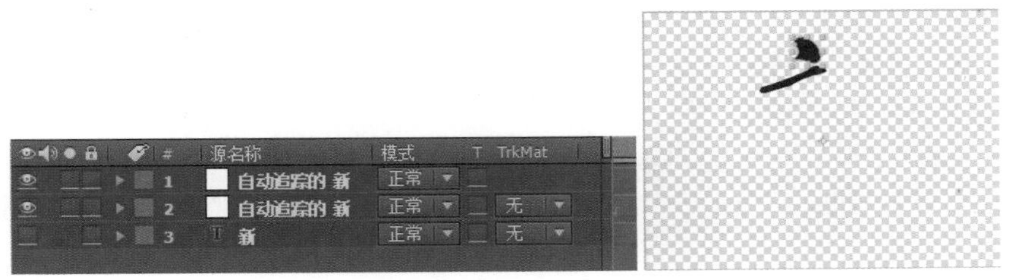

图8-198 修改文字轮廓

5 需要制作这两笔的书写动画。有了前面的制作基础，相信这里做起来并不是很困难。选择点的轮廓层，将时间滑块移动到16帧位置，展开图层的“蒙版”选项，打开“蒙版路径”前面的码表，插入一个关键帧；将时间滑块移动到0帧位置，将点落笔位置的“蒙版”控制点全部移动到起笔位置，尽量使之重合不要显示文字部分；将时间滑块移动到8秒位置，适当调整“蒙版”的动画方向，使“蒙版”动画显得更加逼真，如图8-199所示。

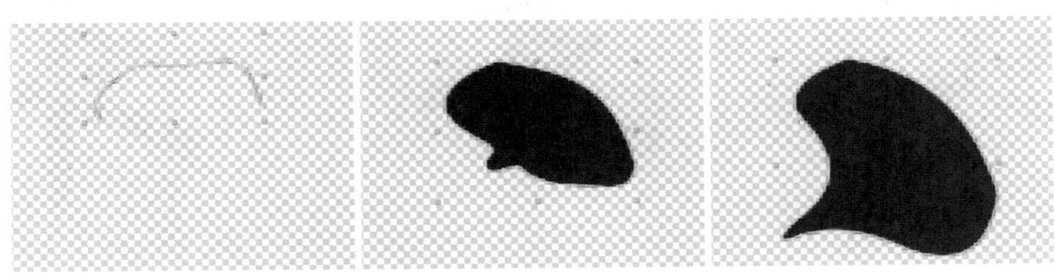

图8-199 制作文字动画1

6 下面制作一横的书写动画，为了区别前面的“蒙版”，将横“蒙版”的线条显示设置为红色。粗看一横较为简单，其实不是这样的，由于文字的字体是草书，在一横上有很多的笔锋，这样看似简单的一笔，反而比前面的还要复杂。不过还是有办法，如果完全靠调整轮廓来制作书写动画，显然达不到想要的效果。由于一横是独立的一个图层，那么在一横的轮廓外面绘制一个矩形，然后制作矩形的动画就可以保证轮廓的完整性。使用矩形绘制工具，在一横的轮廓外面绘制一个矩形，设置矩形“蒙版”的叠加模式为“交集”，选择点的轮廓层，将时间滑块移动到1秒位置，展开图层的“蒙版”选项，打开矩形“蒙版”下“蒙版路径”前面的码表，插入一个关键帧；将时间滑块移动到16帧位置，将矩形移动到左边位置，如图8-200所示。

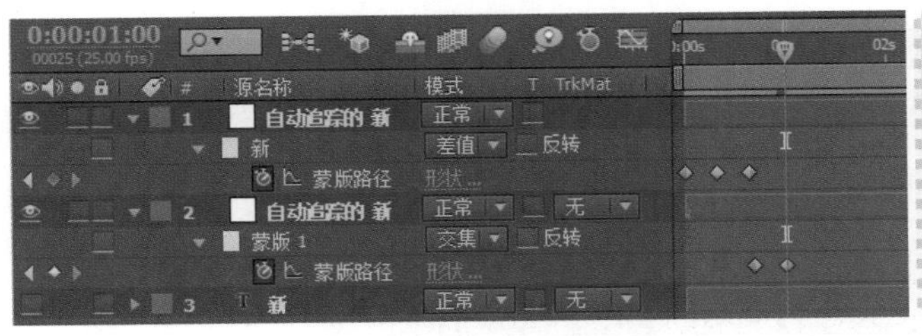

图8-200 制作文字动画2

7 按照上面介绍的方法，再制作出“新”字左边一竖和右边“斤”部分的最后一笔，将它们的合成分别命名为“新 2”和“新 3”。需要注意的是在制作“新 2”合成的时候，也就是“新”字左边一竖，因为这一竖与其他笔画都有连笔，所以需要先将它们分离，然后再制作“蒙版”动画，如图8-201所示。

图8-201 制作其他笔划的动画效果

8 选择菜单命令“合成”/“新建合成”（快捷键Ctrl+N），新建一个合成，命名为“年”，“预设”使用PAL制式（PAL D1/DV），“持续时间”为5秒。

9 使用工具栏中的文字编辑工具，在屏幕上输入“年”，设置文字的字体为方正行楷，文字的颜色为黑色，文字的大小为565；由于屏幕也是黑色，那么就需要区别一下，使屏幕透明显示，单击视图上的▩按钮，使视图直接显示透明背景。

10 选择文字层，选择菜单命令“图层”/“自动追踪”，这样就产生了一个新的轮廓层。选择菜单命令“效果”/“生成”/“填充”，将填充的颜色设置为黑色。

11 下面来制作“年”的一竖书写动画。这个就相对比较简单了，不用从最上面开始书写，只需要从下面开始就可以了，不用对各个笔划进行分离。按照上面介绍的方法，设置“蒙版”外形动画，如图8-202所示。

图8-202 制作文字动画

4. 制作动画合成1

1 选择菜单命令“合成”/“新建合成”（快捷键Ctrl+N），新建一个合成，命名为“最终效果”，“预设”使用PAL制式（PAL D1/DV），“持续时间”为15秒。

2 选择菜单命令“图层”/“新建”/“纯色”，为场景建立一个“纯色”层，单击“大小”下的“制作合成大小”按钮，自动将“纯色”层的大小设置为当前合成大小，设置“纯色”层的颜色为黑色；再创建一个“纯色”层，设置“纯色”层的颜色为RGB（129，3，3），使用工具栏中的钢笔工具，在“纯色”层上绘制一个“蒙版”，设置“蒙版羽化”为（200，200.0），如图8-203所示。

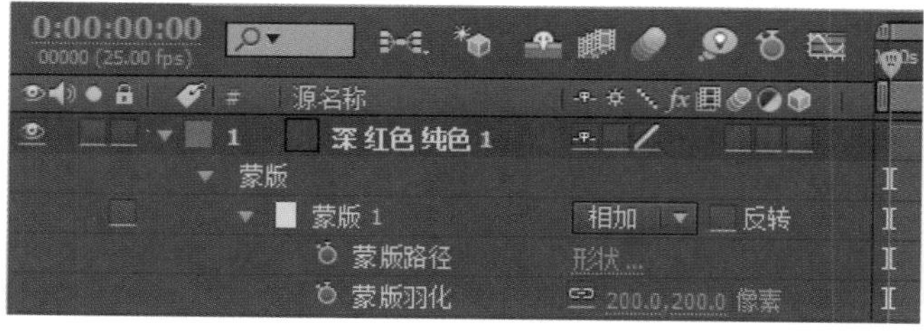

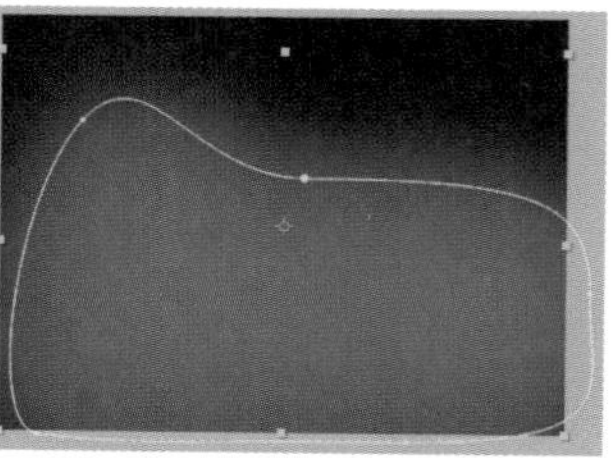

图8-203 创建“纯色”层并设置“蒙版”羽化

3 选择菜单命令“图层”/“新建”/“纯色”，为场景建立一个“纯色”层，单击“大小”下的“制作合成大小”按钮，自动将“纯色”层的大小设置为当前合成大小，设置“纯色”层的颜色为RGB（219，219，219）；使用钢笔工具，在“纯色”层上绘制一个“蒙版”，设置“蒙版羽化”为（230.0，230.0），如图8-204所示。

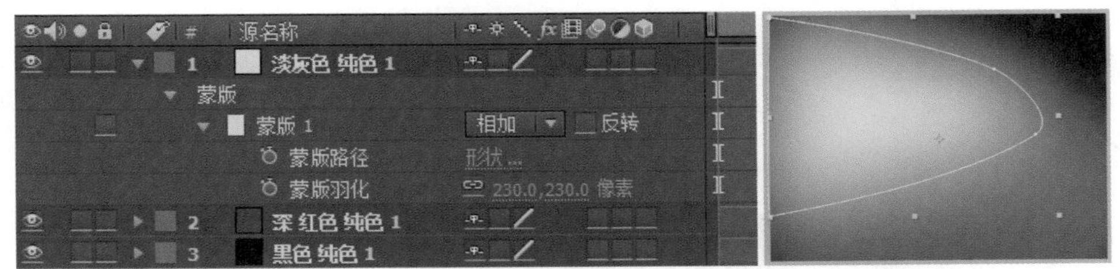

图8-204　创建“纯色”层并设置“蒙版”羽化

4 在“项目”面板中将“图腾.AI”拖放到时间轴中，展开“变换”选项，设置“位置”为（228.5，228.0），“缩放”为（272.4，272.4%），“不透明度”为32%，将时间滑块移动到0帧位置，打开“旋转”前面的码表，设置“旋转”为（0，0.0°），在15秒位置为（1，0.0°）；设置图腾的叠加模式为“相乘”，如图8-205所示。

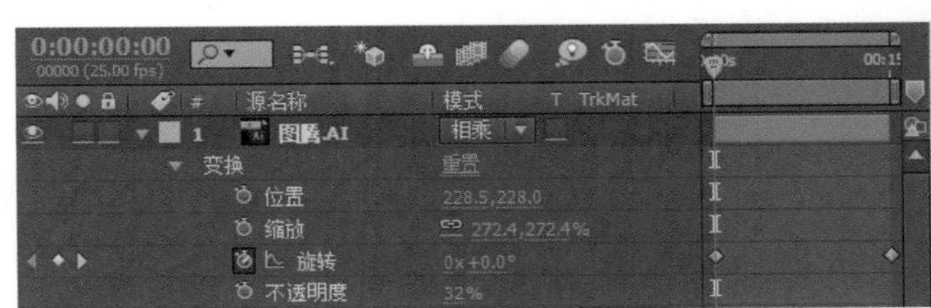

图8-205　设置图层动画效果

5 在“项目”面板中将“福.ai”拖放到时间轴面板，选择菜单命令“效果”/“颜色校正”/“色调”，设置“将黑色映射到”为RGB（150，3，3），“将白色映射到”为RGB（255，6，6），如图8-206所示。

图8-206　改变图片的颜色

6 按快捷键Ctrl+D将“福.ai”复制两份，分别重命名为“福 1”、“福 2”和“福 3”，展开“福 1”的“变换”选项，打开“位置”和“缩放”前面的码表，在0帧设置 “位置”为（330.0，394.0），“缩放”为（50.0，50.0），在2秒23帧“位置”为（330.0，290.0），“缩放”为（65.0，65.0）；展开“福 2”的“变换”选项，打开“位置”和“缩放”前面的码表，在0帧设置 “位置”为（159.4，270.0），“缩放”为（50.0，50.0），在2秒23帧“位置”为（157.5，404.0），“缩放”为（65.0，65.0）。按快捷键Ctrl+Shift+D删除关键帧以后的部分，如图8-207所示。

图8-207　设置图层的位移动画

7 展开“福 3”层的“变换”选项，设置“位置”为（480.0，284.0），将时间滑块移动到0帧位置，打开“缩放”前面的码表，设置“缩放”为（139.0，139.0%），将时间滑块移动到2秒23帧位置，设置“缩放”为（50.0，50.0%）。将关键帧以后的部分使用快捷键Ctrl+Shift+D删除；在“项目”面板中，将“彩条 1”拖放到时间轴中，并放置在“福 1”和“福 2”合成之间，将开始时间调整到5帧位置，如图8-208所示。

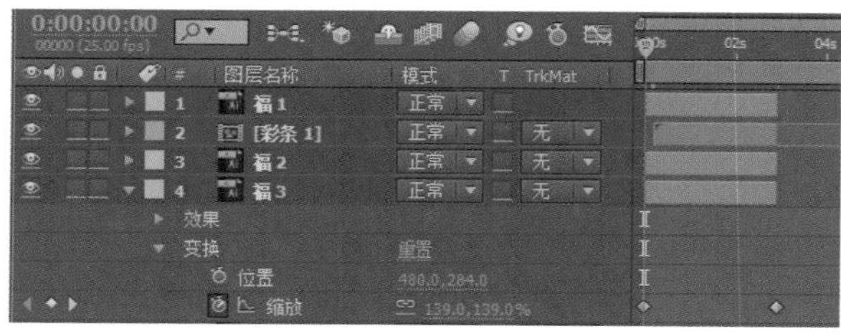

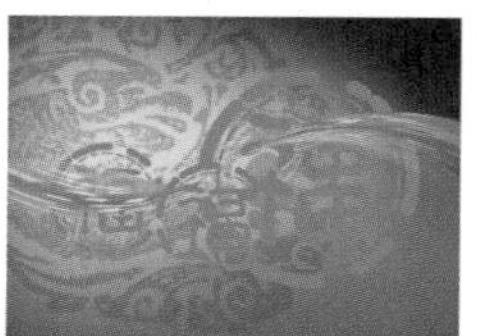

图8-208　设置图层动画并添加彩条效果

5. 制作动画合成 2

1 选择菜单命令“合成”/“新建合成”（快捷键Ctrl+N），新建一个合成，命名为“片段 2”，“预设”使用PAL制式（PAL D1/DV），“持续时间”为6秒。

2 在“项目”面板中将“胶片合”合成拖放到时间轴面板，打开图层的三维开关，并继续复制两层，展开它们的“变换”选项，分别设置“锚点”为（500.05，-296.0，-275.0）、（305.5，6.0，-275.0）和（112.5，-169.0，-275.0），“位置”为（458.0，298.4，45.0），“z轴旋转”为（0，113.0°），如图8-209所示。

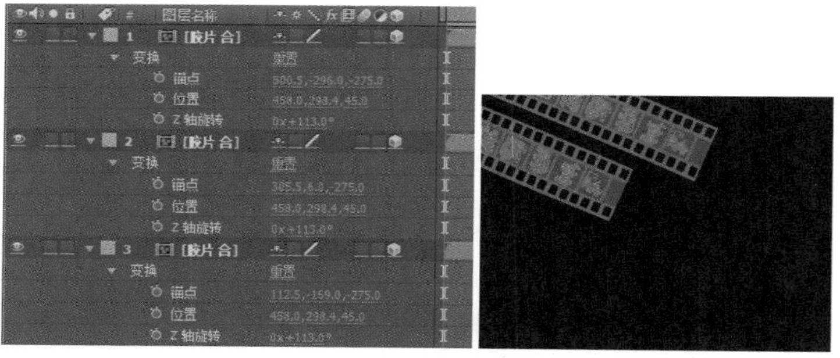

图8-209　设置胶片轴心点位置

3 选择菜单命令“图层”/“新建”/“摄像机”，设置“预设”为24mm，“缩放”为512；展开“变换”选项，设置“位置”为（360.0，318.0，-365.0），“x轴旋转”为（0，19.0°），“y轴旋转”为（0，5.0°），“z轴旋转”为（0，25.0°），如图8-210所示。

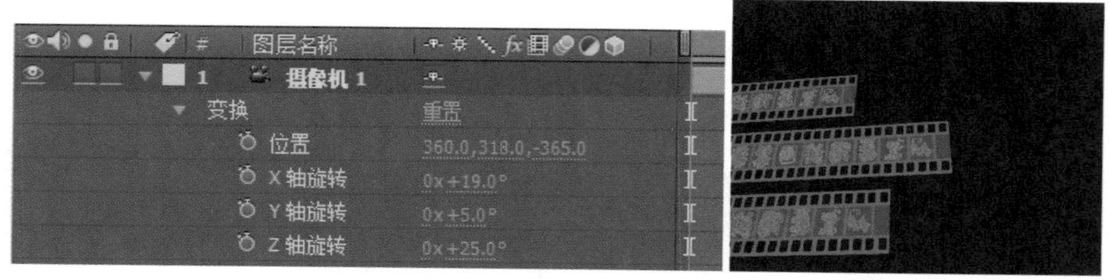

图8-210　创建摄像机层

4 选择三个“胶片 合”合成，将时间滑块移动到0帧位置，按A键打开“锚点”选项并打开前面的码表，插入一个关键帧，将时间滑块移动到5秒位置，分别设置“锚点”为（500.5，-296.0，-275.0）、（305.5，6.0，-275.0）和（112.5，-169.0，-275.0），如图8-211所示。

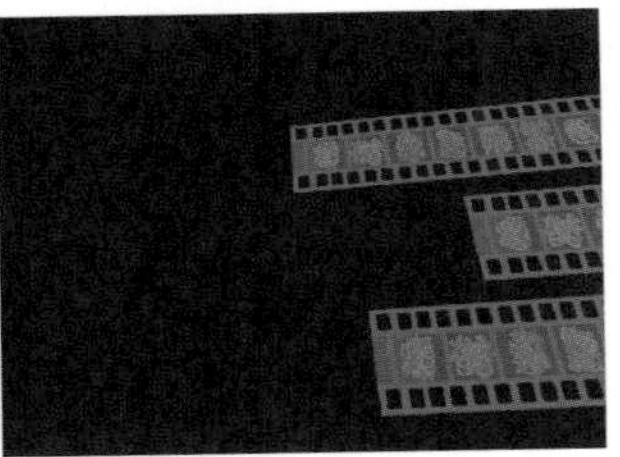

图8-211 制作图层位移动画

5 在“项目”面板中将“胶片 合”合成拖放到时间轴面板，打开图层的三维开关，展开“变换”选项，分别设置“位置”为（360.0，1040.0，0.0），“缩放”为（256.0，256.0，256.0）。将时间滑块移动到0帧位置，打开“位置”前面的码表，插入一个关键帧，将时间滑块移动到5秒位置，设置“位置”为（360.0，-931.0，0.0），如图8-212所示。

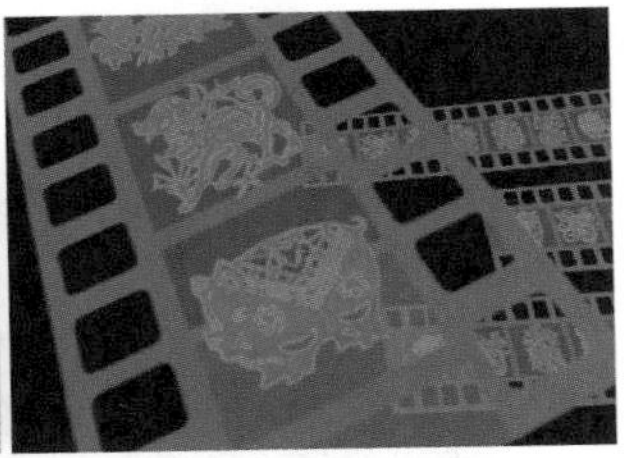

图8-212 制作图层位移动画

6 选择“摄像机 1”合成，将时间滑块移动到5秒位置，打开“位置”前面的码表，设置“位置”为（360.0，318.0，-365.0），将时间滑块移动到5秒16帧位置，设置“位置”为（360.0，318.0，-121.0），如图8-213所示。

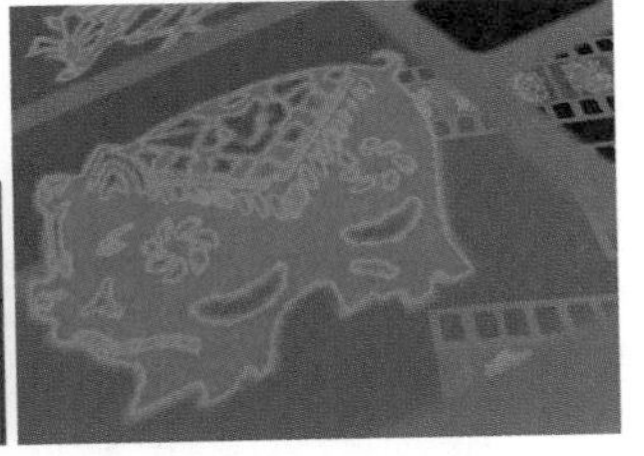

图8-213 设置摄像机动画

7 将制作完成的“片段 2”合成拖放到“最终效果”合成时间轴中，将开始时间调整到2秒23帧位置，如图8-214所示。

图8-214 合成片段

6. 制作动画合成 3

1 选择菜单命令“合成”/“新建合成”（快捷键Ctrl+N），新建一个合成，命名为“片段 3”，“预设”使用PAL制式（PAL D1/DV），“持续时间”为5秒。

2 展开“最终效果”合成，选择最底层的三个用做背景的“纯色”层，按快捷键Ctrl+C将其复制，再展开“片段 3”合成，按快捷键Ctrl+V粘贴，这样就将其他层的素材复制过来了，如图8-215所示。

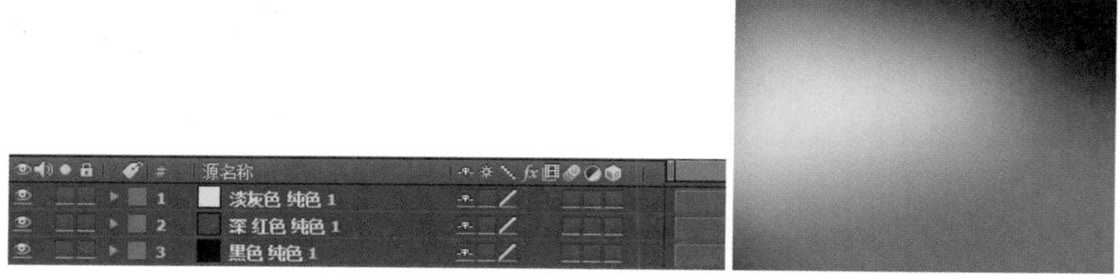

图8-215　复制合成

3 在“项目”面板中将“龙图腾.ai”拖放到当前时间轴中，展开图层的“变换”选项，设置“缩放”为（289.0，289.0），将时间滑块移动到0帧位置，打开“位置”前面的码表，设置位置为（11.3，-132.0），将时间滑块移动到5秒位置，设置为（513.8，420.0）。设置图层的叠加模式为“柔光”，如图8-216所示。

图8-216　设置图层位移动画

4 在“项目”面板中将“生肖环.ai”拖放到当前时间轴中，打开图层的三维开关，展开图层的“变换”选项，设置“位置”为（518.0，363.7，-353.7），“缩放”为（215.0，215.0，215.0），“方向”为（0.0°，250.0°，5.0°），“x轴旋转”为（0，-63.0°），“y轴旋转”为（0，38.0°）；将时间滑块移动到0帧位置，打开“z轴旋转”前面的码表，设置为（0，0.0°），将时间滑块移动到5秒位置，设置为（1，0.0°），如图8-217所示。

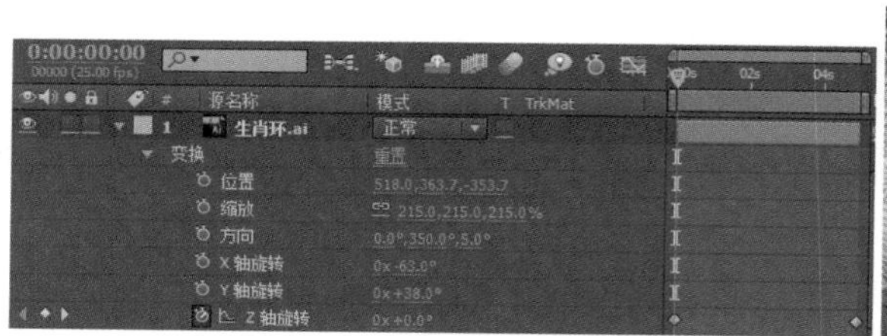

图8-217　添加素材到时间轴中并设置位置

5 选择菜单命令“效果”/“颜色校正”/“照片滤镜”，设置“滤镜”为“自定义”，“颜色”为RGB（159，137，13），设置“密度”为100.0%，“保持发光度”为“关”，如图8-218所示。

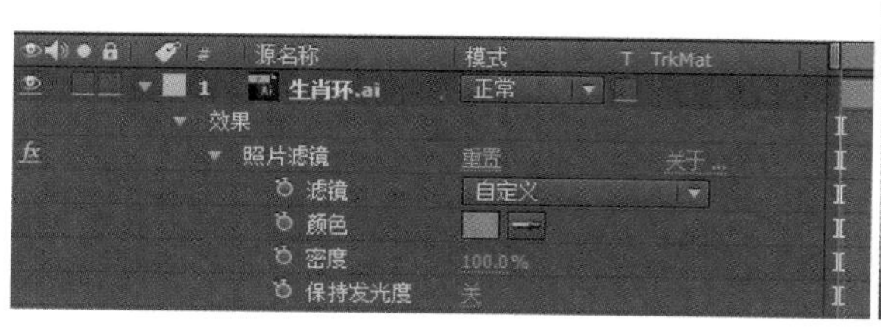

图8-218　改变图片颜色

6 选择菜单命令“图层”/“新建”/“纯色”，为场景建立一个“纯色”层，单击“大小”下的“制作合成大小”按钮，自动将“纯色”层的大小设置为当前合成大小；使用工具栏中的椭圆形绘制工具，按住Shift键，在“纯色”层上绘制一个圆形。选择菜单命令“效果”/Trapcode/3D Stroke，设置Thickness为4.4，Start为60.0。展开Taper选项，设置Enable为开， Start Thickness为33.0；展开3D Stroke效果的“变换”选项，设置Z Position为-50.0，“*x*轴旋转”为（0，104.0°），“*y*轴旋转”为（0，176.0°），“*z*轴旋转”为（0，-9.0°）。将时间滑块移到0帧位置，打开Offset选项前面的码表，设置为43.0，第2秒9帧时为-78.0，如图8-219所示。

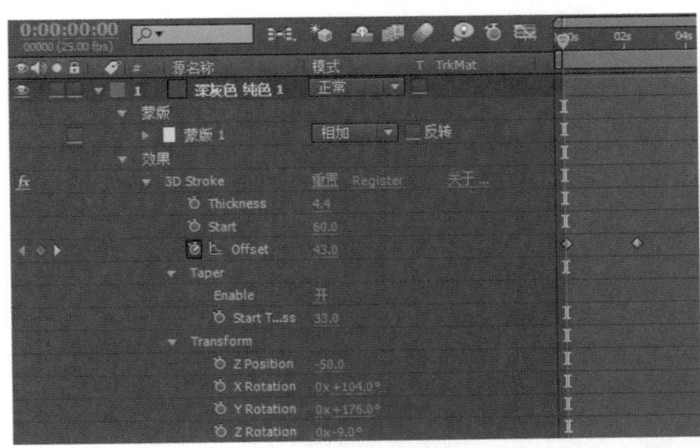

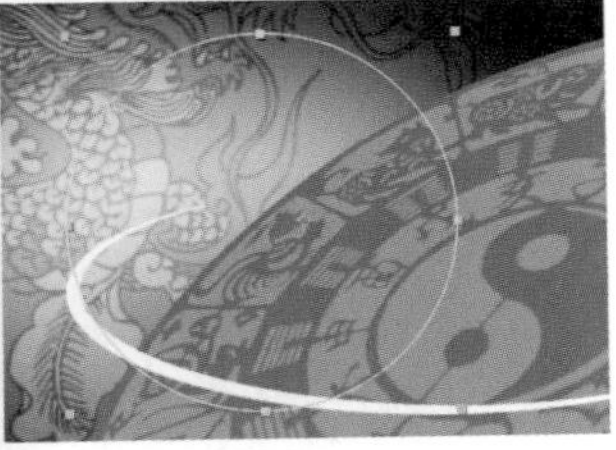

图8-219　制作线条移动效果

7 选择菜单命令“效果”/Trapcode/Shine，设置Ray Length为0.5，Boot Light为5.0，如图8-220所示。

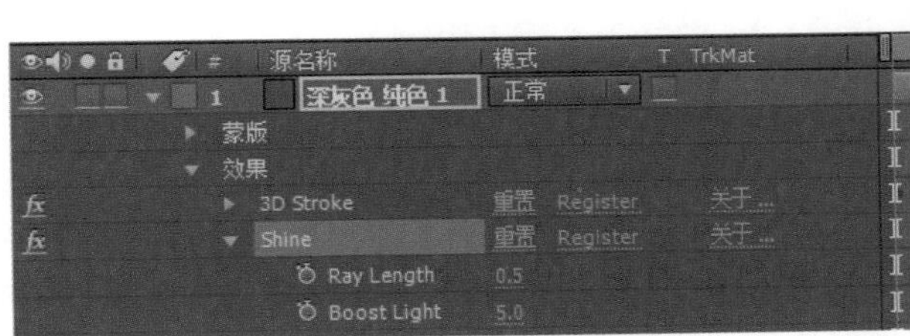

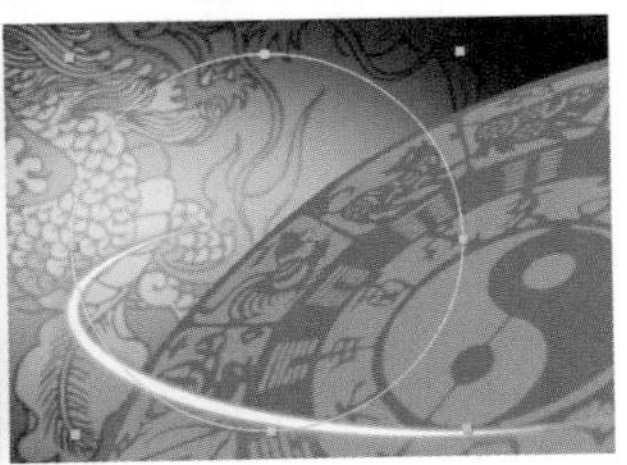

图8-220　为线条添加发光效果

8 现在完成了一个线条的制作，按快捷键Ctrl+D，将其复制两层，分别将它们的开始时间设置为5帧和10帧，也就是三个线条开始时间的间隔为5帧；分别展开它们3D Stroke效果下的“变换”选项，设置XY Position为（360.0，251.0）、（360.0，214.0）。这样就调整了它们在y轴上的位置，运动起来就不会重合，如图8-221所示。

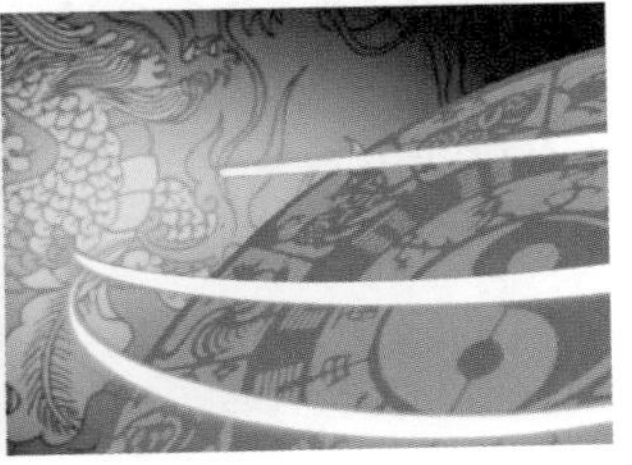

图8-221　复制线条层并调整位置

9 在“项目”面板中选择“新 1”、“新 2”、“新 3”和“年”合成，分别将它们拖放到当前时间轴面板，拖动时间滑块，预览当前时间轴，配合快捷键Ctrl+Shift+D，将以上四个合成动画部分保留，删除其他部分。将它们在时间轴面板上的开始时间间隔在5～7帧，如图8-222所示。

图8-222　拖放文字到时间轴中

10 选择“新 1”、“新 2”、“新 3”和“年”层，按T键打开图层的“不透明度”选项，添加关键帧，设置淡入和淡出效果，也就是根据素材长短，在素材的头尾和中间位置分别添加关键帧，将头尾的“不透明度”值设置为0，中间的关键帧设置为100，这样就完成了淡入淡出的设置；选择菜单命令“效果”/“模糊和锐化”/“快速模糊”，为“新 1”、“新 2”、“新 3”和“年”层分别添加一个快速模糊效果，“模糊度”均设置为3.0；将这四个图层移动到“生肖环.ai”下，如图8-223所示。

图8-223　为文字制作不透明度动画并设置模糊效果

11 对它们的位置和缩放比例进行适当调整。选择“新 1”层，展开层的“变换”选项，设置“位置”为（416.3，720.0），“缩放”为（333.0，333.0）；选择“新 2”层，展开层的“变换”选项，设置“位置”为（247.5，288.0），“缩放”为（183.0，183.0）；选择“新 3”层，展开层的“变换”选项，设置“位置”为（103.1，216.0）；选择“年”层，展开层的“变换”选项，设置“位置”为（155.6，288.0），如图8-224所示。

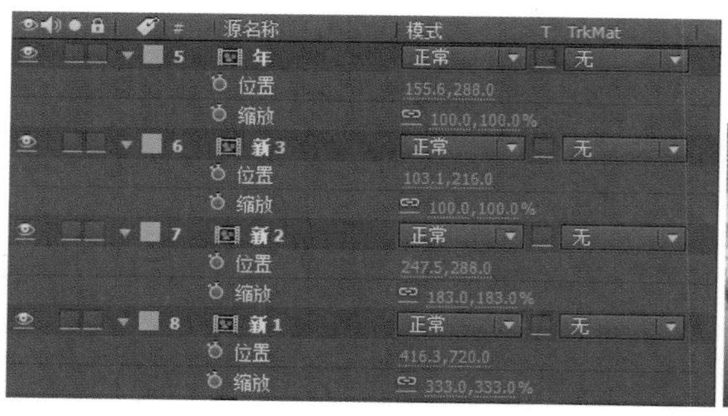

图8-224　调整文字层的位置

12 选择工具栏中的文字编辑工具，在屏幕上输入“又是一个全球华人的节日”，设置文字的字体为方正大黑，文字的尺寸为38，设置文字的颜色为黑色。描边类型为“在描边上填充”，边框大小设置为1px，边框颜色为白色；展开“变换”选项，设置“锚点”为（211.0，-13.0），“位置”为（266.3，272.0），并将文字层的开始位置调整到11帧，在开始位置打开“缩放”和“不透明度”前面的码表，设置“缩放”为（0.0，0.0%），“不透明度”为0%，将时间滑块移动到19秒位置，设置“缩放”为（100.0，100.0%），“不透明度”为100%，如图8-225所示。

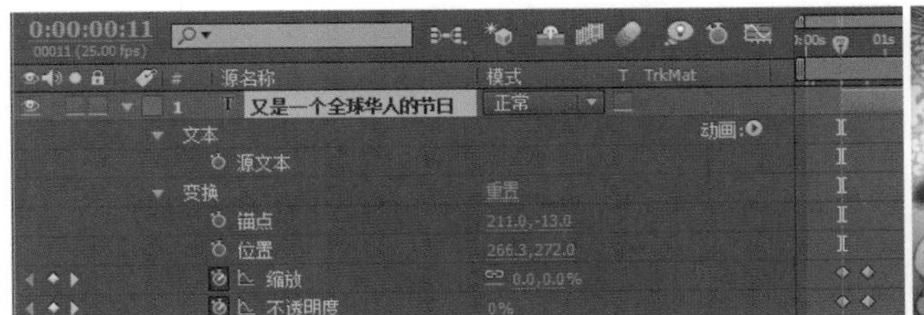

图8-225 创建文字效果并设置动画

13 选择文字层，按快捷键Ctrl+D将文字复制一层，其他属性不变，按U键打开图层的关键帧选项，将时间滑块移动到1秒2帧位置，设置“缩放”为（280.0，280.0%），“不透明度”为0%。这样就完成了文字放大并淡出的效果，并完成一个文字的整体动画，如图8-226所示。

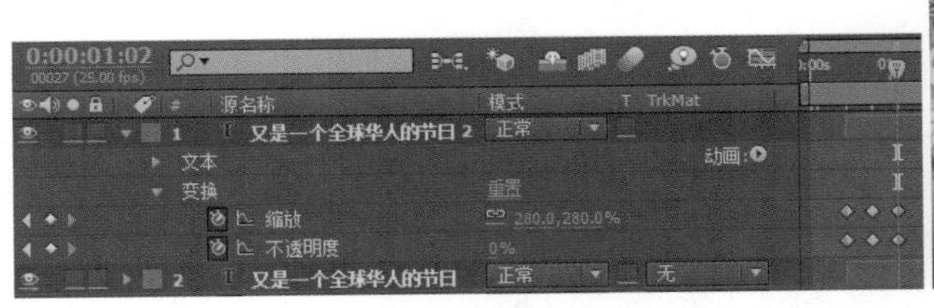

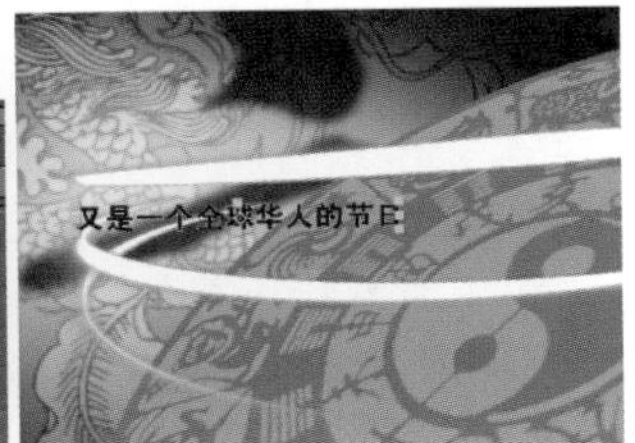

图8-226 复制文字图层并修改动画

14 按照同样的方法可以制作另外两个文字的动画效果，需要改变的地方是文字的内容、开始位置和屏幕位置，另外两组文字为“又是一个普天同庆的日子”、“又是一个全家团圆的时刻”，如图8-227所示。

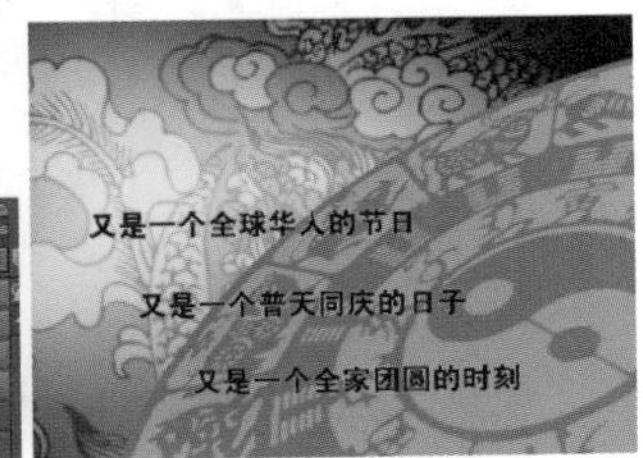

图8-227 分别创建其他文字

15 将“片段 3”拖放到“最终效果”合成时间轴中，并将开始位置调整到“片段 2”之后，即8秒23帧位置，如图8-228所示。

图8-228 项目合成

16 这样就完成了“片段 3”的制作。

7. 制作动画合成 4

1 将时间滑块移动到“片段 3”结束位置，即13秒5帧位置，选择菜单命令“图层”/“新建”/“纯色”，为场景建立一个“纯色”层，单击“大小”下的“制作合成大小”按钮，自动将“纯色”层的大小设置为当前合成大小，“纯色”层的颜色设置为RGB（175，0，0）；使用工具栏中的矩形绘制工具，在“纯色”层上绘制一个矩形，如图8-229所示。

2 选择菜单命令“图层”/“新建”/“纯色”，为场景建立一个“纯色”层，单击“大小”下的“制作合成大小”按钮，自动将“纯色”层的大小设置为当前合成大小，“纯色”层的颜色设置为黑色；使用矩形绘制工具，在“纯色”层上绘制一个矩形，如图8-230所示。

图8-229 创建“纯色”层并绘制“蒙版”

图8-230 创建“纯色”层并绘制“蒙版”

3 选择工具栏中的文字编辑工具，在屏幕上输入“中国味·中国年”，设置文字的字体为汉仪小隶书繁体，文字的尺寸为68，设置文字的颜色为黑色，文字的间距为-207。描边类型为“在描边上填充”，边框大小设置为2像素，描边颜色为黑色；使用选择并移动工具，将文字移动到红色色块上，如图8-231所示。

4 选择文字编辑工具，在屏幕上输入“ 公元2007 丁亥年　春　节　”，设置文字的字体为汉仪小隶书繁体，文字的尺寸为30，设置文字的颜色为白色。首先框选“公元2007”，设置文字的间距为-122，再框选“ 春节”，设置文字间距为-122，文字基线为71；最后框选“丁亥年”，设置文字间距为-122，文字基线为15；选择“移动”工具，将文字移动到黑色色块上，如图8-232所示。

图8-231 创建文字层

图8-232 创建文字层并调整位置

在制作这个文字的时候，这样调整显得有些复杂，可以对文字进行分层制作，这种制作方法显得更紧凑一些。

5 选择“文字编辑”工具，在屏幕上输入“贺：”，设置文字的字体为汉仪小隶书繁体，文字的尺寸为30，设置文字的颜色为白色，文字的间距为-122；使用选择并移动工具，将文字移动到黑色色块上，如图8-233所示。

图8-233 创建文字层

6 在时间轴面板中，将时间滑块移至第13秒4帧处，选中“片段3”，按快捷键Alt+]剪切出点，然后选择刚创建的两个“纯色”层和三个文字层，将时间滑块移动到13秒5帧处，按 [键对齐所选图层的入点，如图8-234所示。

图8-234 排列图层

8. 制作白闪动画

1 可以根据前面章节介绍的制作方法，为场景建立一个“调整图层”，在“调整图层”上添加“色阶”和“快速模糊”，分别调整它们的“输入白色”值和“模糊度”的数值，这样制作各个片段之间的白闪动画，同时“片段3”的文字也需要制作白闪动画，如图8-235所示。

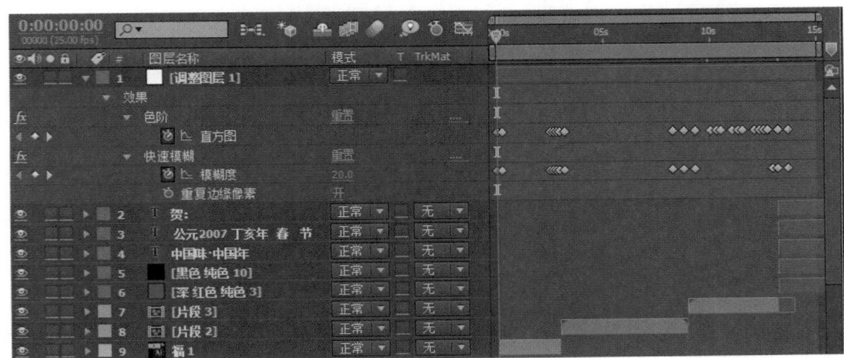

图8-235 制作白闪动画

2 白闪效果如图8-236所示。

图8-236 白闪动画效果

3 这样整个动画就制作完成。按小键盘上的0键就可以预览到最终效果。

技术回顾

本例主要介绍了另一种制作片头的方法，首先将片头中需要的小元素制作完成，然后根据片头的结构，对片头进行分段制作，最后统一使用“调整图层”制作白闪动画。在制作白闪的时候，必须根据整个动画节奏进行调整。本例再一次灵活运用了创建轮廓工具，并制作文字动画。

举一反三

根据上面介绍的方法，使用Particular（粒子），指定粒子类型为胶片层，让胶片做随机运动；使用虚拟层工具制作圆环的运动；使用Auto-trace制作文字的轮廓；使用描边工具制作文字动画等。具体参数可以参考练习的工程方案，效果如图8-237所示。

图8-237　实例效果